普通高等教育土建类系列教材

混凝土结构与砌体结构设计

主　编　杨　虹

副主编　伍　平　王周胜　卢　弛

参　编　陈会银　唐建强　付小林　刘　水

机械工业出版社

本书根据现行国家规范和标准，以及《高等学校土木工程本科指导性专业规范》核心知识点的设置和培养目标的要求编写。混凝土结构与砌体结构设计是土木工程专业本科必修的一门专业核心课，具有综合性、实践性强的特点。本书在知识构建中采用大量的工程设计实例，使其能更好地适应当前混凝土结构与砌体结构设计课程的需要。

本书共分 6 章，主要以钢筋混凝土楼盖结构、单层厂房排架结构、框架结构及砌体结构为对象，介绍其结构体系特点、内力计算方法、结构设计方法及构造要求，并详细介绍板式与梁式楼梯设计要点，以及在框架结构中楼梯的抗震措施。

本书可作为高等学校土木工程专业的专业课教材，也可以作为混凝土结构设计、制作、施工等领域工程技术人员的参考书。

图书在版编目（CIP）数据

混凝土结构与砌体结构设计/杨虹主编. —北京：机械工业出版社，2020.7（2024.1重印）

普通高等教育土建类系列教材

ISBN 978-7-111-65654-8

Ⅰ.①混…　Ⅱ.①杨…　Ⅲ.①混凝土结构-结构设计-高等学校-教材②砌块结构-结构设计-高等学校-教材　Ⅳ.①TU370.4②TU360.4

中国版本图书馆 CIP 数据核字（2020）第 085559 号

机械工业出版社（北京市百万庄大街 22 号　邮政编码 100037）
策划编辑：马军平　责任编辑：马军平　高凤春
责任校对：张晓蓉　封面设计：张　静
责任印制：李　昂
北京捷迅佳彩印刷有限公司印刷
2024 年 1 月第 1 版第 4 次印刷
184mm×260mm · 27.5 印张 · 679 千字
标准书号：ISBN 978-7-111-65654-8
定价：69.00 元

电话服务　　　　　　　　　网络服务
客服电话：010-88361066　　机　工　官　网：www.cmpbook.com
　　　　　010-88379833　　机　工　官　博：weibo.com/cmp1952
　　　　　010-68326294　　金　书　网：www.golden-book.com
封底无防伪标均为盗版　机工教育服务网：www.cmpedu.com

前　言

本书充分反映我国《工程结构通用规范》（GB 55001—2021）、《建筑与市场工程抗震通用规范》（GB 55002—2021）、《混凝土结构通用规范》（GB 55008—2021）、《砌体结构通用规范》（GB 55007—2021），以及《混凝土结构设计规范》（2015 年版）（GB 50010—2010）和《砌体结构设计规范》（GB 50003—2011）的内容，根据《高等学校土木工程本科指导性专业规范》对核心知识点的要求，重点突出、结构逻辑性强、条理清晰，同时注重与注册结构工程师职业资格考试相结合，内容上具有一定的灵活性。本书可配套《混凝土结构设计原理》教材一起使用。

结构设计强调整体性设计，按照选择结构体系、进行结构布置、建立计算简图、选用合适的结构分析方法、荷载计算、内力组合、构件截面设计及构造措施等一系列流程进行。结构设计实践性强、理论计算方法较复杂，其中最关键的是结构方案设计，读者掌握有一定的难度，因此本书每章均配有工程实例，详细解析各类结构设计的特点和方法。

钢筋混凝土楼盖结构设计（第 2 章）系统介绍了现浇整体式楼盖、叠合楼盖和装配式楼盖的结构布置原则、设计计算方法和构造措施以及楼盖结构施工图的绘制方法。

钢筋混凝土单层厂房排架结构设计（第 3 章）系统介绍了单层厂房的结构组成与布置，主要构件的选型，起重机荷载计算，剪力分配法，内力组合，排架柱、牛腿和柱下独立基础的受力性能及设计，抗风柱、屋架和吊车梁的受力特点及设计要点。

钢筋混凝土框架结构设计（第 4 章）系统介绍了结构布置，框架梁、柱截面尺寸估算，计算简图确定，风荷载、地震作用计算，D 值法和弯矩二次分配法，内力组合，截面抗震设计和构造要求。

砌体结构设计（第 5 章）系统介绍了砌体材料及砌体的基本力学性能、砌体构件承载力的计算方法，较详细地介绍了混合结构房屋墙体的设计和高厚比验算，以及墙梁、挑梁、圈梁、过梁、条形基础和墙体抗震的构造措施，并介绍配筋砌体的计算和构造，方便用于既有建筑结构的加固设计。

楼梯设计（第 6 章）系统介绍了梁式楼梯、板式楼梯的结构组成、内力计算及钢筋配置要点，着重讲解了在框架结构中楼梯的抗震措施，并简单介绍了装配式楼梯的特点。

本书的重难点有：单向板肋梁楼盖的塑性内力重分布的调幅系数的求解；起重机荷载的计算，剪力分配法计算排架内力；柱下独立基础的抗冲切验算和抗剪验算；梁下设刚性垫块的局部受压验算；挑梁抗倾覆验算。本书对重点知识、重要构造、所引用规范的强制性条文、重要公式用黑体突出显示。

　　本书由西华大学土木建筑与环境学院的杨虹担任主编，西华大学土木建筑与环境学院的伍平、王周胜与四川建筑职业技术学院的卢弛担任副主编，四川省科信建设工程质量检测鉴定有限公司的陈会银、成都恒信合工程勘察设计有限公司的唐建强、杭州萧宏建设环境集团有限公司的付小林、西南石油大学（南充校区）的刘水参与编写。具体分工如下：杨虹编写第1章、第5章的5.4~5.8节及第6章，伍平编写第2章的2.1~2.3节、卢弛编写第2章的2.4~2.6节并绘制部分插图，王周胜编写第3章，杨虹、付小林编写第4章，刘水编写第5章的5.1~5.3节，陈会银、唐建强编写各章节的思考题、习题和附录。全书由杨虹统一定稿，并对部分章节做了适当修改。

　　本书在编写过程中参考了相关文献，在此向文献的作者表示衷心感谢。限于编者水平，本书难免存在不妥之处，敬请读者批评指正。

编　者

目 录

目录

建筑结构设计内容与分析方法 第1章

学习要求：

1. 了解建筑结构的概念、结构类型与体系。
2. 熟悉结构设计的内容，结构分析的基本原则和分析模型。
3. 理解结构布置的原则，结构分析方法的基本概念和适用范围。

　　结构是人们用来表达世界存在状态和运动状态的专业术语。其中，结是结合之义，构是构造之义，如语言结构、建筑结构等。在土木工程领域，建筑物是指人类建造的一切成果，如房屋建筑、桥梁、码头、水坝等，房屋建筑以外的其他建筑物有时也称为构筑物。广义的结构是指建（构）筑物的构造式样，**狭义的结构是指建（构）筑物的承重骨架，即由各种材料（如砖、木、石、混凝土、钢材与铝材等）建造的结构构件，能承受和传递作用并具有适当刚度的由各连接部件组合而成的整体。** 由于建（构）筑物使用功能不同，承受的作用也可能不同，致使建（构）筑物承重结构的类型也不同。按结构体系，可分为砌体结构、排架结构、框架结构、筒体结构、网架结构、悬索结构、膜结构等。按建筑材料，可分为生土结构、石结构、木结构、砌体结构、混凝土结构、钢结构、组合结构、混合结构、膜结构等。其中，组合结构是指同一截面或各杆件由两种或两种以上材料制作的结构，如型钢混凝土组合梁、钢管混凝土组合柱、组合砌体墙等。混合结构是相对单一结构而言，由两种或两种以上不同材料的承重结构共同组成的结构，如砖混结构、砖木结构、外钢框架与钢筋混凝土核心筒体组成的混合结构等。

　　结构设计是指为实现建筑物的设计要求，并满足结构安全、适用和耐久等功能要求，根据既定条件和有关设计标准的规定进行的结构选型、材料选择、分析计算、构造配置及制图等工作的总称。

　　因此，在工程结构设计之前，首先要了解结构体系与适用范围，其次要熟悉结构设计的主要内容和分析方法。

1.1　结构体系

　　体系泛指一定范围内或同类事物按照一定秩序和内部联系组合而成的整体。**结构体系是指结构中的所有承重构件及其共同工作的方式，** 一般可分为上部结构和下部结构。下部结构是指基础以上部分的建筑结构，包括墙、柱、梁、板、屋顶等；下部结构是指建筑物的地下室和基础，包括浅基础（如独立基础、条形基础、筏板基础、箱形基础）和深基础（如桩基础、沉井、地下连续墙）。上部结构按构件形状又可拆分为水平结构体系与竖向结构体系。

水平结构体系也称为楼屋盖体系，常见的有楼盖结构、桁架结构、网架结构、壳体结构、悬索结构、膜结构等。其主要作用有：①跨越水平空间，承受其上的竖向荷载作用，并将它们传递给竖向结构体系或支座；②将作用在结构上的水平力传递或分配给竖向结构体系；③作为竖向构件支承，与竖向结构构件形成整体结构，提高整个结构的抗侧力刚度和承载力。

竖向结构体系是整个结构的关键，通常结构体系是以竖向结构体系来命名的，如框（排）架结构、剪力墙结构、框架-剪力墙结构、筒体结构、砌体结构等。其主要作用有：①承受水平结构体系传来的全部荷载，并将其传递给下部结构；②承受直接作用在竖向构件上的风荷载或地震作用，并将其传递给下部结构。

（1）**砖混结构**　砖混结构是指由砖、石、砌块砌体制成竖向承重构件，并与钢筋混凝土或预应力混凝土楼盖、屋盖所组成的房屋建筑结构。由于砖混结构的抗震性差，在抗震设防地区适用于低层或多层房屋。

（2）**框（排）架结构**　框（排）架结构是指由梁和柱以刚接或铰接连接而成的房屋建筑结构，具有平面布置灵活，内部空间大、传力明确等优点。但因这种结构抗侧力刚度小，排架结构适用于大空间的单层工业建筑或影剧院等民用建筑，框架结构适用于多层办公楼或教学楼类建筑。两者不同之处：排架结构中梁或桁架与柱铰接，而框架结构中梁与柱刚接。

（3）**剪力墙结构**　剪力墙结构是指由剪力墙组成的能承受竖向和水平作用的结构，同时，墙体兼作围护墙体或内隔墙。其优点是整体性好，抗侧力刚度大；缺点是剪力墙间距小，平面布置不灵活，适用于小开间建筑，如住宅、公寓和旅馆类的高层建筑。

（4）**框架-剪力墙结构**　框架-剪力墙结构是指将框架和剪力墙共同承受竖向和水平作用的结构，具有平面布置灵活，内部空间大，抗侧力刚度大的优点。此时，剪力墙主要承受水平荷载，框架主要承担竖向荷载，适用于高层建筑。

（5）**筒体结构**　筒体结构是指由竖向筒体为主组成能承受竖向和水平作用的高层建筑结构。筒体分为剪力墙围成的薄壁筒和由密柱框架或壁式框架围成的框筒等类型，具有空间刚度极大，抗扭性能好的优点，适用于超高层建筑。

（6）**桁架结构**　桁架结构是指由若干杆件构成的一种平面或空间的格架式结构，各杆件主要承受轴向力，从而充分利用材料强度。这种结构具有受力合理，计算简便，施工方便，适应性强等优点，适用于屋架、支撑系统或格构墙体。

（7）**网架结构**　网架结构是指由多根杆件（含上弦杆、下弦杆和腹杆）按一定网格形式通过节点连接而成的大跨度覆盖的空间结构，主要承受整体弯曲受力，分为平板网架和曲面网架两种类型。这种结构具有杆件受力合理，节省材料，整体性好，刚度大，抗震性能好，杆件类型较少等优点，适用于大跨度的屋盖结构。

（8）**壳体结构**　壳体结构是指由各种形状的曲面板与梁、拱、桁架等边缘构件组成的大跨度覆盖或围护的空间结构。这种结构具有受力合理的优点，适用于体育馆、展览馆等建筑的屋盖结构。

（9）**悬索结构**　悬索结构是指以一定曲面形式，由拉索及其边缘构件所组成的结构体系。悬索结构能充分利用高强材料的抗拉性能，具有跨度大、自重小、材料省、易施工等优点，适用于体育馆、飞机库、展览馆、仓库等大跨度屋盖结构。

（10）**膜结构**　膜结构是指由膜材及其支承构件组成的建（构）筑物，分为气承式膜结构和张拉膜结构。这种结构具有质量轻、跨度大、构造简单、造型灵活、施工简便等优点，但隔热、防火性能差，充气薄膜尚有漏气缺陷，需持续供气，故适用于轻便流动的临时性和半永久性建筑。

1.2　建筑结构设计阶段和内容

工程建设通常包括工程勘察、工程设计和工程施工三个主要环节。工程建设应遵循先勘察后设计，先设计后施工的程序。建筑结构设计是工程设计的重要组成部分，一般分为初步设计、技术设计和施工图设计，称为三阶段设计。当有条件或有丰富工程经验时，也可将初步设计阶段与技术设计阶段合并，成为二阶段设计。

初步设计阶段主要对基础和上部主体结构提出可行的结构方案（包括结构选型、构件布置及传力途径），同时对结构设计的关键问题提出技术措施。初步设计也常称为方案设计。灾害调查和工程事故分析表明：结构方案设计对建筑物的安全有着决定性的影响，应满足安全、适用、经济、保证质量的原则。

技术设计阶段主要进行结构布置，对结构整体进行荷载效应分析及结构的极限状态设计，确定结构及构件的主要构造连接措施、耐久性、施工要求，以及重要部位和薄弱部位的技术措施。**结构布置应符合下列要求：选用合理的结构体系、构件形式和布置；结构的平、立面布置宜规则，各部分的质量和刚度宜均匀、连续；结构传力途径应简捷、明确，竖向构件宜连续贯通、对齐；宜采用超静定结构，重要构件和关键传力部位应增加冗余约束或有多条传力途径；宜采取减小偶然作用影响的措施。**

施工图设计阶段主要完成各楼层结构平面布置图，各结构构件连接的配筋或构造图，结构施工总说明，以及各项设计计算书存档，并提交最终设计图。

1.3　混凝土结构分析方法

混凝土结构是由钢筋和混凝土两种性能差别较大的材料组成的结构。在应力较小时，混凝土应力与应变就呈现非线性关系，之后当达到混凝土极限拉应变时，裂缝出现，非线性关系更加明显。因此，钢筋混凝土结构在荷载作用下的受力性能十分复杂，是一个不断变化的非线性过程。

混凝土结构分析主要是对结构在各种荷载与间接作用下所产生的内力和变形等进行分析计算，是结构设计计算中的主要工作。合理确定其力学模型和分析方法是提高计算精度，确保结构安全可靠的保证。为此，《混凝土结构设计规范》对混凝土结构分析的基本原则和各种分析方法做出了明确规定。

1.3.1　结构分析的基本原则

在所有情况下均应对结构的整体进行分析。对结构中的重要部位、形状突变部位、内力和变形有异常变化的部位（如较大孔洞周围、节点及其附近、支座和集中荷载附近等）的受力状况，必要时应另做更详细的局部分析，并应遵守下列基本原则：

（1）**确定不利作用组合** 当结构在施工和使用期的不同阶段（如预制构件的制作、运输和安装阶段等）有多种受力状况时，应分别进行结构分析，并确定其最不利的作用组合。结构可能遭遇火灾、飓风、爆炸、撞击等偶然作用时，还应按国家现行有关标准的要求进行相应的结构分析，得到结构在该作用效应组合情况下的整体受力性能。

（2）**结构分析应以结构的实际工作状况和受力条件为依据** 结构分析时，所采用的计算简图、几何尺寸、计算参数、边界条件、结构材料性能指标及构造措施等应符合实际工作状况；结构上可能的作用及其组合、初始应力和变形状况等应符合结构真实受力；结构分析中所采用的各种近似假定和简化，应有理论和试验依据或经工程实践验证；计算精度应符合工程设计的要求。

（3）**结构分析方法及选择** 结构分析方法均应符合三类基本方程，即**平衡方程（力学）、变形协调（几何）条件和本构（物理）关系**。其中，结构整体（局部）任一力学平衡条件都必须满足；结构的变形协调条件，包括节点和边界的约束条件，应在不同程度上予以满足；材料本构关系或构件单元的力—变形关系则需合理选用，尽可能符合或接近钢筋混凝土的实际性能。

（4）**计算软件的使用** 结构分析所采用的计算软件应经考核和验证，其技术条件应符合国家现行规范和标准的要求，对分析结果进行判断和校核，在确认其合理、有效后方可应用于工程设计。目前成熟的结构设计软件有：盈建科结构软件、广联达结构软件及中国建筑科学研究院开发的 PKPM 系列的 SATWE、PMSAP；用于工程线性分析的 SAP2000、ETASS；用于非线性分析的 ANSYS、ABAQUS、LS-DYNA。对于不熟悉的结构形式和重要结构工程，应采用两种以上软件计算，以保证分析结果的可靠性。

（5）**构造措施** 计算结果应有相应的构造措施加以保证。例如，规定适筋梁截面的最小配筋率，受压柱的轴压比限制，箍筋的最小直径和最大间距等措施。

1.3.2 结构分析模型

结构分析时，应结合工程的实际情况和采用的力学模型，对承重结构进行适当简化，使其既能较正确反映结构的真实受力状态，又能够适应所选用分析软件的力学模型和运算能力，从根本上保证分析结果的可靠性。结构分析模型的一般原则为：

（1）**空间协同作用的考虑** 体形规则的空间结构，可沿柱列或墙轴线分解为不同方向的平面结构分别进行分析，但应考虑平面结构的空间协同工作；构件的轴向、剪切和扭转变形对结构内力分析影响不大时，可不予考虑。

（2）**计算简图确定的一般原则** 计算简图宜根据结构的实际形状、构件的受力和变形状况、构件间的连接和支承条件及各种构造措施等，做出合理的简化后确定。

1）梁、柱、杆等一维构件的轴线宜取截面几何中心的连线，墙、板等二维构件的中轴面宜取截面中心线组成的平面或曲面。

2）现浇结构和装配整体式结构的梁柱节点、柱与基础连接处，当相应的构造和配筋有可靠保证时可视为刚接；非整体浇筑的次梁两端及板跨两端可视为铰接；有地下室的建筑底层柱，其嵌固端的位置还取决于底板（梁）的刚度；连接构造的整体性决定节点是按刚接还是按铰接处理。

3）梁、柱等构件的计算跨度或计算高度可按其两端支承长度的中心距或净距确定，并应根据支承节点的连接刚度或支承反力的位置加以修正。

4）当钢筋混凝土梁柱截面尺寸相对较大，梁柱节点的截面刚度远大于杆件中间截面的刚度时，在计算模型中可将梁柱节点作为刚域处理。刚域尺寸的合理确定，会在一定程度上影响结构整体分析的精度。

（3）**楼盖变形的考虑**　结构整体分析时，为减少结构分析的自由度，提高结构分析效率，对于现浇结构或装配整体式结构，可假定楼盖在其自身平面内为无限刚性。当楼板不连续或产生明显的平面内变形时，在结构分析中应按弹性楼板考虑。

（4）**楼面梁刚度及地基与结构相互作用的考虑**　对于现浇钢筋混凝土楼盖或装配整体式楼盖，可考虑楼板对梁刚度和承载力的贡献，分别对梁的矩形截面惯性矩乘以 2 或 1.5 的系数。当地基与结构的相互作用对结构的内力和变形有显著影响时，结构分析中宜考虑地基与结构相互作用的影响。

1.3.3　结构分析方法

结构分析时，应根据结构类型、材料性能和受力特点等选择合理的分析方法，包括弹性分析方法、塑性内力重分布分析方法、弹塑性分析方法、塑性极限分析方法、试验分析方法和间接作用分析方法。

1. 弹性分析方法

弹性分析方法是最基本和最成熟的结构分析方法，也是其他分析方法的基础和特例，可用于正常使用极限状态和承载能力极限状态作用效应的分析。它适用于分析一般结构，大部分混凝土结构的设计均基于此方法。

混凝土结构弹性分析宜采用结构力学或弹性力学等分析方法。体形规则的结构，可根据作用的种类和特性，采用适当的简化分析方法。结构内力的弹性分析和截面承载力的极限状态设计相结合，实用上简易可行，按此设计的结构，其承载力一般偏于安全。

考虑到混凝土结构开裂后刚度的减小，对梁、柱构件可分别取用不同的刚度折减值，且不再考虑刚度随作用效应而变化。在此基础上，结构的内力和变形仍可采用弹性分析方法。

结构构件的刚度计算时，混凝土的弹性模量可按《混凝土结构设计规范》采用；截面惯性矩可按匀质的混凝土全截面计算；端部加腋的杆件应考虑其截面变化对结构分析的影响；不同受力状态下构件的截面刚度，宜考虑混凝土开裂、徐变等因素的影响予以折减。

结构中的二阶效应指作用在结构上的重力或构件中的轴压力在变形后的结构或构件中引起的附加内力和附加变形，包括重力二阶效应（$P\text{-}\Delta$ 效应）和受压构件的挠曲效应（$P\text{-}\delta$ 效应）两部分。重力二阶效应属于结构整体层面的问题，一般在结构整体分析中考虑，可考虑混凝土构件开裂对构件刚度的影响，采用结构力学等方法进行分析，也可采用《混凝土结构设计规范》给出的简化分析方法。受压构件的挠曲效应属于构件层面的问题，一般在构件设计时考虑。

对钢筋混凝土双向板，当边界支承位移对其内力及变形有较大影响时，在分析中宜考虑边界支承竖向变形及扭转等的影响。

2. 塑性内力重分布分析方法

超静定混凝土结构在出现塑性铰的情况下，会发生内力重分布。可利用这一特点进行构件截面之间的内力调幅，以达到简化构造、节约钢筋的目的。

混凝土连续梁和连续单向板，可采用塑性内力重分布分析方法。重力荷载作用下的框架、框架-剪力墙结构中的现浇梁及双向板等，经弹性分析求得内力后，可对支座或节点弯矩进行适度调幅，并根据平衡条件确定相应的跨中弯矩。对属于协调扭转的混凝土结构构件，由于相邻构件的弯曲转动受到支承梁的约束而在支承梁内引起扭转，其扭矩会因为支承梁的开裂产生内力重分布而减小，支承梁的扭矩宜考虑内力重分布的影响。

按考虑塑性内力重分布的计算方法进行构件或结构的设计时，由于塑性铰的出现，构件的变形增大、调幅部位的裂缝宽度增大，应进行构件变形和裂缝宽度验算，以满足正常使用极限状态的要求或采取有效的构造措施。同时，对于直接承受动力荷载的构件，以及要求不出现裂缝或处于三a、三b环境情况下的结构，不宜采用考虑塑性内力重分布的分析方法。

3. 弹塑性分析方法

弹塑性分析方法以钢筋混凝土的实际力学性能为依据，引入相应的本构关系后，进行结构受力全过程分析，可以较好地解决各种体形和受力复杂结构的分析问题。但这种分析方法比较复杂，计算工作量大，各种非线性本构关系尚不够完善和统一，且要有成熟、稳定的软件提供使用，至今应用范围仍然有限，主要用于重要、复杂结构工程的分析和罕遇地震作用下的结构分析。

结构的弹塑性分析宜遵循下列原则：应预先设定结构的形状、尺寸、边界条件、材料性能和配筋等；材料的性能指标宜取平均值，并宜通过试验分析确定；宜考虑结构几何非线性的不利影响；分析结果用于承载力设计时，宜考虑抗力模型不定性系数对结构抗力进行适当调整。

混凝土结构的弹塑性分析，可根据实际情况采用静力或动力分析方法。结构的基本构件计算模型宜按下列原则确定：梁、柱、杆等杆系构件可简化为一维单元，宜采用纤维束模型或塑性铰模型；墙、板等构件可简化为二维单元，宜采用膜单元、板单元或壳单元；复杂的混凝土结构、大体积混凝土结构、结构的节点或局部区域需做精细分析时，宜采用三维块体单元。

构件、截面或各种计算单元的力-变形本构关系宜符合实际受力情况。某些变形较大的构件或节点进行局部精细分析时，宜考虑钢筋与混凝土间的黏结-滑移本构关系。

4. 塑性极限分析方法

塑性极限分析方法又称塑性分析法或极限平衡法，主要用于周边有梁或墙支承的双向板设计。对于超静定结构，结构中的某一个截面或某几个截面达到屈服，但整个结构远未达到最大承载能力，外荷载还可以继续增加。先达到屈服截面的塑性变形会随之不断增大，并且不断有其他截面陆续达到屈服。直至有足够数量的截面都达到屈服，结构体系即将形成几何可变机构时，结构达到最大承载能力。因此，利用超静定结构的这一受力特征，可采用塑性极限分析方法来计算超静定结构的最大承载力，并以达到最大承载力时的状态作为整个超静定结构的承载能力极限状态。这样既可以使超静定结构的内力分析更接近实际内力状态，又可以充分发挥超静定结构的承载潜力，使设计更经济合理。

由于超静定结构达到承载力极限状态（最大承载力）时，结构中较早达到屈服的截面已处于塑性变形阶段，即已形成塑性铰，这些截面实际上已具有一定程度的损伤。这种损伤对于一次加载情况的最大承载力影响不大。因此，对不承受多次重复荷载作用的混凝土结构，当有足够的塑性变形能力时，可采用塑性极限理论的分析方法进行结构的承载力计算，但仍应满足正常使用的要求。

结构极限分析可采用精确解、上限解和下限解。当采用上限解时，应根据具体结构的试验结果或弹性理论的内力分布，预先建立可能的破坏机构，然后采用机动法或极限平衡法求解结构的极限荷载。当采用下限解时，可参考弹性理论的内力分布，假定一个满足极限条件的内力场，然后用平衡条件求解结构的极限荷载。

整体结构的塑性极限分析计算应符合下列规定：对可预测结构破坏机制的情况，结构的极限承载力可根据设定的结构塑性屈服机制，采用塑性极限理论进行分析；对难于预测结构破坏机制的情况，结构的极限承载力可采用静力或动力弹塑性分析方法确定；对直接承受偶然作用的结构构件或部位，应根据偶然作用的动力特征考虑其动力效应的影响。

5. 试验分析方法

结构或其部分的体形不规则和受力状态复杂，又无恰当的简化分析方法时，可采用试验分析的方法。如剪力墙及其孔洞周围，框架和桁架的主要节点，构件的疲劳，受力状态复杂的水坝等。

6. 间接作用分析方法

当大体积（或超长）混凝土结构的收缩、徐变以及温度变化等间接作用在结构时，产生的作用效应可能危及结构的安全或正常使用时，宜进行间接作用效应的分析，并应采取相应的构造措施和施工措施。

对混凝土结构进行间接作用效应分析，可采用弹塑性分析方法；也可采用弹性方法进行近似分析，但应考虑混凝土徐变和开裂引起的刚度降低，应力松弛和重分布的影响。

本 章 小 结

1. 结构设计步骤：结构方案和结构体系的选择、进行结构布置；荷载计算；建立结构计算简图，选用合适的结构分析方法进行内力计算，进行内力组合；构件截面设计及构件间的连接构造等。其中结构方案布置是关键，其合理与否对结构的可靠性和经济性影响很大。

2. 合理确定混凝土结构的力学模型和选择合理的结构分析方法是提高设计质量、确保结构安全的重要保证。目前，混凝土结构分析方法有弹性分析方法、塑性内力重分布分析方法、弹塑性分析方法、塑性极限分析方法、试验分析方法和间接作用分析方法。结构设计时，应根据结构的重要性和使用要求，结构体系的特点、荷载情况，计算精度等选择合理的结构分析方法。

思 考 题

1-1　简述各类结构体系及特点。

1-2　简述混凝土结构设计内容及构件布置原则。

1-3　混凝土结构分析时应遵循哪些基本原则？结构分析方法有哪些？简述这些方法的适用范围。

—————— 习题 ——————

1-1 混凝土结构分析方法有弹性分析方法、塑性内力重分布分析方法、_____、塑性极限分析方法和_____。

1-2 结构的极限状态设计包括_____极限状态和_____极限状态两种类型。

1-3 混凝土结构的弹塑性分析中，梁柱构件可简化为_____维单元；墙板构件可简化为_____维单元；大体积混凝土结构宜采用_____维块体单元。

钢筋混凝土楼盖结构设计 第2章

学习要求：

1. 掌握单向板肋梁楼盖按弹性理论与塑性内力重分布计算内力的方法；掌握折算荷载、塑性铰、内力重分布、弯矩调幅等概念；掌握连续梁板截面设计特点及配筋构造要求。

2. 掌握双向板肋梁楼盖按弹性理论与塑性铰线法计算内力的方法及配筋构造要求。

3. 了解叠合楼盖形式、内力计算方法及构造要求。

4. 了解装配式楼盖形式，掌握其结构布置和连接、内力计算要点及构造措施。

2.1 概述

楼盖是指在房屋楼层间用以承受各种楼面作用的楼板、次梁和主梁所组成的部件总称，是建筑结构的重要组成部分。在建筑结构设计中，楼盖对于建筑隔声、隔热和美观等建筑效果有直接影响，对保证建筑结构的整体承载力、刚度、耐久性，以及提高抗风、抗震性能起到重要作用。因此，设计中一般根据房屋的性质、用途、平面尺寸、荷载大小、抗震设防烈度及技术经济指标等因素综合考虑，选择合理的楼盖结构形式。

楼盖作为水平结构体系，与竖向抗侧力构件一起构成建筑物的空间整体结构。楼盖具有承受竖向荷载，并将水平荷载（风荷载或地震作用）传递并分配给竖向抗侧力构件的受力特性，同时起到联系和支撑竖向结构构件的作用。因此，楼盖应满足承载力、刚度、平面外整体性、与竖向构件有可靠连接等性能要求。

2.1.1 楼盖类型

楼盖组成中按有无梁构件，分为肋梁楼盖（图 2-1）和无梁楼盖（图 2-2）。

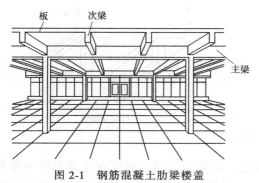

图 2-1 钢筋混凝土肋梁楼盖　　　　图 2-2 钢筋混凝土无梁楼盖

按施工方式将楼盖分为现浇式楼盖、装配式楼盖和装配整体式楼盖三种。

1. 现浇式楼盖

现浇式楼盖具有整体性好、刚度大、抗震性能好、结构布置灵活等优点，适用于楼面荷载大、对楼盖平面内刚度要求较高、平面形状不规则的建筑物。《高层建筑混凝土结构技术规程》（JGL 3—2010）规定，房屋高度超过 50m 的框架-剪力墙结构、筒体结构，或房屋的顶层、结构转换层、大底盘多塔楼结构的底盘顶层、平面复杂或开洞过大的楼层、作为上部结构嵌固部位的地下室楼层应采用现浇式楼盖结构。缺点是现浇式楼盖现场工程量大，模板需求量大，工期长。

按梁、板布置情况不同，可将现浇式楼盖分为下列几种结构类型：

（1）**肋梁楼盖**　肋梁楼盖一般由楼板、次梁与主梁组成。楼板是指直接承受楼面荷载的板，将楼面荷载传递到主梁上的梁称为次梁，将楼盖荷载传递到柱或墙上的梁称为主梁。主梁将楼板分成多个区格，根据区格长短边之比将肋梁楼盖分为单向板肋梁楼盖（图 2-3a）和双向板肋梁楼盖（图 2-3b），是目前应用最为广泛的两种楼盖形式。

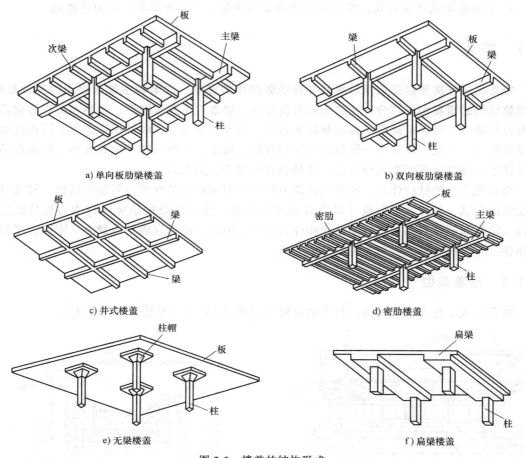

图 2-3　楼盖的结构形式

（2）**井式楼盖**　井式楼盖由肋梁楼盖演变而成，由同一平面内相互正交或斜交的格形梁（不再分主次梁），共同承担楼板传来的荷载，此时楼板为双向板，见图 2-3c。梁格布置均匀，外形美观，适用于跨度较大且柱网规则的楼盖结构，常用于房屋建筑的门厅与大厅。

（3）**密肋楼盖**　一般将肋距≤1.5m的肋梁楼盖称为密肋楼盖，见图2-3d。由于肋间距小，板可以做得很薄，因此具有质量较轻、材料省、造价低等优点，适用于跨度和荷载较大的大空间多层和高层建筑，如商业楼、办公楼、图书馆、教学楼等。

（4）**无梁楼盖**　建筑柱网接近正方形，跨度通常在6m，且楼面荷载不大的情况下，将楼板直接支承在柱上或柱帽上，见图2-3e。这种楼盖结构顶棚平整，楼层净高大，有较好的采光、通风条件；缺点是楼板易发生冲切破坏。

（5）**扁梁楼盖**　为了降低构件的高度，增加建筑的净高或提高建筑的空间利用率，可将楼盖梁做成宽度大于或等于梁高，称为扁梁楼盖，见图2-3f。此时，梁的宽度可以大于柱的宽度。

2. 装配式楼盖

装配式楼盖是指将混凝土预制构件在现场安装连接而成的楼盖，具有施工速度快、标准化、机械化等优点。但结构的整体性差、刚度小，不便于开设孔洞，还容易产生干缩裂缝，在地震多发区应限制其使用。

3. 装配整体式楼盖

装配整体式楼盖是在预制构件上现浇一个叠合层，形成整体，兼有现浇式楼盖和装配式楼盖的优点，是目前推广的一种楼盖形式。

另外，按预加应力情况可将楼盖分为钢筋混凝土楼盖和预应力混凝土楼盖两种。钢筋混凝土楼盖施工简便，但刚度和抗裂性能均不如预应力混凝土楼盖。当柱网尺寸较大时，预应力混凝土楼盖可有效地减轻结构自重，降低建筑物层高，增大楼板跨度，减小裂缝的发生和开展。目前，在高层建筑和大跨度楼盖中，较多使用后张无粘结预应力混凝土楼盖，缺点是建立预应力的成本较高。

2.1.2　单向板与双向板定义

按受力特点，将混凝土楼盖中的四边支承板分为单向板和双向板两类。只在一个方向弯曲或者主要在一个方向弯曲的板称为单向板；在两个方向弯曲，且不能忽略任一方向弯曲的板称为双向板。

图2-4所示为承受竖向均布荷载q的四边简支板计算简图，l_1、l_2分别为短边、长边的计算跨度。现研究荷载q在长、短跨方向力的传递情况，取出跨度中点两个互相垂直的宽度为1m的板带进行分析。设沿短跨方向传递的荷载为q_1，沿长跨方向传递的荷载为q_2，则$q=q_1+q_2$。当不考虑相邻板带影响时，由跨中A点挠度相等的条件：$f=\dfrac{5}{384}\dfrac{q_1 l_1^4}{EI}=\dfrac{5}{384}\dfrac{q_2 l_2^4}{EI}$，

可求得两个方向传递的荷载比值$\dfrac{q_1}{q_2}=\dfrac{l_2^4}{l_1^4}$，得到

$$q_1=\frac{l_2^4}{l_2^4+l_1^4}q=\eta_1 q \tag{2-1}$$

$$q_2=\frac{l_1^4}{l_2^4+l_1^4}q=\eta_2 q \tag{2-2}$$

式中 η_1、η_2——短跨、长跨方向的荷载分配系数。

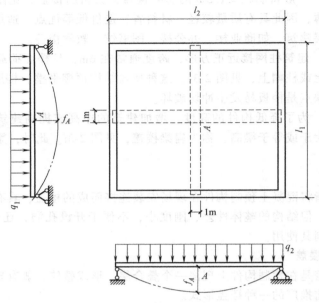

图 2-4 四边简支板计算简图

分析当 $l_2/l_1 = 1.5$ 时，$q_1 = 0.835q$，$q_2 = 0.165q$，荷载传递表现出沿长、短跨方向的双向受力特性；当 $l_2/l_1 = 3$ 时，$q_1 = 0.988q$，$q_2 = 0.012q$，荷载沿长跨 l_2 方向传递的荷载不到总荷载的 1.2%，呈现沿短跨方向的单向受力特性。可见，**随着 l_2/l_1 的增大，短跨 l_1 方向分担的荷载比例逐渐增大，而长跨 l_2 方向分担的荷载比例逐渐减小**。

根据以上分析及**荷载最短路径传递原则**，在肋梁楼盖设计中，对于单向板，通常沿短跨跨中将均布荷载传递给两长边的支承梁（墙），见图 2-5a；对于双向板，一般按 45°线划分为两个梯形与两个三角形，将均布荷载传递给四周支承梁（墙），见图 2-5b。

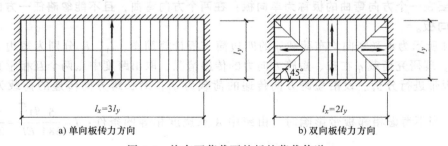

a) 单向板传力方向   b) 双向板传力方向

图 2-5 均布面荷载下的板的荷载传递

因此，《混凝土结构设计规范》规定：**四边支承的板：当板的长边与短边之比 $l_2/l_1 \leqslant 2$ 时，应按双向板设计。当板的长边与短边之比 $2 < l_2/l_1 < 3$ 时，宜按双向板设计。当板的长边与短边之比 $l_2/l_1 \geqslant 3$ 时，宜按沿短边方向受力的单向板设计，并应沿长边方向布置构造钢筋**。

单向板单向受力，单向弯曲，受力钢筋沿短边方向配置，长边方向仅布置分布钢筋。双向板双向受力，双向弯曲，受力钢筋沿长、短边双向配置。但无论是单向板还是双向板，支座是固定还是简支，跨中和支座的短跨方向的弯矩均大于长跨方向的弯矩，即板的主要受力方向为短跨，长边配筋应位于短边配筋的内侧。

应当注意，如果板仅一边支承（如悬臂板），或者两对边支承，板的荷载全部单向传递给支承边的梁（墙）。因而，一边支承板、两对边支承板应按单向板计算。

荷载分配系数 η_1、η_2 是根据板带的竖向弯曲刚度的原理得出的。使板带产生单位挠度需施加的竖向均布荷载称为板带的竖向弯曲刚度，短跨方向的板带竖向弯曲大，分配得多些；长跨方向的板带竖向弯曲小，分配得少些。**荷载按构件刚度进行分配是结构设计中的一个重要概念**，是贯穿于建筑结构设计的一条主线，本书在第 3、4 章将进一步介绍这个概念。

2.2 单向板肋梁楼盖设计

2.2.1 楼盖结构平面布置与梁、板尺寸确定

单向板肋梁楼盖由板、次梁和主梁组成，并支承在柱、墙等竖向承重构件上。其荷载传递路线是：荷载→板→次梁→主梁→柱或墙。其中，次梁的间距决定了板的跨度，主梁的间距决定了次梁的跨度，柱或墙的间距决定了主梁的跨度。工程实践表明，单向板、次梁、主梁的经济跨度为：单向板 1.7~2.7m，一般不超过 3m；次梁 4~6m；主梁 5~8m。

1. 结构布置方案

单向板肋梁楼盖的结构布置方案通常有以下三种：

1）**主梁沿横向布置，次梁沿纵向布置**，见图 2-6a。其优点是房屋横向刚度大，房屋的整体性较好，由于主梁与外纵墙垂直，可开设较大窗洞，有利于室内采光。

2）**主梁沿纵向布置，次梁沿横向布置**，见图 2-6b。该布置方案便于沿纵向布置的通风管道通过，但房屋横向刚度较差，适合于横向柱距大于纵向柱距较多的情况，此时为了减小主梁的截面高度，取主梁沿纵向布置。

3）**仅布置次梁，不布置主梁**，见图 2-6c。该布置方案可利用纵墙承重，适用于中间有走廊、纵墙间距较小的房屋。

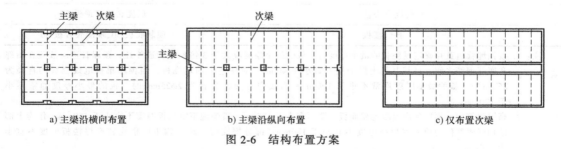

a) 主梁沿横向布置   b) 主梁沿纵向布置   c) 仅布置次梁

图 2-6 结构布置方案

2. 楼盖结构布置原则

在进行肋梁楼盖结构构件布置时，应综合考虑受力与经济、建筑功能、施工技术等因素，并遵循下述原则：

1）在满足建筑物使用功能的前提下，柱网和梁格的划分应尽可能规整、对称。结构布置力求简单、规则，各部分的质量和刚度均匀。

2）构件的跨度以等跨为宜，若边支座为铰支座，为减少边跨的内力，可使板、次梁及主梁的边跨跨度略小于内跨跨度（10%以内为宜）。

3）为提高房屋的侧向刚度，一般宜采用主梁横向布置，次梁纵向布置，梁尽可能连续贯通。

4）在楼、屋面上有机器设备、冷却塔、悬吊装置和隔墙等荷载较大的部位，宜设置次梁，避免楼板直接承受集中荷载或局部荷载。

5）不封闭的阳台、厨房和卫生间的板面标高宜低于相邻板面30~50mm。

6）板上开有大于1000mm的洞口时，应在洞边设置小梁。

3. 板的截面尺寸

板的厚度一般应由设计计算确定，即满足承载力、刚度及裂缝控制的要求。初步设计阶段可根据工程经验所确定的跨厚比拟定，见表2-1；同时考虑防火、防爆、预埋管线等要求，不应小于表2-2规定的现浇板的最小厚度。

表2-1　按刚度控制的板的最大跨厚比

楼盖形式	肋梁楼盖		双向密肋楼盖	无梁楼盖		悬臂板
	单向板	双向板		有柱帽	无柱帽	
最大跨厚比 l_0/h	30	40	20	35	30	12

注：表中 h 为板厚，l_0 为板的计算跨度。对双向板取短边为计算跨度，对无梁楼板取区格长边为计算跨度。$l_0>4m$ 的单向板和双向板应适当加厚；荷载较大时，板厚另行考虑。

表2-2　现浇钢筋混凝土板的最小厚度

板 的 类 别		最小厚度/mm
实心楼板、屋面板		80
密肋楼盖	上、下面板	50
	肋高	250
悬臂板（固定端）	悬臂长度不大于500mm	80
	悬臂长度1200mm	100
无梁楼板		150
现浇空心楼盖		现浇底板与顶板50
叠合楼板		预制底板50,现浇叠合板50

注：1. 按预埋管道直径确定现浇板的最小厚度时，板的最小厚度应大于3倍预埋管道外径，预埋管道应放置在顶部和底部钢筋之间，且其混凝土保护层不宜小于40mm。对住宅中的现浇板，当预埋单根电线套管的直径为25mm时，板的最小厚度通常不小于100mm，当板中有交叉套管为2φ25mm时，板的最小厚度通常不小于120mm。
2. 高层建筑中，顶层现浇混凝土屋面板厚度不宜小于120mm；普通地下室顶板厚度不宜小于160mm；作为上部结构嵌固部位的地下室顶板厚度不宜小于180mm；部分框支剪力墙结构中的框支转换层楼板厚度不宜小于180mm。
3. 抗震设计时，底部框架-抗震墙砌体房屋的过渡层现浇钢筋混凝土底板厚度不应小于120mm。
4. 防空地下室结构顶板及中间层楼板的最小厚度为200mm。
5. 有墙梁的砌体房屋，在托梁两边各一开间及相邻开间处应采用现浇混凝土楼板，其厚度不宜小于120mm。

4. 梁的截面尺寸

现浇钢筋混凝土结构中，梁截面宽度不宜小于200mm。矩形截面梁的高宽比 h/b 一般取2.0~3.5；T形截面梁的高宽比 h/b 一般取2.5~3.0（此时 b 为T形梁腹板宽）。常用矩形截面梁或 T 形截面梁的宽度 b 为 200mm、240mm、250mm、300mm、350mm、400mm 等，当 $b>$ 250mm 时以 50mm 为级差；截面高度 h 为 250mm、300mm、350mm、400mm、450mm、500mm、550mm、600mm、650mm、700mm、750mm、800mm、900mm 等，当 $h\leqslant800$mm 时以 50mm 为级差，当 $h>800$mm 时以 100mm 为级差。常见梁截面高度见表 2-3。

表 2-3　常见梁截面高度

梁的种类		梁截面高度
现浇整体楼、屋盖	普通主梁	$l_0/15\sim l_0/10$
	框架主梁	$l_0/18\sim l_0/10$
	次梁	$l_0/15\sim l_0/12$
独立梁	简支梁	$l_0/12\sim l_0/8$
	连续梁	$l_0/15\sim l_0/12$
悬臂梁		$l_0/6\sim l_0/5$
井字梁		$l_0/20\sim l_0/15$
单向密肋梁		$l_0/22\sim l_0/16$
框支梁（$b>400$mm）		$l_0/6$

注：1. 本表适用于长宽比小于 1.5 的楼（屋）盖，梁间距小于 3.6m，且周边设有边梁的结构。

　　2. l_0 为梁的计算跨度；当梁的跨度 l_0 超过 9m 时，表中数值宜乘以 1.2。当梁的荷载较大时，一般以均布设计荷载 40kN/m 为界，超过此值时截面高度取较大值。

　　3. 现浇结构中，一般主梁比次梁高出 50mm，当主梁下部受力钢筋为双层配置，或次梁处设置吊筋时，宜高出 100mm。

2.2.2　计算简图

结构计算简图包括计算模型和计算荷载。计算模型的确定要考虑影响结构内力、变形的主要因素，忽略次要因素，使结构计算简图尽可能符合实际情况，并起到简化结构分析的作用。计算模型包括确定计算单元、支承条件、计算跨度和跨数等内容。计算荷载包括确定受荷范围，荷载形式、性质、作用位置及大小等内容。

1. 基本假定

在现浇单向板肋梁楼盖中，板、次梁、主梁的计算模型为连续板或连续梁。其中，次梁是板的支座，主梁是次梁的支座，柱或墙是主梁的支座。为简化内力计算，通常做以下假定：

1）支座没有竖向位移，且可以自由转动。 假定支座处没有竖向位移，实际是忽略了次梁的竖向变形对板的影响、主梁的竖向变形对次梁的影响及柱的竖向变形对主梁的影响。柱子的竖向位移主要由轴向变形引起，在通常的内力分析中可以忽略。忽略主梁变形，将导致次梁跨中弯矩偏小，主梁跨中弯矩偏大。只有当主次梁线刚度相差较大时，假定成立，否则按交叉梁系进行内力分析。对主梁和柱而言，当梁与柱的抗弯线刚度比大于 5 时，主梁按连续梁假定成立，否则应按梁柱刚接的框架模型计算。次梁竖向变形对板内力的影响也是同样道理。

假定支座可以自由转动，实际是忽略了次梁对板、主梁对次梁、柱对主梁的转动约束能力。在现浇混凝土楼盖中，梁板整浇，当板发生弯曲转动时，支承它的次梁将产生扭转，次梁的抗扭刚度将约束板的弯曲转动，使板在支承处的实际转角 θ' 小于理论时的转角 θ，见图 2-7。同样情况也发生在次梁与主梁之间。由此假定带来的误差将通过"折算荷载"的方式来弥补。

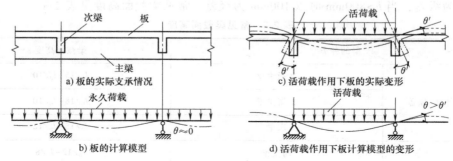

图 2-7　支座抗扭刚度的影响

2）**不考虑薄膜效应对板内力的影响。** 楼板在受拉区混凝土开裂后，实际中和轴成拱形，见图2-8。板的四周支承梁提供的水平推力将减小板在竖向荷载下的截面弯矩，对板受力有利。依据作用力与反作用力的关系，板内则存在轴向压力，这种轴向力称为薄膜力。在内力分析时，一般不考虑板的这种薄膜效应对结构的有利作用，但在配筋计算时可根据不同的支座约束条件，通过对板的计算弯矩进行折减加以考虑。

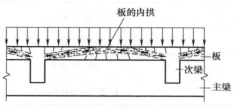

图 2-8　板的薄膜效应

3）**在确定板传给次梁的荷载以及次梁传给主梁的荷载时，分别忽略板、次梁的连续性，按简支构件计算支座竖向反力。** 此假定在荷载传递过程中，忽略梁、板连续性影响，主要是为了简化计算，且误差不大。

4）**跨数超过 5 跨的连续梁、板，当各跨荷载相同，且跨度相差不超过 10% 时，可按五跨的等跨连续梁、板计算。** 连续梁、板的计算跨数简化见图 2-9。

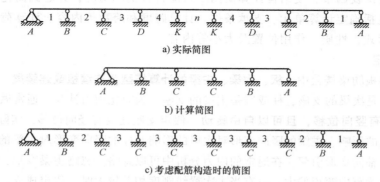

图 2-9　连续梁、板的计算跨数简化

内力分析表明，对于连续梁、板的某一跨而言，作用在相隔两跨以上的荷载对本跨的内力影响较小，可以忽略。这样，对于等截面且等跨度的连续梁、板，当实际跨数超过五跨时（图 2-9a），为简化计算，可按五跨计算，见图 2-9b。也就是说，所有中间跨的内力和配筋都可按第 3 跨来处理，见图 2-9c。对于跨数少于五跨的等跨连续梁、板，按其实际跨数计算。等跨连续梁的内力可直接利用附录 B 的图表计算，非常方便。

2. 计算单元与从属面积

为减少计算工作量，结构内力分析时，常常不是对整个结构进行分析，而是从实际结构中选取具有代表性的某一部分作为计算的对象，称为计算单元。负荷范围即计算构件受荷载大小的楼面面积，称为从属面积。

对单向板，可取单宽 1m 的板带作为计算单元，受荷范围为图 2-10a 中阴影线所示的楼面均布荷载。图中所示为六跨连续板，计算简图见图 2-10b，按矩形截面设计。

对主、次梁可取具有代表性的一根梁作为计算单元。**对次梁，取相邻次梁中心距的一半，承受楼板传来的均布线荷载，受荷范围见图 2-10a 阴影线**，图中所示为五跨连续次梁，计算简图见图 2-10c，按 T 形截面设计。**对主梁，取相邻纵横两个方向梁中心距的一半，承受次梁传来的集中荷载，受荷范围见图 2-10a 阴影线。**因主梁的自重是均布荷载，可将主梁的自重等效成集中荷载，图中所示为双跨连续主梁，计算简图见图 2-10d，按 T 形截面设计。

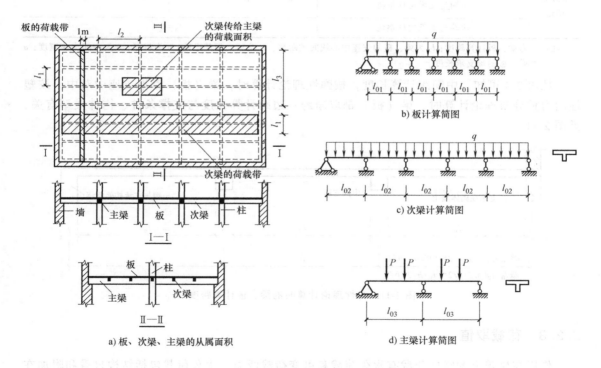

a) 板、次梁、主梁的从属面积　　　　　　d) 主梁计算简图

图 2-10　板与主次梁的从属面积与计算简图

3. 计算跨度

从图 2-10 可知，**次梁的间距就是板的跨长，主梁的间距就是次梁的跨长**，但跨长并不一定等于计算跨度。梁、板的计算跨度 l_0 是指在内力计算时所取用的跨间长度。从理论上讲，某一跨的计算跨度应取该跨两端支座转动点之间的距离，与内力计算方法、支承条件有

关。梁、板计算跨度按弹性理论和塑性内力重分布理论取值见表2-4。

表2-4　梁、板计算跨度按弹性理论和塑性内力重分布理论取值

内力计算方法	跨数	支承情况		计算跨度 l_0	
				梁	板
弹性理论	单跨	两端支承在砌体墙上		$l_0 = l_n + a \leqslant 1.05 l_n$	$l_0 = l_n + a \leqslant l_n + h$
		一端支承在砌体墙上、一端与支承构件整浇		$l_0 = l_n + a/2 \leqslant 1.025 l_n$	$l_0 = l_n + a/2 \leqslant l_n + h/2$
		两端与支承构件整浇		$l_0 = l_c$	
	双跨	边跨	两端与支承构件整浇	$l_0 = l_c$	
			一端支承在砌体墙上、一端与支承构件整浇	$l_0 = l_n + a/2 + b/2$ $\leqslant 1.025 l_n + b/2$	$l_0 = l_n + a/2 + b/2$ $\leqslant l_n + h/2 + b/2$
		中间跨		$l_0 = l_c \leqslant 1.05 l_n$	$l_0 = l_c \leqslant 1.1 l_n$
塑性内力重分布理论		两端支承在砌体墙上		$l_0 = 1.05 l_n \leqslant l_n + a$	$l_0 = l_n + h \leqslant l_n + a$
		一端支承在砌体墙上、一端与支承构件整浇		$l_0 = 1.025 l_n \leqslant l_n + a/2$	$l_0 = l_n + h/2 \leqslant l_n + a/2$
		两端与支承构件整浇		$l_0 = l_n$	

注：l_0 为梁、板计算跨度；l_c 为梁、板的支座中心线间的距离；l_n 为梁、板的净跨；h 为板厚；b 为中间支座宽度；a 为梁、板的端支承长度。

从表2-4可知，中间跨计算长度，按弹性理论计算时，梁（板）都取支座中对中，按塑性内力重分布理论计算时，梁（板）都取净跨；边跨计算长度与支撑条件、构件类型有关，见图2-11。

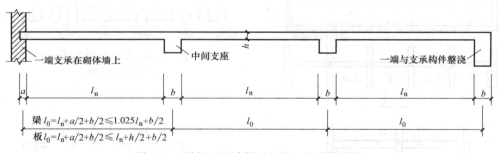

图2-11　弹性理论计算时的梁、板计算跨度

2.2.3　荷载取值

作用在楼盖上的竖向荷载有永久荷载和可变荷载两类。永久荷载包括结构自重和附加在结构上的楼、屋面构造层自重、门窗自重、隔墙重及设备自重等。结构的自重可按构件的设计尺寸与材料单位体积的重力计算确定。可变荷载包括楼（屋）面活荷载、雪荷载、屋面积灰荷载等，按等效均布荷载考虑。

依据《建筑结构可靠性设计统一规范》（GB 50068—2018），**永久荷载分项系数 $\gamma_G = 1.3$，可变荷载分项系数 $\gamma_Q = 1.5$**。对于民用建筑，当楼面梁的受荷范围较大时，受荷范围内同时布满活荷载标准值的可能性较小，故可对活荷载标准值进行折减，详见《建筑结构荷载规范》。在屋面板的设计中还需要考虑施工和检修荷载。

如前所述，计算假定 1) 中忽略支座对被支承构件的转动约束，这对等跨连续梁、板在永久荷载作用下带来的误差不大，但在活荷载不利布置下，次梁转动将减小板的内力，主梁的转动将减小次梁的内力，使得计算结果大于实际受力。为使计算结果比较符合实际情况，**采取增大永久荷载，相应减小活荷载，保持总荷载不变的方法来计算内力，即以折算荷载代替计算荷载**；又由于次梁对板的约束作用较主梁对次梁的约束作用大，故对板和次梁采用不同折算荷载。

连续板　　　　　　　　　　$g' = g + \dfrac{q}{2}, \ q' = \dfrac{q}{2}$　　　　　　　　　　(2-3)

连续次梁　　　　　　　　　$g' = g + \dfrac{q}{4}, \ q' = \dfrac{3q}{4}$　　　　　　　　　(2-4)

式中　g、q——单位长度上永久荷载、活荷载设计值；

　　　　g'、q'——单位长度上折算永久荷载、折算活荷载设计值。

当板或梁搁置在砌体或钢结构上时，荷载不做调整。为突出主梁的重要性，对主梁荷载也不采取折算荷载进行计算。

2.2.4　活荷载最不利布置

作用在连续梁、板上的荷载是由永久荷载和活荷载组成的。由于活荷载的作用位置具有不确定性，使得构件内力发生变化，因此在设计连续梁、板时，应**研究活荷载如何布置将使梁、板内某一截面的内力绝对值最大**，这种布置称为活荷载的最不利布置。

由力矩分配法可知，某一跨单独布置活荷载时：①本跨跨中为正弯矩，相邻跨中为负弯矩，隔跨跨中又为正弯矩；②本跨两端支座为负弯矩，相邻跨另一端支座为正弯矩，隔跨远端支座又为负弯矩。图 2-12 是五跨连续梁单跨布置活荷载时的弯矩 M 和剪力 V 的分布图，研究图 2-12 的弯矩和剪力分布规律以及不同组合后的效果，不难发现活荷载最不利布置的规律：

1) **某跨跨内最大正弯矩时，应在本跨布置活荷载，然后隔跨布置**。按图 2-13a 中的活荷载布置，可求得第一、三、五跨跨中截面的最大正弯矩；按图 2-13b 中的活荷载布置，可求得第二、四跨跨中截面的最大正弯矩。

2) **求某跨跨内最小正弯矩或最大负弯矩时，本跨不布置活荷载，而在其左右邻跨布置，然后隔跨布置**。按图 2-13a 中的活荷载布置，可求得第二、四跨跨中截面的最小正弯矩；按图 2-13b 中的活荷载布置，可求得第一、三、五跨跨内截面的最小正弯矩。

3) **求某支座绝对值最大的负弯矩或支座左、右截面最大剪力时，应在该支座左、右两跨布置活荷载，然后隔跨布置**。按图 2-13c 中的活荷载布置，可求得 B 支座截面的最大负弯矩及相应最大剪力；同理，按图 2-13d、e、f 中的活荷载布置，可分别求得 C 支座、D 支座、E 支座截面的最大负弯矩及相应最大剪力。

按上述原则，双跨连续梁有三种最不利布置方式，五跨连续梁有六种最不利布置方式，n 跨连续梁则有 $n+1$ 种活荷载最不利布置方式。

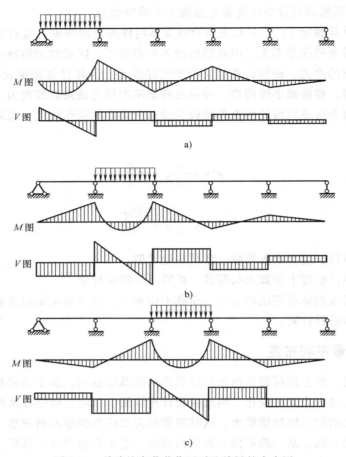

图 2-12 单跨均布荷载作用时连续梁的内力图

2.2.5 连续梁、板按弹性理论的内力计算

1. 内力计算

（1）**力矩分配法** 当端支座为嵌固时，不等跨、变截面的连续梁按弹性理论计算时，可用结构力学的力矩分配法求解，先根据连续梁的力矩分配法求出支座梁端弯矩，跨中弯矩则根据所求的支座梁端弯矩和荷载实际布置情况由静力平衡求得。

力矩分配法求解连续梁的支座梁端弯矩的步骤如下：

1）求出各跨的线刚度 $i=EI/l$ 及各支座节点的梁端分配系数 μ_i，并确定其传递系数。

2）首先锁住各节点，考虑活荷载不利布置作用下，按单跨固端梁计算各梁端的固端弯矩（弯矩的正负号以梁端的弯矩沿顺时针方向转动者为正）。

3）这时相邻梁端的固端弯矩往往不平衡，应从不平衡弯矩较大的一个节点首先开始放松，得到汇交于该节点的各梁端的分配弯矩（其值等于不平衡力矩反号乘以分配系数），使该节点平衡；然后将该梁端所得的分配弯矩乘以传递系数向远端传递，远端得到传递弯矩将引起新的不平衡力矩，再进行分配平衡，这样逐个节点进行，直至各节点上的分配弯矩小到不必传递为止。

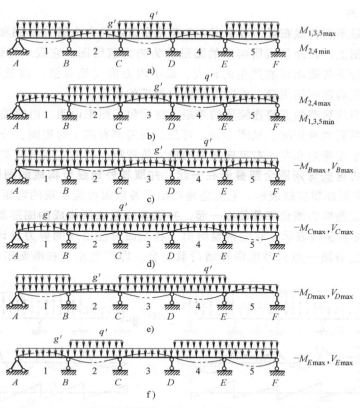

图 2-13　连续梁的活荷载最不利布置（图中 g'、q' 为折算荷载）

4）最后将各个梁端所有的固端弯矩、分配弯矩和传递弯矩相加，得到的代数和即为各支座的梁端弯矩。

（2）**查表法**　查表法适用于端支座为简支、等跨、等截面的 2～5 跨连续梁（板）的弹性内力计算。考虑活荷载最不利布置后，可由附录 B 查出相应的弯矩系数与剪力系数，利用下列公式计算跨内或支座的最大内力。

均布及三角形荷载作用下
$$\begin{cases} M = k_1 g l_0^2 + k_2 q l_0^2 \\ V = k_3 g l_0 + k_4 q l_0 \end{cases} \tag{2-5}$$

集中荷载作用下
$$\begin{cases} M = k_5 G l_0 + k_6 Q l_0 \\ V = k_7 g + k_8 q \end{cases} \tag{2-6}$$

式中　　　g、q——单位长度上的均布永久荷载设计值、均布活荷载设计值（kN/m）；

　　　　　G、Q——集中永久荷载设计值、集中活荷载设计值（kN）；

k_1、k_2、k_5、k_6——附录 B 中相应栏中的弯矩系数；

k_3、k_4、k_7、k_8——附录 B 中相应栏中的剪力系数。

跨数多于五跨且跨度相差不超过 10% 的不等跨连续梁（板），也可按五跨等跨连续梁内力系数取值。

左右跨度不等时，计算支座截面弯矩，应采用相邻两跨计算跨度的较大值；计算跨内截面弯矩和支座剪力，应采用本跨的计算跨度。

2．内力包络图

根据活荷载最不利荷载布置，可求出各种荷载布置时的内力图（**M** 图和 **V** 图），把它们叠画在同一坐标图上，其外包线所构成的图形称为内力包络图，它表示连续梁（板）在各种荷载最不利组合下各截面可能产生的最大、最小内力值（绝对值）以及沿跨度的变化情况。内力包络图是确定钢筋用量、截断上部纵向钢筋的依据。

现以承受均布线荷载的五跨连续梁的弯矩、剪力包络图来说明。由前述活荷载的最不利布置规律可知，共有六种情况，见图 2-14。可见，每跨都有四个弯矩图，分别对应跨内最大正弯矩、跨内最小正弯矩和左、右支座截面的最大负弯矩。当端支座是简支时，边跨只能画出三个弯矩图。**将这些弯矩图全部叠画在一起，并取其外包线所构成的图形就是弯矩包络图**，见图 2-15a 中用加粗实线表示。它完整地给出了各截面可能出现的弯矩设计值的上、下限。同理，**可将这些剪力图全部叠画在一起，并取其外包线所构成的图形就是剪力包络图**，在图 2-15b 中用加粗实线表示。它完整地给出了各截面可能出现的剪力设计值的上、下限。通常每跨的剪力包络图一般只考虑两种活荷载组合，即产生左、右端支座截面最大剪力的组合。

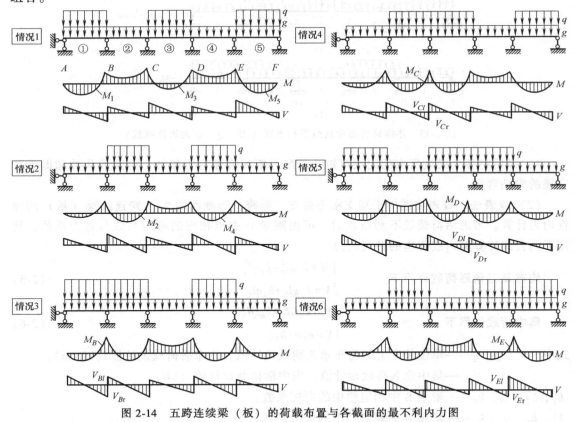

图 2-14　五跨连续梁（板）的荷载布置与各截面的最不利内力图

3．支座弯矩和剪力设计值

按弹性理论计算连续梁内力时，中间跨的计算跨度取支座中心线间的距离，故所求得的支座弯矩与支座剪力都是指支座中心线处的内力。实际上，正截面受弯承载力和斜截面受剪承载力的控制截面应在支座边缘，其弯矩和剪力设计值应以支座边缘截面为准，见图 2-16，

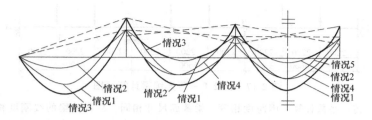

a) 弯矩包络图

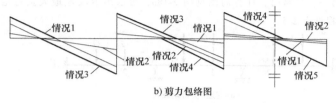

b) 剪力包络图

图 2-15　内力包络图

按下列公式求得。

弯矩设计值 　　　　$M_边 = M - V_0 \dfrac{b}{2}$ 　　　　　（2-7）

剪力设计值

对于均布荷载 　　　　$V_边 = V - (g+q) \dfrac{b}{2}$ 　　　　（2-8）

对于集中荷载 　　　　$V_边 = V$ 　　　　　　　　　（2-9）

式中　M、V——支座中心线处截面的弯矩和剪力；

　　　　b——支座宽度；

　　　　V_0——按简支梁计算的支座中心处剪力设计值，取绝
　　　　　　对值。

综上所述，按弹性理论方法计算单向板肋梁楼盖的主要步骤
是：①确定计算简图（其中板和次梁采用折算荷载）；②求出永
久荷载作用下的内力和最不利活荷载作用下的内力，并分别进行
叠加；③画出内力包络图；④求出支座边缘的弯矩和剪力；⑤进
行配筋计算，并满足相应构造要求。

【例 2-1】　等跨、等截面的三跨连续梁，端支座为嵌固，三分点加载作
用集中永久荷载设计值 $G = 56.8\text{kN}$，集中活荷载设计值 $Q = 74.3\text{kN}$，计算跨
度为 6.6m，见图 2-17。试按力矩分配法求弯矩包络图。已知固端弯矩
$M = Fa\left(1 - \dfrac{a}{l_0}\right)$。

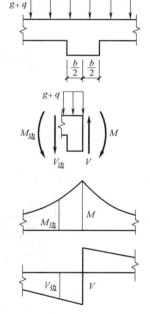

图 2-16　支座边缘截面内力

解：1）固端弯矩计算。

永久荷载 G 作用下：$M = Ga\left(1 - \dfrac{a}{l_0}\right) = 56.8\text{kN} \times 2.2\text{m} \times \left(1 - \dfrac{2.2\text{m}}{6.6\text{m}}\right) = 83.3\text{kN} \cdot \text{m}$

总荷载（$G+Q$）作用下：

$$M = (G+Q)a\left(1 - \dfrac{a}{l_0}\right) = (56.8 + 74.3)\text{kN} \times 2.2\text{m} \times \left(1 - \dfrac{2.2\text{m}}{6.6\text{m}}\right) = 192.3\text{kN} \cdot \text{m}$$

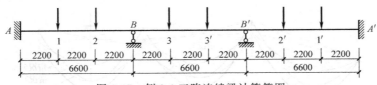

图 2-17　例 2-1 三跨连续梁计算简图

2）分配系数、传递系数计算。因跨度相等，梁截面尺寸相同，故各跨梁的线刚度相同，分配系数均为 0.5；因远端为嵌固，故传递系数为 1/2。

3）活荷载布置在第一、二跨时，计算简图见图 2-18a，可求出 B 支座最大负弯矩相对应的各梁端弯矩，力矩分配法计算过程见表 2-5。

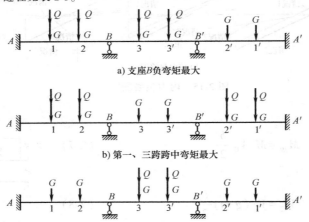

a) 支座 B 负弯矩最大

b) 第一、三跨跨中弯矩最大

c) 第二跨跨中弯矩最大

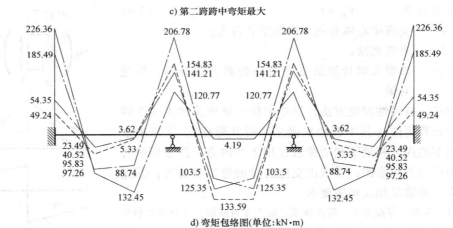

d) 弯矩包络图(单位:kN·m)

图 2-18　例 2-1 实用弯矩分配法计算

表 2-5　B 支座最大负弯矩相对应的各梁端弯矩的力矩分配计算

	A		B		B'		A'
分配系数		0.50	0.50	0.50	0.50		
固端弯矩	−192.30	192.30	−192.30	192.30	−83.30		83.30
第一次分配传送弯矩			−27.25 ←	−54.50	−54.50	→	−27.25
第二次分配传送弯矩	6.81 ←	13.63	13.63	→	6.81		
第三次分配传送弯矩			−1.70 ←	−3.41	−3.41	→	−1.70
第四次分配弯矩		0.85	0.85				
最后杆端支座弯矩	−185.49	206.78	−206.78	141.21	−141.21		54.35

注：采用 Excel 计算，数值细微误差是因保留小数精度影响，本书均同。

跨中弯矩计算如下：

$$M_1 = \frac{(G+Q)l_0}{3} + \frac{2M_A - M_B}{3}$$

$$= \frac{(56.8+74.3)\text{kN}\times6.6\text{m}}{3} + \frac{-2\times185.49\text{kN}\cdot\text{m} - 206.78\text{kN}\cdot\text{m}}{3} = 95.83\text{kN}\cdot\text{m}$$

$$M_2 = \frac{(G+Q)l_0}{3} + \frac{M_A - 2M_B}{3}$$

$$= \frac{(56.8+74.3)\text{kN}\times6.6\text{m}}{3} + \frac{-185.49\text{kN}\cdot\text{m} - 2\times206.78\text{kN}\cdot\text{m}}{3} = 88.74\text{kN}\cdot\text{m}$$

$$M_3 = \frac{(G+Q)l_0}{3} + \frac{2M_B - M_{B'}}{3}$$

$$= \frac{(56.8+74.3)\text{kN}\times6.6\text{m}}{3} + \frac{-2\times206.78\text{kN}\cdot\text{m} - 141.21\text{kN}\cdot\text{m}}{3} = 103.50\text{kN}\cdot\text{m}$$

$$M_{3'} = \frac{(G+Q)l_0}{3} + \frac{M_B - 2M_{B'}}{3}$$

$$= \frac{(56.8+74.3)\text{kN}\times6.6\text{m}}{3} + \frac{-206.78\text{kN}\cdot\text{m} - 2\times141.21\text{kN}\cdot\text{m}}{3} = 125.35\text{kN}\cdot\text{m}$$

$$M_{2'} = \frac{Gl_0}{3} + \frac{2M_{B'} - M_{A'}}{3} = \frac{56.8\text{kN}\times6.6\text{m}}{3} + \frac{-2\times141.21\text{kN}\cdot\text{m} - 81.60\text{kN}\cdot\text{m}}{3} = 3.62\text{kN}\cdot\text{m}$$

$$M_{1'} = \frac{Gl_0}{3} + \frac{M_{B'} - 2M_{A'}}{3} = \frac{56.8\text{kN}\times6.6\text{m}}{3} + \frac{-141.21\text{kN}\cdot\text{m} - 2\times81.60\text{kN}\cdot\text{m}}{3} = 23.49\text{kN}\cdot\text{m}$$

4）活荷载布置在第二、三跨时，C 支座最大负弯矩内力对称于 B 支座内力。

5）活荷载布置在第一、三跨时，计算简图见图 2-18b，可求出边跨跨中最大正弯矩相对应的各梁端弯矩，力矩分配法计算过程见表 2-6。

表 2-6　边跨跨中最大正弯矩相对应的各梁端弯矩的力矩分配计算

	A	B		B′	A′
分配系数		0.50	0.50	0.50	0.50	
固端弯矩	−192.30	192.30	−83.30	83.30	−192.30	192.30
第一次分配弯矩		−54.50	−54.50	54.50	54.50	
传递弯矩	−27.25		27.25	−27.25		27.25
第二次分配弯矩		−13.63	−13.63	13.63	13.63	
传递弯矩	−6.81		6.81	−6.81		6.81
第三次分配弯矩		−3.41	−3.41	3.41	3.41	
支座弯矩	−226.36	120.77	−120.77	120.77	−120.77	226.36

跨中弯矩计算如下：

$$M_1 = M_{1'} = \frac{(56.8+74.3)\text{kN}\times6.6\text{m}}{3} + \frac{-2\times226.36\text{kN}\cdot\text{m} - 120.77\text{kN}\cdot\text{m}}{3} = 97.26\text{kN}\cdot\text{m}$$

$$M_2 = M_{2'} = \frac{(56.8+74.3)\text{kN}\times6.6\text{m}}{3} + \frac{-226.36\text{kN}\cdot\text{m} - 2\times120.77\text{kN}\cdot\text{m}}{3} = 132.45\text{kN}\cdot\text{m}$$

$$M_3 = M_{3'} = \frac{56.8\text{kN}\times6.6\text{m}}{3} - 120.77\text{kN}\cdot\text{m} = 4.19\text{kN}\cdot\text{m}$$

6）活荷载布置在第二跨，计算简图见图 2-18c。中间跨中最大正弯矩相对应的支座负弯矩的力矩分配法计算见表 2-7。

表 2-7　中间跨中最大正弯矩相对应的支座负弯矩的力矩分配计算

	A		B		B'		A'
分配系数		0.50	0.50		0.50	0.50	
固端弯矩	−83.30	83.30	−192.30	192.30	−83.30		83.30
第一次分配弯矩		54.50	54.50	−54.50	−54.50		
传递弯矩	27.25		−27.25	27.25			−27.25
第二次分配弯矩		13.63	13.63	−13.63	−13.63		
传递弯矩	6.81		−6.81	6.81			−6.81
第三次分配弯矩		3.41	3.41	−3.41	−3.41		
支座弯矩	−49.24	154.83	−154.83	154.83	−154.83		49.24

跨中变矩计算如下:

$$M_1 = M_{1'} = \frac{56.8\text{kN}\times6.6\text{m}}{3} + \frac{-2\times49.24\text{kN}\cdot\text{m}-154.83\text{kN}\cdot\text{m}}{3} = 40.52\text{kN}\cdot\text{m}$$

$$M_2 = M_{2'} = \frac{56.8\text{kN}\times6.6\text{m}}{3} + \frac{-49.24\text{kN}\cdot\text{m}-2\times154.83\text{kN}\cdot\text{m}}{3} = 5.33\text{kN}\cdot\text{m}$$

$$M_3 = M_{3'} = \frac{(56.8+74.3)\text{kN}\times6.6\text{m}}{3} - 154.83\text{kN}\cdot\text{m} = 133.59\text{kN}\cdot\text{m}$$

弯矩包络图绘制见图 2-18d。

【例 2-2】　两跨连续梁,端支座为简支,三分点加载作用集中永久荷载设计值 $G = 40\text{kN}$,集中活荷载设计值 $Q = 80\text{kN}$,计算跨度 $l_0 = 6\text{m}$,见图 2-19。按弹性理论的查表法绘制弯矩包络图。

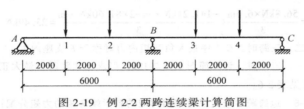

图 2-19　例 2-2 两跨连续梁计算简图

解: 1) 活荷载布置在两跨,支座 B 负弯矩最大,见图 2-20a,内力系数查附录 B-1,下同。

$$M_{B\max} = -0.333(G+Q)l_0 = -0.333\times(40+80)\text{kN}\times6\text{m} = -239.76\text{kN}\cdot\text{m}$$

$$M_1 = M_4 = 0.222(G+Q)l_0 = 0.222\times120\text{kN}\times6\text{m} = 159.84\text{kN}\cdot\text{m}$$

$$M_2 = M_3 = (G+Q)\frac{l_0}{3} + \frac{2M_B}{3} = 120\text{kN}\times2\text{m} + \frac{2\times(-239.76)\text{kN}\cdot\text{m}}{3} = 80.16\text{kN}\cdot\text{m}$$

2) 活荷载布置在 AB 跨,AB 跨中弯矩最大,BC 跨中弯矩最小,见图 2-20b。

$$M_B = -0.333Gl_0 - 0.167Ql_0 = -0.333\times40\text{kN}\times6\text{m} - 0.167\times80\text{kN}\times6\text{m} = -160.08\text{kN}\cdot\text{m}$$

$$M_{1\max} = 0.222Gl_0 + 0.278Ql_0 = 0.222\times40\text{kN}\times6\text{m} + 0.278\times80\text{kN}\times6\text{m} = 186.72\text{kN}\cdot\text{m}$$

$$M_2 = (G+Q)\frac{l_0}{3} + \frac{2M_B}{3} = 120\text{kN}\times2\text{m} + \frac{2\times(-160.08)\text{kN}\cdot\text{m}}{3} = 133.28\text{kN}\cdot\text{m}$$

$$M_3 = G\frac{l_0}{3} + \frac{2M_B}{3} = 40\text{kN}\times2\text{m} + \frac{2\times(-160.08)\text{kN}\cdot\text{m}}{3} = -26.72\text{kN}\cdot\text{m}$$

$$M_4 = G\frac{l_0}{3} + \frac{M_B}{3} = 40\text{kN}\times2\text{m} + \frac{(-160.08)\text{kN}\cdot\text{m}}{3} = 26.64\text{kN}\cdot\text{m}$$

3) 活荷载布置在 BC 跨,BC 跨中弯矩最大,AB 跨中弯矩最小,见图 2-20c,计算方法同第 2) 步,过程略。

弯矩包络图绘制见图 2-20d。

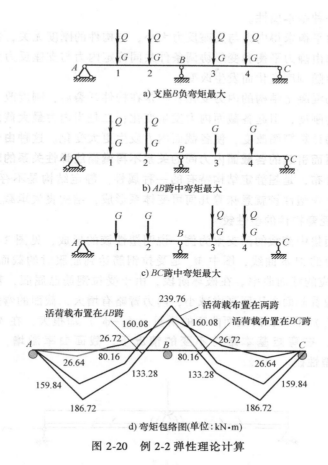

a) 支座B负弯矩最大

b) AB跨中弯矩最大

c) BC跨中弯矩最大

d) 弯矩包络图(单位：kN·m)

图2-20　例2-2弹性理论计算

2.2.6　连续梁、板按塑性内力重分布理论的内力计算

按弹性理论分析连续梁、板的内力时，认为结构是理想弹性体，假定从开始加载到结构破坏，结构的刚度始终保持不变，因此梁、板的内力与荷载成正比。实际上，混凝土为一种弹塑性材料，在受荷过程中混凝土开裂与钢筋屈服会使结构各截面的刚度比值发生变化，结构的内力与荷载不再呈线性关系，如按弹性理论计算内力则不能完全反映结构实际工作状况。此外，钢筋混凝土连续梁、板属于超静定结构，当构件中某个截面达到承载力极限状态时，并不意味整个结构破坏。钢筋达到屈服强度后，还会产生一定的塑性变形，结构的实际承载能力通常大于按弹性理论计算的结果。因此，为了充分考虑混凝土材料的塑性性能，建立混凝土结构按塑性理论的内力分析方法是必要的，它既能较好地符合结构的实际受力状态，又能挖掘结构潜在的承载力，达到节省材料和改善配筋的目的。

1. 内力重分布与应力重分布

钢筋混凝土适筋梁正截面受弯的全过程分为三个阶段：未裂阶段、带裂缝工作阶段和破坏阶段。在未裂阶段的初期，应力沿截面高度的分布近似为直线，之后进入裂缝工作阶段和破坏阶段，应力沿截面高度的分布呈曲线分布。**这种由于钢筋混凝土的非弹性性质，使截面上应力分布不再服从线弹性分布规律的现象，称为应力重分布。**它是静定和超静定的钢筋混凝土结构都具有的一种基本属性。

静定结构由静力平衡求得内力与支座反力大小，与构件的刚度无关，各截面内力始终保持不变。超静定结构由静力平衡和变形协调条件共同确定内力与支座反力大小，与构件的刚度有关，各截面内力随刚度变化而发生改变。

引起超静定钢筋混凝土结构的内力变化：一是在构件开裂后，刚度改变，裂缝截面处的刚度小于未裂截面的刚度，引起各截面内力发生变化；二是当内力最大截面进入破坏阶段出现塑性铰后，结构的计算简图改变，使各截面内力发生更大变化。这种**由于超静定钢筋混凝土结构的非弹性性质而引起的各截面内力间的关系不再遵循线弹性关系的现象，称为内力重分布或塑性内力重分布**，是超静定结构特有的一种属性。静定结构是不存在内力重分布的，这是因为静定结构出现塑性铰就意味着几何可变体系形成，结构丧失承载力。

2. 钢筋混凝土受弯构件的塑性铰

下面以跨中作用集中荷载的简支梁为例，说明塑性铰的形成，见图 2-21。图 2-21c 为钢筋混凝土适筋梁截面的 M-ϕ 曲线，图中 M_y 是受拉钢筋达到屈服时的截面弯矩，M_u 是极限弯矩；ϕ_y、ϕ_u 是对应的截面曲率。在破坏阶段，由于受拉钢筋已屈服，塑性应变增大而钢筋应力维持不变。随着截面受压区高度减小，内力臂略有增大，截面的弯矩也有所增加，但弯矩的增量（M_u-M_y）不大，而截面曲率的增量（$\phi_u-\phi_y$）却很大，在 M-ϕ 曲线上大致是一条水平线。这样，**在弯矩基本维持不变的情况下，截面曲率激增，形成一个能转动"铰"，这种铰称为塑性铰**。

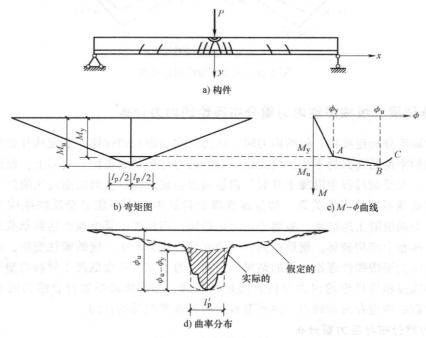

a) 构件

b) 弯矩图

c) $M-\phi$曲线

d) 曲率分布

图 2-21 塑性铰的形成

在跨中截面弯矩由 M_y 发展到 M_u 的过程中，与它相邻的一些截面也进入"屈服"而产生塑性转动。图 2-21b 中，$M \geq M_y$ 的部分是塑性铰的区域，该区域的长度称为塑性铰长度 l_p，所产生的转角称为塑性铰的转角 θ_p。塑性铰转角 θ_p 的大小是塑性铰转动能力的标志。

可见，塑性铰在破坏阶段开始时形成，它具有一定长度，且能承受一定的弯矩，并在弯矩作用方向转动，直至截面破坏。

塑性铰与结构力学中的理想铰相比较，有三个主要区别：①塑性铰能承受一定的弯矩，而理想铰不能承受任何弯矩；②塑性铰具有一定的长度，而理想铰集中于一点；③塑性铰只能沿弯矩作用方向发生有限转动，而理想铰在两个方向可以任意无限转动。

3. 塑性内力重分布过程

现以跨中承受集中荷载的两跨连续梁为例来说明结构的塑性内力重分布过程，见图 2-22。假定支座截面和跨内截面的截面尺寸和配筋相同，梁的受力全过程大致可以分为三个阶段：

（1）**弹性内力阶段**　集中荷载是由零逐渐增大至 F_1 的，当它还很小时，梁各部分的截面抗弯刚度的比值未改变，结构接近弹性体系，弯矩分布可近似由弹性理论确定，查附录 B 可得，中间支座截面负弯矩 $M_B = -0.188Fl$，跨中截面正弯矩 $M_1 = 0.156Fl$，见图 2-22b。

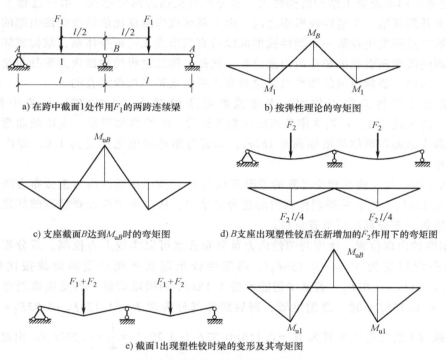

a) 在跨中截面1处作用 F_1 的两跨连续梁　　b) 按弹性理论的弯矩图

c) 支座截面 B 达到 M_{uB} 时的弯矩图　　d) B 支座出现塑性铰后在新增加的 F_2 作用下的弯矩图

e) 截面1出现塑性铰时梁的变形及其弯矩图

图 2-22　两跨连续梁在集中荷载作用下的塑性内力重分布过程

（2）**截面间弯曲刚度比值改变阶段**　由于支座截面的弯矩最大，随着荷载增大，中间支座（截面 B）受拉区混凝土先开裂，截面抗弯刚度降低，但跨内截面 1 尚未开裂。由于支座与跨内截面抗弯刚度的比值降低，致使支座截面弯矩 M 的增长率低于跨内弯矩 M_1 的增长率。继续加载，当截面 1 也出现裂缝时，截面抗弯刚度的比值有所回升，M_B 的增长率又有所加快。两者的弯矩比值不断发生变化。

（3）**塑性铰阶段**　当荷载增加到弹性理论时最大的集中荷载 F_1 时，支座截面 B 上部受拉钢筋屈服，但梁并未丧失承载力，仅在支座形成塑性铰，塑性铰能承受的弯矩为 $M_{uB} =$

$0.188F_1l$（此处忽略 M_u 与 M_y 的差别），见图 2-22c。再继续增加荷载，梁从一次超静定的连续梁转变成两根简支梁（图 2-22d）。由于跨内截面承载力尚未耗尽，仍有 $0.188F_1l - 0.156F_1l = 0.032F_1l$ 的余量，因而可继续承载，直至跨内截面 1 也出现塑性铰，梁成为几何可变体系而破坏，见图 2-22e。设后加的那部分荷载为 F_2，按单跨简支梁跨中截面弯矩公式得弯矩为 $\frac{1}{4}F_2l$，见图 2-22d。故 $\frac{1}{4}F_2l = 0.032F_1l$，推出 $F_2 = 0.128F_1$。则梁承受的总荷载为 $F = F_1 + F_2 = 1.128F_1$，相应跨中截面的总弯矩 $M_{u1} = 0.156F_1l + 0.032F_1l = 0.188F_1l$。

通过上述分析，可以得出以下结论：

1）弹性理论认为结构任一截面内力达到 M_u 时，整个结构即达到极限承载力，这对于弹性材料或静定结构是符合的；对于弹塑性材料的超静定结构，达到承载力极限状态的标志并不是某一截面的内力达到极限承载力，而是先在一个或几个截面出现塑性铰，随着荷载的增加，其他截面也陆续出现塑性铰，直至结构的整体或局部形成几何可变体系之后，结构破坏。

2）超静定钢筋混凝土结构的塑性内力重分布可概括为两个过程：第一过程主要发生在受拉混凝土开裂到第一个塑性铰形成之前，由于截面抗弯刚度比值的改变而引起的塑性内力重分布；第二过程发生在第一个塑性铰形成以后直到形成几何可变体系，结构破坏，由于结构计算简图的改变而引起的塑性内力重分布。显然，第二过程的塑性内力重分布比第一过程显著得多。所以，通常所说的塑性内力重分布主要是指第二过程而言的。

3）梁处于弹性阶段工作时，支座截面弯矩绝对值（$0.188Fl$）与跨中截面弯矩（$0.156Fl$）之比约为 1.2；当支座截面出现塑性铰后，继续增加荷载，支座截面弯矩几乎不增加，而跨中截面弯矩继续增加到 $0.188Fl$，二者弯矩绝对值之比变为 1.0，即产生了塑性内力重分布。

4）从上例可知，弹性理论计算的极限荷载为 F_1；按考虑塑性内力重分布方法计算的极限荷载为 $1.128F_1$，这表明弹塑性材料的超静定结构，从出现塑性铰到结构破坏之间，其承载力还有储备，充分利用可节省材料。

5）塑性铰出现位置、次序与塑性内力重分布程度可以实现人为控制。现分析如下：如果支座极限弯矩变为 $M_u = -0.156F_1l$，则塑性铰出现前所能承受的荷载按比例等换为 $(0.156/0.188)F_1 = 0.83F_1$。若该梁仍能承受 $1.128F_1$ 的极限荷载，当支座截面弯矩达到极限弯矩 $M_u = -0.156F_1l$ 时出现塑性铰，则后加那部分荷载 $F_2 = 1.128F_1 - 0.83F_1 = 0.298F_1$，相应跨中截面 1 的总弯矩换算为 $M_1 = 0.156 \times 0.83F_1l + 0.298F_1 \times \frac{l}{4} = 0.204F_1l$。由此可见，主动控制支座截面弯矩，可实现跨中截面的塑性内力重分布。

4. 影响塑性内力重分布的因素与适用范围

若超静定结构中各塑性铰都具有足够的转动能力，保证结构加载后能按照预期的顺序，先后形成足够数目的塑性铰，以致最后形成机动体系而破坏，这种情况称为充分的塑性内力重分布。但是，塑性铰的转动能力是有限的，受到截面配筋率和材料极限压应变值的限制。如果完成充分的塑性内力重分布过程所需要的转角超过了塑性铰的转动能力，则在尚未形成预期的破坏机构以前，早出现的塑性铰已经因为受压区混凝土达到极限压应变值而"过早"被压碎，这种情况属于不充分的塑性内力重分布。另外，如果在形成破坏机构之前，截面因受剪承载力不足而破坏，塑性内力也不可能充分重分布。此外，在塑性铰截面处，梁的变形曲线不连续，在塑性铰附近裂缝开展较大，故要控制内力重分布程度，应保证变形和裂缝宽度满足正常使用要求。

由此可见，影响塑性内力重分布的主要因素有以下三方面：

（1）**塑性铰转动能力**　塑性铰转动能力主要取决于纵向钢筋的配筋率、钢材的品种和混凝土极限压应变值。截面极限曲率 $\phi_u = \varepsilon_{cu}/x$，配筋率 ρ 越低，受压区高度 x 就越小，故 ϕ_u 大，塑性铰转动能力越大；混凝土极限压应变值 ε_{cu} 越大，ϕ_u 大，塑性铰转动能力也越大。混凝土强度等级高时，极限压应变值减小，转动能力下降。

（2）**斜截面受剪承载能力**　要想实现预期的塑性内力重分布，其前提条件之一是在破坏机构形成前，不能发生因斜截面受剪承载力不足而引起的破坏，否则将阻碍塑性内力重分布继续进行。国内外试验表明：支座出现塑性铰后，连续梁的受剪承载力比不出现塑性铰时的承载力低。

（3）**正常使用条件**　如果最初出现的塑性铰转动幅度过大，塑性铰附近截面的裂缝就可能开展过宽，结构挠度过大，不能满足正常使用要求。因此，在考虑塑性内力重分布时，应对塑性铰的允许转动量予以控制，也就是要控制塑性铰内力重分布的幅度，一般要求在正常使用阶段不应出现塑性铰。

考虑塑性内力重分布是以形成塑性铰为前提的，因此下列情况不宜采用：

1）直接承受动力荷载作用的结构。

2）预应力混凝土结构和二次受力的叠合结构。

3）在使用阶段不允许出现裂缝或对裂缝开展有较严格要求的结构，以及受侵蚀性气体或液体严重作用的结构。

4）轻质混凝土结构或其他特种混凝土结构。

【例 2-3】　某两端固定的单跨矩形截面梁，承受均布荷载作用。已知支座弯矩为 $ql^2/12$，跨中弯矩为 $ql^2/24$。该梁计算跨度为 6m，其支座截面的极限弯矩为 $M_{u支} = 93 \text{kN} \cdot \text{m}$，跨中截面的极限弯矩为 $M_{u中} = 64 \text{kN} \cdot \text{m}$。

（1）试判别该梁哪个截面首先出现塑性铰，为什么？

（2）试计算出现第一个塑性铰时，该梁承受的均布荷载 q_1。

（3）按考虑塑性内力重分布计算该梁承受的极限均布荷载 q_u。

解：（1）判断哪个截面先出现塑性铰

荷载效应：支座弯矩为 $ql^2/12$，跨中弯矩为 $ql^2/24$，支座荷载效应为跨中的 2 倍。

结构抗力：支座截面极限弯矩为 $M_{u支} = 93 \text{kN} \cdot \text{m}$，跨中截面极限弯矩为 $M_{u中} = 64 \text{kN} \cdot \text{m}$，支座结构抗力为跨中的 1.45 倍。

因此支座先出现塑性铰。

（2）求支座出现第一个塑性铰时，该梁承受的均布荷载 q_1

由 $\dfrac{1}{12}q_1 l^2 = M_{u支}$，得

$$q_1 = \frac{M_{u支} \times 12}{l^2} = \frac{93 \text{kN} \cdot \text{m} \times 12}{(6\text{m})^2} = 31 \text{kN/m}$$

（3）考虑塑性内力重分布计算该梁承受的极限均布荷载 q_u

支座出现塑性铰后，计算简图改变，两端固定梁变成了两端简支梁，跨中弯矩为 $ql^2/8$。

方法 1：假设支座出现塑性铰后，该梁还能承担的荷载为 q_2，则满足 $\dfrac{1}{24}q_1 l^2 + \dfrac{1}{8}q_2 l^2 = M_{u中}$，即 $\dfrac{1}{24} \times$

$31kN/m×(6m)^2+\dfrac{1}{8}q_2×(6m)^2=64kN\cdot m$，推出 $q_2=3.89kN/m$。

极限均布荷载 $q_u=q_1+q_2=(31+3.89)kN/m=34.89kN/m$。

方法 2：假设支座出现塑性铰后，考虑塑性内力重分布计算该梁的极限荷载 q_u。

$\dfrac{1}{8}q_ul^2=M_{u中}+M_{u支}=64kN\cdot m+93kN\cdot m=157kN\cdot m$，推出 $q_u=\dfrac{157kN\cdot m×8}{36m^2}=34.89kN/m$

两种方法求极限荷载的结论一致。方法 1 按塑性铰形成过程的方法求解，方法 2 按塑性铰形成后的力的平衡求解，显然第 2 种方法更简单。

5. 弯矩调幅法的概念和基本原则

混凝土梁板结构按塑性理论的设计方法中，目前应用较多的是弯矩调幅法，其优点是计算简便，弯矩调幅明确，内力平衡条件能得到满足。《钢筋混凝土连续梁和框架考虑内力重分布设计规程》（CECS 51—1993）也推荐用弯矩调幅法计算钢筋混凝土连续梁、板的内力。

弯矩调幅法是一种实用设计方法，它把连续梁、板按弹性理论算得的弯矩值和剪力值进行适当调整，通常是将支座截面的弯矩调小，相应跨中截面弯矩调大，然后按调整后的内力进行截面设计。

截面弯矩的调整幅度用弯矩调幅系数 β 表示，即

$$\beta=\dfrac{M_e-M_a}{M_e} \tag{2-10}$$

式中　M_e——调整前即按弹性理论计算的弯矩设计值；

M_a——调幅后的弯矩设计值。

【例 2-4】 已知一端固定、一端简支的单跨钢筋混凝土梁，计算跨度为 l_0，在跨中承受集中荷载 F，见图 2-23a，该梁在跨中和支座的正截面受弯承载力均为 $M_u=45kN\cdot m$（即跨中和支座配有同样的钢筋）。已知按弹性方法计算时，跨中正弯矩 $M_1=\dfrac{5}{32}Fl_0$，支座负弯矩 $M_B=\dfrac{3}{16}Fl_0$。试求：

（1）刚出现塑性铰时的集中荷载 F_e 是多少？

（2）极限荷载 F_u 是多少？

（3）固定支座的弯矩调幅系数 β 是多少？

解：（1）按弹性计算求 F_e　由题已知，$M_1=\dfrac{5}{32}Fl_0$，$M_B=\dfrac{3}{16}Fl_0$；显然 $M_B>M_1$，相同抗力下，支座 B 将首先出现塑性铰。故由 $M_B=\dfrac{3}{16}Fl_0=45kN\cdot m$，得 $F_e=\dfrac{240}{l_0}kN\cdot m$。此时 $M_1=\dfrac{5}{32}Fl_0=\dfrac{5}{32}×\dfrac{240kN\cdot m}{l_0}×l_0=37.5kN\cdot m$。

（2）求极限荷载 F_u　由于跨中和支座的承载力相同，因此当支座 B 出现塑性铰时，跨中截面还未达到承载力，结构还未破坏，而仅是由一次超静定结构变成静定结构，见图 2-23b，还可在 F_e 的基础上继续增加荷载 ΔF，直到跨中截面也达到其承载力。增加荷载 ΔF 所能承担的弯矩为

$\dfrac{\Delta Fl_0}{4}=M_u-M_1$，解得

$$\Delta F=\dfrac{4(M_u-M_1)}{l_0}=\dfrac{4×(45-37.5)kN\cdot m}{l_0}=\dfrac{30}{l_0}kN\cdot m$$

因此极限荷载　　　$F_u=F_e+\Delta F=\left(\dfrac{240}{l_0}+\dfrac{30}{l_0}\right)kN\cdot m=\dfrac{270}{l_0}kN\cdot m$

（3）求支座弯矩调幅系数　在 F_u 的作用下，按弹性方法计算，此时 M_B 变为

$$M_B'=\dfrac{3}{16}F_ul_0=\dfrac{3}{16}×\dfrac{270kN\cdot m}{l_0}l_0=50.6kN\cdot m$$

因此调幅系数

$$\beta = \frac{M'_B - M_B}{M'_B} = \frac{50.6 - 45}{50.6} = 0.111$$

调幅前、后弯矩对比见图 2-23c。

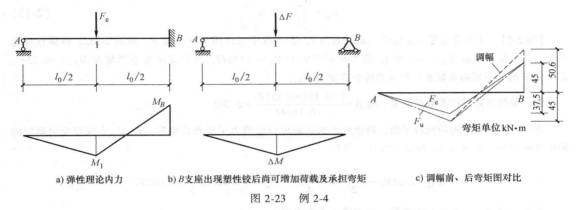

a) 弹性理论内力　　　　b) B支座出现塑性铰后尚可增加荷载及承担弯矩　　　　c) 调幅前、后弯矩图对比

图 2-23　例 2-4

　　综合考虑影响塑性内力重分布的因素后,《钢筋混凝土连续梁和框架考虑内力重分布设计规程》提出下列基本原则:

　　1) 混凝土强度等级宜为 C25～C45;受力钢筋宜采用 HPB300、HRB400;支座弯矩调整后的截面相对受压高度系数 ξ 不应超过 0.35,也不宜小于 0.1。

　　2) 钢筋混凝土梁支座或节点边缘截面的负弯矩调幅系数不宜大于 0.25;钢筋混凝土板的负弯矩调幅系数不宜大于 0.2。

　　3) 支座弯矩调幅后,跨中弯矩按静力平衡求解,即梁、板各跨两支座弯矩的平均值与跨中弯矩值之和不得小于简支弯矩值的 1.02 倍,各控制截面的弯矩值不宜小于简支弯矩的 1/3。

$$M = 1.02M_0 - \left| \frac{M^l + M^r}{2} \right| \tag{2-11}$$

式中　M——调整后的跨中截面弯矩设计值,见图 2-24;

　　　　M_0——按简支梁计算的跨中截面弯矩设计值;

　　M^l、M^r——调幅后左、右支座截面的弯矩设计值。

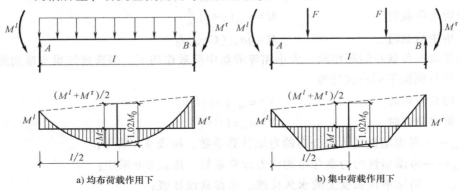

a) 均布荷载作用下　　　　b) 集中荷载作用下

图 2-24　连续梁在任意跨采用静力平衡求解跨中弯矩

4）考虑弯矩调整后，连续梁、框架梁在下列区段内应将计算的箍筋截面面积增大20%：对集中荷载，取支座边至最近一个集中荷载之间的区段；对均布荷载，取支座边至支座边为 $1.05h_0$ 的区段，且箍筋配箍率满足下式：

$$\rho_{sv} = \frac{A_{sv}}{bs} \geqslant 0.3 \frac{f_t}{f_{yv}} \qquad (2-12)$$

【例2-5】 某两跨的等跨连续梁（略去自重），在跨度中点作用集中荷载 F，见图 2-25a。按弹性理论计算，支座截面弯矩 $M_B = -0.188Fl$，跨中截面弯矩为 $M_1 = 0.156Fl$，现将支座弯矩调整为 $M_{Ba} = -0.15Fl$，求支座 B 的弯矩调幅系数 β 和此时的跨中弯矩值 M_{1a}。

解：根据弯矩调幅系数的定义，有 $\beta = \dfrac{(-0.188+0.15)Fl}{-0.188Fl} = 0.202$。

弯矩调整后，结构仍保持平衡，跨度中点的弯矩值可由静力平衡条件确定。设 M_0 为按简支梁确定的跨中截面弯矩，$M_0 = Fl/4$，按式（2-11）则有

$$M_{1a} = 1.02M_0 - \frac{|M_{Ba}|}{2} = \frac{1.02Fl}{4} - \frac{0.15Fl}{2} = 0.18Fl > \frac{M_0}{3} = 0.083Fl$$

可见调幅后，支座负弯矩降低，相应跨中正弯矩增大。

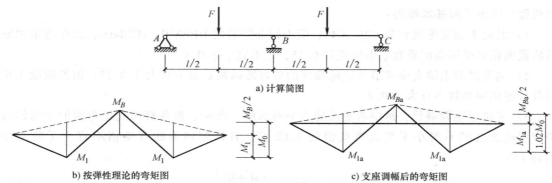

a) 计算简图

b) 按弹性理论的弯矩图　　　　　　c) 支座调幅后的弯矩图

图 2-25　例 2-5 弯矩调幅中力的平衡

6. 用调幅法计算等跨连续梁、板

（1）**等跨连续梁**　在相等均布荷载和间距相同、大小相等的集中荷载作用下，等跨连续梁各跨支座和跨中截面的弯矩设计值 M 可分别按下列公式计算：

承受均布荷载时 $\qquad\qquad M = \alpha_{mb}(g+q)l_0^2 \qquad\qquad (2-13)$

承受集中荷载时 $\qquad\qquad M = \eta\alpha_{mb}(G+Q)l_0 \qquad\qquad (2-14)$

在相等均布荷载和间距相同、大小相等的集中荷载作用下，等跨连续梁支座边缘的剪力设计值 V 可分别按下列公式计算：

承受均布荷载时 $\qquad\qquad V = \alpha_{vb}(g+q)l_n \qquad\qquad (2-15)$

承受集中荷载时 $\qquad\qquad V = \alpha_{vb}n(G+Q) \qquad\qquad (2-16)$

式中　α_{mb}——考虑塑性内力重分布的弯矩计算系数，按表 2-8 采用；

α_{vb}——考虑塑性内力重分布的剪力计算系数，按表 2-9 采用；

g、q——沿梁单位长度上的永久荷载、活荷载设计值；

G、Q——一个集中永久荷载、活荷载设计值；

l_0——按塑性理论计算时的计算跨度，按表2-4采用；

l_n——净跨度；

η——集中荷载修正系数，根据一跨内集中荷载的不同情况，按表2-10采用；

n——一跨内集中荷载的个数。

表2-8　连续梁和连续单向板考虑塑性内力重分布的弯矩计算系数 α_{mb}

支承情况		截面位置					
		端支座	边跨跨中	距端第二支座	距端第二跨中	中间支座	中间跨跨中
		A	I	B	II	C	III
梁、板搁置在墙体上		0	1/11	2跨连续：−1/10 3跨以上连续：−1/11	1/16	−1/14	1/16
板	与梁整体连接	−1/16	1/14				
梁		−1/24	1/14				
梁与柱整体连接		−1/16	1/14				

注：表中系数适用于 $q>0.3g$ 的等跨连续梁与连续单向板。对于相邻两跨跨度相差小于10%的不等跨连续梁与连续板，仍可采用表中弯矩系数值。计算支座弯矩时，应取相邻两跨中的较大跨度值；计算跨中弯矩和支座剪力时，应取本跨的跨度值。

表2-9　连续梁考虑塑性内力重分布的剪力计算系数 α_{vb}

荷载情况	支承情况	截面位置				
		端支座	距端第二支座		中间支座	
		右侧 A^r	左侧 B^l	右侧 B^r	左侧 C^l	右侧 C^r
均布荷载	搁置在墙体上	0.45	0.60	0.55	0.55	0.55
	与梁(柱)整体连接	0.50	0.55			
集中荷载	搁置在墙体上	0.42	0.65	0.60	0.55	0.55
	与梁(柱)整体连接	0.50	0.60			

表2-10　集中荷载修正系数 η

荷载情况	截面位置					
	端支座	边跨跨中	距端第二支座	距端第二跨中	中间支座	中间跨跨中
	A	I	B	II	C	III
在跨中两分点处作用有一个集中荷载	1.5	2.2	1.5	2.7	1.6	2.7
在跨中三分点处作用有一个集中荷载	2.7	3.0	2.7	3.0	2.9	3.0
在跨中四分点处作用有一个集中荷载	3.8	4.1	3.8	4.5	4.0	4.8

（2）**等跨连续板**　承受均布荷载的等跨连续单向板，各跨跨中及支座截面的弯矩设计值 M 可按下式（2-13）计算。

单向板长短之比在2~3时，沿板长方向应配置不少于短方向25%的受力钢筋。

当单向连续板的周边与钢筋混凝土梁整体连接时，除边跨和离端第二支座外，各中间跨跨中和支座弯矩设计值均可减小 20%。

现以端支座搁置在墙体上的承受均布荷载的五跨连续板为例（图 2-26）说明采用弯矩调幅法考虑结构的塑性内力重分布时表 2-8 中弯矩系数的确定方法。

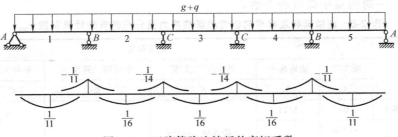

图 2-26　五跨等跨连续板的弯矩系数

若活荷载与永久荷载之比 $q/g=3$，则 $g+q=\dfrac{4}{3}q$，$g+q=4g$

折算后永久荷载　$g'=g+\dfrac{q}{2}=0.625(g+q)$

折算后活荷载　$q'=\dfrac{q}{2}=0.375(g+q)$

1）第 1 跨板截面弯矩内力系数确定。按弹性理论分析方法，结构 B 支座截面产生最大负弯矩（绝对值）时，活荷载应布置在 1、2、4 跨。查附表 B-4，B 支座弯矩为

$$M_{B\max}=-0.105g'l^2-0.119q'l^2$$
$$=(-0.105\times0.625-0.119\times0.375)(g+q)l^2=-0.1103(g+q)l^2$$

按《钢筋混凝土连续梁和框架考虑内力重分布设计规程》，连续板的弯矩调幅系数不超过 0.2，取 $\beta=0.2$，调幅后 B 支座弯矩值 $M_{Ba}=(1-\beta)M_{B\max}=-0.0882(g+q)l^2=\dfrac{-1}{11.3}(g+q)l^2$，与图 2-26 中 B 支座内力系数 $-1/11$ 接近。

等跨连续板 B 支座调幅后的截面弯矩 M_{Ba} 已知后，超静定连续板的第 1 跨则成为静定板（简支板）。在均布荷载 $g'+q'=g+q$ 与 B 支座调幅后的截面弯矩 M_{Ba} 共同作用下，根据第 1 跨的静力平衡条件 $R_Al-\dfrac{(g'+q')l^2}{2}+M_{Ba}=0$，推导出 A 支座的反力 $R_A=\dfrac{(g'+q')}{2}l-\dfrac{0.0882(g+q)l^2}{l}=0.4118(g+q)l$，设跨中弯矩最大值 M_1 所在截面距离 A 支座为 x，该截面剪力为零，所以 $x=\dfrac{R_A}{g'+q'}=0.4118l$，相应弯矩 $M_1=R_Ax-\dfrac{(g'+q')x^2}{2}=0.0848(g+q)l^2$。

按弹性理论分析方法，第 1 跨跨内截面产生最大正弯矩时，活荷载布置在第 1、3、5 跨。查附表 B-4，第 1 跨的跨中弯矩为

$$M_{1\max}=0.078g'l^2+0.10q'l^2=0.0863(g+q)l^2$$

《钢筋混凝土连续梁和框架考虑内力重分布设计规程》规定，调幅后第 1 跨跨中弯矩值 M_{1a} 应取按弹性计算的 $M_{1\max}$ 和按调幅后的支座弯矩静力平衡条件计算所得的 M_1 的 1.02 倍

两者中的较大值，即 $M_{1a} = \max(M_{1max}, 1.02M_1) = 1.02M_1 = 0.0865(g+q)l^2 = \dfrac{1}{11.6}(g+q)l^2$，与图 2-26 第 1 跨跨中内力系数 1/11 接近。

2）第 2 跨板截面弯矩内力系数确定。按弹性理论分析方法，结构 C 支座截面产生最大负弯矩（绝对值）时，活荷载应布置在第 2、3、5 跨。查附表 B-4，C 支座弯矩为

$$M_{Cmax} = -0.079g'l^2 - 0.111q'l^2$$
$$= (-0.079 \times 0.625 - 0.111 \times 0.375)(g+q)l^2 = -0.091(g+q)l^2$$

按《钢筋混凝土连续梁和框架考虑内力重分布设计规程》取 $\beta = 0.2$，调幅后 C 支座弯矩值为

$$M_{Ca} = (1-\beta)M_{Cmax} = -0.0728(g+q)l^2 = \dfrac{-1}{13.7}(g+q)l^2$$

与图 2-26 中 C 支座内力系数 -1/14 接近。

等跨连续板 B、C 支座调幅后的截面弯矩 M_{Ba}、M_{Ca} 已知后，超静定连续板的第 2 跨板则成为静定板（简支板），在均布荷载（$g'+q'$）与 B、C 支座截面弯矩 M_{Ba}、M_{Ca} 共同作用下，根据第 2 跨的静力平衡条件 $R_B l - \dfrac{(g'+q')l^2}{2} - |M_{Ba}| + |M_{Ca}| = 0$，推导出 B 支座的反力 $R_B = \dfrac{(g'+q')}{2}l + \dfrac{(0.0882-0.0728)(g+q)l^2}{l} = 0.5154(g+q)l$，设跨中弯矩最大值 M_2 所在截面距离 B 支座为 x，该截面剪力为零，所以 $x = \dfrac{R_B}{g'+q'} = 0.5154l$，相应弯矩 $M_2 = R_B x - \dfrac{(g'+q')x^2}{2} - |M_{Ba}| = 0.0446(g+q)l^2$。

按弹性理论分析方法，第 2 跨板跨内截面产生最大正弯矩时，活荷载布置在第 2、4 跨。查附表 B-4，第 2 跨的跨中弯矩为

$$M_{2max} = 0.033g'l^2 + 0.079q'l^2 = 0.0503(g+q)l^2$$

《钢筋混凝土连续梁和框架考虑内力重分布设计规程》规定，调幅后第 2 跨跨中弯矩值 M_{2a} 应取按弹性计算的 M_{2max} 和按调幅后的支座弯矩静力平衡条件计算所得的 M_2 的 1.02 倍两者中的较大值，即 $M_{2a} = \max(M_{2max}, 1.02M_2) = M_{2max} = 0.0503(g+q)l^2 = \dfrac{1}{19.9}(g+q)l^2$，小于图 2-26 第 2 跨跨中内力系数 1/16，故采用图 2-26 的第 2 跨跨中内力系数使结构偏于安全。

其余系数按类似方法确定。

7. 用调幅法计算不等跨连续梁、板

（1）不等跨连续梁

1）按弹性理论计算，并确定荷载最不利布置下的结构控制截面的弯矩最大值 M_e。

2）采用调幅系数 β 降低各支座截面弯矩设计值，按下列公式计算：

当连续梁搁置在墙上时 $\qquad M_a = (1-\beta)M_e$ （2-17）

当连续梁两端与梁或柱整体连接时 $\qquad M_a = (1-\beta)M_e - V_0 b/3$ （2-18）

式中 V_0——按简支梁计算的支座剪力设计值；

b——支座宽度。

3）连续梁各跨中截面弯矩不宜调整，其弯矩设计值 M 可取考虑荷载最不利布置并按弹

性方法算得的弯矩设计值和按式（2-11）计算的弯矩设计值的较大值。

4）连续梁中各控制截面的剪力设计值，可按荷载最不利布置，根据调幅后的支座弯矩由静力平衡计算，也可近似取用考虑荷载最不利布置按弹性方法算出的剪力值。

（2）不等跨连续板

1）从较大跨度板开始，在下列范围内选定跨中的弯矩设计值：

边跨
$$\frac{(g+q)l_0^2}{14} \le M \le \frac{(g+q)l_0^2}{11} \qquad (2\text{-}19)$$

中间跨
$$\frac{(g+q)l_0^2}{20} \le M \le \frac{(g+q)l_0^2}{16} \qquad (2\text{-}20)$$

2）按照所选定的跨中弯矩设计值，由静力平衡条件确定较大跨度的两跨支座弯矩设计值，再以此支座弯矩设计值为已知值，重复上述条件和步骤确定邻跨的跨中和相邻支座的弯矩设计值。

【例 2-6】 用例 2-2 弹性理论计算的结果，考虑塑性内力重分布，试求中间支座弯矩调幅 20% 后的弯矩包络图。

解： 1）活荷载布置在两跨，支座负弯矩最大，荷载对称，结构对称。

$$M_B' = (1-\beta)M_{B\max} = 0.8 \times (-239.76)\text{kN} \cdot \text{m} = -191.8\text{kN} \cdot \text{m}$$

简支弯矩 $M_0 = \dfrac{1}{3}(G+Q)l = \dfrac{1}{3} \times (40+80)\text{kN} \times 6\text{m} = 240\text{kN} \cdot \text{m}$

各控制截面弯矩

$$M_1' = M_4' = 1.02M_0 - \frac{1}{3}|M_B'| = 1.02 \times 240\text{kN} \cdot \text{m} - \frac{1}{3} \times 191.8\text{kN} \cdot \text{m} = 180.9\text{kN} \cdot \text{m}$$

$$M_2' = M_3' = 1.02M_0 - \frac{2}{3}|M_B'| = 1.02 \times 240\text{kN} \cdot \text{m} - \frac{2}{3} \times 191.8\text{kN} \cdot \text{m} = 116.9\text{kN} \cdot \text{m}$$

2）活荷载布置在 AB 跨，AB 跨跨中弯矩最大，BC 跨跨中弯矩最小，荷载不对称。

$$M_B' = (1-\beta)M_B = 0.8 \times (-160.08)\text{kN} \cdot \text{m} = -128.1\text{kN} \cdot \text{m}$$

AB 跨简支弯矩 $M_0 = \dfrac{1}{3}(G+Q)l = \dfrac{1}{3} \times (40+80)\text{kN} \times 6\text{m} = 240\text{kN} \cdot \text{m}$

BC 跨简支弯矩 $M_0 = \dfrac{1}{3}Gl = \dfrac{1}{3} \times 40\text{kN} \times 6\text{m} = 80\text{kN} \cdot \text{m}$

AB 跨控制截面弯矩

$$M_1' = 1.02M_0 - \frac{1}{3}|M_B'| = 1.02 \times 240\text{kN} \cdot \text{m} - \frac{1}{3} \times 128.1\text{kN} \cdot \text{m} = 202.1\text{kN} \cdot \text{m}$$

$$M_2' = 1.02M_0 - \frac{2}{3}|M_B'| = 1.02 \times 240\text{kN} \cdot \text{m} - \frac{2}{3} \times 128.1\text{kN} \cdot \text{m} = 159.4\text{kN} \cdot \text{m}$$

BC 跨控制截面弯矩

$$M_3' = 1.02M_0 - \frac{1}{3}|M_B'| = 1.02 \times 80\text{kN} \cdot \text{m} - \frac{2}{3} \times 128.1\text{kN} \cdot \text{m} = -3.8\text{kN} \cdot \text{m}$$

$$M_4' = 1.02M_0 - \frac{1}{3}|M_B'| = 1.02 \times 80\text{kN} \cdot \text{m} - \frac{1}{3} \times 128.1\text{kN} \cdot \text{m} = 38.9\text{kN} \cdot \text{m}$$

3）活荷载布置在 BC 跨，BC 跨跨中弯矩最大，AB 跨跨中弯矩最小，荷载不对称。计算方法同第 2）步，过程略。

按塑性内力重分布计算的弯矩包络图见图 2-27。

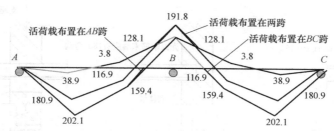

图 2-27　例 2-6 塑性内力重分布计算的弯矩包络图（单位：kN·m）

2.2.7　配筋设计及构造要求

2.2.7.1　单向板的设计

1. 设计要点

单向板可按塑性内力重分布理论计算内力，也可按弹性理论计算内力。

对于单向板，可仅沿短跨方向按单筋矩形截面的受弯构件进行配筋计算，长跨方向按构造配筋。计算宽度 $b=1000$mm，板厚度 h 按表 2-1 与表 2-2 确定。

考虑四边与梁整浇的中间区格单向板薄膜效应的有利因素，对中间区格的单向板，跨中截面弯矩及支座截面弯矩可各折减 20%，但边跨的跨中截面弯矩与第一支座截面弯矩则不折减。

由于板的跨高比远小于梁的跨高比，对于一般工业与民用建筑楼盖，仅混凝土就足以承担剪力，可不必进行斜截面受剪承载力计算；但对于跨高比较小、作用荷载较大的人防顶板、筏形基础的底板，仍需进行板的斜截面受剪承载力计算。

2. 受力钢筋

板中的受力钢筋有板面支座承受负弯矩作用的钢筋和板底跨中承受正弯矩作用的钢筋两类，一般采用 HPB300、HRB400 和 HRB500 钢筋，直径通常采用 6mm、8mm、10mm、12mm。为了避免施工时由于踩踏而造成截面有效高度 h_0 的减小，支座钢筋不宜太细，一般不小于 8mm。板的配筋率一般为 0.3%~0.8%。

为了便于浇筑混凝土，保证钢筋周围混凝土的密实性，板内钢筋间距不宜过密；为了使板内钢筋能够正常分担内力，钢筋间距也不宜过稀。板内受力钢筋间距一般为 70~200mm；当板厚 $h \leqslant 150$mm 时，钢筋间距不宜大于 200mm；当板厚 $h>150$mm 时，钢筋间距不宜大于 1.5 倍的板厚，且不宜大于 250mm。

支承于砌体墙内的简支板，板上部钢筋伸入支座长度 $l_{as}=a-15$mm 且 $\geqslant 0.35l_a$。其中，a 为板在砌体墙上的支承长度，在抗震设防地区，$a \geqslant 120$mm，见图 2-28a；l_a 为受拉钢筋的锚固长度。板下部受力钢筋伸入支座内的锚固长度 $l_{as} \geqslant 5d$（d 为下部纵向受力钢筋的直径），且当与混凝土梁、墙整浇时宜伸过支座中心线，见图 2-28b。

与混凝土边梁或墙整浇的板，板上部钢筋伸入支座长度 $l_{as} \geqslant 0.6l_a$，且在钢筋末端设 90°直弯钩，弯折后的直线长度为 $12d$（d 为上部钢筋的直径），见图 2-29a。板下部受力钢筋伸入支座内的锚固长度 $l_{as} \geqslant 5d$ 且宜伸过支座中心线，见图 2-29b。当连续板内温度、收缩应力较大时，伸入支座的锚固长度宜适当增加。

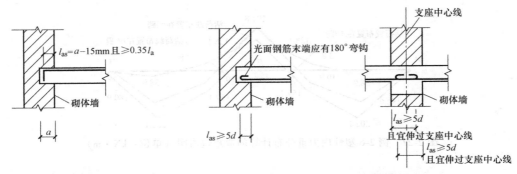

图 2-28 支承于砌体墙时板钢筋锚入支座长度

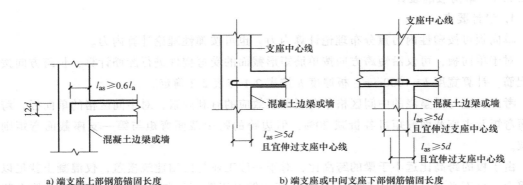

图 2-29 梁板整浇时板钢筋锚入支座长度

连续板受力钢筋采用分离式配筋，因施工方便，已成为目前工程通用的配筋方式。采用分离式配筋的多跨板，板底钢筋宜全部伸入支座。支座钢筋向跨内的延伸长度：对等跨单向连续板的分离式配筋见图 2-30a；对跨度相差不大于 20% 的不等跨单向连续板的分离式配筋见图 2-30b；对跨度相差大于 20% 的多跨单向连续板的分离式配筋，其上部受力钢筋伸过支座边缘的长度应根据弯矩包络图确定并满足延伸长度和锚固要求。

为便于施工，支座钢筋长度一般按 50mm 取整。

3. 分布钢筋

分布钢筋平行于单向板的长跨方向，与受力钢筋垂直且位于受力钢筋内侧。其主要作用是：承受和分布板上局部荷载产生的内力；浇筑混凝土时固定受力钢筋的位置；抵抗混凝土收缩和温度变化所产生的沿分布钢筋方向的拉应力。单位宽度上分布钢筋的截面面积不应小于受力钢筋截面面积的 15%，且配筋率不宜小于 0.15%；分布钢筋直径不宜小于 6mm，间距不宜大于 250mm；当集中荷载较大时，分布钢筋的配筋面积还应增加，且间距不宜大于 200mm。

4. 板面构造钢筋

与支承梁或墙整浇的混凝土板，以及嵌固在砌体墙内的现浇混凝土板，往往在其非主要受力方向的侧边上由于边界约束产生一定的负弯矩，从而导致板面裂缝。为此，按简支边或非受力边设计的现浇混凝土板，当与混凝土梁、墙整浇或嵌固在砌体墙内时，应设置板面构造钢筋，有以下三种：

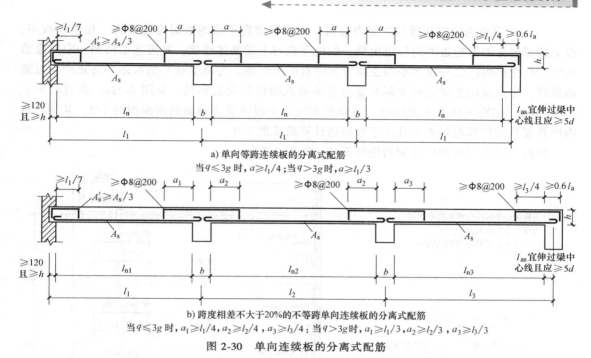

a) 单向等跨连续板的分离式配筋

当 $q \leqslant 3g$ 时，$a \geqslant l_1/4$；当 $q > 3g$ 时，$a \geqslant l_1/3$

b) 跨度相差不大于20%的不等跨单向连续板的分离式配筋

当 $q \leqslant 3g$ 时，$a_1 \geqslant l_1/4$，$a_2 \geqslant l_2/4$，$a_3 \geqslant l_3/4$；当 $q > 3g$ 时，$a_1 \geqslant l_1/3$，$a_2 \geqslant l_2/3$，$a_3 \geqslant l_3/3$

图 2-30　单向连续板的分离式配筋

（1）**嵌固于砌体墙内的现浇混凝土板面设置构造钢筋**　应在板的上表面配筋，直径不宜小于 8mm，间距不宜大于 200mm，且单位宽度内的配筋面积不宜小于跨中相应方向板底钢筋截面面积的 1/3。板由于墙体的嵌固作用而产生负弯矩，因此可能在板上表面出现裂缝，见图 2-31a，因此构造钢筋应垂直于板的嵌固边缘配置并伸入板内，见图 2-31b，其伸入板内的长度从墙边缘算起不宜小于板短边计算跨度的 1/7。

（2）**对两边嵌固于砌体墙内的板角位置设置附加构造钢筋**　板在荷载作用下板角位置有向上翘起的趋势，当上翘趋势受到上部墙体嵌固约束时，板角位置将产生负弯矩作用，并有可能出现圆弧形裂缝，见图 2-31a，因此在板角位置应配置正交双向上部构造钢筋，见图 2-31b，其伸入板内的长度从墙边缘算起不宜小于板短边计算跨度的 1/4。

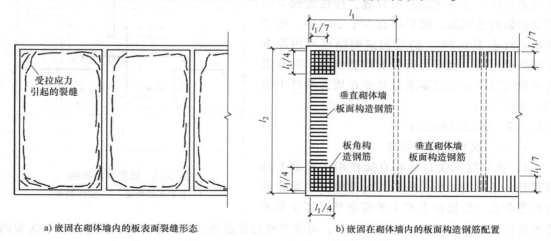

a) 嵌固在砌体墙内的板表面裂缝形态　　　　b) 嵌固在砌体墙内的板面构造钢筋配置

图 2-31　嵌固在砌体墙内的板上部构造钢筋的配置

（3）**与梁整浇的单向板的非受力方向，应设置垂直于梁的板面构造钢筋**　在单向板中，板上的荷载主要沿短边方向传给次梁，但由于板与主梁整体连接，靠近主梁两侧一定宽度范围内的板中仍将产生一定大小与主梁方向垂直的负弯矩，为承受这一负弯矩并防止产生过宽的裂缝，应在跨越主梁的板上部配置与主梁垂直的板面构造钢筋，见图2-32a。其直径不宜小于8mm，间距不宜大于200mm，且数量不宜少于板中受力钢筋截面面积的1/3，其伸入板内的长度从梁边算起每边不宜小于板短边计算跨度的1/4。

将板面受力钢筋和构造钢筋进行汇总，见图2-32b。

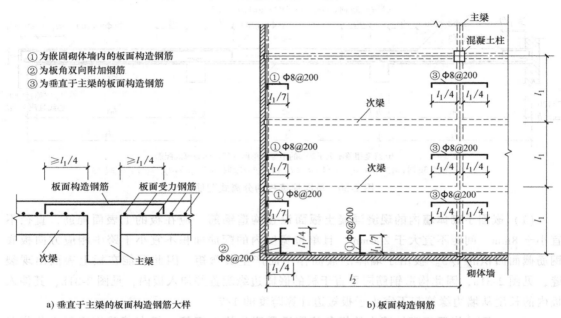

① 为嵌固砌体墙内的板面构造钢筋
② 为板角双向附加钢筋
③ 为垂直于主梁的板面构造钢筋

a) 垂直于主梁的板面构造钢筋大样　　　　　b) 板面构造钢筋

图 2-32　汇总板面构造钢筋布置

5. 防裂构造钢筋

由于混凝土收缩、温度变化在现浇板内引起的约束拉应力会导致现浇板裂缝，应在板面双向配置防裂构造钢筋，间距不宜大于200mm，配筋率均不宜小于0.1%。防裂构造钢筋可利用原有上部贯通钢筋，也可另行设置构造钢筋，并与原有钢筋按受拉钢筋的要求搭接或在周边构件中锚固，见图2-33。

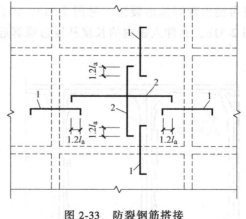

图 2-33　防裂钢筋搭接
1—板面支座钢筋　2—防裂钢筋

2.2.7.2　连续梁的设计

1. 主、次梁的设计要点

1）次梁除承受自重和直接作用在次梁上的荷载外，还承受楼板传来的均匀荷载。主梁除承受自重和直接作用在主梁上的荷载外，还主要承受次梁传来的集中荷载，为简化计算，可将主梁的自重等效成集中荷载，其作用点与次梁的位置相同。

2）次梁按塑性内力重分布计算，主梁按弹性理论计算。次梁支座弯矩考虑调幅后相对受压区高度应满足 $0.1 \leqslant \xi \leqslant 0.35$ 的要求。在次梁的斜截面受剪承载力计算中，应将计算所需的箍筋面积增大 20%，增大范围如下：对于集中荷载，取支座边至最近一个集中荷载之间的区段；对于均布荷载，取支座边至支座边 1.05 倍的 h_0 区段，且箍筋配箍率 $\rho_{sv} = A_{sv} / bs \geqslant 0.3 f_t / f_{yv}$。

3）次梁的经济配筋率一般为 0.6% ~ 1.5%，主梁的经济配筋率一般为 1.0% ~ 1.8%。

4）在现浇肋梁楼盖中，板可作为梁的上翼缘。在梁跨中正弯矩区段，按 T 形截面计算，翼缘宽度 b'_f 按《混凝土结构设计规范》要求确定；在梁支座负弯矩区段，按矩形截面计算。

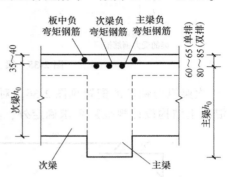

图 2-34　主梁支座截面的钢筋位置

5）在主梁支座处，板、次梁以及主梁的上部负弯矩钢筋相互交叉，见图 2-34。板的负弯矩钢筋在上，主梁的负弯矩钢筋在下，次梁的负弯矩钢筋位于两者之间，致使主梁承受负弯矩的纵筋位置下移，梁截面有效高度 h_0 减小。因此，**在计算主梁支座截面负弯矩钢筋时，截面有效高度 h_0 应取：一排钢筋时，取 $h_0 = h - (60 \sim 65)$ mm；两排钢筋时，取 $h_0 = h - (80 \sim 85)$ mm。**

梁在砖墙上的支承长度不应小于 240mm，并应满足墙体局部受压承载力的要求。

2. 梁的配筋要求

（1）受力钢筋

1）为方便施工，连续梁配筋采用分离式配筋。

2）钢筋混凝土简支梁和连续梁简支端的下部纵向受力钢筋，从支座边缘算起伸入支座内的锚固长度应符合下列规定：$V \leqslant 0.7 f_t b h_0$ 时，$l_{as} \geqslant 5d$；$V > 0.7 f_t b h_0$ 时，$l_{as} \geqslant 12d$（带肋钢筋），$l_{as} \geqslant 15d$（光圆钢筋）。其中，d 为纵向钢筋的最大直径。

3）对于次梁，当相邻跨度差不超过 20%、活荷载与永久荷载设计值相比不大于 3 时，设支座处上部受力钢筋总面积为 A_s，则第一批截断钢筋面积不得超过 $A_s / 2$，延伸长度从支座边缘起不小于 $l_n / 5 + 20d$（l_n 为净跨）；第二批截断钢筋面积不得超过 $A_s / 4$，延伸长度从支座边缘起不小于 $l_n / 3$。所余下的纵筋面积不小于 $A_s / 4$，且不少于 2 根。

（2）梁上部纵向构造钢筋

1）当梁端按简支计算但实际受到部分约束时，应在支座区上部设置纵向构造钢筋。其截面面积不应小于梁跨中下部纵向受力钢筋计算所需截面面积的 1/4，且不应少于 2 根。该纵向构造钢筋自支座边缘向跨内伸出的长度不应小于 $l_0 / 5$（l_0 为梁的计算跨度）。

2）纵向构造受力钢筋末端弯成 90° 弯钩，弯折直段长度为 15d，伸入支座内的水平长度：对支承在砖墙或砖柱上的简支梁取 $0.35 l_a$，见图 2-35a；对梁与梁整体连接，在计算中端支座按简支考虑时取 $0.4 l_a$，见图 2-35b；当充分利用钢筋的抗拉强度，端支座上部钢筋为计算钢筋时，取 $0.6 l_a$，见图 2-35c。图中①为构造负弯矩钢筋，②为架立筋。

3）架立钢筋，当梁的跨度小于 4m 时，直径不宜小于 8mm；当梁的跨度为 4 ~ 6m 时，直径不应小于 10mm；当梁的跨度大于 6m 时，直径不宜小于 12mm。

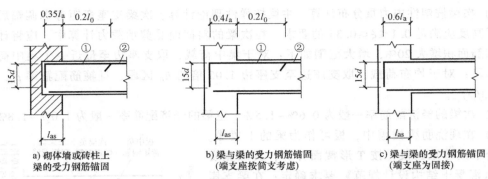

a) 砌体墙或砖柱上
梁的受力钢筋锚固

b) 梁与梁的受力钢筋锚固
(端支座按简支考虑)

c) 梁与梁的受力钢筋锚固
(端支座为固接)

图 2-35　梁上部纵向构造钢筋的锚固长度

次梁纵向钢筋的配置见图 2-36。对于主梁，除支座负弯矩钢筋截断需依据弯矩包络图按《混凝土结构设计规范》要求确定外，其他纵筋配置同次梁要求。

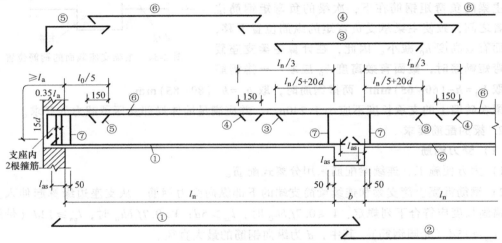

图 2-36　次梁纵向钢筋的配置

①—第一跨正弯矩的纵向受力钢筋　②—第二跨正弯矩的纵向受力钢筋　③—支座负弯矩的第一批截断的纵向受力钢筋，其面积不得超过 $A_s/2$　④—支座负弯矩的第二批截断的纵向受力钢筋，其面积不得超过 $A_s/4$

⑤—端支座纵向构造钢筋，其面积大于 $A_s/4$，且不少于 2 根　⑥—架立筋　⑦—箍筋

注：钢筋伸入端支座的锚固长度，水平长度 $\geq 0.35l_a$，竖向长度为 $15d$，两者之和 $0.35l_a+15d>l_a$。

（3）**箍筋**　连续梁因截面上、下均配置受力钢筋，所以一般均沿梁全长配置封闭式箍筋，第一根箍筋可距支座边 50mm 处开始放置，同时在简支端的支座范围内布置 2 根箍筋。

（4）**梁侧纵向构造钢筋**（又称腰筋）

1）梁的腹板高度不小于 450mm 时，为抗扭及抵抗混凝土收缩、温度应力，梁两侧沿截面高度应配置纵向构造钢筋，每侧纵向构造钢筋（不含梁上、下部受力钢筋和架立钢筋）的截面面积不应小于腹板截面面积的 0.1%，其间距不应大于 200mm。

2）次梁与主梁相交时，在主梁高度范围内受到次梁传来的集中荷载的作用。此集中荷载并非作用在主梁顶面，而是靠次梁的剪压区传递至主梁的腹部。所以，在主梁局部长度上将引起主拉应力，特别是当集中荷载作用在主梁的受拉区时，会在梁腹部产生斜裂缝，而引起局部破坏，见图 2-37a。因此，需设置附加横向钢筋，承担全部位于梁下部或梁截面高度范围内的集中荷载。

3）附加横向钢筋可采用附加箍筋和吊筋，见图 2-37b。宜优先采用附加箍筋，箍筋应布置在长度为 $s=2h_1+3b$ 的范围内，当采用吊筋时，弯起段应伸至梁的上边缘，且末端水平段长度在受拉区锚固长度不应小于 $20d$，在受压区锚固长度不应小于 $10d$。

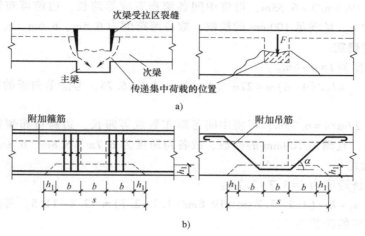

图 2-37 附加横向钢筋的布置

附加横向钢筋所需的总截面面积应满足下式要求

$$A_{sv} \geqslant \frac{F}{f_{yv}\sin\alpha} \tag{2-21}$$

式中 A_{sv}——承受集中荷载所需的附加横向钢筋总截面面积，当采用附加吊筋时，A_{sv} 应为左、右弯起段截面面积之和；

    F——作用在梁的下部或梁截面高度范围内的集中荷载设计值；

    f_{yv}——横向钢筋的抗拉强度设计值；

    α——附加横向钢筋与梁轴线间的夹角。

如集中力作用在主梁顶面，不必另设附加横向钢筋。

2.2.8 单向板肋梁楼盖设计实例

某单层工业厂房的屋盖平面，屋顶花园，平面尺寸 $L_1 \times L_2 = 19.6\text{m} \times 27.0\text{m}$，结构标高为 5.400m，室内外高差为 0.3m，不考虑楼梯间对屋顶开洞。拟采用现浇钢筋混凝土单向板肋梁楼盖，竖向构件均采用 400mm×400mm 的钢筋混凝土柱支承。环境类别为一类，结构的安全等级为二级，试对该屋盖进行设计。其中，要求主梁沿横向布置，次梁沿纵向布置，对板、次梁考虑塑性内力重分布，主梁按弹性理论设计。

设计资料：

1）屋面构造层（包括找坡层、找平层、保温隔热层、防水层、种植层）：7.0kN/m²。

2）铝塑板吊顶：0.5kN/m²。

3）屋顶花园活荷载标准值：3.0kN/m²。

4）钢筋混凝土重度：25kN/m³。

5）材料：混凝土强度等级为 C30；钢筋均采用 HRB400 级。

2.2.8.1 结构平面布置

1. 主梁跨度确定

主梁经济跨度为 $l = 5 \sim 8\text{m}$。

跨数范围为 $n_1 = L_1/(5 \sim 8)\text{m} = 19.6\text{m}/(5 \sim 8)\text{m} = 2.45 \sim 3.92$，取主梁跨数为 3 跨。

主梁跨度为 19.6m/3 = 6.53m，可将中间各跨布置成等跨长，边跨可布置得稍小些，但跨差不得超过 10%，且满足 100mm 的模数，故各跨跨度为 6.5m、6.6m、6.5m。

2. 次梁跨度确定

次梁经济跨度为 $l = 4 \sim 6\text{m}$。

跨数范围为 $n_2 = L_2/(4 \sim 6)\text{m} = 27\text{m}/(4 \sim 6)\text{m} = 4.5 \sim 6.75$，考虑单向板的特点，取次梁跨数为 4 跨。

次梁跨度为 27m/4 = 6.75m，可将中间各跨布置成等跨长，边跨可布置得稍小些，但跨差不得超过 10%，且满足 100mm 的模数，故各跨跨度为 6.7m、6.8m、6.8m、6.7m。

3. 板跨度确定

单向板的经济跨度为 $l = 1.7 \sim 2.7\text{m}$。

跨数范围为 $n_3 = L_1/(1.7 \sim 2.7)\text{m} = 19.6\text{m}/(1.7 \sim 2.7)\text{m} = 7.3 \sim 11.5$，考虑主梁每跨内布置两根次梁，取板的跨数为 9 跨。

板的跨度为 19.6m/9 = 2.18m，可将中间各跨布置成等跨长，边跨可布置得稍小些，但跨差不得超过 10%，且满足 100mm 的模数，故边跨为 2.1m，中间跨为 2.2m，且满足四边支承的单向板定义：$l_{长}/l_{短} = 6.7\text{m}/2.2\text{m} = 3.05 > 3$，结构平面布置符合单向板肋梁楼盖要求，见图 2-38。

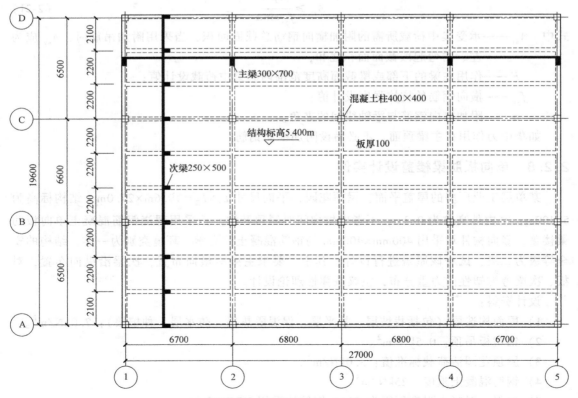

图 2-38 楼盖结构平面布置

4. 确定结构构件尺寸

板的厚度按高跨比要求 $h \geq 2200mm/30 = 73.33mm$，且需满足工业建筑的最小板厚 80mm，并考虑工程预埋管线情况，初步取 $h_{板} = 100mm$。

次梁截面高度 $h = (1/15 \sim 1/12)l = (1/15 \sim 1/12) \times 6800mm = 453 \sim 567mm$，初步取 $h_{次梁} = 500mm$；截面宽 $b = (1/2 \sim 1/3)h$，初步取 $b = 250mm$。

主梁截面高度 $h = (1/15 \sim 1/10)l = (1/15 \sim 1/10) \times 6600mm = 440 \sim 660mm$，预估主梁的弯矩较大，初步取 $h_{主梁} = 700mm$；截面宽 $b = (1/2 \sim 1/3)h$，初步取 $b = 300mm$。

钢筋混凝土柱的截面尺寸 $b \times h = 400mm \times 400mm$。

2.2.8.2 按塑性内力重分布方法设计单向板

1. 荷载计算

永久荷载标准值：

屋面构造层：	$7.0kN/m^2$
100mm 钢筋混凝土板：	$0.1m \times 25kN/m^3 = 2.5kN/m^2$
铝塑板吊顶：	$0.5kN/m^2$

小计 $\quad g_k = 10.0kN/m^2$

屋顶花园活荷载标准值： $\quad q_k = 3.0kN/m^2$

荷载效应的基本组合（其中永久荷载分项系数为 1.3，活荷载分项系数为 1.5）

$$g+q = 1.3 \times 10.0kN/m^2 + 1.5 \times 3.0kN/m^2 = 17.5kN/m^2$$

2. 计算简图

按塑性内力重分布设计，板的两端与梁整体浇筑，其计算跨度取净跨。次梁截面宽度 $b = 250mm$，查表 2-4 可知：

边跨计算跨度 $l_{01} = l_{n1} = 2100mm - 250mm/2 - (250mm - 400mm/2) = 1925mm$

中间跨计算跨度 $l_{02} = l_{n2} = 2200mm - 250mm = 1950mm$

跨差 $\dfrac{|1925 - 1950|}{1925} = 1.3\% < 10\%$，跨数为 9 跨

对跨数超过 5 跨的连续板，当各跨荷载相同，且跨度相差不超过 10% 时，可按 5 跨的等跨连续板计算，取 1m 板宽作为计算单元，板的计算简图见图 2-39。

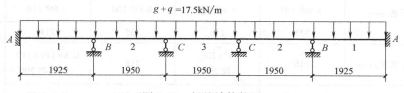

图 2-39 板的计算简图

3. 内力计算

计算支座弯矩时取相邻两跨的较大跨度值，计算跨中弯矩时取本跨跨度值，查表 2-8 可知弯矩计算系数 α_{mb}，弯矩计算结果见表 2-11。

表 2-11 板的弯矩设计值

截面位置	端支座	边跨跨中	距端第二支座	中间跨跨中	中间支座
	A	1	B	2 或 3	C
荷载设计值$(g+q)/(kN/m)$	17.5	17.5	17.5	17.5	17.5
弯矩系数 α_{mb}	$-1/16$	$1/14$	$-1/11$	$1/16$	$-1/14$
计算跨度 l_0/m	1.925	1.925	1.95	1.95	1.95
弯矩设计值$[M=(g+q)l_0^2\alpha_{mb}]/kN\cdot m$	-4.05	4.63	-6.05	4.16	-4.75

4. 正截面受弯承载力计算

C30 混凝土，$\alpha_1=1.0$，$f_c=14.3N/mm^2$，$f_t=1.43N/mm^2$。HRB400 级钢筋，$f_y=360N/mm^2$。一类环境下，板的混凝土保护层厚度 $c=15mm$。板厚 $h=100mm$，$a_s=20mm$，截面有效高度 $h_0=h-a_s=(100-20)mm=80mm$。

最小配筋率 $\rho_{s,min}=\max(0.2\%,\ 0.45f_t/f_y)=0.2\%$，故

$$A_{s,min}=\rho_{s,min}bh=0.2\%\times1000mm\times100mm=200mm^2$$

对轴线②~④间的板带，考虑拱作用，其跨内 2 截面和支座 C 截面的弯矩设计值可折减20%，为了方便，近似对钢筋面积折减20%，板配筋计算过程见表 2-12。

表 2-12 板的配筋计算

截面位置		A	1	B	2 或 3	C
弯矩设计值/kN·m		-4.05	4.63	-6.05	4.16	-4.75
截面形状		矩形				
截面宽度 b/mm		1000				
截面有效高度 h_0/mm		80				
$\alpha_s=\dfrac{M}{\alpha_1f_cbh_0^2}$		0.044	0.051	0.066	0.045	0.052
$\xi=1-\sqrt{1-2\alpha_s}$		0.045 小于 0.1，取 0.1	0.052	0.068 小于 0.1，取 0.1	0.047	0.053 小于 0.1，取 0.1
轴线①~②④~⑤	钢筋计算面积$(A_s=\alpha_1f_cb\xi h_0/f_y)/mm^2$	318	165<200，取 200	318	149<200，取 200	318
	实际配筋/mm²	计算配筋 ⊈ 8@ 150	构造配筋 ⊈ 6@ 130	计算配筋 ⊈ 8@ 150	构造配筋 ⊈ 6@ 130	计算配筋 ⊈ 8@ 150
		335	218	335	218	335
轴线②~④	钢筋计算面积/mm²	318	165<200，取 200	318	0.8×149=119 <200，取 200	0.8×318=254
	实际配筋/mm²	计算配筋 ⊈ 8@ 150	构造配筋 ⊈ 6@ 130	计算配筋 ⊈ 8@ 150	构造配筋 ⊈ 6@ 130	计算配筋 ⊈ 8@ 180
		335	218	335	218	279

注：各支座截面按塑性内力重分布计算，当 $\xi\leqslant0.1$ 时，取 $\xi=0.1$。

选配钢筋时应注意：现浇板中的受力钢筋直径不小于 6mm，间距不大于 200mm，不小于 70mm。支座负钢筋直径一般不小于 8mm。

5. 板的配筋图绘制

板中计算钢筋还应符合构造要求。板面支座负钢筋伸入板内的水平段长度：

当 $q/g = (1.5 \times 3)/(1.3 \times 10) = 0.346 < 3$ 时，$a = 2200\text{mm}/4 = 550\text{mm}$，取 550mm。

板中除配置计算钢筋外，还应配置构造钢筋。

1）分布钢筋：选配 $\Phi 6@180$ 的分布钢筋，截面面积为 $157\text{mm}^2 > 0.15\% bh = 0.15\% \times 1000\text{mm} \times 100\text{mm} = 150\text{mm}^2$，且 $>15\% A_s = 15\% \times 335\text{mm}^2 = 50.25\text{mm}^2$

2）与主梁垂直的板面构造钢筋：选配 $\Phi 8@200$，截面面积为 $251\text{mm}^2 > 1/3 \times A_s = 1/3 \times 335\text{mm}^2 = 111.67\text{mm}^2$，满足要求。

伸入板内的水平段长度 $a = 2200\text{mm}/4 = 550\text{mm}$，取 550mm。

单向板的配筋见图 2-40。

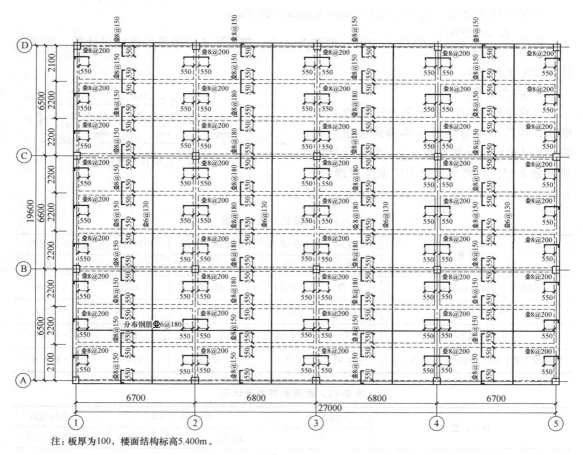

注：板厚为100，楼面结构标高5.400m。

图 2-40　单向板的配筋

2.2.8.3　按塑性内力重分布方法设计次梁

1. 荷载设计值

永久荷载标准值（次梁截面尺寸 $b \times h = 250\text{mm} \times 500\text{mm}$）：

板传来的永久荷载：　　　　　　$10.0 \text{kN/m}^2 \times 2.2 \text{m} = 22 \text{kN/m}$

次梁自重：　　　　$0.25 \text{m} \times (0.5 - 0.1) \text{m} \times 25 \text{kN/m}^3 = 2.5 \text{kN/m}$

次梁铝塑板吊顶：　　　　$0.5 \text{kN/m}^2 \times 2.2 \text{m} = 1.1 \text{kN/m}$

小计　　　　　　　　　　　　　　　　　$g_k = 25.6 \text{kN/m}$

板传来的**活荷载标准值**：$q_k = 3.0 \text{kN/m}^2 \times 2.2 \text{m} = 6.6 \text{kN/m}$

荷载效应的基本组合（其中永久荷载分项系数为 1.3，活荷载分项系数为 1.5）

$$g+q = 1.3 \times 25.6 \text{kN/m} + 1.5 \times 6.6 \text{kN/m} = 43.18 \text{kN/m}$$

2. 计算简图

按塑性内力重分布设计，次梁的两端与主梁整体浇筑，计算跨度取净跨。主梁截面宽度 $b = 300 \text{mm}$，查表 2-4 可知：

边跨计算跨度　　$l_{01} = l_{n1} = 6700 \text{mm} - 300 \text{mm}/2 - (300 \text{mm} - 400 \text{mm}/2) = 6450 \text{mm}$

中间跨计算跨度　　$l_{02} = l_{n2} = 6800 \text{mm} - 300 \text{mm} = 6500 \text{mm}$

跨差 $\dfrac{|6450-6500|}{6450} = 0.78\% < 10\%$，跨数为 4 跨，按实际 4 跨的等跨连续梁计算。次梁的计算简图见图 2-41。

3. 内力计算

计算支座弯矩时取相邻两跨的较大跨度值，计算跨中弯矩时取本跨跨度值，查表 2-8 可知弯矩计算系数 α_{mb}，弯矩计算结果见表 2-13。计算支座剪力时取本跨净跨，查表 2-9 得剪力系数 α_{vb}，剪力设计值见表 2-14。

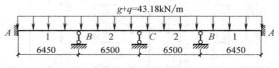

图 2-41　次梁计算简图

表 2-13　次梁的弯矩设计值

截面位置	端支座	边跨跨中	距端第二支座	中间跨跨中	中间支座
	A	1	B	2	C
荷载设计值 $(g+q)/(\text{kN/m})$	43.18	43.18	43.18	43.18	43.18
弯矩系数 α_{mb}	-1/24	1/14	-1/11	1/16	-1/14
计算跨度 l_0/m	6.45	6.45	6.50	6.50	6.50
弯矩设计值 $[M=(g+q)l_0^2\alpha_{mb}]/\text{kN}\cdot\text{m}$	-74.85	128.31	-165.85	114.02	-130.31

表 2-14　次梁的剪力设计值

截面位置	端支座	距端第二支座		中间支座
	A	B(左)	B(右)	C(左、右)
荷载设计值 $(g+q)/(\text{kN/m})$	43.18	43.18	43.18	43.18
剪力系数 α_{vb}	0.50	0.55	0.55	0.55
净跨度 l_n/m	6.45	6.45	6.5	6.5
剪力设计值 $[V=(g+q)l_n\alpha_{vb}]/\text{kN}$	139.26	153.18	154.37	154.37

4. 正截面抗弯承载力计算

次梁截面尺寸 $b \times h = 250\text{mm} \times 500\text{mm}$。C30 混凝土，$\alpha_1 = 1.0$，$f_c = 14.3\text{N/mm}^2$，$f_t = 1.43\text{N/mm}^2$。HRB400 级，$f_y = f_{yv} = 360\text{N/mm}^2$。一类环境下，梁的混凝土保护层厚度 $c = 20\text{mm}$。最小配筋率 $\rho_{s,\min} = \max(0.2\%, 0.45f_t/f_y) = 0.2\%$，故

$$A_{s,\min} = \rho_{s,\min}bh = 0.2\% \times 250\text{mm} \times 500\text{mm} = 250\text{mm}^2$$

跨中截面与支座截面均考虑单排配筋，截面有效高度 $h_0 = h - 40\text{mm} = 460\text{mm}$。

正截面受弯承载力计算时，支座截面按矩形截面计算；跨中截面按 T 形截面计算，翼缘厚度 $h_f' = 100\text{mm}$，翼缘宽度取下面三种情况的较小值：

第一种情况：$h_f'/h_0 = 100/460 = 0.217 > 0.1$，不考虑翼缘高度的影响。

第二种情况：

$$b_f' = l_0/3 = \begin{cases} 6450\text{mm}/3 = 2150\text{mm}（边跨） \\ 6500\text{mm}/3 = 2167\text{mm}（中间跨） \end{cases}$$

第三种情况：

$$b_f' = b + s_n = \begin{cases} 250\text{mm} + 1925\text{mm} = 2175\text{mm}（边跨） \\ 250\text{mm} + 1950\text{mm} = 2200\text{mm}（中间跨） \end{cases}$$

故边跨翼缘宽度 $b_f' = 2150\text{mm}$，中跨翼缘宽度 $b_f' = 2167\text{mm}$。

判别 T 形截面类型：

$$\alpha_1 f_c b_f' h_f'(h_0 - h_f'/2) = 1.0 \times 14.3 \times 2150 \times 100 \times (460 - 100/2) \times 10^{-6}\text{kN} \cdot \text{m}$$
$$= 1260.5\text{kN} \cdot \text{m} > |M_{\max}| = 128.31\text{kN} \cdot \text{m}$$

各跨跨中截面均属于第一类 T 形截面。正截面承载力计算过程列于表 2-15。

表 2-15　次梁正截面受弯承载力计算

截面位置	A	1	B	2	C
弯矩设计值/kN·m	−74.85	128.31	−165.85	114.02	−130.31
截面形状	矩形	T 形	矩形	T 形	矩形
截面宽度 b 或 b_f'/mm	250	2150	250	2167	250
截面有效高度 h_0/mm	460	460	460	460	460
$\alpha_s = \dfrac{M}{\alpha_1 f_c b h_0^2}$ 或 $\alpha_s = \dfrac{M}{\alpha_1 f_c b_f' h_0^2}$	0.099	0.020	0.219	0.017	0.172
$\xi = 1 - \sqrt{1 - 2\alpha_s}$	0.104	0.020	0.251	0.017	0.190
钢筋计算面积（$A_s = a_1 f_c b \xi h_0/f_y$ 或 $A_s = a_1 f_c b_f' \xi h_0/f_y$）/mm²	475	786	1147	673	868
实际配筋/mm²	计算配筋 2 ⏀ 20	计算配筋 2 ⏀ 18+1 ⏀ 20	计算配筋 4 ⏀ 20	计算配筋 2 ⏀ 18+1 ⏀ 16	计算配筋 3 ⏀ 20
	628	823	1256	710	942

各支座截面按塑性内力重分布方法均满足 $0.1 \leqslant \xi \leqslant 0.35$ 要求。

因次梁的腹板高度 $h_w = h_0 - h_f' = 460\text{mm} - 100\text{mm} = 360\text{mm}$，小于 450mm，不需要在梁侧配置纵向构造钢筋。

按纵向钢筋水平方向最小净距要求，验算 1 截面配置 2 ⏀ 18+1 ⏀ 20 纵向钢筋能否在梁宽内放置一排：

$$2\times(20+10)\,\text{mm}+2\times18\,\text{mm}+1\times20\,\text{mm}+2\times25\,\text{mm}=166\,\text{mm}<b_{次梁}=250\,\text{mm}$$

同理，验算 B 支座截面配置 $4\,\underline{\Phi}\,20$ 纵向钢筋能否在梁宽内放置一排：

$$2\times(20+10)\,\text{mm}+4\times20\,\text{mm}+3\times30\,\text{mm}=230\,\text{mm}<b_{次梁}=250\,\text{mm}$$

故次梁跨中和支座布置一排纵向钢筋均满足构造要求。

5. 斜截面受剪承载力计算（包括复核截面尺寸、腹筋计算和最小配箍率验算）

1）复核截面尺寸。因 $h_w/b=360/250=1.44<4$，故截面尺寸按下式验算：

$$0.25\beta_c f_c bh_0=(0.25\times1.0\times14.3\times250\times460\times10^{-3})\,\text{kN}=411.1\,\text{kN}>V_{\max}=154.37\,\text{kN}$$

故截面尺寸满足要求。

2）计算箍筋量。为方便施工，每一跨内的箍筋直径及间距保持一致。因各跨剪力设计值接近，取各跨跨内最大剪力 $154.37\,\text{kN}$ 计算，仅配箍筋，采用 HRB400 级钢筋，双肢箍，直径为 $8\,\text{mm}$（单肢箍面积 $A_{sv1}=50.3\,\text{mm}^2$），箍筋间距

$$s\leqslant\frac{f_{yv}A_{sv}h_0}{V-0.7f_t bh_0}=\frac{360\,\text{N/mm}^2\times2\times50.3\,\text{mm}^2\times460\,\text{mm}}{154.37\times10^3\,\text{N}-0.7\times1.43\,\text{N/mm}^2\times250\,\text{mm}\times460\,\text{mm}}=424\,\text{mm}$$

考虑塑性内力重分布，在均匀荷载作用下，取支座边至支座边 $1.05h_0$ 区段内，应将计算所需的箍筋面积增大 20%，并满足箍筋最大间距要求，故实际箍筋间距均取 $s=200\,\text{mm}$。

3）塑性内力重分布时箍筋最小配筋率为

$$0.3\frac{f_t}{f_{yv}}=0.3\times\frac{1.43}{360}=0.119\%$$

实际配箍率 $\rho_{sv}=\dfrac{A_{sv}}{bs}=\dfrac{2\times50.3\,\text{mm}^2}{250\,\text{mm}\times200\,\text{mm}}=0.201\%>0.119\%$，满足要求。

6. 施工图的绘制

（1）纵向受力钢筋的锚固

1）连续梁下部钢筋伸入支座的锚固长度。截面 1 跨中选配 $2\,\underline{\Phi}\,18+1\,\underline{\Phi}\,20$，伸入端支座或 B 支座锚固，最大的锚固长度为 $l_{as}\geqslant12d=12\times20\,\text{mm}=240\,\text{mm}$，取锚固长度 $l_{as}=240\,\text{mm}<b_{主梁}=300\,\text{mm}$，满足要求。

截面 2 跨中选配 $2\,\underline{\Phi}\,18+1\,\underline{\Phi}\,16$，伸入 B 支座或 C 支座锚固，最大的锚固长度为 $l_{as}\geqslant12d=12\times18\,\text{mm}=216\,\text{mm}$，取锚固长度 $l_{as}=220\,\text{mm}<b_{主梁}=300\,\text{mm}$，满足要求。

2）连续梁上部钢筋伸入端支座的锚固长度。端支座 A 截面选配 $2\,\underline{\Phi}\,20$，$l_a=\zeta_a\alpha\dfrac{f_y}{f_t}d=1.0\times0.14\times\dfrac{360}{1.43}\times20\,\text{mm}=705\,\text{mm}$，充分利用受拉钢筋强度，伸入端支座水平段长度 $0.6l_a=0.6\times705\,\text{mm}=423\,\text{mm}>b_{主梁}=300\,\text{mm}$，实际伸入支座的水平锚固长度取 $250\,\text{mm}$，弯折后的直线段长度为 $15d=300\,\text{mm}$，并采用加焊 $2\,\underline{\Phi}\,12$ 短钢筋，以弥补上部纵向钢筋伸入支座水平锚长度 $250\,\text{mm}$ 不满足 $423\,\text{mm}$ 要求的缺陷。

（2）纵向受力钢筋的截断

1）梁中间 B 支座共配置 $4\,\underline{\Phi}\,20$ 纵向钢筋，第一批截断的钢筋为 $2\,\underline{\Phi}\,20$ 的钢筋 $\leqslant A_s/2$，长度为 $l_n/5+20d=6500\,\text{mm}/5+20\times20\,\text{mm}=1700\,\text{mm}$。余下 $2\,\underline{\Phi}\,20$ 作通长筋，锚入端支座。

2）梁中间 C 支座共配置 $3\,\underline{\Phi}\,20$ 纵向钢筋，第一批截断的钢筋为 $1\,\underline{\Phi}\,20$ 的钢筋 $\leqslant A_s/2$，长度为 $l_n/5+20d=6500\,\text{mm}/5+20\times20\,\text{mm}=1700\,\text{mm}$。

余下 2Φ20 作通长筋，锚入端支座。次梁的配筋见图 2-42。

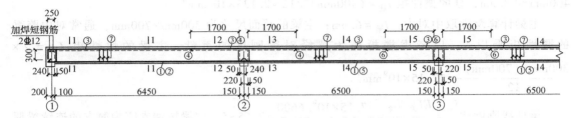

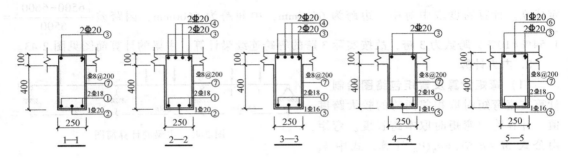

图 2-42　次梁的配筋

2.2.8.4　按弹性方法设计主梁

为简化计算，将主梁的自重等效为集中力，集中力的作用位置同次梁位置。

1. 荷载设计值

永久荷载标准值（主梁截面尺寸 $b \times h = 300mm \times 700mm$）：

次梁传来的永久荷载：	$25.6kN/m \times 6.8m = 174.08kN$
主梁自重：	$0.3m \times (0.7 - 0.1)m \times 25kN/m^3 \times 2.2m = 9.90kN$
主梁铝塑板吊顶：	$0.5kN/m^2 \times 2.2m \times 6.8m = 7.48kN$

小计　　　　　　　　　　　　　　　　　　　　$G_k = 191.46kN$

次梁传来的**活荷载标准值**：$Q_k = 6.6kN/m \times 6.8m = 44.88kN$

已知永久荷载分项系数为 1.3，活荷载分项系数为 1.5，则

永久荷载集中力设计值 $G = \gamma_G G_k = 1.3 \times 191.46kN = 248.9kN$

活荷载集中力设计值 $Q = \gamma_Q Q_k = 1.5 \times 44.88kN = 67.32kN$

2. 计算简图

按弹性理论计算主梁内力。主梁与柱整浇形成框架结构，应按框架结构模型进行内力分析。但当主梁线刚度与柱线刚度之比大于 5 时，主梁的转动受柱端的约束可忽略，而柱的轴向变形通常很小，则此时柱可以简化为主梁的不动铰支座，主梁可简化为端支座为简支的连续梁计算。若梁柱线刚度之比小于 5 时，按框架模型，主梁可简化为端支座为嵌固的连续梁计算，计算方法采用实用弯矩分配法，参见例 2-1。

底层柱的计算高度可取建筑层高+室内外高差+室外地坪至基础顶面的距离（通常取

500mm），因此柱的计算高度 $l_{柱} = 5.4\text{m} + 0.3\text{m} + 0.5\text{m} = 6.2\text{m}$；钢筋混凝土柱截面尺寸为 400mm×400mm，柱的惯性矩 $I_{柱} = (400\text{mm})^4/12 = 2.133 \times 10^9 \text{mm}^4$。

主梁计算跨度取中对中，$l_{梁} = 6.6\text{m}$；主梁的截面尺寸为 300mm×700mm，通常对中跨梁的惯性矩乘以 2，以考虑楼板作为翼缘对梁刚度的贡献，主梁的惯性矩 $I_{梁} = 2 \times \dfrac{300\text{mm} \times (700\text{mm})^3}{12} = 17.15 \times 10^9 \text{mm}^4$。

梁柱线刚度比 $\dfrac{i_{梁}}{i_{柱}} = \dfrac{EI_{梁}/l_{梁}}{EI_{柱}/l_{柱}} = \dfrac{17.15 \times 10^9/6600}{2.133 \times 10^9/6200} = 7.55 > 5$，主梁按端支座为简支的连续梁假定成立。计算跨度取中对中，边跨为 6500mm，中间跨为 6600mm，因跨差 $\dfrac{|6500-6600|}{6500} = 1.54\% < 10\%$，跨数为 3 跨，故按实际 3 跨的等跨连续梁计算。主梁的计算简图见图 2-43。

3. 内力计算

（1）弯矩计算及弯矩包络图绘制

计算支座弯矩时取相邻两跨的较大跨度值，计算跨中弯矩时取本跨长度。弯矩由公式 $M = k_5 G l_0 + k_6 Q l_0$ 计算，式中 k_5

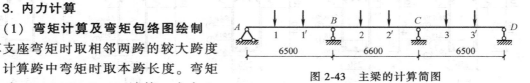

图 2-43　主梁的计算简图

和 k_6 由附录 B 相应栏查得。永久荷载满跨布置，活荷载考虑最不利布置，见表 2-16。表中各参数意义如下：

M_1、M_2、M_3 分别为第 1、2、3 跨左侧集中力处的弯矩，内力系数 k 可由附录 B 查得；M_1'、M_2'、M_3' 分别为第 1、2、3 跨右侧集中力处的弯矩，内力系数 k' 由内力平衡求得；M_B、M_C 分别为支座 B、支座 C 处的弯矩，内力系数 k 可由附录 B 查得。

附录 B 中内力系数在已知支座弯矩后，k、k' 也可按下列图例由静力平衡求得：

第一种情况：一端简支、一端嵌固，承受两个集中力的作用。

$$M_1 = \frac{Gl_0}{3} + \frac{M_B}{3} = \frac{Gl_0}{3} - \frac{0.267Gl_0}{3} = 0.244Gl_0 \quad （即 \ k = 0.244）$$

$$M_1' = \frac{Gl_0}{3} + \frac{2M_B}{3} = \frac{Gl_0}{3} - \frac{2 \times 0.267Gl_0}{3} = 0.156Gl_0 \quad （即 \ k' = 0.155）$$

第二种情况：两端嵌固，承受两个集中力的作用。

$$M_2 = \frac{Gl_0}{3} + \frac{2M_B + M_C}{3} = \frac{Gl_0}{3} - 0.267Gl_0 = 0.066Gl_0 \qquad （即 k = 0.067）$$

$$M_2' = \frac{Gl_0}{3} + \frac{M_B + 2M_C}{3} = \frac{Gl_0}{3} - 0.267Gl_0 = 0.066Gl_0 \qquad （即 k' = 0.067）$$

第三种情况：一端简支，一端嵌固，不承受荷载作用。

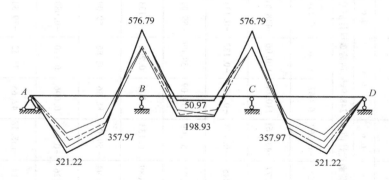

$$M_1 = \frac{M_B}{3} = \frac{-0.133Gl_0}{3} = -0.044Gl_0 \qquad （即 k = -0.044）$$

$$M_1' = \frac{2M_B}{3} = \frac{2 \times (-0.133Gl_0)}{3} = -0.089Gl_0 \qquad （即 k' = -0.089）$$

将表 2-16 中组合弯矩图画在同一基线上，并用粗实线绘制外包线，即为弯矩包络图，见图 2-44。

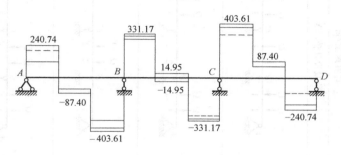

图 2-44　弯矩包络图（单位：kN·m）

（2）**剪力计算及剪力包络图绘制**　计算支座剪力时取本跨跨度值，剪力由公式 $V = k_7 G + k_8 Q$ 计算，式中 k_7 和 k_8 由附录 B 相应栏查得。永久荷载满跨布置，活荷载考虑最不利布置，见表 2-17。将表 2-17 中组合剪力图画在同一基线上，并用粗实线绘制外包线，即为剪力包络图，见图 2-45。

图 2-45　剪力包络图（单位：kN）

表 2-16　主梁弯矩计算

项次	荷载简图	第一跨 左侧 $\frac{k}{M_1}$	第一跨 右侧 $\frac{k'}{M_1'}$	支座 B $\frac{k}{M_B}$	第二跨 左侧 $\frac{k}{M_2}$	第二跨 右侧 $\frac{k'}{M_2'}$	支座 C $\frac{k}{M_C}$	第三跨 左侧 $\frac{k}{M_2}$	第三跨 右侧 $\frac{k'}{M_3'}$	弯矩图 /kN·m
计算跨度/m		6.5	6.5	6.6	6.6	6.6	6.6	6.5	6.5	
荷载设计值/kN		永久荷载设计值 $G=248.9$kN，活荷载设计值 $Q=67.32$kN								
①		0.244 / 394.76	0.155 / 250.77	−0.267 / −438.61	0.067 / 110.06	0.067 / 110.06	−0.267 / −438.61	0.155 / 250.77	0.244 / 394.76	
②		0.289 / 126.46	0.245 / 107.21	−0.133 / −59.09	−0.133 / −59.09	−0.133 / −59.09	−0.133 / −59.09	0.245 / 107.21	0.289 / 126.46	
③		−0.044 / −19.25	−0.089 / −38.94	−0.133 / −59.09	0.200 / 88.86	0.200 / 88.86	−0.133 / −59.09	−0.089 / −38.94	−0.044 / −19.25	
④		0.229 / 100.21	0.126 / 55.14	−0.311 / −138.18	0.096 / 42.65	0.170 / 75.53	−0.089 / −39.54	−0.059 / −25.82	−0.030 / −13.13	
⑤		−0.030 / −13.13	−0.059 / −25.82	−0.089 / −39.54	0.170 / 75.53	0.096 / 42.65	−0.311 / −138.18	0.126 / 55.14	0.229 / 100.21	

最不利内力组合/kN·m							
①+②	521.22	357.97	50.97	50.97	−491.71	357.97	521.22
①+③	375.50	211.82	198.93	198.93	−497.71	211.82	375.50
①+④	381.63	224.95	185.60	−576.79	152.72	305.90	494.96
①+⑤		381.63	224.95	152.72	−576.79	185.60	305.90	494.96
控制截面弯矩最大值/kN·m	521.22	357.97	198.93	198.93	−576.79	357.97	521.22

①+② 弯矩图数值：497.71、497.71、50.97、497.71、357.97、357.97、357.97、521.22、521.22

①+③ 弯矩图数值：497.71、497.71、211.82、198.93、375.50、211.82、375.50

①+④ 弯矩图数值：478.16、576.79、224.95、185.60、152.72、381.63、305.90、494.96

①+⑤ 弯矩图数值：576.79、478.16、152.72、305.90、224.95、185.60、381.63、494.96

注：表中数值均由 excel 计算得出，数值之间的细微差是保留小数精度差累积误差所致，本书各计算表均同。

表2-17　主梁剪力计算

项次	荷载简图	支座A $\dfrac{k}{V_A}$	支座B(左) $\dfrac{k}{V_{Bl}}$	支座B(右) $\dfrac{k}{V_{Br}}$	支座C(左) $\dfrac{k}{V_{Cl}}$	支座C(右) $\dfrac{k}{V_{Cr}}$	支座D $\dfrac{k}{V_D}$	剪力图/kN
①		0.733 / 182.44	−1.267 / −315.36	1.000 / 248.90	−1.000 / −248.90	1.267 / 315.36	−0.733 / −182.44	
②		0.866 / 58.30	−1.134 / −76.34	0 / 0	0 / 0	1.134 / 76.34	−0.866 / −58.30	
③		0.689 / 46.38	−1.311 / −88.26	1.222 / 82.27	−0.778 / −52.37	0.089 / 5.99	0.089 / 5.99	
④		−0.089 / −5.99	−0.089 / −5.99	0.778 / 52.37	−1.222 / −82.27	1.311 / 88.26	−0.689 / −46.38	
最不利内力组合/kN	①+②	240.74	−391.70	248.90	−248.90	391.70	−240.74	
	①+③	228.83	−403.61	331.17	−301.27	321.35	−176.45	
	①+④	176.45	−321.35	301.27	−331.17	403.61	−228.83	
控制截面剪力最大值/kN		240.74	−403.61	331.17	−331.17	403.61	−240.74	—

4. 正截面受弯承载力计算

主梁截面尺寸 $b \times h = 300mm \times 700mm$。C30 混凝土，$\alpha_1 = 1.0$，$f_c = 14.3N/mm^2$，$f_t = 1.43N/mm^2$。HRB400 级，$f_y = f_{yv} = 360N/mm^2$。一类环境下，梁的混凝土保护层厚度 $c = 20mm$。

最小配筋率 $\rho_{s,min} = \max(0.2\%, 0.45f_t/f_y) = 0.2\%$，故

$$A_{s,min} = \rho_{s,min} bh = 0.2\% \times 300mm \times 700mm = 420mm^2$$

B 支座边缘的弯矩设计值：

$$V_0 = G + Q = 248.9kN + 67.32kN = 316.22kN$$

$$M_{B边} = M_{Bmax} - V_0 \frac{b_{柱}}{2} = -576.79kN \cdot m + 316.22kN \times \frac{0.4m}{2} = -513.55kN \cdot m$$

注：$b_{柱}$ 为柱截面的宽度。

跨中 1、2 截面考虑单排配筋，截面有效高度 $h_0 = h - 40mm = 660mm$。支座 B 截面因存在板、次梁、主梁上部钢筋交叉重叠，考虑次梁上部纵筋放置于主梁上部纵筋之上，弯矩较大，考虑两排布筋，截面有效高度 $h_0 = h - 80mm = 620mm$。

正截面受弯承载力计算时，支座截面按矩形截面计算；跨中截面按 T 形截面计算，翼缘厚度 $h'_f = 100mm$，翼缘宽度取下面三种情况的较小值：

第一种情况：$h'_f/h_0 = 100/660 = 0.152 > 0.1$，不考虑翼缘高度的影响。

第二种情况：

$$b'_f = l_0/3 = \begin{cases} 6500mm/3 = 2167mm（边跨） \\ 6600mm/3 = 2200mm（中间跨） \end{cases}$$

第三种情况：

$$b'_f = b + s_n = \begin{cases} 300mm + 6400mm = 6700mm（边跨） \\ 300mm + 6500mm = 6800mm（中间跨） \end{cases}$$

故边跨翼缘宽度 $b'_f = 2167mm$，中跨翼缘宽度 $b'_f = 2200mm$。

判别 T 形截面类型：

$$\alpha_1 f_c b'_f h'_f (h_0 - h'_f/2) = 1.0 \times 14.3 \times 2167 \times 100 \times (660 - 100/2) \times 10^{-6}kN \cdot m$$
$$= 1890.3kN \cdot m > |M_{max}| = 521.22kN \cdot m$$

各跨跨中截面均属于第一类 T 形截面。正截面受弯承载力计算过程列于表 2-18。

表 2-18　主梁正截面受弯承载力计算

截面位置	1	B 支座边缘	2
弯矩设计值/kN·m	521.22	-513.55	198.93
截面形状	T 形	矩形	T 形
截面宽度 b 或 b'_f/mm	2167	300	2200
截面有效高度 h_0/mm	660（一排）	620（两排）	660（一排）
$\alpha_s = \dfrac{M}{\alpha_1 f_c bh_0^2}$ 或 $\alpha_s = \dfrac{M}{\alpha_1 f_c b'_f h_0^2}$	0.039	0.311	0.015

（续）

截面位置	1	B 支座边缘	2
$\xi = 1 - \sqrt{1-2\alpha_s}$	0.039	0.386	0.015
钢筋计算面积（$A_s = \alpha_1 f_c b h_0 / f_y$ 或 $A_s = a_1 f_c b'_f \xi h_0 / f_y$）/mm²	2216	2852	865
实际配筋/mm²	计算配筋 5 Φ 25	计算配筋 4 Φ 25/2 Φ 25	计算配筋 3 Φ 20
	2454	2945	942

各截面混凝土相对受压区高度均满足 $\xi \leq 0.518$ 的要求。

因主梁腹板高度 $h_w = h_0 - h'_f = 660\text{mm} - 100\text{mm} = 560\text{mm}$，大于 450mm，需要在梁侧配置纵向构造钢筋，每侧纵向钢筋的截面面积不小于腹板面积 bh_w 的 0.1%，且其间距不大于 200mm。现每侧配置 3 Φ 12（$A_s = 339\text{mm}^2$），$\rho = 339/(300 \times 560) = 0.202\% > 0.1\%$，满足要求，间距按腹板高度均分，且不大于 200mm。

满足梁的纵向钢筋水平方向最小净距要求，验算 1 截面配置 5 Φ 25 钢筋能否在梁宽内放置一排：

$$2 \times (20 + 10)\text{mm} + 5 \times 25\text{mm} + 4 \times 25\text{mm} = 285\text{mm} < b = 300\text{mm}$$

故主梁跨中截面纵向钢筋布置一排满足构造要求。

同理，验算 B 支座截面配置 6 Φ 25 钢筋能否在梁宽内一排放置：

$$2 \times (20 + 10)\text{mm} + 6 \times 25\text{mm} + 5 \times 1.5 \times 25\text{mm} = 397.5\text{mm} > b = 300\text{mm}$$

故主梁支座 B 截面需布置两排钢筋才满足构造要求，与假设 $h_0 = 620\text{mm}$，按两排考虑计算有效截面高度吻合。

5. 斜截面受剪承载力计算

因剪力设计值最大在 B 支座处，故统一按 B 支座的截面有效高度计算，即 $h_0 = 620\text{mm}$。

（1）**复核截面尺寸** 因 $h_w/b = (h_0 - h'_f)/b = (620\text{mm} - 100\text{mm})/300\text{mm} = 1.73 < 4$，故截面尺寸按下式验算：

$$0.25\beta_c f_c b h_0 = (0.25 \times 1.0 \times 14.3 \times 300 \times 620 \times 10^{-3})\text{kN} = 664.95\text{kN} > V_{max} = 403.61\text{kN}$$

故截面尺寸满足要求。

（2）**计算所需箍筋** 为方便施工，每一跨内箍筋直径及间距保持一致。因边跨和中间跨剪力设计值差别较大，分别计算各跨的箍筋量。

第一跨和第三跨按跨内最大剪力 403.61kN 计算，仅配箍筋，采用 HRB400 级钢筋，双肢箍，直径为 10mm（单肢箍面积 $A_{sv1} = 78.5\text{mm}^2$），箍筋间距

$$s \leq \frac{f_{yv}A_{sv}h_0}{V - 0.7f_t b h_0} = \frac{360\text{N/mm}^2 \times 2 \times 78.5\text{mm}^2 \times 620\text{mm}}{403.61 \times 10^3\text{N} - 0.7 \times 1.43\text{N/mm}^2 \times 300\text{mm} \times 620\text{mm}} = 161.2\text{mm}$$

实际取箍筋间距 $s = 150\text{mm}$，即第一跨和第三跨箍筋$\Phi 10@150$（2）。

第二跨按跨内最大剪力 331.17kN 计算，仅配箍筋，采用 HRB400 级钢筋，双肢箍，直径为 10mm （单肢箍面积 $A_{sv1} = 78.5\text{mm}^2$），箍筋间距

$$s \leqslant \frac{f_{yv}A_{sv}h_0}{V - 0.7f_tbh_0} = \frac{360\text{N/mm}^2 \times 2 \times 78.5\text{mm}^2 \times 620\text{mm}}{331.17 \times 10^3\text{N} - 0.7 \times 1.43\text{N/mm}^2 \times 300\text{mm} \times 620\text{mm}} = 241.7\text{mm}$$

实际取箍筋间距 $s = 200\text{mm}$，即第二跨箍筋$\Phi 10@200$（2）。

（3）配箍率计算

最小配箍率为 $0.24\dfrac{f_t}{f_{yv}} = 0.24 \times \dfrac{1.43}{360} = 0.095\%$。

边跨实际配箍率 $\quad \rho_{sv} = \dfrac{A_{sv}}{bs} = \dfrac{2 \times 78.5\text{mm}^2}{300\text{mm} \times 150\text{mm}} = 0.349\% > 0.095\%$（满足要求）

中间跨实际配箍率 $\quad \rho_{sv} = \dfrac{A_{sv}}{bs} = \dfrac{2 \times 78.5\text{mm}^2}{300\text{mm} \times 200\text{mm}} = 0.262\% > 0.095\%$（满足要求）

6. 主次梁交接处附加横向钢筋的计算

已知次梁传给主梁的集中力设计值 $F_1 = (1.3 \times 174.08 + 1.5 \times 44.88)\text{kN} = 293.62\text{kN}$，$h_1 = h_{\text{主梁}} - h_{\text{次梁}} = 700\text{mm} - 500\text{mm} = 200\text{mm}$，取附加箍筋$\Phi 10@50$（2），附加箍筋布置范围 $s = 2h_1 + 3b = 2 \times 200\text{mm} + 3 \times 300\text{mm} = 1300\text{mm}$，则在主次梁交接处长度 s 范围内次梁两侧各布置 3 排附加箍筋，共 6 排。

$f_{yv}A_{sv} = mf_{yv}(nA_{sv1}) = 6 \times 360\text{N/mm}^2 \times (2 \times 78.5\text{mm}^2) = 339.12\text{kN} > F_1 = 293.62\text{kN}$，满足要求。

7. 施工图的绘制

（1）纵向受力钢筋的锚固

1）连续梁下部钢筋伸入支座的锚固长度。截面 1 跨中选配 $5\Phi 25$，伸入端支座或 B 支座锚固，最大的锚固长度为 $l_{as} \geqslant 12d = 12 \times 25\text{mm} = 300\text{mm}$，取锚固长度 $l_{as} = 300\text{mm} < b_{\text{柱}} = 400\text{mm}$，满足要求。截面 2 跨中选配 $3\Phi 20$，伸入 B 支座或 C 支座锚固，锚固长度为 $l_{as} \geqslant 12d = 12 \times 20\text{mm} = 240\text{mm}$，取锚固长度 $l_{as} = 240\text{mm} < b_{\text{柱}} = 400\text{mm}$，满足要求。

2）连续梁上部钢筋伸入端支座的锚固长度。端支座 A 选配 $2\Phi 25$ 作为架立筋，$l_a = \zeta_a \alpha \dfrac{f_y}{f_t}d = 1.0 \times 0.14 \times \dfrac{360}{1.43} \times 25\text{mm} = 881\text{mm}$，在计算中端支座按简支考虑时，伸入端支座水平段长度 $0.4l_a = 0.4 \times 881\text{mm} = 352.4\text{mm} < b_{\text{柱}} = 400\text{mm}$，故实际伸入支座的水平锚固长度取 360mm，弯折后的直段长度为 $15d = 375\text{mm}$。

（2）**材料抵抗弯矩图** 根据公式 $M_u = f_y A_s \left(h_0 - \dfrac{f_y A_s}{2\alpha_1 f_c b} \right)$ 计算立梁各截面按实配纵向钢筋所承受的抵抗弯矩，并绘制 M_u 图。

第一跨跨中（5 Φ 25）：

$$360\text{N/mm}^2 \times 2454\text{mm}^2 \times \left(660\text{mm} - \frac{360\text{N/mm}^2 \times 2454\text{mm}^2}{2 \times 1.0 \times 14.3\text{N/mm}^2 \times 2167\text{mm}} \right) \times 10^{-6} = 570.5\text{kN} \cdot \text{m}$$

B 支座（4 Φ 25/2 Φ 25）：

$$360\text{N/mm}^2 \times 2945\text{mm}^2 \times \left(620\text{mm} - \frac{360\text{N/mm}^2 \times 2945\text{mm}^2}{2 \times 1.0 \times 14.3\text{N/mm}^2 \times 300\text{mm}} \right) \times 10^{-6} = 526.32\text{kN} \cdot \text{m}$$

第二跨跨中（3 Φ 20）：

$$360\text{N/mm}^2 \times 942\text{mm}^2 \times \left(660\text{mm} - \frac{360\text{N/mm}^2 \times 942\text{mm}^2}{2 \times 1.0 \times 14.3\text{N/mm}^2 \times 2200\text{mm}} \right) \times 10^{-6} = 221.99\text{kN} \cdot \text{m}$$

各截面按公式 $M_{ui} = \dfrac{A_{si}}{A_s} M_u$ 计算每根钢筋面积占总钢筋面积的比例，绘制各根钢筋承担的弯矩。由于各截面采用直径相同的钢筋，故可简化为按钢筋根数等分抵抗弯矩图。

各跨跨中弯矩全部伸入支座，材料抵抗图为矩形。支座 B 上部纵向钢筋依据弯矩包络图截断。

（3）**B 支座上部纵向受力钢筋的截断** B 支座上部钢筋配置 4 Φ 25/2 Φ 25，放置两排。按弯矩包络图进行上部纵向受力钢筋的截断，其中角筋 2 Φ 25 不截断，其余的分两批截断。

由于 $V > 0.7f_t bh_0$，从计算不需要该钢筋的截面以外向两侧跨内延伸长度不小于 $h_0 = 620\text{mm}$ 且不小于 $20d = 500\text{mm}$ 处截断，取 620mm；且从该钢筋强度充分利用截面向两侧跨内延伸长度不应小于 $1.2l_a + h_0 = 1.2 \times 881\text{mm} + 620\text{mm} = 1677.2\text{mm}$ 处截断，取 1700mm。经比较，两侧截断点均由后者控制。

1）第一批截断④号筋 2 Φ 25（位于梁上部第一排中间）。左侧跨内，按上述确定的截断点位置已不在负弯矩区段内，因此左侧截断点位置取从该钢筋强度充分利用截面向左侧跨内延伸 1700mm。右侧跨内，按上述确定的截断点位置仍在负弯矩区段内，因此，从计算不需要该钢筋的截面以外向右侧延伸长度不小于 $1.3h_0 = 806\text{mm}$ 且不小于 $20d = 500\text{mm}$ 处截断，取 810mm；且从该钢筋强度充分利用截面向右跨延伸长度不应小于 $1.2l_a + 1.7h_0 = 1.2 \times 881\text{mm} + 1.7 \times 620\text{mm} = 2111.2\text{mm}$ 处截断，取 2200mm。经比较，右侧截断点均由后者控制。因此，右侧截断点位置取从该钢筋强度充分利用截面向右侧跨内延伸 2200mm。

2）第二批截断③号筋 2 Φ 25（位于梁上部第二排）。左、右侧跨内，按上述确定的截断点位置已不在负弯矩区段内，因此两侧截断点位置取从该钢筋强度充分利用截面向两侧跨内各延伸 1700mm。

主梁弯矩包络图及配筋图见图 2-46。

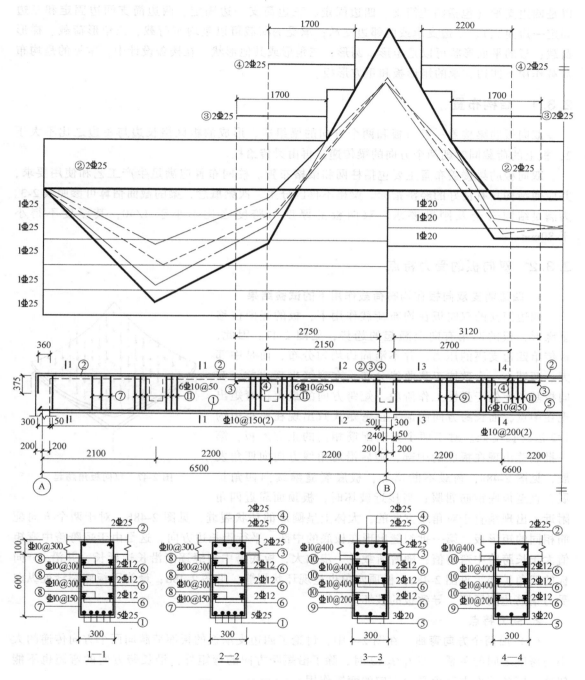

图 2-46　主梁弯矩包络图及配筋图

2.3　双向板肋梁楼盖设计

在理论上，凡纵横两个方向上的受力都不能忽略的板称为双向板。双向板的支承形式可以是四边支承（包括四边简支、四边固定、三边简支一边固定、两边简支两边固定和三边固定一边简支）、三边支承或两邻边支承；承受的荷载可以是均布荷载、三角形荷载、梯形荷载；板的平面形状可以是矩形、圆形、三角形或其他形状。在楼盖设计中，常见的是均布荷载作用下四边支承的矩形板和正方形板。

2.3.1 结构布置

双向板肋梁楼盖一般由板和两个方向的梁组成，形成的板区格长边与短边之比不大于2，板上的荷载同时朝两个方向的梁传递，再由梁传给柱。

双向板肋梁楼盖布置主要包括柱网和梁格布置。柱网布置应满足生产工艺和使用要求，并应使结构具有良好的经济指标。梁格不再区分主、次梁概念，梁的截面估算可参照表2-3。为满足结构安全及刚度要求，双向板的厚度与跨度之比不小于1/40，其厚度不得小于80mm。

2.3.2 双向板的受力特点

1. 四边简支双向板在均布荷载作用下的试验结果

四边简支的双向板在均布荷载作用下，板的竖向位移呈碟形，板的四角有向上翘起的趋势，见图2-47。因此，板传给四边支座的压力，并不沿周边均匀分布，而是中部大、两端小，大致按正弦曲线分布。在裂缝出现之前，双向板基本上处于弹性工作阶段，短跨方向的最大正弯矩出现在中点，而长跨方向的最大正弯矩大致出现在离板边约1/2短跨长度处。对于两个方向配筋相同的正方形板，第一批裂缝出现在板底的中部，随后沿对角线方向向四角发展，见图2-48a；荷载不断增加，板底裂缝继续向四角扩展，直至板底钢筋屈服；当接近破坏时，板顶面靠近四角

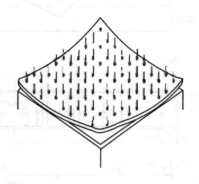

图 2-47 双向板角翘起

附近，出现垂直于对角线方向的，大体上呈圆形的环状裂缝，见图2-48b。对于两个方向配筋相同的矩形板，第一批裂缝出现在板底的中部，平行于长边方向，这是由于短跨跨中弯矩值大于长跨跨中弯矩值；随着荷载进一步加大，板底跨中裂缝逐渐沿长边延长，并沿45°向板的四角扩展，见图2-48c，板顶四角也呈现环状裂缝，见图2-48d；最终因板底裂缝处纵向受力钢筋达到屈服，导致板的破坏。

2. 受力特点

（1）**沿两个方向弯曲** 在图2-4中，讨论了四边支承板的板面荷载向两个方向传递的大小与跨度之间的关系。当$l_1/l_2<2$时，除了沿短跨方向的弯矩外，沿长跨方向的弯矩也不能忽略，即各截面上都承受两方向的弯矩作用。

（2）**存在剪力、扭矩** 实际上，图2-4中的板带并不是独立工作的，它们都受到相邻板带的约束，使得竖向位移和弯矩减小。沿两个方向分别各取一条板带，宽度分别为dx和dy，两板带相交处构成微元体1234，见图2-49。由板的双向弯曲变形曲线可以看出，**两个相邻板带的竖向位移是不相等的，靠近双向板边缘的板带比靠近板中央的相邻板带的竖向位移小**，即43面的竖向位移比12面为小，故在43面上必存在向上的相对于12面的剪力增

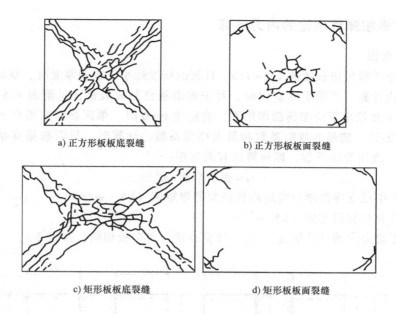

a) 正方形板板底裂缝

b) 正方形板板面裂缝

c) 矩形板板底裂缝

d) 矩形板板面裂缝

图 2-48 均布荷载下双向板的裂缝分布

量；又由于 43 面的曲率比 12 面的小，两者间存在相对扭转角，故在 12 面与 43 面上必有扭矩作用。同理，23 面的竖向位移比 14 面小，23 面与 14 面上也有扭矩作用。扭矩的存在将减小按独立板带计算的弯矩值。通常，按独立板带计算出的弯矩乘以小于 1 的修正系数来考虑扭矩影响。

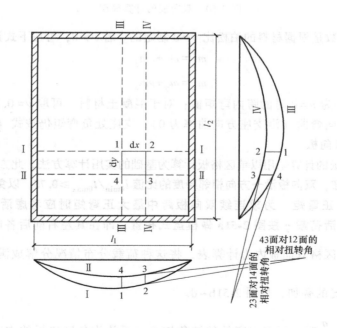

43面对12面的相对扭转角

23面对14面的相对扭转角

图 2-49 双向板微元体的变形

2.3.3 双向板按弹性理论的内力计算

1. 单跨双向板

当板厚远小于板短边长度的 1/8~1/5，且板的挠度远小于板的厚度时，双向板可按弹性薄板小挠度理论计算。工程实际应用时，对于矩形板已制成表格，见附表 B-5~附表 B-10，可供查用。附录 B 给出了均布荷载作用下，泊松比 $\nu=0$ 时，单区格双向板在 6 种不同支承条件下（见图 2-50）的最大弯矩系数和最大挠度系数。计算时，只需根据支承情况和短跨与长跨的比值，查出弯矩系数，即可算出有关弯矩：

$$m = 表中系数 \times pl_{01}^2 \qquad (2-22)$$

式中　m——跨中或支座处单位宽度内板截面的弯矩值（kN·m/m）；

　　　p——均布荷载设计值（kN/m²）；

　　　l_{01}——短跨方向的计算跨度（m），计算方法与单向板相同，查表 2-4。

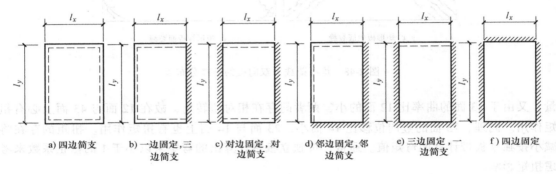

a) 四边简支　　b) 一边固定,三　　c) 对边固定,对　　d) 邻边固定,邻　　e) 三边固定,一　　f) 四边固定
　　　　　　　　边简支　　　　　边简支　　　　　边简支　　　　　边简支

图 2-50　双向板的计算简图

附录 B 中的系数是根据材料的泊松比 $\nu=0$ 制定的。若 $\nu \neq 0$，可按下式计算跨中弯矩：

$$m_x^\nu = m_x + \nu m_y \qquad (2-23)$$

$$m_y^\nu = m_y + \nu m_x \qquad (2-24)$$

式中　m_x、m_y——为 $\nu=0$ 时的跨内弯矩值；对于混凝土材料，可取 $\nu=0.2$。

支座截面因单向弯曲（沿支座方向曲率为 0），支座处负弯矩仍按式（2-22）计算。

2. 多跨连续双向板

多跨连续双向板的计算采用以单区格板计算为基础的实用计算方法。此方法假定**支承梁不产生竖向位移且不受扭**，双向板沿一方向相邻跨度的比值 $l_{0min}/l_{0max} \geqslant 0.75$，以免计算误差过大。

（1）跨中最大正弯矩　为求连续双向板跨中最大正弯矩时应考虑活荷载最不利布置，**永久荷载 g 满布，活荷载 q 按图 2-51a 做棋盘式布置**，即在其左右前后各间隔一区格布置活荷载。为了利用单区格双向板内力计算表，将这种荷载分布情况分解成满布荷载 $g+\dfrac{q}{2}$ 和间隔布置 $\pm\dfrac{q}{2}$ 两种情况的叠加，见图 2-51b~d。

在满布荷载 $g+\dfrac{q}{2}$ 时，板在支座处的转角较小，可认为各区格板的中间支座都是固定支座，而边、角区格的边支承按实际支承条件确定（即梁支承为固定，砖墙支承为简支）。图

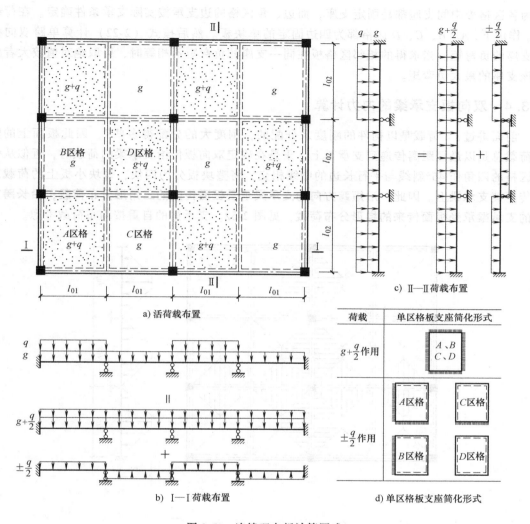

图 2-51　连续双向板计算图式

2-51a 为现浇双向板肋梁楼盖，四周支承于梁上，在荷载 $g+\dfrac{q}{2}$ 作用下，A、B、C、D 区格都为四边固定的单块板。然后按式（2-23）、式（2-24）计算单跨双向板各跨中的正弯矩。

　　在间隔布置 $\pm\dfrac{q}{2}$ 时，支座两侧的转角大小相等，方向相同，无弯矩产生，可认为各区格板的中间支座都是简支支座，而边、角区格的边支承按实际支承条件确定。在荷载 $\pm\dfrac{q}{2}$ 作用下，A 区格为两邻边固定，两邻边简支的单块板；B 区格为一长边固定，三边简支的单块板；C 区格为一短边固定，三边简支的单块板；D 区格为四边简支的单块板。然后按式（2-23）、式（2-24）计算单跨双向板各跨中的正弯矩。

　　最后，叠加上述两部分荷载作用下板的跨中弯矩，即为该区格板跨中的最大正弯矩。

　　（2）支座最大负弯矩　支座最大负弯矩可近似按满布活荷载布置，即 $g+q$ 求得。这时认为各区格板中间支座都是固定支座，而边、角区格的边支承按实际支承条件确定。在荷载 $g+q$ 作用下，A、B、C、D 区格都为四边固定的单块板。然后按式（2-22）计算单跨双向板各支座的负弯矩。当求得的相邻区格板在同一支座的负弯矩不相等时，可取绝对值较大者作为该支座的最大负弯矩。

2.3.4 双向板支承梁的内力计算

前面讲过，"荷载是以构件的刚度来分配的，刚度大的分配得多些"，因此板面上的竖向荷载总是以最短距离传递到支承梁上。于是在确定双向板传给支承梁的荷载时，近似从每一区格的四角作 45°斜线与平行长边的中线相交，将整块板分为四块，每块小板上的荷载就近似传至其支承梁上。因此，**沿短跨方向的支承梁承受板面传来的三角形分布荷载；沿长跨方向的支承梁承受板面传来的梯形分布荷载**，见图 2-52。支承梁的自重按均布荷载考虑。

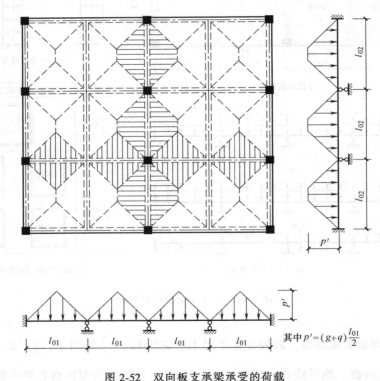

其中 $p'=(g+q)\dfrac{l_{01}}{2}$

图 2-52 双向板支承梁承受的荷载

按弹性理论计算支承梁的支座弯矩时，可按支座弯矩相等原则，按下列公式将三角形或梯形分布荷载等效为均布荷载 p_e，见图 2-53，再利用均布荷载下等跨连续梁的计算表格来计算内力。

三角形荷载作用时
$$p_e = \frac{5}{8}p' \tag{2-25}$$

梯形荷载作用时
$$p_e = (1-2\alpha^2+\alpha^3)p' \tag{2-26}$$

式中，$p'=(g+q)\dfrac{l_{01}}{2}$，$\alpha=0.5\dfrac{l_{01}}{l_{02}}$。

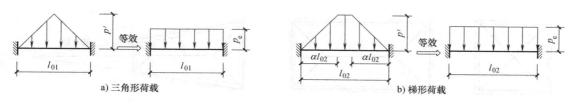

a) 三角形荷载　　　　　　　　　　　　　　b) 梯形荷载

图 2-53　三角形及梯形荷载等效为均布荷载

按等效均布荷载求出支座弯矩后，仍需考虑活荷载的最不利布置，再根据所求得的支座弯矩和实际荷载分布，由静力平衡条件计算出跨中弯矩和支座剪力。

考虑塑性内力重分布计算支承梁的内力时，可在弹性理论求得的支座弯矩基础上进行调幅，确定支座弯矩后，再利用静力平衡条件按实际荷载分布计算跨中弯矩。

2.3.5　双向板按塑性铰线法的内力计算

双向板按塑性理论计算的方法很多，有塑性铰线法、能量法、板带法等，而塑性铰线法是最常用的方法。塑性铰线与塑性铰的概念是相仿的，塑性铰出现在杆系结构中，而塑性铰线发生在板式结构中，都是因受拉钢筋屈服所致。

均布荷载作用下四边简支板的试验表明，**裂缝出现前，板基本处于弹性阶段，板中作用有双向弯矩和扭矩，以短跨方向为大。随荷载增大，板底平行于长边首先出现裂缝，裂缝沿 45°方向延伸，随荷载进一步加大，与裂缝相交处的钢筋相继屈服，将板分成四个板块。破坏前，板顶四角也呈现环形裂缝，促使板底裂缝开展迅速，最后板块绕屈服线转动，形成机构，达到极限承载力而破坏。整个破坏过程反映钢筋混凝土板具有一定的塑性性质，破坏主要发生在屈服线上，此屈服线称为塑性铰线。采用塑性铰线法设计双向板时，首先假定板的破坏机构，即确定塑性铰线的位置，然后利用虚功原理建立荷载与作用在塑性铰线上的弯矩之间的关系，从而求出各塑性铰线上的弯矩，以此作为各截面的弯矩设计值进行配筋设计。**

1. 塑性铰线的确定

板中塑性铰线（图 2-54）的分布形式与诸多因素有关，如板的平面形状、周边支承条件、纵横两个方向跨中及支座截面的配筋量、荷载类型等。具体确定塑性铰线时，通常可以依据以下四个原则确定：

1）对称结构具有对称的塑性铰线分布，图 2-54a 中四边简支的正方形板，在两个方向都对称，因而塑性铰线在两个方向也对称。

2）正弯矩引起正塑性铰线，负弯矩引起负塑性铰线。如板的负塑性铰线出现在板上部的固定边界处，见图 2-54b 波纹线；板的正塑性铰线出现在板下部的正弯矩处，见图 2-54b 实线。

3）塑性铰线应满足转动要求，每一条塑性铰线都是两相邻板块的公共边界，应能随两相邻板块一起转动，因而塑性铰线必须通过相邻板块转动轴的交点，图 2-54b 中转动轴交点分别在板的四角，因而 4 条塑性铰线必过这些点，塑性铰线⑤与长边支承边平行，意味着它们在无穷远处相交。

4）塑性铰线的数量应使整块板成为一个几何可变体系。

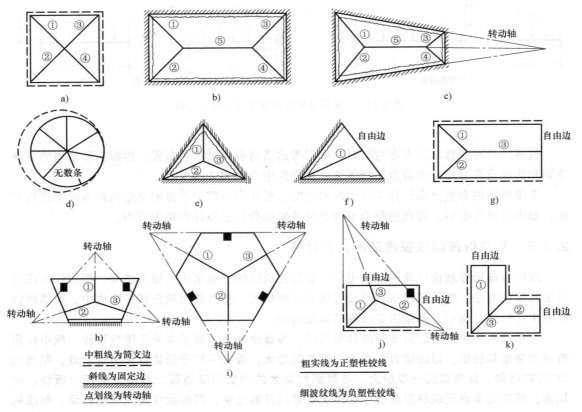

图 2-54 双向板的塑性铰线

中粗线为简支边

斜线为固定边

点划线为转动轴

粗实线为正塑性铰线

细波纹线为负塑性铰线

2. 基本假定

1）分布荷载作用下，塑性铰线为直线，沿塑性铰线单位长度上的弯矩为常数，等于相应板的极限弯矩，忽略塑性铰线上的剪切变形与扭转变形，即认为剪力和扭矩等于零。

2）板块的弹性变形远小于塑性铰线的变形，故可将板块视为刚性板，整个板变形都集中在塑性铰线上。破坏时，各板块都绕塑性铰线转动。

3. 虚功原理

根据虚功原理，外力虚功应该等于内力功。设任一条塑性铰线的长度为 l、单位长度塑性铰线的极限弯矩为 m、塑性铰线的转角为 θ。由于除塑性铰线上的塑性转动变形外，其余变形均略去不计，因而内力功 U 等于各条塑性铰线上的弯矩向量与转角向量相乘的总和，即

$$U = \sum \vec{M} \cdot \vec{\theta} = \sum l \vec{m} \cdot \vec{\theta} \qquad (2\text{-}27)$$

向量可以用坐标分量表示，式（2-27）用直角坐标可以表示为

$$U = (M_x \theta_x + M_y \theta_x) = \sum (m_x l_x \theta_x + m_y l_y \theta_y) \qquad (2\text{-}28)$$

式中　m_x、m_y——x、y 方向单位长度上塑性铰线的极限弯矩；

　　　l_x、l_y——塑性铰线在 x、y 坐标轴的投影长度；

　　　θ_x、θ_y——转角 θ 在 x、y 方向的分量。

外力虚功 W 等于微元 $\mathrm{d}x\mathrm{d}y$ 上的外力值与该处竖向虚位移乘积的积分。设板内各点虚位移为 $w(x，y)$、各点的荷载集度为 $p(x，y)$，则外功为

$$W = \iint w(x,y)p(x,y)\mathrm{d}x\mathrm{d}y \tag{2-29}$$

对于均布面荷载，各点的荷载集度相同，$p(x，y)=p$ 可以提到积分号的外面，而 $\iint w(x，y)\mathrm{d}x\mathrm{d}y$ 是板发生虚位移后形成的锥体体积，用 V 表示，可利用几何关系求得。于是上式可写成：

$$W = pV \tag{2-30}$$

虚功方程可表示为

$$\sum \vec{lm} \cdot \vec{\theta} = pV \tag{2-31}$$

【例 2-7】　图 2-55 为直角三角形板，两直角边简支、斜边自由，单位长度塑性铰线所能承受的弯矩为 m，用塑性铰线法计算极限均布面荷载 p_u。

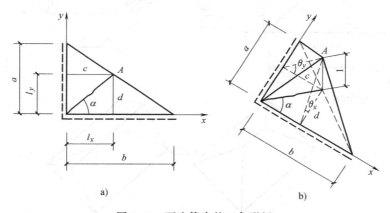

图 2-55　两边简支的三角形板

解：假定板的塑性铰线，见图 2-55a。该板有多种破坏机构，但不同的破坏机构可以用一个变量 α 来表示。令塑性铰线与自由边的交点处产生向上的单位虚位移 1，则塑性铰线在 x、y 轴的转角分量，以及塑性铰线在 x、y 轴的投影长度分别为

$$\theta_x = 1/d \, \text{、} \, \theta_y = 1/c \, \text{；} \, l_x = c \, \text{、} \, l_y = d$$

由式（2-28），内功

$$U = \sum (m_x l_x \theta_x + m_y l_y \theta_y)$$
$$= mc \times 1/d + md \times 1/c = m(c/d + d/c)$$

由式（2-30），外功

$$W = pV = p\left(\frac{1}{3} \times \frac{1}{2} \times bd \times 1 + \frac{1}{3} \times \frac{1}{2} \times ac \times 1\right) = \frac{p(bd+ac)}{6}$$

由式（2-31）虚功方程，可得到 $p = \dfrac{6m(c/d+d/c)}{bd+ac}$

注意到三角形面积 $\dfrac{1}{2}bd + \dfrac{1}{2}ac = \dfrac{1}{2}ab$、$d/c = \tan\alpha$，上式可以改写成

$$p = \frac{6m}{ab}(\tan\alpha + 1/\tan\alpha)$$

令 $dp/d\alpha = 0$，求得 $\alpha = \pi/4$，得到最小的极限荷载 $p_u = \dfrac{12m}{ab}$。

4. 四边支承矩形双向板的基本公式

下面以均布荷载作用下的四边固定双向板为例，采用塑性铰线法分析双向板的内力。

根据上述塑性铰线位置的判别方法，假定板的破坏机构见图 2-56a。共有 5 条正塑性铰线（4 条相同的斜向塑性铰线均用①表示，水平塑性铰线用②表示）和 4 条负塑性铰线（分别用③、④、⑤、⑥表示）。这些塑性铰线将板划分为 4 个板块。为了简化，近似取斜向塑性铰线与板边的夹角为 45°。

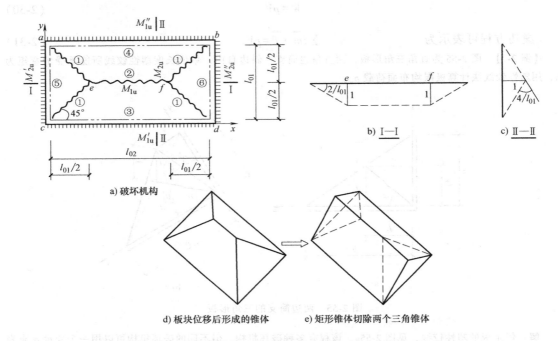

图 2-56 受均布荷载的四边固支矩形板塑性铰线法的计算模式

短跨 l_{01} 方向单位长塑性铰线的正弯矩承载力用 m_1 表示，两支座单位长塑性铰线的负弯矩承载力分别用 m_1' 和 m_1'' 表示；长跨 l_{02} 方向单位长塑性铰线的正弯矩承载力用 m_2 表示，两支座单位长塑性铰线的负弯矩承载力分别用 m_2' 和 m_2'' 表示。

设 e 点、f 点均发生单位竖向虚位移 1，则各条塑性铰线的转角分量及塑性铰线在 x、y 方向的投影长度分别为：

塑性铰线 1（图 2-56b，共 4 条） $\theta_{1x} = \theta_{1y} = 2/l_{01}$；$l_{1x} = l_{1y} = l_{01}/2$

塑性铰线 2（图 2-56c） $\theta_{2x} = 4/l_{01}$；$\theta_{2y} = 0$；$l_{2x} = l_{02} - l_{01}$，$l_{2y} = 0$

塑性铰线 3、4 $\theta_{3x} = \theta_{4x} = 2/l_{01}$；$\theta_{3y} = \theta_{4y} = 0$、$l_{3x} = l_{4x} = l_{02}$，$l_{3y} = l_{4y} = 0$

塑性铰线 5、6 $\theta_{5x} = \theta_{6x} = 0$，$\theta_{5y} = \theta_{6y} = 2/l_{01}$；$l_{5x} = l_{6x} = 0$、$l_{5y} = l_{6y} = l_{01}$

由式（2-28），内功

$$U = 4(m_1 l_{1x}\theta_{1x} + m_2 l_{1y}\theta_{1y}) + m_1 l_{2x}\theta_{2x} + m_1' l_{3x}\theta_{3x} + m_1'' l_{4x}\theta_{4x} + m_2' l_{5y}\theta_{5y} + m_2'' l_{6y}\theta_{6y}$$

$$= \frac{1}{l_{01}}[4(l_{02}m_1 + l_{01}m_2) + 2(l_{02}m_1' + l_{02}m_1'') + 2(l_{01}m_2' + l_{01}m_2'')]$$

令 $M_{1u} = l_{02}m_1$、$M_{1u}' = l_{02}m_1'$、$M_{1u}'' = l_{02}m_1''$、$M_{2u} = l_{01}m_2$、$M_{2u}' = l_{01}m_2'$、$M_{2u}'' = l_{01}m_2''$，于是，内功可以表示为

$$U = \frac{2}{l_{01}}\left[2M_{1u} + 2M_{2u} + M_{1u}' + M_{1u}'' + M_{2u}' + M_{2u}'' \right]$$

板块发生虚位移后形成的锥体见图 2-56d，其体积为矩形锥体体积（图 2-56e 中的实线）减去两个三角锥体体积（图 2-56e 中的虚线）。由式（2-30），外功

$$W = p_u\left[\frac{1}{2} \times l_{01} \times l_{02} \times 1 - 2 \times \frac{1}{3} \times \frac{1}{2} \times l_{01} \times \frac{l_{01}}{2} \right] = \frac{p_u l_{01}}{6}(3l_{02} - l_{01})$$

最后由虚功方程，得到

$$2M_{1u} + 2M_{2u} + M_{1u}' + M_{1u}'' + M_{2u}' + M_{2u}'' = \frac{p_u l_{01}^2}{12}(3l_{02} - l_{01}) \tag{2-32}$$

式（2-32）表示了双向板内总的截面受弯承载力与极限均布荷载 p_u 之间的关系。

设计双向板时，令 $n = l_{02}/l_{01}$、$\alpha = m_2/m_1$、$\beta = m_1'/m_1 = m_1''/m_1 = m_2'/m_2 = m_2''/m_2$，于是，各截面总的弯矩设计值可以用 n、α、β 和 m_1 来表示：

$$M_{1u} = m_1 l_{02} = nm_1 l_{01} \tag{2-33}$$

$$M_{2u} = m_2 l_{01} = \alpha m_1 l_{01} \tag{2-34}$$

$$M_{1u}' = M_{1u}'' = m_1' l_{02} = n\beta m_1 l_{01} \tag{2-35}$$

$$M_{2u}' = M_{2u}'' = m_2' l_{01} = \alpha\beta m_1 l_{01} \tag{2-36}$$

将式（2-33）~式（2-36）代入式（2-32），已知荷载设计值 p，得

$$m_1 = \frac{p l_{01}^2 (n - 1/3)}{8[n\beta + \alpha\beta + n + \alpha]} \tag{2-37}$$

设计时，长短跨比值 n 为已知，只要选定 α、β 值，即可由式（2-37）求得 m_1，再根据选定的 α 与 β 值，代入式（2-33）~式（2-36）求出其余截面的弯矩设计值。考虑到应尽量按塑性铰线法得出的两个方向跨中正弯矩比值与弹性理论得出的比值相接近，以期在使用阶段两个方向的截面应力较接近，宜取 $\alpha = 1/n^2$；同时考虑到节省钢材及配筋方便，根据经验，宜取 $\beta = 1.5 \sim 2.5$，通常取 $\beta = 2$。

对于具有简支边的连续双向板，只需将简支边的支座负弯矩等于零代入式（2-32），即可得到相应的设计公式。

2.3.6　配筋计算及构造要求

1. 双向板配筋的计算要点

对于周边与梁整体连接的双向板，与单向板相似，由于四边支承梁的约束作用，随着裂缝的出现与开展，对板产生较大的水平推力，形成内拱现象，从而使板中的弯矩减小。截面设计时，为考虑这种有利影响，四边与梁整体连接的双向板，其弯矩计算值均按下列规定予以折减：

1）对于连续板的中间区格板，其跨中截面及支座截面均减少 20%。

2）对于边区格板跨中截面及第一内支座截面，当 $l_2/l_1 < 1.5$ 时，减少 20%；当 $1.5 \leqslant l_2/l_1 \leqslant 2$ 时，减少 10%。其中，l_2 为区格垂直于板边缘方向的计算跨度，l_1 为区格沿板边缘

方向的计算跨度。

3）对于角区格板不予折减。

2. 板截面有效高度

双向板中的钢筋都是沿纵横两个方向配置，由于短跨方向上的弯矩比长跨方向大，故**沿短跨方向的钢筋应放在长跨方向钢筋的外侧**。在截面设计时，应考虑具体情况，取各自截面的有效高度，通常一类环境，短跨方向有效高度 $h_{01} = h - 20\text{mm}$；长跨方向有效高度 $h_{02} = h - 30\text{mm}$。

3. 配筋计算

已知板单位宽度的截面弯矩设计值为 m，可按单筋矩形截面计算受拉钢筋面积，也可按下式计算：

$$A_s = \frac{m}{\gamma_s h_0 f_y} \tag{2-38}$$

为简化计算，内力臂系数 γ_s 可近似取 $0.9 \sim 0.95$。

根据双向板的理论分析和试验结果，双向板的配筋多采用分离式布筋，见图 2-57。跨中板底应配置平行于短边和长边两个方向的钢筋以承担跨中正弯矩；沿支座边配置负筋以承担板面负弯矩。当为四边简支的双向板时，在角部板面应配置对角线方向的斜钢筋，在角部板底应配置垂直于对角线的斜钢筋，由于斜钢筋长短不一，施工不便，故常用平行于板边的钢筋代替。配筋率相同时，较细的钢筋较为有利，而在钢筋数量相同时，板中间部分钢筋排列较密比均匀排列的有利。

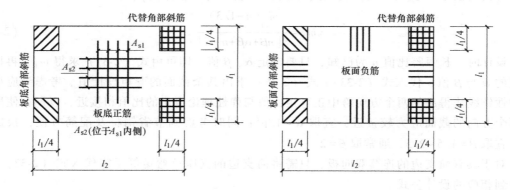

图 2-57　双向板的配筋

当双向板按塑性理论计算时，其配筋应符合内力计算的假定，跨内正弯矩钢筋可沿全板均匀布置，支座上的负弯矩钢筋沿支座边均匀配置。

受力钢筋的直径、间距和截断点的位置，以及沿墙边、墙角处的构造钢筋均与单向板肋梁楼盖的规定相同。

2.3.7　双向板肋梁楼盖设计实例

某双向板肋梁楼盖的结构平面布置见图 2-58。框架柱的截面尺寸为 $400\text{mm} \times 400\text{mm}$，横向框架梁截面尺寸为 $300\text{mm} \times 550\text{mm}$，纵向框架梁截面尺寸为 $300\text{mm} \times 450\text{mm}$。楼面均布活荷载 $q_k = 3.5\text{kN/m}^2$。楼面做法从上到下：20mm 厚水泥砂浆找平，120mm 厚钢筋混凝土现

浇板，20mm 厚混合砂浆板底抹灰。一类环境，混凝土强度等级采用 C30，HRB400 级钢筋。试用弹性方法计算双向板的内力，并进行截面设计。

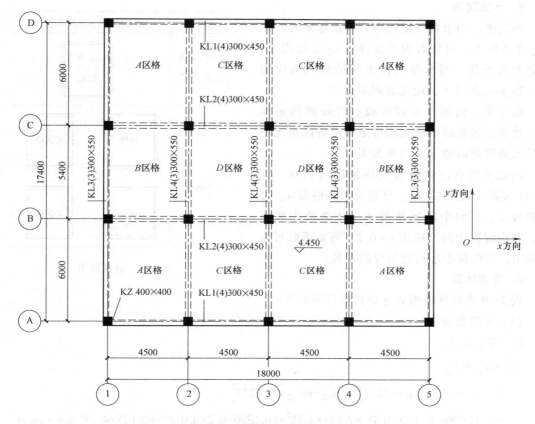

图 2-58　楼盖结构平面布置

1. 荷载计算

永久荷载标值：

20mm 厚水泥砂浆地面	$0.02\text{m}\times20\text{kN/m}^3 = 0.4\text{kN/m}^2$
120mm 厚钢筋混凝土现浇板	$0.12\text{m}\times25\text{kN/m}^3 = 3\text{kN/m}^2$
20mm 厚混合砂浆抹底	$0.02\text{m}\times17\text{kN/m}^3 = 0.34\text{kN/m}^2$
小计：	$g_k = 3.74\text{kN/m}^2$

永久荷载设计值　$g = \gamma_G g_k = 1.3\times3.74\text{kN/m}^2 = 4.862\text{kN/m}^2$

活荷载标准值　$q_k = 3.5\text{kN/m}^2$

活荷载设计值　$q = \gamma_Q q_k = 1.5\times3.5 = 5.25\text{kN/m}^2$

求各区格支座最大负弯矩时，取 $g+q = 4.862\text{kN/m}^2 + 5.25\text{kN/m}^2 = 10.112\text{kN/m}^2$。

求各区格跨中最大正弯矩时，取 $g+q/2 = 4.862\text{kN/m}^2 + 5.25/2\text{kN/m}^2 = 7.487\text{kN/m}^2$ 与 $\pm q/2 = \pm5.25\text{kN/m}^2/2 = \pm2.625\text{kN/m}^2$。

2. 计算跨度

双向板按弹性理论设计时，计算跨度取支承中心线之间的距离。

中间跨，$l_0 = l_c$（轴线间距离）。

边跨，$l_0 = l_c + 400\text{mm}/2 - 300\text{mm}/2 = l_c + 50\text{mm}$，各区格板的计算跨度见表 2-19。

3. 计算简图

内支座：当求各区格跨中最大正弯矩时，在 $g + q/2$ 作用下，简化为固定支座；$\pm q/2$ 作用下，简化为铰支座。当求各区格支座的最大负弯矩时，在 $g + q$ 作用下，简化为固定支座。

边支座：边框架梁对楼板有较好的约束作用，故求各区格跨中最大正弯矩和求各区格支座的最大负弯矩时边支座均视为固定。

因此将所有区格板按支座情况分为 A、B、C、D 四类（见图 2-59），分别为角区格板 A、边区格板 B、C 和中间区格板 D。计算跨中弯矩时，考虑混凝土的泊松比 $\nu = 0.2$，弯矩系数可查附录 B，均取板中心点处对应的系数。

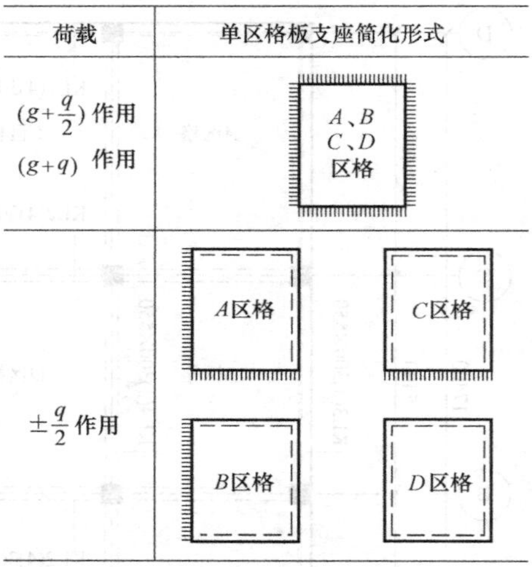

荷载	单区格板支座简化形式
$\left(g + \dfrac{q}{2}\right)$ 作用 $\left(g + q\right)$ 作用	A、B C、D 区格
$\pm\dfrac{q}{2}$ 作用	A 区格　C 区格 B 区格　D 区格

图 2-59 计算简图

4. 弯矩计算

表 2-19 中各区格板的弯矩具体计算如下：

（1）A 区格板

1）跨中弯矩。

$$m_x^\nu = m_{x1}^\nu + m_{x2}^\nu$$

$$= (m_{x1} + \nu m_{y1})(g + q/2)l_x^2 + (m_{x2} + \nu m_{y2})(q/2)l_x^2$$

$$= [(0.0296 + 0.2 \times 0.0130) \times 7.487 \times 4.55^2 + (0.0390 + 0.2 \times 0.0189) \times 2.625 \times 4.55^2]\text{kN} \cdot \text{m/m}$$

$$= 7.316\text{kN} \cdot \text{m/m}$$

$$m_y^\nu = m_{y1}^\nu + m_{y2}^\nu$$

$$= (m_{y1} + \nu m_{x1})(g + q/2)l_x^2 + (m_{y2} + \nu m_{x2})(q/2)l_x^2$$

$$= [(0.0130 + 0.2 \times 0.0296) \times 7.487 \times 4.55^2 + (0.0189 + 0.2 \times 0.0390) \times 2.625 \times 4.55^2]\text{kN} \cdot \text{m/m}$$

$$= 4.384\text{kN} \cdot \text{m/m}$$

2）支座弯矩。

$$m_x' = -0.0701(g + q)l_x^2 = (-0.0701 \times 10.112 \times 4.55^2)\text{kN} \cdot \text{m/m} = -14.675\text{kN} \cdot \text{m/m}$$

$$m_y' = -0.0565(g + q)l_x^2 = (-0.0565 \times 10.112 \times 4.55^2)\text{kN} \cdot \text{m/m} = -11.828\text{kN} \cdot \text{m/m}$$

表 2-19　各区格板弯矩计算表

项目	A 区格（角区格）	B 区格（边区格）
l_x/m	4.55	4.55
l_y/m	6.05	5.40
l_x/l_y	0.75	0.84

（续）

项目	A 区格（角区格）				B 区格（边区格）			
跨中正弯矩	四边固定 $g+q/2/(\text{kN/m}^2)$		7.487		四边固定 $g+q/2/(\text{kN/m}^2)$		7.487	
	$m_x/(\text{kN·m/m})$	$m_y/(\text{kN·m/m})$	m_{x1}^{ν}	m_{y1}^{ν}	$m_x/(\text{kN·m/m})$	$m_y/(\text{kN·m/m})$	m_{x1}^{ν}	m_{y1}^{ν}
	弯矩系数 0.0296 — 4.588	弯矩系数 0.0130 — 2.015	4.991	2.933	弯矩系数 0.0251 — 3.890	弯矩系数 0.0154 — 2.387	4.368	3.165
	二邻边固定,二邻边简支±$q/2/(\text{kN/m}^2)$		2.625		一长边固定,三边简支±$q/2/(\text{kN/m}^2)$		2.625	
	$m_x/(\text{kN·m/m})$	$m_y/(\text{kN·m/m})$	m_{x2}^{ν}	m_{y2}^{ν}	$m_x/(\text{kN·m/m})$	$m_y/(\text{kN·m/m})$	m_{x2}^{ν}	m_{y2}^{ν}
	弯矩系数 0.0390 — 2.119	弯矩系数 0.0189 — 1.027	2.325	1.451	弯矩系数 0.0406 — 2.206	弯矩系数 0.0201 — 1.092	2.425	1.534
	叠加得跨中最大正弯矩/(kN·m/m)		m_x^{ν}	m_y^{ν}	叠加得跨中最大正弯矩/(kN·m/m)		m_x^{ν}	m_y^{ν}
			7.316	4.384			6.793	4.699
支座负弯矩	四边固定 $g+q/(\text{kN/m}^2)$		10.112		四边固定 $g+q/(\text{kN/m}^2)$		10.112	
	$m_x'/(\text{kN·m/m})$		$m_y'/(\text{kN·m/m})$		$m_x'/(\text{kN·m/m})$		$m_y'/(\text{kN·m/m})$	
	弯矩系数 −0.0701		弯矩系数 −0.0565 — −14.675	−11.828	弯矩系数 −0.0634		弯矩系数 −0.0553 — −13.272	−11.577

项目	C 区格（边区格）				D 区格（中区格）			
l_x/m	4.50				4.50			
l_y/m	6.05				5.40			
l_x/l_y	0.74				0.83			
跨中正弯矩	四边固定 $g+q/2/(\text{kN/m}^2)$		7.487		四边固定 $g+q/2/(\text{kN/m}^2)$		7.487	
	$m_x/(\text{kN·m/m})$	$m_y/(\text{kN·m/m})$	m_{x1}^{ν}	m_{y1}^{ν}	$m_x/(\text{kN·m/m})$	$m_y/(\text{kN·m/m})$	m_{x1}^{ν}	m_{y1}^{ν}
	弯矩系数 0.0301 — 4.564	弯矩系数 0.0127 — 1.925	4.949	2.838	弯矩系数 0.0256 — 3.881	弯矩系数 0.0151 — 2.289	4.339	3.066
	一短边固定,三边简支±$q/2/(\text{kN/m}^2)$		2.625		四边固定±$q/2/(\text{kN/m}^2)$		2.625	
	$m_x/(\text{kN·m/m})$	$m_y/(\text{kN·m/m})$	m_{x2}^{ν}	m_{y2}^{ν}	$m_x/(\text{kN·m/m})$	$m_y/(\text{kN·m/m})$	m_{x2}^{ν}	m_{y2}^{ν}
	弯矩系数 0.0317 — 1.685	弯矩系数 0.0499 — 2.652	2.216	2.990	弯矩系数 0.0528 — 2.807	弯矩系数 0.0342 — 1.818	3.710	2.379
	叠加得跨中最大正弯矩/(kN·m/m)		m_x^{ν}	m_y^{ν}	叠加得跨中最大正弯矩/(kN·m/m)		m_x^{ν}	m_y^{ν}
			7.165	5.828			7.509	5.445
支座负弯矩	四边固定 $g+q/(\text{kN/m}^2)$		10.112		四边固定 $g+q/(\text{kN/m}^2)$		10.112	
	$m_x'/(\text{kN·m/m})$		$m_y'/(\text{kN·m/m})$		$m_x'/(\text{kN·m/m})$		$m_y'/(\text{kN·m/m})$	
	弯矩系数 −0.0708 — −14.498		弯矩系数 −0.0566 — −11.590		弯矩系数 −0.0641 — −13.126		弯矩系数 −0.0554 — −11.344	

（2）B 区格板（边区格板）

1）跨中弯矩。

$$m_x^{\nu}=m_{x1}^{\nu}+m_{x2}^{\nu}$$

$$=(m_{x1}+\nu m_{y1})(g+q/2)l_x^2+(m_{x2}+\nu m_{y2})(q/2)l_x^2$$

$$= [(0.0251+0.2\times0.0154)\times7.487\times4.55^2+(0.0406+0.2\times0.0201)\times2.625\times4.55^2] kN \cdot m/m$$

$$= 6.793 kN \cdot m/m$$

$$m_y^\nu = m_{y1}^\nu + m_{y2}^\nu$$

$$= (m_{y1}+\nu m_{x1})(g+q/2)l_x^2 + (m_{y2}+\nu m_{x2})(q/2)l_x^2$$

$$= [(0.0154+0.2\times0.0251)\times7.487\times4.55^2+(0.0201+0.2\times0.0406)\times2.625\times4.55^2] kN \cdot m/m$$

$$= 4.699 kN \cdot m/m$$

2）支座弯矩。

$$m_x' = -0.0634(g+q)l_x^2 = (-0.0634\times10.112\times4.55^2) kN \cdot m/m = -13.272 kN \cdot m/m$$

$$m_y' = -0.0553(g+q)l_x^2 = (-0.0553\times10.112\times4.55^2) kN \cdot m/m = -11.577 kN \cdot m/m$$

（3）C 区格板（边区格板）

1）跨中弯矩。

$$m_x^\nu = m_{x1}^\nu + m_{x2}^\nu$$

$$= (m_{x1}+\nu m_{y1})(g+q/2)l_x^2 + (m_{x2}+\nu m_{y2})(q/2)l_x^2$$

$$= [(0.0301+0.2\times0.0127)\times7.487\times4.5^2+(0.0317+0.2\times0.0499)\times2.625\times4.5^2] kN \cdot m/m$$

$$= 7.165 kN \cdot m/m$$

$$m_y^\nu = m_{y1}^\nu + m_{y2}^\nu$$

$$= (m_{y1}+\nu m_{x1})(g+q/2)l_x^2 + (m_{y2}+\nu m_{x2})(q/2)l_x^2$$

$$= [(0.0127+0.2\times0.0301)\times7.487\times4.5^2+(0.0499+0.2\times0.0317)\times2.625\times4.5^2] kN \cdot m/m$$

$$= 5.828 kN \cdot m/m$$

2）支座弯矩。

$$m_x' = -0.0708(g+q)l_x^2 = (-0.0708\times10.112\times4.5^2) kN \cdot m/m = -14.498 kN \cdot m/m$$

$$m_y' = -0.0566(g+q)l_x^2 = (-0.0566\times10.112\times4.5^2) kN \cdot m/m = -11.590 kN \cdot m/m$$

（4）D 区格板计算（中央区格板）

1）跨中弯矩。

$$m_x^\nu = m_{x1}^\nu + m_{x2}^\nu$$

$$= (m_{x1}+\nu m_{y1})(g+q/2)l_x^2 + (m_{x2}+\nu m_{y2})(q/2)l_x^2$$

$$= [(0.0256+0.2\times0.0151)\times7.487\times4.5^2+(0.0528+0.2\times0.0342)\times2.625\times4.5^2] kN \cdot m/m$$

$$= 7.509 kN \cdot m/m$$

$$m_y^\nu = m_{y1}^\nu + m_{y2}^\nu$$

$$= (m_{y1}+\nu m_{x1})(g+q/2)l_x^2 + (m_{y2}+\nu m_{x2})(q/2)l_x^2$$

$$= [(0.0151+0.2\times0.0256)\times7.487\times4.5^2+(0.0342+0.2\times0.0528)\times2.625\times4.5^2] kN \cdot m/m$$

$$= 5.445 kN \cdot m/m$$

2）支座弯矩。

$$m_x' = -0.0641(g+q)l_x^2 = (-0.0641\times10.112\times4.5^2) kN \cdot m/m = -13.126 kN \cdot m/m$$

$$m_y' = -0.0554(g+q)l_x^2 = (-0.0554\times10.112\times4.5^2) kN \cdot m/m = -11.344 kN \cdot m/m$$

5. 截面配筋计算

（1）弯矩调整 由于板与梁四边整体连接，各区格板弯矩值可按下列原则进行调整：

角区格 A：跨中截面、支座截面的弯矩均不折减。

边区格 B：$l_y/l_x = 5.40\text{m}/4.55\text{m} = 1.187 < 1.5$，跨中截面和 B—A、B—D 支座截面的弯矩乘以折减系数 0.8。

边区格 C：$l_y/l_x = 6.05\text{m}/4.5\text{m} = 1.34 < 1.5$，跨中截面和 C—A、C—D、C—C 支座截面的弯矩乘以折减系数 0.8。

中间区格 D：跨中截面和 D—D 支座的弯矩乘以折减系数 0.8。

（2）截面有效高度 h_0 一类环境，$a_s = 20\text{mm}$，短边方向跨中截面 $h_{0x} = 120\text{mm} - 20\text{mm} = 100\text{mm}$；长边方向跨中截面位于短边的内侧，故 $h_{0y} = 120\text{mm} - 30\text{mm} = 90\text{mm}$；支座截面 $h_0 = 120\text{mm} - 20\text{mm} = 100\text{mm}$。

（3）配筋计算 受力钢筋截面面积 $A_s = \dfrac{m}{0.9 f_y h_0}$，板中钢筋采用 HRB400 级，$f_y = 360\text{N}/\text{mm}^2$，最小配筋率 $A_{s,\min} = \rho_{s,\min} bh = 0.2\% \times 1000\text{mm} \times 120\text{mm} = 240\text{mm}^2$，具体结果见表 2-20。

表 2-20 按弹性理论计算双向板的配筋表

截面			$m/$ $(\text{kN}\cdot\text{m/m})$	h_0 /mm	$A_s = \dfrac{m \times 10^6}{0.9 f_y h_0}$ /mm²	选配钢筋	实配钢筋面积 /mm²
跨中	A 区格	x 方向	7.316	100	226	$\underline{\Phi}$ 8@200（构造配筋）	251
		y 方向	4.384	90	150	$\underline{\Phi}$ 8@200（构造配筋）	251
	B 区格	x 方向	$6.793 \times 0.8 = 5.43$	100	168	$\underline{\Phi}$ 8@200（构造配筋）	251
		y 方向	$4.699 \times 0.8 = 3.76$	90	129	$\underline{\Phi}$ 8@200（构造配筋）	251
	C 区格	x 方向	$7.165 \times 0.8 = 5.73$	100	177	$\underline{\Phi}$ 8@200（构造配筋）	251
		y 方向	$5.828 \times 0.8 = 4.66$	90	160	$\underline{\Phi}$ 8@200（构造配筋）	251
	D 区格	x 方向	$7.509 \times 0.8 = 6.01$	100	185	$\underline{\Phi}$ 8@200（构造配筋）	251
		y 方向	$5.445 \times 0.8 = 4.36$	90	150	$\underline{\Phi}$ 8@200（构造配筋）	251
支座	D—D		$-13.126 \times 0.8 = -10.501$	100	324	$\underline{\Phi}$ 8@150（计算配筋）	335
	D—B（两区格支座较大值）		$-13.272 \times 0.8 = -10.618$	100	328	$\underline{\Phi}$ 8@150（计算配筋）	335
	D—C（两区格支座较大值）		$-11.590 \times 0.8 = -9.272$	100	286	$\underline{\Phi}$ 8@170（计算配筋）	296
	C—C		$-14.498 \times 0.8 = -11.598$	100	358	$\underline{\Phi}$ 8@130（计算配筋）	387
	C—A（两区格支座较大值）		-14.675	100	453	$\underline{\Phi}$ 8@100（计算配筋）	503
	B—A（两区格支座较大值）		-11.828	100	365	$\underline{\Phi}$ 8@130（计算配筋）	387
	B 区格边支座 m'_x		-13.272	100	410	$\underline{\Phi}$ 8@120（计算配筋）	419
	C 区格边支座 m'_y		-11.590	100	358	$\underline{\Phi}$ 8@130（计算配筋）	387
	A 区格边支座 m'_x		-14.675	100	453	$\underline{\Phi}$ 8@100（计算配筋）	503
	A 区格边支座 m'_y		-11.828	100	365	$\underline{\Phi}$ 8@130（计算配筋）	387

双向板的配筋结果见图 2-60。

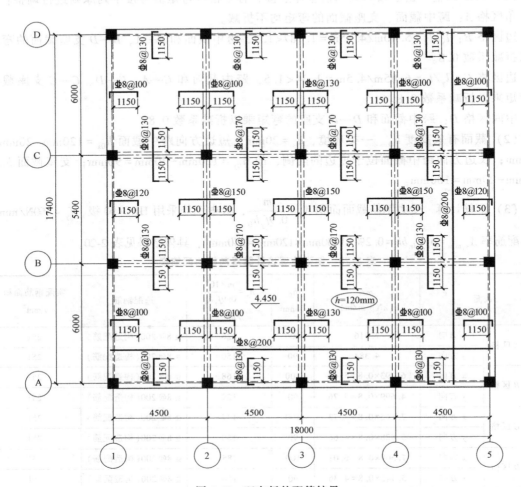

图 2-60　双向板的配筋结果

2.4　无梁楼盖

　　无梁楼盖是一种不设梁，楼板直接支承在柱上，属于双向受力的板柱结构体系。为了加强板与柱的整体连接，增强楼面刚度，提高柱顶处平板的受冲切承载力，并减小板的计算跨度，通常加大柱上端周边尺寸，形成柱帽或托板，见图 2-61。当柱网尺寸较小时，也可不设柱帽或托板，但一般需在板柱连接处配置抗冲切钢筋来满足受冲切承载力的要求。

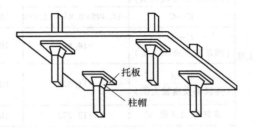

图 2-61　设置柱帽或托板的无梁楼盖

　　无梁楼盖的优点是结构体系简单，传力路径短捷，楼层净空较大；顶棚平整美观，对房间的采光、通风及卫生条件也有较大改善，并可节省模板简化施工。因此这种楼盖适用于多层建筑结构，如商场、冷藏库、书库、仓库和地下水池的顶盖等。无梁楼盖的缺点主要是混凝土和钢材用量均较大。由于取消了肋梁，钢筋混凝土平板直接支承在柱上，故与相同柱网尺寸的梁板结构相比，板的厚度较大。这种板柱结构体系抵抗侧向力的能力较差，当房屋的层数较多或有抗震要求时宜设置剪力墙，形成板柱-剪力墙结构。

柱网一般布置成正方形或矩形，以正方形柱网比较经济，跨度通常在 6m 左右。

2.4.1　无梁楼盖的受力特点

无梁楼盖是四点支承的双向板，与柱一起，形成双向交叉的"板带—柱"框架体系。若将柱轴线两侧各 $l_x/4$ 或 $l_y/4$ 宽范围内的板带称为"柱上板带"，柱距中间范围宽度为 $l_x/2$ 或 $l_y/2$ 的板带称为"跨中板带"，则柱上板带是跨中板带的弹性支承，见图 2-62。在均布荷载作用下，它的弹性变形曲线见图 2-63a。由于柱上板带支承在柱上，其刚度大于跨中板带的刚度，因此柱上板带的变形相对较小、弯矩较大，而跨中板带的变形较大、弯矩较小。柱上板带与中间板带的弯矩横向分布见图 2-63b。

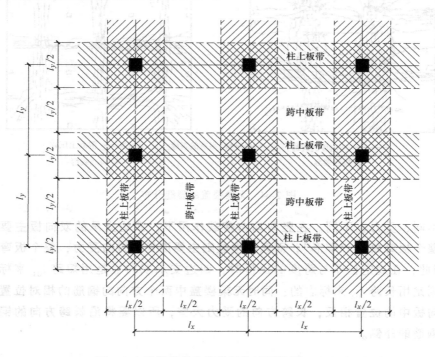

图 2-62　无梁楼盖的板带划分（区格板 $l_y \leqslant l_x$）

试验表明，在均布荷载作用下，无梁楼盖在开裂前基本处于弹性工作阶段；随着荷载增加，**裂缝首先在柱帽顶面边缘的板面上出现，并逐渐发展成沿柱列轴线的裂缝，见图 2-64a；同时在板底跨中中部 1/3 跨度内相继出现成批互相垂直且平行于柱列轴线的裂缝，见图 2-64b**。即将破坏时，在柱帽顶上和沿柱列轴线的板面裂缝及跨中的板底裂缝出现一些特别宽的主裂缝，在这些裂缝处，受拉钢筋达到屈服，受压混凝土被压碎，楼板破坏。

注意，双向板肋梁楼盖是梁或墙支承的双向板，而无梁楼盖是柱支承的双向板，两者

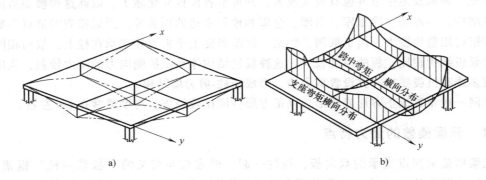

a)   b)

图 2-63   无梁楼盖的变形及受力

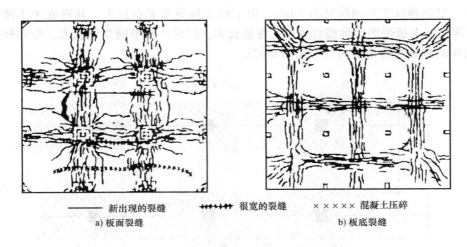

———— 新出现的裂缝   ++++++++ 很宽的裂缝   ×××××混凝土压碎

a) 板面裂缝   b) 板底裂缝

图 2-64   无梁楼盖的裂缝分布

支承条件不同，受力也不同。**在竖向均布荷载作用下，四边支承的双向板主要沿短跨方向受力，整个板弯曲呈"碟形"，而无梁楼盖则主要沿长跨方向受力，整个板弯曲呈"渔网形"。**因此，在规定板厚与跨度的比值时，四边支承双向板是用短跨 l_{01} 来标志的，而无梁楼盖则是用长跨 l_{02} 来标志的；**同时无梁楼盖中两个方向的钢筋的相对位置正好与四边支承双向板中的位置相反，长跨方向的受力大些，所以要将沿长跨方向的钢筋放在短跨方向的钢筋的外侧。**

2.4.2   无梁楼盖按弹性理论的内力计算

无梁楼盖按弹性理论计算内力时，有精确计算法、经验系数法和等代框架法。精确计算法一般采用有限元分析进行。本节仅介绍工程中常用的经验系数法和等代框架法。

1. 经验系数法

经验系数法直接给出两个方向的截面总弯矩（故又称为总弯矩法或直接设计法），然后将截面总弯矩分配给同一方向的柱上板带和跨中板带。为了使各截面的弯矩设计值能适用于各种活荷载的不利布置，在应用该方法时要求无梁楼盖的布置必须满足下列条件：

1）每个方向至少应有 3 个连续跨。

2）任一区格板的长边与短边之比不应大于 2。

3）同一方向各跨跨度差不超过 20%，边跨的跨度不大于其相邻内跨的跨度。

4）楼屋面活荷载与永久荷载之比不大于 3。

用该方法计算时，只考虑全部均布荷载，不考虑活荷载的不利布置。

经验系数法的计算步骤如下：

1）计算每个区格两个方向的总弯矩设计值。

x 方向

$$M_{0x} = \frac{1}{8}(g+q)l_y\left(l_x - \frac{2}{3}c\right)^2 \qquad (2\text{-}39)$$

y 方向

$$M_{0y} = \frac{1}{8}(g+q)l_x\left(l_y - \frac{2}{3}c\right)^2 \qquad (2\text{-}40)$$

式中　l_x、l_y——两个方向的柱距；

　　　　g、q——板单位面积上作用的竖向均布永久荷载和可变荷载设计值；

　　　　c——柱帽在计算弯矩方向的有效宽度。

2）将每一方向的总弯矩分别分配给柱上板带和跨中板带的支座截面和跨中截面，即将总弯矩（M_{0x} 或 M_{0y}）乘以表 2-21 中所列系数。

表 2-21　无梁双边板的弯矩计算系数

截面	边跨			内跨	
	边支座	跨中	内支座	跨中	支座
柱上板带	-0.48	0.22	-0.50	0.18	-0.50
跨中板带	-0.05	0.18	-0.17	0.15	-0.17

3）在保持总弯矩值不变的情况下，允许将柱上板带负弯矩的 10% 分配给跨中板带负弯矩。

2. 等代框架法

（1）等代框架的划分　等代框架法是将整个结构分别沿纵、横柱列划分为具有 "等代框架柱" 和 "等代框架梁" 的纵向等代框架和横向等代框架。等代框架的划分见图 2-65，其中等代框架梁就是各层的无梁楼盖。

等代框架与普通框架有所不同。在普通框架中，梁和柱可直接传递内力（弯矩、剪力和轴力）；在等代框架中，在竖向荷载作用下，等代框架梁的宽度为与梁跨方向相垂直的板跨中心线间的距离（l_x 或 l_y），其值超过柱宽，故仅有一部分竖向荷载（大体相当于柱或柱帽宽度的那部分荷载）产生的弯矩可以通过板直接传递给柱，其余都是通过扭矩进行传递。这时可假设两侧与柱或柱帽等宽的板为扭臂（见图 2-66），柱或柱帽宽以外的那部分荷载使扭臂受扭，并将扭矩传递给柱，使柱受弯。因此，等代框架柱应是包括柱（柱帽）和两侧扭臂在内的等代柱，其刚度应为考虑柱的受弯刚度和扭臂的受扭刚度后的等代刚度。横向抗扭构件应取至柱两侧区格板的中心线。柱截面的抗弯惯性矩应考虑沿柱轴线惯性矩的变化。

（2）计算步骤

1）计算等代框架梁、柱的几何特征。等代框架梁的高度取板厚；等代框架梁的宽度为：在竖向荷载作用下，取为与梁跨方向相垂直的板跨中心线间的距离（即 l_x 或 l_y）；在水

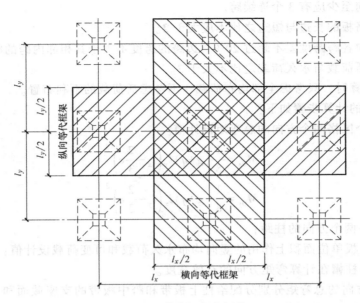

图 2-65　等代框架的划分

平荷载作用下，则取为板跨中心线间距离的一半。这是因为竖向荷载下，主要靠板带的弯曲把荷载传给柱；而水平荷载时，主要是由柱的弯曲把水平荷载传给板带，所以能与柱一起工作的板带宽度要小些。等代框架梁的跨度分别取 $\left(l_x - \dfrac{2}{3}c\right)$ 或 $\left(l_y - \dfrac{2}{3}c\right)$，其中 c 为柱（帽）顶宽或直径。等代框架柱的截面取柱本身的截面；柱的计算高度为：底层取基础顶面至底层楼板的高度减去柱帽高度；其余楼层取层高减去柱帽的高度。

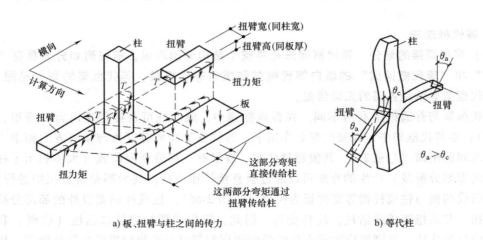

图 2-66　等代框架的受力分析

2）按框架计算内力。当仅有竖向荷载作用时，可用普通框架在竖向荷载作用下的分层法来计算。按等代框架计算时，应考虑活荷载的不利组合。但当活荷载不超过 75% 永久荷载时，可按整个楼盖满布活荷载考虑。

3）计算所得的等代框架控制截面的总弯矩。经框架内力分析得出的柱内力，即可用于柱的截面设计；梁的内力则还需根据实际受力情况分配给不同板带，按照划分的柱上板带和跨中板带分别确定支座和跨中弯矩设计值，即将总弯矩乘以表 2-22 或表 2-23 中所列的分配比值。

经验表明，等代框架法适用于任一区格的长跨与短跨之比不大于 2 的情况。

表 2-22 方形板的柱上板带和跨中板带的弯矩分配比值

截面	边跨			内跨	
	边支座	跨中	内支座	跨中	支座
柱上板带	0.9	0.55	0.75	0.55	0.75
跨中板带	0.10	0.45	0.25	0.45	0.25

表 2-23 矩形板的柱上板带和跨中板带的弯矩分配比值

l_x/l_y	0.50~0.60		0.60~0.75		0.75~1.33		1.33~1.67		1.67~2.0	
弯矩	$-M$	M	$-M$	M	$-M$	M	$-M$	M	$-M$	M
柱上板带	0.55	0.50	0.65	0.55	0.70	0.60	0.80	0.75	0.85	0.85
跨中板带	0.45	0.50	0.35	0.45	0.30	0.40	0.20	0.25	0.15	0.15

2.4.3 柱帽及板受冲切承载力计算

1. 柱帽的冲切破坏

对设有柱帽或托板的无梁楼盖，柱帽或托板的形式及尺寸一般由建筑美观和结构受力要求确定。常用柱帽或托板及其配筋见图 2-67。其外形尺寸应包容柱周边可能产生的 45°的冲切破坏锥体，并应满足受冲切承载力的要求。柱帽的高度不应小于板的厚度 h，托板的厚度不应小于 $h/4$。柱帽或托板在平面两个方向上的尺寸均不宜小于同方向上柱截面宽度 b 与 $4h$ 之和。图 2-67 中 c 为柱帽的计算宽度，约为 $(0.2~0.3)l$，l 为板区格长边；a 为顶板宽度，一般取 $a \geqslant 0.35l$；顶板厚度一般取板厚的一半。抗震设防烈度为 8 度时，无梁楼盖宜采用柱帽或托板的类型。

当满布荷载时，无梁楼盖中的内柱柱帽边缘处的平板，可以认为承受集中荷载的冲切，见图 2-68。其试验结果表明：

1）冲切破坏时，形成破坏锥体的锥面与平板面大致呈 45°的倾角。

2）受冲切承载力与混凝土轴心抗拉、柱或柱帽周长，以及板的纵横两个方向的配筋率（仅对不太高的配筋率而言）均大体呈线性关系；与板厚大体呈抛物线关系。

3）具有弯起钢筋和箍筋的平板，可以大大提高受冲切承载力。

2. 受冲切承载力计算

1）在局部荷载或集中荷载作用下，不配置箍筋或弯起钢筋的板的受冲切承载力应符合下列规定：

$$F_l \leqslant 0.7\beta_h f_t \eta u_m h_0 \qquad (2-41)$$

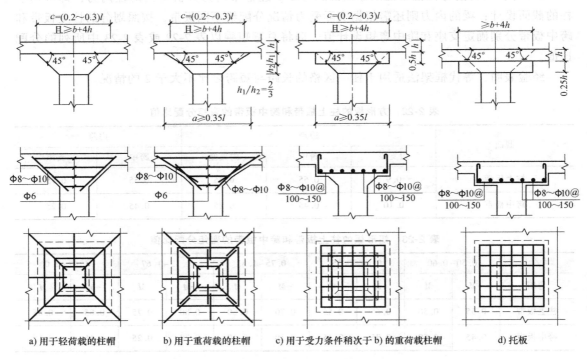

图 2-67　无梁楼盖的柱帽或托板形式及配筋

式中　F_l——局部荷载设计值或集中荷载设计值，对于板柱节点，取柱所承受的轴向压力设
　　　　　计值的层间差值减去柱顶冲切破坏锥体范围内板所承受的荷载设计值；

　　　　β_h——截面高度影响系数，当 $h \leqslant 800\text{mm}$ 时，取 $\beta_h = 1.0$，当 $h \geqslant 2000\text{mm}$ 时，取 $\beta_h = 0.9$，其间按线性内插法取用；

　　　　u_m——计算截面的周长，取距离局部荷载或集中荷载作用面积周边 $h_0/2$ 处板垂直截
　　　　　面的最不利周长；

　　　　f_t——混凝土的抗拉强度设计值；

　　　　h_0——截面有效高度，取两个方向配筋的截面有效高度平均值。

　　式（2-41）中的系数 η，应按式（2-42）和式（2-43）计算，并取其中较小值。

$$\eta_1 = 0.4 + \frac{1.2}{\beta_s} \tag{2-42}$$

$$\eta_2 = 0.5 + \frac{\alpha_s h_0}{4 u_m} \tag{2-43}$$

式中　η_1——局部荷载或集中荷载作用面积形状的影响系数；

　　　　η_2——计算截面周长与板截面有效高度之比的影响系数；

　　　　β_s——局部荷载或集中荷载作用面积为矩形时的长边与短边尺寸的比值，β_s 不宜大
　　　　　于 4；当 β_s 小于 2 时取 2；对圆形冲切面，β_s 取 2；

　　　　α_s——柱位置影响系数：中柱时取 40；边柱时取 30；角柱时取 20。

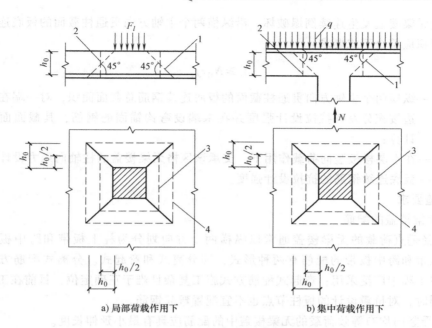

a) 局部荷载作用下　　　　　　　　b) 集中荷载作用下

图 2-68　无梁楼盖的冲切计算简图

1—冲切破坏锥体的斜截面　2—计算截面　3—计算截面的周长，

取距荷载面积周边 $h_0/2$ 处的周长　4—冲切破坏锥体的底面线

2）在局部荷载或集中荷载作用下，当受冲切承载力不能满足式（2-41）的要求且不能增加板厚时，可配置箍筋或弯起钢筋。此时受冲切截面应符合下列条件：

$$F_l \leqslant 1.2 f_t \eta u_m h_0 \tag{2-44}$$

当配置箍筋或弯起钢筋时，受冲切承载力按下式验算：

$$F_l \leqslant 0.5 f_t \eta u_m h_0 + 0.8 f_{yv} A_{svu} + 0.8 f_y A_{sbu} \sin\alpha \tag{2-45}$$

式中　f_y、f_{yv}——弯起钢筋和箍筋的抗拉强度设计值；

A_{svu}——与呈 45° 冲切破坏锥体斜截面相交的全部箍筋截面面积；

A_{sbu}——与呈 45° 冲切破坏锥体斜截面相交的全部弯起钢筋截面面积；

α——弯起钢筋与板底面的夹角。

对于配置抗冲切钢筋的冲切破坏锥体以外的截面，尚应按式（2-41）进行受冲切承载计算，此时，u_m 应取配置抗冲切钢筋的冲切破坏锥体以外 $0.5h_0$ 处的最不利周长。

2.4.4　截面设计与配筋构造

1. 截面设计

截面设计时，对竖向荷载作用下有柱帽的板，考虑到板的穿顶作用，除边跨和边支座外，所有截面的计算弯矩值均可降低 20%。

板的截面有效高度取值与双向板类似。同一区格在两个方向同号弯矩作用下，由于两个方向的钢筋叠置在一起，故应分别采用不同的截面有效高度。当为正方形区格时，为简化计算，可取两个方向有效高度的平均值。

为防止无梁楼盖发生连续倒塌破坏，沿纵横两个主轴方向贯通柱截面的板底连续通长钢筋总截面面积应符合下式要求：

$$A_s \geq N_G / f_y \tag{2-46}$$

式中　A_s——纵横两个主轴方向贯通柱截面的板底连续钢筋总截面面积，对一端在柱截面对边按充分发挥抗拉设计强度并在末端设弯钩锚固的钢筋，其截面面积按一半计算；

　　　　N_G——在本层楼板竖向荷载作用下，支承该区格无梁楼盖的柱轴向压力设计值；

　　　　f_y——板底连续钢筋的抗拉设计强度。

2. 构造要求

（1）无梁楼盖的配筋

1）承受垂直荷载的无梁楼盖通常以纵横两个方向划分为柱上板带和跨中板带进行配筋。柱上板带和跨中板带的配筋有两种形式，即分离式和弯起式。分离式配筋方式施工方便，目前在工程中广泛采用；弯起式配筋方式施工复杂且难于正确定位，目前在工程中已很少采用。同时，对抗震设计的板柱节点也不宜配置弯起钢筋。

2）承受竖向均布等效荷载的无梁楼盖中的配筋应具有最小延伸长度。

① 对柱上板带纵向受力钢筋：板面钢筋中的50%从柱边（无柱帽或托板时）或柱帽边、托板边向区格板内的延伸长度不应小于0.3倍区格板净跨，其余钢筋不应小于0.2倍净跨；全部板底钢筋均应通长连续布置。为提高板的抗连续倒塌能力，钢筋的连接应采用焊接或机械连接，不应采用绑扎搭接。钢筋接头位置应设置在中间支座（柱）的两侧各0.3倍净跨范围内；边支座处的板底钢筋至少应有两根钢筋穿过柱核心区并可靠锚固。

② 跨中板带纵向受力钢筋：全部板面钢筋从柱边（无柱帽或托板时）或柱帽边、托板边向区格板内延伸的长度不应小于0.22倍区格板净跨；板底钢筋中的50%应通长连续布置或锚固于支座内，其余板底钢筋可分段布置。

③ 当相邻区格板的跨度不相同时，板面钢筋的最小延伸长度应以较大跨度确定。

3）无柱帽平板宜在柱上板带中设构造暗梁，暗梁宽度可取柱宽加柱两侧各不大于1.5倍板厚。暗梁支座上部纵向钢筋截面面积应不小于柱上板带纵向钢筋截面面积的1/2，暗梁下部纵向钢筋截面面积不宜少于上部纵向钢筋截面面积的1/2。暗梁箍筋直径不应小于8mm，间距不宜大于3/4倍板厚，肢距不宜大于2倍板厚；支座处暗梁箍筋加密区长度不应小于3倍板厚，其箍筋间距不宜大于100mm，肢距不宜大于250mm。

（2）混凝土板中配置抗冲切箍筋或弯起钢筋时的构造要求

1）板的厚度不应小于150mm。

2）按计算所需的箍筋及相应的架立钢筋应配置在与45°冲切破坏锥面相交的范围内，且从集中荷载作用面或柱截面边缘向外分布的长度不应小于$1.5h_0$，见图2-69a；箍筋直径不应小于6mm，且应做成封闭式，间距不应大于$h_0/3$，且不应大于100mm。

3）按计算所需的弯起钢筋的弯起角度可根据板的厚度在30°～45°之间选取：弯起钢筋的倾斜段应与冲切破坏锥面相交（图2-69b），其交点应在集中荷载作用面或柱截面边缘以外（1/2～2/3）h的范围内。弯起钢筋的直径不宜小于12mm，且每一方向不宜少于3根。

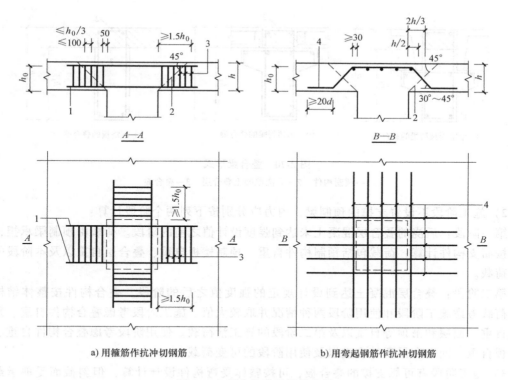

图 2-69　板中抗冲切钢筋布置

1—架立钢筋　2—冲切破坏锥面　3—箍筋　4—弯起钢筋

2.5　叠合楼盖

装配整体式结构的楼盖宜采用叠合楼盖，它是在预制构件上现浇混凝土层而形成的一种装配整体式结构。其优点是节省模板，缩短工期。叠合楼盖具有二次制造和两阶段受力的特点，其设计方法与现浇楼盖不同。

2.5.1　概述

1. 叠合梁、板的形式

1）叠合梁是由预制梁和现浇叠合层两者组合而成的整体梁，有两种形式：一种是在预制梁上安装楼板之后，再在梁顶面二次浇筑混凝土叠合层形成整体梁，其预制梁的截面可做成十字形（见图 2-70a）、T 形（见图 2-70b）；另一种是在预制梁顶面二次现浇混凝土楼板形成整体梁（见图 2-70c）。

2）根据预制板的不同，叠合板分为预应力混凝土薄板的叠合板和预应力混凝土空心板的叠合板两种形式，以楼板（预应力混凝土薄板或空心板）作底模，在其上部现浇一层混凝土而形成的装配整体结构，属于施工中有可靠支撑的叠合板。

2. 叠合构件的设计原则

1）预制梁高度不足全截面高度的 40% 时，施工阶段预制梁应设置可靠支撑。

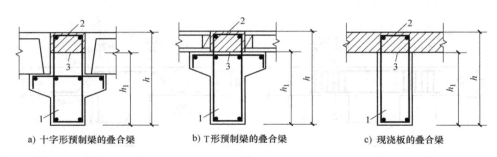

a) 十字形预制梁的叠合梁　　　b) T形预制梁的叠合梁　　　c) 现浇板的叠合梁

图 2-70　叠合梁形式

1—预制构件　2—后浇混凝土叠合层　3—叠合面

2）施工阶段不设置支撑的预制梁，内力应分别按下列两个阶段计算：

第一阶段：后浇的叠合层混凝土未达到强度设计值之前的阶段。荷载由预制梁承担，预制梁按简支构件计算；荷载包括预制构件自重、预制楼板自重、叠合层自重以及本阶段的施工活荷载。

第二阶段：叠合层混凝土达到设计规定的强度值之后的阶段。叠合构件按整体结构计算；荷载考虑施工阶段和使用阶段两种情况并取较大值。施工阶段考虑叠合构件自重、预制楼板自重、面层和吊顶等自重以及第二阶段的施工活荷载。使用阶段考虑叠合构件自重、预制楼板自重、面层和吊顶等自重以及使用阶段的可变荷载。

3）施工阶段有可靠支撑的叠合板，可按整体受弯构件设计计算，但斜截面受剪承载力和叠合面受剪承载力同叠合梁设计方法。

3. 叠合构件的受力性能

第一阶段：叠合层尚未浇筑或还没达到强度，截面有效高度为 h_{01}，见图 2-71a。在弯矩 M_1 作用下，预制梁截面平均应变沿截面高度呈线性分布，见图 2-71b。裂缝截面处的截面应力见图 2-71c，钢筋拉力 $T_{s1} = \sigma_{s1} A_s$，受压区混凝土应力的合力为 D_1，由力矩平衡条件得

$$M_1 = \sigma_{s1} A_s \eta_1 h_{01} \tag{2-47}$$

式中　M_1——第一阶段预制构件承受的弯矩设计值；

　　　η_1——第一阶段预制梁裂缝处的内力臂系数；

　　　σ_{s1}——在弯矩设计值作用下，第一阶段预制梁中纵向受拉钢筋的应力。

第二阶段：梁截面有效高度为 h_0，见图 2-71d。叠合梁在弯矩 M 作用下截面应变分布和应力分布见图 2-71e、f。从图 2-71f 可见，截面上产生的拉应变会抵消一部分预制梁中原有的压应变，由力矩平衡条件得

$$M = T_c z + \sigma_{s2} A_s \eta_2 h_0 \tag{2-48}$$

式中　M——第二阶段预制构件承受的弯矩设计值；

　　　T_c——附加拉力；

　　　z——附加拉力作用点至受压区混凝土合力点的距离；

　　　η_2——第二阶段预制梁裂缝处的内力臂系数；

　　　σ_{s2}——在弯矩设计值作用下，第二阶段预制梁中纵向受拉钢筋的应力。

当外荷载继续增加，达到破坏阶段时，受拉钢筋屈服，受压混凝土达到极限压应变而破坏，这时仍采用普通适筋梁的方法，将混凝土受压区采用等效矩形应力图（图 2-71g），建

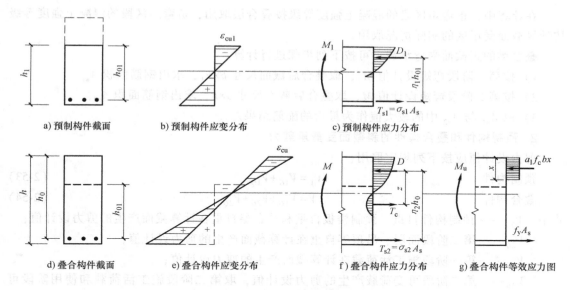

a) 预制构件截面　　　b) 预制构件应变分布　　　c) 预制构件应力分布

d) 叠合构件截面　　　e) 叠合构件应变分布　　　f) 叠合构件应力分布　　　g) 叠合构件等效应力图

图 2-71　钢筋混凝土叠合受弯构件截面应变和应力分布

立力矩平衡得:

$$M = a_1 f_c b x \left(h_0 - \frac{x}{2} \right) \tag{2-49}$$

与相同截面的整浇梁相比, 叠合梁具有下列两个基本特征:

1) 在正常使用阶段存在 "受拉钢筋应力超前" 和 "受压区混凝土应力滞后" 现象。由于叠合构件在施工阶段先以截面高度小的预制构件承担该阶段全部荷载, 使得受拉钢筋中的应力比假定用叠合构件全截面承担同样荷载时大, 这一现象通常称为 "受拉钢筋应力超前"。它是叠合梁的重要受力特征, 是叠合梁使用阶段钢筋应力验算的依据。由于叠合层混凝土在第二阶段 M 作用时才受力, 故在相同弯矩作用下, 叠合梁的受压区混凝土应力总是小于相同条件的整浇梁, 这种现象称为 "受压区混凝土应力滞后"

2) 破坏时的弯矩与整浇梁相同, 但变形明显增大。

2.5.2　承载力设计

1. 预制构件和叠合构件的正截面受弯承载力

弯矩设计值应按下列规定取用:

预制构件　　　　　　　　　　$M_1 = M_{1G} + M_{1Q}$　　　　　　　　　　(2-50)

叠合构件的正弯矩区段　　　$M = M_{1G} + M_{2G} + M_{2Q}$　　　　　　(2-51)

叠合构件的负弯矩区段　　　$M = M_{2G} + M_{2Q}$　　　　　　　　　(2-52)

式中　M_{1G}——预制构件自重、预制楼板自重和叠合层自重在计算截面产生的弯矩设计值;

M_{2G}——第二阶段面层、吊顶等自重在计算截面产生的弯矩设计值;

M_{1Q}——第一阶段施工活荷载在计算截面产生的弯矩设计值;

M_{2Q}——第二阶段可变荷载在计算截面产生的弯矩设计值, 取第二阶段施工活荷载和使用阶段可变荷载在计算截面产生的弯矩设计值中的较大值。

在计算中，正弯矩区段的混凝土强度等级按叠合层取用，负弯矩区段的混凝土强度等级按计算截面受压区的实际情况取用。

叠合梁的正截面受弯承载力可按下列步骤进行计算：

1）按第一阶段弯矩设计值 M_1，取叠合后截面尺寸 $b \times h_1$，求出钢筋面积 A_{s1}。

2）按第二阶段弯矩设计值 M，取叠合后截面尺寸 $b \times h$，求出钢筋面积 A_{s2}。

3）取 A_{s1} 与 A_{s2} 中的较大值作为最后的配筋结果。

2. 预制构件和叠合构件的斜截面受剪承载力

剪力设计值应按下列规定取用：

预制构件
$$V_1 = V_{1G} + V_{1Q} \tag{2-53}$$

叠合构件
$$V = V_{1G} + V_{2G} + V_{2Q} \tag{2-54}$$

式中　V_{1G}——预制构件自重、预制楼板自重和叠合层自重在计算截面产生的剪力设计值；

V_{2G}——第二阶段面层、吊顶等自重在计算截面产生的剪力设计值；

V_{1Q}——第一阶段施工活荷载在计算截面产生的剪力设计值；

V_{2Q}——第二阶段可变荷载产生的剪力设计值，取第二阶段施工活荷载和使用阶段可变荷载在计算截面产生的剪力设计值中的较大值。

在计算中，叠合构件斜截面上混凝土和箍筋的受剪承载力设计值 V_{cs} 应取叠合层和预制构件中较低的混凝土强度等级进行计算，且不低于预制构件的受剪承载力设计值；对预应力混凝土叠合构件，不考虑预应力对受剪承载力的有利影响，取 $V_p = 0$。

叠合面的受剪承载力应符合下列规定：

$$V \leqslant 1.2 f_t b h_0 + 0.85 f_{yv} \frac{A_{sv}}{s} h_0 \tag{2-55}$$

式中　f_t——混凝土的抗拉强度设计值，取叠合层和预制构件中的较低值。

对不配箍筋的叠合板，当符合叠合界面粗糙度的构造要求时，其叠合面的受剪强度应符合下列规定：

$$V/bh_0 \leqslant 0.4 \tag{2-56}$$

2.5.3　抗裂度、裂缝宽度、挠度验算

1. 抗裂度验算

预应力混凝土叠合受弯构件，其预制构件和叠合构件应进行正截面抗裂度验算。此时，在荷载的标准组合下，抗裂度验算边缘混凝土的拉应力不应大于预制构件的混凝土抗拉强度标准值 f_{tk}。抗裂度验算边缘混凝土的法向应力应按下列公式计算：

预制构件
$$\sigma_{ck} = \frac{M_{1k}}{W_{01}} \tag{2-57}$$

叠合构件
$$\sigma_{ck} = \frac{M_{1Gk}}{W_{01}} + \frac{M_{2k}}{W_0} \tag{2-58}$$

式中　M_{1Gk}——预制构件自重、预制楼板自重和叠合层自重标准值在计算截面产生的弯矩值；

M_{1k}——第一阶段荷载标准组合下在计算截面产生的弯矩值，取 $M_{1k} = M_{1Gk} + M_{1Qk}$，此

时 M_{1Gk} 为第一阶段施工活荷载标准值在计算截面产生的弯矩值；

M_{2k}——第二阶段荷载标准组合下在计算截面产生的弯矩值，取 $M_{2k}=M_{2Gk}+M_{2Qk}$，此时 M_{2Gk} 为面层、吊顶等自重标准值在计算截面产生的弯矩；M_{2Qk} 为使用阶段可变荷载标准值在计算截面产生的弯矩值；

W_{01}——预制构件换算截面受拉边缘的弹性抵抗矩；

W_0——叠合构件换算截面受拉边缘的弹性抵抗矩，此时，叠合层的混凝土截面面积应按弹性模量比换算成预制构件混凝土的截面面积。

2. 叠合梁的钢筋应力验算

由于叠合梁存在钢筋应力超前现象，在荷载准永久组合下，钢筋混凝土叠合受弯构件的纵向受拉钢筋应力应按下式验算：

$$\sigma_{sq}=\sigma_{s1k}+\sigma_{s2q}\leqslant 0.9f_y \tag{2-59}$$

$$\sigma_{s1k}=\frac{M_{1Gk}}{0.87A_s h_{01}} \tag{2-60}$$

$$\sigma_{s2q}=\frac{0.5\left(1+\dfrac{h_1}{h}\right)M_{2q}}{0.87A_s h_0} \tag{2-61}$$

式中　σ_{s1k}——在弯矩 M_{1Gk} 作用下，预制构件纵向受拉钢筋的应力；

h_{01}——预制构件截面有效高度；

σ_{s2q}——在荷载准永久组合相应弯矩作用下，叠合构件纵向受拉钢筋中的应力增量。

当 $M_{1Gk}<0.35M_{1u}$ 时，式 (2-61) 中的 $0.5\left(1+\dfrac{h_1}{h}\right)$ 值应取 1.0；此时，M_{1u} 为预制构件正截面受弯承载力设计值。

3. 裂缝宽度验算

混凝土叠合构件应验算裂缝宽度，按荷载准永久组合或标准组合并考虑长期作用影响所计算的最大裂缝宽度 w_{max} 可按下列公式计算：

钢筋混凝土构件　　　$$w_{max}=2\frac{\psi(\sigma_{s1k}+\sigma_{s2q})}{E_s}\left(1.9c+0.08\frac{d_{eq}}{\rho_{te1}}\right) \tag{2-62}$$

$$\psi=1.1-\frac{0.65f_{tk1}}{\rho_{te1}\sigma_{s1k}+\rho_{te}\sigma_{s2q}} \tag{2-63}$$

预应力混凝土构件　　　$$w_{max}=1.6\frac{\psi(\sigma_{s1k}+\sigma_{s2k})}{E_s}\left(1.9c+0.08\frac{d_{eq}}{\rho_{te1}}\right) \tag{2-64}$$

式中　d_{eq}——受拉区纵向钢筋的等效直径；

ψ——裂缝间纵向受拉钢筋应变不均匀系数；

ρ_{te1}——按预制构件的有效受拉混凝土截面面积计算的纵向受拉钢筋配筋率，$\rho_{te1}=A_s/0.5bh_1$；

ρ_{te}——按叠合构件的有效受拉混凝土截面面积计算的纵向受拉钢筋配筋率，$\rho_{te}=A_s/0.5bh$；

E_s——钢筋的弹性模量；

c——最外层纵向受拉钢筋外边缘至受拉区底边的距离，当 $c < 20mm$ 时，取 $c = 20mm$；当 $c > 65mm$ 时，取 $c = 65mm$；

f_{tk1}——预制构件的混凝土抗拉强度标准值。

4. 挠度验算

叠合构件按钢筋混凝土构件和预应力混凝土构件分别进行正常使用极限状态下的挠度验算。其中叠合受弯构件按荷载准永久组合或标准组合并考虑长期作用影响的刚度可按下列公式计算：

（1）钢筋混凝土构件 叠合构件的最大挠度

$$f_{max} = \beta \frac{M_q l_0^2}{B} \tag{2-65}$$

长期刚度

$$B = \frac{M_q}{\left(\dfrac{B_{s2}}{B_{s1}} - 1\right) M_{1Gk} + \theta M_q} B_{s2} \tag{2-66}$$

预制构件短期刚度

$$B_{s1} = \frac{E_s A_s h_0^2}{1.15\psi + 0.2 + \dfrac{6\alpha_E \rho}{1 + 3.5\gamma_f'}} \tag{2-67}$$

叠合构件第二阶段的短期刚度

$$B_{s2} = \frac{E_s A_s h_0^2}{0.7 + 0.6\dfrac{h_1}{h} + \dfrac{45\alpha_E \rho}{1 + 3.5\gamma_f'}} \tag{2-68}$$

式中 M_q——叠合构件按荷载准永久组合计算的弯矩值，按 $M_q = M_{1Gk} + M_{2Gk} + \psi_q M_{2Qk}$ 计算，ψ_q 为第二阶段可变荷载的准永久值系数；

β——挠度系数，与荷载和支承条件有关；

l_0——计算跨度；

θ——考虑荷载长期作用对挠度增大的影响系数，按一般梁的计算方法确定；

α_E——钢筋弹性模量与叠合层混凝土弹性模量的比值，$\alpha_E = E_s / E_{c2}$；

γ_f'——受压翼缘截面面积与腹板有效截面面积的比值，按 $\gamma_f' = \dfrac{(b_f' - b) h_f'}{bh_0}$ 计算。

（2）预应力混凝土构件

叠合构件的最大挠度

$$f_{max} = \beta \frac{M_k l_0^2}{B} \tag{2-69}$$

长期刚度

$$B = \frac{M_k}{\left(\dfrac{B_{s2}}{B_{s1}} - 1\right) M_{1Gk} + (\theta - 1) M_q + M_k} B_{s2} \tag{2-70}$$

预制构件短期刚度 $B_{s1} = 0.85 E_{c1} I_0$ (2-71)

叠合构件第二阶段的短期刚度 $B_{s2} = 0.7 E_{c1} I_0$ (2-72)

式中 M_k——叠合构件按荷载标准组合计算的弯矩值，按 $M_k = M_{1Gk} + M_{2k}$ 计算；

E_{c1}——预制构件的混凝土弹性模量；

I_0——叠合构件换算截面的惯性矩，此时叠合层的混凝土截面面积应按弹性模量比换算成预制构件混凝土的截面面积。

2.5.4　构造要求

1）叠合梁的叠合层混凝土的厚度不宜小于 100mm，混凝土强度等级不宜低于 C30。预制梁的箍筋应全部伸入叠合层，且各肢伸入叠合层的直线段长度不宜小于 10d，d 为箍筋直径。预制梁的顶面应做成凹凸差不小于 6mm 的粗糙面。

2）叠合板的预制板厚度不宜小于 60mm，后浇混凝土叠合层厚度不应小于 60mm，混凝土强度等级不宜低于 C25；当叠合板的预制板采用空心板时，板端空腔应封堵；跨度大于 3m 的叠合板，宜采用桁架钢筋混凝土叠合板；跨度大于 6m 的叠合板，宜采用预应力混凝土预制板；板厚大于 180mm 的叠合板，宜采用混凝土空心板。预制板表面应做成凹凸差不小于 4mm 的粗糙面。承受较大荷载的叠合板以及预应力叠合板，宜在预制底板上设置伸入叠合层的构造钢筋。

3）叠合板可根据预制板接缝构造、支座构造、长宽比按单向板或双向板设计。当预制板之间采用分离式接缝（图 2-72a）时，宜按单向板设计。对长宽比不大于 3 的四边支承叠合板，当其预制板之间采用整体式接缝（图 2-72b）或无接缝（图 2-72c）时，可按双向板设计。

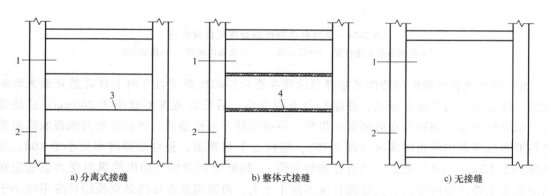

图 2-72　叠合板的预制板布置形式
1—预制板　2—梁或墙　3—板侧分离式接缝　4—板侧整体式接缝

4）叠合板支座处的纵向钢筋应符合下列规定：

① 板端支座处，预制板内的纵向受力钢筋宜从板端伸出并锚入支承梁或墙的后浇混凝土中，锚固长度不应小于 5d（d 为纵向受力钢筋直径），且宜伸过支座中心线（图 2-73a）。

② 单向叠合板的板侧支座处，当预制板内的板底分布钢筋伸入支承梁或墙的后浇混凝土中时，应符合图 2-73a 的要求；当板底分布钢筋不伸入支座时，宜在紧邻预制板顶面的后浇混凝土叠合层中设置附加钢筋，附加钢筋截面面积不宜小于预制板内的同向分布钢筋面积，间距不宜大于 600mm，在板的后浇混凝土叠合层内锚固长度不应小于 15d，在支座内锚固长度不应小于 15d（d 为附加钢筋直径）且宜伸过支座中心线（图 2-73b）。

5）单向叠合板板侧的分离式接缝宜配置附加钢筋（图 2-74），并应符合下列规定：接缝处紧邻预制板的顶面宜设置垂直于板缝的附加钢筋，附加钢筋伸入两侧后浇混凝土叠合层

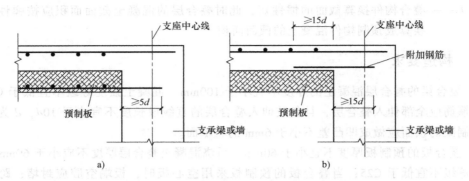

图 2-73 叠合板端及板侧支座构造

的锚固长度不应小于 15d（d 为附加钢筋直径）；附加钢筋截面面积不宜小于预制板中该方向钢筋面积，钢筋直径不宜小于 6mm，间距不宜大于 250mm。

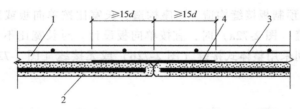

图 2-74 单向叠合板板侧分离式拼缝构造
1—后浇混凝土叠合层 2—预制板 3—后浇层内钢筋 4—附加钢筋

6）双向叠合板板侧的整体式接缝宜设置在叠合板的次要受力方向上且宜避开最大弯矩截面。接缝可采用后浇带形式，并应符合下列规定：后浇带宽度不宜小于 200mm；后浇带两侧板底纵向受力钢筋可在后浇带中焊接、搭接连接、弯折锚固；当后浇带两侧板底纵向受力钢筋在后浇带中弯折锚固时（图 2-75），应符合下列规定：叠合板厚度不应小于 10d，且不应小于 120mm（d 为弯折钢筋直径的较大值）；接缝处预制板侧伸出的纵向受力钢筋应在后浇混凝土叠合层内锚固，且锚固长度不应小于 l_a；两侧钢筋在接缝处重叠的长度不应小于 10d，钢筋弯折角度不应大于 30°，弯折处沿接缝方向应配置不少于 2 根通长构造钢筋，且直径不应小于该方向预制板内钢筋直径。

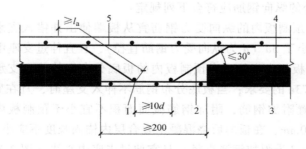

图 2-75 双向叠合板整体式接缝构造
1—通长构造钢筋 2—纵向受力钢筋 3—预制板 4—后浇混凝土叠合层 5—后浇混凝土叠合层内钢筋

7）叠合板的预制板与后浇混凝土叠合层之间设置的抗剪构造钢筋应符合下列规定：抗剪构造钢筋宜采用马镫形状，间距不宜大于400mm，钢筋直径 d 不应小于6mm；马镫钢筋宜伸到叠合板上、下部纵向钢筋处，预埋在预制板内的总长度不应小于15d，水平段长度不应小于50mm。

8）桁架钢筋混凝土叠合板应满足下列要求：桁架钢筋应沿主要受力方向布置；桁架钢筋距板边不应大于300mm，间距不宜大于600mm；桁架钢筋的弦杆钢筋直径不宜小于8mm，腹杆钢筋直径不应小于4mm；桁架钢筋弦杆混凝土保护层厚度不应小于15mm。

9）当未设置桁架钢筋时，在下列情况下，叠合板的预制板与后浇混凝土叠合层之间应设置抗剪构造钢筋：单向叠合板跨度大于4.0m时，距支座1/4跨范围内；双向叠合板短向跨度大于4.0m时，距四边支座1/4短跨范围内；悬挑叠合板；悬挑板的上部纵向受力钢筋在相邻叠合板的后浇混凝土锚固范围内。

2.6　装配式楼盖

装配式楼盖主要由搁置在承重墙或梁上的预制钢筋混凝土板组成，也称装配式铺板楼盖。装配式楼盖具有施工速度快、节约材料、制作简单等优点，缺点是整体刚度小、能承受的荷载小、开设孔洞不方便。设计装配式楼盖时，主要应注意楼盖结构布置、预制构件的选型及构件间的连接问题。

常用预制板有实心板、空心板、槽形板、T形板等，见图2-76。预制板多为单跨简支布置，为增强楼盖的竖向整体刚度及在水平荷载作用下的整体性，板的侧边宜做成斜直边或双齿边，以加强板与板、板与墙或梁之间的连接。

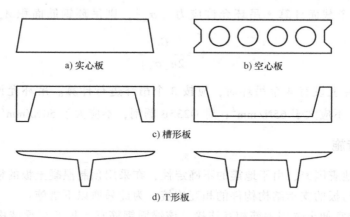

a) 实心板　　　　　b) 空心板

c) 槽形板

d) T形板

图 2-76　预制板类型

实心板制作简单，上下表面平整，但自重较大，用料较多，适用于小跨度的盖板、走道板等。常用跨度为1.8~2.4m，板厚为50~100mm，板宽为500~1000mm。

空心板形式很多，截面有圆孔、方孔、矩形孔或椭圆孔，板上下为平整表面，与实心板相比自重较轻，隔声效果好。空心板应用范围很广，有普通混凝土空心板和预应力空心板，前者多用于跨度较小，后者有跨度4.2m及以下的短向板和跨为4.5~6.9m的长向板等。板厚根据跨度不同，有120mm、180mm、240mm等。板宽有500mm、600mm、900mm、

1500mm 等。空心板的缺点是不能任意开洞，有各种空心板的标准图，可供设计选用。

槽形板有正槽板（肋在下）和反槽板（肋在上）两种。正槽板受力合理，能充分利用板面混凝土抗压，但不能形成平整的顶棚；反槽板受力性能差，但能提供平整的顶棚，且在槽内铺设保温材料。与空心板相比，槽形板自重轻，更节约材料，板间开洞或预埋管网较方便，一般用于工业建筑中。槽形板跨度为 3.0～6.0m，由纵肋、横肋和面板组成的主次梁板结构，纵肋高度一般为 120mm、180mm 和 240mm，肋宽为 50～80mm，面板厚度为 25～30mm。如工业建筑使用的大型屋面板，板长为 6m，板宽为 1500mm，板厚为 240mm。

T 形板有单 T 形板和双 T 形板两种。T 形板是板梁合一构件，它形式简单，具有良好的受力性能，能跨越较大空间，但整体刚度不如其他预制板，可用于屋面板或墙板。T 形板常用跨度为 6.0～12.0m，肋高为 300～500mm，板宽为 1500～2100mm。

2.6.1　装配式楼盖的计算要点

装配式楼盖构件与现浇楼盖构件在使用阶段的计算基本相同。但装配式楼盖还需进行施工阶段的运输、吊装验算和吊环设计。

（1）运输、吊装验算　应按构件制作、运输和吊装阶段的支点位置及吊点位置分别确定计算简图，并取最不利情况计算内力，验算承载力和裂缝宽度。构件自重应考虑 1.5 的动力系数，考虑到运输、吊装的临时性，结构安全等级可降低一级，但不得低于三级。

（2）吊环设计　吊环应采用 HPB300 级钢筋（直径小于或等于 14mm）或 Q235B 圆钢（直径大于 14mm）制作。严禁使用冷加工钢筋，以防脆断。吊环锚入混凝土中的深度不应小于 30d 并应焊接或绑扎在钢筋骨架上，d 为吊环钢筋或圆钢的直径。

在构件自重标准值 G_k（不考虑动力系数）作用下，假定每个构件设置 n 个吊环，每个吊环可按两个截面计算，吊环允许应力 $[\sigma_s]$，则吊环钢筋面积 A_s 可按下式计算：

$$A_s = \frac{G_k}{2n[\sigma_s]} \tag{2-73}$$

当在一个构件上设有 4 个吊环时，应按 3 个吊环进行计算。吊环允许应力 $[\sigma_s]$：对 HPB300 级钢筋，不应大于 65N/mm²；对 Q235B 圆钢，不应大于 50N/mm²。

2.6.2　构造措施

我国属于多地震国家，由于地震的不确定性，在采用预制混凝土板的楼盖时，应加强楼盖的整体性以及与板的支承结构构件的相互连接。为此采取以下措施：

1）预制板端宜伸出锚固钢筋相互连接。该锚固钢筋宜与板的支承结构构件（圈梁、楼面梁、屋面梁或墙）伸出的钢筋连接，并宜在板端拼缝中设置通长钢筋连接，见图 2-77。预制板底面与支承墙或支承梁接触处应设置 20mm 厚的水泥砂浆垫层（坐浆）。

2）预制空心板侧应为双齿边；拼缝上口宽度不应小于 30mm，空心板端孔中应有堵头，深度不宜少于 60mm；拼缝中应浇筑强度等级不低于 C30 的细石混凝土，见图 2-78。

3）当预制空心板的跨度大于 4.8m 且与外墙平行时，靠外墙的预制板侧边应与墙或圈梁拉结，见图 2-79。

4）预制混凝土板应有足够的支承长度，否则应采取保证安全受力的有效措施。

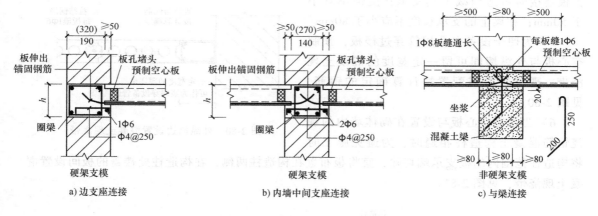

a) 边支座连接

b) 内墙中间支座连接

c) 与梁连接

图 2-77 预制空心板端连接构造

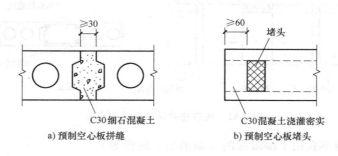

a) 预制空心板拼缝

b) 预制空心板堵头

图 2-78 预制空心板

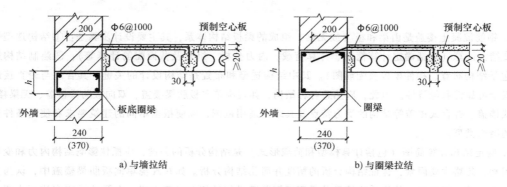

a) 与墙拉结

b) 与圈梁拉结

图 2-79 跨度大于 4.8m 的预制板与外墙拉结

① 当预制空心板用于无抗震设防要求的房屋时，在砌体墙或砌块墙上的支承长度不小于 100mm，在混凝土构件上的支承长度不小于 80mm，在钢构件上的支承长度不小于 50mm。当支承在砌体墙上的预制空心板端伸出钢筋并锚入板端头的现浇混凝土板缝并与圈梁可靠连接时，板的支承长度可为 40mm，但板端头的板缝宽度不小于 80mm，灌缝混凝土强度等级不低于 C30。

② 当预制空心板用于抗震设防要求的房屋时，在圈梁未设在板的同一标高的砌体或砌块外墙上的支承长度不应小于 120mm，在内墙上的支承长度不应小于 100mm，当采用硬架

支模连接时可适当减少其支承长度但不宜小于 50mm；在梁上的支承长度不应小于 80mm。

5）为便于设备专业用管穿过楼板，预制空心板与外纵墙间可留一定宽度的混凝土现浇带，现浇带内需配置按计算确定的钢筋，见图 2-80。

6）当预制空心板与设置在砌体墙内的现浇钢筋混凝土构造柱相遇时，为避免施工时将构造柱范围内的板支承端切除，宜将板布置在构造柱两侧，在构造柱处楼盖的板间设置混凝土现浇带，见图 2-81。

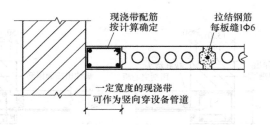

图 2-80　外纵墙边设置混凝土现浇带

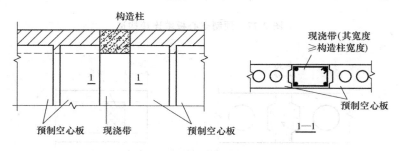

图 2-81　构造柱处预制板平面布置

7）预制空心板不宜用于潮湿房间（如浴室、厕所等）。

────── 本章小结 ──────

1. 钢筋混凝土楼盖是由梁和板（或无梁）组成的梁板结构体系，其主要设计步骤是：①结构选型和布置；②结构计算（包括确定计算简图、计算荷载、内力分析、组合及截面配筋计算等）；③绘制结构施工图（包括结构布置、构件模板及配筋图）。其中结构选型和布置是结构设计的关键，其合理与否直接影响结构安全可靠性和经济性。因此，应熟悉各种结构，如现浇单向板肋梁楼盖、双向板肋梁楼盖、无梁楼盖、装配式楼盖、叠合式楼盖等结构的受力特点及其结构适用范围，以便根据不同的建筑要求和使用条件选择合适的结构类型。

2. 确定结构计算简图（包括计算模型和荷载形式）是结构分析的关键，应抓住影响结构内力和变形的主要因素，忽略次要因素，保证结构分析的精度并简化结构分析。如在现浇单向板肋梁楼盖中，认为支座可以自由转动，板和次梁均可按连续梁并采用折算荷载进行计算；对于主梁，在梁柱线刚度比不小于 5 的条件下，也可按连续梁计算，并忽略柱对梁的约束作用。

3. 单向板单向受力，单向弯曲；双向板双向受力，双向弯曲。设计时可根据板的四边支承情况和板的长、短跨之比进行区分。四边支承时，当长边与短边之比大于 3 时，按单向板设计，计算短跨方向的钢筋，长跨方向按分布钢筋配置；当长边与短边之比不大于 2 时，按双向板设计，长、短跨方向均按计算配筋布置。

4. 梁板结构的内力可按弹性理论及塑性理论进行分析，考虑塑性内力重分布的计算方法能较好地符合混凝土结构的实际受力状态且符合经济性原则。整体单向板肋梁楼盖中，主梁一般按弹性理论计算内力，板和次梁按考虑塑性内力重分布的方法计算内力。

5. 塑性铰是钢筋混凝土超静定结构实现塑性内力重分布的关键。一方面，为保证塑性铰具有足够的转动能力，即要求塑性铰处截面的相对受压区高度 $0.1 \leqslant \xi \leqslant 0.35$，混凝土应具有较大的极限压应变值，合适的配筋率。另一方面，要求塑性铰的转动幅度不宜过大，即截面的弯矩调幅系数 $\beta \leqslant 0.25$（对梁）或 $\beta \leqslant 0.2$（对板）。

6. 整体双向板肋梁楼盖可按弹性理论和塑性理论计算内力，多跨连续双向板荷载的分解是双向板由多区格板转化为单区格板结构分析的重要方法。

7. 无梁楼盖内力分析时，分为跨中板带和柱上板带。经验系数法只能用于竖向荷载作用下的楼盖计算；等代框架法可用于竖向荷载及水平荷载作用下的楼盖计算。

8. 在装配式整体楼盖或装配式楼盖设计中，重点是板与板、板与梁（墙）、梁与墙的灌缝与连接，以保证楼盖的整体性。预制构件除应进行使用阶段的计算外，还需进行施工阶段的验算和吊环设计。

思 考 题

2-1　常见的楼盖结构形式有哪些？

2-2　单向板肋梁楼盖结构布置的基本原则有哪些？

2-3　单向板肋梁楼盖基本假定有哪些？工程计算时采取哪些措施解决与实际受力之间的误差？

2-4　活荷载最不利布置原则是什么？何谓结构内力包络图？

2-5　简述采用力矩分配法计算连续梁的步骤。

2-6　何谓钢筋混凝土的塑性铰？塑性铰与理想铰有何异同？塑性铰出现后对静定结构及超静定结构有何影响？

2-7　简述结构塑性内力重分布的过程，以及影响塑性铰转动能力的主要因素。

2-8　单向板应配置哪些钢筋？其作用分别是什么？

2-9　主次梁交接处应设置何种构造钢筋？如何计算？

2-10　简述双向板受力特点及裂缝开展形状。

2-11　按弹性理论计算多跨连续双向板的内力时应如何布置活荷载？

2-12　如何计算双向板支承梁上的荷载？转化为等效均布荷载的原理是什么？

2-13　无梁楼盖在受力上有何特点？配筋方式与双向板有何差异？

2-14　简述叠合楼盖受力特点。

习 题

2-1　某等跨等截面两跨连续梁，计算跨度 $l_0 = 6.6\mathrm{m}$，承受均布永久荷载设计值 $g = 45.2\mathrm{kN/m}$，均布活荷载设计值 $q = 37.8\mathrm{kN/m}$，见图 2-82。

1）按弹性理论计算梁跨中及支座截面弯矩值。

2）按考虑塑性内力重分布，中间支座调幅 20% 后梁的跨中及支座截面弯矩值。

2-2　已知某两跨等截面连续梁，见图 2-83。在跨中作用集中荷载 F，中间支座 B 截面及跨中 D 截面均配置 3 Φ 18（$A_s = 763\mathrm{mm}^2$，HRB400 级钢筋）的受拉钢筋。混凝土强度等级为 C30。梁截面尺寸 $b \times h = 200\mathrm{mm} \times 500\mathrm{mm}$，截面有效高度 $h_0 = 460\mathrm{mm}$。

1）按弹性理论计算时，该梁承受的荷载 F。

2）按考虑塑性内力重分布计算时，该梁承受的极

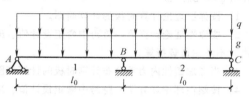

图 2-82　习题 2-1

限荷载 F_u。

3）支座 B 截面的调幅系数 β。

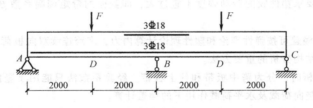

图 2-83 习题 2-2

2-3 某左端固定，右端外伸的钢筋混凝土梁，其荷载、计算跨度和按弹性理论计算的弯矩见图 2-84。梁截面尺寸 $b \times h = 250\text{mm} \times 650\text{mm}$，忽略梁的自重。混凝土强度等级为 C30，支座 A 与 B 截面、跨中 C 截面均配置 3 Φ 25（$A_s = 1473\text{mm}^2$，HRB400 级钢筋）纵筋。截面有效高度 $h_0 = 610\text{mm}$。

1）按弹性理论计算时 F 的最大值。

2）按考虑塑性内力重分布计算时 F 的最大值。

3）支座 A 截面的弯矩调幅值 β。

2-4 两跨等截面连续梁，见图 2-85。按弹性理论计算，在集中荷载 F 作用下（三分点加载），中间支座 $M_B = -0.333Fl$，跨中最大正弯矩 $M_1 = 0.222Fl$，若设计时支座、跨中均按弯矩 M_B 确定受拉钢筋用量为 A_s，忽略梁的自重。

1）分别按弹性理论和塑性内力重分布理论求出该连续梁所能承受的最大集中荷载。

2）如果支座截面配筋改为 $4A_s/5$，要求该连续梁所承受的最大集中荷载不变，按塑性内力重分布理论求出跨中截面应能抵抗的弯矩值。

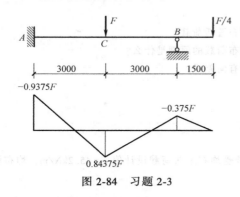

图 2-84 习题 2-3

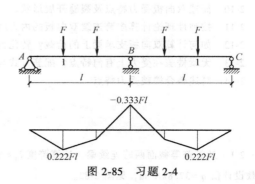

图 2-85 习题 2-4

2-5 某五跨连续板见图 2-86，板跨度为 2.1m，板厚为 100mm。永久荷载设计值 $g = 5.2\text{kN/m}^2$，活荷载设计值 $q = 4.5\text{kN/m}^2$。

1）按弹性理论计算时板的计算简图。

2）按弹性理论计算第一跨跨中弯矩设计值、B 支座弯矩和剪力最大设计值，并说明活载最不利布置的方式（不考虑荷载折算）。

3）当考虑塑性内力重分布计算时板的计算简图。

4）按塑性理论计算第一跨跨中弯矩设计值、B 支座弯矩和剪力设计值。

2-6 整浇双向板肋梁楼盖见图 2-87，板厚 $h = 120\text{mm}$，四周支承在截面尺寸 $b \times h = 200\text{mm} \times 500\text{mm}$ 的钢筋混凝土梁上，混凝土柱截面尺寸 $b \times h = 500\text{mm} \times 500\text{mm}$。楼板承受永久荷载均布荷载设计值 $g = 6\text{kN/m}^2$，活荷载均布荷载设计值 $q = 4.5\text{kN/m}^2$。试用弹性理论计算区格板 A、B、C、D 的内力。

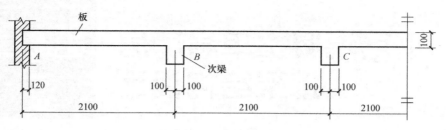

图 2-86　习题 2-5

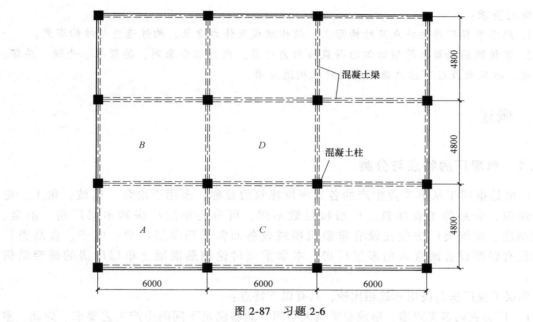

图 2-87　习题 2-6

钢筋混凝土单层厂房 排架结构设计 | 第3章

学习要求：

1. 熟悉单层厂房的特点及结构形式、结构组成及传力途径、构件选型与结构布置。

2. 掌握钢筋混凝土排架结构的荷载与内力计算，内力组合原则，排架柱、牛腿、屋架、吊车梁、抗风柱及柱下独立基础的设计及构造要求。

3.1 概述

3.1.1 单层厂房特点与分类

厂房是指用于从事工业生产的各类房屋建筑的总称，多用于冶金、机械、化工、电子、纺织、食品等工业建筑。厂房按层数不同，可分为单层厂房和多层厂房。冶金、机械制造、纺织类厂房往往设有重型机器或设备而常采用单层厂房；电子、食品类厂房因设有轻型设备而常采用多层厂房。本章重点讨论钢筋混凝土单层厂房的排架结构设计。

单层工业厂房与民用建筑相比较，具有以下特点：

1）厂房室内多无隔墙，形成空旷型大空间，能够满足不同的生产工艺要求。为此，室内常采用水平和垂直运输设备，如桥式起重机、动力机械设备。在结构设计时，应考虑动力荷载、移动荷载对结构构件的影响。

2）厂房占地面积大，跨度及高度大，对工程地质勘察的要求更高，构件的内力、截面尺寸均较大。

3）柱是承受屋盖荷载、墙体荷载、起重机荷载及地震作用的主要构件。

4）结构构件宜采用标准化构件，便于定型设计和工业化施工，缩短工期。

单层厂房承重结构的选型主要取决于厂房的跨度、高度和起重机起重量等因素。一般按结构材料可分为混合结构（由砖柱与混凝土屋架、木屋架或轻钢屋架组成）、钢筋混凝土结构和钢结构三种类型。对无起重机或起重机起重量不超过5t且跨度小于15m，檐口高度不超过8m的无特殊工艺要求的小型单层厂房采用混合结构；当起重机起重量超过250t或厂房跨度大于36m或有特殊工艺要求的大型厂房，采用全钢结构或由钢筋混凝土柱与钢屋架组成的结构；其他类型的厂房则采用钢筋混凝土结构。

从结构体系考虑，单层厂房可分为排架结构和刚架结构两种类型。**排架结构主要由屋架（屋面梁）、柱和基础组成。其中，柱与屋面梁铰接，与基础刚接。**排架结构是钢筋混凝土单层厂房中应用最广泛的一种结构形式。根据生产工艺和使用要求的不同，排架结构可设计成单跨或多跨、等高或不等高、锯齿形等形式，见图 3-1。排架结构常用于跨度超过 30m，檐口高度为 20~30m 或更大，起重机吨位可达 250t 或更大的厂房。

刚架结构主要由门式刚架，由横梁、柱和基础组成。其中，柱与横梁刚接，与基础铰接。 当横梁之间的顶节点为铰接时为三铰门式刚架，属于静定结构，见图 3-2a；当横梁之间的顶节点为刚接时为二铰门式刚架，属于超静定结构，见图 3-2b。刚架结构常用于屋盖较轻的无起重机或起重机吨位不超过 10t、跨度不超过 18m、檐口高度不超过 10m 的中、小型单层厂房或仓库，以及礼堂、食堂、体育馆等公共建筑。

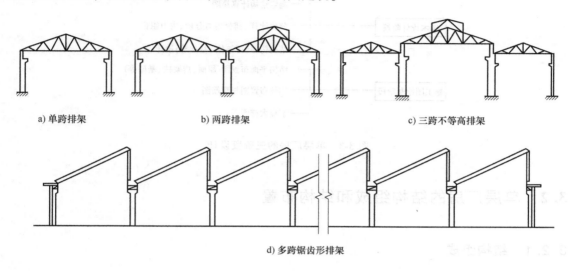

a) 单跨排架　　　　　b) 两跨排架　　　　　c) 三跨不等高排架

d) 多跨锯齿形排架

图 3-1　排架结构

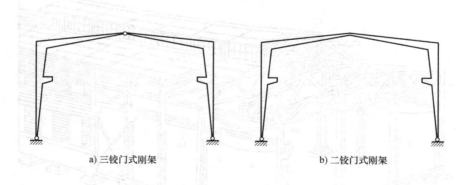

a) 三铰门式刚架　　　　　　　　　b) 二铰门式刚架

图 3-2　刚架结构

3.1.2　单层厂房结构设计流程

单层厂房结构设计在满足工艺要求的前提下，可分为方案设计、技术设计和施工图绘制三个阶段，见图 3-3。**方案设计阶段主要进行结构选型和结构布置，是单层厂房结构设计的关键**；技术设计阶段主要进行荷载计算、结构分析和构件设计。

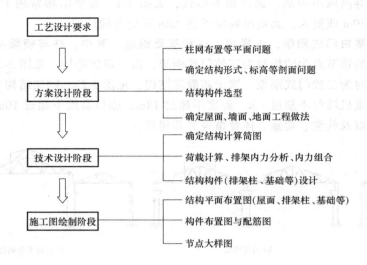

图 3-3　单层厂房的三阶段设计

3.2　单层厂房的结构组成和结构布置

3.2.1　结构组成

单层厂房排架结构是一个复杂的空间受力体系，主要由**屋盖结构、横向平面排架结构、纵向平面排架结构和围护结构**四部分组成，见图 3-4。

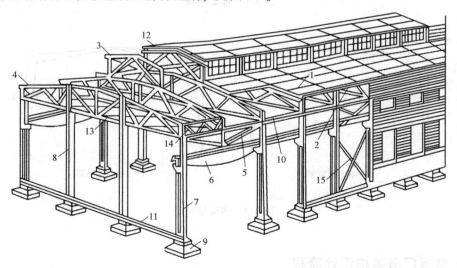

图 3-4　单层厂房的结构组成

1—屋面板　2—天沟板　3—天窗架　4—屋架　5—托架　6—吊车梁　7—排架柱
8—抗风柱　9—基础　10—连系梁　11—基础梁　12—天窗架垂直支撑
13—屋架下弦横向水平支撑　14—屋架端部垂直支撑　15—柱间支撑

　　屋盖结构主要由屋面板、天沟板、天窗架、屋架、檩条、屋盖支撑、托架等构件组成。其主要作用有围护、承重、采光和通风等。屋盖结构按有无檩条分为有檩体系和无檩体系两类。当小型屋面板或瓦材支承在檩条上，再将檩条支承在屋架上时，称为有檩体系，属于轻型屋盖，如波形瓦、石棉瓦、槽瓦屋盖，见图 3-5a。有檩体系具有构件质量轻，便于运输与安装等优点，但因荷载传递路线长，结构整体性和刚度较差，适用于中、小型厂房。当大型屋面板直接支承或焊接在屋架或屋面梁时称为无檩体系，属于重型屋盖，其刚度和整体性好，适用于中、重型厂房，见图 3-5b~d。

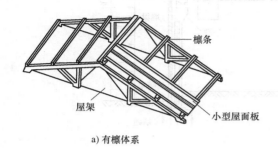

a) 有檩体系

b) 无檩体系

c) 采用彩钢屋面的无檩体系

d) 采用大型屋面板的无檩体系

图 3-5　屋盖结构

　　横向平面排架结构由横梁（屋面梁）、横向柱列和基础组成，是厂房的承重体系，主要承受竖向荷载（如结构自重、屋面荷载、雪荷载和起重机竖向荷载）和横向水平荷载（如风荷载、起重机的横向制动力和横向水平地震作用），并将这些荷载传至基础及地基，见图 3-6。

　　纵向平面排架结构由连系梁、吊车梁、纵向柱列、柱间支撑和基础等构件组成，主要是保证厂房结构的纵向稳定性和刚度，承受纵向水平荷载（如起重机纵向制动力、纵向水平地震作用、温度应力及纵向风荷载），将这些荷载传给基础及地基，见图 3-7。

　　围护结构位于厂房的四周，包括纵墙、山墙、抗风柱、连系梁、基础梁等构件。这些构件承受的荷载主要是墙体和构件自重及作用在墙面上的风荷载，并起围护作用。

3.2.2　结构传力途径

　　单层厂房主要承受永久荷载和可变荷载。永久荷载包括各类结构构件和围护结构的自重，以及管道和固定生产设备的重力。可变荷载包括屋面活荷载、雪荷载、积灰荷载、风荷

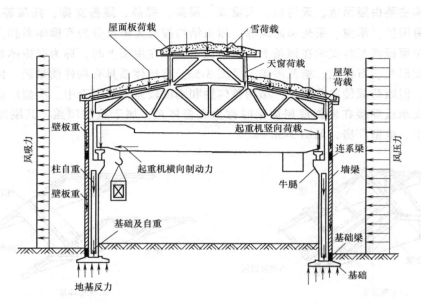

图 3-6　横向平面排架结构

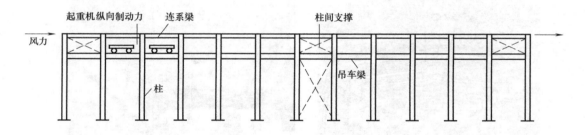

图 3-7　纵向平面排架结构

载、起重机荷载和地震作用。按照荷载作用方向的不同，又分为竖向荷载、横向水平荷载和纵向水平荷载三种。由图 3-8 可知，单层厂房结构所承受的竖向荷载、起重机横向制动力、横向风荷载，通过横向排架传至基础；起重机纵向制动力、纵向风荷载通过纵向排架传至基础。其中，**横向排架是单层厂房主要的承重体系，通过计算和构造保证厂房的结构安全；纵向排架主要通过构造措施保证空间结构的整体稳定性。**

3.2.3　结构布置

厂房结构布置分为厂房的平面布置、剖面布置、支撑布置和围护结构四大部分内容，其构件布置的要点及原则如下所述。

3.2.3.1　平面布置

结构平面的主要尺寸都由定位轴线表示，定位轴线一般有横向和纵向之分。平行厂房横向平面排架的轴线称为横向定位轴线，以数字①、②、③、④等表示；平行厂房纵向平面排架的轴线称为纵向定位轴线，以字母Ⓐ、Ⓑ、Ⓒ等表示，见图 3-9。

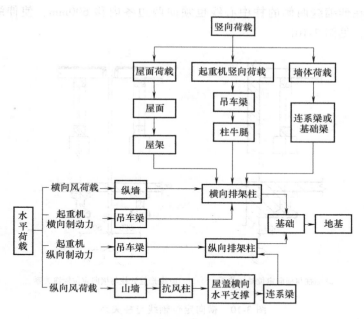

图 3-8　单层厂房传力路径

定位轴线之间的距离应与主要构件的标志尺寸相一致，且符合建筑模数。标志尺寸是指构件的实际尺寸加上两端必要的构造尺寸。如大型屋面板的实际尺寸是 1490mm×5960mm，标志尺寸是 1500mm×6000mm，两者的差值为构造尺寸。

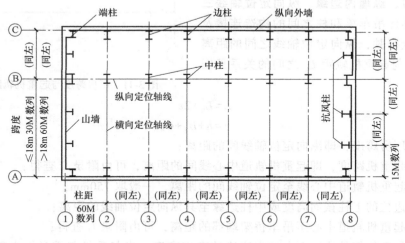

图 3-9　柱网布置

1. 横向定位轴线

与横向定位轴线有关的构件有屋面板和吊车梁，以及连系梁、基础梁、纵向支撑等构件。**中间的横向定位轴线与柱截面的几何中心重合；山墙或变形缝处的横向定位轴线与山墙内边缘重合，因此需将端柱中心线内移 600mm**，见图 3-10a。其目的是保证端部屋架和山墙、抗风柱的位置不发生冲突，屋面板端头与山墙内边缘重合而形成封闭式的横向定位轴线。同样道理，在伸缩缝两侧的柱中心线也须向两边各内移 600mm，使伸缩缝中心线与横向定位轴线重合，见图 3-10b。

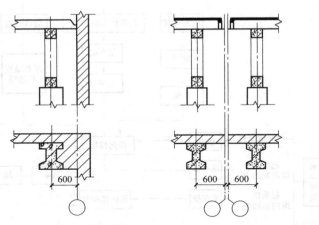

a) 端柱与横向定位轴线关系　　b) 变形缝处柱与横向定位轴线关系

图 3-10　横向定位轴线与柱关系

2. 纵向定位轴线

与纵向定位轴线有关的构件有屋架（屋面梁）、排架柱、抗风柱、基础等构件。对于无起重机或起重机起重时不大于 30t 的厂房，应**使边柱外边缘、纵墙内边缘、纵向定位轴线三者重合**。为确保吊车梁和柱之间的构造连接及起重机的安全行驶，纵向定位轴线之间的距离 L（即跨度）与起重机轨距 L_k 之间的关系见图 3-11。

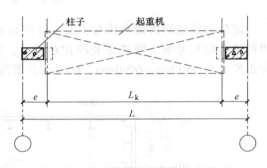

图 3-11　厂房跨度与起重机轨距关系

$$L = L_k + 2e \tag{3-1}$$
$$e = h + B_1 + C_b \tag{3-2}$$

式中　L——厂房跨度，即纵向定位轴线间的距离；

　　　L_k——起重机跨度，即起重机轨道中心线间的距离，可由附录 C 查得；

　　　e——起重机轨道中心线至定位轴线间的距离，一般取 750mm；

　　　h——边柱的上柱截面高度或中柱边缘至其纵向定位轴线的距离；

　　　B_1——起重机轨道中心至吊车桥架端部的距离，可由附录 C 查得；

　　　C_b——吊车桥架外边缘至上柱内边缘的净空宽度，当起重机起重量不大于 50t 时，取不小于 80mm，当起重机起重量大于 50t 时，取不小于 100mm。

对厂房的边柱，当计算求得的 $e \leqslant 750mm$ 时，取 $e = 750mm$，纵向定位轴线与纵墙内边缘重合，称为封闭式结合，见图 3-12a；当 $e > 750mm$ 时，纵向定位轴线在距起重机轨道中心线 750mm 处，不与纵墙内边缘重合，称为非封闭式结合，见图 3-12b。非封闭轴线与纵墙内边缘之间的距离 a_c 称为连系尺寸，根据起重机起重量的大小可取 150mm、250mm 或 500mm。

对多跨等高中柱，当计算求得的 $e \leqslant 750\text{mm}$ 时，取 $e = 750\text{mm}$，纵向定位轴线一般与中柱的上柱中心线重合，见图 3-13a；当 $e > 750\text{mm}$ 时，则需设两条定位轴线，两条定位轴线之间的距离称为插入距（a_i），插入距的中心线应与上柱中心线重合，见图 3-13b。

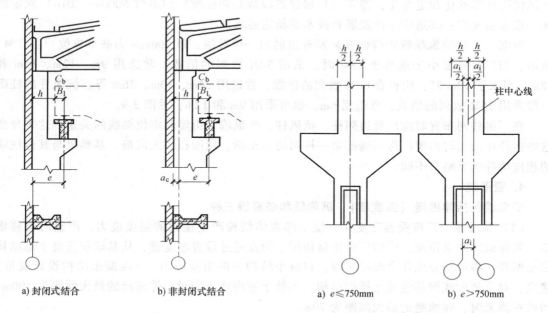

a) 封闭式结合　　　b) 非封闭式结合

图 3-12　边柱与纵向定位轴线的关系

a) $e \leqslant 750\text{mm}$　　　b) $e > 750\text{mm}$

图 3-13　多跨等高的纵向定位轴线

对多跨不等高中柱，当相邻两跨不等高时，纵向定位轴线一般与较高部分厂房上柱的外边缘重合，见图 3-14a；当 $e > 750\text{mm}$ 时，则需增设一条纵向定位轴线，插入距一般可取 150mm、250mm 等，见图 3-14b~d。

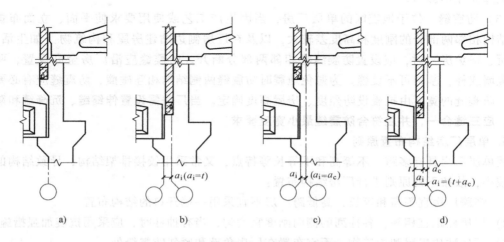

a)　　　b)　　　c)　　　d)

图 3-14　不等高的纵向定位轴线

3. 柱网

厂房承重柱的纵向和横向定位轴线所形成的网格称为柱网。其中，相邻横向定位轴线间的距离称为柱距，相邻纵向定位轴线间的距离称为跨度。

柱网布置是确定柱的位置，也是确定屋面板、屋架和吊车梁等构件跨度的依据。柱网布置的一般原则：①应满足生产工艺及使用要求，并力求建筑平面和结构方案经济合理；②保证结构构件标准化和定型化，遵守《厂房建筑模数协调标准》（GB/T 50006—2010）规定的统一模数制规定；③适应生产发展和技术革新的要求。

根据《厂房建筑模数协调标准》所规定的统一模数制，以100mm为基本单位，用"M"表示。当厂房跨度小于或等于18m时，采用30M数列的倍数，常选用9m、12m、15m和18m；当大于18m时，应符合60M数列的倍数，常选用24m、30m、36m等。抗风柱的柱距一般采用15M数列的倍数，常选用6m，也可采用9m和12m，见图3-9。

在厂房柱网布置时应注意边列柱、抗风柱、外纵墙、山墙和定位轴线的关系，这将导致这些构件在选型时出现厂房两端部第一柱间的吊车梁、屋面板、天沟板、基础梁与其他柱间的相应构件选型略有不同。

4. 变形缝

变形缝包括**伸缩缝（温度缝）、沉降缝和防震缝**三种。

（1）**温度缝** 厂房受温度变化，使上部主体结构产生很大的温度应力，严重时可将墙面、屋面或纵向梁拉裂，影响厂房正常使用。为此通过设置温度缝，从基础顶面至上部结构完全断开，将厂房分成几个温度区段，以减小结构中的温度应力。《混凝土结构设计规范》规定：对于装配式钢筋混凝土排架结构，当处于室内或土中时，伸缩缝的最大间距为100m；当处在露天时，伸缩缝的最大间距为70m。

（2）**沉降缝** 单层厂房排架结构对地基不均匀沉降有较好的自适应能力，故在一般单层厂房中可不设沉降缝。但当厂房相邻两部分高度差大于10m，相邻两跨的起重机起重量相差悬殊，地基承载力或下卧层土质有较大差别，或因厂房各部分的施工前后使土壤压缩程度不同时，均应考虑沉降缝。沉降缝应将建筑物从屋顶到基础全部分开，使缝两侧的结构可以自由沉降而互不影响。

（3）**防震缝** 位于地震区的单层厂房，当因生产工艺或使用要求使平面、立面布置复杂或结构相邻两部分的刚度和高度差较大，以及在厂房侧边贴建房屋和构筑物（如生活间、变电所、锅炉房）时，应设置防震缝将相邻两部分断开。防震缝应沿厂房全高设置，两侧应布置墙或柱，基础可不设缝。为避免地震时防震缝两侧结构相互碰撞，防震缝应有必要的宽度。防震缝的宽度由抗震设防烈度、房屋高度确定。**当厂房需设置伸缩缝、沉降缝和防震缝时，应三缝合一，并应符合防震缝最小宽度要求。**

5. 单层厂房结构布置原则

因单层厂房具有多跨、不等高和不等长等特点，又常采用铰接排架结构，导致结构的赘余度较小，故按下列原则进行厂房结构布置：

1）多跨厂房宜等高和等长，高低跨厂房不宜采用一端开口的结构布置。

2）厂房柱距宜相等，各柱列的侧向刚度宜均匀，当有抽柱时，应采用抗震加强措施。

3）厂房贴建房屋和构筑物，不宜布置在厂房角部和紧邻防震缝处。

4）厂房体形复杂或有贴建的房屋和构筑物时，宜设防震缝；在厂房纵横跨交接处、大柱网厂房（指柱网不小于12m的厂房）或不设柱间支撑的厂房，防震缝宽度可采用100~150mm，其他情况可采用50~90mm。

5）两个主厂房之间的过渡跨至少应有一侧采用防震缝与主厂房脱开。

6）厂房内的工作平台、刚性工作间宜与厂房主体结构脱开。

7）厂房的同一结构单元内，不应采用不同的结构形式；厂房端部应设屋架，不应采用山墙承重；厂房单元内不应采用横墙和排架混合承重。

8）厂房内上起重机的钢梯不应靠近防震缝设置；多跨厂房各跨上起重机的钢梯不宜设置在同一横向轴线附近。

9）厂房天窗架的设置要求见表3-1。

表3-1 厂房天窗架的设置要求

项目	内容
天窗	宜采用凸出屋面较小的避风型天窗,有条件或设防烈度9度时宜采用下沉式天窗
凸出屋面的天窗	宜采用钢天窗架,设防烈度6~8度时,可采用矩形截面杆件的钢筋混凝土天窗架
天窗架	不宜从厂房结构单元第一开间开始设置,设防烈度8~9度时宜从厂房单元端部第三柱间开始设置
天窗屋盖、端壁板和侧板	宜采用轻型板材,不应采用端壁板代替端天窗架

3.2.3.2 剖面布置

厂房高度是指室外地坪至柱顶的距离。对有起重机的厂房，厂房高度主要由吊车梁的轨顶标高控制，并考虑起吊工作需要的净空要求（即屋架下弦与吊车架外轮廓线的距离$H_C \geqslant 220mm$）来确定柱顶标高、牛腿顶面标高及全柱高，见图3-15，并符合下列几何关系：

1）柱顶标高=轨顶标高（已知）+轨顶以上高度（查附录C）+屋架下弦与起重机顶面安全距离（一般取100~300mm）。

2）牛腿顶面标高=轨顶标高−吊车梁高−轨顶垫块高（一般取200mm）。

3）上柱高H_u=柱顶标高−牛腿顶面标高。

4）全柱高H=柱顶标高−室内外高差−室外地坪至基础顶面高。

5）下柱高H_l=全柱高−上柱高。

图3-15中轨道中心线与纵向轴线的距离取**750mm**。确定的高度值还应符合厂房建筑模数要求。一般厂房自室内地坪至屋架下弦底面的高度为30M的倍数；对有起重机的厂房，自室内地面至柱顶的高度为60M的倍数，至排架柱牛腿的高度为30M的倍数。

3.2.3.3 支撑布置

就整体作用而言，支撑布置：①保证结构构件在施工和使用阶段工作稳定与正常；②增强厂房的整体稳定性和空间刚度；③把纵向风荷载、起重机纵向制动力传递到主要承重构件。

在装配式钢筋混凝土单层厂房结构中，支撑虽然不是主要的承重构件，但却是连系主要结构构件，并把它们构成整体的重要组成部分。工程实践证明，如果支撑布置不当，不仅会影响厂房的正常使用，甚至可能引起厂房倒塌，应给予足够的重视。厂房支撑分为屋盖支撑系统和柱间支撑系统两大类，本节主要讲述各类支撑的作用和布置原则，具体布置方法及其连接构造可参阅有关标准图集。

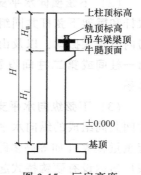

图3-15 厂房高度

1. 屋盖支撑系统

屋盖支撑系统是保证屋盖整体稳定并传递纵向水平力而在屋架间设置的各种连系杆件的总称，通常包括上、下弦水平支撑，纵向水平支撑，垂直支撑，纵向水平系杆与天窗架支撑，见图3-16。其构成思路为：在每一个温度区段内，由上、下弦水平支撑，垂直支撑和水平系杆连接形成刚性的空间骨架，保证厂房的空间整体性。

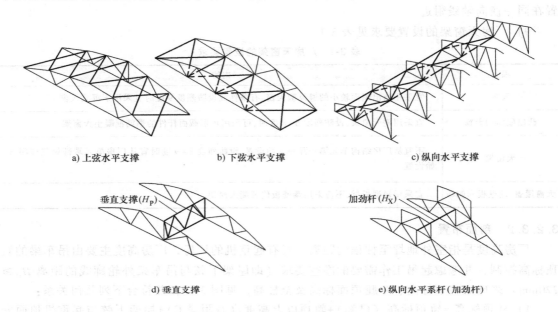

a) 上弦水平支撑   b) 下弦水平支撑   c) 纵向水平支撑

d) 垂直支撑   e) 纵向水平系杆(加劲杆)

图 3-16 屋盖支撑

（1）**上弦横向水平支撑** 上弦横向水平支撑是指在屋架上弦平面内，沿厂房跨度方向用交叉角钢或直腹杆和屋架上弦杆共同组成的水平桁架。当屋盖为有檩体系，或虽为无檩体系但屋面板与屋架的连接质量得不到保证，且山墙抗风柱将风荷载传至屋架上弦时，应在**每一伸缩缝区段两端的第一或第二柱间布置**，见图3-17。

（2）**下弦横向水平支撑** 下弦横向水平支撑是指在屋架下弦平面内，由交叉角钢或直腹杆和屋架下弦杆共同组成的横向水平桁架，见图3-18。当屋架下弦设有悬挂式起重机或厂房内有较大振动，以及山墙风荷载通过抗风柱传至屋架下弦时，**应在每一伸缩缝区段两端的第一柱间或第二柱间设置，并宜与上弦横向水平支撑设置在同一柱间，以形成空间桁架体系。**

（3）**下弦纵向水平支撑** 下弦纵向水平支撑是指由交叉角钢或直腹杆和屋架下弦第一柱间共同组成的纵向水平桁架，见图3-18。当厂房内设有软钩起重机且厂房高度大、起重机起重量较大（如等高多跨厂房柱高大于15m，起重机工作等级为A1～A5，起重量大于50t）或厂房内设有硬钩桥式起重机或设有大于5t悬挂式起重机或设有较大振动设备以及厂房内因抽柱或柱距较大设置托架时，**应在屋架下弦端柱间沿厂房纵向通长或局部设置一道下弦纵向水平支撑**。当厂房已设有下弦横向水平支撑时，为保证厂房空间刚度，下弦纵向水平支撑应尽可能与下弦横向水平支撑连接，以形成封闭的水平支撑系统。

（4）**垂直支撑及水平系杆** 由角钢杆件与屋架直腹杆组成的垂直桁架称为屋盖垂直支

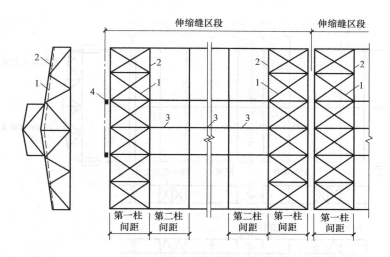

图 3-17　上弦横向水平支撑

1—上弦横向水平支撑　2—带天窗架的梯形屋架　3—屋脊处纵向水平系杆　4—抗风柱

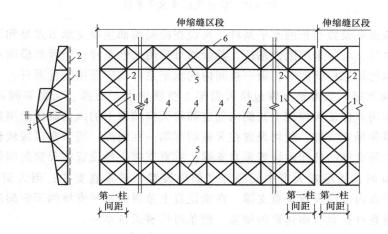

图 3-18　下弦横向水平支撑、下弦纵向水平支撑

1—下弦横向水平支撑　2—带天窗架的梯形屋架　3—屋脊处垂直支撑系杆

4—屋脊处纵向水平系杆　5—下弦纵向水平支撑　6—纵向连系梁

撑（图 3-19），主要形式为十字交叉形或 W 形。其作用是保证屋架承受荷载后在平面外的稳定并传递纵向水平力，因此应与下弦横向水平支撑布置在同一柱间内。水平系杆分为上弦水平系杆、下弦水平系杆，见图 3-19。上弦水平系杆可保证屋架上弦或屋面梁受压翼缘的侧向稳定；下弦水平系杆可防止在起重机或有其他水平振动时屋架下弦发生侧向颤动。

当厂房跨度小于 18m 且无天窗时，一般可不设垂直支撑和水平系杆；当厂房跨度为 18~30m、屋架间距为 6m、采用大型屋面板时，应在每一伸缩缝区段端部的第一或第二柱间设置一道垂直支撑；当跨度大于 30m 时，应在屋架 1/3 左右的节点处设置两道垂直支撑；当屋架端部高度大于 1.2m 时，还应在屋架两端各布置一道垂直支撑；当厂房伸缩缝区段大于 90m 时，还应在柱间支撑柱距内增设一道屋架垂直支撑，见图 3-19。

当屋盖设置垂直支撑时，应在未设置垂直支撑的屋架间，在相应于垂直支撑平面内的屋

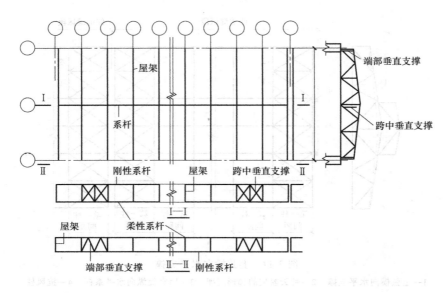

图 3-19　垂直支撑及水平系杆

架上弦和下弦节点处设置通长的水平系杆。凡设在屋架端部主要支承节点处和屋架上弦屋脊处的通长水平系杆，均应采用刚性系杆，其余均可采用柔性系杆；当屋架横向水平支撑设在伸缩缝区段两端的第二柱间内时，第一柱间内的水平系杆均应采用刚性系杆。

（5）**天窗架支撑**　天窗架支撑包括天窗架上弦横向水平支撑、天窗架间的垂直支撑和水平系杆。其作用是保证天窗架上弦侧向稳定和将天窗端壁上的风荷载传给屋架。天窗架上弦横向水平支撑和垂直支撑一般均设置在天窗端部第一柱间内；当天窗区段较长时，还应在区段中部设有柱间支撑的柱间内设置垂直支撑。垂直支撑一般设置在天窗的两侧；当天窗架跨度不小于 12m 时，还应在天窗中间竖杆平面内设置一道垂直支撑；当天窗有挡风板时，在挡风板立柱平面内也应设置垂直支撑。在未设置上弦横向水平支撑的天窗架间，应在上弦节点处设置柔性系杆；对有檩体系的屋盖，檩条可代替柔性系杆。

2．柱间支撑

柱间支撑是纵向平面排架中最主要的抗侧力构件，其作用是提高厂房的纵向刚度和稳定性，并将起重机纵向水平制动力、山墙及天窗端壁的风荷载传至基础，见图 3-20。对有起重机的厂房，按其位置可分为上柱柱间支撑和下柱柱间支撑。上柱柱间支撑位于吊车梁上部，并在柱顶设置通长的刚性系杆，用以承受在山墙及天窗壁的风荷载，并保证厂房上部的纵向刚度；下柱柱间支撑位于吊车梁的下部，承受上部支撑传来的内力，以及起重机纵向制动力，并将其传至基础。

柱间支撑通常由交叉型钢或钢管组成，交叉倾角一般为 35°～55°，宜取 45°。柱顶设置通长的刚性系杆来传递荷载，这样纵向构件的收缩受柱间支撑的约束较小。在温度变化或混凝土收缩时，不致产生较大的温度或收缩应力。当柱间通行或放置设备，或柱距较大而不宜采用交叉支撑时，可采用门架式支撑，见图 3-21。

属于下列情况之一者，应设置柱间支撑：

1）厂房内设有工作级别为 A6～A8 的起重机，或 A1～A5 的起重机起重量在 10t 及以上时。

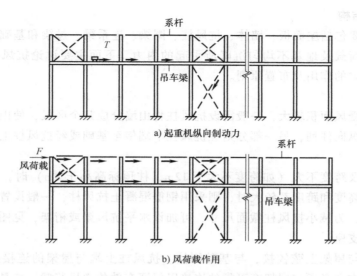

a) 起重机纵向制动力

b) 风荷载作用

图 3-20　柱间支撑布置及其传力路径

2）厂房内设有悬臂式起重机或 3t 以上的悬挂式起重机时。

3）厂房跨度不小于 18m 或柱高不小于 8m 时。

4）每纵向柱列的总数在 7 根以下时。

5）露天吊车栈桥的柱列。

上柱柱间支撑一般设置在伸缩缝区段两端与屋盖横向水平支撑相对应的柱间，以及伸缩缝区段中央或临近中央的柱间；下柱柱间支撑设置在伸缩缝区段中部与上柱柱间支撑对应的位置；当厂房单元较长时设置两道下柱支撑，但两道下柱支撑应在厂房单元中间 1/3 区段内，不宜设置在厂房端部，见图 3-22。

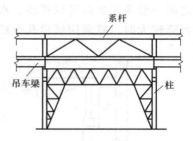

图 3-21　门架式支撑

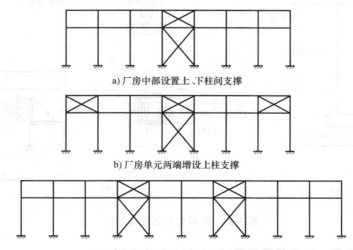

a) 厂房中部设置上、下柱间支撑

b) 厂房单元两端增设上柱支撑

c) 厂房较长时在房屋中部设置柱间支撑

图 3-22　柱间支撑布置

3.2.3.4 围护结构

围护结构主要包括屋面板、墙体、抗风柱、圈梁、连系梁、过梁和基础梁等构件。其作用是承受风、雪荷载及地基不均匀沉降所引起的内力。下面主要讨论抗风柱、圈梁、连系梁、过梁和基础梁的作用及布置原则。

1. 抗风柱

厂房山墙的受风面积较大，一般需设抗风柱将山墙分成几个区段，使山墙受到的风荷载一部分直接传给纵向柱列，另一部分则经抗风柱下端传至基础或经抗风柱上端屋盖系统传至纵向柱列。

当厂房高度及跨度不大（如跨度不大于 12m，柱顶标高小于 8m）时，可以采用砖壁柱作为抗风柱；当高度和跨度都较大时，则采用钢筋混凝土抗风柱，一般设置在山墙内侧；当厂房高度很大时，为减小抗风柱截面尺寸，可加设水平抗风梁或桁架，见图 3-23a、b，作为抗风柱的中间铰支座。

抗风柱一般与屋架上弦铰接，与基础刚接。抗风柱上端与屋架的连接必须满足两个要求：一是在水平方向必须与屋架有可靠的连接以保证有效传递风荷载；二是在竖向脱开，允许两者有一定的竖向相对位移，以防止抗风柱与屋架因沉降不均匀产生不利影响。因此，两者之间一般采用竖向可以移动、水平方向又有较大刚度的弹簧板连接，见图 3-23c；若不均匀沉降较大时，宜采用槽形孔螺栓连接，见图 3-23d。

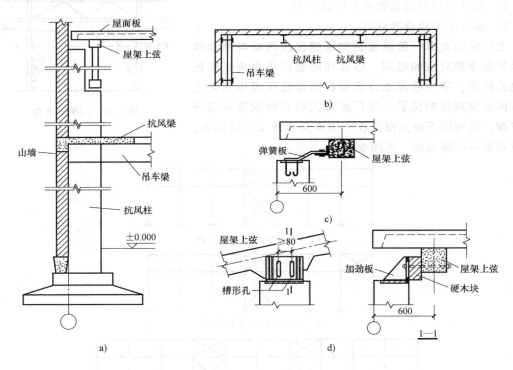

图 3-23 抗风柱及其连接构造

2. 圈梁、连系梁、过梁和基础梁

圈梁是设置于墙体内并与柱子相连接的钢筋混凝土构件，其作用是将墙体与排架柱、抗风柱等围箍在一起，增强厂房的整体刚度，防止由于地基的不均匀沉降或较大振动荷载对厂房产生的不利影响，见图3-24。因此，圈梁应连续设置在墙体内的同一水平面上，除伸缩缝处断开外，其余部分应沿整个厂房形成封闭状。当圈梁被门窗洞口切断时，应在洞口上部设置附加圈梁。圈梁布置与墙体高度、厂房刚度的要求及地基情况有关：对无桥式起重机的厂房，当墙厚不大于240mm、檐口标高为5~8m时，应在檐口附近布置一道；当檐口标高大于8m时，宜增设一道。对有桥式起重机或有较大振动设备的厂房，除在檐口或窗顶布置圈梁外，尚宜在吊车梁标高处或其他适当位置增设一道；外墙高度大

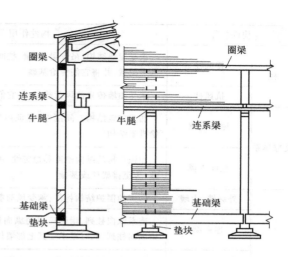

图3-24　圈梁、连系梁、过梁和基础梁布置

于15m时还应适当增设。另外，对于有振动设备的厂房，沿墙高的圈梁间距不应超过4m。圈梁与柱连接仅起拉结作用，不承受墙体自重，故按构造设置圈梁。

连系梁的作用是联系纵向柱列、增强厂房纵向刚度并把风荷载传递到纵向柱列，同时还承受上部墙体的自重。连系梁一般为预制构件，两端支撑在柱外侧的牛腿上，其连接可采用螺栓连接或焊接连接。

过梁的作用是承托门窗洞口上的墙体重力。过梁在墙体上的支撑长度不宜小于240mm。圈梁可兼作过梁时，其配筋须经计算确定。设计时应尽可能将圈梁、连系梁和过梁三合一。

基础梁一般设置在边柱的外侧，两端直接放置在柱基础的顶面，用以承受围护墙体的自重。当基础埋置深度较大时，可在基础梁和基础之间设置垫块。基础梁顶面至少低于室内地坪50mm，底部距地基土表面应预留100mm的空隙，使基础梁随柱基础一起沉降而不受地基土的约束，同时还可以防止因地基土冻胀将基础梁顶裂。

现将单层厂房的各类构件及其作用列于表3-2中，以便自行学习和掌握。

表 3-2　单层厂房的各类构件及其作用

构件名称		构件作用	备注
屋盖结构	屋面板	承受屋面构造层自重,屋面活荷载、雪荷载、积灰荷载及施工荷载,并将它们传给屋架(屋面梁),具有围护和传递荷载的作用	支撑在屋架或屋面梁或檩条上,为受力构件
	天沟板	屋面排水并承受屋面积水及天沟板上的构造层自重、施工荷载,并将它们传给屋架	为受力构件
	天窗架	形成天窗以便于采光和通风,承受天窗上的屋面板传来的荷载及天窗上的风荷载,并将它们传给屋架	为受力构件
	托架	当柱距大于屋架间距时,用以支撑屋架,并将荷载传给柱	抽柱或柱距较大时采用,为受力构件
	屋架(屋面梁)	与柱形成横向排架结构,承受屋盖上的全部竖向荷载,并将它们传给柱	为主要受力构件
	檩条	支撑小型屋面板或瓦材,承受屋面板传来的荷载,并将它们传给屋架	有檩屋盖中采用,为受力构件

(续)

构件名称		构件作用	备注
柱	排架柱	承受屋盖结构、吊车梁、外墙、柱间支撑等传来的竖向和水平荷载,并将它们传给基础	同时为横向排架和纵向排架中的构件,为主要受力构件
	抗风柱	承受山墙传来的风荷载,并将它传给屋盖结构和基础	为构造构件
支撑体系	屋盖支撑	加强屋盖结构空间刚度,保证屋架的稳定,将风荷载传给排架结构	分为上、下弦水平支撑,垂直支撑,水平系杆,为构造构件
	柱间支撑	加强厂房的纵向刚度和稳定性,承受并传递纵向水平荷载,传至排架柱或基础	分为上柱柱间支撑和下柱柱间支撑,为构造构件
围护结构	外纵墙、山墙	厂房的围护结构构件,承受风荷载及自重	为围护构件
	连系梁	连系纵向柱列,增强厂房的纵向刚度,并将风荷载传递给纵向柱列,同时还承受其上部墙体的重力	为受力构件
	圈梁	加强厂房的整体刚度,防止由于地基不均匀沉降或较大振动荷载引起的不利影响	形成封闭状,为构造构件
	过梁	承受门窗洞口上部墙体的重力,并将它们传给门窗两侧墙体	为受力构件
	基础梁	承受围护墙体的重力,并将它们传给基础	为受力构件
吊车梁		承受起重机竖向荷载和横向或纵向制动力,并将它们分别传给横向或纵向排架	简支在柱牛腿上,为受力构件
基础		承受柱、基础梁传来的全部荷载,并将它们传给地基	为受力构件

3.3 排架结构的荷载计算与内力分析

单层厂房排架结构实际上是空间结构体系,应采用三维有限元分析。由于柱距呈规律性排列,荷载传递具有明确的方向性,通常将空间体系简化为纵、横向平面排架分别计算,并近似认为各个横向平面排架之间与各个纵向平面排架互不影响,各自独立工作。

纵向平面排架,由于厂房纵向排架柱子较多,水平刚度较大,每根柱子分配的水平力较小,因而在非地震区不必计算,通过设置柱间支撑从构造上加强。只有当纵向柱列不多于7根或需要考虑地震作用或温度应力时,才进行纵向平面排架计算。

横向平面排架是厂房的主要承重结构,并随厂房的跨度、高度及起重机起重量而变化,因此必须对横向平面排架进行内力分析。主要内容包括:**计算简图确定、荷载计算、控制截面的内力分析和内力组合**。其目的是求出排架柱各控制截面在各种荷载作用下的内力,并通过内力组合求出最不利内力,以此作为排架柱设计的依据;而柱底截面的最不利内力是作为基础设计的依据。所以本节讲的排架计算主要指横向平面排架计算。

3.3.1 计算简图

1. 计算单元

由相邻柱距的中心线截出一个典型区段,称为排架的计算单元,见图3-25中阴影部分。

除起重机等移动荷载外，阴影部分就是排架的负荷范围，或称荷载从属面积。对于厂房端部或伸缩缝处的排架，其负荷范围只有中间排架的一半，但为了施工方便，一般也按中间排架设计。通常对于各列柱距相等时（图3-25a），计算单元等于柱距。当厂房中有局部抽柱时（图3-25b），计算单元内的二榀排架可以合并为一榀排架来进行内力分析，合并后平面排架柱的惯性矩应按合并考虑，求得内力后应将合并的柱内力重新分配到原单根柱内。

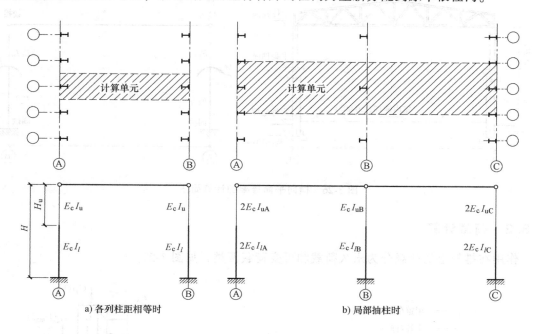

图 3-25 排架的计算单元

2. 基本假定

对钢筋混凝土排架结构进行计算时，常采用以下基本假定：

1）柱上端与屋架（屋面梁）铰接，只传递竖向轴力 N 和水平剪力 V，不传递弯矩 M。

2）柱下端与基础固接，传递弯矩 M、剪力 V、轴力 N。

3）排架横梁 $EA = \infty$，为无轴向变形的刚杆，故柱顶的水平位移相等。

由于屋架（屋面梁）两端和上柱柱顶一般采用预埋钢板焊接或螺栓连接，抵抗弯矩的能力很小，但可有效传递竖向轴力和水平剪力，所以假定1）中柱与屋架铰接是符合实际的。

由于柱插入基础杯口有一定深度，并用细石混凝土与基础紧密浇捣成一体，而且地基变形是有限的，基础转动一般较小，因此假定2）中柱与基础固接通常是符合实际的。但当地基土质较差、变形较大或者有大面积堆料等荷载时，则应考虑基础位移或转动对排架内力和变形的影响。

假定3）中横梁 $EA = \infty$，对于屋面梁或大多数下弦杆刚度较大的屋架是适用的，设计时可忽略横梁自身的轴向变形。但对于组合式屋架或两铰、三铰拱架因轴向变形较大时，设计时应考虑横梁轴向变形对排架内力的影响。

采用以上计算假定后，可得到横向平面排架的计算简图，见图 3-26。图中 e 表示上下柱几何中心线的间距。排架柱的高度由基础顶面算至柱顶铰接处。排架的跨度以厂房的轴线为准。排架柱的轴线为柱的几何中心线，当柱为变截面柱时，排架柱的轴线为一折线。

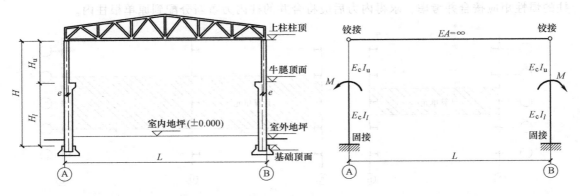

图 3-26　横向平面排架的计算简图

3.3.2　荷载计算

作用在排架上的荷载分为永久荷载和可变荷载两类，见图 3-27。

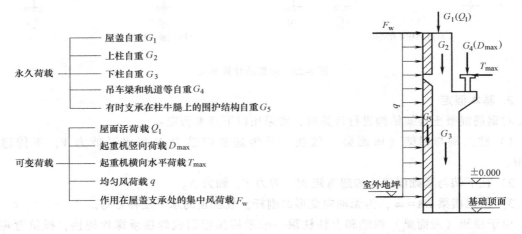

图 3-27　排架柱荷载

3.3.2.1　永久荷载

各种永久荷载的数值可按材料重度和结构的有关尺寸计算得到，标准构件可从标准图集上直接查得。考虑到构件安装顺序，吊车梁和柱等构件是在屋面梁未吊装之前就位的，这时排架体系远没有形成，因此对吊车梁自重和柱自重产生的内力不按排架计算，而按悬臂柱分析。

（1）**屋盖自重 G_1**　屋盖自重包括屋面构造层、屋面板、天沟板、天窗架、屋架、屋盖支撑及与屋架连接的设备管道重力。这些重力总和为 G_1，作用点位于厂房定位轴线内侧 150mm 处。

G_1 对上柱产生弯矩 　　　　$$M_1 = G_1 e_1 = G_1\left(\frac{h_u}{2} - 150\text{mm}\right) \tag{3-3}$$

G_1 对下柱产生附加弯矩 　　$$M_1' = G_1 e_2 = G_1\left(\frac{h_l}{2} - 150\text{mm}\right) \tag{3-4}$$

式中　h_u、h_l——上柱、下柱截面高。

（2）**上柱自重 G_2**　上柱自重 G_2 对下柱的偏心距为 e_3，则 G_2 对下柱产生附加弯矩

$$M_2 = G_2 e_3 = G_2\left(\frac{h_l - h_u}{2}\right) \tag{3-5}$$

（3）**下柱自重 G_3**　下柱自重包括牛腿自重。作用于柱底，与下柱中心线重合，即 $M_3 = 0$。

（4）**吊车梁和轨道等自重 G_4**　吊车梁及轨道自重 G_4 可从有关标准图集中直接查得，它以竖向集中力的形式沿吊车梁截面中心线作用在柱牛腿顶面，其作用点一般距纵向定位轴线 750mm。G_4 对下柱截面中心线的偏心距为 $e_4 = 750\text{mm} - \dfrac{h_l}{2}$，则 G_4 对下柱产生附加弯矩

$$M_4 = G_4 e_4 \tag{3-6}$$

（5）**支承在柱牛腿上的围护结构自重 G_5**　当设有连续梁支承围护墙体时，计算单元范围内的围护结构自重 G_5 以竖向集中力形式通过连系梁传给柱牛腿顶面，其作用点通过连系梁或墙体截面的形心轴，距下柱截面几何中心距离为 e_5，则 G_5 对下柱产生附加弯矩

$$M_5 = G_5 e_5 \tag{3-7}$$

当 G_1、G_2、G_3、G_4、G_5 联合作用时，其永久荷载作用位置及相应内力分析见图 3-28，图中对上柱顶产生的附加弯矩为

$$M_1 = G_1 e_1 \tag{3-8}$$

对下柱顶产生的附加弯矩为

$$M_2 = G_1 e_2 + G_2 e_3 - G_4 e_4 + G_5 e_5 \tag{3-9}$$

3.3.2.2　可变荷载

1. 屋面活荷载 Q_1

屋面活荷载包括屋面均布活荷载、雪荷载和积灰荷载三种。Q_1 以竖向集中力形式作用于厂房定位轴线内侧 150mm 处，与屋面永久荷载 G_1 设计相同，对上柱和下柱均产生附加弯矩。

（1）**屋面均布活荷载**　按水平投影面积计算时，《建筑结构荷载规范》规定，对不上人屋面，其屋面均布活荷载标准值为 0.5kN/m^2，组合值系数可取 0.7，频遇值系数可取 0.5，准永久值系数取 0。

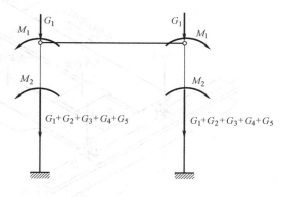

图 3-28　永久荷载内力分析

（2）**雪荷载**　《建筑结构荷载规范》规定，屋面水平投影面积上的雪荷载标准值 s_k，按下式计算：

$$s_k = \mu_r s_0 \tag{3-10}$$

式中　s_0——基本雪压（kN/m^2），取 50 年重现期的雪压，可由《建筑结构荷载规范》中的全国基本雪压分布图确定。

　　μ_r——屋面积雪分布系数，指屋面水平投影面积上的雪荷载与基本雪压的比值，可根据不同的屋面形式，由《建筑结构荷载规范》查得。

设计建筑结构及屋面的承重构件时，应按下列规定采用积雪的分布情况：①屋面板和檩条按积雪不均匀分布的最不利情况采用；②屋架和拱壳应分别按全跨积雪的均匀分布、不均匀分布和半跨积雪的均匀分布按最不利情况采用；③框架和柱可按全跨积雪的均匀分布情况采用。

雪荷载的组合值系数可取 0.7，频遇值系数可取 0.6，准永久值系数按雪荷载分区Ⅰ、Ⅱ、Ⅲ的不同，分别取 0.5、0.2 和 0。

（3）积灰荷载　设计生产中有大量排灰的厂房及其邻近建筑时，对于具有一定除尘设施和保证清灰制度的机械、冶金、水泥等的厂房屋面，其水平投影面上的屋面积灰荷载标准值按《建筑结构荷载规范》规定确定。

考虑到上述屋面荷载同时出现的可能性，《建筑结构荷载规范》规定：**不上人的屋面均布活荷载，可不与雪荷载和风荷载同时组合；积灰荷载应与雪荷载或不上人的屋面均布活荷载两者中的较大值同时考虑。**

2. 起重机荷载

单层厂房常用的起重机有悬挂式起重机、手动起重机、电动葫芦及桥式起重机等。其中悬挂式起重机的水平荷载由支撑系统承受；手动起重机和电动葫芦可不考虑水平荷载。因此这里讲的起重机荷载专指桥式起重机而言，见图 3-29。

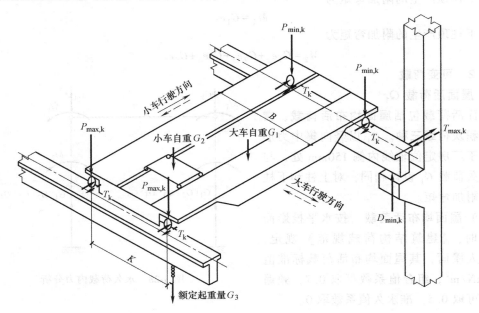

图 3-29　起重机荷载

根据起重机在使用期内要求的总工作循环次数和荷载状态，将起重机分为 8 个工作级别：A1~A8。一般满载机会少，运行速度低及不需要紧张而繁重工作的场所，如水电站、机械检修站等的起重机工作级别属于 A1~A3；机械加工车间和装配车间的起重机工作级别属于 A4、A5；冶炼车间和直接参加连续生产的起重机工作级别属于 A6~A8。

桥式起重机对排架作用有竖向荷载 D_{max} 或 D_{min}、横向水平荷载 T_{max} 及纵向水平荷载 T_0。

（1）**起重机的竖向荷载标准值 $D_{max,k}$（$D_{min,k}$）**　桥式起重机由大车（桥架）和小车组成，大车在吊车梁的轨道上沿厂房纵向行驶，小车在大车桥架的轨道上沿横向运行，带有吊钩的起重卷扬机安装在小车上。当小车吊有额定的起重量运行到大车一侧的极限位置时（图 3-29），在这一侧的每个大车的轮压称为最大轮压标准值 $P_{max,k}$，相应另一侧的轮压称为最小轮压标准值 $P_{min,k}$，$P_{max,k}$ 与 $P_{min,k}$ 同时发生。$P_{max,k}$ 和 $P_{min,k}$ 可从起重机产品说明书中查得，见附录 C。

对四轮起重机，$P_{max,k}$ 和 $P_{min,k}$ 与大车（吊车桥架）质量 m_1、起重机的额定起重量 m_3 及小车质量 m_2，满足下列平衡关系：

$$P_{min,k} = \frac{m_1 + m_2 + m_3}{2} g - P_{max,k} \tag{3-11}$$

式中　m_1、m_2——大车、小车的质量（标准值）；

m_3——起重机的额定起重量（标准值）；

g——重力加速度，近似取 $10 \mathrm{m/s^2}$。

起重机是移动的，因而由 $P_{max,k}$ 作用对吊车梁支座产生的最大反力标准值 $D_{max,k}$，由 $P_{min,k}$ 作用对吊车梁支座另一侧产生的最小反力标准值 $D_{min,k}$，均需根据简支吊车梁支座反力影响线来确定，见图 3-30。$D_{max,k}$ 和 $D_{min,k}$ 为同时作用在排架上的起重机竖向荷载标准值，按下式计算：

$$D_{max,k} = \beta P_{max,k} \sum y_i = \beta P_{max,k}(y_1 + y_2 + y_3 + y_4) \tag{3-12}$$

$$D_{min,k} = \beta P_{min,k} \sum y_i = D_{max,k} \frac{P_{min,k}}{P_{max,k}} \tag{3-13}$$

式中　$\sum y_i$——各大车轮压下影响线纵标的总和；

β——多台起重机荷载折减系数，按表 3-5 可查得。

由于 $D_{max,k}$ 可能发生在左柱上，也有可能发生在右柱上，因此在 $D_{max,k}$、$D_{min,k}$ 作用下单跨排架的计算应考虑图 3-31 的两种荷载情况。$D_{max,k}$、$D_{min,k}$ 对下柱都是偏心压力，将它们换算作用在下柱顶面的轴心压力和附加弯矩：

$$M_{max,k} = D_{max,k} e_4 \tag{3-14}$$

$$M_{min,k} = D_{min,k} e_4 \tag{3-15}$$

式中　e_4——吊车梁截面中心线至下柱截面中心线的距离。

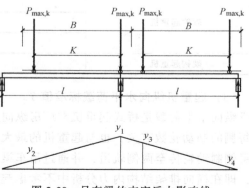

图 3-30　吊车梁的支座反力影响线

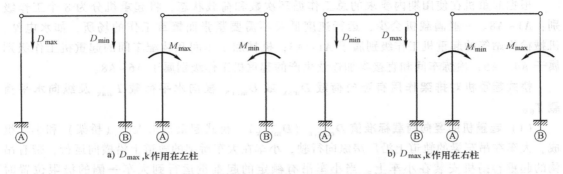

a) $D_{max,k}$ 作用在左柱　　　　　　　　　　　　　　　　　b) $D_{max,k}$ 作用在右柱

图 3-31　$D_{max,k}$、$D_{min,k}$ 作用下单跨排架两种荷载情况

（2）**起重机横向水平荷载标准值 $T_{max,k}$**　起重机横向水平荷载是当小车吊有重物制动时所引起的横向水平惯性力，它通过小车制动轮与桥架轨道之间的摩擦力传给大车，再通过大车轮传给吊车梁，吊车梁通过柱的连接钢板传给排架柱。因此对排架而言，起重机横向水平荷载应等分于桥架的两端，分别由轨道上的车轮平均传至轨道，其方向与轨道垂直，并应考虑正反两个方向的制动情况，其作用方向既可向左，也可向右，计算简图见图 3-32。

起重机横向水平荷载标准值，应取横行小车质量 m_2 与额定起重量 m_3 之和的百分数，并乘以重力加速度。对于一般四轮桥式起重机，大车每一轮压传递吊车梁的横向水平制动力标准值 T_k 按下式计算：

$$T_k = \frac{1}{4}\alpha(m_2+m_3)g \tag{3-16}$$

式中　α——起重机横向水平荷载标准值的百分数，见表 3-3。

作用在排架柱上的 $T_{max,k}$ 是每个大车轮压的横向水平制动力 T_k 通过吊车梁传给柱的最大横向反力。与 $D_{max,k}$ 或 $D_{min,k}$ 计算类似，按照计算起重机竖向荷载相同的方法，按式（3-17）求得排架柱所承受的最大横向水平荷载标准值 $T_{max,k}$。

$$T_{max,k} = \beta T_k \sum y_i = \frac{1}{4}\beta\alpha(m_2+m_3)g\sum y_i \tag{3-17}$$

表 3-3　起重机横向水平荷载标准值的百分数

起重机类型	额定起重量/t	百分数（%）
软钩起重机	≤10	12
	16～50	10
	≥75	8
硬钩起重机	—	20

（3）**起重机纵向水平荷载标准值 T_0**　与起重机横向水平荷载相比，有两点差别：①起重机纵向水平荷载是桥式起重机在厂房纵向启动或制动时产生的惯性力，因此它与桥式起重机每侧的制动轮数有关，也与起重机的最大轮压 $P_{max,k}$ 有关；②起重机纵向水平荷载由起重机每侧制动轮传至两侧轨道，并通过吊车梁传给纵向柱列或柱间支撑，故与横向排架结构无关，即在横向排架结构内力分析中不考虑起重机纵向水平荷载。

起重机纵向水平荷载标准值应按作用在一侧轨道上所有制动轮的最大轮压之和的 10% 采

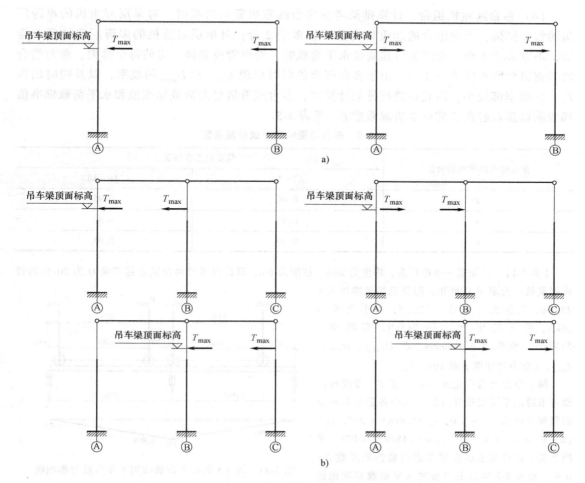

图 3-32 起重机横向水平荷载作用

用；该项荷载的作用点位于制动轮与轨道的接触点，其方向与轨道方向一致，按下式计算：

$$T_0 = 0.1 n P_{max,k} \tag{3-18}$$

式中 $P_{max,k}$——起重机最大轮压标准值；

n——起重机每侧制动轮数，对于一般四轮起重机，取 $n=1$。

起重机荷载的组合值系数、频遇值系数及准永久值系数按表 3-4 采用。厂房排架设计时，在荷载准永久组合中可不考虑起重机荷载；但在起重机梁按正常使用极限状态设计时，宜采用起重机荷载的准永久值。

表 3-4 起重机荷载的组合值系数、频遇值系数及准永久值系数

起重机工作级别		组合值系数 ψ_c	频遇值系数 ψ_f	准永久值系数 ψ_q
软钩起重机	A1~A3	0.70	0.60	0.50
	A4、A5	0.70	0.70	0.60
	A6、A7	0.70	0.70	0.70
硬钩起重机及工作级别为 A8 的软钩起重机		0.95	0.95	0.95

（4）**多台起重机组合**　计算排架考虑多台起重机竖向荷载时，对单层起重机的单跨厂房的每个排架，参与组合的起重机台数不宜多于2台；对单层起重机的多跨厂房的每个排架，不宜多于4台。考虑多台起重机水平荷载时，对单跨或多跨厂房的每个排架，参与组合的起重机台数不应多于2台。由于多台起重机同时出现 D_{max} 和 D_{min} 的概率，以及同时出现 T_{max} 的概率都较小，因此在进行排架计算时，多台起重机竖向荷载标准值和水平荷载标准值都应乘以多台起重机的荷载折减系数 β，见表3-5。

表3-5　多台起重机的荷载折减系数

参与组合起重机的台数	起重机工作级别	
	A1~A5	A6~A8
2	0.90	0.95
3	0.85	0.90
4	0.80	0.85

【例3-1】　已知某一单跨厂房，跨度为24m，柱距为6m，设计时考虑两台额定起重量 Q 为20/5t 的桥式起重机。由附录C可知：起重机桥架跨度 l_k = 22.5m，起重机总重 G_1 = 320kN，小车重 G_2 = 78kN，最大轮压 $P_{max,k}$ = 215kN，宽度 B = 5550mm，轮距 K = 4400mm。求 $D_{max,k}$、$D_{min,k}$、$T_{max,k}$（重力加速度 g 取 10m/s²）。

解： 根据起重机宽度 B 和轮距 K，按线性内插可求得吊车梁支座反力影响线中各轮压对应点的竖向坐标值：$y_1 = 1.0$，$y_2 = 1.6/6 = 0.267$，$y_3 = (6-1.15)/6 = 0.808$，$y_4 = 0.45/6 = 0.075$，见图3-33。两台起重机作用考虑荷载折减系数 $\beta = 0.9$；查表3-3得起重机横向水平荷载标准值的百分数 $\alpha = 10\%$。

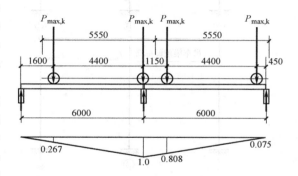

图3-33　例3-1起重机荷载作用下支座反力影响线

1）最小轮压标准值

$$P_{min,k} = \frac{G_1 + Qg}{2} - P_{max,k} = \frac{320 + 20 \times 10}{2}kN - 215kN = 45kN$$

2）起重机竖向荷载标准值

$$D_{max,k} = \beta P_{max,k} \sum y_i = 0.9 \times 215kN \times (0.267 + 1.0 + 0.808 + 0.075)$$
$$= 0.9 \times 215kN \times 2.15 = 416.03kN$$

$$D_{min,k} = \beta P_{min,k} \sum y_i = 0.9 \times 45kN \times 2.15 = 87.08kN$$

3）起重机横向水平荷载标准值。作用于每一个轮压上的起重机横向水平制动力为

$$T_k = \frac{1}{4}\alpha(G_2 + Qg) = \frac{1}{4} \times 10\% \times (78 + 20 \times 10)kN = 6.95kN$$

同时作用于起重机两端每个排架柱上的起重机横向水平荷载标准值为

$$T_{max,k} = \beta T_k \sum y_i = 0.9 \times 6.95kN \times 2.15 = 13.45kN$$

3. 风荷载

由于大气层的温度差、气压差引起的空气流动，从而形成风现象。风被认为是一种随机动荷载，如龙卷风作用会导致建筑物水平位移、振动甚至垮塌。在风的作用下，建筑物常常

发生以下破坏：①主体结构变形导致内墙裂缝；②长时间的风振效应使结构受到往复应力作用而发生局部疲劳破坏；③外装饰受风作用而脱落；④轻屋面受风作用上浮引起破坏。故对单层厂房设计时应考虑风荷载对结构的不利影响。

作用于排架上的风荷载，其作用方向垂直于建筑物表面，有压力和吸力两种情况，其大小与建筑体型、建筑高度、结构自振频率、地面粗糙度等因素有关。

《建筑结构荷载规范》规定，垂直于建筑物表面上的风荷载标准值，当计算主要受力结构时，应按下式计算：

$$w_k = \beta_z \mu_s \mu_z w_0 \tag{3-19}$$

式中　w_k——风荷载标准值（kN/m^2）；

w_0——基本风压值（kN/m^2），按 50 年重现期的风压，其值不得小于 $0.3kN/m^2$；

β_z——高度 z 处的风振系数，其值不应小于 1.2；

μ_s——风荷载体型系数，与厂房的外表体型和尺寸有关，见图 3-34；风荷载体型系数见表 3-6，其中正号表示压力，负号表示吸力；

μ_z——风压高度变化系数。

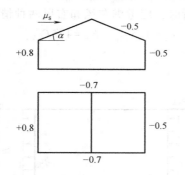

图 3-34　封闭式双坡屋面体型系数

表 3-6　风荷载体型系数

屋面坡度 α	风荷载体型系数 μ_s
≤15°	−0.6
30°	+0.0
≥60°	+0.8

对于平坦或稍有起伏的地形，风压高度变化系数应根据地面粗糙度类别按表 3-7 确定。地面粗糙度可分为 A、B、C、D 四类：A 类指近海海面和海岛、海岸、湖岸及沙漠地区；B 类指田野、乡村、丛林、丘陵以及房屋比较稀疏的乡镇；C 类指有密集建筑群的城市市区；D 类指有密集建筑群且房屋较高的城市市区。

表 3-7　风压高度变化系数

离地面或海平面高度/m	地面粗糙度类别			
	A	B	C	D
5	1.09	1.00	0.65	0.51
10	1.28	1.00	0.65	0.51
15	1.42	1.13	0.65	0.51
20	1.52	1.23	0.74	0.51
30	1.67	1.39	0.88	0.51
40	1.79	1.52	1.00	0.60
50	1.89	1.62	1.10	0.69

通常将作用在厂房上的风荷载标准值做如下简化：

1）排架柱顶以下墙面上的水平风荷载近似按均布荷载 q_{1k}、q_{2k} 计算，其风压高度变化系数可按柱顶标高确定，这是偏于安全的。当基础顶面至室外地坪的距离不大时，为简化计算，风荷载可按柱全高计算，不再减去基础顶面至室外地坪之间的风荷载。若基础埋深较大，则按实际情况计算。对于图 3-35a 的排架结构，柱顶以下墙面上的均布风荷载按下列公式计算，见图 3-35b：

$$q_{1k} = \beta_z \mu_{s1} \mu_z w_0 B \tag{3-20}$$
$$q_{2k} = \beta_z \mu_{s2} \mu_z w_0 B \tag{3-21}$$

式中　B——计算单元宽度，等于柱距。

2）排架柱顶以上屋盖部分的水平风荷载按作用于柱顶的水平集中荷载 F_{wk} 计算，等于柱顶以上的屋架（屋面梁）高度内墙体迎风面与背风面风荷载和坡屋面风荷载水平分力的合力，见图 3-35c。**风压高度变化系数：无天窗时，按厂房檐口处的标高取值；有天窗时，按天窗檐口处的标高取值。**

$$F_{wk} = \beta \mu_z w_0 B (\sum \mu_{si} h_i) = \beta \mu_z w_0 B [(\mu_{s1} - \mu_{s2}) h_1 + (\mu_{s3} - \mu_{s4}) h_2] \tag{3-22}$$

由于风的方向是变化的，故进行排架结构内力分析时，应考虑左风和右风两种情况。风荷载的分项系数 $\gamma_Q = 1.5$，即风荷载设计值 $q_1 = 1.5 q_{1k}$，$q_2 = 1.5 q_{2k}$，$F_w = 1.5 F_{wk}$。

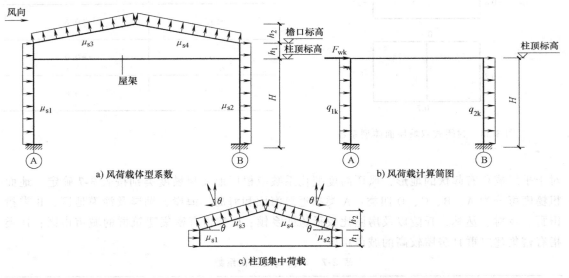

图 3-35　风荷载计算

【例 3-2】 双跨排架，计算单元宽度 $B = 6\text{m}$，上柱高 $H_u = 3.8\text{m}$，全柱高 $H = 12.9\text{m}$。地面粗糙度为 B 类，基本风压 $w_0 = 0.45\text{kN/m}^2$，风荷载体型系数见图 3-36。试求 F_w，q_1、q_2。

解：1）求均布荷载 q_1、q_2 设计值。查表 3-7，地面粗糙度 B 类，10m 时 $\mu_z = 1.0$，15m 时 $\mu_z = 1.13$，柱顶高度为 12.9m 处的风压高度变化系数

$$\mu_z = 1 + \frac{1.13 - 1}{15 - 10} \times (12.9 - 10) = 1.08$$

$$q_1 = \gamma_Q \beta \mu_s \mu_z w_0 B = 1.5 \times 1.2 \times 0.8 \times 1.08 \times 0.45\text{kN/m}^2 \times 6\text{m} = 4.20\text{kN/m}(\rightarrow)$$

$$q_2 = \gamma_Q \beta \mu_s \mu_z w_0 B = 1.5 \times 1.2 \times 0.4 \times 1.08 \times 0.45\text{kN/m}^2 \times 6\text{m} = 2.1\text{kN/m}(\rightarrow)$$

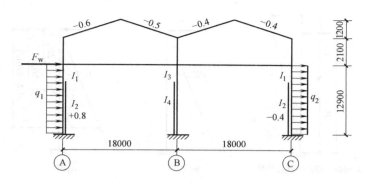

图 3-36　例 3-2 风荷载体型系数

2）求集中荷载 F_w 设计值。檐口高度为 12.9m+2.1m＝15m 处的风压高度变化系数 μ_z＝1.13。

$$F_w = \gamma_Q \beta (\sum h_i \mu_{si}) \mu_z w_0 B$$

$$= 1.5 \times 1.2 \times [(0.8+0.4) \times 2.1m + (-0.6+0.5-0.4+0.4) \times 1.2m] \times 1.13 \times 0.45 kN/m^2 \times 6m$$

$$= 13.2kN$$

3.3.3　排架内力分析

3.3.3.1　等高排架内力计算（不考虑厂房整体空间作用的平面排架计算方法）

等高排架是指各柱的柱顶标高相等（图 3-37a）或柱顶标高虽不相等，但柱顶由倾斜横梁相连的排架（图 3-37b）。由于排架横梁刚度可视为刚性连杆，故等高排架在任何荷载作用下各柱柱顶的水平位移均相等。因此可按剪力分配法求出各柱顶剪力，再由已知柱顶剪力和外荷载共同作用下按独立悬臂柱计算任意截面的内力。

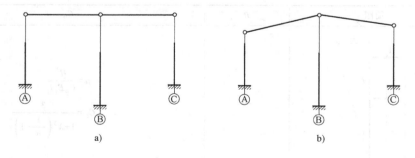

图 3-37　等高排架

1. 单阶形柱的位移计算

单层厂房排架结构是超静定结构，计算其内力时，除利用静力平衡条件外，还需利用变形条件。由于排架柱为单阶形柱，即沿高度方向分段改变水平截面尺寸的柱需先求出当柱顶受水平集中力作用时的位移。可根据结构力学中的图乘法求得柱顶位移，见图 3-38。图中 I_u 表示上柱截面惯性矩，I_l 表示下柱截面惯性矩，H 表示从基础顶面算起的柱子全高，H_l 表示下柱高度；H_u 表示上柱高度。

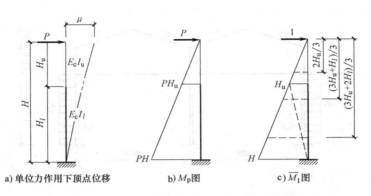

a) 单位力作用下顶点位移 b) M_P图 c) $\overline{M}_1$图

图 3-38 柱顶受水平集中荷载作用时位移计算简图

$$\mu=\frac{H_u^2}{2E_cI_u}\frac{2}{3}H_u+\frac{H_u(H-H_u)}{2E_cI_l}\frac{1}{3}(3H_u+H_l)+\frac{H(H-H_u)}{2E_cI_l}\frac{1}{3}(3H_u+2H_l)=\frac{H_u^3}{3E_cI_u}+\frac{H^3-H_u^3}{3E_cI_l}$$

(3-23)

令 $\lambda=H_u/H$，$n=I_u/I_l$，则

$$\mu=\frac{H^3}{3E_cI_l}\left(\frac{\lambda^3}{n}+1-\lambda^3\right)=\frac{H^3}{C_0E_cI_l}$$

(3-24)

其中，$C_0=\dfrac{3}{\dfrac{\lambda^3}{n}+1-\lambda^3}=\dfrac{3}{1+\lambda^3\left(\dfrac{1}{n}-1\right)}$。按照上述方法，可得到单阶变截面柱在各种荷载作用下的柱顶反力系数，表 3-8 列出了单阶形柱的柱顶水平位移系数 C_0 及在各种荷载作用下的柱顶反力系数 $C_1 \sim C_{11}$。

表 3-8 单阶形柱的柱顶水平位移系数 C_0 和柱顶反力系数 $C_1 \sim C_{11}$

序号	简图	R	C_0
0		—	$\mu=\dfrac{H^3}{C_0E_cI_l}$ $C_0=\dfrac{3}{1+\lambda^3\left(\dfrac{1}{n}-1\right)}$
1		$\dfrac{M}{H}C_1$	$C_1=\dfrac{3}{2}\dfrac{1-\lambda^2\left(1-\dfrac{1}{n}\right)}{1+\lambda^3\left(\dfrac{1}{n}-1\right)}$

（续）

序号	简图	R	C_0
2		$\dfrac{M}{H}C_2$	$C_2 = \dfrac{3}{2}\dfrac{1+\lambda^2\left(\dfrac{1-a^2}{n}-1\right)}{1+\lambda^3\left(\dfrac{1}{n}-1\right)}$
3		$\dfrac{M}{H}C_3$	$C_3 = \dfrac{3}{2}\dfrac{1-\lambda^2}{1+\lambda^3\left(\dfrac{1}{n}-1\right)}$
4		$\dfrac{M}{H}C_4$	$C_4 = \dfrac{3}{2}\dfrac{2b(1-\lambda)-b^2(1-\lambda)}{1+\lambda^3\left(\dfrac{1}{n}-1\right)}$
5		TC_5	$C_5 = \dfrac{1}{2}\dfrac{2-3a\lambda+\lambda^3\left[\dfrac{(2+a)(1-a)^2}{n}-(2-3a)\right]}{1+\lambda^3\left(\dfrac{1}{n}-1\right)}$
6		TC_6	$C_6 = \dfrac{1-0.5\lambda(3-\lambda^2)}{1+\lambda^3\left(\dfrac{1}{n}-1\right)}$

（续）

序号	简图	R	C_0
7		TC_7	$C_7 = \dfrac{b^2(1-\lambda)^2\left[3-b(1-\lambda)\right]}{2\left[1+\lambda^3\left(\dfrac{1}{n}-1\right)\right]}$
8		qHC_8	$C_8 = \dfrac{\dfrac{a^4}{n}\lambda^4-\left(\dfrac{1}{n}-1\right)(6a-8)a\lambda^4-a\lambda(6a\lambda-8)}{8\left[1+\lambda^3\left(\dfrac{1}{n}-1\right)\right]}$
9		qHC_9	$C_9 = \dfrac{8\lambda-6\lambda^2+\lambda^4\left(\dfrac{3}{n}-2\right)}{8\left[1+\lambda^3\left(\dfrac{1}{n}-1\right)\right]}$
10		qHC_{10}	$C_{10} = \dfrac{3-b^3(1-\lambda)^3\left[4-b(1-\lambda)\right]+3\lambda^4\left(\dfrac{1}{n}-1\right)}{8\left[1+\lambda^3\left(\dfrac{1}{n}-1\right)\right]}$
11		qHC_{11}	$C_{11} = \dfrac{3}{8}\cdot\dfrac{1+\lambda^4\left(\dfrac{1}{n}-1\right)}{1+\lambda^3\left(\dfrac{1}{n}-1\right)}$

注：1. 表中 $\lambda = H_u/H$，$n = I_u/I_l$。

2. a、b 分别表示集中力在上柱、下柱的位置系数。

因此要使柱顶产生单位位移，则需要在柱顶施加 $1/\mu$ 的水平力，称为侧向刚度。

2. 柱顶水平集中力作用下剪力分配

当柱顶作用水平集中力 F 时（图 3-39），设有 n 根等高柱，任一根柱 i 的侧向刚度为 $1/\mu_i$。假定横梁为无轴向变形的刚性杆，故每根柱顶的顶点位移相等，令为 Δ，则满足 $\Delta_1 = \Delta_2 = \cdots = \Delta_n = \Delta$，所以每根柱分担的剪力 $V_i = \Delta/\mu_i$。

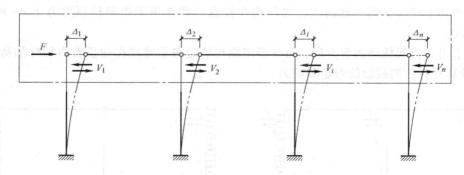

图 3-39　柱顶作用水平集中力时的剪力分配

对横梁取隔离体，由平衡条件

$$F = V_1 + V_2 + \cdots + V_n = \sum_{i=1}^{n} V_i = \sum_{i=1}^{n} \frac{1}{\mu_i}\Delta = \Delta \sum_{i=1}^{n} \frac{1}{\mu_i} \tag{3-25}$$

得

$$\Delta = \frac{F}{\displaystyle\sum_{i=1}^{n} 1/\mu_i} \tag{3-26}$$

$$V_i = \frac{1/\mu_i}{\displaystyle\sum_{i=1}^{n} 1/\mu_i}F = \eta_i F \tag{3-27}$$

$$\eta_i = \frac{1/\mu_i}{\displaystyle\sum_{i=1}^{n} 1/\mu_i} \tag{3-28}$$

式中　$1/\mu_i$——第 i 根排架柱的侧向刚度，即悬臂柱柱顶产生单位水平位移所需施加的水平力。

　　　　η_i——第 i 根排架柱的剪力分配系数，满足 $\sum \eta_i = 1$。

式（3-27）表明，当排架结构柱顶作用水平集中力 F 时，**各柱的剪力按其侧向刚度与各柱侧向刚度总和的比例进行分配，称为剪力分配法**。侧向刚度大的排架柱分配的柱顶剪力就多些，反之则少些。另外，各柱顶剪力 V_i 仅与 F 的大小有关，而与 F 的作用位置（即作用在排架柱顶左侧还是右侧）无关，但 F 的作用位置会影响横梁内力。

按式（3-27）求得柱顶剪力 V_i 后，用平衡条件可得排架柱各截面的弯矩和剪力。

3. 任意荷载作用下，等高排架的内力计算

任意荷载作用下，等高排架的内力无法直接用剪力分配法求解柱顶剪力。但可采用拆分叠加原则，利用剪力分配法实现。排架（图 3-40a）内力计算步骤如下：

1）先在排架柱顶附加不动铰支座以阻止水平位移，则各柱为单阶一次超静定柱，见图

3-40b。利用表 3-8 中柱顶反力系数可求得各柱反力 R_i 及相应的柱顶剪力，柱顶假想的不动铰支座反力 $R = \sum_{i=1}^{n} R_i$。在图 3-40b 中，$R = R_1 + R_3$，因为 $R_2 = 0$。

2）撤销假想的附加不动铰支座，将 R 反向作用于排架柱顶，见图 3-40c。应用剪力分配法求出柱顶水平力 R 作用下各柱顶剪力 $\eta_i R$。

3）叠加上述两步骤中的内力，可得到在任意荷载作用下排架柱顶剪力 $V_i = -R_i + \eta_i R$，见图 3-40d。

4）求出各排架柱顶的剪力后，可按静定结构的竖向悬臂柱在柱顶剪力和外加荷载共同作用下计算柱各控制截面的弯矩和剪力。

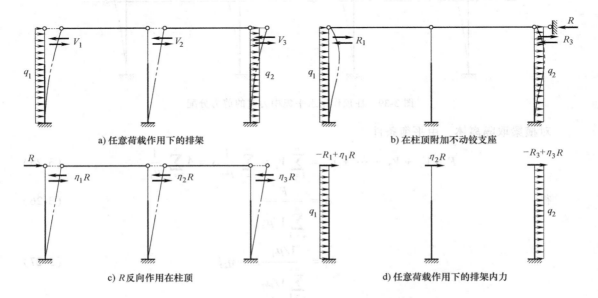

a) 任意荷载作用下的排架
b) 在柱顶附加不动铰支座
c) R反向作用在柱顶
d) 任意荷载作用下的排架内力

图 3-40　任意荷载作用下等高排架的内力分析

这里规定，柱顶剪力、柱顶水平集中力、柱顶不动铰支座反力，凡是自左向右作用取正号，反之取负号。

【例 3-3】　用剪力分配法计算图 3-41 的两跨排架，A 柱作用有均布风荷载 $q_1 = 2.5\text{kN/m}$，B 柱牛腿顶面处作用有力矩 $M = 150\text{kN} \cdot \text{m}$，A、C 柱截面惯性矩 $I_1 = 2.45 \times 10^9 \text{mm}^4$，$I_2 = 9.56 \times 10^9 \text{mm}^4$，B 柱截面惯性矩 $I_3 = 4.65 \times 10^9 \text{mm}^4$，$I_4 = 13.89 \times 10^9 \text{mm}^4$，上柱高 $H_u = 3.8\text{m}$，全柱高 $H = 12.9\text{m}$。试求此排架的内力。

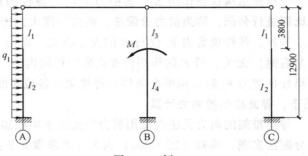

图 3-41　例 3-3

解：（1）计算剪力分配系数

$$\lambda = \frac{H_u}{H} = \frac{3.8\text{m}}{12.9\text{m}} = 0.295$$

A、C 柱　$n = \dfrac{2.45 \times 10^9\text{mm}^4}{9.56 \times 10^9\text{mm}^4} = 0.256$，B 柱　$n = \dfrac{4.65 \times 10^9\text{mm}^4}{13.89 \times 10^9\text{mm}^4} = 0.335$

A、C 柱　$C_0 = \dfrac{3}{1 + \lambda^3 \left(\dfrac{1}{n} - 1\right)} = \dfrac{3}{1 + 0.295^3 \times \left(\dfrac{1}{0.256} - 1\right)} = 2.792$

$$\mu_A = \mu_C = \frac{H^3}{E_c I_2 C_0} = 0.375 \times 10^{-10}\text{mm}^{-4} \times \frac{H^3}{E_c}$$

B 柱　$C_0 = \dfrac{3}{1 + 0.295^3 \times \left(\dfrac{1}{0.335} - 1\right)} = 2.855$，$\mu_B = \dfrac{H^3}{E_c I_4 C_0} = 0.252 \times 10^{-10}\text{mm}^{-4} \times \dfrac{H^3}{E_c}$

则剪力分配系数为

$$\eta_A = \eta_C = \frac{\dfrac{1}{0.375}}{2 \times \dfrac{1}{0.375} + \dfrac{1}{0.252}} = 0.287，\eta_B = \frac{\dfrac{1}{0.252}}{2 \times \dfrac{1}{0.375} + \dfrac{1}{0.252}} = 0.426$$

且满足 $\eta_A + \eta_B + \eta_C = 1.0$

（2）计算各柱顶剪力

1）在 q_1 作用下，查表 3-8 知

$$C_{11} = \frac{3}{8} \frac{1 + \lambda^4 \left(\dfrac{1}{n} - 1\right)}{1 + \lambda^3 \left(\dfrac{1}{n} - 1\right)} = \frac{3}{8} \times \frac{1 + 0.295^4 \times \left(\dfrac{1}{0.256} - 1\right)}{1 + 0.295^3 \times \left(\dfrac{1}{0.256} - 1\right)} = 0.357$$

A 支座反力 $R_A = q_1 C_{11} H = -2.5\text{kN/m} \times 0.357 \times 12.9\text{m} = -11.513\text{kN}$（←）

2）在 M 作用下，查表 3-8 知

$$C_3 = \frac{3}{2} \frac{1 - \lambda^2}{1 + \lambda^3 \left(\dfrac{1}{n} - 1\right)} = \frac{3}{2} \times \frac{1 - 0.295^2}{1 + 0.295^3 \times \left(\dfrac{1}{0.335} - 1\right)} = 1.303$$

B 支座反力　$R_B = \dfrac{C_3 M}{H} = \dfrac{1.303 \times 150\text{kN} \cdot \text{m}}{12.9\text{m}} = 15.151\text{kN}(\rightarrow)$

3）求各柱顶剪力：

$$V_A = R_A + \eta_A (-R_A - R_B) = -11.513\text{kN} - 0.287 \times (-11.513 + 15.151)\text{kN} = -12.557\text{kN}(\leftarrow)$$

$$V_B = R_B + \eta_B (-R_B - R_A) = 15.151\text{kN} - 0.426 \times (15.151 - 11.513)\text{kN} = 13.601\text{kN}(\rightarrow)$$

$$V_C = \eta_C (-R_A - R_B) = -0.287 \times (-11.513 + 15.151)\text{kN} = -1.044\text{kN}(\leftarrow)$$

（3）计算各柱底弯矩

$$M_A = -12.557\text{kN} \times 12.9\text{m} + 0.5 \times 2.5\text{kN/m} \times (12.9\text{m})^2 = 46.03\text{kN} \cdot \text{m}(左侧受拉)$$

$$M_B = 13.601\text{kN} \times 12.9\text{m} - 150\text{kN} \cdot \text{m} = 25.45\text{kN} \cdot \text{m}(左侧受拉)$$

$$M_C = -1.044\text{kN} \times 12.9\text{m} = -13.47\text{kN} \cdot \text{m}(右侧受拉)$$

计算结果见图 3-42。

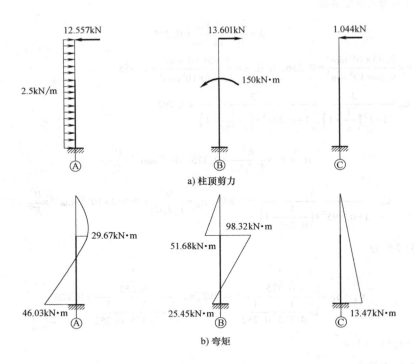

a) 柱顶剪力

b) 弯矩

图 3-42　例 3-3 柱顶剪力及弯矩

【例 3-4】　用剪力分配法计算图 3-43 的双跨排架。A、C 柱截面惯性矩 $I_1 = 2.45 \times 10^9 \text{mm}^4$，$I_2 = 9.56 \times 10^9 \text{mm}^4$，B 柱截面惯性矩 $I_3 = 4.65 \times 10^9 \text{mm}^4$，$I_4 = 13.89 \times 10^9 \text{mm}^4$，上柱高 $H_u = 3.8\text{m}$，全柱高 $H = 12.9\text{m}$。已知 $F_w = 10.98\text{kN}$，$q_1 = 3.5\text{kN/m}$，$q_2 = 1.75\text{kN/m}$。试求此排架的内力，并绘制弯矩图。

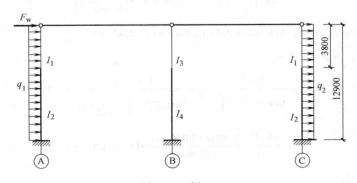

图 3-43　例 3-4

解：（1）计算剪力分配系数　同例 3-3，$\eta_A = \eta_C = 0.287$，$\eta_B = 0.426$。

（2）计算各柱顶剪力

1）在 q 作用下，同例 3-3，$C_{11} = 0.357$。

A 支座反力

$$R_A = q_1 C_{11} H = -3.5 \text{kN/m} \times 0.357 \times 12.9\text{m} = -16.12\text{kN}(\leftarrow)$$

C 支座反力

$$R_C = q_2 C_{11} H = -1.75 \text{kN/m} \times 0.357 \times 12.9\text{m} = -8.06\text{kN}(\leftarrow)$$

2）求各柱顶剪力：

$$V_A = R_A + \eta_A(-R_A - R_C + F_w) = -16.12\text{kN} + 0.287 \times (16.12 + 8.06 + 10.98)\text{kN} = -6.03\text{kN}(\leftarrow)$$

$$V_B = \eta_B(-R_A - R_C + F_w) = 0.426 \times (16.12 + 8.06 + 10.98)\text{kN} = 14.98\text{kN}(\rightarrow)$$

$$V_C = R_C + \eta_C(-R_A - R_C + F_w) = -8.06\text{kN} + 0.287 \times (16.12 + 8.06 + 10.98)\text{kN} = 2.03\text{kN}(\rightarrow)$$

（3）计算各柱底弯矩

$$M_A = -6.03\text{kN} \times 12.9\text{m} + 0.5 \times 3.5\text{kN/m} \times (12.9\text{m})^2 = 213.4\text{kN} \cdot \text{m}(左侧受拉)$$

$$M_B = 14.98\text{kN} \times 12.9\text{m} = 193.2\text{kN} \cdot \text{m}(左侧受拉)$$

$$M_C = 2.03\text{kN} \times 12.9\text{m} + 0.5 \times 1.75\text{kN/m} \times (12.9\text{m})^2 = 171.8\text{kN} \cdot \text{m}(左侧受拉)$$

计算结果见图 3-44。

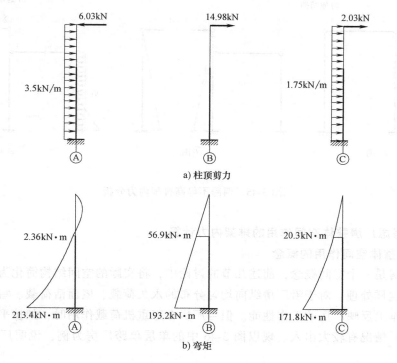

图 3-44　例 3-4 柱顶剪力及弯矩

3.3.3.2　不等高排架内力计算

不等高排架在任意荷载作用下，由于高、低跨的柱顶位移不相等，因此不能用剪力分配法求解，通常用结构力学中的力法进行分析。下面以图 3-45a 两跨不等高排架为例，说明其内力计算方法。图 3-45b 为不等高排架的基本结构，未知力为 x_1、x_2，由每根横梁两端水平位移相等的变形条件，建立力法方程如下：

$$\begin{cases} \delta_{11}x_1 + \delta_{12}x_2 + \Delta_{1p} = 0 \\ \delta_{21}x_1 + \delta_{22}x_2 + \Delta_{2p} = 0 \end{cases} \tag{3-29}$$

式中　δ_{11}、δ_{12}、δ_{21}、δ_{22}——基本结构柔度系数，可由图 3-45c、图 3-45d 的单位力弯矩图采用图乘法得到；

Δ_{1p}、Δ_{2p}——载常数，可分别由图 3-45c 与图 3-45e 以及图 3-45d 与图 3-45e图乘得到。

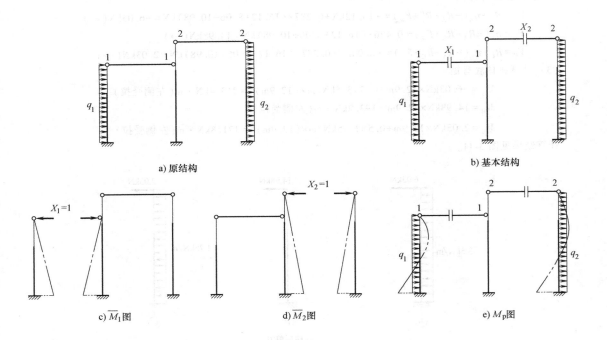

a) 原结构

b) 基本结构

c) $\overline{M}_1$图

d) $\overline{M}_2$图

e) M_p图

图 3-45　两跨不等高排架内力分析

3.3.3.3　考虑厂房整体空间作用的排架内力计算

1. 厂房整体空间作用的概念

单层厂房是一个空间概念，前述几节的讨论中，将实际的空间结构简化为平面排架结构进行计算，这样处理，对于沿厂房纵向均匀分布的永久荷载、屋面活荷载、雪荷载及风荷载作用时，基本上反映厂房的工作性能。但当厂房在起重机荷载作用时，如按平面排架进行计算，则和实际情况有较大出入。现以图 3-46 中的单层单跨厂房为例，说明厂房整体空间作用的概念。

图 3-46a 中，当各榀排架柱顶均受有水平集中荷载 R（相当柱顶承受均布荷载），且厂房两端无山墙时，各排架水平位移 Δ_a 相同，互不牵制，属于平面排架。图 3-46b 是在图 3-46a 基础上，厂房两端设有山墙时，因山墙的侧向刚度很大，水平位移很小，对其排架有不同程度的约束作用，即靠近山墙附近的排架的柱顶水平位移小，远离山墙的排架柱顶水平位移 Δ_b 逐渐增大，故柱顶水平位移呈曲线，且满足 $\Delta_b < \Delta_a$。图 3-46c 是在图 3-46a 基础上，仅其中一榀排架柱顶作用集中荷载 R，这时，直接受荷排架通过屋盖纵向联系构件受到其他排架的制约，使其柱顶的水平位移 Δ_c 减小，即 $\Delta_c < \Delta_a$；对其他排架，由于受到直接受荷排架的牵制，其柱顶也产生不同程度的水平位移。图 3-46d 是在图 3-46c 基础上，厂房两端设有山墙，这时，直接受荷排架受到非受荷排架和山墙两种约束，使各榀排架的柱顶水平位移 Δ_d 将更小，即 $\Delta_d < \Delta_c$。

由上述 4 种情况分析可知，由于屋盖等纵向连系构件将各榀排架或山墙连系在一起，故各榀排架或山墙受力或变形都不是独立的，而是相互制约的。**这种排架与排架、排架与山墙**

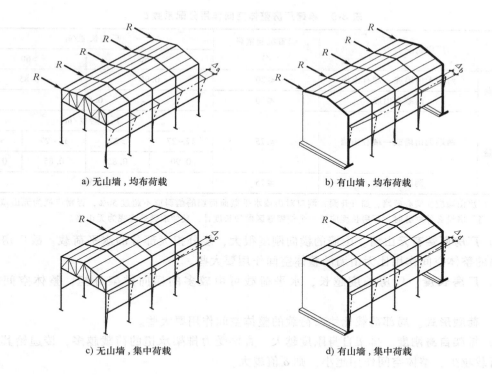

a) 无山墙，均布荷载

b) 有山墙，均布荷载

c) 无山墙，集中荷载

d) 有山墙，集中荷载

图 3-46 厂房整体空间作用分析

之间相互制约的作用，称为整体空间作用。

对于一般单层厂房，在永久荷载、屋面活荷载、雪活载及风荷载作用下，按平面排架结构分析内力时，可不考虑厂房的整体空间作用；而起重机横向水平荷载 T_{max} 仅作用在其中几榀排架上，属于局部荷载，受荷形式同图 3-46c 情况，故**起重机横向水平荷载作用下按平面排架结构分析内力时，须考虑厂房的整体空间作用。**

2. 起重机横向水平荷载作用下考虑厂房整体空间作用的排架内力分析

图 3-46c 的单层厂房，当某一榀横向排架柱顶作用水平集中荷载 R 时，若不考虑厂房的整体空间作用，则此集中荷载 R 完全由直接受荷载的排架承受，其柱顶水平位移为 Δ；若考虑厂房整体空间作用，由于相邻排架的协同工作，柱顶水平集中荷载 R 不仅由直接受荷载的排架承受，还将通过屋盖体系传给相邻的其他排架，使整个厂房共同承担，其柱顶水平位移为 Δ'，且满足 $\Delta' < \Delta$。厂房空间作用的大小可通过空间作用分配系数 $\delta = \Delta'/\Delta$ 来反映。δ 表示当水平荷载作用于排架柱顶时，考虑厂房的空间作用所分配到的水平荷载与不考虑空间作用所分配到的水平荷载的比值。**δ 值越小，厂房的整体空间作用越好，反之，整体空间作用越差。** 表 3-9 列出起重机荷载作用下单跨厂房整体空间作用分配系数 δ 取值。

从表 3-9 分析可知，δ 值的大小主要与下列因素有关：

1）屋盖刚度。 屋盖刚度越大，整体空间作用越显著，则 δ 值越小。因此，无檩屋盖比有檩屋盖整体空间作用要大些；另外，厂房跨度越大，屋盖体系水平刚度越大，整体空间作用也越大。

表 3-9　单跨厂房整体空间作用分配系数 δ

厂房情况		起重机起重量 /t	厂房长度/m	
			≤60	>60
有檩屋盖	两端无山墙或一端有山墙	≤30	0.90	0.85
	两端有山墙	≤30	0.85	
无檩屋盖	两端无山墙或一端有山墙	≤75	厂房跨度/m	
			12~27	>27	12~27	>27
			0.90	0.85	0.85	0.80
	两端有山墙	≤75	0.80	

注：厂房山墙应为实心砖墙，如有开洞，洞口对山墙水平截面面积的削弱应不超过 50%，否则应视为无山墙情况；当厂房设有伸缩缝时，厂房长度应按一个伸缩缝区段的长度计，且伸缩缝处应视为无山墙。

2）**厂房两端有无山墙**。山墙的横向刚度很大，能分担大部分的水平荷载。故厂房两端有山墙的整体空间作用比无山墙的整体空间作用要大些。

3）**厂房长度**。厂房长度越长，水平荷载可由较多的横向排架分担，整体空间作用越好。

4）**荷载形式**。局部荷载比均布荷载的整体空间作用要大些。

5）**排架自身刚度**。排架自身刚度越大，直接受力排架承担的荷载越多，传递给其他排架的荷载越少，整体空间作用越小，则 δ 值越大。

3. 考虑厂房整体空间作用时排架内力计算

图 3-47a 中的排架受任意荷载作用时，考虑厂房整体空间作用与不考虑厂房整体空间作用的排架内力计算相类似，仅在其排架顶部施加一弹性支承即可，具体计算步骤如下：

1）先假定排架柱顶无水平位移，求出在起重机横向水平荷载 T_{max} 作用下的柱顶反力 R 及相应的柱顶剪力，见图 3-47b。

2）将柱顶反力 R 乘以整体空间作用分配系数 δ，并将 $δR$ 反向施加于柱顶，按剪力分配法求出各柱顶剪力 $\eta_A δR$ 与 $\eta_B δR$，见图 3-47c。

3）将上述两项计算求得的柱顶剪力叠加，即为考虑整体空间作用的柱顶剪力 $V_i' = R_i - \eta_i δR$，见图 3-47d。最后，根据柱顶剪力 V_i' 与 T_{max} 作用，按静定悬臂柱可求出各柱截面上的内力。

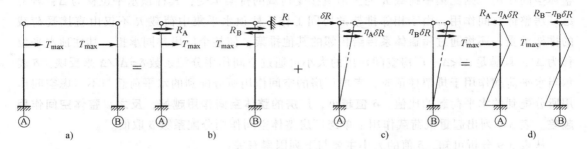

图 3-47　起重机横向水平荷载在考虑整体空间作用时排架内力计算

考虑厂房整体空间作用时柱顶剪力 $V_i' = R_i - \eta_i δR$，不考虑厂房整体空间作用时柱顶剪力 $V_i = R_i - \eta_i R$，因整体空间作用分配系数 δ<1.0，故 $V_i' > V_i$，因此考虑厂房整体空间作用时，上柱弯矩增大；又因为 V_i^t 与 T_{max} 方向相反，所以下柱弯矩减小。由于下柱配筋量一般比较多，所以考虑整体空间作用后，排架柱的钢筋总用量有所减少。

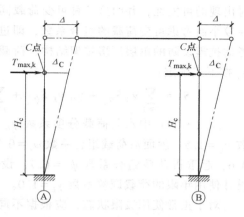

图 3-48　排架的水平位移验算

3.3.3.4　排架的水平位移验算

一般情况下，当矩形、工字形柱的截面尺寸满足构造要求时，可认为排架的侧向刚度已得到保证，不必验算它的水平位移值。但当起重机吨位较大时，为保证起重机的正常运行，尚需对吊车梁顶与柱连接点 C 的水平位移进行验算，见图 3-48。

设有 A7、A8 级起重机的厂房柱和设有中级和重级工作制起重机的露天栈桥柱，在吊车梁或吊车桁架的顶标高处，由一台最大起重机的水平荷载所产生的侧向变形值，不应超过表 3-10 所规定的水平位移允许值。

表 3-10　排架柱水平位移允许值

项次	变形的种类	按平面结构图形计算	按空间结构图形计算
1	厂房柱的横向位移	$H_c/1250$	$H_c/2000$
2	露天栈桥柱的横向位移	$H_c/2500$	—
3	厂房和露天栈桥柱的纵向位移	$H_c/4000$	—

注：H_c 为基础顶面至吊车梁顶面的高度；计算厂房和露天栈桥柱的纵向位移时，可假定起重机的纵向水平制动力分配在温度区段内所有柱间支撑或纵向排架上；设有 A8 级起重机的厂房柱的水平位移允许值宜减少 10%；设有 A6 级起重机的厂房柱的纵向位移宜符合表中的要求。

3.3.4　内力组合

内力组合就是根据各种荷载可能同时出现的情况，求出在某些荷载作用下，柱控制截面可能产生的最不利内力，作为柱及基础设计的依据。因此，内力组合时需要确定柱的控制截面和相应的最不利内力，并进行荷载效应组合。

1. 柱的控制截面

控制截面是指对截面配筋起控制作用的截面，一般指内力最大处的截面。在荷载作用下，柱的内力沿长度变化，设计时应根据内力图和截面变化情况，选取几个控制截面进行内力的最不利组合，以此作为配筋设计的依据。在一般单阶柱中，整个上柱截面配筋相同，整个下柱截面配筋也相同，因此，应分别找出上柱和下柱的控制截面。

对上柱而言，底部 Ⅰ—Ⅰ 截面的弯矩和轴力较其他截面大，故取 Ⅰ—Ⅰ 截面作为上柱的控制截面。对下柱而言，在起重机竖向荷载作用下，一般牛腿顶面处的 Ⅱ—Ⅱ 截面的弯矩最大；在起重机横向水平荷载和风荷载作用下，柱底 Ⅲ—Ⅲ 截面的弯矩最大。因此，对下柱通常取牛腿顶面处的 Ⅱ—Ⅱ 截面和柱底 Ⅲ—Ⅲ 截面作为下柱的两个控制截面，见图 3-49。当柱上作用有较大的集中荷载（如悬墙重力）时，还需将集中荷载作用处的截面作为控制截面。

2. 荷载效应组合

排架内力分析一般是：首先分别求出各种荷载单独作用下的内力，再考虑各单项荷载同时出现的可能性，并因这几种可变荷载同时达到其设计值的可能性较小而考虑可变荷载的组合系数，即进行荷载效应组合。对不考虑抗震设防的单层厂房排架结构，荷载效应基本组合的设计值 S_d 按下式确定：

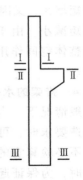

$$S_d = \sum_{i \geq 1} \gamma_{G_i} S_{G_{ik}} + \gamma_{Q_1} \gamma_{L_1} S_{Q_{1k}} + \sum_{j > 1} \gamma_{Q_j} \psi_{cj} \gamma_{L_j} S_{Q_{jk}} \qquad (3\text{-}30)$$

式（3-30）中永久荷载分项系数 $\gamma_G = 1.3$，可变荷载分项系数 $\gamma_Q = 1.5$，屋面活荷载组合系数 $\psi_c = 0.7$，风荷载组合系数 $\psi_c = 0.6$，起重机荷载组合系数 $\psi_c = 0.7$。设计使用年限为 50 年时，设计使用年限的荷载调整系数 $\gamma_L = 1.0$。

图 3-49　单阶柱控制截面

对于正常使用极限状态，应根据不同的设计要求，采用荷载的标准组合、准永久值组合。验算柱下独立基础地基承载力时，应采用荷载效应的标准组合 S_d，按下式确定：

$$S_d = \sum_{i \geq 1} S_{G_{ik}} + S_{Q_{1k}} + \sum_{j > 1} \psi_{cj} S_{Q_{jk}} \qquad (3\text{-}31)$$

在对排架柱进行裂缝宽度验算时，尚需进行准永久组合，其效应设计值为

$$S_d = \sum_{i \geq 1} S_{G_{ik}} + \sum_{j \geq 1} \psi_{qj} S_{Q_{jk}} \qquad (3\text{-}32)$$

应当指出，《建筑结构荷载规范》6.4.2 条规定，厂房排架设计时，在荷载准永久组合中可不考虑起重机荷载。又由于屋面活荷载（不上人屋面）和风荷载的准永久值系数 ψ_q 均为 0，所以按式（3-32）组合时，其效应设计值较小，一般不起控制作用。

3. 内力组合

排架柱为偏心受压构件，内力包括弯矩 M、剪力 V、轴力 N，其中 M、N 为主要内力系数，决定纵向钢筋的数量。由对称的矩形偏心受压正截面 $N_u\text{-}M_u$ 相关曲线可知：对于大偏心受压截面，当 M 不变、N 越小时或当 N 不变、M 越大时，配筋量越多；对于小偏心受压截面，当 M 不变、N 越大时或当 N 不变、M 越大时，配筋量越多。因此，为求得排架柱承受最不利内力的配筋量，一般应考虑以下四种最不利内力组合：①$+M_{max}$ 及相应的 N、V；②$-M_{max}$ 及相应的 N、V；③N_{max} 相应 M、V；④N_{min} 相应 M、V。

对不考虑抗震设防的排架柱，箍筋一般由构造控制，故在柱的截面设计时，可不考虑最大剪力所对应的不利内力组合。

4. 内力组合注意事项

1）每次组合都必须包括永久荷载产生的内力。

2）每次组合时，只能以一种内力（如 $+M_{max}$ 或 $-M_{max}$ 或 N_{max} 或 N_{min}）为目标来决定可变荷载的取舍，并求出与其相应的其余两种内力。

3）风荷载有左风和右风两种情况，两者只能选择一种参与组合。

4）在起重机竖向荷载中，同一柱的同一侧牛腿上有 D_{max} 或 D_{min} 作用，两者只能选择一种参与组合。

5）起重机横向水平荷载 T_{max} 同时作用在同一跨内的两个柱子上，可能向左也可能向右，组合时只能选取其中一个方向。

6）当取 N_{max} 或 N_{min} 为组合目标时，应使相应的弯矩 M 绝对值最大，因此对于不产生

轴力而产生弯矩的可变荷载项也应参与组合。如风荷载及起重机横向水平荷载作用下轴力 N 为零，但有弯矩 M，虽然将其组合并不改变组合目标，但可使弯矩值 M 增大或减小，故当以 N_{max} 或 N_{min} 为组合目标时，风荷载及起重机横向水平荷载作用也应参与组合。

7）注意 D_{max} 或 D_{min} 与 T_{max} 间的关系。由于起重机横向水平荷载不可能脱离其竖向荷载而单独存在，因此当取用 T_{max} 所产生的内力时，就应把同跨内 D_{max} 或 D_{min} 产生的内力参与组合，即"有 T 必有 D"。另一方面，起重机竖向荷载可以脱离起重机横向水平荷载而单独存在，即"有 D 不一定有 T"。不过，考虑到 T_{max} 既可能向左也可能向右作用的特性，在有 D_{max} 或 D_{min} 组合时同时考虑 T_{max} 的组合，将得到最不利内力。故考虑起重机荷载组合时，应遵循"有 T 必有 D，有 D 也要有 T"的原则组合。

8）由于多台起重机同时满载的可能性较小，所以当多台起重机参与组合时，起重机竖向荷载和水平荷载作用下的内力应乘以表 3-5 规定的折减系数。同时注意起重机荷载数目，对于单跨厂房，参与组合的起重机不宜多于 2 台，对于多跨厂房，参与组合的起重机不宜多于 4 台。

9）对于柱底应按式（3-30）计算内力的设计值（M、N、V）和按式（3-31）计算内力的标准值（M_k、N_k、V_k），注意不要忘记剪力的组合，这主要用于基础设计。

5. 对内力组合值的评判

柱内力组合结果是柱配筋计算的依据，纵向受力钢筋由内力（M、N）按偏心受压构件正截面计算，同时尚应按轴心受压构件验算垂直于弯矩作用平面的受压承载力。箍筋由内力（V、N）按偏心受压构件斜截面计算，对一般矩形、I 字形截面的实腹柱，可直接按构造配置箍筋。

单层厂房柱常采用对称配筋。当按偏心受压构件计算正截面受压承载力时，可按以下步骤选取最不利内力：

1）计算控制截面界限破坏时对应的轴向力 N_b。对于矩形截面，$N_b = a_1 f_c b \xi_b h_0$；对于 I 字形截面，一般 $\xi_b h_0 > h'_f$，则 $N_b = a_1 f_c [b \xi_b h_0 + (b'_f - b) h'_f]$。当 $N \leqslant N_b$ 时，属于大偏心受压情况；当 $N > N_b$ 时，属于小偏心受压情况。

2）根据上述大、小偏压判别条件，将柱内力组合中控制截面的所有内力先划分为大偏心受压组和小偏心受压组。

3）对大偏心受压组：按照"弯矩相差不多时，轴力越小越不利；轴力相差不多时，弯矩越大越不利"原则进行比较，选出最不利内力。

4）对小偏心受压组：按照"弯矩相差不多时，轴力越大越不利；轴力相差不多时，弯矩越大越不利"原则进行比较，选出最不利内力。

5）根据第 3）和 4）步选出最不利内力分别按大、小偏心受压公式（参考《混凝土结构设计原理》教材）计算配筋量，再比较两者配筋结果，选取配筋较大值作为该柱的最后配筋。

6）当按轴心受压构件验算垂直于弯矩作用平面的受压承载力时，应在柱内力组合中选取最大轴力作为控制截面的最不利内力。

【例 3-5】 I 形截面钢筋混凝土偏心受压柱，$b \times h = 100mm \times 700mm$，$b_f = b'_f = 350mm$，$h_f = h'_f = 120mm$，混凝土强度等级为 C25，纵筋采用 HRB400 级钢筋，对称配筋 $a_s = a'_s = 40mm$，$h_0 = 660mm$，相对界限受压区高度 $\xi_b = 0.518$，经内力组合得 7 组内力设计值，见表 3-11。配筋计算时应选哪一组或哪几组内力？

表 3-11 柱截面内力设计值

内力	①	②	③	④	⑤	⑥	⑦
$M/\text{kN} \cdot \text{m}$	403.52	−351.39	116.78	−270.31	−119.98	396.47	490.5
N/kN	908.67	600.81	525.64	636.65	586.56	847.70	963.69
e/m	0.444	0.585	0.222	0.425	0.205	0.468	0.509

解: 混凝土采用 C25,$f_c = 11.9\text{N/mm}^2$,$a_1 = 1.0$。

首先计算 I 形截面对称配筋时,大、小偏心受压界限破坏的轴向力 N_b。

因为 $\xi_b h_0 = 0.518 \times 660\text{mm} = 341.88\text{mm} > h'_f = 120\text{mm}$,所以

$$N_b = a_1 f_c \left[b\xi_b h_0 + (b'_f - b) h'_f \right]$$
$$= 1.0 \times 11.9 \times \left[100 \times 0.518 \times 660 + (350 - 100) \times 120 \right] \text{N} = 763.8\text{kN}$$

当 $N \leqslant 763.8\text{kN}$ 时,属于大偏心受压情况;当 $N > 763.8\text{kN}$ 时,属于小偏心受压情况。由上述判别条件,第②、③、④、⑤组为大偏心受压,第①、⑥、⑦组为小偏心受压。

1)对大偏心受压组比较,选取最不利一组数据进行截面设计:②与④比较,应选弯矩大、轴力小的第②组;②与⑤比较,认为轴力接近,应选弯矩大的第②组;②与③比较,弯矩相差较大,轴力相差较小,应选弯矩大的第②组。

2)对小偏心受压组比较,选取最不利一组数据进行截面设计:①与⑥比较,应选弯矩大、轴力大的第①组;①与⑦比较,认为轴力接近,应选弯矩大的第⑦组。

3)截面配筋取第②组内力按大偏心受压计算和第⑦组内力按小偏心受压计算,最终选取两者配筋较大值作为该柱的配筋结果。

3.4 单层厂房排架柱设计

主要设计内容:①排架柱的构造要求;②柱的配筋设计;③柱裂缝宽度验算;④柱吊装验算;⑤牛腿设计。

3.4.1 排架柱的构造要求

1. 柱的截面形式

单层厂房排架柱一般采用预制柱,柱顶与屋架铰接,柱底与杯口基础固接,柱的截面形式可根据其截面高度 h 确定:当 $h \leqslant 800\text{mm}$ 时,宜采用矩形截面;当 $800\text{mm} < h \leqslant 1400\text{mm}$ 时,宜采用 I 形截面;当 $h > 1400\text{mm}$ 时,宜采用双肢柱。

2. 柱的截面尺寸

当起重机额定起重量 $Q \leqslant 20\text{t}$ 时,上柱常采用矩形截面,下柱常采用矩形或 I 形截面。当下柱采用 I 形截面时,牛腿下部离 I 形截面 200mm 范围内及柱底至室内地坪以上 500mm 范围内均应采用矩形截面。I 形截面柱的翼缘厚度不宜小于 120mm,腹板厚度不宜小于 100mm。表 3-12 列出柱距 6m 的厂房柱截面和露天栈桥柱的截面最小尺寸,表 3-13 列出常用柱截面尺寸,此时一般可不做变形验算。

表 3-12 6m 柱距单层厂房矩形、I 形截面柱截面尺寸限值

柱的类型	分项	截面高度 h/mm	截面宽度 b/mm
无起重机厂房	单跨	$\geqslant H/18$	$\geqslant H/30$ 且 $\geqslant 300$
	多跨	$\geqslant H/20$	

（续）

柱的类型	分项		截面高度 h/mm	截面宽度 b/mm
有起重机厂房	$Q \leqslant 10$t		$\geqslant H_c/14$	$\geqslant H_l/25$ 且 $\geqslant 300$
	$Q = 15 \sim 20$t	$H_e \leqslant 10$m	$\geqslant H_c/11$	
		10m$< H_e \leqslant 12$m	$\geqslant H_c/12$	
	$Q = 30$t	$H_e \leqslant 10$m	$\geqslant H_c/10$	
		$H_e \geqslant 12$m	$\geqslant H_c/11$	
	$Q = 50$t	$H_e \leqslant 11$m	$\geqslant H_c/9$	
		$H_e \geqslant 13$m	$\geqslant H_c/10$	
	$Q = 75 \sim 100$t	$H_e \leqslant 12$m	$\geqslant H_c/8$	
		$H_e \geqslant 14$m	$\geqslant H_c/8.5$	
露天栈桥	$Q \leqslant 10$t		$\geqslant H_c/10$	$\geqslant H_l/25$ 且 $\geqslant 500$
	$Q = 15 \sim 30$t	$H_e \leqslant 12$m	$\geqslant H_c/8$	
	$Q = 50$t	$H_e \leqslant 12$m	$\geqslant H_c/7$	

注：1. 表中 Q 为起重机起重量；H 为基础顶面至柱顶的总高度；H_e 为基础顶面至吊车梁顶的高度；H_l 为基础顶面至吊车梁底的高度。

2. 表中有起重机厂房的柱截面高度是按起重机工作级别 A6、A7 考虑的；当起重机工作级别为 A1～A5 时，表中数值乘以系数 0.95。

3. 采用平腹杆双肢柱时，截面高度 h 应乘以系数 1.1；当厂房柱距为 12m 时，柱的截面尺寸宜乘以 1.1。

表 3-13 6m 柱距厂房钢筋混凝土柱截面尺寸 （单位：mm）

起重机起重量 Q/t	轨顶标高 /m	边柱		中柱	
		上柱	下柱	上柱	下柱
5	6～8.4	矩 400×400	矩 400×600	矩 400×400	矩 400×600
10	8.4	矩 400×400	I400×800×120×150	矩 400×600	I400×800×120×150
	10.2	矩 400×400	I400×800×120×150	矩 400×600	I400×800×120×150
	12	矩 500×400	I500×1000×120×150	矩 500×600	I500×1000×120×150
15～20	8.4	矩 400×400	I400×800×120×150	矩 400×600	I400×800×120×150
	10.2	矩 400×400	I400×1000×120×150	矩 400×600	I400×1000×120×150
	12	矩 500×400	I500×1000×120×200	矩 500×600	I500×1000×120×200

注：I 形截面尺寸表示为 $b_f \times h \times b \times h_f$，其中 b_f 为翼缘宽度，h_f 为翼缘高度，b 为腹板宽度，h 为截面高度。

3. 柱的计算长度

在对柱进行受压承载力计算时，涉及柱的计算长度 l_0。对于刚性屋盖单层厂房排架柱、露天吊车柱和栈桥柱，其计算长度 l_0 可按表 3-14 采用。

表 3-14 刚性屋盖的单层厂房排架柱、露天吊车柱和栈桥柱的计算长度 l_0

柱的类型		l_0		
		排架方向	垂直排架方向	
			有柱间支撑	无柱间支撑
无起重机厂房排架柱	单跨	1.5H	1.0H	1.2H
	两跨及多跨	1.25H	1.0H	1.2H

（续）

柱的类型		l_0		
		排架方向	垂直排架方向	
			有柱间支撑	无柱间支撑
有起重机厂房排架柱	上柱	$2.0H_u$	$1.25H_u$	$1.5H_u$
	下柱	$1.0H_l$	$0.8H_l$	$1.0H_l$
露天吊车柱和栈桥柱		$2.0H_l$	$1.0H_l$	—

注：1. 表中 H 为从基础顶面算起的柱子全高；H_l 为从基础顶面至装配式吊车梁底面或现浇式吊车梁顶面的柱子下部高度；H_u 为从装配式吊车梁底面或从现浇式吊车梁顶面算起的柱子上部高度。

2. 表中有起重机厂房排架柱的计算长度，当计算中不考虑起重机荷载时，可按无厂房排架柱的计算长度采用，但上柱的计算长度仍可按有起重机厂房采用。

3. 表中有起重机厂房排架柱的上柱在排架方向的计算长度，仅适用于 $H_u/H_l \geqslant 0.3$ 的情况；当 $H_u/H_l < 0.3$ 时，计算长度宜采用 $2.5H_u$。

4. 构造要求

混凝土强度等级不应低于C25，纵向钢筋一般采用HRB400级或HRB500级钢筋，箍筋一般采用HPB300级或HRB400级钢筋。

柱中纵向受力钢筋一般采用对称配置，直径不宜小于14mm（小型厂房柱）或16mm（大型厂房柱）；全部纵向钢筋的配筋率不宜大于5%。一侧最小纵向钢筋配筋率不应小于0.2%，当混凝土强度小于C60时，全部纵向钢筋的最小配筋率不应小于0.5%（HRB500级钢筋）或0.55%（HRB400级钢筋）。柱中纵向钢筋的净间距不应小于50mm，且不宜大于300mm；在偏心受压柱中，垂直于弯矩作用平面的侧面上的纵向受力钢筋及轴心受压柱中各边的纵向受力钢筋，其中距不宜大于300mm。偏心受压柱的截面高度不小于600mm时，在柱的侧面应设置直径10~16mm的纵向构造钢筋，其间距不应大于500mm，矩形截面柱的纵向构造钢筋见图3-50a，I形截面柱的纵向构造钢筋见图3-50b。设有柱间支撑的柱的侧面应按计算设置纵向受力钢筋，其间距不宜大于300mm，见图3-50c；其余没有柱间支撑连接的柱，其侧面可设置纵向构造钢筋。

柱中箍筋应做成封闭式，见图3-50d，箍筋直径不应小于 $d/4$（d 为纵向钢筋的最大直径），且不应小于6mm；箍筋间距不应大于400mm及构件截面的短边尺寸，且不应大于 $15d$（d 为纵向钢筋的最小直径）；当柱截面短边尺寸大于400mm且各边纵向钢筋多于3根时，或当柱截面短边尺寸不大于400mm但各边纵向钢筋多于4根时，应设置复合箍筋；柱中全部纵向受力钢筋的配筋率大于3%时，箍筋直径不应小于8mm，间距不应大于 $10d$，且不应大于200mm。箍筋末端应做成135°弯钩，且弯钩末端平直段长度，非抗震时不应小于 $5d$，抗震时不应小于 $10d$（d 为纵向受力钢筋的最小直径）。

柱中箍筋应在柱顶、吊车梁、牛腿、柱底等区段进行箍筋加密。加密区长度：对柱顶区段，取柱顶以下500mm且不小于柱顶截面高度；对吊车梁区段，取上柱根部至吊车梁顶面以上300mm；对牛腿区段，取牛腿全高；对柱底区段，取基础顶面至室内地坪以上500mm；对柱间支撑与柱连接点和柱位移受约束的部位，取节点上、下各300mm。加密区箍筋最小直径：对一般柱顶、柱底区段不应小于6mm；对角柱柱顶、吊车梁区段、牛腿区段、有支撑的柱底与柱顶区段、柱变位受约束的部分不应小于8mm。加密区箍筋最大间距取100mm。

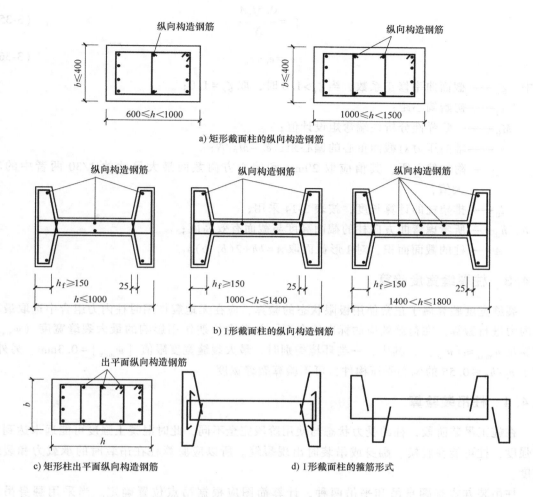

a) 矩形截面柱的纵向构造钢筋

b) I形截面柱的纵向构造钢筋

c) 矩形柱出平面纵向构造钢筋　　　　d) I形截面柱的箍筋形式

图 3-50　柱的纵向构造钢筋及箍筋形式

3.4.2　柱的配筋设计

在荷载作用下，柱对各截面产生的弯矩 M_0 称为第一阶弯矩，对应为一阶效应；竖向荷载 P 与柱在水平荷载作用下各截面产生的水平位移 Δ_i 的乘积，称为第二阶弯矩，对应为 P-Δ 二阶效应。于是，考虑 P-Δ 二阶效应后，柱底的总弯矩为 $M = M_0 + P\Delta$。《混凝土结构设计规范》采用近似弯矩增大系数法来计算 P-Δ 二阶效应，即令弯矩增大系数 $\eta_{\mathrm{s}} = \dfrac{M}{M_0} = \dfrac{M_0 + P\Delta}{M_0} = 1 + \dfrac{P\Delta}{M_0}$，则

$$M = \eta_{\mathrm{s}} M_0 \tag{3-33}$$

$$\eta_{\mathrm{s}} = 1 + \frac{h_0}{1500\left(\dfrac{M_0}{N} + e_{\mathrm{a}}\right)}\left(\frac{l_0}{h}\right)^2 \zeta_{\mathrm{c}} \tag{3-34}$$

$$\zeta_c = \frac{0.5 f_c A}{N} \qquad\qquad (3-35)$$

$$e_i = e_0 + e_a \qquad\qquad (3-36)$$

式中　ζ_c——截面曲率修正系数，当 $\zeta_c > 1.0$ 时，取 $\zeta_c = 1.0$；

$\quad\ e_i$——初始偏心距；

$\quad M_0$——一阶弹性分析柱端弯矩设计值；

$\quad\ e_0$——轴向压力对截面重心的偏心距，$e_0 = M_0 / N$；

$\quad\ e_a$——附加偏心距，其值应取 20mm 和偏心方向截面最大尺寸的 1/30 两者中的较大值；

$\quad\ l_0$——排架柱的计算长度，按表 3-14 采用；

$h、h_0$——所考虑弯曲方向柱的截面高度与截面有效高度；

$\quad\ \ A$——柱的截面面积，对 I 形截面取 $A = bh + 2(b_f - b) h_f$。

3.4.3　柱裂缝宽度验算

裂缝宽度验算属于正常使用极限状态的验算，应在无地震作用时柱内力组合中选取最不利内力进行验算。在荷载效应的标准组合下，并考虑长期作用影响的最大裂缝宽度（w_{max}）应满足 $w_{max} \leq [w_{max}]$，其中，一类环境类别时，最大裂缝宽度限值 $[w_{max}] = 0.3$mm。另外，对于 $e_0 / h_0 \leq 0.55$ 的偏心受压构件，可不验算裂缝宽度。

3.4.4　柱吊装验算

在施工吊装阶段，柱的受力状态与使用阶段完全不同，此时混凝土强度可能远未达到设计强度，柱可能在脱模、翻身或吊装时出现裂缝。所以应验算柱在吊装时的承载力和裂缝宽度。

柱吊装方式有翻身吊和平吊两种，计算简图应根据吊点位置确定。当采用翻身吊时（图 3-51a），截面的受力方向与使用阶段一致，可按矩形或 I 形截面进行受弯承载力验算，一般均可满足要求。当平吊时（图 3-51b），截面的受力方向是柱的平面外方向，截面有效高度大大减小，腹板作用甚微，可以忽略。故可将 I 形截面的柱在平吊时简化为宽 $2h_f$、高 b_f 的矩形截面梁进行验算，此时受力钢筋 A_s 与 A_s' 只考虑两翼缘最外边的一排钢筋参与工作。

当采用一点起吊时，吊点一般设置在牛腿根部变截面处，柱在其自重作用下为受弯构件，计算简图和弯矩图见图 3-51c。一般取上柱柱底、牛腿根部和下柱跨中三个控制截面进行验算，其设计特点为：

1）荷载为柱的自重×动力系数 1.5，柱自重分项系数取 1.3。

2）因吊装验算属于临时性，构件的安全等级比使用阶段的安全等级可降低一级。

3）混凝土强度取吊装的实际强度，一般要求大于 70% 的设计强度。

4）柱在吊装阶段可按其在使用阶段允许出现裂缝的控制等级进行裂缝宽度验算。当吊装验算不满足要求时，应优先采用调整或增设吊点以减小弯矩的方法或采取临时加固措施来解决；当变截面处配筋不足时，可在该局部区段加配短钢筋。

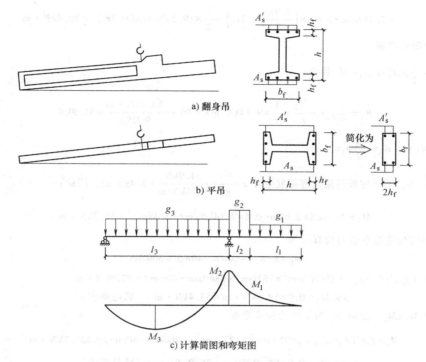

a) 翻身吊

b) 平吊

c) 计算简图和弯矩图

图 3-51　柱的吊装方式及计算简图

【例 3-6】　某钢筋混凝土预制柱，结构安全等级为二级，采用翻身吊，吊点设在牛腿下部，起吊时，混凝土达到设计强度 C30 的 70%。上柱、牛腿和下柱的自重分别为 15.60kN、7.0kN 和 42.43kN；纵向钢筋采用 HRB400 级（$f_y = f_y' = 360\text{N/mm}^2$）；上柱截面尺寸 $bh = 400\text{mm} \times 400\text{mm}$，配筋为 $A_s = A_s' = 763\text{mm}^2$（3 Φ 18）；下柱 I 形截面尺寸 $b_f \times h \times b \times h_f = 400\text{mm} \times 800\text{mm} \times 120\text{mm} \times 150\text{mm}$，配筋为 $A_s = A_s' = 1272\text{mm}^2$（5 Φ 18）；$a_s = a_s' = 40\text{mm}$。计算简图见图 3-52，要求进行吊装承载力验算。

解：　吊装时，构件的安全等级可比使用阶段的安全等级降低一级，故此例题验算吊装时，结构安全等级可取三级，$\gamma_0 = 0.9$，动力系数 $\mu = 1.5$，柱自重分项系数 $\gamma_G = 1.3$。

（1）荷载计算　考虑各段柱自重所产生的均布线荷载设计值为

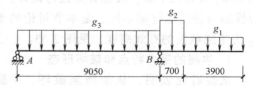

图 3-52　例 3-6 柱吊装验算时的计算简图

上柱　$g_1 = \mu \gamma_G g_{1k} = 1.5 \times 1.3 \times \dfrac{15.60\text{kN}}{3.9\text{m}} = 7.8\text{kN/m}$

牛腿　$g_2 = \mu \gamma_G g_{2k} = 1.5 \times 1.3 \times \dfrac{7.0\text{kN}}{0.7\text{m}} = 19.5\text{kN/m}$

下柱　$g_3 = \mu \gamma_G g_{3k} = 1.5 \times 1.3 \times \dfrac{42.43\text{kN}}{9.05\text{m}} = 9.14\text{kN/m}$

（2）内力计算

上柱柱底　$M_1 = \dfrac{1}{2} g_1 l_1^2 = \dfrac{1}{2} \times 7.8\text{kN/m} \times (3.9\text{m})^2 = 59.3\text{kN} \cdot \text{m}$

牛腿根部　$M_2 = g_1 l_1 \left(\dfrac{1}{2} l_1 + l_2 \right) + \dfrac{1}{2} g_2 l_2^2$

$$= 7.8 \text{kN/m} \times 3.9 \text{m} \times \left(\frac{3.9 \text{m}}{2} + 0.7 \text{m}\right) + \frac{1}{2} \times 19.5 \text{kN/m} \times (0.7 \text{m})^2 = 85.4 \text{kN} \cdot \text{m}$$

下柱跨中最大弯矩：

由 $\sum M_B = \frac{1}{2} g_3 l_3^2 - R_A l_3 = M_2$ 推出：

$$R_A = \frac{1}{2} g_3 l_3 - \frac{M_2}{l_3} = \frac{1}{2} \times 9.14 \text{kN/m} \times 9.05 \text{m} - \frac{85.4 \text{kN} \cdot \text{m}}{9.05 \text{m}} = 31.9 \text{kN}$$

AB 段 $\quad M(x) = R_A x - \frac{1}{2} g_3 x^2$

令 $\frac{\text{d}M(x)}{\text{d}x} = 0$，则下柱段的最大弯矩发生在 $x = \frac{R_A}{g_3} = \frac{31.9 \text{kN}}{9.14 \text{kN/m}} = 3.49 \text{m}$ 处，因此：

$$M_3 = 31.9 \text{kN} \times 3.49 \text{m} - 0.5 \times 9.14 \text{kN/m} \times (3.49 \text{m})^2 = 55.7 \text{kN} \cdot \text{m}$$

（3）吊装时的受弯承载力验算

$$h_0 = h - a_s = 400 \text{mm} - 40 \text{mm} = 360 \text{mm}$$

上柱 $\quad M_u = f_y' A_s' (h_0 - a_s') = 360 \text{N/mm}^2 \times 763 \text{mm}^2 \times (360 \text{mm} - 40 \text{mm}) = 87.9 \text{kN} \cdot \text{m}$

$$> \gamma_0 M_1 = 0.9 \times 59.3 \text{kN} \cdot \text{m} = 53.4 \text{kN} \cdot \text{m} \quad （满足要求）$$

下柱由于 $M_3 < M_2$，故取 M_2 为下柱的验算弯矩。

$$M_u = f_y' A_s' (h_0 - a_s') = 360 \text{N/mm}^2 \times 1272 \text{mm}^2 \times (760 \text{mm} - 40 \text{mm}) = 329.7 \text{kN} \cdot \text{m}$$

$$> \gamma_0 M_2 = 0.9 \times 85.4 \text{kN} \cdot \text{m} = 76.9 \text{kN} \cdot \text{m} \quad （满足要求）$$

3.4.5 牛腿设计

单层厂房中的排架柱一般都设有牛腿，以支承屋架、吊车梁或连系梁等构件，并将这些构件承受的荷载传给柱子。

根据牛腿竖向力 F_v 的作用点至下柱边缘的水平距离 a 的大小，一般把牛腿分为两类：当 $a > h_0$ 时为长牛腿，按悬臂梁进行设计；当 $a \leq h_0$ 时为短牛腿，其实质为变截面深梁，受力性能与普通悬臂梁不同，是本节讨论的重点。a 为竖向集中力作用线至下柱边缘的距离；h_0 为牛腿截面的有效高度，见图 3-53。

1. 牛腿的受力特点和破坏形态

试验研究表明，从加载至破坏，牛腿大体经历弹性、裂缝出现与开展、破坏三个阶段。

（1）**弹性阶段** 通过 $a/h_0 = 0.5$ 环氧树脂牛腿模型进行光弹性试验得到牛腿的主应力迹线，见图 3-54。由图可见，**在牛腿上部，主拉应力轨迹线基本上与牛腿上边缘平行，且牛腿上表面的拉应力沿长度方向比较均匀。牛腿下部主压应力轨迹线大致与从加载点 b 到牛腿下部与柱的相交点 a 的连线 ab 相平行**。另外，在上柱根部与牛腿交界处存在应力集中现象。

（2）**裂缝出现与开展阶段** 试验表明，当竖向荷载加到极限荷载的 20%~40% 时，首先在牛腿与上柱根部交接处附近因应力集中出现自上而下的竖向裂缝，见图 3-55 中裂缝①，裂缝细小且开展较慢，对牛腿的受力性能影响不大；当荷载继续加到极限荷载 40%~60% 时，在加载垫板内侧附近产生第一条斜裂缝，见图 3-55 中裂缝②，方向大体与主压力轨迹线平行。

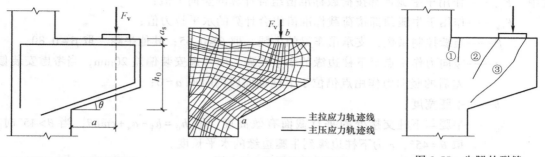

图 3-53　牛腿的尺寸　　　　图 3-54　牛腿的应力状态　　　　图 3-55　牛腿的裂缝

（3）破坏阶段　继续加载，随 a/h_0 值的不同，牛腿出现以下几种破坏形态：

1）剪切破坏。当 $a/h_0 \leq 0.1$ 时或虽 a/h_0 较大但牛腿的外边缘高度 h_1 较小时，在牛腿与下柱交接面上出现一系列短而细的斜裂缝，最后牛腿沿此裂缝从柱上切下发生破坏（图 3-56a），破坏时牛腿纵向钢筋应力较小。

2）斜压破坏。当 $0.1<a/h_0 \leq 0.75$ 时，随着荷载增加，斜裂缝②外侧出现细而短小的斜裂缝③，当这些斜裂缝逐渐贯通时，斜裂缝②、③间的斜向主压应力超过混凝土的抗压强度，混凝土表面剥落、压碎而破坏，见图 3-56b。

3）弯曲破坏。当 $0.75<a/h_0 \leq 1$ 和纵向钢筋配筋率较少时，随着荷载增加，斜裂缝②不断向受压区延伸，纵向钢筋拉应力也随之增大并逐渐达到屈服强度，这时斜裂缝②外侧部分绕牛腿根部与柱的交点转动，使受压区混凝土压碎而破坏，见图 3-56c。

4）局压破坏　当加载板尺寸过小或牛腿宽度过窄时，可能导致加载板下混凝土发生局部受压破坏，见图 3-56d。

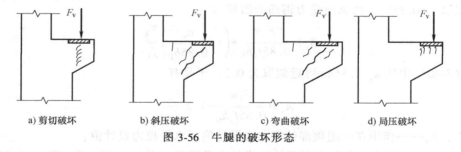

a) 剪切破坏　　　　b) 斜压破坏　　　　c) 弯曲破坏　　　　d) 局压破坏

图 3-56　牛腿的破坏形态

2. 牛腿的设计

为防止上述各种破坏，牛腿应有足够大的截面，配置足够的钢筋，并满足一系列构造要求。但从弯压和斜压破坏形态看，破坏裂缝的出现是在斜裂缝②形成以后，所以控制斜裂缝②的出现和开展是确定牛腿截面尺寸和进行承载力计算的主要依据。因此，牛腿设计的主要内容包括确定牛腿的截面尺寸、牛腿的承载力计算和构造要求。

（1）牛腿截面尺寸的确定　牛腿截面尺寸的确定，一般以斜截面的抗裂度为控制条件，控制其在使用阶段不出现或仅出现细微斜裂缝为准，牛腿的截面尺寸应符合下式规定：

$$F_{vk} \leq \beta\left(1-0.5\frac{F_{hk}}{F_{vk}}\right)\frac{f_{tk}bh_0}{0.5+\dfrac{a}{h_0}} \tag{3-37}$$

式中　F_{vk}——作用于牛腿顶部按荷载标准值组合计算的竖向力值；

$\quad\quad F_{hk}$——作用于牛腿顶部按荷载标准值组合计算的水平拉力值；

$\quad\quad \beta$——裂缝控制系数，支承吊车梁的牛腿，取 $\beta=0.65$；其他牛腿，取 $\beta=0.80$；

$\quad\quad a$——竖向力作用点至下柱边缘的水平距离，应考虑安装偏差 20mm，当考虑安装偏差后的竖向力作用点仍位于下柱截面以内时取 $a=0$；

$\quad\quad b$——牛腿宽度；

$\quad\quad h_0$——牛腿与下柱交接处的垂直截面有效高度，取 $h_0=h_1-a_s+c\tan\theta$，当 $\theta>45°$ 时，取 $\theta=45°$，c 为下柱边缘到牛腿边缘的水平长度。

此外，牛腿的外边缘高度 h_1 不小于 $h/3$ 且不应小于 200mm；牛腿外边缘至吊车梁外边缘的距离不宜小于 70mm；牛腿底边倾角应满足 $\theta\leqslant45°$。

当式（3-37）不满足时，采取加大受压面积，提高混凝土强度等级或配置钢筋网等有效加强措施。

为防止牛腿顶面局部受压破坏，垫板下的局部压应力应满足

$$F_{vk}/A\leqslant0.75f_c \tag{3-38}$$

式中　A——局部受压面积；

$\quad\quad f_c$——混凝土轴心抗压强度设计值。

（2）牛腿的承载力计算（图 3-57）　试验研究表明，牛腿（短悬臂）的受力特征可用由顶部水平的纵向受力钢筋作为拉杆和牛腿内的混凝土斜压杆组成的简化三角桁架模型描述，见图 3-57c。根据牛腿的计算简图，在竖向力设计值 F_v 和水平拉力设计值 F_h 共同作用下，通过对下柱与牛腿交界处取矩得到

$$f_yA_sz=F_va+F_h(z+a_s) \tag{3-39}$$

近似取 $z=0.85h_0$，则纵向受力钢筋的面积为

$$A_s\geqslant\frac{F_va}{0.85f_yh_0}+\left(1+\frac{a_s}{0.85h_0}\right)\frac{F_h}{f_y} \tag{3-40}$$

式（3-40）中的 $a_s/0.85h_0$ 可近似取为 0.2，于是有

$$A_s\geqslant\frac{F_va}{0.85f_yh_0}+1.2\frac{F_h}{f_y} \tag{3-41}$$

式中　F_v、F_h——作用在牛腿顶部的竖向力设计值、水平拉力设计值；

$\quad\quad a$——竖向力作用点至下柱边缘的水平距离，当 $a<0.3h_0$ 时，取 $a=0.3h_0$。

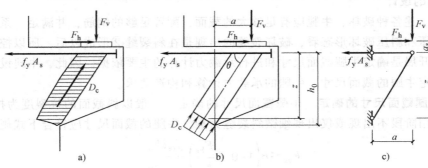

图 3-57　牛腿的承载力计算

（3）构造要求

1）沿牛腿顶部配置的纵向受力钢筋，宜采用 HRB400 级或 HRB500 级热轧带肋钢筋，全部纵向受力钢筋及弯起钢筋宜沿牛腿外边缘向下伸入下柱内 150mm 后截断。

2）承受竖向力所需的纵向受力钢筋的配筋率不应小于 0.2% 及 $0.45f_t/f_y$，也不宜大于 0.6%，钢筋数量不宜少于 4 根直径 12mm 的钢筋。

3）牛腿应设置水平箍筋，箍筋直径为 6~12mm，间距为 100~150mm；在上部 $2h_0/3$ 范围内的箍筋总截面面积不宜小于承受竖向力的受拉钢筋截面面积的 1/2。

4）当牛腿的 $a/h_0 \geqslant 0.3$ 时，宜设弯起钢筋。弯起钢筋宜采用 HRB400 级或 HRB500 级热轧带肋钢筋，并宜使其与集中荷载作用点到牛腿斜边下端点连线的交点位于牛腿上部 $l/6~l/2$ 范围内，l 为该连线的长度，见图 3-58。弯起钢筋截面面积不宜小于承受竖向力的受拉钢筋截面面积的 1/2，且不宜少于 2 根直径 12mm 的钢筋，纵向受拉钢筋不得兼作弯起钢筋。

5）当牛腿设于上柱柱顶时，宜将牛腿对边的柱外侧纵向受力钢筋沿柱顶水平弯入牛腿，作为牛腿纵向受拉钢筋使用。当牛腿顶面纵向受拉钢筋与牛腿对边的柱外侧纵向钢筋分开配置时，牛腿顶面纵向受拉钢筋应弯入柱外侧，并符合钢筋搭接的规定。

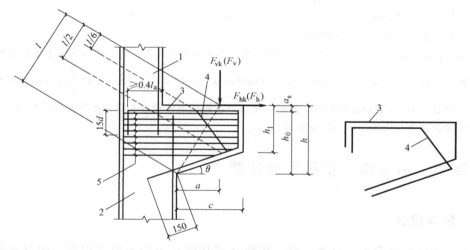

图 3-58　牛腿的外形及钢筋配置

1—上柱　2—下柱　3—水平钢筋　4—弯起钢筋　5—水平箍筋

【例 3-7】　支承吊车梁的牛腿（图 3-59），柱截面宽度 $b = 400mm$，$a_s = 40mm$。作用于牛腿顶部按荷载标准组合计算竖向力值 $F_{vk} = 284.2kN$，水平拉力 $F_{hk} = 100kN$；按荷载基本组合计算竖向力值 $F_v = 391.3kN$，水平拉力 $F_h = 145kN$。混凝土强度等级为 C30，牛腿水平纵向钢筋采用 HRB400 级钢筋，要求验算牛腿截面尺寸、局部受压承载力及牛腿水平纵向钢筋。

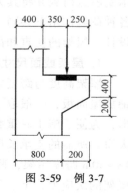

图 3-59　例 3-7

解：　C30 混凝土 $f_{tk} = 2.01N/mm^2$，$f_t = 1.43N/mm^2$，$f_c = 14.3N/mm^2$。HRB400 级钢筋 $f_y = 360N/mm^2$，纵向钢筋最小配筋率 $\rho_{s,min} = 0.2\%$。牛腿截面有效高度 $h_0 = h - a_s = 600mm - 40mm = 560mm$。

（1）验算牛腿截面尺寸　考虑 20mm 安装偏差后的竖向力作用点仍位于下柱截面以内，故取 $a = 0$。

$$\beta\left(1-0.5\frac{F_{hk}}{F_{vk}}\right)\frac{f_{tk}bh_0}{0.5+\frac{a}{h_0}}=0.65\times\left(1-0.5\times\frac{100\text{kN}}{284.2\text{kN}}\right)\times\frac{2.01\text{N/mm}^2\times400\text{mm}\times560\text{mm}}{0.5}$$

$$=482.3\text{kN}\geq F_{vk}=284.2\text{kN}\ (\text{满足要求})$$

（2）牛腿局部受压承载力验算　取吊车梁垫板尺寸为 300mm×200mm。

$$\frac{F_{vk}}{A}=\frac{284.2\times10^3\text{N}}{300\text{mm}\times200\text{mm}}=4.74\text{N/mm}^2<0.75f_c=0.75\times14.3\text{N/mm}^2=10.7\text{N/mm}^2(\text{满足要求})$$

（3）牛腿水平纵向钢筋计算　当 $a<0.3h_0$ 时，取 $a=0.3h_0=0.3\times560\text{mm}=168\text{mm}$。

竖向力作用下钢筋面积 $A_{s1}=\dfrac{F_v a}{0.85f_y h_0}=\dfrac{391.3\times10^3\times168}{0.85\times360\times560}\text{mm}^2=383.2\text{mm}^2$，验算最小配筋率

$$A_{smin}=\max\left(0.2\%,0.45\frac{f_t}{f_y}\right)bh$$

$$=\max\left(0.2\%,0.45\times\frac{1.43}{360}\right)\times400\times600\text{mm}^2=480\text{mm}^2>383.6\text{mm}^2$$

A_{smin} 大于 4 Φ 12（钢筋面积 452mm²）构造要求。故牛腿在竖向力作用下的纵向受拉钢筋截面面积 $A_{s1}=480\text{mm}^2$。

水平力作用下钢筋面积 $A_{s2}=1.2\dfrac{F_h}{f_y}=1.2\times\dfrac{145\times10^3}{360}\text{mm}^2=483.3\text{mm}^2$

故牛腿纵向受拉钢筋截面面积 $A_s=A_{s1}+A_{s2}=(480+483.3)\text{mm}^2=963.3\text{mm}^2$

实配钢筋 4 Φ 18（钢筋面积 1017mm²）

解题要点：①牛腿公式右侧第一项为承受竖向力所需要的受拉钢筋，第二项为承受水平拉力所需的纵向受力钢筋。仅对承受竖向力所需的纵向受力钢筋的配筋率，即 $\max\left(0.2\%,\ 0.45\dfrac{f_t}{f_y}\right)bh\leq A_{s1}\leq0.6\%bh$，且不小于 4 根直径 12mm 钢筋进行判断。把前一项与最小配筋率比较取大后，再与第二项叠加。②计算 a 时，应考虑安装偏差（+20mm），且 $a\geq0.3h_0$。

3.5　屋架、吊车梁、抗风柱设计要点

3.5.1　屋架设计

屋架是将屋盖荷载传递到墙、柱、托架（或托梁）上的桁架式构件，如三角形屋架、梯形屋架、多边形屋架、拱形屋架、空腹式屋架等，是单层厂房中的重要水平构件。一方面承受屋盖荷载并将其大小传给排架柱，另一方面连接两侧排架柱，形成结构整体，并确保在各种荷载作用下共同工作。本小节涉及屋架截面尺寸拟定、荷载组合及内力分析、杆件截面设计、屋架的扶直和吊装验算等设计内容。

1. 屋架截面尺寸拟定

屋架高度与跨度之比一般取 1/10～1/6。上弦杆为压弯构件，其节间长度不宜过大，为铺放屋面板，一般取 3m；下弦杆为受拉构件，节间长度一般为 4～6m。屋架杆件截面为矩形，为便于施工时重叠生产，上下弦及腹杆截面宽度宜相同，且满足上弦顶面安放屋面板或天窗架所需的支承长度、屋架扶直、吊装时的受弯承载力及屋架平面外上弦的稳定要求。对 18～30m 跨度屋架，截面宽度一般取 200～240mm；杆件截面高度通常小于其宽度，以减小屋架的次应力，上、下弦截面高度一般取 140～180mm。当为预应力屋架时，下弦杆高度尚

应满足预应力钢筋孔道和锚具尺寸的构造要求。此外，腹杆长细比不应大于 40（对拉杆）或 35（对压杆）。

2. 荷载组合

作用于屋架上的荷载有永久荷载和可变荷载两种。在进行荷载组合时，需注意以下几点：

1）屋面活荷载与雪荷载不同时考虑，两者取较大值。

2）风荷载对屋架一般为吸力，使竖向荷载作用下的屋架内力减小，可不考虑风荷载的组合。

3）屋面活荷载或施工荷载既可作用于全跨，也可作用于半跨。

4）在施工时，由于吊装次序的先后，也可能出现屋面板布满半跨的情况。屋架在半跨荷载作用下，可能使屋架腹杆内力最大，甚至内力方向反向。

因此在设计屋架时应考虑三种荷载组合：全跨永久荷载+全跨活荷载，见图 3-60a；全跨永久荷载+半跨活荷载，见图 3-60b；全跨屋架及支撑重+半跨屋面板重+半跨屋面活荷载，见图 3-60c。

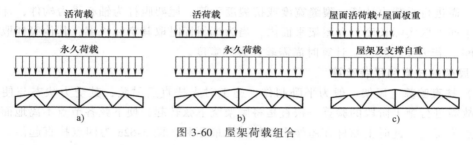

图 3-60　屋架荷载组合

3. 内力分析

钢筋混凝土屋架为多次超静定桁架结构（图 3-61a），计算复杂。对屋架上弦杆，由于屋面板施加的集中力不一定都作用在节点上，故上弦内力主要为弯矩和轴向压力，处于偏心受压状态；对屋架腹杆及下弦杆通常忽略自重影响，故下弦杆视为轴心受拉构件，腹杆视为轴心受拉或受压构件。为简化计算时，内力计算方法如下：

1）按具有不动铰支座的连续梁计算上弦杆的弯矩。屋架上弦杆承受屋面板传来的集中荷载及均布荷载（上弦自重）时，屋架各节点为上弦杆的可动铰支座，见图 3-61b。简化计算时，假定屋架各节点为连续梁的不动铰支座（图 3-61c），可用弯矩分配法计算内力。

2）按铰接桁架计算各杆件的轴力。桁架的节点荷载为上弦连续梁的支座反力，见图 3-61d。设计时也可近似按简支梁求出支座反力。

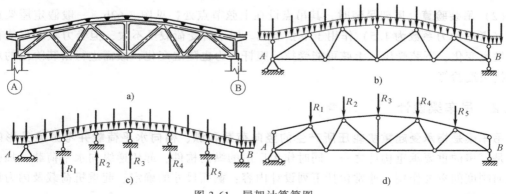

图 3-61　屋架计算简图

按上述方法求得的屋架内力反映了屋架受力的主要特点。实际上，钢筋混凝土屋架节点具有一定的刚性，并非理想铰接；在按连续梁计算上弦杆弯矩时，假定支座为不动铰支座，上弦节点会随着腹杆的变形产生位移。屋架承载后，因节点刚性作用产生的内力及因节点位移产生的附加弯矩，称为次弯矩。次弯矩的大小主要取决于屋架的整体刚度和杆件的线刚度。屋架的整体刚度越小，相邻节间相对变形就越大，次弯矩也越大；由于杆件线刚度与杆端弯矩成正比，故线刚度越大，次弯矩也越大。但由于混凝土是弹塑性材料，混凝土徐变及屋架各杆件相对刚度变化，都会使次弯矩重新分配，从而减小次弯矩不利影响。工程设计中为消除次弯矩对构件的影响，常采取将上弦杆和端部斜杆的截面或配筋量适当增加的措施。

4. 杆件截面设计

屋架上弦杆为小偏心受压构件，计算长度在屋架平面内取节间距离；在屋架平面外，无檩体系时取 3m，有檩体系时取横向支撑与屋架上弦连接点间的距离。屋架下弦杆为轴心受拉杆件，需进行承载力计算、裂缝宽度或抗裂度验算。屋架腹杆为轴心受力构件，计算长度在屋架平面外取实际长度；在屋架平面内，当为端斜杆时取其实际长度，其他腹杆取实际长度的 80%。若为受拉腹杆，计算时尚需验算裂缝宽度。

5. 屋架的扶直和吊装验算

（1）**扶直验算** 屋架一般为平卧制作，施工时先扶直后吊装，其受力状态与使用阶段不同，故需进行施工阶段的验算。扶直是将屋架绕下弦转起，使下弦各节点不离地面，上弦以起吊点为支点，此时上弦杆在屋架平面外受力最不利，图 3-62a 为四点扶直起吊。故扶直验算实际上是验算上弦杆在屋架平面外的强度和抗裂度。对于腹杆，由于其自身重力荷载引起的弯矩较小，一般不必验算。扶直验算时，可近似将上弦视为一多跨连续梁，承受上弦和一半腹杆重力荷载的作用，动力系数取 1.5。

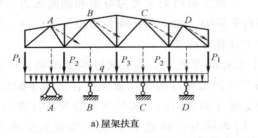
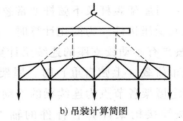

a) 屋架扶直   b) 吊装计算简图

图 3-62 屋架扶直和吊装计算简图

（2）**吊装验算** 屋架吊装时，其吊点设在上弦节点处，见图 3-62b。一般假定屋架重力荷载（考虑动力系数为 1.5）作用于下弦节点。屋架所受荷载虽不大，但受力状态可能在吊装时发生变化，下弦受压，上弦可能受拉，腹杆内力也随之变化，故需进行吊装阶段的承载力和抗裂度验算。

3.5.2 吊车梁设计

吊车梁是指承受起重机轮压所产生的竖向荷载和纵、横向水平荷载并考虑疲劳影响的梁，是厂房的重要承重构件之一，同时作为厂房的纵向构件，起传递纵向水平荷载，加强厂房纵向刚度的重要作用。通常包括下列设计内容：截面尺寸的确定、起重机荷载及内力计算和截面验算。

1. 截面尺寸的确定

常用吊车梁形式有钢筋混凝土吊车梁、钢吊车梁和组合吊车梁，截面形状见图 3-63。吊车梁的混凝土强度等级取 C30~C50，预应力筋混凝土吊车梁宜采用 C40。预应力筋宜采用钢绞线、预应力钢丝；非预应力钢筋宜采用 HRB400 或 HRB500 级。吊车梁的截面一般设计为 I 形或 T 形，截面高度与起重机起重量有关，取 $h = (1/10 \sim 1/15)l$，l 为吊车梁的跨度，一般有 600mm、900mm、1200mm、1500mm 四种。吊车梁的上翼缘承受横向制动力产生的水平弯矩，上翼缘宽度取 $b_f' = (1/3 \sim 1/2)h$，不小于 400mm，一般有 400mm、500mm、600mm，翼缘厚度取 $h_f' = (1/10 \sim 1/7)h$；I 形截面的下翼缘宜小于上翼缘，由布置预应力筋的构造决定。腹板厚度由抗剪和配筋构造确定，一般取腹板高度的 $1/7 \sim 1/4$，通常取 140mm、160mm、180mm，在梁端部逐渐加厚至 200mm、250mm、300mm。

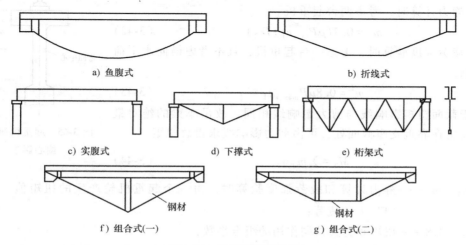

a) 鱼腹式　　　　　　　　　b) 折线式

c) 实腹式　　　d) 下撑式　　　e) 桁架式

f) 组合式(一)　　　　　g) 组合式(二)

图 3-63　吊车梁截面形状

2. 起重机荷载及内力计算

吊车梁承受的起重机荷载具有下列特殊性：

（1）起重机荷载是移动荷载　起重机荷载是两组移动的集中荷载，一组是移动的竖向荷载 D_{max}，另一组是移动的横向水平荷载 T_{max}。因此可利用结构影响线原理求出各计算截面上的最大内力，即包络图法。由结构力学可知，绝对最大弯矩可按下述方法求得：设移动荷载的合力 R，或梁的中心线平分合力 R 与相邻的一个集中荷载的间距为 a 时（图 3-64a），则此集中荷载所在截面就可能产生绝对最大弯矩。因相邻的集中荷载有左、右

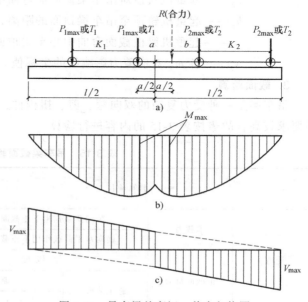

图 3-64　吊车梁的弯矩、剪力包络图

两个，应分别计算其左、右两个截面弯矩，选其中较大者作为此吊车梁的绝对最大弯矩。在两台起重机作用时，弯矩包络图呈"鸡心形"见图3-64b，即绝对最大弯矩并不在跨度中央，而在合力 R 所对应的截面。支座和跨中剪力间的包络图可近似按直线取用，见图3-64c。

（2）起重机荷载具有动力特性　起重机荷载具有冲击和振动作用，因此在计算吊车梁及其连接强度时，要考虑起重机荷载的动力特性，对起重机竖向荷载应乘以动力系数 μ。对 A1~A5 级的软钩起重机，取 $\mu=1.05$；对 A6~A8 级软钩起重机、硬钩起重机和特种起重机，取 $\mu=1.1$。

（3）起重机荷载是重复荷载　因重复使用，设计时吊车梁应取荷载标准值进行疲劳验算。

（4）起重机荷载是偏心荷载　起重机竖向轮压 μP_{max} 和横向水平制动力 T 对吊车梁横截面的弯曲中心是偏心的，见图3-65。每个起重机轮产生扭矩按两种情况计算：

1）静力计算时，考虑两台起重机。

$$m_T = 0.7(\mu P_{max}e_1 + Te_2) \qquad (3-42)$$

2）疲劳强度验算时，考虑一台起重机，且不考虑横向水平荷载的影响。

$$m_T^f = 0.8\mu P_{max,k}e_1 \qquad (3-43)$$

由于截面扭矩影响线与剪力影响线相同，故吊车梁的绝对最大扭矩发生在靠近支座截面处，可由剪力影响线求得总扭矩

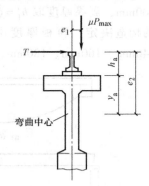

图 3-65　起重机荷载的偏心影响

$$M_T = \sum m_{Ti}y_i \qquad (3-44)$$

式中　m_T、m_T^f——静力计算和疲劳强度验算时，由一个起重机轮产生的扭矩值。上角标"f"表示疲劳；

　　　0.7、0.8——扭矩和剪力共同作用的组合系数；

　　　e_1——起重机轨道对吊车梁横截面弯曲中心的偏心距，一般取 $e_1 = 20mm$；

　　　e_2——起重机轨顶对吊车梁横截面弯曲中心的距离，一般取 $e_2 = h_a + y_a$；

　　　h_a——起重机轨顶至吊车梁顶面的距离，一般取 $h_a = 200mm$；

　　　y_a——起重机梁横截面弯曲中心至梁顶面的距离；

　　　y_i——各 m_T 对应剪力影响线的坐标值。

3. 截面验算

吊车梁是一种受力复杂的双向弯、剪、扭构件，且在使用阶段对其承载力、刚度和抗裂性要求较高，故需按表3-15的内容进行验算。

表 3-15　吊车梁截面验算项目

验算项目				永久荷载	起重机	
					台数	荷载
受弯	承载力	竖向荷载作用下正截面受弯		g	2	μP_{max}
		横向水平荷载作用下正截面受弯		—	2	T
	正截面抗裂	使用阶段		g	2	μP_{max}
		施工阶段	制作	—	—	—
			运输	g	—	—

（续）

验算项目			永久荷载	起重机	
				台数	荷载
受弯、剪、扭	承载力	斜截面	g	2	μP_{max}
		扭曲截面	—	2	μP_{max}、T
	斜截面抗裂		g	2	$\mu P_{max,k}$
疲劳强度	正截面		g	1	$\mu P_{max,k}$
	斜截面		g	1	$\mu P_{max,k}$
裂缝宽度			g	2	$P_{max,k}$
挠度			g	2	$P_{max,k}$

注：g 为永久荷载，包括吊车梁及轨道连接件的重力；$P_{max,k}$ 为起重机最大轮压标准值；T 为起重机横向水平制动力；μ 为动力系数，在施工运输阶段时，$\mu = 1.5$。

3.5.3　抗风柱设计

抗风柱的外边缘位置与单层厂房横向封闭轴线相重合，离屋架中心线 600mm。为避免抗风柱与端屋架相碰，应将抗风柱上部截面高度适当减小，形成变截面单阶柱，见图 3-66a。

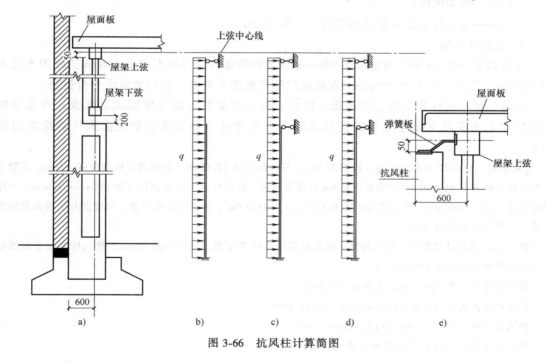

图 3-66　抗风柱计算简图

1. 抗风柱的尺寸要求

柱顶标高低于屋架上弦中心线 50mm，这样，柱顶对屋架作用力可通过弹簧板传至上弦中心线，不使上弦杆受扭，见图 3-66e。上下柱交接处的标高应低于屋架下弦下边缘 200mm 或排架柱顶标高减 100mm，避免屋架变形时与抗风柱相碰。

抗风柱上柱截面尺寸 $b \times h$ 不宜小于 300mm×350mm。下柱截面高度 $h \geqslant H_{xl}/25$ 且 $h \geqslant$

600mm；下柱截面宽度 $b \geq H_{yl}/30$ 且 $b \geq 350mm$，H_{xl} 为自基础顶面至屋架或抗风桁架与壁柱较低连接点的距离，H_{yl} 为柱宽方向两支点间的最大间距。壁柱与屋架及基础梁的连接点均可视为柱宽方向的支点；在柱高范围内，与柱有钢筋拉结的墙梁及与柱刚性连接的大墙板为可视为柱宽方向的支点。

2. 抗风柱的内力计算

（1）**计算简图** 抗风柱内力分析时，简化为柱底固定于基础顶面，上柱顶面以不动铰支座支承于端屋架的上弦节点处，见图3-66b。当屋架下弦设置有横向水平支撑时，也可将抗风柱与屋架下弦连接，作为抗风柱的另一不动铰支座，见图3-66c、d。由于山墙的重力一般由基础梁承受，故抗风柱主要承受风荷载，若忽略抗风柱自重，可按变截面受弯构件进行设计；当山墙处设有连系梁时，除风荷载外，抗风柱还承受由连系梁传来的墙体重力，则按变截面的偏心受压构件进行设计。

（2）**作用在抗风柱上的风荷载** 风荷载一般考虑沿抗风柱竖向均匀分布，用下式计算：

$$q = \mu_s \mu_z w_0 s \tag{3-45}$$

式中 μ_s——风载体型系数，取 0.8；

μ_z——风压高度变化系数，取与抗风柱顶标高相应的值；

w_0——基本风压；

s——抗风柱承受风荷载的宽度，一般取 6m。

3. 抗风柱构造

柱顶以下 300mm 和牛腿面以上 300mm 范围内的箍筋，直径不宜小于 6mm，间距不应大于 100mm，肢距不宜大于 250mm。在抗风柱的变截面牛腿处，宜设置纵向受拉钢筋。

山墙抗风柱的柱顶应设置预埋板，使柱顶与端屋架的上弦（屋面梁上翼缘）可靠连接部位位于上弦横向支撑与屋架的连接点处，不符合时可在支撑中增设次腹杆或设置型钢横梁。

【例3-8】 图3-67为单层厂房，跨度为18m，柱顶标高为12.600m，基础顶面标高为-0.600m，屋架上弦中心线处标高为15.950m。山墙处每隔6m设置抗风柱，抗风柱中上柱截面尺寸为450mm×300mm，下柱截面尺寸450mm×600mm。假定该地区基本风压 $w_0 = 0.35kN/m^2$，B类地面粗糙度。山墙重力全部由基础梁承受，试计算抗风柱的内力。

解：（1）**确定计算简图** 按构造知：抗风柱顶标高低于屋架上弦中心线 50mm，抗风柱变截面处的标高应为排架柱顶标高减100mm。故

抗风柱柱顶标高 = 15.950m - 0.05m = 15.900m

抗风柱变截面处的标高 = 12.600m - 0.1m = 12.500m

抗风柱上柱高 H_u = 15.900m - 12.500m = 3.4m

抗风柱下柱高 H_l = 12.5m + 0.6m(基础顶面) = 13.1m

抗风柱高度 $H = H_u + H_l$ = 3.4m + 13.1m = 16.5m

（2）**求风荷载** B类地面粗糙度，抗风柱柱顶标高为15.900m，查表3-7得，风压高度变化系数 μ_z = 1.148，风荷载体型系数 μ_s = 0.8，抗风柱承受风荷载的宽度 s = 6m，风荷载分项系数 γ_Q = 1.5。故均布风荷载设计值

$$q = \gamma_Q \mu_s \mu_z w_0 s = 1.5 \times 0.8 \times 1.148 \times 0.35kN/m^2 \times 6m = 2.89kN/m$$

（3）**求抗风柱的柱顶剪力** R

$$n=\frac{I_u}{I_l}=\frac{\dfrac{450\times300^3}{12}\text{mm}^4}{\dfrac{450\times600^3}{12}\text{mm}^4}=0.125,\lambda=\frac{H_u}{H}=\frac{3400\text{mm}}{16500\text{mm}}=0.206$$

$$C_{11}=\frac{3}{8}\cdot\frac{1+\lambda^4\left(\dfrac{1}{n}-1\right)}{1+\lambda^3\left(\dfrac{1}{n}-1\right)}=\frac{3}{8}\times\frac{1+0.206^4\times\left(\dfrac{1}{0.125}-1\right)}{1+0.206^3\times\left(\dfrac{1}{0.125}-1\right)}=0.358$$

$$R=qC_{11}H=-2.89\text{kN/m}\times0.358\times16.5\text{m}=-17.1\text{kN}(\leftarrow)$$

（4）抗风柱的内力

上柱底截面剪力　$V_{上柱底}=-17.1\text{kN}+2.89\text{kN/m}\times3.4\text{m}=-7.27\text{kN}\quad(\leftarrow)$

下柱底截面剪力　$V_{下柱底}=-17.1\text{kN}+2.89\text{kN/m}\times16.5\text{m}=30.59\text{kN}\quad(\rightarrow)$

上柱底截面弯矩

$$M_{上柱底}=-17.1\text{kN}\times3.4\text{m}+0.5\times2.89\text{kN/m}\times(3.4\text{m})^2=-41.4\text{kN}\cdot\text{m}(右侧受拉)$$

下柱底截面弯矩

$$M_{下柱底}=-17.1\text{kN}\times16.5\text{m}+0.5\times2.89\text{kN/m}\times(16.5\text{m})^2=111.3\text{kN}\cdot\text{m}(左侧受拉)$$

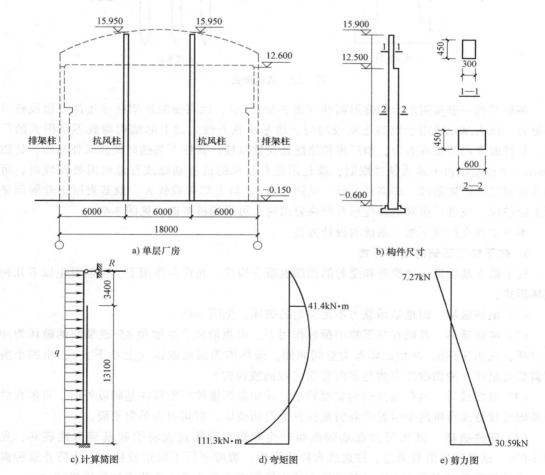

图 3-67　例 3-8 图

3.6 柱下独立基础设计

单层厂房的柱下基础一般采用独立基础。对装配式钢筋混凝土单层厂房排架结构，常见独立基础形式主要有杯形基础、高杯基础和桩基础等，见图 3-68。

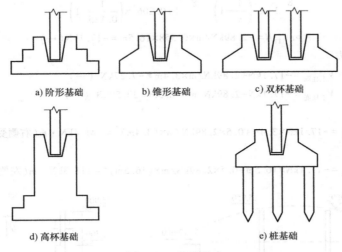

a) 阶形基础　　b) 锥形基础　　c) 双杯基础

d) 高杯基础　　　　　　　　e) 桩基础

图 3-68　基础形式

杯形基础一般采用阶形和锥形两种（图 3-68a、b），因与预制排架柱连接部分做成杯口而得名。该类基础适用于地基土质较均匀、地基承载力较大而上部结构荷载不是很大的厂房，是目前常用的基础类型。如厂房伸缩缝处设置双柱，其柱下基础则做成双杯基础，见图 3-68c。当柱基础由于地质条件限制，或是附近有较深的设备基础或有地坑需要深埋时，可做成带短柱的扩展基础，即高杯基础，见图 3-68d。当上部荷载较大，地基表层土软弱面坚硬土层较深，或者厂房对地基变形有严格要求时，可采用桩基础，见图 3-68e。

本节主要介绍柱下独立基础的设计方法。

1. 柱下独立基础的破坏形式

柱下独立基础是一种受弯和受剪的钢筋混凝土构件，在荷载作用下，可能发生以下几种破坏形式：

（1）**地基破坏**　因地基承载力不足引起的破坏，见图 3-69a。

（2）**冲切破坏**　基础在柱下集中荷载作用下，出现沿应力扩散角 45° 破裂面的破坏为冲切破坏，见图 3-69b。冲切破坏面为空间曲面，破坏体为四面锥体（上小下大），由四个剪切斜截面组成，冲切破坏实质是多向剪切（双向或四向）。

（3）**剪切破坏**　当单独基础的宽度较小，冲切破坏锥体可能落在基础以外时，可能在柱与基础交接处或台阶的变阶处沿着斜截面发生剪切破坏。剪切面为单向平面。

（4）**弯曲破坏**　基底反力在基础截面产生弯矩，弯矩过大将引起基础弯曲破坏，见图 3-69c。这种破坏沿着墙边、柱边或台阶边发生，裂缝平行于墙边或柱边。为防止这种破坏，要求基础各竖直截面上由于基底反力产生的弯矩小于或等于该截面的抗弯强度。

（5）**局部受压破坏**　当基础的混凝土强度等级小于柱的混凝土强度等级时，基础顶面可能发生局部受压破坏。

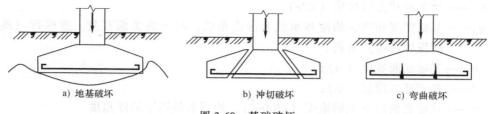

图 3-69　基础破坏

2. 柱下独立基础设计的主要内容

因此，依据《建筑地基基础设计规范》（GB 50007—2011），柱下独立基础设计的主要内容有：

1）根据地基承载力要求，确定基础尺寸。

2）对柱下独立基础，当冲切破坏锥体落在基础底面以内时，应验算柱与基础交接处及基础变阶处的受冲切承载力。

3）对基础底面短边尺寸小于或等于柱宽加两倍基础有效高度的柱下独立基础，以及墙下条形基础，应验算柱（墙）与基础交接处的基础受剪切承载力。

4）基础底板的配筋，应按抗弯计算确定。

5）当基础的混凝土强度等级小于柱的混凝土强度等级时，尚应验算柱下基础顶面的局部受压承载力。

3. 柱下独立基础设计时荷载效应和抗力规定

柱下独立基础设计时，所采用的荷载效应最不利组合与相应的抗力限值应按下列规定执行：

1）按地基承载力确定基础底面积及埋深，传至基础的荷载应按正常使用极限状态下荷载效应的标准组合，相应的抗力采用地基承载力特征值。

2）在确定基础高度、计算基础结构内力、确定配筋和验算材料强度时，上部结构传来的荷载效应组合和相应的基底反力，应按承载能力极限状态下荷载效应的基本组合，采用相应的分项系数。

3.6.1　基础底面尺寸的确定

基础底面尺寸应根据地基承载力计算确定。由于独立基础的刚度较大，可假定基础底面的反力为线性分布。由于作用在基础顶上的荷载不同，柱下独立基础分为轴心受压柱下独立基础和偏心受压柱下独立基础。

1. 轴心受压柱下独立基础

轴心受压时，基础底面反力为均匀分布，按材料力学公式可得：

$$p_k = \frac{N_k + G_k}{A} \leqslant f_a \tag{3-46}$$

$$f_a = f_{ak} + \eta_b \gamma (b-3) + \eta_d \gamma_m (d-0.5)$$

式中　N_k——上部结构传至基础顶面的竖向荷载标准值（kN）；

G_k——基础自重和基础上的土重（kN），$G_k = \gamma_G dA$，γ_G 一般取 $20kN/m^3$；

A——基础底面面积（m^2）；

f_a——修正后的地基承载力特征值（kPa）；

f_{ak}——地基承载力特征值（kPa）；

η_b、η_d——基础宽度和埋深的地基承载力修正系数，与土的类别有关，查现行《地基基础设计规范》可得；

b——基础底面宽度（m）；

d——基础埋置深度（m）；

γ——基础底面以下土的重度（kN/m³），地下水位以下取浮重度。

γ_m——基础底面以上的加权平均重度（kN/m³），位于地下水位以下的土层取有效重度。

由式（3-46）可得

$$A \geqslant \frac{N_k}{f_a - \gamma d} \qquad (3\text{-}47)$$

2. 偏心受压柱下独立基础

偏心受压时，仍按材料力学公式可得矩形基础底面边缘的最大和最小地基反力：

$$p_{k,max \atop k,min} = \frac{N_k + G_k}{A} \pm \frac{M_k + V_k h}{W} = \frac{N_k + G_k}{lb}\left(1 \pm \frac{6e}{b}\right) \qquad (3\text{-}48)$$

式中　N_k、M_k、V_k——相应于荷载效应标准组合时，作用于基础顶面的轴力标准值（kN）、弯矩标准值（kN·m）、剪力标准值（kN）；

h——拟定基础的高度（m）；

W——基础底面面积的抵抗矩（m³），$W = lb^2/6$；

b——力矩作用方向的基础底面边长（m）；

l——垂直力矩作用方向的基础底面边长（m）；

e——对基底的偏心距（m），按 $e = \dfrac{M_k + V_k h}{N_k + G_k}$ 计算。

由式（3-48）可知，当 $e < b/6$ 时，$p_{k,min} > 0$，地基反力分布图形为梯形（图 3-70a），表示基底全部受压；当 $e = b/6$ 时，$p_{k,min} = 0$，地基反力分布图形为三角形（图 3-70b），基底也为全部受压；当 $e > b/6$ 时，$p_{k,min} < 0$，地基反力分布图形为对顶三角形（图 3-70c），表明基础底面部分面积出现拉应力。由于基础与地基的接触面不可能脱离，故基底压应力重新分

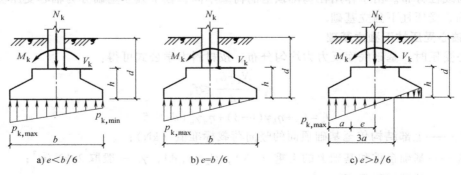

a) $e < b/6$　　　　　b) $e = b/6$　　　　　c) $e > b/6$

图 3-70　偏心受压基础反力分布

布，按作用在基底的合力不变原则，承受地基反力的基础底面面积由矩形面积 bl 变为三角形面积 $3al/2$，因此 $p_{k,max}$ 按下式计算：

$$p_{k,max} = \frac{2(N_k + G_k)}{3al} \qquad (3-49)$$

式中　a——合力 F_{bk} 作用点至基础底面最大受压边缘的距离，$a = b/2 - e$。

在确定偏心受压柱下独立基础底面尺寸时，应同时符合下列两个要求：

$$p_k = \frac{p_{k,max} + p_{k,min}}{2} \leqslant f_a \qquad (3-50)$$

$$p_{k,max} \leqslant 1.2 f_a \qquad (3-51)$$

确定偏心受压基础底面尺寸一般采用试算法，其步骤如下：

1) 按轴心受压基础公式 $A_1 \geqslant \dfrac{N_k}{f_a - \gamma_G d}$，计算基础底面面积 A_1。

2) 考虑偏心影响，将基础底面面积 A_1 增大 $10\% \sim 40\%$，即 $A = (1.1 \sim 1.4) A_1$。

3) 按式（3-48）或式（3-49）计算基础底边缘最大和最小压应力。

4) 验算是否符合 $p_k \leqslant f_a$ 和 $p_{k,max} \leqslant 1.2 f_a$ 的要求，如不符合则修改底面尺寸 b、l，直到符合为止。

3.6.2　基础高度验算

1. 受冲切承载力验算

试验表明：当柱与基础交接处或基础变阶处的高度不足时，柱传来的荷载将使基础发生的冲切破坏（图 3-71a），即沿柱周边或变阶处周边大致成 45° 方向的截面被拉开而形成图示的角锥形（阴影部分）破坏（图 3-71b）。基础的冲切破坏是由于沿冲切面的主拉应力 σ_{pt} 超过混凝土的轴心抗拉强度 f_t 而引起的，见图 3-71c。为避免发生冲切破坏，基础应具有足够的高度，使角锥体冲切面以外由地基土净反力所产生的冲切力不应大于冲切面上混凝土所能承受的抗冲切力。

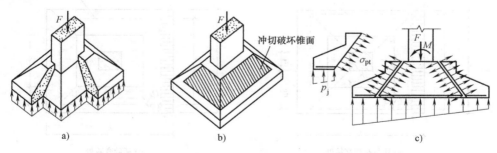

图 3-71　基础冲切破坏

对矩形截面柱的阶形基础（图 3-72），应验算柱与基础交接处及基础变阶处的受冲切承载力：

$$F_l \leqslant 0.7 \beta_{hp} f_t a_m h_0 \qquad (3-52)$$

$$a_m = \frac{a_t + a_b}{2} \qquad (3-53)$$

$$F_l = p_j A_l \tag{3-54}$$

式中　　β_{hp}——受冲切承载力截面高度影响系数，$h \leqslant 800mm$ 时 $\beta_{hp} = 1.0$，$h \geqslant 2000mm$ 时 $\beta_{hp} = 0.9$，其间按线性内插法取用；

　　　　f_t——混凝土轴心抗拉强度设计值（kPa）；

　　　　h_0——基础冲切破坏锥体的有效高度（m）；

　　　　a_m——冲切破坏锥体最不利一侧计算长度（m）；

　　　　a_t——冲切破坏锥体最不利一侧斜截面的上边长（m），计算柱与基础交接处的受冲切承载力时取柱宽，计算基础变阶处的受冲切承载力时取上阶宽；

　　　　a_b——冲切破坏锥体最不利一侧斜截面在基础底面面积范围内的下边长（m），当冲切破坏锥体的底面落在基础底面以内（图 3-72a、b），计算柱与基础交接处的受冲切承载力时，取柱宽加两倍基础有效高度，当计算基础变阶处的受冲切承载力时，取上阶宽加两倍该处的基础有效高度；

　　　　p_j——扣除基础自重及其上土重后相应于作用的基本组合时的地基土单位面积净反力（kPa），偏心受压基础可取基础边缘处最大地基土单位面积净反力；

　　　　F_l——相应于作用的基本组合时作用在 A_l 上的地基土净反力设计值（kN）；

　　　　A_l——冲切验算时取用的部分基底面积（m²），见图 3-72a、b 中的阴影面积 ABC-DEF。

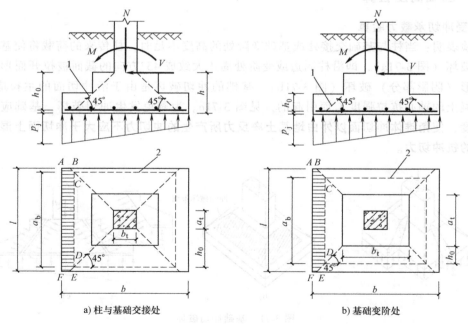

a) 柱与基础交接处　　　　　　　　　　b) 基础变阶处

图 3-72　计算阶形基础的受冲切承载力截面位置

1— 冲切破坏锥体最不利一侧的斜截面　2—冲切破坏锥体的底面线

当 $b > l$ 时（常见情况），$A_l = \left(\dfrac{b}{2} - \dfrac{b_t}{2} - h_0 \right) l - \left(\dfrac{l}{2} - \dfrac{a_t}{2} - h_0 \right)^2$。

当 $b < l$ 时（特殊情况），$A_l = \left(\dfrac{b}{2} - \dfrac{b_t}{2} - h_0\right)^2 + \left(\dfrac{b}{2} - \dfrac{b_t}{2} - h_0\right)(a_t + 2h_0)$。

正方形基础、正方形柱时，$A_l = \dfrac{[a^2 - (a_t + 2h_0)]^2}{4}$，$a$ 为基础边长。

2. 受剪承载力验算

当基础底面短边尺寸小于或等于柱宽加两倍基础有效高度时（图 3-73），应按下列公式验算柱与基础交接处以及基础变阶处截面受剪承载力：

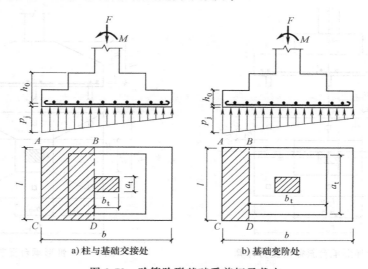

a) 柱与基础交接处   b) 基础变阶处

图 3-73 验算阶形基础受剪切承载力

$$V_s \leqslant 0.7\beta_{hs} f_t A_0 \tag{3-55}$$

$$\beta_{hs} = (800/h_0)^{1/4} \tag{3-56}$$

式中 V_s——相应于作用的基本组合时，柱与基础交接处的剪力设计值（kN），图 3-73 中阴影（矩形 $ABCD$）的面积乘以基底平均净反力；

     β_{hs}——受剪切承载力截面高度影响系数，$h_0 < 800$mm 时取 $h_0 = 800$mm，$h_0 > 2000$mm 时取 $h_0 = 2000$mm；

     A_0——验算截面处基础的有效截面面积（m^2）。

当验算截面为阶形或锥形时，可将其截面折算成矩形截面，截面的折算宽度和截面的有效高度，对于阶梯形承台应分别在变阶处（$A_1—A_1$，$B_1—B_1$）及柱边处（$A_2—A_2$，$B_2—B_2$）进行斜截面受剪计算（图 3-74），并应符合下列规定：

1）计算变阶处截面 $A_1—A_1$、$B_1—B_1$ 的斜截面受剪承载力时，其截面有效高度均为 h_{01}，截面计算宽度分别为 b_{y1} 和 b_{x1}。

2）计算柱边截面处 $A_2—A_2$、$B_2—B_2$ 的斜截面受剪承载力时，其截面有效高度均为 $h_{01} + h_{02}$，截面计算宽度按下式进行计算：

对 $A_2—A_2$ $b_{y0} = \dfrac{b_{y1} h_{01} + b_{y2} h_{02}}{h_{01} + h_{02}}$ $\tag{3-57}$

对 $B_2—B_2$ $b_{x0} = \dfrac{b_{x1} h_{01} + b_{x2} h_{02}}{h_{01} + h_{02}}$ $\tag{3-58}$

对于锥形承台应对 $A—A$ 及 $B—B$ 两个截面进行受剪承载力计算（图 3-75），截面有效高度均为 h_0，截面的计算宽度按下式计算：

对 $A—A$
$$b_{y0} = \left[1-0.5 \frac{h_1}{h_0} \left(1-\frac{b_{y2}}{b_{y1}} \right) \right] b_{y1} \tag{3-59}$$

对 $B—B$
$$b_{x0} = \left[1-0.5 \frac{h_1}{h_0} \left(1-\frac{b_{x2}}{b_{x1}} \right) \right] b_{x1} \tag{3-60}$$

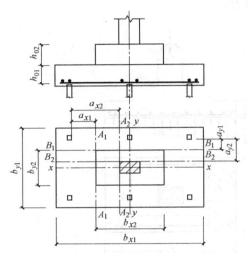

图 3-74　阶梯形承台斜截面受剪计算

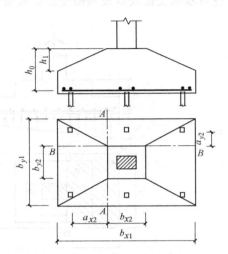

图 3-75　锥形承台受剪计算

3.6.3　基础底板配筋计算

在上部结构传来的荷载及地基土反力作用下，独立基础底板将在两个方向产生弯曲，其受力状态可看作**在地基土反力作用下支承于柱上倒置的变截面悬臂板**。《建筑地基基础设计规范》规定：

在轴心荷载或单向偏心荷载作用下，当台阶的宽高比小于或等于 2.5 且偏心距小于或等于 1/6 基础宽度时，柱下矩形独立基础任意截面的底板弯矩可按下列简化方法计算（图 3-76）：

$$M_{\mathrm{I}} = \frac{1}{12} a_1^2 \left[(2l+a')(p_{j,\max}+p_j)+(p_{j,\max}-p_j)l \right] \tag{3-61}$$

$$M_{\mathrm{II}} = \frac{1}{48} (l-a')^2 (2b+b')(p_{j,\max}+p_{j,\min}) \tag{3-62}$$

式中　M_{I}、M_{II}——任意截面 I—I、II—II 处相应于荷载效应基本组合时的弯矩设计值；

a_1——任意截面 I—I 至基底边缘最大反力处的距离；

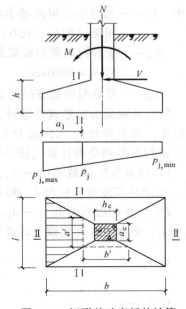

图 3-76　矩形基础底板的计算

a'、b'——截面Ⅰ—Ⅰ、Ⅱ—Ⅱ与基础上表面交线长，当计算柱边最大弯矩时，a'、b'等于柱边长；

　l、b——基础底面的边长；

　　p_j——相应于荷载效应基本组合时在任意截面Ⅰ—Ⅰ处基础底面地基净反力设计值；

$p_{j,max}$、$p_{j,min}$——相应于荷载效应基本组合时的基础底面边缘最大和最小地基净反力设计值。

沿长边 b 方向Ⅰ—Ⅰ截面的受力钢筋面积为

$$A_{sⅠ} = \frac{M_Ⅰ}{0.9f_y h_{0Ⅰ}} \qquad (3-63)$$

式中　$h_{0Ⅰ}$——截面Ⅰ—Ⅰ的有效高度，$h_{0Ⅰ}=h-a_s$。

由于长边方向的钢筋位于短边方向钢筋的下边，当长边方向的钢筋直径为 d 时，沿短边 l 方向Ⅱ—Ⅱ截面的有效高度为 $(h_{0Ⅰ}-d)$，受力钢筋面积为

$$A_{sⅡ} = \frac{M_Ⅱ}{0.9f_y(h_{0Ⅰ}-d)} \qquad (3-64)$$

特例，当轴心受压独立扩展基础底板配筋公式为

$$M_Ⅰ = \frac{1}{6}a_1^2\left[(2l+a')\frac{F}{A}\right] \qquad (3-65)$$

$$M_Ⅱ = \frac{1}{24}(l-a')^2(2b+b')\frac{F}{A} \qquad (3-66)$$

对于阶形基础，尚应进行变阶截面处的配筋计算，并比较两者配筋，取两者较大值作为基础底板的最后配筋结果。

3.6.4　构造要求

1. 一般要求

1）锥形基础的边缘高度不宜小于 200mm，且两个方向的坡度不宜大于 1∶3；阶梯形基础的每阶高度宜为 300~500mm。

2）垫层的厚度不宜小于 70mm，垫层混凝土强度等级不宜低于 C15。

3）扩展基础受力钢筋最小配筋率不应小于 0.15%，底板受力钢筋的最小直径不应小于 10mm，间距不应大于 200mm，也不应小于 100mm。当有垫层时钢筋保护层的厚度不应小于 40mm；无垫层时不应小于 70mm。

4）混凝土强度等级不应低于 C25。

5）当柱下钢筋混凝土独立基础的边长大于或等于 2.5m 时，底板受力钢筋的长度可取边长或宽度的 0.9 倍，并宜交错布置（图 3-77 中 1—1 剖面）。

现浇柱的基础，其插筋的数量、直径及钢筋种类应与柱内纵向受力钢筋相同。插筋的锚固及与柱的纵向受力钢筋的搭接，均应符合《混凝土结构设计规范》的相关要求。

2. 预制钢筋混凝土柱与杯口基础的连接

预制钢筋混凝土柱与杯口基础的连接（图 3-78），应符合下列规定：

预制柱插入基础杯口应有足够的深度，使柱可靠地嵌固在基础中，插入深度可按表 3-16

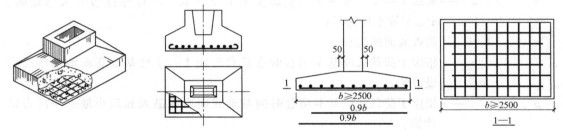

图 3-77　柱下独立基础底板受力钢筋布置

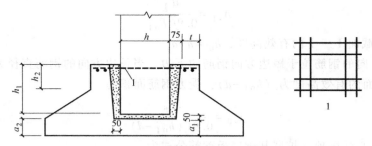

图 3-78　预制钢筋混凝土柱与杯口基础的连接

注：$a_2 \geq a_1$；1—焊接网。

选用。基础的杯底厚度和杯壁厚度可按表 3-17 选用。

表 3-16　柱的插入深度 h_1　　　　　　　　（单位：mm）

矩形或工字形柱				双肢柱
$h<500$	$500 \leq h<800$	$800 \leq h \leq 1000$	$h>1000$	
$h \sim 1.2h$	h	$0.9h$,且≥ 800	$0.8h$,且≥ 1000	$(1/3 \sim 2/3)h_a$ $(1.5 \sim 1.8)h_b$

注：1. h 为柱截面长边尺寸；h_a 为双肢柱全截面长边尺寸；h_b 为双肢柱全截面短边尺寸。

　　2. 柱轴心受压或小偏心受压时，h_1 可适当减小，偏心距大于 $2h$ 时，h_1 应适当增大。

表 3-17　基础的杯底厚度和杯壁厚度

柱截面长边尺寸 h/mm	杯底厚度 a_1/mm	杯壁厚度 t/mm
$h<500$	≥ 150	$150 \sim 200$
$500 \leq h<800$	≥ 200	≥ 200
$800 \leq h<1000$	≥ 200	≥ 300
$1000 \leq h<1500$	≥ 250	≥ 350
$1500 \leq h<2000$	≥ 300	≥ 400

注：1. 双肢柱的杯底厚度值可适当增大。

　　2. 当有基础梁时，基础梁下的杯壁厚度应满足其支承宽度的要求。

　　3. 柱子插入杯口部分的表面应凿毛，柱子与杯口之间的空隙，应用比基础混凝土强度等级高一级的细石混凝土充填密实，当达到材料设计强度的 70% 以上时，方能进行上部吊装。

当柱为轴心受压或小偏心受压且 $t/h_2 \geq 0.65$ 时，或大偏心受压且 $t/h_2 \geq 0.75$ 时，杯壁可不配筋；当柱为轴心受压或小偏心受压且 $0.5 \leq t/h_2 < 0.65$ 时，杯壁可按表 3-18 构造配筋；其他情况下应按计算配筋。

表 3-18　杯壁构造配筋

柱截面长边尺寸/mm	$h<1000$	$1000 \leqslant h<1500$	$1500 \leqslant h \leqslant 2000$
钢筋直径/mm	$8 \sim 10$	$10 \sim 12$	$12 \sim 16$

【例 3-9】　某厂房柱截面尺寸 $h \times a = 600\text{mm} \times 400\text{mm}$。基础承受竖向荷载标准值 $N_k = 780\text{kN}$，弯矩标准值 $M_k = 120\text{kN} \cdot \text{m}$，水平荷载标准值 $V_k = 40\text{kN}$；承受竖向荷载设计值 $N = 820\text{kN}$，弯矩设计值 $M = 150\text{kN} \cdot \text{m}$，水平荷载设计值 $V = 60\text{kN}$，作用点位于基础顶面。基础埋深为 1.8m，修正后的地基承载力特征值 $f_a = 245\text{kN/m}^2$，见图 3-79。混凝土强度等级采用 C30，底板配筋采用 HRB400 级钢筋，试设计该独立基础。

解：1. 确定基础底面尺寸

1）先按中心荷载作用计算。

$$A_0 = \frac{N_k}{f_a - \gamma_G d} = \frac{780\text{kN}}{245\text{kN/m}^2 - 20\text{kN/m}^3 \times 1.8\text{m}} = 3.73\text{m}^2$$

由于偏心荷载作用，扩大基础底面积，取 $A = 1.3A_0 = 4.85\text{m}^2$。

设矩形基础 $b = 1.5l$，则 $l = \sqrt{\dfrac{A}{1.5}} = \sqrt{\dfrac{4.85\text{m}^2}{1.5}} = 1.8\text{m}$，$b = 2.7\text{m}$。

2）偏心受压基础验算，假定基础高度 $h = 600\text{mm}$。

$$p_k = \frac{N_k + G_k}{bl} = \frac{780\text{kN}}{2.7\text{m} \times 1.8\text{m}} + 20\text{kN/m}^3 \times 1.8\text{m} = 196.5\text{kN/m}^2 < f_a = 245\text{kN/m}^2$$

$$p_{k,\max} = \frac{N_k + G_k}{bl} + \frac{M_k + V_k h}{lb^2/6} = 196.5\text{kN/m}^2 + \frac{120\text{kN} \cdot \text{m} + 40\text{kN} \times 0.6\text{m}}{1.8\text{m} \times (2.7\text{m})^2/6}$$

$$= 262.3\text{kN/m}^2 < 1.2f_a = 1.2 \times 245\text{kN/m}^2 = 294\text{kN/m}^2$$

地基承载能力满足要求，则基础底面尺寸 $l \times b = 1.8\text{m} \times 2.7\text{m}$。

2. 抗冲切验算

1）基底净反力计算。

$$\begin{array}{c} p_{j,\max} \\ p_{j,\min} \end{array} = \frac{N}{lb} \pm \frac{6(M+Vh)}{lb^2} = \frac{820\text{kN}}{1.8\text{m} \times 2.7\text{m}} \pm \frac{6 \times (150 + 60 \times 0.6)\text{kN} \cdot \text{m}}{1.8\text{m} \times (2.7\text{m})^2} = \frac{253.77\text{kN/m}^2}{83.67\text{kN/m}^2}$$

2）基础厚度抗冲切验算。假定基础高度 $h = 600\text{mm}$，当 $h \leqslant 800\text{mm}$ 时，取 $\beta_{hp} = 1.0$。无垫层时，混凝土保护层厚度 $c = 70\text{mm}$，可取 $a_s = 80\text{mm}$，则基础的有效截面高度 $h_0 = h - a_s = 600\text{mm} - 80\text{mm} = 520\text{mm}$。

在偏心荷载作用下，冲切破坏发生于最大基底反力一侧

$$A_l = \left(\frac{b-h}{2} - h_0\right)l - \left(\frac{l-a}{2} - h_0\right)^2$$

$$= \left(\frac{2.7\text{m} - 0.6\text{m}}{2} - 0.52\text{m}\right) \times 1.8\text{m} - \left(\frac{1.8\text{m} - 0.4\text{m}}{2} - 0.52\text{m}\right)^2 = 0.922\text{m}^2$$

$$F_l = p_j A_l = 253.77\text{kN/m}^2 \times 0.922\text{m}^2 = 233.98\text{kN}$$

采用 C30 混凝土，其抗拉强度设计值 $f_t = 1.43\text{N/mm}^2$。

$$a_m = \frac{a + (a + 2h_0)}{2} = a + h_0 = 400\text{mm} + 520\text{mm} = 920\text{mm}$$

$$0.7\beta_{hp} f_t a_m h_0 = 0.7 \times 1.0 \times 1.43\text{N/mm}^2 \times 920\text{mm} \times 520\text{mm} = 478.9\text{kN} > F_l = 233.98\text{kN}$$

基础高度满足要求。

3. 基础底板配筋计算

验算截面 Ⅰ—Ⅰ、Ⅱ—Ⅱ 均应选在柱边缘，则 $h = b' = 600\text{mm}$，$a = a' = 400\text{mm}$。

$$a_1 = \frac{b-h}{2} = \frac{2700\text{mm}-600\text{mm}}{2} = 1050\text{mm}$$

（1） Ⅰ—Ⅰ 截面处

$$p_j = p_{j,\max} - \frac{p_{j,\max}-p_{j,\min}}{b}a_1 = 253.77\text{kN/m}^2 - \frac{253.77\text{kN/m}^2-83.67\text{kN/m}^2}{2.7\text{m}} \times 1.05\text{m} = 187.62\text{kN/m}^2$$

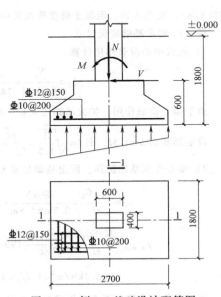

$$
\begin{aligned}
M_{\mathrm{I}} &= \frac{1}{12}a_1^2 \big[(2l+a')(p_{j,\max}+p_j) + (p_{j,\max}-p_j)l \big] \\
&= \frac{1}{12} \times (1.05\text{m})^2 \times \big[(2 \times 1.8\text{m} + 0.4\text{m}) \times (253.77 + \\
&\quad 187.62)\text{kN/m}^2 + (253.77-187.62)\text{kN/m}^2 \times 1.8\text{m} \big] \\
&= 173.2\text{kN} \cdot \text{m}
\end{aligned}
$$

选取钢筋等级为 HRB400 级，则 $f_y = 360\text{N/mm}^2$。

$$A_{s\mathrm{I}} = \frac{M_{\mathrm{I}}}{0.9f_y h_{0\mathrm{I}}} = \frac{173.2 \times 10^6\text{N} \cdot \text{mm}}{0.9 \times 360\text{N/mm}^2 \times 520\text{mm}} = 1028\text{mm}^2$$

基础长边方向单宽长度的配筋量 $= \dfrac{1028\text{mm}^2}{1.8\text{m}} = 571\text{mm}^2/\text{m}$

基础长边方向选取 $\Phi12@150$（实配钢筋面积 $A_s = 753.3\text{mm}^2$）。

（2） Ⅱ—Ⅱ 截面处

$$
\begin{aligned}
M_{\mathrm{II}} &= \frac{1}{48}(l-a')^2(2b+b')(p_{j,\max}+p_{j,\min}) \\
&= \frac{1}{48} \times (1.8\text{m}-0.4\text{m})^2 \times (2 \times 2.7\text{m}+0.6\text{m}) \times (253.77+
\end{aligned}
$$

$83.67)\text{kN/m}^2 = 82.7\text{kN} \cdot \text{m}$

图 3-79　例 3-9 基础设计配筋图

$$A_{s\mathrm{II}} = \frac{M_{\mathrm{II}}}{0.9f_y(h_{0\mathrm{I}}-d)} = \frac{82.7 \times 10^6\text{N} \cdot \text{mm}}{0.9 \times 360\text{N/mm}^2 \times (520\text{mm}-12\text{mm})} = 502.5\text{mm}^2$$

基础短边方向单宽长度的配筋量 $= \dfrac{502.5\text{mm}^2}{2.7\text{m}} = 186\text{mm}^2/\text{m}$

基础短边方向选取 $\Phi10@200$（实配钢筋面积 $A_s = 392.5\text{mm}^2$），且符合构造要求。

3.7　钢筋混凝土单层厂房排架结构设计实例

3.7.1　设计资料

1. 工程状况

本工程为南方城市郊区某铸造车间，无抗震设防要求，无天窗，采用卷材防水保温屋面。工艺要求为钢筋混凝土装配式单层单跨厂房，长度为 66m，柱距为 6m，厂房跨度为 24m，见图 3-80。选用两台电动桥式起重机，起重量 Q 为 15/3t，起重机工作级别为 A5 级，轨顶标高为 8m。室内外高差为 150mm。

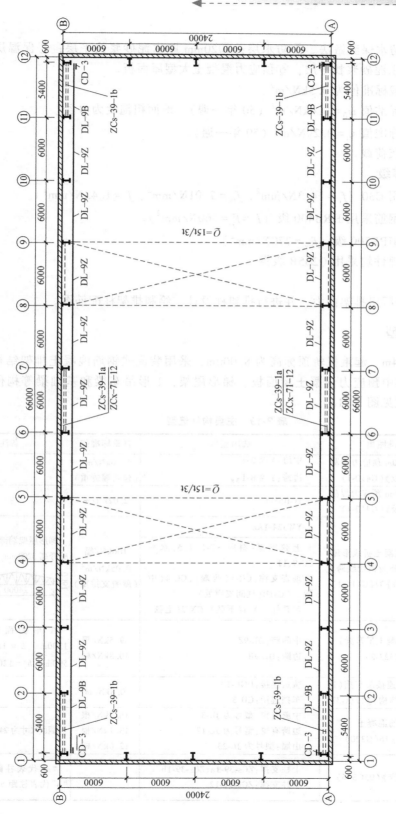

图 3-80　厂房结构布置

2. 荷载资料

1）屋面卷材防水保温做法。①防水层；②20mm 厚水泥砂浆找平层；③保温层；④隔汽层；⑤20mm 厚水泥砂浆找平层；⑥预应力混凝土大型屋面板。

2）屋面活荷载标准值为 $0.5kN/m^2$。

3）基本风压标准值 $w_0 = 0.4kN/m^2$（50 年一遇），地面粗糙度为 B 类。

4）基本雪压标准值 $s_0 = 0.2kN/m^2$（50 年一遇）。

5）不考虑积灰荷载。

3. 材料强度等级

1）混凝土采用 C30（$f_c = 14.3N/mm^2$，$f_{tk} = 2.01N/mm^2$，$f_t = 1.43N/mm^2$）。

2）纵向受力钢筋采用 HRB400 级（$f_y = f_y' = 360N/mm^2$）。

3）箍筋采用 HPB300 级（$f_{yv} = 270N/mm^2$）。

4）型钢及预埋件均采用 Q235B 级钢。

4. 设计要求

分析单层单跨厂房排架内力，并进行排架柱设计，绘制排架柱配筋图。

3.7.2 结构选型

厂房跨度为 24m，起重机轨顶标高为 8.000m，采用装配式钢筋混凝土排架结构，屋盖采用无檩体系。其中预应力混凝土屋面板、梯形屋架，T 形吊车梁和基础梁等构件选型见表 3-19。屋面布置见图 3-81。

表 3-19　主要构件选型

构件名称	标准图集	选用型号	自重标准值	备注
屋面板	《1.5m×6.0m 预应力混凝土屋面板》（G410-1）	中跨：Y-WB-1ⅠⅠ 边跨：Y-WB-1ⅠⅠs	1.50kN/m²（包括灌缝重）	
天沟板	《1.5m×6.0m 预应力混凝土屋面板》（G410-1）	TGB58-1	2.02kN/m	
屋架	《预应力混凝土折线形屋架（预应力筋为钢绞线跨度 18～30mm）》04（G415-1）	YWJ24-1Aa 上弦支撑：斜向 SC-1、4、5，水平 SC-9、11 垂直支撑：CC-1（两端），CC-4（中间），CC-1B（柱间支撑处） 钢系杆：GX-1（下弦），GX-2（上弦）	106kN/榀 0.05kN/m²（屋盖支撑重）	梯形屋架端部高 1900mm，屋脊高 3200mm 1900　3200 24000
吊车梁	《钢筋混凝土吊车梁》（G323-2）	中间跨：DL-9Z 边跨：DL-9B	39.5kN/根 40.8kN/根	T 形截面尺寸：$h = 1200mm$，$b = 180mm$，$b_f' = 500mm$，$h_f' = 120mm$
轨道连接	《吊车轨道连接及车挡（适用于混凝土结构）》17（G325）	轨道连接：DGL-10 车挡选用：CD-3	0.8kN/m	
基础梁	《钢筋混凝土基础梁》16（G320）	中跨有窗：型号为 JL-3 边跨有窗：型号为 JL-17 山墙：型号为 JL-23	16.7kN/根 13.1kN/根 12.0kN/根	截面尺寸为 240mm×450mm
柱间支撑	《柱间支撑》（05G336）	上柱支撑：ZCs-39-1a、ZCs-39-1b 下柱支撑：ZCx-71-12		"a" 代表柱距 6000mm，"b" 代表柱距 5400mm

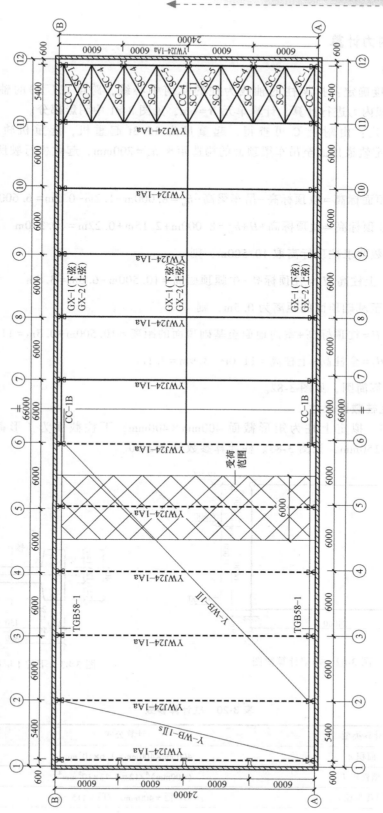

图 3-81　屋面布置

3.7.3 排架内力计算

1. 计算简图

厂房计算跨度确定：排架柱的轴线为柱的几何中心线，跨度以厂房的轴线为准，取 24m。以⑤轴排架内力进行计算，计算单元 $B=6$ m，见图 3-81 中阴影部分。

厂房高度确定：由附录 C 可查得，起重量为 15/3t 起重机，起重机轨顶以上高度 $H=2150$ mm。假定轨道顶面至吊车梁顶面的构造距离 $h_a=200$ mm，起重机行驶所需空隙尺寸 $h_b=220$ mm，则

$$牛腿顶面标高=轨顶标高-吊车梁高-h_a=8.000m-1.2m-0.2m=6.600m$$

$$柱顶标高=轨顶标高+H+h_b=8.000m+2.15m+0.22m=10.370m$$

考虑建筑模数要求柱顶标高取 10.500m，则

$$上柱高 H_u=柱顶标高-牛腿顶面高=10.500m-6.6m=3.9m$$

取室内地面至基础顶面的距离为 0.5m，则

$$全柱高 H=柱顶标高+室内地面至基础顶面的距离=10.500m+0.5m=11.0m$$

$$下柱高 H_l=全柱高-上柱高=11.0m-3.9m=7.1m$$

绘制厂房计算简图，见图 3-82。

2. 初步确定柱截面尺寸

采用表 3-13，拟定上柱为矩形截面 400mm×400mm，下柱截面为 I 形截面 400mm× 800mm×120mm×150mm，见图 3-83。柱计算参数见表 3-20。

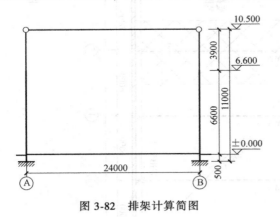

图 3-82 排架计算简图

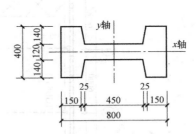

图 3-83 下柱 I 形截面尺寸

表 3-20 柱计算参数

柱截面	计算类型	计算公式
上柱 矩 400mm×400mm	面积 A	$400mm×400mm=1.6×10^5 mm^2$
	惯性矩 I	$(400mm)^4/12=2.13×10^9 mm^4$
	回转半径 i	$i=h/\sqrt{12}=400mm/\sqrt{12}=115.5mm$

（续）

柱截面	计算类型	计算公式
下柱 I400mm×800mm× 120mm×150mm	面积 A	$400mm×800mm-2×\dfrac{450mm+500mm}{2}×140mm=1.87×10^5 mm^2$
	惯性矩 I	$I_y \approx \dfrac{400×800^3}{12}mm^4-\dfrac{2×140×450^3}{12}mm^4-4×\dfrac{25×140}{2}×\left(\dfrac{450}{2}+\dfrac{25}{3}\right)^2 mm^4$ $=1.456×10^{10} mm^4$ $I_x \approx \dfrac{800×400^3}{12}mm^4-2×\left[\dfrac{450×140^3}{12}+450×140×\left(\dfrac{120}{2}+\dfrac{140}{2}\right)^2\right]mm^4-4×\dfrac{25×140}{2}×\left(\dfrac{120}{2}+\dfrac{140×2}{3}\right)^2 mm^4$ $=1.767×10^9 mm^4$
	回转半径 i	$i_y=\sqrt{\dfrac{I_y}{A}}=\sqrt{\dfrac{1.456×10^{10}}{1.87×10^5}}mm=279mm$ $i_x=\sqrt{\dfrac{I_x}{A}}=\sqrt{\dfrac{1.767×10^9}{1.87×10^5}}mm=97.2mm$

3. 荷载计算

（1）永久荷载标准值

1）屋盖自重标准值：

防水层：　　　　　　　　　　　　　　　　　　　　　　　　　　　　　$0.35kN/m^2$

20mm 厚水泥砂浆找平层：　　　　　　　　　　　　　　$20kN/m^3×0.02m=0.40kN/m^2$

保温层：　　　　　　　　　　　　　　　　　　　　　　　　　　　　　$0.50kN/m^2$

隔汽层：　　　　　　　　　　　　　　　　　　　　　　　　　　　　　$0.05kN/m^2$

20mm 厚水泥砂浆找平层：　　　　　　　　　　　　　　$20kN/m^3×0.02m=0.40kN/m^2$

预应力混凝土大型屋面板（包括灌缝重）：　　　　　　　　　　　　　　$1.50kN/m^2$

屋盖支撑重：　　　　　　　　　　　　　　　　　　　　　　　　　　　$0.05kN/m^2$

　　　　　　　　合计：　　　　　　　　　　　　　　　　　　　　　　$3.25kN/m^2$

天沟板重：　　　　　　　　　　　　　　　　　　　　　　　　　　　　$2.02kN/m$。

屋架自重为 106kN/榀，则作用于柱顶的屋盖结构自重标准值为：

$$G_{1,k}=3.25kN/m^2×6m×\frac{24m}{2}+2.02kN/m×6m+\frac{106kN}{2}=299.1kN$$

偏心距：$e_1=\dfrac{h_u}{2}-150=\dfrac{400mm}{2}-150mm=50mm$

2）柱自重标准值（混凝土重度 $25kN/m^3$）：

上柱：$G_{2,k}=25kN/m^3×(1.6×10^5×10^{-6})m^2×3.9m=15.6kN$

偏心距：$e_2=\dfrac{h_l}{2}-\dfrac{h_u}{2}=\dfrac{800mm-400mm}{2}=200mm$

下柱：$G_{3,k}=25kN/m^3×(1.87×10^5×10^{-6})m^2×7.1m×1.1=36.5kN$

偏心距：$e_3=0$

注：下柱考虑牛腿，预埋件、部分矩形截面，其重力乘以 1.1 的放大系数。

3）吊车梁及轨道自重标准值：

$$G_{4,k} = 39.5\text{kN} + 0.8\text{kN/m} \times 6\text{m} = 44.3\text{kN}$$

偏心距：$e_4 = 750\text{mm} - \dfrac{h_l}{2} = 750\text{mm} - \dfrac{800\text{mm}}{2} = 350\text{mm}$

（2）**屋面活荷载标准值** 屋面均布活荷载标准值为 0.50kN/m^2，屋面雪荷载标准值为 0.20kN/m^2，由于后者小于前者，由《建筑结构荷载规范》可知：两者不同时考虑，按较大值参与组合。故仅按屋面均布活荷载作用于柱顶，其活荷载标准值为

$$Q_{1,k} = 0.5\text{kN/m}^2 \times 6\text{m} \times \dfrac{24\text{m}}{2} = 36.0\text{kN}$$

偏心距：$e_1 = \dfrac{h_u}{2} - 150\text{mm} = \dfrac{400\text{mm}}{2} - 150\text{mm} = 50\text{mm}$

（3）**吊车荷载标准值** 对起重量为 15/3t 起重机，查附录 C 可知，起重机总重 $Q = 321\text{kN}$，小车重 $Q_1 = 74\text{kN}$（双闸），最大轮压 $P_{\text{max},k} = 185\text{kN}$，最小轮压 $P_{\text{min},k} = 50\text{kN}$，宽度 $B = 5550\text{mm}$，轮距 $K = 4400\text{mm}$。根据 B 及 K，可求得吊车梁支座反力影响线中各轮压对应点的竖向坐标值：$y_1 = 0.267$，$y_2 = 1.0$，$y_3 = 0.808$，$y_4 = 0.075$，见图 3-84。两台起重机作用考虑荷载折减系数，取 $\beta = 0.9$。

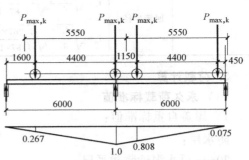

图 3-84　起重机荷载作用下支座反力影响线

1）起重机竖向荷载标准值：

$$D_{\text{max},k} = \beta P_{\text{max},k} \sum y_i = 0.9 \times 185\text{kN} \times (0.267 + 1.0 + 0.808 + 0.075)$$
$$= 0.9 \times 185\text{kN} \times 2.15 = 358.0\text{kN}$$

$$D_{\text{min},k} = \beta P_{\text{min},k} \sum y_i = 0.9 \times 50\text{kN} \times 2.15 = 96.8\text{kN}$$

2）起重机横向水平荷载标准值：

作用于每一个轮子上的起重机横向水平制动力：

$$T_k = \dfrac{1}{4}\alpha(Q + Q_1) = \dfrac{1}{4} \times 0.1 \times (321 + 74)\text{kN} = 9.88\text{kN}$$

同时作用于起重机两端每个排架柱上的起重机横向水平荷载标准值：

$$T_{\text{max},k} = \beta T_k \sum y_i = 0.9 \times 9.88\text{kN} \times 2.15 = 19.1\text{kN}$$

其作用点至柱顶的垂直距离：

$$y_1 = H_u - h_e = 3.9\text{m} - 1.2\text{m} = 2.7\text{m}, \dfrac{y_1}{H_u} = \dfrac{2.7\text{m}}{3.9\text{m}} = 0.7$$

式中，h_e 为吊车梁梁高，取值见表 3-19。

（4）**风荷载标准值** 基本风压 $w_0 = 0.4\text{kN/m}^2$，风振系数 $\beta_z = 1.2$，风荷载体型系数 μ_s 见图 3-85。风压高度变化系数 μ_z 按 B 类地区考虑，高度的取值：对 $q_{1,k}$、$q_{2,k}$ 按柱顶标高 10.5m，查表 3-7 得 $\mu_z = 1.014$；对 F_{wk} 按檐口标高 12.4m，查表 3-7 得 $\mu_z = 1.067$。

$$q_{1,k} = \beta_z \mu_s \mu_z w_0 B = 1.2 \times 0.8 \times 1.014 \times 0.4\text{kN/m}^2 \times 6\text{m} = 2.34\text{kN/m}(\rightarrow)$$

$$q_{2,k} = \beta_z \mu_s \mu_z w_0 B = 1.2 \times 0.5 \times 1.014 \times 0.4\text{kN/m}^2 \times 6\text{m} = 1.46\text{kN/m}(\rightarrow)$$

柱顶风荷载集中力标准值：

$$F_{w,k} = \beta_z \left[(0.8+0.5)h_1 + (-0.6+0.5)h_2 \right] \mu_z w_0 B$$
$$= 1.2 \times [1.3 \times 1.9\text{m} - 0.1 \times 1.3\text{m}] \times 1.067 \times 0.4\text{kN/m}^2 \times 6\text{m} = 7.2\text{kN}(\rightarrow)$$

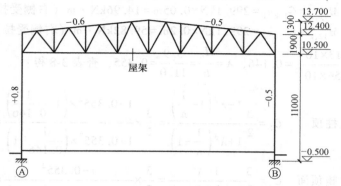

图 3-85　屋架尺寸与风荷载体型系数

汇总单跨排架受荷载布置，见图 3-86。

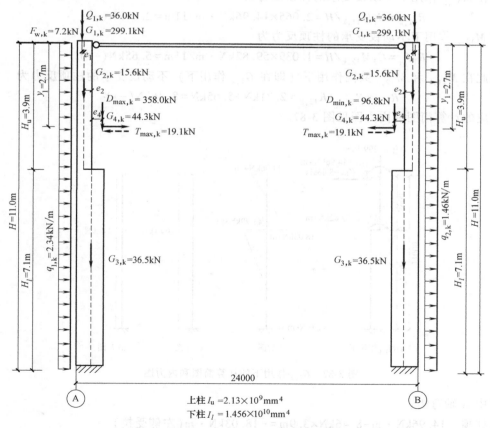

图 3-86　作用于排架上的荷载

4．排架内力分析

因 A、B 轴截面尺寸相同，故剪力分配系数 $\eta_A = \eta_B = 0.5$。这里约定，弯矩方向以右侧受拉为正，轴力以压为正，剪力以从右向左为正。

（1）永久荷载作用

1）$G_{1,k}$ 作用下的计算简图和内力图（排架无侧移）对 A 轴而言：

作用在柱顶 $M_{11,k} = G_{1,k}e_1 = 299.1 \text{kN} \times 0.05 \text{m} = 14.96 \text{kN} \cdot \text{m}$（右侧受拉）

作用在牛腿 $M_{12,k} = G_{1,k}e_2 = 299.1 \text{kN} \times 0.2 \text{m} = 59.82 \text{kN} \cdot \text{m}$（右侧受拉）

由 $n = \dfrac{I_u}{I_l} = \dfrac{2.13 \times 10^9}{1.456 \times 10^{10}} = 0.146$，$\lambda = \dfrac{H_u}{H} = \dfrac{3.9}{11.0} = 0.355$，查表 3-8 得：

弯矩作用在上柱顶 $C_1 = \dfrac{3}{2} \cdot \dfrac{1-\lambda^2\left(1-\dfrac{1}{n}\right)}{1+\lambda^3\left(\dfrac{1}{n}-1\right)} = \dfrac{3}{2} \times \dfrac{1-0.355^2 \times \left(1-\dfrac{1}{0.146}\right)}{1+0.355^3 \times \left(\dfrac{1}{0.146}-1\right)} = 2.065$

弯矩作用在牛腿顶面 $C_3 = \dfrac{3}{2} \cdot \dfrac{1-\lambda^2}{1+\lambda^3\left(\dfrac{1}{n}-1\right)} = \dfrac{3}{2} \times \dfrac{1-0.355^2}{1+0.355^3 \times \left(\dfrac{1}{0.146}-1\right)} = 1.039$

故在 $M_{11,k}$ 作用下不动铰支承的柱顶反力为

$$R_{11,k} = C_1 M_{11,k}/H = 2.065 \times 14.96 \text{kN} \cdot \text{m}/11 \text{m} = 2.81 \text{kN}(\rightarrow)$$

在 $M_{12,k}$ 作用下不动铰支承的柱顶反力为

$$R_{12,k} = C_3 M_{12,k}/H = 1.039 \times 59.82 \text{kN} \cdot \text{m}/11 \text{m} = 5.65 \text{kN}(\rightarrow)$$

因此在 $M_{11,k}$ 和 $M_{12,k}$ 共同作用下（即在 $G_{1,k}$ 作用下）不动铰支承的柱顶反力为

$$R_{1,k} = R_{11,k} + R_{12,k} = 2.81 \text{kN} + 5.65 \text{kN} = 8.46 \text{kN}(\rightarrow)$$

相应的计算简图和内力图见图 3-87。

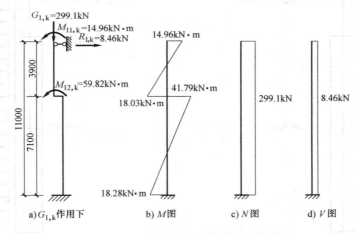

图 3-87 $G_{1,k}$ 作用下的计算简图和内力图

其中 A 轴弯矩：

上柱顶 $14.96 \text{kN} \cdot \text{m} - 8.46 \text{kN} \times 3.9 \text{m} = -18.03 \text{kN} \cdot \text{m}$（左侧受拉）

下柱顶 $59.82 \text{kN} \cdot \text{m} - 18.03 \text{N} \cdot \text{m} = 41.79 \text{kN} \cdot \text{m}$（右侧受拉）

下柱底 $14.96 \text{kN} \cdot \text{m} + 59.82 \text{kN} \cdot \text{m} - 8.46 \text{kN} \times 11 \text{m} = -18.28 \text{kN} \cdot \text{m}$（左侧受拉）

2）$G_{2,k}$、$G_{3,k}$、$G_{4,k}$ 作用下的计算简图和内力图。由于排架未形成，故 $G_{2,k}$、$G_{3,k}$、

$G_{4,k}$ 作用的内力计算仅按自身考虑，按悬臂柱设计，不参与排架计算。

上柱重 $G_{2,k} = 15.6kN$、下柱重 $G_{3,k} = 36.5kN$、吊车梁及轨道重 $G_{4,k} = 44.3kN$，偏心距 $e_2 = 200mm$、$e_3 = 0$、$e_4 = 350mm$。

对下柱的弯矩为

上柱自重对下柱截面中性点取矩　$M_{2,k} = G_{2,k}e_2 = 15.6kN \times 0.2m = 3.12kN \cdot m$（右侧受拉）

下柱自重对自身取矩　$M_{3,k} = G_{3,k}e_3 = 36.5kN \times 0m = 0$

吊车梁自重对下柱截面中性点取矩 $M_{4,k} = G_{4,k}e_4 = 44.3kN \times (-0.35m) = -15.51kN \cdot m$（左侧受拉）

相应的计算简图和内力图见图 3-88。

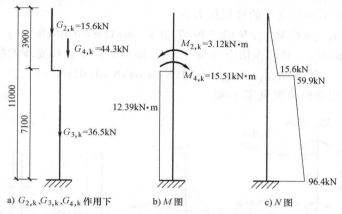

图 3-88　$G_{2,k}$、$G_{3,k}$、$G_{4,k}$ 作用计算简图和内力图

其中 A 轴柱底弯矩：

$$3.12kN \cdot m - 15.51kN \cdot m = -12.39kN \cdot m（左侧受拉）$$

3）$G_{1,k}$、$G_{2,k}$、$G_{3,k}$、$G_{4,k}$ **共同作用下的永久荷载内力叠加**。相应的计算简图和内力图见图 3-89。

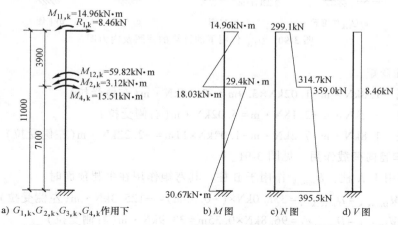

图 3-89　$G_{1,k}$、$G_{2,k}$、$G_{3,k}$、$G_{4,k}$ 共同作用下的计算简图和内力图

其中 A 轴弯矩：

$$14.96kN \cdot m - 8.46kN \times 3.9m = -18.03kN \cdot m（左侧受拉）$$

59.82kN·m−18.03N·m+3.12N·m−15.51N·m=29.4kN·m(右侧受拉)

14.96kN·m+59.82kN·m−8.46kN×11m+3.12N·m−15.51N·m=−30.67kN·m(左侧受拉)

（2）$Q_{1,k}$ 作用下的计算简图和内力图　对于单跨排架，$Q_{1,k}$ 与 $G_{1,k}$ 一样为对称荷载，且作用位置相同，仅数值大小不同。故由 $G_{1,k}$ 的内力计算过程可得到 $Q_{1,k}$ 的内力计算数值：

作用在柱顶　$M_{11,k}=Q_{1,k}e_1=36.0kN×0.05m=1.8kN·m$（右侧受拉）

作用在牛腿　$M_{12,k}=Q_{1,k}e_2=36.0kN×0.2m=7.2kN·m$（右侧受拉）

故在 $M_{11,k}$ 作用下不动铰支承的柱顶反力为

$$R_{11,k}=C_1M_{11,k}/H=2.065×1.8kN·m/11m=0.34kN(→)$$

在 $M_{12,k}$ 作用下不动铰支承的柱顶反力为

$$R_{12,k}=C_3M_{12,k}/H=1.039×7.2kN·m/11m=0.68kN(→)$$

因此在 $M_{11,k}$ 和 $M_{12,k}$ 共同作用下（即在 $Q_{1,k}$ 作用下）不动铰支承的柱顶反力为

$$R_{1,k}=R_{11,k}+R_{12,k}=0.34kN+0.68kN=1.02kN(→)$$

相应的计算简图和内力图见图 3-90。

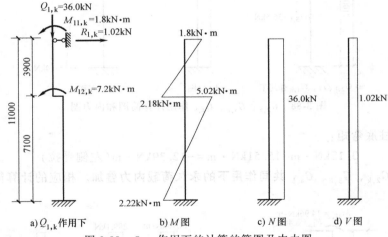

a) $Q_{1,k}$ 作用下　　b) M 图　　c) N 图　　d) V 图

图 3-90　$Q_{1,k}$ 作用下的计算的简图及内力图

其中 A 轴弯矩：

上柱柱底　1.8kN·m−1.02kN×3.9m=−2.18kN·m（左侧受拉）

下柱柱顶　7.2kN·m−2.18N·m=5.02kN·m（右侧受拉）

下柱柱底　1.8kN·m+7.2kN·m−1.02kN×11m=−2.22kN·m（左侧受拉）

（3）**吊车竖向荷载作用**　见图 3-91。

$D_{max,k}$ 作用于 A 柱，$D_{min,k}$ 作用于 B 柱，其弯矩作用在牛腿顶面时：

$$M_{Dmax,k}=D_{max,k}e_4=358.0kN×(−0.35m)=−125.3kN·m（左侧受拉）$$

$$M_{Dmin,k}=D_{min,k}e_4=96.8kN×0.35m=33.9kN·m（右侧受拉）$$

在柱顶虚加一个不动铰支座：

$$R_{A,k}=C_3M_{Dmax,k}/H=1.039×125.3kN·m/11m=11.8kN(←)$$

$$R_{B,k}=C_3M_{Dmin,k}/H=1.039×33.9kN·m/11m=3.2kN(→)$$

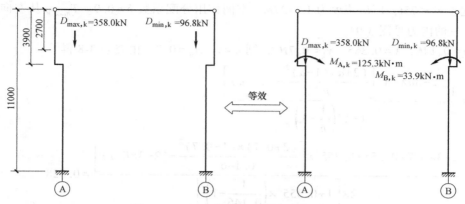

图 3-91　$D_{\text{max,k}}$ 作用在 A 轴的计算简图

$$R_k = R_{A,k} + R_{B,k} = 11.8\text{kN} - 3.2\text{kN} = 8.6\text{kN}(\leftarrow)$$

撤除附加的不动铰支座，因 A、B 轴的两排架柱截面尺寸相同，故剪力分配系数 $\eta_A = \eta_B = 0.5$，有

$$V_{A,k} = R_{A,k} - \eta_A \delta R_k = 11.8\text{kN} - 0.5 \times 8.6\text{kN} = 7.5\text{kN}(\leftarrow)$$
$$V_{B,k} = R_{B,k} + \eta_B \delta R_k = 3.2\text{kN} + 0.5 \times 8.6\text{kN} = 7.5\text{kN}(\rightarrow)$$

相应的内力图见图 3-92。

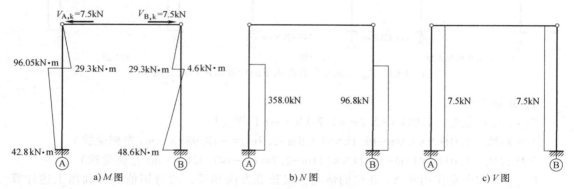

图 3-92　$D_{\text{max,k}}$ 作用在 A 轴的内力图

其中 A 轴弯矩：

上柱柱底　$7.5\text{kN} \times 3.9\text{m} = 29.3\text{kN·m}$（右侧受拉）

下柱柱顶　$-125.3\text{kN·m} + 29.3\text{kN·m} = -96.05\text{kN·m}$（左侧受拉）

下柱柱底　$-125.3\text{kN·m} + 7.5\text{kN} \times 11\text{m} = -42.8\text{kN·m}$（左侧受拉）

B 轴弯矩：

上柱柱底　$-7.5\text{kN} \times 3.9\text{m} = -29.3\text{kN·m}$（左侧受拉）

下柱柱顶　$33.9\text{kN·m} - 29.3\text{kN·m} = 4.6\text{kN·m}$（右侧受拉）

下柱柱底　$33.9\text{kN·m} - 7.5\text{kN} \times 11\text{m} = -48.6\text{kN·m}$（左侧受拉）

若考虑 $D_{\text{min,k}}$ 作用在 A 柱，$D_{\text{max,k}}$ 作用于 B 柱，由于结构对称，只需 A 柱与 B 柱内力对换即可。

（4）吊车横向水平荷载作用（考虑厂房整体空间作用）　对于无檩楼盖，两端有山墙，起重机起重量≤75t，厂房跨度为 12~27m，空间作用分配系数 $\delta=0.9$。$T_{max,k}$ 从左向右作用在 A、B 柱的内力见图 3-93。

由 $n=0.146$，$\lambda=0.355$，$y_1=0.7H_u$，则 $a=y_1/H_u=0.7$，由查表 3-8 得

$$C_5=\frac{1}{2}\times\frac{2-3a\lambda+\lambda^3\left[\dfrac{(2+a)(1-a)^2}{n}-(2-3a)\right]}{1+\lambda^3\left(\dfrac{1}{n}-1\right)}$$

$$=\frac{2-3\times0.7\times0.355+0.355^3\times\left[\dfrac{(2+0.7)\times(1-0.7)^2}{0.146}-(2-3\times0.7)\right]}{2\times\left[1+0.355^3\times\left(\dfrac{1}{0.146}-1\right)\right]}=0.528$$

故 A、B 柱的柱顶剪力为

$$V_{A,k}=V_{B,k}=(1-\delta)C_5T_{max,k}=(1-0.9)\times0.528\times19.1kN=1.01kN(\leftarrow)$$

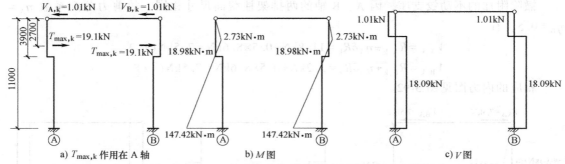

a) $T_{max,k}$ 作用在 A 轴   b) M 图   c) V 图

图 3-93 $T_{max,k}$ 从左向右作用下的计算简图和内力图

A、B 轴弯矩：

$T_{max,k}$ 作用点处 $1.01kN\times2.7m=2.73kN\cdot m$（右侧受拉）

上柱柱底 $1.01kN\times3.9m-19.1kN\times(3.9m-2.7m)=-18.98kN\cdot m$（左侧受拉）

下柱柱底 $1.01kN\times11m-19.1kN\times(11m-2.7m)=-147.42kN\cdot m$（左侧受拉）

$T_{max,k}$ 从右向左作用在 A、B 柱的情况，仅荷载方向相反，故弯矩值仍可利用上述计算结果，但弯矩图的方向与之相反。

（5）**风荷载作用**   风从左向右吹时，由查表 3-8 得，柱顶反力系数 C_{11} 为

$$c_{11}=\frac{3}{8}\frac{1+\lambda^4\left(\dfrac{1}{n}-1\right)}{1+\lambda^3\left(\dfrac{1}{n}-1\right)}=\frac{3}{8}\times\frac{1+0.355^4\times\left(\dfrac{1}{0.146}-1\right)}{1+0.355^3\times\left(\dfrac{1}{0.146}-1\right)}=0.325$$

对于单跨排架，A、B 柱顶剪力分别为

$$V_{A,k}=C_{11}Hq_{1,k}-0.5[F_{\omega,k}+C_{11}H(q_{1,k}+q_{2,k})]$$
$$=0.325\times11m\times2.34kN/m-0.5\times[7.2kN+0.325\times11m\times(2.34kN/m+1.46kN/m)]$$
$$=-2.03kN(\rightarrow)$$

$$V_{B,k}=C_{11}Hq_{2,k}-0.5[F_{\omega,k}+C_{11}H(q_{1,k}+q_{2,k})]$$
$$=0.325\times11m\times1.46kN/m-0.5\times[7.2kN+0.325\times11m\times(2.34kN/m+1.46kN/m)]$$
$$=-5.17kN(\rightarrow)$$

计算简图和内力图见图 3-94。

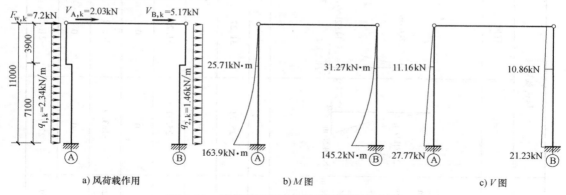

图 3-94　风荷载作用下的计算简图和内力图

其中 A 轴弯矩：

上柱柱底　　$-2.03\text{kN}\times3.9\text{m}-0.5\times2.34\text{kN/m}\times(3.9\text{m})^2=-25.71\text{kN}\cdot\text{m}$（左侧受拉）

下柱柱底　　$-2.03\text{kN}\times11\text{m}-0.5\times2.34\text{kN/m}\times(11\text{m})^2=-163.9\text{kN}\cdot\text{m}$（左侧受拉）

B 轴弯矩：

上柱柱底　　$-5.17\text{kN}\times3.9\text{m}-0.5\times1.46\text{kN/m}\times(3.9\text{m})^2=-31.27\text{kN}\cdot\text{m}$（左侧受拉）

下柱柱底　　$-5.17\text{kN}\times11\text{m}-0.5\times1.46\text{kN/m}\times(11\text{m})^2=-145.2\text{kN}\cdot\text{m}$（左侧受拉）

A 轴剪力：

$$2.03\text{kN}+2.34\text{kN/m}\times3.9\text{m}=11.16\text{kN}(\rightarrow)$$

$$2.03\text{kN}+2.34\text{kN/m}\times11\text{m}=27.77\text{kN}(\rightarrow)$$

B 轴剪力：

$$5.17\text{kN}+1.46\text{kN/m}\times3.9\text{m}=10.86\text{kN}(\rightarrow)$$

$$5.17\text{kN}+1.46\text{kN/m}\times11\text{m}=21.23\text{kN}(\rightarrow)$$

当风从右向左吹时，仅荷载方向相反，故弯矩值仍可利用上述计算结果，但弯矩图的方向与之相反。

5. 内力组合

由于本结构对称，故只需对 A 柱或 B 柱进行最不利内力组合。控制截面分别取上柱底部截面Ⅰ—Ⅰ、牛腿顶截面Ⅱ—Ⅱ、下柱底部截面Ⅲ—Ⅲ。表 3-21 为各种荷载作用下 A 柱各控制截面的内力标准值汇总，表中控制截面及内力方向见表 3-21 图例。荷载效应的基本组合按：①$+M_{\max}$ 及对应的 N、V；②$-M_{\max}$ 及对应的 N、V；③$N_{\max}$ 及对应的 M、V；④$N_{\min}$ 及对应的 M、V 四种情况进行组合。A 柱荷载效应组合见表 3-22。

由可变荷载控制的效应设计值为

$$S_{\text{d}}=\sum_{i\geqslant1}\gamma_{G_i}S_{G_{ik}}+\gamma_{Q_1}\gamma_{L_1}S_{Q_{1k}}+\sum_{j>1}\gamma_{Q_j}\psi_{cj}\gamma_{L_j}S_{Q_{jk}}$$

其中，永久荷载分项系数 $\gamma_G=1.3$，可变荷载分项系数 $\gamma_Q=1.5$，屋面活荷载组合系数 $\psi_c=0.7$，风荷载组合系数 $\psi_c=0.6$，吊车荷载组合系数 $\psi_c=0.7$，设计使用年限的荷载调整系数 $\gamma_L=1.0$。

表 3-21 各种荷载单独作用下 A 柱各控制截面的内力标准值汇总

荷载类别		永久荷载效应 $G_{1,k}$、$G_{2,k}$、$G_{3,k}$、$G_{4,k}$	活荷载效应 Q_{1k}	起重机荷载效应				风荷载效应	
				$D_{max,k}$	$D_{min,k}$	$T_{max,k}$	$T_{max,k}$	左风	右风
控制截面及内力方向	序号	①	②	③	④	⑤	⑥	⑦	⑧
I — M_k	I	−18.03	−2.18	29.3	29.3	−18.98	18.98	−25.71	31.27
I — N_k	I	314.7	36.0	0	0	0	0	0	0
II — M_k	II	29.4	5.02	−96.05	−4.6	−18.98	18.98	−25.71	31.27
II — N_k	II	359.0	36.0	358.0	96.8	0	0	0	0
III — M_k	III	−30.67	−2.22	−42.8	48.6	−147.42	147.42	−163.9	145.2
III — N_k	III	395.5	36.0	358.0	96.8	0	0	0	0
III — V_k	III	8.46	1.02	−7.5	−7.5	18.09	−18.09	27.77	−21.23

注：M_k 单位为 kN·m，N_k 单位为 kN，V_k 单位为 kN。弯矩方向以右侧受拉为正，轴力以压为正，剪力以从右向左为正。

表 3-22　A 柱荷载效应组合

基本组合 $S_d = 1.3S_{G_k} + 1.5S_{Q_{1k}} + 1.5\sum_{i>1}\psi_{ci}S_{Q_{ik}}$，标准组合 $S_d = \sum_{i≥1}S_{G_{ik}} + S_{Q_{1k}} + \sum_{i>1}\psi_{ci}S_{Q_{ik}}$

序号		$+M_{\max}$ 及对应的 N、V	$-M_{\max}$ 及对应的 N、V	$N_{\max}$ 及对应的 M、V	$N_{\min}$ 及对应的 M、V
Ⅰ—Ⅰ	M	74.16	−64.29	−49.85	−62.0
	N	409.1	446.9	463.1	409.1
		$1.3①+1.5③+1.5×$ $(0.7③+0.6⑥)$	$1.3①+1.5⑦+1.5×0.7②$	$1.3①+1.5②+1.5×0.6⑦$	$1.3①+1.5⑦$
Ⅱ—Ⅱ	M	105.50	−148.92	−143.65	85.13
	N	606.1	1003.7	1041.5	466.7
		$1.3①+1.5⑧+1.5×$ $0.7(②+④+⑥)$	$1.3①+1.5③+1.5×$ $(0.7⑤+0.6⑦)$	$1.3①+1.5③+1.5×$ $(0.7②+0.7⑤+0.6⑦)$	$1.3①+1.5⑧$
Ⅲ—Ⅲ	M	362.97	−418.93	−408.70	−285.72
	N	615.8	791.45	1089.0	514.2
	V	−43.12	62.28	44.81	52.65
		$1.3①+1.5⑥+1.5×$ $(0.7④+0.6⑧)$	$1.3①+1.5⑦+1.5×$ $0.7(②+③+⑤)$	$1.3①+1.5③+1.5×$ $(0.7②+0.7⑤+0.6⑦)$	$1.3①+1.5⑦$
	M_k	237.89	−329.28	−276.56	−194.57
	N_k	463.3	671.3	778.7	395.5
	V_k	−27.62	44.36	31.00	36.23
		$①+⑥+0.7(②+③+⑤)$	$①+⑦+0.7(②+③+⑤)$	$①+③+0.7②+0.7⑤+0.6⑦$	$①+⑦$

注：1. 每次组合以一种内力为目标来定荷载项的联合，如以某一种内力为目标，必须以得到 $+M_{\max}$ 为目标，然后表出与它对应的 N、V 值。

2. 每次组合都必须包括永久荷载项。

3. 当取 $N_{\max}$ 或 $N_{\min}$ 组合目标时，应使相应的 M 绝对值尽可能大，因此对于不产生轴向力而产生弯矩的荷载（如风荷载及起重机水平荷载）也应组合进去。

4. 风荷载项中有左风和右风两种，每次组合只取其中一种。

5. 起重机荷载内力项，要"遵守有 $T_{\max,k}$ 必有 $D_{\max,k}$ 或 $D_{\min,k}$，有 $D_{\max,k}$ 或 $D_{\min,k}$ 也有 $T_{\max,k}$"的规则。

6. 非偶然荷载设计时，对柱截面一般不需要进行受剪承载力计算，故除下柱底截面Ⅲ—Ⅲ外，其他截面确定Ⅲ—Ⅲ截面底面产生的弯矩。当进行地基承载力验算时，需进行荷载效应的准永久组合。但排架柱一般不起控制作用，故不必进行。

7. 对排架柱进行裂缝宽度验算时，按式（3-32）所得效应设计值一般不起控制作用，故不必进行。

3.7.4 排架柱设计

依据受压构件对称配筋的 M-N 相关曲线对内力组合值的结果判定最不利内力，进行截面设计。N 相差不多时，M 越大越不利；M 相差不多时，当 $N \leqslant N_b$ 时为大偏心受压，N 越小越不利；当 $N > N_b$ 时为小偏心受压，N 越大越不利。其中 N_b 为界限破坏时所对应的轴力。

1. 柱截面配筋计算

仍以 A 柱为例，采用 C30，$f_c = 14.3 \text{N/mm}^2$，$f_{tk} = 2.01 \text{N/mm}^2$，$f_t = 1.43 \text{N/mm}^2$；纵向受力钢筋采用 HRB400 级，$f_y = f'_y = 360 \text{N/mm}^2$；箍筋采用 HPB300 级，$f_{yv} = 270 \text{N/mm}^2$，$\xi_b = 0.518$。上下柱均采用对称配筋。

（1）选取控制截面最不利内力　对上柱，截面有效高度 $h_0 = 400\text{mm} - 40\text{mm} = 360\text{mm}$，则大小偏压界限破坏时对应的轴向压力为

$$N_b = a_1 f_c b \xi_b h_0 = (1.0 \times 14.3 \times 400 \times 0.518 \times 360)\text{N} = 1066.67\text{kN}$$

对下柱，截面有效高度 $h_0 = 800\text{mm} - 40\text{mm} = 760\text{mm}$，则大小偏压界限破坏时对应的轴向压力为

$$N_b = a_1 f_c \left[b \xi_b h_0 + (b'_f - b) h'_f \right]$$
$$= 1.0 \times 14.3 \text{N/mm}^2 \times \left[120\text{mm} \times 0.518 \times 760\text{mm} + (400-120)\text{mm} \times 150\text{mm} \right]$$
$$= 1276.2\text{kN}$$

当 $N \leqslant N_b$ 时，为大偏心受压构件；当 $N > N_b$ 时，为小偏心受压构件。从表 3-22 可知，上柱Ⅰ—Ⅰ截面共有 4 组不利内力，下柱Ⅱ—Ⅱ、Ⅲ—Ⅲ截面共有 4 组不利内力，均满足 $N \leqslant N_b$，故均为大偏心受压。按照"M 相差不多时 N 越小越不利；N 相差不多时 M 越大越不利"的原则，可确定柱的控制截面最不利内力。

上柱Ⅰ—Ⅰ截面，矩形截面，$M = 74.16\text{kN} \cdot \text{m}$，$N = 409.1\text{kN}$。

下柱Ⅲ—Ⅲ截面，工字形截面，第 1 组，$M = 362.97\text{kN} \cdot \text{m}$，$N = 615.8\text{kN}$，$V = -43.12\text{kN}$（混凝土受压区高度位于受压翼缘内）；第 2 组，$M = -408.7\text{kN} \cdot \text{m}$，$N = 1089\text{kN}$，$V = 44.81\text{kN}$（混凝土受压区高度位于腹板内）。

（2）上柱纵向钢筋计算　上柱取最不利内力 $M_0 = 74.16\text{kN} \cdot \text{m}$，$N = 409.1\text{kN}$ 进行计算，$h_0 = 360\text{mm}$。

1）对排架柱是否考虑二阶效应。查表 3-14 可知，有起重机的厂房排架方向上柱的计算长度为 $l_c = l_0 = 2H_u = 2 \times 3.9\text{m} = 7.8\text{m}$，上柱的回转半径计算见表 3-20，$i = 115.5\text{mm}$。

$$e_a = \max\left(\frac{h}{30}, 20\text{mm}\right) = \max\left(\frac{400\text{mm}}{30}, 20\text{mm}\right) = 20\text{mm}$$

$$\zeta_c = \frac{0.5 f_c A}{N} = \frac{0.5 \times 14.3 \text{N/mm}^2 \times 400\text{mm} \times 400\text{mm}}{409.1 \times 10^3 \text{N}} = 2.80 > 1.0, \text{取 } \zeta_c = 1.0$$

$$\eta_s = 1 + \frac{h_0}{1500\left(\frac{M_0}{N} + e_a\right)}\left(\frac{l_0}{h}\right)^2 \zeta_c$$

$$= 1 + \frac{360\text{mm}}{1500 \times \left(\frac{74.16 \times 10^3 \text{kN} \cdot \text{mm}}{409.1\text{kN}} + 20\text{mm}\right)} \times \left(\frac{7800\text{mm}}{400\text{mm}}\right)^2 \times 1.0 = 1.453$$

$$M = \eta_s M_0 = 1.453 \times 74.16 \text{kN} \cdot \text{m} = 107.8 \text{kN} \cdot \text{m}$$

$$e_0 = \frac{M}{N} = \frac{107.8 \text{kN} \cdot \text{m}}{409.1 \text{kN}} = 263.5 \text{mm}$$

$$e_i = e_0 + e_a = 263.5 \text{mm} + 20 \text{mm} = 283.5 \text{mm}$$

2）判别偏心受压类型。

$$x = \frac{N}{\alpha_1 f_c b} = \frac{409.1 \times 10^3 \text{N}}{1.0 \times 14.3 \text{N/mm}^2 \times 400 \text{mm}} = 71.5 \text{mm} < 2a_s' = 80 \text{mm} \quad \text{（为大偏心受压）}$$

3）计算 A_s 和 A_s'。取 $x = 2a_s'$ 进行计算：

$$e' = e_i - \frac{h}{2} + a_s' = 283.5 \text{mm} - \frac{400 \text{mm}}{2} + 40 \text{mm} = 123.5 \text{mm}$$

$$A_s' = A_s = \frac{Ne'}{f_y(h_0 - a_s')} = \frac{409.1 \times 10^3 \text{N} \times 123.5 \text{mm}}{360 \text{N/mm}^2 \times (360-40) \text{mm}} = 438.6 \text{mm}^2$$

选 3 Φ 18（$A_s = 763 \text{mm}^2 > \rho_{\min} bh = 0.2\% \times 400 \text{mm} \times 400 \text{mm} = 320 \text{mm}^2$）。

验算全部配筋率：

$$0.55\% < \frac{A_s + A_s'}{A} = \frac{2 \times 763 \text{mm}^2}{400 \text{mm} \times 400 \text{mm}} \times 100\% = 0.954\% < 5\% \quad \text{（符合构造要求）}$$

4）验算垂直弯矩作用平面的受压承载力。垂直排架方向，有柱间支撑的上柱计算长度为 $l_0 = 1.25 H_u = 1.25 \times 3.9 \text{m} = 4.875 \text{m}$，$l_0/b = 4875 \text{mm}/400 \text{mm} = 12.2$，查《混凝土结构设计原理》教材相应表得 $\varphi = 0.947$。

$$N_u = 0.9\varphi(f_c A + f_y' A_s')$$

$$= 0.9 \times 0.947 \times (14.3 \text{N/mm}^2 \times 400 \text{mm} \times 400 \text{mm} + 360 \text{N/mm}^2 \times 2 \times 763 \text{mm}^2)$$

$$= 2418.3 \text{kN} > N = 409.1 \text{kN}（满足要求）$$

（3）下柱纵向钢筋计算

1）下柱取第 1 组不利内力 $M_0 = 362.97 \text{kN} \cdot \text{m}$，$N = 615.8 \text{kN}$，$V = -39.5 \text{kN}$ 进行计算。

下柱计算长度取：$l_c = l_0 = 1.0 H_l = 1.0 \times 7.1 \text{m} = 7.1 \text{m}$，$h_0 = 760 \text{mm}$，$A = 1.87 \times 10^5 \text{mm}^2$，$i_y = 279 \text{mm}$。

$$e_a = \max\left(\frac{h}{30}, \ 20 \text{mm}\right) = \max\left(\frac{800}{30} \text{mm}, \ 20 \text{mm}\right) = 26.7 \text{mm}$$

$$\zeta_c = \frac{0.5 f_c A}{N} = \frac{0.5 \times 14.3 \text{N/mm}^2 \times 1.87 \times 10^5 \text{mm}^2}{615.8 \times 10^3 \text{N}} = 2.17 > 1.0，取 \zeta_c = 1.0$$

$$\eta_s = 1 + \frac{h_0}{1500\left(\frac{M_0}{N} + e_a\right)}\left(\frac{l_0}{h}\right)^2 \zeta_c$$

$$= 1 + \frac{760 \text{mm}}{1500 \times \left(\frac{362.97 \times 10^3 \text{kN} \cdot \text{mm}}{615.8 \text{kN}} + 26.7 \text{mm}\right)} \times \left(\frac{7100 \text{mm}}{800 \text{mm}}\right)^2 \times 1.0 = 1.065$$

$$M = \eta_s M_0 = 1.065 \times 362.97 \text{kN} \cdot \text{m} = 386.6 \text{kN} \cdot \text{m}$$

$$e_0 = \frac{M}{N} = \frac{386.6 \text{kN} \cdot \text{m}}{615.8 \text{kN}} = 627.8 \text{mm}$$

$$e_i = e_0 + e_a = 627.8\text{mm} + 26.7\text{mm} = 654.5\text{mm}$$

$$e = e_i + \frac{h}{2} - a_s = 654.5\text{mm} + \frac{800}{2}\text{mm} - 40\text{mm} = 1014.5\text{mm}$$

先假定中和轴位于受压翼缘内，则

$$x = \frac{N}{\alpha_1 f_c b_f'} = \frac{615.8 \times 10^3 \text{N}}{1.0 \times 14.3\text{N/mm}^2 \times 400\text{mm}} = 107.7\text{mm}$$

满足 $h_f' = 150\text{mm} > x = 107.7\text{mm} > 2a_s' = 80\text{mm}$，为大偏心受压构件且混凝土受压区高度在受压翼缘内，则

$$
\begin{aligned}
A_s = A_s' &= \frac{Ne - \alpha_1 f_c b_f' x \left(h_0 - \dfrac{x}{2}\right)}{f_y'(h_0 - a_s')} \\
&= \frac{615.8 \times 10^3 \text{N} \times 1014.5\text{mm} - 1.0 \times 14.3\text{N/mm}^2 \times 400\text{mm} \times 107.7\text{mm} \times (760 - 107.7/2)\text{mm}}{360\text{N/mm}^2 \times (760-40)\text{mm}} \\
&= 731.9\text{mm}^2 > \rho_{\min} A = 0.2\% \times 1.87 \times 10^5 \text{mm}^2 = 374\text{mm}^2
\end{aligned}
$$

2）下柱取第 2 组不利内力 $M_0 = -408.7\text{kN} \cdot \text{m}$，$N = 1089\text{kN}$，$V = 44.81\text{kN}$ 进行计算。

$$\zeta_c = \frac{0.5 f_c A}{N} = \frac{0.5 \times 14.3\text{N/mm}^2 \times 1.87 \times 10^5 \text{mm}^2}{1089 \times 10^3 \text{N}} = 1.23 > 1.0，取 \zeta_c = 1.0$$

$$\eta_s = 1 + \frac{h_0}{1500\left(\dfrac{M_0}{N} + e_a\right)}\left(\frac{l_0}{h}\right)^2 \zeta_c = 1 + \frac{760\text{mm}}{1500 \times \left(\dfrac{408.7 \times 10^3 \text{kN} \cdot \text{mm}}{927.9\text{kN}} + 26.7\text{mm}\right)} \times \left(\frac{7100\text{mm}}{800\text{mm}}\right)^2 \times 1.0 = 1.099$$

$$M = \eta_s M_0 = 1.099 \times 408.7\text{kN} \cdot \text{m} = 449.2\text{kN} \cdot \text{m}$$

$$e_0 = \frac{M}{N} = \frac{449.2\text{kN} \cdot \text{m}}{1089\text{kN}} = 412.5\text{mm}$$

$$e_i = e_0 + e_a = 412.5\text{mm} + 26.7\text{mm} = 439.2\text{mm}$$

$$e = e_i + \frac{h}{2} - a_s = 439.2\text{mm} + \frac{800}{2}\text{mm} - 40\text{mm} = 799.2\text{mm}$$

先假定中和轴位于受压翼缘内，则

$$x = \frac{N}{\alpha_1 f_c b_f'} = \frac{1089 \times 10^3 \text{N}}{1.0 \times 14.3\text{N/mm}^2 \times 400\text{mm}} = 190.4\text{mm}$$

因 $h_f' = 150\text{mm} < x = 162.2\text{mm} < \xi_b h_0 = 0.518 \times 760\text{mm} = 393.7\text{mm}$，混凝土受压区高度在腹板内且为大偏心受压，需重新求 x。

$$x = \frac{N - \alpha_1 f_c (b_f' - b) h_f'}{\alpha_1 f_c b} = \frac{1089 \times 10^3 \text{N} - 1.0 \times 14.3\text{N/mm}^2 \times (400\text{mm} - 120\text{mm}) \times 150\text{mm}}{1.0 \times 14.3\text{N/mm}^2 \times 120\text{mm}} = 284.6\text{mm}$$

$$
\begin{aligned}
A_s = A_s' &= \frac{Ne - \alpha_1 f_c (b_f' - b) h_f' (h_0 - h_f'/2) - \alpha_1 f_c b x \left(h_0 - \dfrac{x}{2}\right)}{f_y'(h_0 - a_s')} \\
&= \frac{1089 \times 10^3 \text{N} \times 799.2\text{mm} - 1.0 \times 14.3\text{N/mm}^2 \times [(400-120)\text{mm} \times 150\text{mm} \times (760-150/2)\text{mm} + 120\text{mm} \times 284.6\text{mm} \times (760-284.6/2)\text{mm}]}{360\text{N/mm}^2 \times (760-40)\text{mm}} \\
&= 606.5\text{mm}^2 > \rho_{\min} A = 0.2\% \times 1.87 \times 10^5 \text{mm}^2 = 374\text{mm}^2
\end{aligned}
$$

选第1组和第2组计算结果中的较大值，故选用4Φ18（$A_s = A'_s = 1017.4\text{mm}^2$）。

因截面高度600mm<h=800mm<1000mm，需在柱的侧面设置2根直径14mm的纵向构造钢筋（面积为308mm²），则截面总配筋率

$$0.55\% < \rho = \frac{A_s + A'_s + A_{s构}}{A} = \frac{(1017.4 \times 2 + 308)\text{mm}^2}{1.87 \times 10^5 \text{mm}^2} \times 100\%$$

$$= \frac{2342.8\text{mm}^2}{1.87 \times 10^5 \text{mm}^2} \times 100\% = 1.253\% < 5\% \text{（满足要求）}$$

（4）**验算垂直于弯矩作用平面的受压承载力**　垂直排架方向，有柱间支撑的下柱计算长度为 $l_0 = 0.8H_l = 0.8 \times 7.1\text{m} = 5.68\text{m}$，垂直排架方向的回转半径 $i_x = 97.2\text{mm}$（见表3-20），$N_{max} = 1089.0\text{kN}$。因 $\frac{l_0}{i_x} = \frac{5680}{97.2} = 58.4$，查《混凝土结构设计原理》教材相应表得 $\varphi = 0.841$。

$$N_u = 0.9\varphi(f_c A + f'_y A'_s)$$

$$= 0.9 \times 0.841 \times (14.3\text{N/mm}^2 \times 1.87 \times 10^5 \text{mm}^2 + 360\text{N/mm}^2 \times 2342.8\text{mm}^2)$$

$$= 2662.4\text{kN} > N = 1089.0\text{kN} \quad \text{（满足要求）}$$

（5）**下柱箍筋计算**　现以剪力最大一组内力为例进行箍筋计算，通常可按构造配制。已知 $M = 418.93\text{kN·m}$，$N = 791.45\text{kN}$，$V = 62.28\text{kN}$，则

$$\lambda = \frac{M}{Vh_0} = \frac{418.93 \times 10^3 \text{kN·mm}}{62.28\text{kN} \times 760\text{mm}} = 8.85 > 3, \text{ 取 } \lambda = 3$$

$$0.3f_c A = 0.3 \times 14.3\text{N/mm}^2 \times 1.87 \times 10^5 \text{mm}^2 = 802.2\text{kN} > N = 791.45\text{kN}, \text{ 取 } N = 791.45\text{kN}$$

$$\frac{1.75}{\lambda + 1}f_t bh_0 + 0.07N$$

$$= \frac{1.75}{3+1} \times 1.43\text{N/mm}^2 \times 120\text{mm} \times 760\text{mm} + 0.07 \times 791.45 \times 10^3 \text{N} = 112.46\text{kN} > V = 62.28\text{kN}$$

故按构造配箍筋Φ8@200（2）。

$$\rho_{sv} = \frac{A_{sv}}{bs} = \frac{2 \times 50.3\text{mm}^2}{120\text{mm} \times 200\text{mm}} = 0.419\% > 0.24\frac{f_t}{f_{yv}} = 0.24 \times \frac{1.43\text{N/mm}^2}{360\text{N/mm}^2} = 0.095\%$$

箍筋最小配箍率满足要求。

2. 柱牛腿设计

（1）**牛腿几何尺寸的确定**　设牛腿截面宽与柱宽相等，取 $b = 400\text{mm}$；牛腿顶面的长度为700mm，相应牛腿水平截面长度为1100mm。取牛腿高 $h = 600\text{mm}$，牛腿外边缘高度为$h_1 = 300\text{mm}$，倾角 $\theta = 45°$，$h_0 = 560\text{mm}$，牛腿的几何尺寸，见图3-95。

（2）**牛腿几何尺寸的验算**　作用于牛腿顶面按荷载效应标准组合计算力的标准值：

$$F_{vk} = D_{max,k} + G_{4,k} = 358.0\text{kN} + 44.3\text{kN} = 402.3\text{kN}$$

$$F_{hk} = T_{max,k} = 19.1\text{kN}$$

对支承吊车梁的牛腿，裂缝控制系数 $\beta = 0.65$，$f_{tk} = 2.01\text{N/mm}^2$，由于起重机垂直荷载作用于下柱截面内，即 $a = 750\text{mm} - 800\text{mm} + 20\text{mm} = -30\text{mm} < 0$，取 $a = 0$。则由式（3-37）得

$$\beta\left(1 - 0.5\frac{F_{hk}}{F_{vk}}\right)\frac{f_{tk}bh_0}{0.5 + \frac{a}{h_0}} = 0.65 \times \left(1 - 0.5 \times \frac{19.1\text{kN}}{402.3\text{kN}}\right) \times \frac{2.01\text{N/mm}^2 \times 400\text{mm} \times 560\text{mm}}{0.5 + 0} = 571.4\text{kN} > F_{vk} = 402.3\text{kN}$$

因此牛腿截面尺寸满足要求。

（3）**牛腿配筋** 作用于牛腿顶面按可变荷载控制效应组合计算设计值：

$$F_v = 1.3G_{4,k} + 1.5D_{max,k} = 1.3 \times 44.3kN + 1.5 \times 358.0kN = 594.59kN$$

$$F_h = 1.5F_{hk} = 1.5 \times 19.1kN = 28.65kN$$

因 $a < 0.3h_0 = 0.3 \times 560mm = 168mm$，取 $a = 168mm$。

竖向力作用下钢筋面积 $A_{s1} = \dfrac{F_v a}{0.85 f_y h_0} = \dfrac{594.59 \times 10^3 \times 168}{0.85 \times 360 \times 560} mm^2 = 582.9mm^2$，故需验算最小配筋率。

$$A_{smin} = \max\left(0.2\%, 0.45\frac{f_t}{f_y}\right)bh$$

$$= \max\left(0.2\%, 0.45 \times \frac{1.43}{360}\right) \times 400 \times 600 mm^2$$

$$= 480mm^2 < 582.9mm^2$$

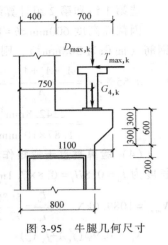

图 3-95　牛腿几何尺寸

A_{smin} 大于 4Φ12（钢筋面积 $452mm^2$）构造要求，故牛腿在竖向力作用下的纵向受力钢筋截面面积 $A_{s1} = 582.9mm^2$。

水平力作用下钢筋面积 $A_{s2} = 1.2\dfrac{F_h}{f_y} = 1.2 \times \dfrac{28.65 \times 10^3}{360} mm^2 = 95.5mm^2$

故牛腿纵向受拉钢筋截面面积 $A_s = A_{s1} + A_{s2} = (582.9 + 95.5)mm^2 = 678.4mm^2$，实配纵向钢筋 4Φ16（$A_s = 804mm^2$），满足要求。

水平箍筋取用 $\phi 8@100$（2）。同时因为 $a < 0.3h_0$，因此牛腿可不设弯起钢筋。

（4）**局部承压强度验算** 为防止牛腿顶面混凝土局部受压破坏，设刚性垫块，尺寸为 $300mm \times 300mm$，垫块下的局部压应力

$$\frac{F_v}{A} = \frac{594.59 \times 10^3 N}{300mm \times 300mm} = 6.61N/mm^2 < 0.75f_c = 0.75 \times 14.3N/mm^2 = 10.73N/mm^2 （满足要求）$$

3. 柱的吊装验算

（1）**吊装方案** 采用一点翻身起吊，吊点设在牛腿与下柱交接处。排架柱插入杯形基础内的深度按构造为 $h_1 = 0.9h = 0.9 \times 800mm = 720mm$，取 $800mm$，则吊装时排架柱总长为 $11.0m + 0.8m = 11.8m$，结构安全等级取三级，$\gamma_0 = 0.9$，动力系数 $\mu = 1.5$，柱自重分项系数取 $\gamma_G = 1.3$。混凝土重度取 $25kN/m^3$，柱的吊装验算计算简图见图 3-96。

（2）**荷载计算** 各段柱自重线荷载设计值为

上柱 $g_1 = \mu\gamma_G g_{1k} = 1.5 \times 1.3 \times 25kN/m^3 \times (0.4m)^2 = 7.8kN/m$

牛腿 $g_2 \approx \mu\gamma_G g_{2k} = 1.5 \times 1.3 \times 25kN/m^3 \times 0.4m \times 1.1m = 21.45kN/m$

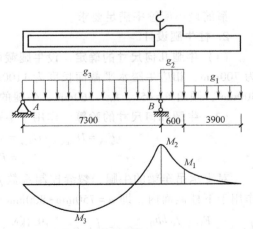

图 3-96　排架柱吊装验算计算简图

下柱　$g_3 = \mu \gamma_G g_{3k} = 1.5 \times 1.3 \times 25 \text{kN/m}^3 \times 0.187 \text{m}^2 = 9.12 \text{kN/m}$

（3）**内力计算**

上柱柱底　$M_1 = \dfrac{1}{2} g_1 l_1^2 = \dfrac{1}{2} \times 7.8 \text{kN/m} \times (3.9 \text{m})^2 = 59.3 \text{kN} \cdot \text{m}$

牛腿根部　$M_2 = g_1 l_1 \left(\dfrac{1}{2} l_1 + l_2 \right) + \dfrac{1}{2} g_2 l_2^2$

$$= 7.8 \text{kN/m} \times 3.9 \text{m} \times \left(\dfrac{3.9 \text{m}}{2} + 0.6 \text{m} \right) + \dfrac{1}{2} \times 21.45 \text{kN/m} \times (0.6 \text{m})^2 = 81.4 \text{kN} \cdot \text{m}$$

由 $\sum M_B = \dfrac{1}{2} g_3 l_3^2 - R_A l_3 = M_2$ 推出

$$R_A = \dfrac{1}{2} g_3 l_3 - \dfrac{M_2}{l_3} = \dfrac{1}{2} \times 9.12 \text{kN/m} \times 7.3 \text{m} - \dfrac{81.4 \text{kN} \cdot \text{m}}{7.3 \text{m}} = 22.1 \text{kN}$$

AB 段　$M(x) = R_A x - \dfrac{1}{2} g_3 x^2$，令 $\dfrac{\mathrm{d} M(x)}{\mathrm{d} x} = 0$，则下柱段的最大弯矩发生在 $x = \dfrac{R_A}{g_3} =$

$\dfrac{22.1 \text{kN}}{9.12 \text{kN/m}} = 2.42 \text{m}$ 处，因此下柱跨中最大弯矩为

$$M_3 = 22.1 \text{kN} \times 2.42 \text{m} - 0.5 \times 9.12 \text{kN/m} \times (2.42 \text{m})^2 = 26.8 \text{kN} \cdot \text{m}$$

（4）**吊装时的受弯承载力验算**　上柱：$h_0 = 360 \text{mm}$，$A_s' = A_s = 763 \text{mm}^2$（3 ⏀ 18），$f_y' = 360 \text{N/mm}^2$。因此截面承载力为

$$M_u = f_y' A_s' (h_0 - a_s') = 360 \text{N/mm}^2 \times 763 \text{mm}^2 \times (360 \text{mm} - 40 \text{mm}) = 87.9 \text{kN} \cdot \text{m}$$

$$> \gamma_0 M_1 = 0.9 \times 59.3 \text{kN} \cdot \text{m} = 53.4 \text{kN} \cdot \text{m}$$

（5）**裂缝宽度验算**　已知 $M_q = M_1 / \gamma_G = 59.3 \text{kN} \cdot \text{m}/1.3 = 45.6 \text{kN} \cdot \text{m}$，$c_s = 20 \text{mm} + 8 \text{mm} = 28 \text{mm}$，$d_{eq} = 18 \text{mm}$；$\alpha_{cr} = 1.9$，$f_{tk} = 2.01 \text{N/mm}^2$，$E_s = 2.0 \times 10^5 \text{N/mm}^2$。

$$\sigma_{sq} = \dfrac{M_q}{A_s \eta h_0} = \dfrac{45.6 \times 10^6 \text{N} \cdot \text{mm}}{763 \text{mm}^2 \times 0.87 \times 360 \text{mm}} = 190.8 \text{N/mm}^2$$

$$\rho_{te} = \dfrac{A_s}{A_{te}} = \dfrac{763 \text{mm}^2}{0.5 \times 400 \text{mm} \times 400 \text{mm}} = 0.0095 < 0.01，取 \rho_{te} = 0.01$$

$$0.2 < \psi = 1.1 - \dfrac{0.65 f_{tk}}{\rho_{te} \sigma_{sq}} = 1.1 - \dfrac{0.65 \times 2.01 \text{N/mm}^2}{0.01 \times 190.8 \text{N/mm}^2} = 0.415 < 1.0$$

$$w_{max} = \alpha_{cr} \psi \dfrac{\sigma_{sq}}{E_s} \left(1.9 c_s + 0.08 \dfrac{d_{eq}}{\rho_{te}} \right)$$

$$= 1.9 \times 0.415 \times \dfrac{190.8}{2.0 \times 10^5} \times \left(1.9 \times 28 + 0.08 \times \dfrac{18}{0.01} \right) \text{mm}$$

$$= 0.148 \text{mm} < [w_{max}] = 0.2 \text{mm}$$

下柱：$h_0 = 760 \text{mm}$，$A_s' = A_s = 1017.4 \text{mm}^2$（4 ⏀ 18），$f_y' = 360 \text{N/mm}^2$。由于 $M_3 < M_2$，故取 M_2 为下柱的验算弯矩。

$$M_u = f_y' A_s' (h_0 - a_s') = 360 \text{N/mm}^2 \times 1017.4 \text{mm}^2 \times (760 \text{mm} - 40 \text{mm}) = 263.7 \text{kN} \cdot \text{m}$$

$$> \gamma_0 M_2 = 0.9 \times 81.4 \text{kN} \cdot \text{m} = 73.3 \text{kN} \cdot \text{m}$$

故排架柱满足吊装时的受弯承载力要求。

（6）裂缝宽度验算

$$M_q = M_2/\gamma_G = 81.4 \text{kN} \cdot \text{m}/1.3 = 62.6 \text{kN} \cdot \text{m}$$

$$\sigma_{sq} = \frac{M_q}{A_s \eta h_0} = \frac{62.6 \times 10^6 \text{N} \cdot \text{mm}}{1017.4 \text{mm}^2 \times 0.87 \times 760 \text{mm}} = 93.1 \text{N/mm}^2$$

$$\rho_{te} = \frac{A_s}{0.5bh + (b_f - b)h_f} = \frac{1017.4 \text{mm}^2}{0.5 \times 120 \text{mm} \times 800 \text{mm} + (400 - 120) \text{mm} \times 150 \text{mm}} = 0.0113 > 0.01$$

$$\psi = 1.1 - \frac{0.65 f_{tk}}{\rho_{te} \sigma_{sq}} = 1.1 - \frac{0.65 \times 2.01 \text{N/mm}^2}{0.0113 \times 93.1 \text{N/mm}^2} = -0.142 < 0.2, \text{ 取 } \psi = 0.2$$

则

$$w_{max} = \alpha_{cr} \psi \frac{\sigma_{sq}}{E_s} \left(1.9 c_s + 0.08 \frac{d_{eq}}{\rho_{te}} \right)$$

$$= 1.9 \times 0.2 \times \frac{93.1}{2.0 \times 10^5} \times \left(1.9 \times 28 + 0.08 \times \frac{18}{0.0113} \right) \text{mm}$$

$$= 0.032 \text{mm} < [w_{max}] = 0.2 \text{mm}$$

最后的配筋见图 3-97。

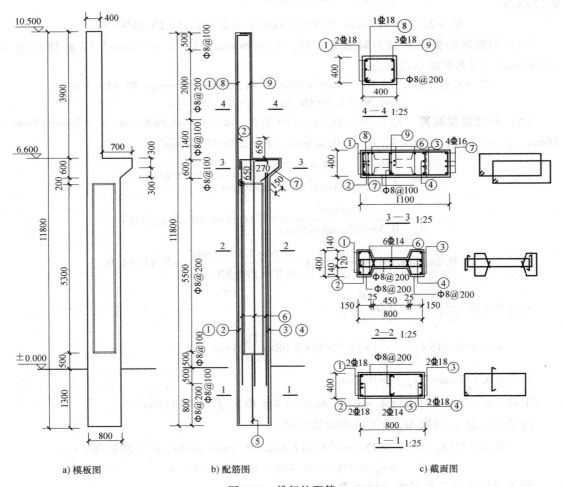

a) 模板图　　　　　　　　　　b) 配筋图　　　　　　　　　　c) 截面图

图 3-97　排架柱配筋

——— 本 章 小 结 ———

1. 单层厂房结构布置包括屋面结构、柱及柱间支撑、吊车梁、过梁、圈梁、基础及基础梁等结构构件的布置。其中，屋盖支撑系统及柱间支撑系统的布置尤其重要。因为它们不仅影响个别构件的承载力（如屋架上弦杆），而且与厂房的整体空间工作有关。

2. 单层厂房结构计算的基本单元主要是横向平面排架结构。当横向排架少于7榀或需考虑地震作用时，也应对纵向排架进行计算。在计算中，根据屋盖的刚度、有无山墙或横墙、厂房的跨数和跨度以及受荷特点对横向平面排架选取两种计算简图：①当不考虑厂房空间作用时，采用柱顶铰接的排架结构；②当考虑厂房空间作用时，采用柱顶为弹性铰接的排架结构。

3. 单层厂房排架结构上的荷载见图 3-98。

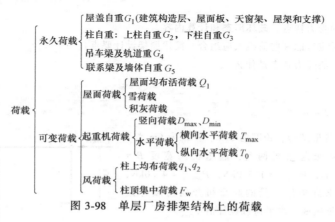

图 3-98　单层厂房排架结构上的荷载

4. 排架内力分析步骤：

1）确定计算单元和计算简图，根据厂房平、剖面图选取一榀中间横向排架，初选柱的形式和尺寸，画出计算简图。

2）计算荷载：确定计算单元的屋面永久荷载、活荷载（雪、积灰等）、风荷载；根据起重机规格及台数计算起重机荷载。注意竖向力在排架柱上的传力位置，不能忽视力的偏心影响。

3）在各种荷载作用下，等高排架用剪力分配法，不等高排架用力法，分析排架内力。

4）进行柱控制截面的最不利内力组合：根据大小偏心受压构件特点和荷载效应组合原则列表进行。

5. 柱下独立基础设计的主要内容：

1）根据地基承载力要求，确定基础底面尺寸。

2）根据受冲切承载力要求或受剪承载力要求，确定基础高度。

3）根据受弯承载力要求，确定基础底板配筋。

4）满足尺寸、配筋、锚固长度等构造要求。

——— 思 考 题 ———

3-1　简述横向平面排架承受的竖向荷载和水平荷载的传力路径，以及纵向平面排架承受水平荷载的传力路径。

3-2　单层厂房中有哪些支撑？它们的作用是什么？布置原则是什么？

3-3　抗风柱的设计要点是什么？连系梁、圈梁、基础梁的作用各是什么？

3-4 确定单层厂房排架结构的计算简图时有哪些假定？

3-5 作用于横向平面排架上的荷载有哪些？这些荷载的作用位置如何确定？试画出各单项荷载作用下排架结构的计算简图。

3-6 如何计算作用于排架上的起重机竖向荷载设计值 D_{max}（D_{min}）和起重机水平荷载？

3-7 什么是等高排架？如何用剪力分配法计算等高排架的内力？试述在任意荷载作用下等高排架内力计算步骤。

3-8 什么是单层厂房整体空间作用？影响单层厂房整体空间作用的因素有哪些？考虑整体空间作用对柱内力有何影响？

3-9 单阶变截面排架柱应选取哪些控制截面进行内力组合？简述内力组合原则、组合项目及注意事项。

3-10 如何选取最不利内力？排架柱的计算长度如何确定？为什么要对柱进行吊装阶段验算？如何验算？

3-11 简述牛腿的受力特点、破坏形态和计算内容。

3-12 屋架设计时应考虑哪些荷载效应组合？简述屋架设计要点。

3-13 起重机荷载的受力特点是什么？

习题

3-1 某单跨厂房排架结构，跨度为 21m，柱距为 6m。厂房内设有 15/3t 的 A4 级起重机两台，起重机的宽度 B = 5.55m，轮距 K = 4.40m，$P_{max,k}$ = 175.0kN，$P_{min,k}$ = 43.0kN，小车重 G = 74.0kN。求排架柱承受的起重机竖向荷载计算值 D_{max} 和 D_{min}，以及起重机横向水平荷载设计值 T_{max}。

3-2 某排架结构各柱均为等截面，截面弯曲刚度为 EI，见图 3-99。求该排架在柱顶水平力作用下各柱所受的剪力，并绘制弯矩图。

3-3 某单跨排架结构见图 3-100，上柱高 H_u = 4.2m，全柱高 H = 12.7m，两柱截面尺寸相同，上柱 I_u = 25.0×10⁸ mm⁴，

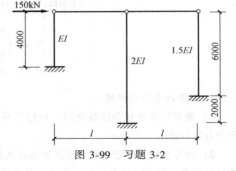

图 3-99 习题 3-2

下柱 I_l = 156.0×10⁸ mm⁴，混凝土强度等级为 C30。由起重机竖向荷载在牛腿顶面处产生的力矩分别为 M_1 = 353kN·m，M_2 = 65kN·m。求排架柱的剪力，并绘制弯矩图。

3-4 某两跨排架结构见图 3-101，上柱高 H_u = 4.2m，全柱高 H = 12.7m，作用起重机水平荷载 T_{max} = 20.69kN。已知 3 根柱的剪力分配系数分别为 $\eta_A = \eta_C = 0.328$，$\eta_B = 0.344$，空间作用分配系数 $\delta = 0.9$。上柱惯性矩与下柱惯性矩之比 $n_A = n_C = 0.256$，$n_B = 0.335$。求各柱剪力，并与不考虑空间作用（$\delta = 1.0$）的计算结果进行比较。

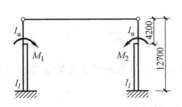

图 3-100 习题 3-3

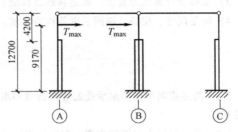

图 3-101 习题 3-4

3-5 某单跨厂房在各种荷载标准值作用下 A 柱 Ⅲ—Ⅲ 截面内力见表 3-23，有两台起重机，工作级别为 A4 级，试对该截面进行内力组合。

表 3-23 A 柱 Ⅲ—Ⅲ 截面内力标准值

计算简图 正、负号规定	荷载类型		序号	$M/\mathrm{kN \cdot m}$	N/kN	V/kN
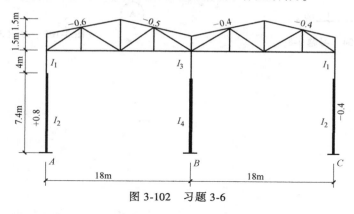	永久荷载		①	-6.23	333.85	-0.52
	屋面活荷载		②	-0.35	41.03	0.30
	起重机竖 向荷载	$D_{\max}$ 在 A 柱	③	55.63	467.75	-14.73
		$D_{\max}$ 在 B 柱	④	-110.53	90.25	-13.86
	起重机水平荷载		⑤	±146.48	0	±16.35
	风荷载	右吹风	⑥	209.07	0	27.87
		左吹风	⑦	-194.86	0	-23.92

3-6 两跨等高排架见图 3-102。柱距为 6m，基本风压 $w_0 = 0.45\mathrm{kN/m^2}$，15m 高度处 $\mu_z = 1.14$（10m 高处 $\mu_z = 1.0$），体型系数 μ_s 见图；柱截面惯性矩：$I_1 = 2.13 \times 10^9 \mathrm{mm^4}$，$I_2 = 14.38 \times 10^9 \mathrm{mm^4}$，$I_3 = 7.2 \times 10^9 \mathrm{mm^4}$，$I_4 = 19.5 \times 10^9 \mathrm{mm^4}$。试用剪力分配法求此两跨排架在风荷载作用下各柱的内力。

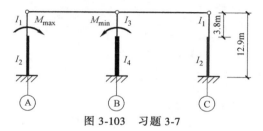

图 3-102 习题 3-6

3-7 两跨排架（图 3-103），在 A 柱牛腿顶面处作用的弯矩设计值 $M_{\max} = 211.1\mathrm{kN \cdot m}$，在 B 柱牛腿顶面处作用的弯矩设计值 $M_{\min} = 134.5\mathrm{kN \cdot m}$；柱截面惯性矩 $I_1 = 2.13 \times 10^9 \mathrm{mm^4}$、$I_2 = 14.52 \times 10^9 \mathrm{mm^4}$、$I_3 = 5.21 \times 10^9 \mathrm{mm^4}$、$I_4 = 17.76 \times 10^9 \mathrm{mm^4}$，上柱高 $H_u = 3.8\mathrm{m}$，全柱高 $H = 12.9\mathrm{m}$。试求此排架的内力。

图 3-103 习题 3-7

3-8 某柱牛腿见图 3-104，柱截面宽为 400mm。已知竖向设计值 $F_v = 324\mathrm{kN}$，水平拉力设计值 $F_h =$

78kN，采用 C30 混凝土和 HRB400 级受力钢筋。试计算该牛腿的纵向受力钢筋，并绘配筋图。

3-9 某单跨厂房见图 3-105，跨度为 24m，长度为 72m，采用大型屋面板，两端有山墙，内设两台 $Q=20/5$t 的双钩桥式起重机，已算出 $D_{max}=603.5$kN，$D_{min}=179.3$kN，对下柱的偏心距 $e=0.35$m，$T_{max}=19.85$kN，T_{max} 距柱顶的距离 $y=2.6$m，已知 $H_u=3.8$m、$H=13.2$m，柱截面惯性矩 $I_1=2.13×10^9$mm^4、$I_2=16.82×10^9$mm^4。试求考虑厂房整体空间作用时的排架柱内力。

3-10 在截面尺寸 $ha=800$mm×400mm 的单层厂房柱下设置钢筋混凝土独立杯形基础。承受竖向荷载标准值 $N_k=1000$kN，弯矩标准值 $M_k=205$kN·m，水平荷载标准值 $V_k=34.7$kN；承受竖向荷载设计值 $N=1300$kN，弯矩设计值 $M=300$kN·m，水平荷载设计值 $V=52$kN，作用点位置在 ±0.000 处。基础埋深为 1.6m，修正后的地基承载力特征值 $f_a=200$kN/m^2。混凝土强度等级采用 C30，底板配筋采用 HRB400 级钢筋，试设计该独立基础。

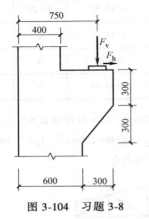

图 3-104 习题 3-8

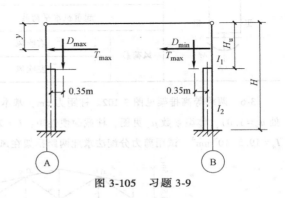

图 3-105 习题 3-9

钢筋混凝土框架结构设计 | 第4章

学习要求

1. 掌握框架结构布置原则及计算简图的确定。

2. 掌握竖向荷载作用下框架内力分析的分层法和弯矩二次分配法，水平荷载作用下框架内力分析的反弯点法和 D 值法，以及水平荷载作用下的位移计算。

3. 掌握荷载效应组合的基本原则，框架结构的抗震计算方法及抗震构造要求。

4.1 概述

框架结构是由梁、柱构件通过节点连接而组成的空间杆系结构，具有建筑平面布置灵活，能够获得较大的使用空间等特点，广泛应用于办公楼、商场、教学楼等建筑中。由于框架结构的侧向刚度较小，随着建筑物高度的增加或当房屋的高宽比（H/B）较大时，在水平荷载作用下的位移迅速增大，将影响建筑物正常使用或使房屋产生较大的倾覆。因此，设计时应控制房屋的高度和高宽比。《高层建筑混凝土结构技术规程》规定：非抗震设计时，现浇钢筋混凝土框架结构房屋的最大适用高度为 70m；抗震设防烈度为 6 度、7 度、8 度（0.2g）和 8 度（0.3g）时，最大适用高度为 60m、50m、40m 和 35m。其适用的最大高宽比：非抗震设计时为 5；抗震设防烈度为 6 度、7 度和 8 度时，分别为 4、4 和 3；9 度时不宜采用框架结构。

框架结构一般由基础、框架柱、框架梁、次梁、楼板组成。框架梁柱节点一般为刚接，有时也可做成铰接或半铰接；柱底一般为固定支座，因此框架结构为高次超静定结构。框架结构可以布置成等跨或不等跨，层高相同或不相同，或因工艺或使用要求，框架结构也可布置成带斜梁的框架、局部抽柱或局部抽梁的框架、退台或内收框架和外挑框架等形式，见图4-1。

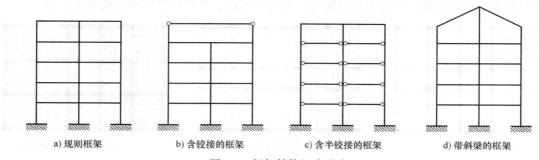

a) 规则框架　　　　b) 含铰接的框架　　　　c) 含半铰接的框架　　　　d) 带斜梁的框架

图 4-1　框架结构组成形式

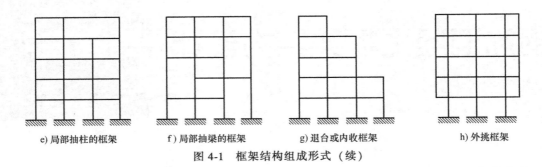

e) 局部抽柱的框架　　f) 局部抽梁的框架　　g) 退台或内收框架　　h) 外挑框架

图 4-1　框架结构组成形式（续）

　　按施工方法不同，框架结构可分为现浇式、装配式和装配整体式三种。在地震区，多采用梁、柱、板全整浇或梁柱现浇、板预制的方案；在非地震区，有时也采用梁、柱、板均预制的方案。

4.2　框架结构的布置

1. 承重框架布置

　　将平行于建筑短轴方向的框架称为横向框架，将平行于建筑长轴方向的框架称为纵向框架，两者均属于框架结构的基本承重结构。根据竖向荷载在纵、横向框架之间分配方式的不同，框架结构布置可分为横向框架承重、纵向框架承重与纵横向框架混合承重三种结构类型。

　　（1）**横向框架承重**（图 4-2a）　横向框架承重是指框架主梁沿房屋横向设置，板与次梁沿纵向布置。由于竖向荷载主要由横向框架承受，横梁截面高度较大，这有利于提高结构的横向抗侧刚度。主梁沿横向布置还有利于室内采光和通风，在实际结构中应用最为广泛。

　　（2）**纵向框架承重**（图 4-2b）　纵向框架承重是指框架主梁沿房屋纵向设置，板与次梁沿横向布置。由于竖向荷载主要由纵向框架承受，纵梁截面高度较大，这有利于室内管道通过，缺点是房屋横梁截面高度相应较小，横向刚度较差，使纵、横向刚度相差较大，结构扭转明显，在实际结构中应用较少。

　　（3）**纵横向框架混合承重**（图 4-2c）　纵横向框架混合承重是指框架承重梁沿房屋纵向和横向两个方向设置，柱网多为正方形，楼盖常采用现浇双向板或井梁楼盖。房屋在两个方向均有较大的抗侧刚度，整体工作性能好，有利于抗震，在实际结构中应用较为广泛。

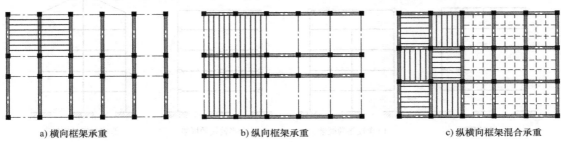

a) 横向框架承重　　　　　　b) 纵向框架承重　　　　　　c) 纵横向框架混合承重

图 4-2　框架结构承重类型

2. 框架结构的布置原则

多高层建筑中，水平荷载是作用在结构上的主要荷载，故抵抗水平荷载的结构称为**抗侧力结构**。框架结构不仅是竖向承重结构，也是抗侧力结构，它可能承受纵向、横向两个方向的水平荷载。

建筑设计应重视其平面、立面和竖向剖面的规则性对抗震性能及经济合理性的影响，宜择优选用规则的形体，**结构平面形状宜简单、规则、对称、减小偏心，质量、刚度和承载力分布宜均匀，不应采用严重不规则的平面布置**，表4-1列出了平面不规则的主要类型，见图4-3a~c。**结构竖向体型宜规则、均匀、避免有过大的外挑（不大于4m）和收进。其抗侧力构件的平面布置宜规则、对称，侧向刚度沿竖向宜均匀变化，竖向抗侧力构件的截面尺寸和材料强度宜自下而上逐渐减小，避免侧向刚度和承载力突变**，表4-1列出了竖向不规则的主要类型，见图4-3d~f。

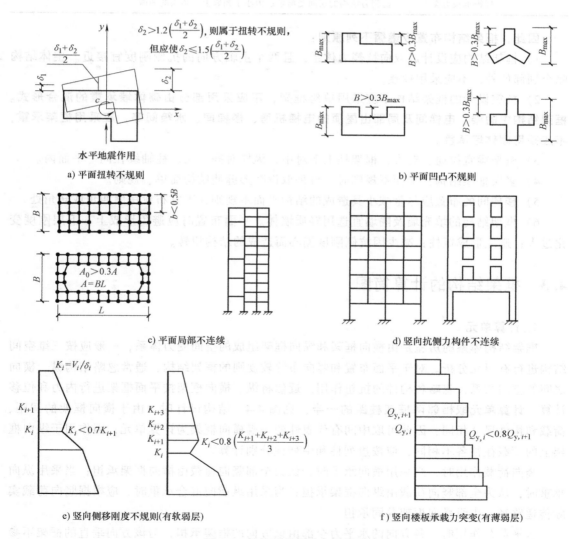

a) 平面扭转不规则　　　　　　　　　　　　　　b) 平面凹凸不规则

c) 平面局部不连续　　　　　　　　　　　　　　d) 竖向抗侧力构件不连续

e) 竖向侧移刚度不规则(有软弱层)　　　　　　f) 竖向楼板承载力突变(有薄弱层)

图4-3　结构不规则的主要类型

表 4-1　不规则的主要类型

不规则类型		定义和参考指标
平面不规则	扭转不规则	在具有偶然偏心的规定水平力作用下，楼层两端抗侧力构件弹性水平位移或层间位移的最大值与平均值的比值大于 1.2
	凹凸不规则	平面凹进的尺寸大于相应投影方向总尺寸的 30%
	楼板局部不连续	有效楼板宽度小于该层楼板典型宽度的 50%，或开洞面积大于该层楼面面积的 30%，或较大的楼层错层
竖向不规则	侧向刚度不规则	该层的侧向刚度小于相邻上一层的 70%，或小于其上相邻三个楼层侧向刚度平均值的 80%；除顶层或出屋面小建筑外，局部收进的水平尺寸大于相邻下一层的 25%
	竖向抗侧力构件不连续	竖向抗侧力构件(柱、抗震墙、抗震支撑)的内力由水平转换构件(梁、桁架)向下传递
	楼板承载力突变	抗侧力结构的层间受剪承载力小于相邻上一楼层的 80%

因此，框架结构布置应遵循下列原则：

1）框架结构应设计成双向抗侧力体系，且两个主轴方向的抗侧刚度宜接近。主体结构除个别部位外，不应采用铰接。

2）抗震设计的框架结构不应采用单跨框架，**不应采用部分由砌体墙承重的混合形式。框架结构中的楼、电梯间及局部出屋顶的电梯机房、楼梯间、水箱间等，应采用框架承重，不应采用砌体墙承重。**

3）框架梁宜拉通、对直，框架柱上下对中，纵横对齐，梁、柱轴线在同一平面内。

4）多层框架结构，平面不规则时，可采取设变形缝使结构简单、规则。

5）楼梯间的布置应尽量减小其造成的结构平面不规则，不宜布置房屋四角或转角处。

6）框架结构的填充墙及隔墙宜选用轻质墙体。平面布置时应避免形成上、下层刚度变化过大；避免形成短柱；减少因抗侧刚度偏心而造成的结构扭转。

4.3　框架结构的计算简图

1. 计算单元

框架结构体系的房屋是由横向框架和纵向框架组成的空间受力体系，一般应按三维空间结构进行有限元分析。对于平面布置和竖向布置较规则的框架结构，通常忽略结构纵、横向之间的空间联系，忽略各构件的抗扭作用，近似将纵、横向框架按平面框架进行内力和位移计算。**计算单元取相邻两框架柱距的一半**，见图 4-4。结构设计时，由于横向框架的间距、荷载和构件尺寸相同，因此可取中间有代表性的一榀横向框架为计算单元；因作用于纵向框架上的荷载往往各不相同，应按边列柱和中列柱分别计算。

竖向荷载作用时，当采用横向承重时，认为全部竖向荷载由横向框架承担；当采用纵向承重时，认为全部竖向荷载由纵向框架承担；当采用纵横向混合承重时，应根据竖向荷载实际传递路径，由纵横向框架共同承担。

水平荷载作用时，各方向的水平力全部由该方向的框架承担，与该方向垂直的框架不参与工作，即横向水平力由横向框架承担，纵向水平力由纵向框架承担。当水平力为风荷载

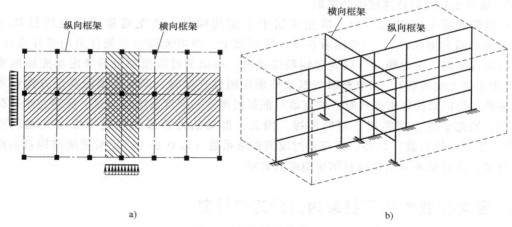

纵向框架　横向框架　　　　　横向框架　纵向框架

a)　　　　　　　　　　　　　　　b)

图 4-4　框架的计算单元

时，每榀框架只承担计算单元范围内的风荷载值；当水平力为地震作用时，每榀框架承担的水平力按各榀框架的抗侧刚度比进行分配。

2. 计算跨度和计算高度

在框架结构计算简图中，杆件以轴线表示，框架梁的计算跨度取两相邻柱轴线之间的距离，当上下层柱截面尺寸变化时，一般以最小截面的形心线为基准确定梁的跨度。框架的计算高度，底层柱取从基础顶面到二层楼板板顶之间的距离（当基顶标高不明确时，可取底层层高+1m 进行初算），其他各层取相邻两楼板板顶之间的距离。对坡度不大于 1/8 的斜向框架梁或折线形横梁，仍可简化为水平直杆。

3. 构件抗弯刚度

在计算现浇整体式框架梁的截面惯性矩 I 时应考虑楼板的影响。在框架梁两端支座附近，梁承受负弯矩，楼板受拉，可认为楼板混凝土受拉开裂后退出工作，对梁截面的抗弯刚度影响较小；而在框架梁的跨中，梁承受正弯矩，楼板处于受压，对梁截面的抗弯刚度影响较大。在工程设计中，一般仍假定框架梁的截面惯性矩沿轴线不变，并根据楼板类型适当调整框架梁的截面惯性矩，修正如下：

1）现浇整体式框架，中框架梁 $I_b = 2I_0$，边框架梁 $I_b = 1.5I_0$，其中，I_0 为按矩形截面计算的惯性矩。

2）装配整体式框架，中框架梁 $I_b = 1.5I_0$，边框架梁 $I_b = 1.2I_0$。

3）装配式框架不应考虑楼板对框架梁的截面惯性矩的影响，取 $I_b = 1.0I_0$。

框架柱截面惯性矩 I_c 应按实际截面计算，不进行修正。

4. 荷载计算

框架作用的荷载可分为竖向荷载和水平荷载两大类。

竖向荷载包括结构自重、楼屋面活荷载、非结构构件自重（如填充墙）、雪荷载、屋面积灰荷载和施工检修荷载等。作用形式可能是均布荷载、集中荷载、三角形荷载或梯形荷载。

水平荷载包括风荷载和地震作用，计算时一般均简化为作用于框架节点处的水平集中力。

5. 填充墙对框架计算模型的影响

在钢筋混凝土框架结构中，填充墙属于非结构构件。填充墙常采用轻质材料（如200mm厚的页岩多孔砖），一般附着在楼、屋面梁上。当填充墙与框架柱采用柔性连接时，即之间留有缝隙、彼此脱开、仅通过钢筋连接时，框架的计算模型可只考虑填充墙的重力（即作用于梁上线荷载）。当填充墙与框架柱采用刚性连接时，即填充墙沿高度方向设置有拉结钢筋并与框架柱紧密连接时，填充墙对框架的刚度、强度影响较明显，特别在水平荷载作用下，填充墙的作用类似于双向斜撑。因此，框架的计算模型除应考虑填充墙的重力（即作用于梁上线荷载）之外，还应通过周期折减系数（取 $0.6\sim0.7$）对框架结构自振周期进行折减，以近似考虑填充墙对结构刚度的贡献。

4.4 竖向荷载作用下框架内力的近似计算

在竖向荷载作用下，多层框架结构的内力采用手算时，一般采用分层法和弯矩二次分配法。由于两种方法采用的假定不同，其计算结果存在差别，但均能满足工程设计要求。

4.4.1 分层法

1. 基本假定

力法和位移法的计算结果表明，在竖向荷载作用下，当多层框架梁的线刚度大于柱的线刚度，且结构基本对称，荷载较为均匀时，框架侧移很小，侧移对其内力的影响也较小；框架各层横梁上的荷载对本层横梁及与之相连的上、下柱的弯矩影响较大，对其他层横梁及柱的弯矩影响较小。为简化计算，对竖向荷载作用下框架结构的内力分析，可做如下假定：

1）框架的侧移忽略不计，即不考虑框架侧移对内力的影响。

2）每层梁上的竖向荷载对其他层梁、柱内力的影响忽略不计，仅考虑对本层梁、柱内力的影响。

2. 计算要点

按照上述假定，可将多层框架沿高度分成若干单层无侧移的开口框架，框架梁上作用的荷载、柱高及梁跨均与原结构相同。计算时，将各层梁及上、下柱所组成的开口框架作为一个独立计算单元，见图4-5。用弯矩分配法分层计算各榀开口框架的支座弯矩，由此求得的梁端弯矩即为横梁的最后弯矩；因每一层柱属于上、下两层，所以每一层柱的最终弯矩需由上、下两层计算所得的弯矩值叠加得到；上、下层柱的弯矩叠加后，节点弯矩一般不会平衡，尤其是边节点，可对不平衡弯矩再做一次弯矩分配，予以修正。

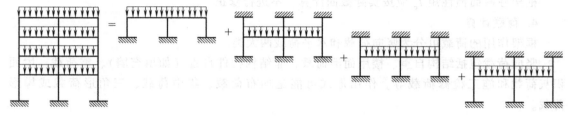

图4-5 竖向荷载作用下框架分层

为便于计算，分层法假定开口框架上、下柱的远端是固定端，实际上，除底层柱的下端嵌固外，其他各柱的柱端均有转角产生，应为弹性支撑。为减少计算误差，应做以下修正：

1）除底层以外其他各层柱的线刚度均乘以 0.9 的折减系数。

2）除底层以外其他各层柱的弯矩传递系数为 1/3，底层柱的弯矩传递系数为 1/2。

逐层叠加开口框架的弯矩图即得到原框架的弯矩图。支座弯矩求出后，再由静力平衡条件可计算跨中弯矩、梁端剪力及柱的轴力。

4.4.2　弯矩二次分配法

采用无侧移框架的弯矩分配法计算竖向荷载作用下框架结构的固端弯矩，由于要考虑任一节点不平衡弯矩对框架所有杆件的影响，因而计算十分烦冗。由分层法可知，多层框架节点不平衡弯矩对邻近节点的影响较大，对较远节点影响较小，因此假定某一节点的不平衡弯矩只对与该节点相交的各杆件的远端有影响，而对其余杆件的影响忽略不计，这样可将弯矩分配法的循环次数简化到弯矩二次分配和其间的一次传递，此方法为弯矩二次分配法。与分层法计算不同之处还在于不考虑柱线刚度的修正，即各柱的线刚度不折减，且向远端为固端的传递系数均为 1/2。

弯矩二次分配法计算步骤如下：

1）计算各节点的分配系数。若结构对称、荷载对称，采用半跨结构时中间支座为定向支座，且中间跨度的梁线刚度因计算跨度减半而增加一倍，相应的定向支座的转动刚度为 −1。

2）计算竖向荷载作用下各跨杆端的固端弯矩，并将各节点不平衡弯矩反向进行第一次分配。

3）将所有杆端的分配弯矩向远端传递，传递系数均取 1/2。

4）将各节点因传递弯矩而产生的新的不平衡弯矩反向进行第二次分配，使各节点处于平衡。

5）最后，将上述各杆端的固端弯矩、二次分配弯矩和一次传递弯矩相加，得到各杆端的支座弯矩。

【例 4-1】图 4-6 为三跨四层框架结构，杆件中部数字为梁柱相对线刚度（线刚度单位为 kN·m），承受均布的竖向荷载和水平集中荷载作用。求：

1）在竖向荷载作用下用分层法计算各杆端的支座弯矩，柱的相对线刚度采用括号内数字。

2）在竖向荷载作用下用弯矩二次分配法计算各杆端的支座弯矩，柱的相对线刚度用括号外数字。

解：1）因结构对称，荷载对称，采用半跨结构计算时，中间支座改为定向支座。各节点的分配系数，分层法时除底层柱的线刚度不考虑折减外，其他各柱的线刚度均乘以 0.9，分配系数计算见表 4-2。弯矩二次分配法时柱的线刚度不折减，分配系数计算见表 4-3。

表 4-2　分层法计算分配系数

位置		A 轴			B 轴			
		上柱	下柱	右梁	左梁	上柱	下柱	右梁
屋面梁	线刚度 /kN·m	0.9	0.662	0.662	0.662		0.9	0.294
	分配系数	—	0.576	0.424	0.387		0.527	0.086

续表

位置		A 轴			B 轴			
		上柱	下柱	右梁	左梁	上柱	下柱	右梁
二、三层梁	线刚度 /kN·m	0.9	0.9	0.662	0.662	0.9	0.9	0.294
	分配系数	0.366	0.366	0.268	0.254	0.345	0.345	0.056
一层梁	线刚度 /kN·m	0.9	0.782	0.662	0.662	0.9	0.782	0.294
	分配系数	0.384	0.334	0.282	0.266	0.361	0.314	0.059

中间节点：$\mu_{上柱}=\dfrac{4i_{上柱}}{4i_{上柱}+4i_{下柱}+4i_{右梁}+2i_{左梁}}$ ；$\mu_{左梁}=\dfrac{2i_{左梁}}{4i_{上柱}+4i_{下柱}+4i_{右梁}+2i_{左梁}}$

$\mu_{下柱}=\dfrac{4i_{下柱}}{4i_{上柱}+4i_{下柱}+4i_{右梁}+2i_{左梁}}$ ；$\mu_{右梁}=\dfrac{4i_{右梁}}{4i_{上柱}+4i_{下柱}+4i_{右梁}+2i_{左梁}}$

边节点： $\mu_{上柱}=\dfrac{4i_{上柱}}{4i_{上柱}+4i_{下柱}+4i_{右梁}}$ ；$\mu_{下柱}=\dfrac{4i_{下柱}}{4i_{上柱}+4i_{下柱}+4i_{右梁}}$ ；$\mu_{右梁}=\dfrac{4i_{右梁}}{4i_{上柱}+4i_{下柱}+4i_{右梁}}$

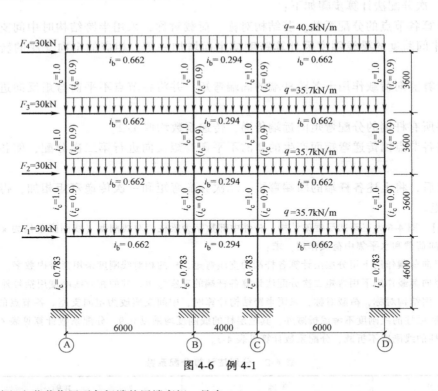

图 4-6 例 4-1

2）计算竖向荷载作用下各杆端的固端弯矩，见表 4-4。

3）分层法计算每一开口框架的支座弯矩，首先从最大不平衡固端力矩开始分配，并向远端传递，具体计算过程见图 4-7。传递系数：定向支座为 -1，固定支座为 1/2，其他各层柱为 1/3，底层柱为 1/2。

4）将分层法所得各开口框架的弯矩图叠加（图 4-8a），出现各节点不平衡。可将各节点不平衡弯矩再次进行弯矩分配，其计算过程见表 4-5，框架节点最终弯矩图见图 4-8b。

表 4-3 弯矩二次分配法计算分配系数

位置		A 轴			B 轴			
		上柱	下柱	右梁	左梁	上柱	下柱	右梁
屋面梁	线刚度/kN·m	—	1.0	0.662	0.662	—	1.0	0.294
	分配系数	—	0.602	0.398	0.366	—	0.553	0.081
二、三层梁	线刚度/kN·m	1.0	1.0	0.662	0.662	1.0	1.0	0.294
	分配系数	0.376	0.376	0.248	0.236	0.356	0.356	0.052
一层梁	线刚度/kN·m	1.0	0.782	0.662	0.662	1.0	0.782	0.294
	分配系数	0.409	0.320	0.271	0.255	0.386	0.302	0.057

表 4-4 各杆端的固端弯矩

位置	AB 跨			BC 跨		
	计算跨度 l_0/m	线荷载 q/(kN/m)	固端弯矩 M/kN·m	计算跨度 l_0/m	线荷载 q/(kN/m)	固端弯矩 M/kN·m
屋面梁	6	40.5	121.5	4	40.5	54
楼层梁	6	35.7	107.1	4	35.7	47.6

注：固端弯矩 $M = ql_0^2/12$。

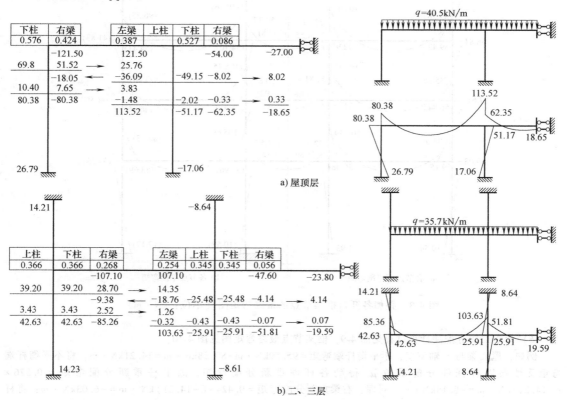

图 4-7 分层法计算各开口框架（单位：kN·m）

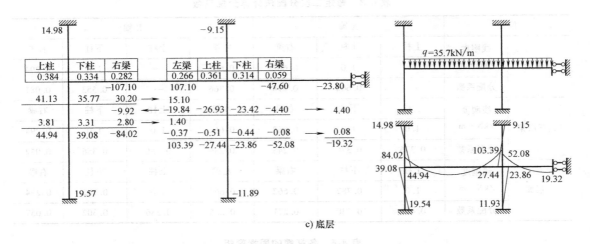

c) 底层

图 4-7　分层法计算各开口框架（单位：kN·m）（续）

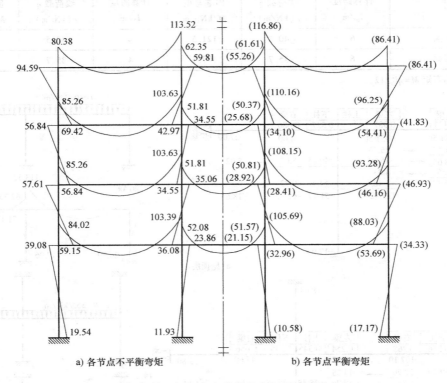

a) 各节点不平衡弯矩　　　　　　　b) 各节点平衡弯矩

图 4-8　叠加各开口框架节点的最终弯矩图（单位：kN·m）

5）弯矩二次分配法计算过程见图 4-9，框架节点最终弯矩图见图 4-10。

例如，屋面梁与 A 轴节点，不平衡杆端弯矩 = 95.59kN·m−80.38kN·m = 14.21kN·m；将不平衡杆端弯矩反号乘以各杆件分配系数 μ_i 得到各杆件重新分配弯矩，故下柱重新分配弯矩 = 0.576 ×（−14.21）kN·m = −8.18kN·m，同理，右梁重新分配弯矩 = 0.424×（−14.21）kN·m = −6.03kN·m；将杆端弯矩 + 重新分配弯矩 = 修正后杆端最终弯矩，经此方法修正后，各节点杆端弯矩平衡。

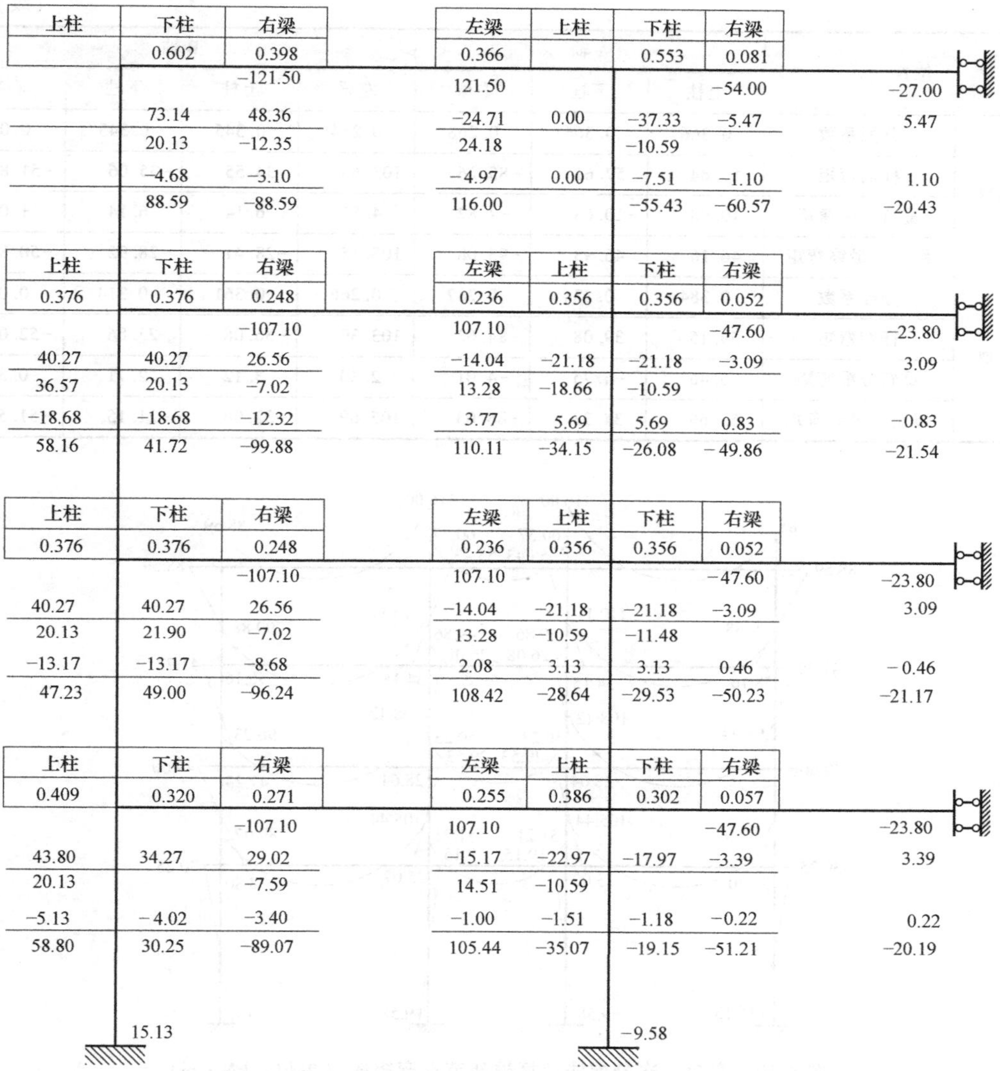

节点 1

上柱	下柱	右梁	左梁	上柱	下柱	右梁	
	0.602	0.398	0.366		0.553	0.081	
		−121.50	121.50		−54.00	−27.00	
	73.14	48.36	−24.71	0.00	−37.33	−5.47	5.47
	20.13	−12.35	24.18		−10.59		
	−4.68	−3.10	−4.97	0.00	−7.51	−1.10	1.10
	88.59	−88.59	116.00		−55.43	−60.57	−20.43

节点 2

上柱	下柱	右梁	左梁	上柱	下柱	右梁	
0.376	0.376	0.248	0.236	0.356	0.356	0.052	
		−107.10	107.10		−47.60		−23.80
40.27	40.27	26.56	−14.04	−21.18	−21.18	−3.09	3.09
36.57	20.13	−7.02	13.28	−18.66	−10.59		
−18.68	−18.68	−12.32	3.77	5.69	5.69	0.83	−0.83
58.16	41.72	−99.88	110.11	−34.15	−26.08	−49.86	−21.54

节点 3

上柱	下柱	右梁	左梁	上柱	下柱	右梁	
0.376	0.376	0.248	0.236	0.356	0.356	0.052	
		−107.10	107.10		−47.60		−23.80
40.27	40.27	26.56	−14.04	−21.18	−21.18	−3.09	3.09
20.13	21.90	−7.02	13.28	−10.59	−11.48		
−13.17	−13.17	−8.68	2.08	3.13	3.13	0.46	−0.46
47.23	49.00	−96.24	108.42	−28.64	−29.53	−50.23	−21.17

节点 4

上柱	下柱	右梁	左梁	上柱	下柱	右梁	
0.409	0.320	0.271	0.255	0.386	0.302	0.057	
		−107.10	107.10		−47.60		−23.80
43.80	34.27	29.02	−15.17	−22.97	−17.97	−3.39	3.39
20.13		−7.59	14.51	−10.59			
−5.13	−4.02	−3.40	−1.00	−1.51	−1.18	−0.22	0.22
58.80	30.25	−89.07	105.44	−35.07	−19.15	−51.21	−20.19

底部：下柱 A 轴 15.13　　下柱 B 轴 −9.58

图 4-9　弯矩二次分配法（单位：kN·m）

表 4-5　分层法各节点不平衡弯矩重新分配　（单位：kN·m）

位置		A 轴			B 轴			
		上柱	下柱	右梁	左梁	上柱	下柱	右梁
屋面梁	分配系数	—	0.576	0.424	0.387	—	0.527	0.086
	杆端弯矩		94.59	−80.38	113.52	—	−59.81	−62.35
	重新分配弯矩	—	−8.18	−6.03	3.34		4.55	0.74
	修正后最终弯矩	—	86.41	−86.41	116.86	—	−55.26	−61.61
三层梁	分配系数	0.366	0.366	0.268	0.254	0.345	0.345	0.056
	杆端弯矩	69.42	56.84	−85.26	103.63	−42.97	−34.55	−51.81
	重新分配弯矩	−15.01	−15.01	−10.99	6.53	8.87	8.87	1.44
	修正后最终弯矩	54.41	41.83	−96.25	110.16	−34.10	−25.68	−50.37

（续）

位置		A轴			B轴			
		上柱	下柱	右梁	左梁	上柱	下柱	右梁
二层梁	分配系数	0.366	0.366	0.268	0.254	0.345	0.345	0.056
	杆端弯矩	56.84	57.61	−85.26	103.63	−34.55	−35.06	−51.81
	重新分配弯矩	−10.68	−10.68	−7.82	4.52	6.14	6.14	1.00
	修正后最终弯矩	46.16	46.93	−93.08	108.15	−28.41	−28.92	−50.81
一层梁	分配系数	0.384	0.334	0.282	0.266	0.361	0.314	0.059
	杆端弯矩	59.15	39.08	−84.02	103.39	−36.08	−23.86	−52.08
	重新分配弯矩	−5.46	−4.75	−4.01	2.30	3.12	2.71	0.51
	修正后最终弯矩	53.69	34.33	−88.03	105.69	−32.96	−21.15	−51.57

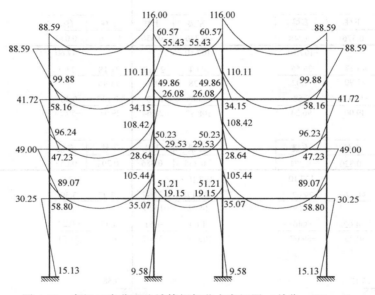

图 4-10　弯矩二次分配法计算框架节点弯矩图（单位：kN·m）

4.5　水平荷载作用下框架内力和侧移的近似计算

　　框架结构在风荷载和水平地震作用下，可以简化为框架节点处的水平集中力，这时框架侧移是主要变形因素。由图 4-11a 可见，**框架结构在水平力作用下的变形为剪切型，表现为图中层间水平位移上小下大**，即 $\Delta_n < \Delta_i < \Delta_2 < \Delta_1$。由图 4-11b 可见，**各杆件的弯矩图都是直线。当框架各层柱的上、下端刚度都比较大时，在柱的中部产生反弯点（即该点弯矩为零，剪力不为零）**。

　　在图 4-11b 中，如能确定各柱内的剪力和反弯点的位置，便可求得各柱的柱端弯矩，进而由节点平衡条件求得梁端弯矩及整个框架结构的其他内力。由此可见，**反弯点法的关键是确定各柱间的剪力分配和各柱的反弯点位置**。

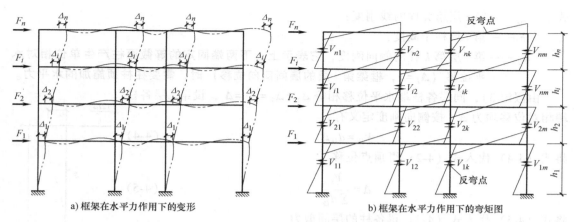

a) 框架在水平力作用下的变形   b) 框架在水平力作用下的弯矩图

图 4-11   框架在水平力作用下的变形图和弯矩图

4.5.1 反弯点法

反弯点法适用于结构比较均匀的多层框架。当梁、柱线刚度比大于 3 时，采用反弯法计算内力可以获得良好的工程精度要求。

1. 基本假定

1）求各个柱的剪力时，假定各柱上、下端都不发生角位移，即认为梁的线刚度与柱的线刚度之比无限大。

2）在确定柱的反弯点位置时，假定除底层柱以外，其余各层柱的上、下端节点转角均相同。

3）不考虑框架梁的轴向变形，同一层各节点水平位移相等。

2. 同层各柱间的剪力分配

设图 4-11b 中的框架共有 n 层，每层有 m 个柱子。沿第 i 层各柱的反弯点处切开代以剪力和轴力（图 4-12），则按水平力的平衡条件有：

$$V_i = \sum_i^n F_i \qquad (4\text{-}1)$$

$$V_i = V_{i1} + V_{i2} + \cdots + V_{im} = \sum_1^m V_{ik} \qquad (4\text{-}2)$$

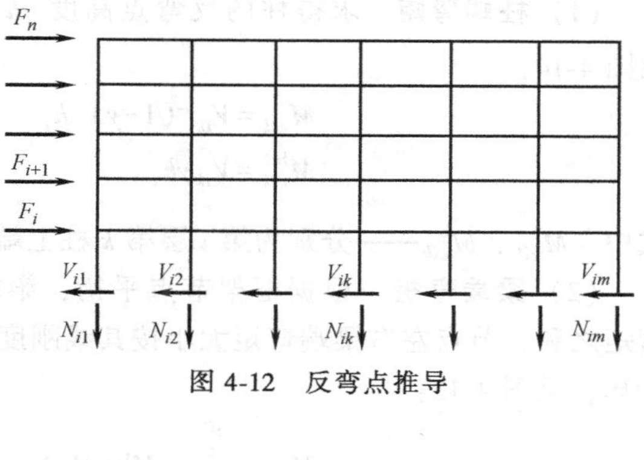

图 4-12   反弯点推导

式中 F_i——作用在楼层 i 的水平力；

V_i——框架第 i 层的层间总剪力；

V_{ik}——第 i 层第 k 根柱所承受的剪力。

由假定 1）可确定柱的侧向刚度。由结构力学可知，水平力作用下，i 楼层框架柱 k 的变形见图 4-13，其侧向刚度为

$$d_{ik} = \frac{12 i_{ik}}{h_i^2} \qquad (4\text{-}3)$$

式中 i_{ik}——第 i 层第 k 柱的线刚度；

h_i——第 i 层柱子高度；

d_{ik}——第 i 层第 k 柱的侧向刚度，**它表示上、下两端固定的等截面柱产生单位相对水平位移（$\Delta_i=1$，框架第 i 层的层间侧向位移）时，需要在柱顶施加的水平力。**

由假定 3)，同层各柱端水平位移相等 $\Delta_1=\Delta_2=\cdots=\Delta_i$，设第 i 层各柱端相对位移均为 Δ，按侧向刚度定义有：

$$V_{ik}=d_{ik}\Delta \tag{4-4}$$

将式（4-4）代入式（4-2）得顶点位移

$$\Delta=\frac{V_i}{\sum d_{ik}} \tag{4-5}$$

将式（4-5）代入式（4-4）得各柱的层间剪力

$$V_{ik}=\frac{d_{ik}}{\sum d_{ik}}V_i=\eta_k V_i \tag{4-6}$$

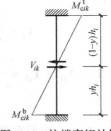

图 4-13　两端固定柱的侧向刚度

η_k 为柱 k 的剪力分配系数，它等于柱 k 自身的侧向刚度占第 i 层柱的总侧向刚度的比值。侧向刚度大的层间剪力就大，反之，侧向刚度小的层间剪力就小。

各层的层间剪力按各柱侧向刚度在该层侧向刚度所占比例分配到各柱，称为剪力分配法。

3. 反弯点位置

按假定 2) 确定柱的反弯点高度。柱的反弯点高度 yh 为反弯点至柱下端的高度，y 为反弯点高度与柱高度的比值，h 为柱高。当上、下端的刚度相等时，反弯点在柱高的中点；当上、下端刚度不相等时，反弯点偏向刚度小的那一端。故除底层柱外，其余各层框架柱的反弯点位于层高的中点 $y=1/2$；对于底层柱，上端弯矩比下端弯矩小，反弯点偏离中点向上，取反弯点 $y=2/3$。

4. 框架梁柱内力

（1）**柱端弯矩**　求得柱的反弯点高度 yh 与反弯点处的层间剪力 V_{ik} 后，按下式计算，见图 4-14：

$$M^{t}_{cik}=V_{ik}(1-y)h_i \tag{4-7}$$

$$M^{b}_{cik}=V_{ik}yh_i \tag{4-8}$$

式中 M^{t}_{cik}、M^{b}_{cik}——分别为第 i 层第 k 柱上端弯矩和下端弯矩。

（2）**梁端弯矩**　根据框架节点平衡，梁端弯矩之和等于柱端弯矩之和，节点左右梁端弯矩大小按其线刚度比进行分配，按下式计算，见图 4-15：

图 4-14　柱端弯矩计算

$$M^{l}_{b}=\frac{i^{l}_{b}}{i^{l}_{b}+i^{r}_{b}}(M^{t}_{c}+M^{b}_{c}) \tag{4-9}$$

$$M^{r}_{b}=\frac{i^{r}_{b}}{i^{l}_{b}+i^{r}_{b}}(M^{t}_{c}+M^{b}_{c}) \tag{4-10}$$

式中 M^{t}_{c}、M^{b}_{c}——节点上、下两端柱的弯矩，由式（4-7）和式（4-8）确定；

M_b^l、M_b^r——节点左、右两端梁的弯矩；

i_b^l、i_b^r——节点左、右梁的线刚度。

（3）**梁端剪力** 根据框架梁的平衡，可求出水平力作用下梁端剪力，见图 4-16。

$$V_b^l = V_b^r = \frac{M_b^l + M_b^r}{l}$$ （4-11）

式中 V_b^l、V_b^r——节点左、右两端梁的剪力；

l——框架梁的跨度。

（4）**柱的轴力** 节点左、右梁端剪力之和即为柱的层间轴力，第 i 层第 k 柱的轴力 N_{ik} 等于其上各层节点左、右两端剪力的代数和，见图 4-17。

$$N_{ik} = \sum_{i}^{n} (V_{ib}^l - V_{ib}^r)$$ （4-12）

式中 V_{ib}^l、V_{ib}^r——第 i 层第 k 柱的两侧梁端传来的剪力，由式（4-11）确定。

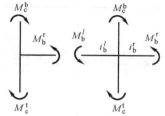

图 4-15 梁端弯矩计算

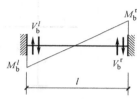

图 4-16 梁端剪力计算

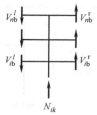

图 4-17 柱轴力计算

4.5.2 改进反弯点法（D 值法）

反弯点法在考虑柱的侧向刚度时，假定横梁线刚度无限大，认为节点转角为零，框架各柱中的剪力仅与各柱间的线刚度比有关。对于层数较多的框架，由于柱轴力增大，柱截面往往较大，梁柱相对线刚度比较接近，框架结构在荷载作用下各节点均有转角，故柱的侧向刚度有所降低。另外，反弯点法在计算反弯点高度时，假定柱上、下节点转角相同，各柱的反弯点高度是一个定值。实际上，当梁柱线刚度比、上下梁线刚度比和上下层层高发生变化时，将影响柱两端转角的大小，而各层柱的反弯点位置与该柱上、下端转角的大小直接相关，**反弯点移向转角较大的一方**，也就是移向约束刚度较小的一端。因此，按上述反弯点法的假定计算框架结构在水平荷载作用下的内力，误差较大。

1963 年日本武滕清教授在分析多层框架的受力特点和变形特点的基础上，提出了修正柱的侧向刚度和调整反弯点位置的方法。该方法认为，柱的侧向刚度不仅与柱本身线刚度和层高有关，还与梁的线刚度有关；柱的反弯点高度不是定值，它随梁柱线刚度比、柱所在层位置、上下层横梁线刚度比、上下层层高变化而变化。修正后的柱侧向刚度用 D 表示，此法称为"D 值法"，它是对反弯点法求多层框架内力的一种改进。

D 值法的关键是确定修正后框架柱的侧向刚度及调整后框架柱的反弯点位置。

1. 柱侧向刚度的修正

反弯点法假定框架上下两端都不发生转角，取柱的侧向刚度 $d = \dfrac{12i_c}{h^2}$。D 值法认为框架

节点均有转角，柱的侧向刚度应有所降低，降低后的侧向刚度表示为

$$D = \alpha_c \frac{12 i_c}{h^2} \tag{4-13}$$

式中　α_c——柱侧向刚度修正系数，它反映节点转动降低了柱的抗侧能力（即 $\alpha_c \leq 1$），其值与节点类型、梁柱线刚度比有关，具体取值见表 4-6。

表 4-6　柱侧向刚度的修正系数

楼层		边柱		中柱		α_c
一般层			$K = \dfrac{i_2 + i_4}{2 i_c}$		$K = \dfrac{i_1 + i_2 + i_3 + i_4}{2 i_c}$	$\alpha_c = \dfrac{K}{2 + K}$
底层	柱底固定		$K = \dfrac{i_2}{i_c}$		$K = \dfrac{i_1 + i_2}{i_c}$	$\alpha_c = \dfrac{0.5 + K}{2 + K}$
	柱底铰接		$K = \dfrac{i_2}{i_c}$		$K = \dfrac{i_1 + i_2}{i_c}$	$\alpha_c = \dfrac{0.5K}{1 + 2K}$

以图 4-18a 中的规则框架中间柱为例，推导出表 4-6 中框架柱的侧向刚度修正余数的计算公式。

规则框架是指层高、跨度、柱的线刚度和梁的线刚度分别相等的框架，见图 4-18a。从框架一般层取某柱 AB 以及与之相连的梁（FB、BH、EA、AG）与柱（BD、AC）为脱离体进行分析，框架在水平荷载作用下发生侧移，柱 AB 到达新的位置 A'B'，见图 4-18b。柱 AB 的上下端均产生转角 θ，柱 AB 的相对侧移为 Δ，旋转角为 $\varphi = \Delta / h$。与柱 AB 相交的横梁 FB、BH、EA、AG 的线刚度分别为 i_1、i_2、i_3、i_4。

为简化计算，做如下假定：

1）柱 AB 以及与之相邻的各杆件杆端转角均为 θ。

2）柱 AB 以及与之相邻的上下层柱的旋转角均为 φ。

3）柱 AB 以及与之相邻的上下层柱的线刚度均为 i_c。

由上述假定和转角位移方程，节点 A、B 的平衡条件 $\sum M_A = 0$、$\sum M_B = 0$ 得

$$M_{AB} + M_{AG} + M_{AC} + M_{AE} = 0 \tag{4-14}$$

$$M_{BA} + M_{BD} + M_{BF} + M_{BH} = 0 \tag{4-15}$$

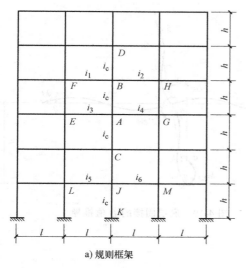

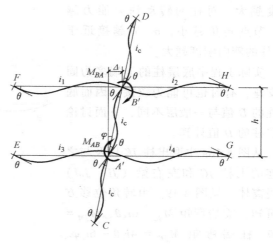

a) 规则框架   b) 一般层D值计算图示

图 4-18 一般层 D 值推导

其中，柱端弯矩 $M_{AB} = M_{AC} = M_{BA} = M_{BD} = 4i_c\theta + 2i_c\theta - 6i_c\dfrac{\Delta}{h} = 6i_c(\theta - \varphi)$；梁端弯矩 $M_{AE} = 4i_3\theta + 2i_3\theta = 6i_3\theta$；同理 $M_{AG} = 6i_4\theta$，$M_{BF} = 6i_1\theta$，$M_{BH} = 6i_2\theta$。

将 M_{AB}、M_{AG}、M_{AC}、M_{AE} 代入式（4-14）得

$$6(i_3 + i_4)\theta + 12i_c\theta - 12i_c\varphi = 0 \tag{4-16}$$

将 M_{BA}、M_{BD}、M_{BF}、M_{BH} 代入式（4-15）得

$$6(i_1 + i_2)\theta + 12i_c\theta - 12i_c\varphi = 0 \tag{4-17}$$

叠加式（4-16）和式（4-17），得

$$\theta = \frac{2}{2 + \dfrac{\sum i}{2i_c}}\varphi = \frac{2}{2 + K}\varphi \tag{4-18}$$

式中，$\sum i = i_1 + i_2 + i_3 + i_4$，$K = \dfrac{\sum i}{2i_c}$，$K$ 称为梁柱线刚度比。

柱所受的剪力为

$$V_{AB} = -\frac{M_{AB} + M_{BA}}{h} = \frac{-2[6i_c(\theta - \varphi)]}{h} = \frac{12i_c}{h}(\varphi - \theta) \tag{4-19}$$

将式（4-18）代入（4-19），可得

$$V_{AB} = \frac{K}{2 + K}\frac{12i_c}{h}\varphi = \frac{K}{2 + K}\frac{12i_c}{h}\frac{\Delta}{h} = \frac{K}{2 + K}\frac{12i_c}{h^2}\Delta \tag{4-20}$$

由此可得柱的侧向刚度为

$$D = \frac{V_{AB}}{\Delta} = \frac{K}{2 + K}\frac{12i_c}{h^2} = \alpha_c\frac{12i_c}{h^2} \tag{4-21}$$

式中，$\alpha_c = \dfrac{K}{2 + K}$ 为柱的侧向刚度修正系数，它反映了梁柱线刚度比对柱侧向刚度的影响。梁

刚度越大，对柱的转动约束能力越大，节点转角越小，α_c 应越接近于 1，柱的侧向刚度越大。

实际工程中底层柱的下端多为固定支座，有时也可能为铰接，因而底层柱的 D 值与一般层不同，下面讨论底层柱的 D 值计算。

从图 4-18a 中取出柱 JK 以及与之相连的上柱 JC 和左右梁（JL、JM）为脱离体，见图 4-19。由转角位移方程可知：梁端弯矩 $M_{JL}=6i_5\theta$、$M_{JM}=6i_6\theta$，柱端弯矩 $M_{JK}=4i_c\theta-6i_c\varphi$、$M_{KJ}=2i_c\theta-6i_c\varphi$。

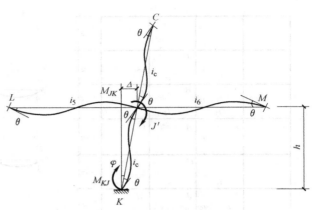

图 4-19 底层固接的 D 值推导

柱 JK 所受到的剪力为

$$V_{JK}=-\frac{M_{JK}+M_{KJ}}{h}=\frac{-6i_c\theta-12i_c\varphi}{h}=\frac{12i_c}{h^2}\left(1-\frac{\theta}{2\varphi}\right)\Delta \tag{4-22}$$

由此可得柱 JK 的侧向刚度为

$$D=\frac{V_{JK}}{\Delta}=\left(1-\frac{\theta}{2\varphi}\right)\frac{12i_c}{h^2}=\alpha_c\frac{12i_c}{h^2} \tag{4-23}$$

对比式（4-13），有

$$\alpha_c=1-\frac{\theta}{2\varphi} \tag{4-24}$$

设 γ 为柱所受的弯矩与左右梁弯矩之和的比值，有

$$\gamma=\frac{M_{JK}}{M_{JL}+M_{JM}}=\frac{4i_c\theta-6i_c\varphi}{6(i_5+i_6)\theta} \tag{4-25}$$

再取 $K=\dfrac{i_5+i_6}{i_c}$ 代入式（4-25），可得

$$\gamma=\frac{2\theta-3\varphi}{3\theta K} \tag{4-26}$$

进而得 $\dfrac{\theta}{\varphi}=\dfrac{3}{2-3\gamma K}$ 和 $\alpha_c=\dfrac{0.5-3\gamma K}{2-3\gamma K}$。

实际工程中，K 值通常在 $0.3\sim5.0$ 范围内变化，γ 在 $-0.50\sim-0.14$ 之间变化，相应 α_c 变化范围为 $0.3\sim0.84$。为简化计算，若统一取 $\gamma=-1/3$（因梁、柱弯矩反向，γ 为负值），相应 α_c 变化范围为 $0.35\sim0.79$，可见对 D 值产生的误差不大。当取 $\gamma=-1/3$ 时，α_c 表达式可简化为

$$\alpha_c=\frac{0.5+K}{2+K} \tag{4-27}$$

同理，当底层柱的下端为铰接时，可得

$$M_{JK}=3i_c\theta-3i_c\varphi,\ M_{KJ}=0$$

剪力
$$V_{JK} = -\frac{M_{JK}+M_{KJ}}{h} = \frac{-3i_c\theta+3i_c\varphi}{h} = \frac{3i_c}{h^2}\left(1-\frac{\theta}{\varphi}\right)\Delta$$

侧向刚度
$$D = \frac{V_{JK}}{\Delta} = \frac{1}{4}\left(1-\frac{\theta}{\varphi}\right)\frac{12i_c}{h^2} = \alpha_c\frac{12i_c}{h^2}$$

令 $\gamma = \dfrac{M_{JK}}{M_{JL}+M_{JM}} = \dfrac{\theta-\varphi}{2(i_5+i_6)\theta}$，取 $K = \dfrac{i_5+i_6}{i_c}$，则 $\dfrac{\theta}{\varphi} = \dfrac{1}{1-2\gamma K}$，$\alpha_c = \dfrac{-0.5\gamma K}{1-2\gamma K}$。

实际工程中，当 K 取不同值时，γ 通常在 $-1 \sim -0.67$ 之间变化，为简化计算且在保证精度条件下，取 $\gamma = -1$ 时，α_c 表达式可简化为

$$\alpha_c = \frac{0.5K}{1+2K} \tag{4-28}$$

综上所述，各种情况下柱的侧向刚度均可按式（4-13）计算，其中柱的侧向刚度修正系数 α_c 及梁柱线刚度比 K 按表 4-6 所列公式计算。

当遇到图 4-20 的特殊柱，各柱顶点位移仍相同时，其侧向刚度为

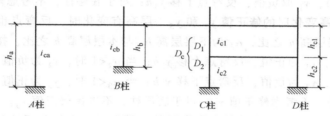

图 4-20　特殊柱侧向刚度

不等高 B 柱的侧向刚度
$$D_b = \alpha_{cb}\frac{12i_{cb}}{h_b^2} \tag{4-29}$$

带夹层的 C 柱的等效侧移刚度
$$D_c = \frac{D_1D_2}{D_1+D_2} \tag{4-30}$$

式中，$D_1 = \alpha_{c1}\dfrac{12i_{c1}}{h_{c1}^2}$，$D_2 = \alpha_{c2}\dfrac{12i_{c2}}{h_{c2}^2}$。

求得框架柱侧向刚度值后，与反弯点相似，由同一层内各柱的层间位移相等条件，可把层间剪力按下式分配给该层的各柱：

$$V_{ik} = \frac{D_{ik}}{\sum\limits_1^m D_{ik}}V_i = \eta_k V_i \tag{4-31}$$

式中　V_{ik}——第 i 层第 k 柱的剪力；

D_{ik}——第 i 层第 k 柱的侧向刚度；

$\sum\limits_1^m D_{ik}$——第 i 层所有柱的侧向刚度；

V_i——第 i 层由外荷载引起的总剪力。

2. 柱的反弯点高度

各层柱反弯点的位置与该柱上下端约束条件有关。当两端固定或两端转角完全相等时，

反弯点在柱的中点。两端约束刚度不同时，两端转角也不相等，反弯点移向转角较大的一端，也就是移向约束刚度较小的一端。当一端为铰接时，支承转动刚度为零，反弯点与该铰节点重合。因此，影响柱两端转角的主要因素有**梁柱线刚度比、该柱所在楼层位置、上下梁线刚度比和上下层层高的变化**。

D 值法中，通过力学分析求得标准反弯点高度比 y_n（即反弯点到柱下端距离与柱全高的比值），再根据上下梁线刚度比值及上下层层高变化，对 y_n 进行调整。

（1）**标准反弯点高度比 y_n** 标准反弯点高度比是在各层等高、各跨相等、各层梁和柱线刚度都不改变时框架在水平荷载作用下的反弯点高度比，其值主要与梁柱线刚度比、结构总层数 n 以及该柱所在层 j 有关。对于均布及倒三角形分布水平力作用时 y_n 值可查附表 D-1、附表 D-2 得到。

（2）**上下梁刚度变化时的修正值 y_1** 当某柱的上梁和下梁刚度不等，柱上下节点转角不同时，反弯点位置有变化，应将标准反弯点高度比 y_n 加以修正，具体方法如下：当 $i_1+i_2<i_3+i_4$ 时，令 $\alpha_1=(i_1+i_2)/(i_3+i_4)$，$y_1$ 取正值，反弯点上移 y_1h；当 $i_1+i_2>i_3+i_4$ 时，令 $\alpha_1=(i_3+i_4)/(i_1+i_2)$，$y_1$ 取负值，反弯点下移 y_1h；对于底层柱，不考虑修正值 y_1。

（3）**上下层层高变化时的修正值 y_2 和 y_3** 层高有变化时，反弯点也有移动。令 α_2 为上层层高 $h_上$ 与本层层高 h 之比，α_3 为下层层高 $h_下$ 与本层层高 h 之比，按下列办法修正：

1）当 $\alpha_2>1$ 时，y_2 为正值，反弯点上移 y_2h；当 $\alpha_2<1$ 时，y_2 为负值，反弯点下移 y_2h。

2）当 $\alpha_3>1$ 时，y_3 为负值，反弯点下移 y_3h；当 $\alpha_3<1$ 时，y_3 为正值，反弯点上移 y_3h。

3）对于顶层柱，不考虑修正值 y_2；对于底层柱，不考虑修正值 y_3。

综合考虑上述因素，反弯点总是向刚度弱的一端移动，框架各层柱的反弯点高度 yh 由下式计算：

$$yh=(y_n+y_1+y_2+y_3)h \tag{4-32}$$

式中　y——各层柱的反弯点高度比；

　　　y_n——标准反弯点高度比，可查附表 D-1、附表 D-2；

　　　y_1——上、下层梁刚度变化时反弯点高度比修正值，可查附表 E-1；

　y_2、y_3——上、下层高度变化时反弯点高度比修正值，可查附表 E-2。

当各层框架柱的侧向刚度 D 和各层柱反弯点的位置 yh 确定后，与反弯点法一样，就可确定各柱在反弯点处的剪力值和柱端弯矩，再由节点平衡条件，进而求出梁柱其他内力。

4.5.3　框架结构侧向位移的近似计算

1. 框架结构的变形特点

水平荷载作用下，框架结构的侧向位移一般由剪切变形和弯曲变形组成，见图 4-21。一是由水平荷载引起的楼层剪力使梁、柱构件产生弯曲变形，形成框架结构的整体剪切变形，其变形曲线凹向结构的竖轴，层间相对侧移呈现下大上小的特征。二是由水平荷载引起的倾覆力矩，使框架柱产生轴向变形（一侧柱拉伸，另一侧柱压缩），形成框架结构的整体弯曲变形，其变形曲线凸向结构竖轴，其层间相对侧移下小上大。因柱的轴向变形引起侧向位移与房屋的高宽比有关（即与房屋高度的三次方成正比，与房屋宽度的平方成反比），对框架总高度 $H>50m$ 或高宽比 $H/B>4$ 的房屋，由于柱轴力较大，柱轴力变形引起的侧向位移不能忽略。但对多层框架结构房屋，其侧向位移仅考虑整体剪切变形，不考虑整体弯曲变形影响。

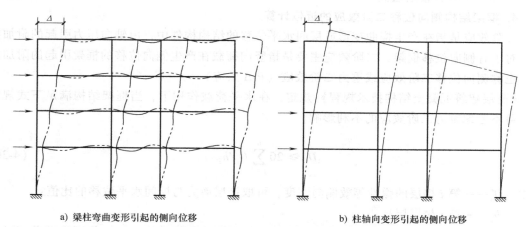

a) 梁柱弯曲变形引起的侧向位移　　　　　　b) 柱轴向变形引起的侧向位移

图 4-21　框架结构的侧向位移

2. 多层框架结构的侧向位移计算

侧向刚度 D 值的物理意义是层间产生单位侧向位移时所需施加的层间剪力。由于剪切变形主要表现为层间构件的错动，当已知框架结构第 i 层所有柱的侧向刚度之和 $\sum_{1}^{m} D_{ik}$ 及层间剪力 V_i 后，由下式近似计算框架层间侧向位移：

$$\Delta u_i = \frac{V_i}{\sum_{1}^{m} D_{ik}} \tag{4-33}$$

式中　Δu_i——第 i 层层间侧向位移；

$\quad\quad D_{ik}$——第 i 层第 k 柱的侧向刚度；

$\quad\quad m$——框架第 i 层的总柱数。

由式（4-33）可知，当框架柱的侧向刚度沿高度变化不大时，因层间剪力自顶层向下逐层增大，所以**层间侧向位移 Δu_i 一般具有下部大，上部小，自顶层向下逐层递增的特点。**

各楼层的层间侧向位移 Δu_i 之和为框架顶点的总水平位移 $\Delta \mu$，即

$$\Delta u = \sum_{1}^{n} \Delta u_i \tag{4-34}$$

3. 框架结构的弹性层间水平位移限值

由于框架层间水平位移过大将导致填充墙开裂，外墙装饰砖脱落，并影响结构的正常使用功能，甚至引起主体结构受损，为控制结构的侧向刚度，《建筑抗震设计规范》规定，钢筋混凝土结构在多遇地震作用下的抗震变形验算，其楼层内最大的弹性层间水平位移应符合以下要求：

$$\Delta u \leqslant [\theta_e] h \tag{4-35}$$

式中　Δu——多遇地震作用标准值产生的楼层最大弹性层间水平位移，应计入扭转变形，各

　　　　　　作用分项系数均采用 1.0，钢筋混凝土结构各构件的截面刚度可采用弹性刚度；

$\quad\quad [\theta_e]$——弹性层间水平位移角限值，钢筋混凝土框架结构取为 1/550；

h——计算楼层层高。

4. 框架结构侧向位移二阶效应的近似计算

二阶效应是指在产生挠曲变形或层间水平位移的结构构件中，由轴向压力引起的附加内力。对于有侧向位移框架，二阶效应主要是指竖向荷载在产生侧向位移的框架引起的附加内力，也称侧向位移二阶效应或重力二阶效应（P-Δ 效应）

《高层建筑混凝土结构技术规程》规定，在水平荷载作用下，当框架结构满足下式规定时，可不考虑重力二阶效应的不利影响。

$$D_i \geqslant 20 \sum_{j=i}^{n} G_j / h_i \tag{4-36}$$

式中　D_i——第 i 楼层的弹性等效侧向刚度，可取该层剪力与层间水平位移的比值；

　　　h_i——第 i 楼层层高；

　　　G_j——第 j 楼层重力荷载代表值，取 1.3 倍永久荷载标准值与 1.5 倍可变荷载标准值之和；

　　　n——结构计算总层数。

框架结构的侧向刚度不满足式（4-36）时，结构弹性计算时应考虑侧向位移二阶效应对水平力作用下结构内力和水平位移的不利影响。当采用增大系数法近似计算侧向位移二阶效应时，应对未考虑 P-Δ 效应的一阶弹性分析所得的柱端和梁端弯矩及层间水平位移分别按下式乘以增大系数 η_s：

$$M \geqslant M_{ns} + \eta_s M_s \tag{4-37}$$

$$\Delta = \eta_s \Delta_1 \tag{4-38}$$

式中　M_s——引起结构侧向位移的荷载所产生的一阶弹性分析构件端弯矩设计值；

　　　M_{ns}——不引起结构侧向位移的荷载所产生的一阶弹性分析构件端弯矩设计值；

　　　Δ_1——一阶弹性分析的层间水平位移；

　　　η_s——P-Δ 效应增大系数，其中梁端 η_s 为相应节点处上、下柱端或上、下墙肢端 η_s 的平均值。

框架结构中，所计算楼层各柱的 η_s 可按下式计算：

$$\eta_s = \cfrac{1}{1 - \cfrac{\sum N_j}{DH_0}} \tag{4-39}$$

式中　D——所计算楼层的侧向刚度，考虑到构件开裂及屈服以后截面刚度降低，计算框架结构构件弯矩增大系数时，对梁、柱的截面弹性抗弯刚度 $E_c I$ 应分别乘以折减系数 0.4、0.6；计算结构水平位移的增大系数 η_s 时，不对刚度进行折减；

　　　N_j——计算楼层第 j 列柱轴力设计值；

　　　H_0——所计算楼层的层高。

【**例 4-2**】　采用例 4-1 的已知条件，求在水平荷载作用下按 D 值法计算框架结构的内力（弯矩、剪力、轴力）。

1）侧向刚度修正系数计算见表 4-7。

表 4-7 侧向刚度修正系数计算

位置	图例	边 柱					图例	中 柱					
一般层	i_c i_2/i_4	线刚度	i_2	i_4	i_c		i_1 i_2 / i_3 i_c i_4	线刚度	i_1	i_2	i_3	i_4	i_c
			0.662	0.662	1.000				0.662	0.294	0.662	0.294	1.000
		$K=(i_2+i_4)/2i_c$	0.662					$K=(i_1+i_2+i_3+i_4)/2i_c$	0.956				
		$\alpha=K/(2+K)$	0.249					$\alpha_c=K/(2+K)$	0.323				
底层	i_c i_2	线刚度	i_2	—	i_c		i_1 i_2 / i_c	线刚度	i_1	i_2	—	—	i_c
			0.662	—	0.783				0.662	0.294	—	—	0.783
		$K=i_2/i_c$	0.845					$K=(i_1+i_2)/i_c$	1.221				
		$\alpha_c=(0.5+K)$ $/(2+K)$	0.473					$\alpha_c=(0.5+K)$ $/(2+K)$	0.534				

2）各柱剪力值计算见表 4-8。

表 4-8 各柱剪力值计算

位置	A 轴或 D 轴				B 轴或 C 轴				总刚度 $\sum D_i$ /(kN /m)	A 轴或 D 轴分配系数 η_i	B 轴或 C 轴分配系数 η_i	水平荷载 $\sum_i^4 F_i$ /kN	A 轴或 D 轴剪力 V_i /kN	B 轴或 C 轴剪力 V_i /kN
	修正系数 α_c	柱线刚度 i_c/ kN·m	层高 h_i /m	侧向刚度 D_i /(kN /m)	修正系数 α_c	柱线刚度 i_c/ kN·m	层高 h_i /m	侧向刚度 D_i /(kN /m)						
四层	0.249	1.000	3.600	0.230	0.323	1.000	3.600	0.299	1.059	0.217	0.283	30	6.51	8.49
三层	0.249	1.000	3.600	0.230	0.323	1.000	3.600	0.299	1.059	0.217	0.283	60	13.02	16.98
二层	0.249	1.000	3.600	0.230	0.323	1.000	3.600	0.299	1.059	0.217	0.283	90	19.53	25.47
一层	0.473	0.783	4.600	0.210	0.534	0.783	4.600	0.237	0.894	0.235	0.265	120	28.20	31.80

注：表中 $D=\alpha_c\dfrac{12i_c}{h^2}$，$\eta_i=D_i/\sum_1^4 D_i$，$V_i=\eta_i\sum_i^4 F_i$。

3）各柱反弯点高度 yh。根据总层数为 n，该柱所在层为 j，梁柱线刚度比为 K，查表得到标准反弯点高度比 y_n；根据上下层横梁线刚度比查表得到修正值 y_1；根据上下层高度变化查表得到修正值 y_2、y_3，各层反弯点高度 $yh=(y_n+y_1+y_2+y_3)h$，见表 4-9。

表 4-9 各柱反弯点高度比

位置	A 轴或 D 轴			B 轴或 C 轴			位置	A 轴或 D 轴			B 轴或 C 轴		
	K	y_n	y	K	y_n	y		K	y_n	y	K	y_n	y
四层	0.662	0.3		0.956	0.35		三层	0.662	0.4		0.956	0.428	
	α_1	y_1		α_1	y_1			α_1	y_1		α_1	y_1	
	1	0	0.3	1	0	0.35		1	0	0.4	1	0	0.428
	α_3	y_3		α_3	y_3			α_2	y_2		α_2	y_2	
	1	0		1	0			1	0		1	0	

（续）

位置	A 轴或 D 轴			B 轴或 C 轴			位置	A 轴或 D 轴			B 轴或 C 轴		
	K	y_n	y	K	y_n	y		K	y_n	y	K	y_n	y
三层	α_3	y_3	0.4	α_3	y_3	0.428	二层	α_3	y_3	0.43	α_3	y_3	0.45
	1	0		1	0			1.278	-0.02		1.278	0	
二层	0.662	0.45	0.43	0.956	0.45	0.45	一层	0.845	0.65	0.65	1.221	0.55	0.55
	α_1	y_1		α_1	y_1			α_1	y_1		α_1	y_1	
	1	0		1	0			1	0		1	0	
	α_2	y_2		α_2	y_2			α_2	y_2		α_2	y_2	
	1	0		1	0			0.783	0		0.783	0	

4）框架内力计算见表 4-10 和表 4-11。

表 4-10　框架柱端弯矩计算

位置		A 轴				B 轴			
		反弯点高度比 y_i	层高 h_i/m	剪力 V_i/kN	柱端弯矩 M_{ci}/kN·m	反弯点高度比 y_i	层高 h_i/m	剪力 V_i/kN	柱端弯矩 M_{ci}/kN·m
四层柱	上端	0.7	3.6	6.51	16.41	0.65	3.6	8.49	19.87
	下端	0.3	3.6	6.51	7.03	0.35	3.6	8.49	10.70
三层柱	上端	0.6	3.6	13.02	28.12	0.572	3.6	16.98	34.97
	下端	0.4	3.6	13.02	18.75	0.428	3.6	16.98	26.16
二层柱	上端	0.57	3.6	19.53	40.08	0.55	3.6	25.47	50.43
	下端	0.43	3.6	19.53	30.23	0.45	3.6	25.47	41.26
一层柱	上端	0.35	4.6	28.20	45.40	0.45	4.6	31.80	65.83
	下端	0.65	4.6	28.20	84.32	0.55	4.6	31.80	80.45

注：表中柱端弯矩 $M = V_i(y_i h_i)$。

表 4-11　梁端弯矩、梁端剪力、柱轴力计算

位置	AB 跨									BC 跨		A 轴轴力 N_i/kN	B 轴轴力 N_i/kN
	A 支座柱弯矩 M_{ci}/kN·m	A 支座梁弯矩 M_{bi}/kN·m	B 支座柱弯矩 M_{ci}/kN·m	B 支座左梁线刚度 i_b^l/kN·m	B 支座右梁线刚度 i_b^r/kN·m	B 支座左梁弯矩 M_{bi}^l/kN·m	B 支座右梁弯矩 M_{bi}^r/kN·m	跨度 l_i/m	剪力 V_{bi}/kN	跨度 l_i/m	剪力 V_{bi}/kN		
四层梁	16.41	16.41	19.87	0.662	0.294	13.76	6.11	6	5.03	4	3.05	5.03	1.97
三层梁	35.15	35.15	45.67	0.662	0.294	31.63	14.04	6	11.13	4	7.02	16.16	6.08
二层梁	58.83	58.93	76.59	0.662	0.294	53.04	23.55	6	18.64	4	11.78	34.80	12.95
一层梁	75.63	75.63	107.09	0.662	0.294	74.16	32.93	6	24.97	4	16.47	59.77	21.45

注：表中梁端弯矩 $M_b^l = \dfrac{i_b^l}{i_b^l + i_b^r} M_c$、$M_b^r = \dfrac{i_b^r}{i_b^l + i_b^r} M_c$，梁端剪力 $V_b^l = V_b^r = \dfrac{M_b^l + M_b^r}{l}$，柱轴力 $N_i = \sum\limits_{i}^{n} (V_{ib}^l - V_{ib}^r)$。

5）绘制弯矩图，见图 4-22。

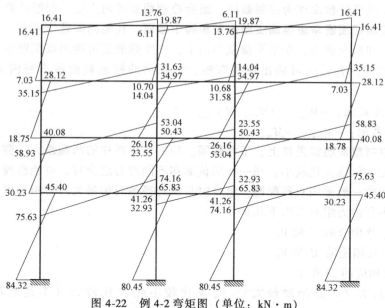

图 4-22　例 4-2 弯矩图（单位：kN·m）

4.6　框架结构的荷载效应组合

1. 竖向荷载作用下框架梁的梁端支座负弯矩调幅

为避免梁支座处抵抗负弯矩的钢筋过于拥挤，或者在抗震结构中形成梁铰破坏机构以增加结构的延性，都可以考虑框架梁梁端塑性内力重分布，对竖向荷载作用下梁端负弯矩进行调幅。

1）对现浇框架梁，梁端负弯矩调幅系数可取 0.8~0.9。

2）框架梁梁端截面负弯矩调幅后，梁跨中截面弯矩应按平衡条件相应增大。截面设计时，框架梁跨中截面正弯矩设计值不应小于竖向荷载作用下按简支梁计算的跨中截面弯矩设计值的 50%。

3）应先对竖向荷载作用下的框架梁弯矩进行调幅，再与水平荷载产生的框架梁弯矩进行组合。

2. 荷载效应组合

框架结构在各种荷载作用下产生内力、发生位移，框架受力后引起的内力、位移又称为荷载作用效应。由于框架的位移主要由水平荷载引起，通常不考虑竖向荷载对位移的影响，不存在位移组合问题，所以荷载效应组合实际上是指内力组合。**内力组合的目的就是找出框架梁柱控制截面的最不利内力，最不利内力是使截面配筋最大的内力。** 一般来说，并不是所有荷载同时作用时某些截面有最大内力，而是在其中一些荷载作用下才能得到最大内力。因此，必须对框架构件的控制截面进行最不利内力组合，并以此作为梁柱截面配筋的依据。

（1）控制截面及最不利内力　构件内力往往沿杆件长度发生变化，构件截面有时也会在杆件某处发生改变，设计时应根据构件内力分布特点和构件截面尺寸变化情况，选取内力较大截面或尺寸改变处截面作为控制截面，组合控制截面的内力进行配筋计算。

框架梁的控制截面通常是梁端支座截面和跨中截面。在竖向荷载作用下，支座截面可能产生最大负弯矩和最大剪力；在水平荷载作用下，支座截面还可能出现正弯矩。跨中截面一般产生最大正弯矩，有时也可能出现负弯矩。框架梁的控制截面最不利内力组合有以下几种：

1）梁端支座截面：$-M_{max}$、$+M_{max}$ 和 V_{max}。

2）梁跨中截面：$-M_{max}$、$+M_{max}$。

框架柱的控制截面通常是柱上、下端截面。柱的弯矩在柱的两端最大，剪力和轴力在同一层柱内通常无变化或变化较小。同一柱端截面在不同内力组合时，可能出现正弯矩或负弯矩，考虑到框架柱一般采用对称配筋，组合时只需选择绝对值最大的弯矩即可。因此，框架柱控制截面最不利内力组合有以下几种：

1）$|M|_{max}$ 及相应的 N 和 V。

2）$|N|_{max}$ 及相应的 M 和 V。

3）N_{min} 及相应的 M 和 V。

4）$|M|$ 比较大（不是绝对最大），但 N 比较小或 N 比较大（不是绝对最小或绝对最大）。

第四种内力组合情况的出现是因为柱是偏压构件，可能出现大偏压破坏，也可能出现小偏压破坏。对于大偏压构件，$e_0 = M/N$ 越大，截面需要的配筋越多，有时 M 虽然不是最大，但相应 N 较小，此时，e_0 最大，也能成为最不利内力。对于小偏压构件，有时 N 并不是最大，但相应的 M 比较大，截面配筋反而增多，成为最不利内力。

柱中的剪力一般不大，若取上述组合方法得到的剪力 V 和轴力 N 进行斜截面受剪承载力计算，一般可以满足要求。在框架承受水平力较大的情况下，柱子也要组合 $|V|_{max}$ 及相应的 N。

由结构受力分析所得内力是构件轴线处的内力，而梁支座截面的最不利位置是指柱边缘处梁端截面，柱上、下端截面的最不利位置是指梁顶和梁底处柱端截面，见图 4-23。因此，**内力组合前应将各种荷载作用下梁柱轴线处的弯矩值和剪力值换算到梁柱边缘处**，然后进行内力组合。

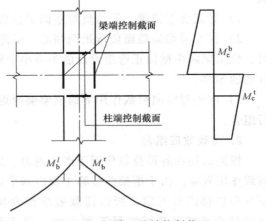

图 4-23　梁端、柱端控制截面

（2）**活荷载不利布置**　作用于框架上的竖向荷载包括永久荷载和可变荷载，设计时应按永久荷载实际分布和全部作用的情况计算荷载效应。可变荷载可以单独作用在某跨或某几跨，也可以同时作用在整个框架上，设计时应考虑活荷载最不利布置组合荷载效应。活荷载的最不利位置需要根据截面的位置及最不利内力种类分别确定，通常采用以下几种方法：

1）**逐层逐跨布置法**。这种方法是将楼面活荷载逐层逐跨单独作用在框架结构上，分别计算出结构的内力，再对控制截面叠加出最不利内力。对于图 4-24 中的三跨四层框架，若将楼面活荷载逐层逐跨布置，则需计算 12 种活荷载布置下的框架内力，然后对各种控制截面进行上述各种内力的叠加组合，从中找出最不利内力。这种方法计算工作量大，适合编程电算。

2）**最不利布置法**。这种方法对每一控制截面直接由影响线确定最不利荷载布置，然后进行内力计算。图 4-25 表示多层多跨框架在某跨作用有活荷载时各杆件的变形曲线。

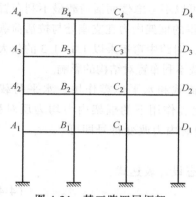

图 4-24　某三跨四层框架

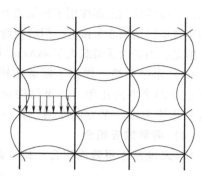

图 4-25　框架杆件变形曲线

由图 4-25 可知，如果某跨梁有活荷载作用，则在该跨跨中产生正弯矩，并在横向隔跨、竖向隔层的各跨跨中引起正弯矩，还在横向邻跨、竖向邻层的各跨跨中引起负弯矩。由此可见，**如果要求某跨跨中可能产生最大正弯矩，则应在该跨布置活荷载，然后沿横向每隔一跨，沿竖向每隔一层的诸梁上也要布置活荷载**。按照上述活荷载布置规律，对于图 4-24 中的三跨四层框架，使 A_2B_2 梁的跨中产生最不利正弯矩的活荷载布置见图 4-26（a），这样的活荷载布置同样引起横梁 B_1C_1、C_2D_2、B_3C_3 等跨梁的跨中产生最不利正弯矩。

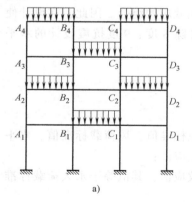

a)

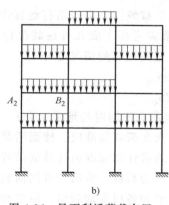

b)

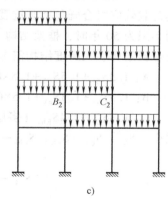

c)

图 4-26　最不利活荷载布置

由图 4-25 还可以看出，**如果某跨作用有活荷载，则在该跨梁的两端产生负弯矩，并在上、下邻层梁的两端引起负弯矩，然后逐层交替出现反号弯矩；还在横向邻跨梁近端引起负弯矩，远端引起正弯矩，然后逐层逐跨交替出现反号弯矩**。按此规律，如果要得到图 4-24 中框架梁 A_2B_2 的杆端 B_2 处的最不利负弯矩，则应在 A_2B_2 跨和 B_2C_2 跨布置活荷载，并在该跨的上、下相邻两跨布置活荷载，然后隔层隔跨交叉布置，见图 4-26b。如果要得到框架

梁 B_2C_2 的杆端 B_2 处的最不利负弯矩，遵循上述荷载布置原则，最不利的活荷载布置见图 4-26c。因此要得到图 4-26 所示的三跨四层框架所有控制截面各种最不利内力，需要进行 20 多种最不利荷载布置下的内力计算，此方法适合编程电算。

　　3）**满布荷载法**。目前，国内混凝土框架结构由永久荷载和楼面活荷载引起的单位面积重力荷载为 $12\sim14kN/m^2$，其中活荷载部分为 $2\sim3kN/m^2$，占全部重力荷载的 $16\%\sim20\%$，活荷载不利分布的影响较小。因此，当楼面活荷载不大于 $4kN/m^2$ 时，可以不考虑楼面活荷载最不利布置的影响，而按活荷载全部作用于框架梁上来计算内力，这样求得的框架内力在支座处与按活荷载最不利布置所得结构非常接近，但跨中弯矩偏小，为安全起见，对跨中弯矩乘以 $1.1\sim1.3$ 的放大系数。但是，当楼面活荷载大于 $4kN/m^2$ 时，应考虑楼面活荷载不利布置对结构的影响。

　　（3）**水平荷载**　作用于框架结构上的水平荷载有风荷载和水平地震作用，水平荷载应考虑正反两个方向作用。如果结构对称，风荷载和水平地震作用下的框架内力均为反对称，只需将水平力沿一个方向作用计算一次内力，水平力反向时内力改变符号即可。

　　（4）**荷载效应组合**

　　1）**无地震作用效应组合**。构件截面承载能力极限状态设计表达式：

$$\gamma_0 S_d \leqslant R_d \tag{4-40}$$

基本组合：

$$S_d = 1.3S_{Gk} + 1.5\gamma_{L1}S_{Q1k} + 1.5\sum_{i=2}^{n}\gamma_{Li}\psi_{ci}S_{Qik} \tag{4-41}$$

　　2）**地震作用效应组合**。构件截面抗震验算：

$$S \leqslant R/\gamma_{RE} \tag{4-42}$$

基本组合

$$S = 1.3S_{GE} + 1.4S_{Ehk} + 1.5\psi_{ci}S_{wk} \tag{4-43}$$

　　3）**框架结构常见的荷载效应内力组合**。对于有抗震设防要求的钢筋混凝土框架结构，其荷载效应组合既包括非抗震的荷载效应，也包括有地震作用效应的组合。因此，在设计使用年限为 50 年时，框架结构一般需考虑下面几种荷载组合（除 8 度、9 度抗震设计的水平长悬臂结构、大跨度结构需考虑竖向地震的情况之外）：

　　A：$1.3S_{Gk} + 1.5S_{Qk} + 1.5 \times 0.6S_{wk}$

　　B：$1.3S_{Gk} + 1.5S_{wk} + 1.5 \times 0.7S_{Qk}$

　　C：$1.3S_{GE} + 1.4S_{Ehk}$（多层风荷载不同时与地震组合）

式中　　S_{Gk}、S_{Qk}、S_{wk}、S_{Ehk}——永久荷载标准值、楼面活荷载标准值、风荷载标准值、水平地震作用标准值计算的荷载效应值；

　　　　　　　　S_{GE}——重力荷载代表值计算的荷载效应值，其值等于永久荷载标准值和各可变荷载组合值之和；

　　　　　　　　ψ_{ci}——组合系数，对楼面活荷载取 0.7，在式（4-41）中风荷载组合系数取 0.6，在式（4-43）中，对一般建筑结构，风荷载组合系数取 0，对风荷载起控制作用的建筑结构，风荷载组合系数取 0.2；

　　　　　　　　γ_{RE}——承载力抗震调整系数：对梁的受弯状态取 0.75；对各类构件处于受剪状态取 0.85；对轴压比小于 0.15 的柱处于偏压状态时取 0.75；对轴压比不小于 0.15 的柱处于偏压状态时取 0.80。

4.7　框架结构抗震设计

4.7.1　一般要求

钢筋混凝土框架有抗震设防要求时，不仅应注意混凝土、钢筋材料力学性能对构件延性的影响，还应注意"强锚固"对钢筋锚固长度、搭接长度的影响。

1. 钢筋

普通钢筋宜优先采用延性、韧性和焊接性较好的钢筋；纵向受力钢筋宜选用符合抗震性能指标的不低于 HRB400 级的热轧钢筋；箍筋宜选用符合抗震性能指标的 HRB400 级的热轧钢筋，也可选用 HPB300 级的热轧钢筋。

钢筋的抗拉强度实测值与屈服强度实测值的比值不应小于 1.25；钢筋的屈服强度实测值与屈服强度标准值的比值不应大于 1.3，且钢筋在最大拉力下的总伸长率实测值不应小于 9%。

抗震设计时，箍筋宜采用焊接的封闭箍筋、连续螺旋箍筋等；当采用非焊接封闭箍筋时，箍筋必须做成封闭箍，其末端应做成 135° 钩，弯钩端头平直段长不小于箍筋直径的 10 倍和 75mm 的较大值。

在施工中，当需要以强度等级较高的钢筋替代原设计中的纵向受力钢筋时，应按照钢筋受拉承载力设计值相等的原则换算，并满足最小配筋率要求。

2. 混凝土

抗震等级不低于二级的钢筋混凝土结构构件，混凝土强度等级不应低于 C30。

3. 钢筋的锚固与连接

抗震设计时，依据抗震等级不同，纵向受力钢筋的抗震锚固长度 l_{aE} 应在非抗震锚固长度 l_a 的基础上相应增加 0~15%，以达到强锚固目的。

抗震设计时，纵向受力钢筋需连接时，接头宜优先采用机械连接或焊接。当采用绑扎搭接时，纵向钢筋的抗震搭接长度 l_{lE} 相应增加，且搭接范围内的箍筋应加强。

4. 抗震等级确定

钢筋混凝土房屋应根据设防类别、烈度、结构类型和房屋高度采用不同的抗震等级，并应符合相应的计算和构造措施。现浇框架结构房屋的抗震等级按表 4-12 确定。

表 4-12　现浇框架结构房屋的抗震等级

结构类型		设防烈度					
		6		7		8	9
	高度/m	≤24	>24	≤24	>24	≤24	>24	≤24
框架结构	框架	四	三	三	二	二	一	一
	大跨度(≥18m)框架	三		二		一		一

5. 柱的计算长度

在偏心受压柱的配筋计算中，需要确定柱的计算长度，对现浇楼盖，底层柱为 $1.0H$，

其余各层柱为 $1.25H$。H 为柱的高度，对底层柱，其取值为从基础顶面到一层楼盖顶面的高度；对其余各层柱，其取值为上、下两层楼盖顶面之间的距离。

4.7.2 框架梁的设计要求

对于无抗震设防要求的钢筋混凝土框架结构，得到各梁、柱构件的荷载效应组合，确定最不利内力组合之后，即可按混凝土基本原理的相应方法对各控制截面进行正截面和斜截面的承载力计算，然后考虑构造要求，形成构件的配筋。此外，应注意对受弯构件的变形、裂缝进行验算。

对于有抗震设防要求的钢筋混凝土框架结构，在获得各梁、柱构件的荷载效应组合之后，为提高结构、构件的抗震性能，应首先对构件的相关抗震组合内力进行"强柱弱梁""强剪弱弯""强节点弱杆件"等调整，然后根据调整后的内力进行正截面和斜截面的抗震承载力计算，并全面核查抗震构造措施，从而确定构件的配筋。应注意，罕遇地震作用下薄弱层的弹塑性变形验算需在获得结构配筋之后完成。

1. 截面尺寸

框架梁的截面高度 $h_b = (1/10 \sim 1/18) l$，l 为梁的计算跨度。当永久荷载较大或抗震等级越高时，取大值系数。梁的截面宽度 $b_b = (1/3 \sim 1/2) h_b$，h_b 和 b_b 一般应符合 50mm 的模数。

抗震设计时，框架梁的截面宽度不宜小于 200mm；截面高宽比不宜大于 4；净跨与截面高度之比不宜小于 4。对梁宽大于柱宽的扁梁，梁中线宜与柱中线重合，扁梁应双向布置。

2. 正截面承载力计算

（1）**非抗震设计** 框架梁可按受弯构件进行计算。对于现浇框架结构，根据梁正弯矩最不利组合，按 T 形截面确定梁的下部纵向钢筋；根据梁端负弯矩的最不利组合，按双筋截面计算上部纵向钢筋。

以双筋矩形截面梁为例，其正截面受弯承载力应满足下式要求：

$$\alpha_1 f_c bx + f'_y A'_s = f_y A_s \tag{4-44}$$

$$\gamma_0 M \leqslant \alpha_1 f_c bx (h_0 - 0.5x) + f'_y A'_s (h_0 - a'_s) \tag{4-45}$$

混凝土受压区高度 x 的适用条件

$$x \leqslant \xi_b h_0 \text{ 且 } x \geqslant 2a'_s \tag{4-46}$$

最小配筋率验算：

$$\rho \geqslant \rho_{\min} = \max(0.2\%, 0.45 f_t / f_y) \tag{4-47}$$

公式中的符号含义见《混凝土结构设计原理》一书。

（2）**抗震设计** 根据框架梁抗震弯矩最不利组合进行设计时，其正截面抗震受弯承载力计算过程、方法与非抗震时相同，但公式右边应除以相应的承载力抗震调整系数 γ_{RE}。

以双筋矩形截面梁为例，其正截面受弯承载力应满足下式要求：

$$M \leqslant \frac{\alpha_1 f_c bx (h_0 - 0.5x) + f'_y A'_s (h_0 - a'_s)}{\gamma_{RE}} \tag{4-48}$$

式（4-48）中 M 是框架抗震组合的弯矩设计值，受弯承载力的抗震调整系数 $\gamma_{RE} = 0.75$，框架梁混凝土受压区高度的计算公式与非抗震相同。

受压钢筋作用的梁端截面混凝土受压区高度 x：一级 $x \leqslant 0.25h_0$；二级、三级 $x \leqslant$

$0.35h_0$；四级同非抗震。

梁端截面的底面和顶面纵向钢筋配筋量的比值，除按计算确定外，一级不应小于 **0.5**，二、三级不应小于 **0.3**。

梁纵向受拉钢筋最小配筋率见表 **4-13**。

表 4-13　梁纵向受拉钢筋最小配筋率 $\rho_{\min}$（%）

抗震等级	位置	
	支座（取较大值）	跨中（取较大值）
一级	0.40 和 $80f_t/f_y$	0.30 和 $65f_t/f_y$
二级	0.30 和 $65f_t/f_y$	0.25 和 $55f_t/f_y$
三级、四级	0.25 和 $55f_t/f_y$	0.20 和 $45f_t/f_y$

3. 斜截面承载力计算

（1）**非抗震设计**　对于等截面框架梁，斜截面受剪一般针对梁端边缘截面、箍筋间距改变处截面的最不利组合剪力进行计算。

1）截面最小尺寸验算。框架梁的受剪截面应符合下列要求：

当 $h_w/b \leqslant 4$ 时　　　　　　　　　　$V \leqslant 0.25\beta_c f_c bh_0$ 　　　　　　　　　（4-49）

当 $h_w/b \geqslant 6$ 时　　　　　　　　　　$V \leqslant 0.2\beta_c f_c bh_0$ 　　　　　　　　　（4-50）

当 $4 < h_w/b < 6$ 时，按线性内插法确定。

2）受剪承载力计算。框架梁的斜截面受剪承载力应符合下列要求：

$$V \leqslant \alpha_{cv} f_t bh_0 + \frac{f_{yv} A_{sv}}{s} h_0 \tag{4-51}$$

3）最小配箍率验算。框架梁的斜截面最小配箍率应符合下列要求：

当 $V > 0.7 f_t bh_0$ 时

$$\rho_{sv} = \frac{A_{sv}}{bs} \geqslant \rho_{sv,\min} = 0.24 \frac{f_t}{f_{yv}} \tag{4-52}$$

以上公式中的符号含义见《混凝土结构设计原理》一书。

（2）**抗震设计**　与非抗震设计相比，框架梁抗震斜截面设计主要有三方面的区别：首先，抗震设计时应遵循"强剪弱弯"原则，对框架梁端部截面有地震效应参与组合剪力设计值进行放大；其次，斜截面受剪承载力公式考虑抗震调整系数；最后，抗震设计时梁端箍筋应加强。

1）考虑"强剪弱弯"抗震原则，对梁端剪力人为放大，使构件出现塑性铰后，在弯曲破坏之前不会发生剪切失效。

一、二、三级框架梁端部截面组合的剪力设计值应按下式确定：

$$V = \eta_{vb} (M_b^l + M_b^r)/l_n + V_{Gb} \tag{4-53}$$

一级框架结构和 9 度一级框架梁，可不按式（4-44）调整，但应符合下式要求：

$$V = 1.1 (M_{bua}^l + M_{bua}^r)/l_n + V_{Gb} \tag{4-54}$$

式中　M_b^l、M_b^r——梁左、右端逆时针或顺时针方向组合的弯矩设计值；一级框架均为负弯矩时，绝对值较小的弯矩取零；

V_{Gb}——梁在重力荷载代表值作用下，按简支梁分析的梁端截面剪力设计值；

η_{vb}——梁端剪力增大系数，一级可取 1.3，二级可取 1.2，三级可取 1.1；

l_n——梁的净跨；

M_{bua}^l、M_{bua}^r——梁左、右端逆时针或顺时针方向实配的正截面抗震受弯承载力所对应的弯矩值，根据实配钢筋面积 A_s^a（计入受压筋和相关楼板钢筋）和材料强度标准值 f_{yk} 确定，即

$$M_{bua} = \frac{1}{\gamma_{RE}} f_{yk} A_s^a (h_0 - a_s') \tag{4-55}$$

2）剪压比验算。考虑地震组合的框架梁，其受剪截面应符合下列要求：

跨高比大于 2.5 的框架梁　　　$V \leqslant (0.2\beta_c f_c bh_0)/\gamma_{RE}$ (4-56)

跨高比不大于 2.5 的框架梁　　$V \leqslant (0.15\beta_c f_c bh_0)/\gamma_{RE}$ (4-57)

当不满足上述条件时，一般加大梁截面宽度或提高混凝土等级。从强柱弱梁角度考虑，不宜采用加大梁高的做法。

3）抗震受剪承载力计算。由于循环往复受力将使梁端形成交叉斜裂缝，混凝土的抗剪能力随之降低。因此，《建筑抗震设计规范》规定，受剪计算时混凝土项取为非抗震情况下混凝土受剪承载力的 60%。考虑地震组合的框架梁，其斜截面受剪承载力应符合下列要求：

$$V \leqslant \frac{1}{\gamma_{RE}} \left(0.6\alpha_{cv} f_t bh_0 + \frac{f_{yv} A_{sv}}{s} h_0 \right) \tag{4-58}$$

式（4-56）~式（4-58）中所有受剪承载力抗震调整系数 $\gamma_{RE} = 0.85$。

4）框架梁的斜截面最小配箍率应符合下列要求：

一级　　　　　$\rho_{sv} = A_{sv}/bs \geqslant \rho_{sv,min} = 0.30 f_t/f_{yv}$ (4-59)

二级　　　　　$\rho_{sv} = A_{sv}/bs \geqslant \rho_{sv,min} = 0.28 f_t/f_{yv}$ (4-60)

三级、四级　　$\rho_{sv} = A_{sv}/bs \geqslant \rho_{sv,min} = 0.26 f_t/f_{yv}$ (4-61)

5）梁端箍筋加密。梁端箍筋加密区的长度、箍筋的最大间距和最小直径见表 4-14。

表 4-14　梁端箍筋加密区的长度、箍筋的最大间距和最小直径

抗震等级	加密区的长度（采用最大值）/mm	箍筋的最大间距（采用最小值）/mm	箍筋最小直径/mm
一	$2h_b$，500	$h_b/4, 6d, 100$	10
二	$1.5h_b$，500	$h_b/4, 8d, 100$	8
三	$1.5h_b$，500	$h_b/4, 8d, 150$	8
四	$1.5h_b$，500	$h_b/4, 8d, 150$	6

注：d 为纵向钢筋直径，h_b 为梁的截面高度。

4. 构造配筋

1）梁端纵向受拉钢筋的配筋率不宜大于 2.5%。沿梁全长顶面、底面的配筋，一、二级不应少于 $2\phi14$，且分别不应少于梁顶面、底面两端纵向配筋中较大截面面积的 1/4；三、四级不应少于 $2\phi12$。

2）一、二、三级框架梁内贯通中柱的每根纵向钢筋直径，对框架结构不应大于矩形截面柱在该方向截面尺寸的 1/20，或纵向钢筋所在位置圆形截面柱弦长的 1/20；对其他结构类型的框架不宜大于矩形截面柱在该方向截面尺寸的 1/20，或纵向钢筋所在位置圆形截面

柱弦长的 1/20。

3）梁端加密区的箍筋肢距，一级不宜大于 200mm 和 20 倍箍筋直径的较大值，二、三级不宜大于 250mm 和 20 倍箍筋直径的较大值，四级不宜大于 300mm。

4）在纵向钢筋搭接长度范围内的箍筋间距，钢筋受拉时不应大于搭接钢筋较小直径的 5 倍，且不应大于 100mm；钢筋受压时不应大于搭接钢筋较小直径的 10 倍，且不应大于 200mm。

5）框架梁非加密区箍筋最大间距不宜大于加密区箍筋间距的 2 倍。

4.7.3　框架柱的设计要求

框架柱抗震设计的核心是采用"强柱弱梁""强剪弱弯"的抗震措施确保框架柱具有足够的承载力、良好的延性和耗能能力。故得到柱的组合内力之后，应对抗震组合的弯矩、剪力放大后再进行配筋计算，并特别重视轴压比、纵向钢筋的最小配筋率、体积配箍率等抗震构造措施的要求。

1. 截面尺寸

确定框架柱的截面尺寸时，不仅需考虑承载力要求，还要考虑框架的侧向刚度、延性的要求。框架柱的截面尺寸一般可根据柱的负荷面积、竖向荷载进行估算，抗震设计时应进一步考虑轴压比限值的影响。

轴压比是指柱组合的轴压力设计值 N 与柱的全截面面积 A 和混凝土轴心抗压强度设计值 f_c 乘积的比值，即

$$\mu_N = \frac{N}{f_c A} \leqslant [\mu_N] \tag{4-62}$$

式中　$[\mu_N]$——轴压比限值，框架结构抗震等级一级为 0.65，二级为 0.75，三级为 0.85，四级为 0.9。

抗震设计时，框架柱截面的宽度和高度，四级或不超过 2 层时不宜小于 300mm，一、二、三级且超过 2 层时不宜小于 400mm；圆柱的直径，四级或不超过 2 层时不宜小于 350mm，一、二、三级且超过 2 层时不宜小于 450mm；剪跨比宜大于 2；截面长边与短边的边长比不宜大于 3。

2. 正截面承载力计算

（1）**非抗震设计**　框架柱一般按偏心受压构件进行计算。对称配筋矩形截面柱的偏心受压承载力可按下式计算：

$$N \leqslant \alpha_1 f_c bx + f_y' A_s' - \sigma_s A_s \tag{4-63}$$

$$Ne \leqslant \alpha_1 f_c bx \left(h_0 - \frac{x}{2} \right) + f_y' A_s' (h_0 - a_s') \tag{4-64}$$

以上公式中的符号含义见混凝土结构设计原理相关教材。

（2）**抗震设计**　与非抗震设计相比，框架柱的正截面抗震计算有两点主要区别：首先，进行配筋计算之前，应对抗震组合的弯矩值进行"强柱弱梁"调整；其次，柱的正截面抗震受弯承载力计算方法与非抗震时相同，但公式右边应除以相应的承载力抗震调整系数 γ_{RE}。

1）基于"强柱弱梁"措施的柱端弯矩放大。"强柱弱梁"的基本原则是，对同一节点，

将梁端弯矩乘以增大系数，并把放大的弯矩赋予柱，达到人为增大柱的正截面承载力，减小柱端形成塑性铰的可能。

一、二、三、四级框架的梁柱节点处，除框架顶层和轴压比小于 0.15 者及框支梁与框支柱的节点外，柱端组合弯矩设计值应符合下式要求：

$$\sum M_c = \eta_c \sum M_b \tag{4-65}$$

一级的框架结构和 9 度的一级框架可不按上式调整，但应符合下式要求：

$$\sum M_c = 1.2 \sum M_{bua} \tag{4-66}$$

式中　$\sum M_c$——节点上下柱端截面逆时针或顺时针方向组合的弯矩设计值之和，上下柱端弯矩设计值可按弹性分析分配；

$\sum M_b$——节点左右梁端截面逆时针或顺时针方向组合的弯矩设计值之和，一级框架节点左右梁端均为负弯矩时，绝对值较小的弯矩值为零。

$\sum M_{bua}$——节点左右梁端截面逆时针或顺时针方向实配的正截面抗震受弯承载力所对应的弯矩值之和，根据实配的钢筋面积（计入梁受压钢筋和梁有效翼缘宽度范围内的楼板钢筋）和材料强度标准值确定；

η_c——框架柱柱端弯矩增大系数，对框架结构一、二、三、四级分别可取 1.7、1.5、1.3、1.2。

当反弯点不在柱的层高范围内时，柱端截面组合的弯矩设计值可乘以上述柱端弯矩增大系数。

为避免框架底层柱过早出现塑性铰，框架结构底层柱下端截面的弯矩设计值也应进行增大。《建筑抗震设计规范》规定，一、二、三、四级框架结构的底层，柱下端截面组合的弯矩设计值，应分别乘以增大系数 1.7、1.5、1.3 和 1.2。底层柱纵向钢筋应按上下端的不利情况配置。

2）正截面承载力计算。将经"强柱弱梁"措施放大之后的柱端弯矩 M_c 与相应的抗震组合轴力设计值 N 组合在一起，即可对框架柱进行纵向钢筋的配筋计算，其计算公式如下：

$$N \leq \frac{1}{\gamma_{RE}}(\alpha_1 f_c bx + f'_y A'_s - \sigma_s A_s) \tag{4-67}$$

$$Ne \leq \frac{1}{\gamma_{RE}}\left[\alpha_1 f_c bx\left(h_0 - \frac{x}{2}\right) + f'_y A'_s (h_0 - a'_s)\right] \tag{4-68}$$

式中，轴压比小于 0.15 的柱的承载力抗震调整系数 $\gamma_{RE} = 0.75$；轴压比不小于 0.15 的柱的承载力抗震调整系数 $\gamma_{RE} = 0.80$。

3）纵向钢筋最小配筋率。柱的纵向钢筋最小配筋率是框架柱抗震设计时的一项重要构造措施。《建筑抗震设计规范》要求，全部纵向受力钢筋的配筋率不应小于表 4-15 所规定的数值，同时，每一侧的配筋率不应小于 0.2%。

表 4-15　框架柱纵向钢筋最小配筋率（%）

抗震等级	一	二	三	四	非抗震设计
中、边柱	1.0	0.8	0.7	0.6	0.5（500MPa 级钢筋）
角柱、框支柱	1.1	0.9	0.8	0.7	0.55（400MPa 级钢筋）

注：采用 400MPa 级纵向受力钢筋时，表中数值增加 0.05；当混凝土强度等级为 C60 以上时，表中数值增加 0.1 采用。全部纵筋的配筋率不宜大于 5%。

3. 斜截面承载力计算

（1）**非抗震设计**　框架柱一般没有柱间集中力，故只需针对柱端截面的最不利组合剪力进行计算。

1）截面最小尺寸验算。框架柱的受剪承载力验算方法与框架梁相同，见式（4-49）与（4-50）。

2）受剪承载力计算。框架柱的斜截面受剪承载力应符合下列要求：

N 为压力时

$$V \leqslant \frac{1.75}{1+\lambda} f_t b h_0 + \frac{f_{yv} A_{sv}}{s} h_0 + 0.07N \tag{4-69}$$

N 为拉力时

$$V \leqslant \frac{1.75}{1+\lambda} f_t b h_0 + \frac{f_{yv} A_{sv}}{s} h_0 - 0.2N \tag{4-70}$$

以上公式中的符号含义见《混凝土结构设计原理》一书。

（2）**抗震设计**　与框架梁类似，框架柱抗震斜截面设计与非抗震主要有三方面的区别：首先，抗震设计时应遵循"强剪弱弯"原则，对框架柱端部截面有地震效应参与组合剪力设计值进行放大；其次，斜截面受剪承载力公式考虑抗震调整系数；最后，应特别注意柱端箍筋的抗震构造措施。

1）考虑"强剪弱弯"抗震原则对柱端剪力放大。应注意，不同于框架梁的剪力放大。

一、二、三级、四级框架柱和框支柱组合的剪力设计值应按下式确定：

$$V = \eta_{vc}(M_c^b + M_c^t)/H_n \tag{4-71}$$

一级框架结构和 9 度一级框架柱，可不按式（4-63）调整，但应符合下式要求：

$$V = 1.2(M_{cua}^b + M_{cua}^t)/H_n \tag{4-72}$$

式中　　V——柱端截面组合的剪力设计值；

$\quad\quad H_n$——柱的净高；

M_c^t、M_c^b——柱的上下柱端顺时针或逆时针方向截面组合的弯矩设计值，且取逆时针或顺时针方向之和的两者的较大值；

M_{cua}^t、M_{cua}^b——偏心受压柱的上下柱端顺时针或逆时针方向实配的正截面抗震受弯承载力对应的弯矩值，根据实配钢筋面积、材料强度标准值和轴向压力确定，按

$M_{cua} = \dfrac{1}{\gamma_{RE}}\left[0.5\gamma_{RE}Nh_c\left(1-\dfrac{\gamma_{RE}N}{\alpha_1 f_{ck} b_c h_c}\right) + f_{yk}' A_s^{a'}(h_{c0}-a_s')\right]$，式中 $A_s^{a'}$ 为普通受压钢筋实配截面面积；

$\quad\quad \eta_{vc}$——柱剪力增大系数，对框架结构一、二、三、四级分别可取 1.5、1.3、1.2、1.1。

一、二、三、四级框架角柱，经"强柱弱梁""强剪弱弯"内力调整后的组合弯矩值、剪力设计值尚应乘以不小于 1.10 的增大系数。

2）剪压比验算。考虑地震组合的矩形截面框架柱，其受剪截面应符合下列要求：

剪跨比大于 2 的柱　　　　$V \leqslant (0.2\beta_c f_c b h_0)/\gamma_{RE} \tag{4-73}$

剪跨比不大于 2 的柱　　　$V \leqslant (0.15\beta_c f_c b h_0)/\gamma_{RE} \tag{4-74}$

框架柱的剪跨比　　　　　$\lambda = M^c/V^c h_0 \tag{4-75}$

式中，框架柱的剪跨比 λ 应按柱端截面组合的弯矩计算值 M^c、对应的截面组合剪力计算值

V^c 及截面有效高度 h_0 确定，并取柱上下端考虑地震组合的弯矩计算结果的较大值；当柱反弯点位于层高范围内时，可取 $\lambda = H_n/2h$。

3）抗震受剪承载力计算。对于框架柱，抗震受剪承载力计算时混凝土项仍取为非抗震情况下混凝土受剪承载力的 60%，同时需注意轴力项的变化。

考虑地震组合的框架柱，其斜截面受剪承载力应符合下列要求：

N 为压力时

$$V \leqslant \frac{1}{\gamma_{RE}}\left(\frac{1.05}{1+\lambda}f_t bh_0 + \frac{f_{yv}A_{sv}}{s}h_0 + 0.056N\right) \qquad (4\text{-}76)$$

N 为拉力时

$$V \leqslant \frac{1}{\gamma_{RE}}\left(\frac{1.05}{1+\lambda}f_t bh_0 + \frac{f_{yv}A_{sv}}{s}h_0 - 0.2N\right) \qquad (4\text{-}77)$$

式（4-76）和式（4-77）中所有受剪承载力抗震调整系数 $\gamma_{RE} = 0.85$。

4）框架柱的箍筋加密区的体积配箍率。体积配箍率 ρ_v 是指一个箍筋间距内各肢箍筋的总体积与核心区混凝土体积的比值，可按下式计算：

$$\rho_v = \frac{n_1 A_{sv1} l_1 + n_2 A_{sv2} l_2}{l_1 l_2 s} \qquad (4\text{-}78)$$

式中 n_1、A_{sv1}——分别为方格网沿 l_1 方向的钢筋根数、单根钢筋的截面面积；

　　　n_2、A_{sv2}——分别为方格网沿 l_2 方向的钢筋根数、单根钢筋的截面面积；

　　　s——箍筋间距。

可见，ρ_v 越大，箍筋用量越多，对柱端核心区混凝土的约束效果越好，对延性越有利。

工程设计中，根据框架的抗震等级，由表 4-16 查得需要的最小体积配箍特征值，即可计算得到需要的体积配箍率：

$$\rho_v \geqslant \lambda_v f_c/f_{yv} \qquad (4\text{-}79)$$

式中 ρ_v——柱箍筋加密区的体积配箍率，一级不应小于 0.8%，二级不应小于 0.6%，三、四级不应小于 0.4%，计算螺旋箍的体积配箍率时，其非螺旋箍的箍筋体积应乘以折减系数 0.80；

　　　λ_v——箍筋加密区的最小体积配箍特征值，按表 4-16 采用；

　　　f_c——混凝土轴心抗压强度设计值，强度等级低于 C35 时按 C35 计算；

　　　f_{yv}——箍筋或拉筋抗拉强度设计值。

表 4-16　柱箍筋加密区的箍筋最小体积配箍特征值

抗震等级	箍筋形式	柱轴压比								
		≤0.3	0.4	0.5	0.6	0.7	0.8	0.9	1.0	1.05
一级	普通箍	0.10	0.11	0.13	0.15	0.17	0.20	0.23	—	—
	复合箍筋、螺旋箍筋	0.08	0.09	0.11	0.13	0.15	0.18	0.21	—	—
二级	普通箍	0.08	0.09	0.11	0.13	0.15	0.17	0.19	0.22	0.24
	复合箍筋、螺旋箍筋	0.06	0.07	0.09	0.11	0.13	0.15	0.17	0.20	0.22
三、四级	普通箍	0.06	0.07	0.09	0.11	0.13	0.15	0.17	0.20	0.22
	复合箍筋、螺旋箍筋	0.05	0.06	0.07	0.09	0.11	0.13	0.15	0.18	0.20

5）柱箍筋在规定范围内应加密，加密区的箍筋间距和直径见表 4-17。

表 4-17　柱箍筋的最大间距和最小直径

抗震等级	箍筋的最大间距（采用最小值）/mm	箍筋最小直径/mm
一	$6d$,100	10
二	$8d$,100	8
三	$8d$,150（柱根 100）	8
四	$8d$,150（柱根 100）	6（柱根 8）

注：d 为纵向钢筋直径，柱根指底层柱下端箍筋加密区。

柱箍筋加密区的长度满足下列规定：

① 柱端：柱净高的 1/6、柱截面高度或圆柱直径、500mm 三者中的较大值。

② 底层柱的下端不小于柱净高的 1/3。

③ 刚性地面上下各 500mm。

④ 剪跨比不大于 2 的柱，因设置填充墙等形成柱净高与柱截面高度之比不大于 4 的柱，框支柱，一、二级框架的角柱，取全高。

4. 构造配筋

1）柱的纵向钢筋配置尚应符合下列规定：柱的纵向钢筋宜对称配置；截面边长大于 400mm 的柱，纵向钢筋间距不宜大于 200mm；柱总配筋率不应大于 5%；剪跨比不大于 2 的一级框架柱，每侧纵向钢筋配筋率不宜大于 1.2%；边柱、角柱及抗震墙端柱在小偏心受拉时，柱内纵向钢筋总截面面积应比计算值增加 25%；柱纵向钢筋的绑扎接头应避开柱端的箍筋加密区。

2）柱箍筋加密区的箍筋肢距，一级不宜大于 200mm，二、三级不宜大于 250mm，四级不宜大于 300mm。至少每隔一根纵向钢筋宜在两个方向有箍筋或拉筋约束；采用拉筋复合箍时，拉筋宜紧靠纵向钢筋并钩住箍筋。

3）柱箍筋非加密区的箍筋配置，应符合下列要求：柱箍筋非加密区的体积配箍率不宜小于加密区的 50%；箍筋间距，一、二级框架柱不应大于 10 倍纵向钢筋直径，三、四级框架柱不应大于 15 倍纵向钢筋直径。

4.7.4　框架节点的设计要求

钢筋混凝土框架节点的受力规律、钢筋构造和布置均比梁、柱构件复杂，是框架结构施工、设计的重点之一。同时，节点是保证框架整体性的重要部位，维持节点的正常受力状态是梁、柱充分发挥延性和耗能性能的关键。在设计中，保证节点的承载力，使之不发生过早破坏，是十分重要的。避免核心区过早发生破坏的主要措施是配置足够多的箍筋，框架梁、柱采用不同的混凝土等级时，核心区混凝土等级宜与柱混凝土等级相同。

节点的抗震设计主要包括两个方面：一是通过计算保证节点的受剪承载力，其中包括通过"强节点弱构件"放大节点剪力设计值、节点剪压比验算、节点抗震承载力计算；二是梁柱纵向钢筋在节点内的锚固、搭接应遵循相应的抗震构造措施。

1. 基于"强节点弱构件"措施的节点剪力放大

其原则是：对同一梁柱节点，沿受力方向节点核心区的水平剪力设计值应不同程度地大于节点左右两侧梁端设计弯矩反算的剪力，确保梁端形成塑性铰并在经历足够大的塑性转动的情况下节点仍能保持足够的受剪承载力。

一、二、三级框架梁柱节点核心区组合的剪力设计值用下式计算：

$$V_j = \frac{\eta_{jb} \sum M_b}{h_{b0} - a'_s} \left(1 - \frac{h_{b0} - a'_s}{H_c - h_b} \right) \tag{4-80}$$

一级框架结构的梁及 9 度一级框架的梁，可不按式（4-80）调整，但应符合下式要求：

$$V_j = \frac{1.15 \sum M_{bua}}{h_{b0} - a'_s} \left(1 - \frac{h_{b0} - a'_s}{H_c - h_b} \right) \tag{4-81}$$

式中　V_j——梁柱节点核心区组合的剪力设计值；

h_{b0}——梁的截面有效高度，节点两侧梁截面高度不等时可采用平均值；

a'_s——梁受压钢筋合力点至受压边缘的距离；

η_{jb}——强节点系数，对框架结构，一、二、三级分别可取 1.5、1.35、1.2；

H_c——柱的计算高度，可采用节点上、下柱反弯点之间的距离；

$\sum M_b$——节点左右梁端逆时针或顺时针方向组合的弯矩设计值之和，一级框架节点左右梁端均为负弯矩时，绝对值较小的弯矩值取为零。

$\sum M_{bua}$——节点左右梁端逆时针或顺时针方向实配的正截面抗震受弯承载力对应的弯矩设计值之和，根据实配的钢筋面积（计入梁受压钢筋和梁有效翼缘宽度范围内的楼板钢筋）和材料强度标准值确定。

2. 节点剪压比验算

为了使节点核心区的剪应力不致过高，不过早出现裂缝而导致混凝土压碎，要限制节点区平均剪应力，核心区组合的剪力设计值应符合下式要求：

$$V_j \leqslant \frac{1}{\gamma_{RE}} (0.3 \eta_j \beta_c f_c b_j h_j) \tag{4-82}$$

式中　γ_{RE}——受剪承载力抗震调整系数，取 0.85；

b_j、h_j——分别为节点核心区的截面有效验算宽度和高度；

η_j——正交梁的约束影响系数，楼板为现浇、梁柱中线重合、四侧各梁截面宽度不小于该侧柱截面宽度的 1/2，且正交方向梁高度不小于框架梁高度 3/4 时，可采用 1.5，9 度一级时采用 1.25，其他情况均取 1.0；

3. 节点核心区抗震受剪承载力计算

$$V_j \leqslant \frac{1}{\gamma_{RE}} \left(1.1 \eta_j f_t b_j h_j + 0.05 \eta_j N \frac{b_j}{b_c} + f_{yv} A_{svj} \frac{h_{b0} - a'_s}{s} \right) \tag{4-83}$$

9 度一级框架：

$$V_j \leqslant \frac{1}{\gamma_{RE}} \left(0.9 \eta_j f_t b_j h_j + f_{yv} A_{svj} \frac{h_{b0} - a'_s}{s} \right) \tag{4-84}$$

式中　N——对应于组合剪力设计值的上柱组合轴向压力较小值，其值限定 $N \leqslant 0.5 f_c b_c h_c$，当 N 为拉力时，取 $N = 0$。

b_c、h_c——验算方向的柱截面宽度和高度；

b_j、h_j——节点核心区的截面有效验算宽度和高度；

A_{svj}——节点核心区有效验算宽度内同一截面验算方向箍筋的总截面面积；

s——节点核心区箍筋间距。

4. 节点核心区截面的有效验算宽度

当验算方向的梁截面宽度不小于该侧柱截面宽度的 1/2 时，可采用该侧柱截面宽度；当小于该侧柱截面宽度的 1/2 时，可采用下列两者的较小值：

$$b_j = b_b + 0.5h_c \tag{4-85}$$

$$b_j = b_c \tag{4-86}$$

当梁柱中线不重合且偏心距不大于柱宽的 1/4 时，可采用式（4-85）、式（4-86）和下式计算结果的较小值：

$$b_j = 0.5(b_b + b_c) + 0.25h_c - e \tag{4-87}$$

式中　e——梁与柱中线偏心距。

按上式求得的箍筋数量，不得少于柱子端部箍筋加密区的箍筋数量，否则应按照后者对节点核心区进行配箍。

5. 节点箍筋构造

1）一、二、三级框架的节点核心区应进行抗震验算；四级框架节点核心区可不进行抗震验算，但应符合抗震构造措施的要求。

2）框架节点核心区箍筋的最大间距和最小直径宜按表 4-17 采用；一、二、三级框架节点核心区体积配箍特征值分别不宜小于 0.12、0.10 和 0.08，且体积配箍率分别不宜小于 0.6%、0.5% 和 0.4%。柱剪跨比不大于 2 的框架节点核心区，体积配箍率不宜小于核心区上、下柱端的较大体积配箍率。

4.8　框架结构构件抗震设计实例

某 10 层框架，总高为 38m，8 度抗震设防，Ⅱ类场地。横向 2 跨，柱距均为 6.5m。其 1、2 层框架柱截面尺寸为 600mm×600mm，框架梁截面尺寸为 300mm×600mm，层高均为 4.5m，板厚为 120mm。±0.000 至基础顶面 1000mm。梁与梁的净距 $s_n = 2.7m$。控制截面的最不利组合的内力计算值见表 4-18。梁端 $V_{Gb} = 12kN$。梁混凝土强度等级为 C30，柱混凝土强度等级为 C40。纵筋采用 HRB400 级钢筋，箍筋采用 HPB300 级钢筋，强度见表 4-19。试设计第 1 层框架梁、第 1 层框架中柱和其核心区配筋。

表 4-18　1、2 层梁柱控制截面的最不利组合的内力计算值

层号	中柱				梁			
	$M_上/kN \cdot m$	$M_下/kN \cdot m$	N/kN	V/kN	$M_A/kN \cdot m$	$M_中/kN \cdot m$	$M_B/kN \cdot m$	V/kN
2	260	375.2	2100	125.1	—	—	—	—
1	295	430.1	2400 $N_{max} = 3500$	130.5	−460.5 +183.1	274.7	−614.6 216.5	214.5

表 4-19　混凝土和钢筋强度　　　　　　　　　　（单位：MPa）

混凝土强度	f_c	f_{ck}	f_t	f_{tk}	钢筋强度	f_y	f_{yk}
柱 C40	19.1	26.8	1.71	2.39	HRB400	360	400
梁 C30	14.3	20.1	1.43	2.01	HPB300	270	300

框架结构，抗震设防烈度 8 度，结构高度 38m 大于 24m，判定**抗震等级为一级**。

1. 一层框架梁跨中正截面抗弯配筋（T 形截面）

已知 $b_b = 300mm$，$h_b = 600mm$，$h_{b0} = 560mm$，$a_s = 40mm$，$h'_{bf} = 120mm$。

因 $h'_{bf}/h_{b0} = 120mm/560mm = 0.21 > 0.1$，不考虑翼缘影响，故

$$b'_{bf} = \min\left(\frac{l_0}{3}, b_b + s_n\right) = \min\left[\frac{6500mm}{3}, (300mm + 2700mm)\right] = 2167mm$$

判断 T 形截面类型：

$$\alpha_1 f_c b'_{bf} h'_{bf}(h_{b0} - 0.5h'_{bf}) = 1.0 \times 14.3 \times 2167 \times 120 \times (560 - 0.5 \times 120) \times 10^{-6} kN \cdot m$$
$$= 1859.3 kN \cdot m > 274.7 kN \cdot m$$

属于第一类 T 形梁。

$$\alpha_s = \frac{\gamma_{RE} M}{a_1 f_c b'_{bf} h_{b0}^2} = \frac{0.75 \times 274.7 \times 10^6}{1.0 \times 14.3 \times 2167 \times 560^2} = 0.021$$

$$\xi = 1 - \sqrt{1 - 2\alpha_s} = 0.021$$

$$A_s = \frac{\alpha_1 f_c b'_{bf} \xi h_{b0}}{f_y} = \frac{1.0 \times 14.3 \times 2167 \times 0.021 \times 560}{360} mm^2 = 1012.3 mm^2$$

取下部钢筋为 2Φ22+2Φ20，实配 $A_s = 1388 mm^2$。

$$\rho_{min} b_b h_b = \max\left(0.65 \times \frac{1.43}{360}, 0.3\%\right) \times 300mm \times 600mm = 540 mm^2 < A_s = 1388 mm^2$$

满足要求。

2. A 支座（双筋矩形梁）

（1）A 支座负筋 因支座负筋较大，考虑两排支座负筋，$h_{b0} = 530mm$，$a_s = 70mm$，$a'_s = 40mm$，下部 2Φ22+2Φ20 钢筋直通支座，则在抵抗支座负弯矩时，$A'_s = 1388 mm^2$。

$$\alpha_s = \frac{\gamma_{RE} M - f'_y A'_s (h_{b0} - a'_s)}{\alpha_1 f_c b_b h_{b0}^2} = \frac{0.75 \times 460.5 \times 10^6 - 360 \times 1388 \times (530 - 40)}{1.0 \times 14.3 \times 300 \times 530^2} = 0.083$$

$$\xi = 1 - \sqrt{1 - 2\alpha_s} = 0.087 < 0.25$$

$$\xi h_{b0} = 0.087 \times 530mm = 46.1mm < 2a'_s = 80mm$$

$$A_s = \frac{\gamma_{RE} M}{f_y(h_{b0} - a'_s)} = \frac{0.75 \times 460.5 \times 10^6}{360 \times (530 - 40)} mm^2 = 1958 mm^2$$

取上部钢筋为 3Φ22+2Φ25（$A_s = 2122 mm^2$），满足 $\frac{A'_s}{A_s} = \frac{1388}{2122} = 0.65 > 0.5$。

$$\rho_{min} b_b h_b = \max\left(0.8 \times \frac{1.43}{360}, 0.4\%\right) \times 300mm \times 600mm = 720 mm^2 < A_s = 2122 mm^2$$

满足要求。

（2）A 支座正筋 $h_{b0} = 560mm$，$a_s = 40mm$，$a'_s = 70mm$。下部 2Φ22+2Φ20 钢筋（$A_s = 1388 mm^2$）直通支座，则在抵抗支座正弯矩时，因 $A_s = 1388 mm^2 < A'_s = 2122 mm^2$，则 $x < 0$，因此

$$M_{支座正} = f_y A_s(h_{b0} - a'_s) = 360 \times 1388 \times (560 - 70) \times 10^{-6} kN \cdot m$$
$$= 244.8 kN \cdot m > \gamma_{RE} M = 0.75 \times 183.1 kN \cdot m = 137.3 kN \cdot m \quad （满足要求）$$

3. *B* 支座（双筋矩形梁）

（1）*B* 支座负筋 因支座负筋较大，考虑两排支座负筋，$h_{b0} = 530mm$，$a_s = 70mm$，$a'_s = 40mm$，下部 2Φ22+2Φ20 钢筋直通支座，则在抵抗支座负弯矩时，$A'_s = 1388mm^2$。

$$\alpha_s = \frac{\gamma_{RE}M - f'_y A'_s (h_{b0} - a'_s)}{\alpha_1 f_c b_b h_{b0}^2} = \frac{0.75 \times 614.6 \times 10^6 - 360 \times 1388 \times (530 - 40)}{1.0 \times 14.3 \times 300 \times 530^2} = 0.179$$

$$\xi = 1 - \sqrt{1 - 2\alpha_s} = 0.2 < 0.25$$

$$\xi h_{b0} = 0.2 \times 530mm = 106mm > 2a'_s = 80mm$$

$$A_s = \frac{\alpha_1 f_c b_b \xi h_{b0}}{f_y} + A'_s = \frac{1.0 \times 14.3 \times 300 \times 0.2 \times 530}{360}mm^2 + 1388mm^2 = 2651mm^2$$

取上部钢筋为 7Φ22（$A_s = 2661mm^2$），满足 $\frac{A'_s}{A_s} = \frac{1388}{2661} = 0.52 > 0.5$。

$$\rho_{min} b_b h_b = \max\left(0.8 \times \frac{1.43}{360}, \ 0.4\%\right) \times 300mm \times 600mm = 720mm^2 < A_s = 2661mm^2$$

满足要求。

（2）*B* 支座正筋 $h_{b0} = 560mm$，$a_s = 40mm$，$a'_s = 70mm$，下部 2Φ22+2Φ20 钢筋（$A_s = 1388mm^2$）直通支座，则在抵抗支座正弯矩时，$A_s = 1388mm^2 < A'_s = 2661mm^2$，则 $x < 0$，因此

$$M_{支座正} = f_y A_s (h_{b0} - a'_s) = 360 \times 1388 \times (560 - 70) \times 10^{-6}kN \cdot m$$
$$= 244.8kN \cdot m > \gamma_{RE}M = 0.75 \times 216.5kN \cdot m = 162.4kN \cdot m \quad （满足要求）$$

4. 梁箍筋计算及剪压比验算（矩形截面）

1）由梁端弯矩设计值计算剪力设计值（**满足强剪弱弯要求，取 *A* 端正弯矩和 *B* 端负弯矩组合**）。

$$V = \frac{\eta_{vb}(M_b^l + M_b^r)}{l_n} + V_{Gb} = \frac{1.3 \times (183.1 + 614.6)}{(6.5 - 0.6)}kN + 125kN = 300.8kN$$

2）由梁端实配抗震受弯承载力计算剪力设计值。$h_{b0} = 530mm$，$a_s = 70mm$，$a'_s = 40mm$，$M_{bua} = \frac{1}{\gamma_{RE}} f_{yk} A_s^a (h_{b0} - a'_s)$，其中 A_s^a 为考虑受压钢筋及梁每侧 6 倍板厚范围内的板筋。假定平行框架梁方向的板内钢筋为 ϕ8@200，则梁每侧 6 倍板厚（720mm）范围内的板筋面积为 402mm^2（即 8ϕ8）。

A 端： $\qquad A_s^a = (2122 + 402)mm^2 = 2524mm^2$

$$M_{bua}^l = \frac{1}{\gamma_{RE}} f_{yk} A_s^a (h_{b0} - a'_s) = \frac{1}{0.75} \times 400 \times 2524 \times (530 - 40) \times 10^{-6}kN \cdot m = 659.6kN \cdot m$$

B 端： $\qquad A_s^a = (2661 + 402)mm^2 = 3063mm^2$

$$M_{bua}^r = \frac{1}{\gamma_{RE}} f_{yk} A_s^a (h_{b0} - a'_s) = \frac{1}{0.75} \times 400 \times 3063 \times (530 - 40) \times 10^{-6}kN \cdot m = 800.5kN \cdot m$$

$$V = \frac{1.1(M_{bua}^l + M_{bua}^r)}{l_n} + V_{Gb} = \frac{1.1 \times (659.6 + 800.5)}{(6.5 - 0.6)}kN + 125kN = 397.2kN > 300.8kN$$

3）按剪力设计值 397.2kN 计算加密区受剪配筋。

$$\frac{A_{sv}}{s} \geqslant \frac{\gamma_{RE}V - 0.6\alpha_{cw}f_tb_bh_{b0}}{f_{yv}h_{b0}} = \frac{0.85 \times 397.2 \times 10^3 - 0.6 \times 0.7 \times 1.43 \times 300 \times 530}{270 \times 530} = 1.69$$

配双肢箍，直径为 10mm，则 $A_{sv} = 157mm^2$。

其中梁端纵向钢筋配筋率 $\rho_s = \frac{A_s}{b_bh_{b0}} = \frac{2661}{300 \times 530} = 1.67\% < 2\%$

故箍筋间距

$$s \leqslant \frac{A_{sv}}{1.69} = \frac{157}{1.69} = 92.9mm$$

箍筋间距 $= \min\left(\frac{h_b}{4}, \ 6d, \ 100\right)mm = \min\left(\frac{600}{4}, \ 6 \times 22, \ 100\right)mm = 100mm$

取双肢箍 $\phi 10@90$，满足构造和计算要求。

加密区长度 $= \max(2h_b, \ 500mm) = \max(1200mm, \ 500mm) = 1200mm$

4）非加密区由组合剪力值 214.5kN 计算箍筋。

$$\frac{A_{sv}}{s} \geqslant \frac{\gamma_{RE}V - 0.6\alpha_{cw}f_tb_bh_{b0}}{f_{yv}h_{b0}} = \frac{0.85 \times 214.5 \times 10^3 - 0.6 \times 0.7 \times 1.43 \times 300 \times 530}{270 \times 530} = 0.61$$

配双肢筋，直径为 10mm，则 $A_{sv} = 157mm^2$。

$$s \leqslant \frac{A_{sv}}{0.61} = \frac{157}{0.61}mm = 257mm$$

取双肢箍 $\phi 10@180$（非加密区箍筋间距不宜大于加密区箍筋间距的 2 倍）。

5）验算箍筋的最小配箍率要求。

$$\rho_{sv} = \frac{A_{sv}}{b_bs} = \frac{157}{300 \times 180} = 0.291\% > \rho_{min} = 0.3\frac{f_t}{f_{yv}} = 0.3 \times \frac{1.43}{270} = 0.159\% \quad (满足要求)$$

6）梁端截面剪压比验算。当跨高比 $\frac{l_n}{h_b} = \frac{l_0 - h_c}{h_b} = \frac{6500 - 600}{600} = 9.8 > 2.5$ 时

$$\frac{\gamma_{RE}V}{\beta_cf_cb_bh_{b0}} = \frac{0.8 \times 397.2 \times 10^3}{1.0 \times 14.3 \times 300 \times 530} = 0.140 < 0.2 \quad (满足要求)$$

5. 中柱轴压比验算及抗弯配筋计算

（1）用最大轴力设计值验算轴压比

$$\mu_N = \frac{N_{max}}{f_cb_ch_c} = \frac{3500 \times 10^3}{19.1 \times 600 \times 600} = 0.51 < 0.65 \quad (满足要求)$$

（2）计算柱弯矩设计值 由梁端弯矩设计值计算柱弯矩设计值：

$$\sum M_c = \eta_c \sum M_b = 1.7 \times (614.6 + 183.1)kN \cdot m = 1356.1kN \cdot m$$

由梁端实配抗震受弯承载力计算柱弯矩设计值：

$$\sum M_c = 1.2 \sum M_{bua} = 1.2 \times (659.6 + 800.5)kN \cdot m = 1752.1kN \cdot m > 1356.1kN \cdot m$$

柱弯矩设计值按 1752.1kN 在 1 层柱顶和 2 层柱底分配（按上下柱端弹性分析所得的考虑地震组合的弯矩比进行分配）：

2 层柱底 $\qquad M_c^b = 1752.1kN \cdot m \times \frac{375.2}{375.2 + 295.0} = 981.2kN \cdot m$

1 层柱顶 $\qquad M_c^t = 1752.1kN \cdot m \times \frac{295.0}{375.2 + 295.0} = 770.9kN \cdot m$

1 层柱底　$M_c^b = 1.7 \times 430.1 \text{kN} \cdot \text{m} = 731.2 \text{kN} \cdot \text{m}$

（3）**1 层柱纵向钢筋配筋计算**　已知 $M_1 = 731.2 \text{kN} \cdot \text{m}$，$M_2 = 770.9 \text{kN} \cdot \text{m}$，$N = 2400 \text{kN}$，C40 混凝土，柱截面 $b_c = h_c = 600 \text{mm}$，柱的计算长度 $l_c = 1.0H = 1.0 \times (4.5 + 1) \text{m} = 5.5 \text{m}$。

1）判断构件是否需要考虑附加弯矩。

杆端弯矩比 $M_1/M_2 = 731.2/770.9 = 0.95 > 0.9$，应考虑杆件自身挠曲变形的影响。

2）计算弯矩设计值。

$h_{c0} = 560 \text{mm}$，$a_s = a_s' = 40 \text{mm}$

$\dfrac{h_c}{30} = \dfrac{600}{30} \text{mm} = 20 \text{mm}$，取 $e_a = 20 \text{mm}$

$$\zeta_c = \frac{0.5 f_c A}{N} = \frac{0.5 \times 19.1 \times 600 \times 600}{2400 \times 10^3} = 1.43 > 1.0，取 \zeta_c = 1.0$$

$$C_m = 0.7 + 0.3 \frac{M_1}{M_2} = 0.7 + 0.3 \times 0.95 = 0.985$$

$$\eta_{ns} = 1 + \frac{1}{1300 \left(\dfrac{M_2}{N} + e_a \right) / h_{c0}} \left(\frac{l_c}{h_c} \right)^2 \zeta_c$$

$$= 1 + \frac{560}{1300 \times \left(\dfrac{770.9 \times 10^6}{2400 \times 10^3} + 20 \right)} \times \left(\frac{5500}{600} \right)^2 \times 1.0 = 1.106$$

$$M = C_m \eta_{ns} M_2 = 0.985 \times 1.106 \times 770.9 \text{kN} \cdot \text{m} = 839.8 \text{kN} \cdot \text{m}$$

$$e_0 = \frac{839.8 \times 10^6}{2400 \times 10^3} \text{mm} = 350 \text{mm}$$

$$e_i = e_0 + e_a = 350 \text{mm} + 20 \text{mm} = 370 \text{mm}$$

$$e = e_i + h_c/2 - a_s = 370 \text{mm} + 600 \text{mm}/2 - 40 \text{mm} = 630 \text{mm}$$

3）判别偏心类型。

$$x = \frac{\gamma_{RE} N}{\alpha_1 f_c b_c} = \frac{0.8 \times 2400 \times 10^3}{1.0 \times 19.1 \times 600} \text{mm} = 167.5 \text{mm}$$

$2a_s' = 80 \text{mm} < x < \xi_b h_{c0} = 0.518 \times 560 \text{mm} = 290 \text{mm}$　　（属于大偏心受压）

4）计算钢筋面积。将 x 代入计算公式得

$$A_s = A_s' = \frac{\gamma_{RE} Ne - \alpha_1 f_c b_c x (h_{c0} - 0.5x)}{f_y' (h_{c0} - a_s')}$$

$$= \frac{0.8 \times 2400 \times 10^3 \times 630 - 1.0 \times 19.1 \times 600 \times 167.5 \times (560 - 0.5 \times 167.5)}{360 \times (560 - 40)} \text{mm}^2$$

$$= 1578 \text{mm}^2 > \rho_{min} b_c h_c = 0.2\% \times 600 \text{mm}^2 \times 600 \text{mm}^2 = 720 \text{mm}^2$$

受力一侧配置：2Φ25+2Φ20（实配钢筋面积 1610 mm^2）。

全部纵向钢筋：4Φ25+8Φ20（实配钢筋面积 4477 mm^2）。

验算全部配筋率：

$$1.05\% < \frac{A_s}{A} = \frac{4477}{600 \times 600} \times 100\% = 1.24\% < 5\% \quad (\text{符合构造要求})$$

5）验算垂直弯矩作用平面的受压承载力。$l_0/b_c = 5500/600 = 9.2$，查相应表得：$\varphi = 0.988$。

$$\begin{aligned} N_u &= 0.9\varphi(f_c A + f_y' A_s') \\ &= 0.9 \times 0.988 \times (19.1 \times 600 \times 600 + 360 \times 4477) \times 10^{-3} \text{kN} \\ &= 7547.3 \text{kN} > N = 2400 \text{kN} \quad (\text{满足要求}) \end{aligned}$$

（4）**中柱箍筋计算及剪压比验算**

1）按强剪弱弯要求，由柱端组合弯矩设计值计算柱剪力设计值：

$$V_c = \frac{\eta_{vc}(M_c^t + M_c^b)}{H_n} = \frac{1.5 \times (770.9 + 731.2)}{(5.5 - 0.6)} \text{kN} = 459.8 \text{kN}$$

2）由柱在轴压力作用下的实配抗震受弯承载力计算柱剪力设计值：

$$M_{cua}^b = M_{cua}^t = \frac{1}{\gamma_{RE}} \left[0.5\gamma_{RE} N h_c \left(1 - \frac{\gamma_{RE} N}{\alpha_1 f_{ck} b_c h_c} \right) + f_{yk}' A_s^{a'}(h_{c0} - a_s') \right]$$

$$= \frac{1}{0.8} \times \left[0.5 \times 0.8 \times 2400 \times 600 \times \left(1 - \frac{0.8 \times 2400}{1.0 \times 26.8 \times 600 \times 600} \right) + 400 \times 1610 \times (560 - 40) \right] \times 10^{-6} \text{kN} \cdot \text{m}$$

$$= 419.1 \text{kN} \cdot \text{m}$$

$$V_c = \frac{1.2(M_{cua}^t + M_{cua}^b)}{H_n} = \frac{1.2 \times 2 \times 419.1}{(5.5 - 0.6)} \text{kN} = 205.3 \text{kN} < 459.8 \text{kN}$$

其中，$A_s^{a'}$ 为普通受压钢筋实配截面面积，即实配 2Φ25+2Φ20（钢筋面积为 1610mm²）。

3）用 459.8kN 进行受剪配筋计算。

$$\gamma_{RE} = 0.85, \lambda = \frac{M}{V h_{c0}} = \frac{430.1 \times 10^6}{130.5 \times 10^3 \times 560} = 5.89 > 3, \text{取} \lambda = 3$$

$$N = 0.3 f_c b_c h_c = (0.3 \times 19.1 \times 600 \times 600) \times 10^{-3} \text{kN} = 2062.8 \text{kN} < 2400 \text{kN}$$

$$\begin{aligned} \frac{A_{sv}}{s} &= \frac{\gamma_{RE} V_c - \frac{1.05}{\lambda + 1} f_t b_c h_{c0} - 0.056 N}{f_{yv} h_{c0}} \\ &= \frac{0.85 \times 459.8 \times 10^3 - \frac{1.05}{3 + 1} \times 1.71 \times 600 \times 560 - 0.056 \times 2062.8 \times 10^3}{270 \times 560} = 0.82 \end{aligned}$$

采用复式箍筋 4×4 肢箍，直径为 10mm，则 $A_{sv} = 4 \times 78.5 \text{mm}^2 = 314 \text{mm}^2$。

$$s = \frac{A_{sv}}{0.82} = \frac{314}{0.82} \text{mm} = 383 \text{mm}$$

箍筋最大间距 min（6d，100mm）= 100mm，取 Φ10@100。

4）加密区的体积配箍率。箍筋在柱截面中水平方向长度 $l_1 = l_2 = (600 - 2 \times 30)$mm = 540mm。因轴压比 $\mu_N = 0.51$，一级抗震等级，查表 4-16 得：最小体积配箍特征值 $\lambda_V = 0.13$，

混凝土强度等级为 C40，体积配箍率为

$$\rho_v = \frac{n_1 A_{s1} l_1 + n_2 A_{s2} l_2}{A_{cor} s} = \frac{4 \times 78.5 \times 540 \times 2}{540 \times 540 \times 100} \times 100\% = 1.16\% > \frac{\lambda_v f_c}{f_{yv}} = \frac{0.13 \times 19.1}{270} = 0.92\%$$

满足要求。

加密区长度取 $\max(H_{cn}/6,\ h_c,\ 500mm) = \max\left(\frac{4900}{6}mm,\ 600mm,\ 500mm\right) = 820mm$，取 850mm。非加密区取 $\phi 10@200$。

5）剪压比验算。当剪跨比 $\lambda = 5.89 > 2$ 时

$$\frac{\gamma_{RE} V_c}{\beta_c f_c b_c h_{c0}} = \frac{0.85 \times 459.8 \times 10^3}{1.0 \times 19.1 \times 600 \times 560} = 0.06 < 0.2 \quad （满足要求）$$

（5）中柱节点核心区箍筋计算

1）由梁端组合弯矩设计值计算核心区剪力设计值：

$$V_j = \frac{1.5 \sum M_b}{h_{b0} - a_s'}\left(1 - \frac{h_{b0} - a_s'}{H_c - h_b}\right)$$

$$= \frac{1.5 \times (183.1 + 614.6) \times 10^6}{560 - 40} \times \left(1 - \frac{560 - 40}{4083 - 600}\right) \times 10^{-3} kN = 1957.5 kN$$

其中，H_c 为节点上柱和下柱反弯点之间的距离，$H_c = \frac{4500mm}{2} + \frac{5500mm}{3} = 4083mm$。

2）由梁的实配抗震受弯承载力计算核心区剪力设计值：

$$V_j = \frac{1.15 \sum M_{bua}}{h_{b0} - a_s'}\left(1 - \frac{h_{b0} - a_s'}{H_c - h_b}\right) = \frac{1.15 \times (659.6 + 800.5) \times 10^6}{560 - 40} \times \left(1 - \frac{560 - 40}{4083 - 600}\right) \times 10^{-3} kN$$

$$= 2747 kN > 1957.5 kN$$

采用反弯点时，上部各层柱反弯点在柱中点，底层柱的底端为固定端，反弯点设在 $2H/3$。

3）用 2747kN 进行抗震受剪承载力验算。取核心区混凝土等级与梁相同，为 C30，取 $b_j = b_c$，$h_j = h_c$，则

$$N = 0.5 f_c b_c h_c = (0.5 \times 14.3 \times 600 \times 600) \times 10^{-3} kN = 2474 kN > 2400 kN$$

取 $N = 2400kN$，因剪力较大，核心区箍筋强度单独采用 HRB400 级钢筋。

$$\frac{A_{svj}}{s} \leq \frac{\gamma_{RE} V_j - 1.1 \eta_j f_t b_j h_j - 0.05 \eta_j N \dfrac{b_j}{b_c}}{f_{yv}(h_{b0} - a_s')}$$

$$= \frac{0.85 \times 2747 \times 10^3 - 1.1 \times 1.5 \times 1.43 \times 600 \times 600 - 0.05 \times 1.5 \times 2400 \times 10^3 \times 1}{360 \times (560 - 40)} mm = 6.97mm$$

核心区箍筋取 4 肢 $\Phi 16$，则

$$s \leq \frac{A_{svj}}{6.97} = \frac{4 \times 201.1}{6.97} mm = 115.4mm，\ 取 \Phi 16@100（4）。$$

4）核心区剪压比验算。

$$\frac{\gamma_{RE} V_j}{\eta_j \beta_c f_c b_j h_j} = \frac{0.85 \times 2747 \times 10^3}{1.5 \times 1.0 \times 14.3 \times 600 \times 600} = 0.3 \quad （满足要求）$$

---- 本章小结 ----

1. 框架结构设计时，应首先进行结构选型和结构布置，初步选定梁、柱截面尺寸，确定结构计算简图和作用在结构上的荷载，然后进行内力分析。

2. 竖向荷载作用下框架内力分析可采用分层法或二次弯矩分配法两种近似方法。分层法在分层计算时，将上、下柱远端的弹性支撑改为固定端，同时将除底层外的其他各层柱的线刚度均乘以折减系数 0.9，柱的弯矩传递系数由 1/2 改为 1/3。二次弯矩分配法将各节点不平衡弯矩同时分配，并向远端传递，传递系数均为 1/2；第一次弯矩分配传递后，再进行第二次弯矩分配即结束。

3. 水平荷载作用下框架内力分析可采用 D 值法，当梁柱线刚度比 $i_b/i_c>3$ 时，也可采用反弯点法。D 值是框架柱产生单位位移所需施加的水平力，即柱的侧向刚度。框架结构层间剪力按柱的侧向刚度分配，得到各柱承担的剪力。柱的反弯点位置主要与柱端约束条件有关，反弯点总是向约束刚度较小的一端移动。

4. 框架结构在水平力作用下的变形由总体剪切变形和总体弯曲变形两部分组成，总体剪切变形是由梁、柱弯曲变形引起的框架变形，可由 D 值法确定，其侧移曲线具有整体剪切变形特点。总体弯曲变形是由两侧框架柱的轴向变形导致的框架变形，它的侧移曲线与悬臂梁的弯曲变形类似，对于较高、较柔的框架结构，须考虑柱轴向变形影响。

5. 内力组合的目的就是找出框架梁、柱控制截面的最不利内力，并以此作为梁、柱截面配筋的依据。框架梁的控制截面通常是梁端支座截面和跨中截面，框架柱的控制截面通常是柱上、下两端截面。框架结构设计时应考虑活荷载最不利布置组合荷载效应；在活荷载不大的情况下，也可采用满布荷载法计算内力；水平荷载应考虑正反两个方向作用加以组合。

6. 框架梁截面设计时，可考虑竖向荷载作用下塑性内力重分布进行梁端弯矩调幅。框架柱截面设计时一般采用对称配筋，并选取最大一组内力计算截面配筋。

7. 抗震结构构件应具备必要的强度、适当的刚度、良好的延性和可靠的连接，并应注意强度、刚度和延性之间的合理匹配。框架梁设计应遵循"强剪弱弯"的原则，将剪力设计值予以放大，防止梁端延性弯曲破坏前出现脆性剪切破坏。框架柱设计应遵循"强柱弱梁"的原则，避免或推迟梁端出现塑性铰。框架节点处于复杂应力状态，是结构抗震薄弱环节，应根据"强节点弱杆件"的设计要求，使得节点核心区的承载力强于与之相连的杆件的承载力。对于有抗震要求的构件还应采取正确的构造措施，提高结构变形能力和耗能能力。

---- 思考题 ----

4-1 简述竖向荷载作用下计算框架结构内力的分层法和二次弯矩分配法的基本假定及计算步骤。

4-2 水平荷载作用下计算框架内力的反弯点法和 D 值法的异同点是什么？D 值的物理意义是什么？

4-3 水平荷载作用下框架侧移由哪两部分组成？各自特点是什么？

4-4 框架结构构件设计时，如何实现"强剪弱弯""强柱弱梁""强节点弱杆件"的抗震原则？

4-5 简述框架梁、柱、节点的构造措施。

---- 习题 ----

4-1 某三跨四层钢筋混凝土框架，各层框架梁所受竖向荷载设计值见图 4-27，各杆件相对线刚度示于图中，试用分层法计算各杆件的支座弯矩。

4-2 某 6 层框架，总高为 20m，7 度抗震设防，Ⅱ类场地。横向 2 跨，柱距均为 6.5m。其 1-2 层框架

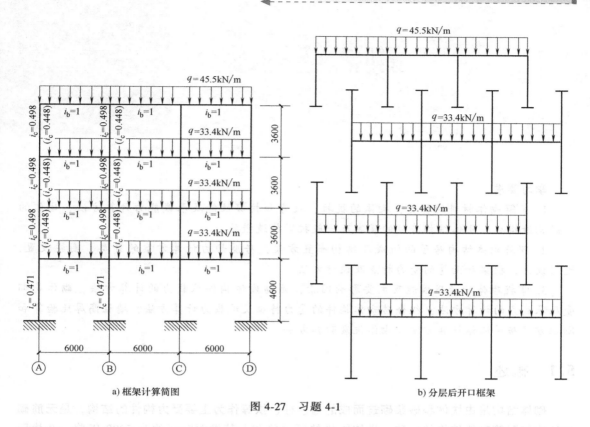

a) 框架计算简图

b) 分层后开口框架

图 4-27 习题 4-1

柱截面尺寸为 600mm×600mm，框架梁截面尺寸为 300mm×600mm，层高均为 4.5m，板厚为 120mm。±0.000 至基础顶面 1000mm。梁与梁的净距 s_n=2.7m。控制截面的最不利组合的内力计算值见表 4-18。梁端 V_{Gb}=125kN。梁混凝土强度等级为 C30，柱混凝土强度等级为 C40。纵筋采用 HRB400 级钢筋，箍筋采用 HPB300 级钢筋，强度见表 4-19。试设计第 1 层框架梁、第 1 层框架中柱和其核心区配筋。

砌体结构设计 | 第 5 章

学习要求

1. 了解砌体材料的种类，砌体的抗拉、抗弯和抗剪性能及承载能力计算方法，砌体的一般构造措施，砌体结构房屋的震害及一般抗震构造措施。

2. 理解砌体结构房屋的组成及结构布置方案，房屋静力计算方案的分类，圈梁设置，过梁设计，挑梁和雨篷的受力特点及设计方法。

3. 掌握砌体的受压性能及主要影响因素，无筋砌体构件承载力的计算方法，砌体局部受压承载力的计算方法，组合砖砌体构件的受力特征及承载力计算方法，墙柱高厚比验算和刚性方案房屋墙体计算方法，砌体抗震验算方法。

5.1　概述

砌体结构是由块体和砂浆砌筑而成的墙、柱、拱等作为主要受力构件的结构，是无筋砌体结构和配筋砌体结构的统称。砌体结构的历史悠久，其发源时间约为 5000 年前，在战国时期，我国已能烧制大型空心砖，到了秦汉时代，我国的砌体材料步入了繁荣发展阶段。在这之后，历代都大量采用实心黏土砖砌筑砌体结构。一百多年前混凝土砌块的问世，为砌体材料体系增添了重要一员。

砌体结构目前仍是我国的主要结构形式之一：在民用建筑中，用于修建房屋的基础、内外墙柱、围护墙和填充墙等，无筋砌体房屋一般可建造 5~7 层，配筋砌块剪力墙结构房屋可建造 8~18 层；在工业建筑中，用于修建烟囱、料斗、管道支架、对渗水性要求不高的水池、跨度小于 15m 的厂房等；在农村建筑中，用于修建农舍、仓库等；在桥梁、隧道工程中，用于修建地下渠道、涵洞、挡土墙等；在水利工程中，用于修建坝、堰和渡槽等。

1. 砌体结构的优缺点

砌体结构的优点：材料来源广泛，易就地取材；具有很好的耐火性和耐久性；砖砌体的保温、隔热性能好，节能效果明显；采用砌体结构较钢筋混凝土结构可以节约水泥和钢材，并且砌筑时不需要模板及特殊的技术；当采用砌块或大型板材作墙体时，可以减轻结构自重，加快施工进度，有利于工业化生产和施工。

砌体结构的缺点：自重大，构件截面尺寸大，材料用量多；砌筑砂浆与砖、石、砌块之间的黏结力较弱，因此无筋砌体的抗拉、抗弯及抗剪强度低，抗震及抗裂性能较差；砌体基本采用手工方式砌筑，工作繁重、劳动量大、生产效率低。

2. 砌体结构的发展趋势

新中国成立后，实心黏土砖是我国的主要砌体材料，其地位一直维持了近五十年。由于实心黏土砖的生产毁坏大量的耕地，且我国烧结工艺和方法比较落后，对环境造成严重污染，同时也为推进党的十九大的"乡村振兴战略"，未来砌体结构革新将会侧重于以下几个方面：

（1）**积极开发节能环保与保温型的新型建材**　主要应加强对轻质高强砌块与高黏结强度砂浆的研究和应用，积极发展黏土砖的替代产品，推广应用以废弃砖瓦、混凝土块、渣土等废弃物为主要材料制作的块体，这对节省能源、节约黏土资源、减轻结构自重、加快施工进度有明显作用。

保温型材料包括自保温砌体材料和保温装饰一体化砌体材料。自保温砌体材料包括自保温块体及专用砂浆。自保温砌体墙体不需要做内、外或夹芯保温就可以达到当地节能保温的要求，其施工工艺简单，经济性好，同时解决了建筑外保温的耐久性问题，具有诸多优点。目前已有的自保温块体材料有烧结自保温砌块、混凝土自保温砌块、复合保温砌块及蒸压加气混凝土砌块等。保温装饰一体化砌体材料是砌体材料在工厂生产出来就带装饰面，建设方可以自行选择砌体墙体的颜色、质地和图案，同时大大减少了装饰层的施工工序，施工简单快速，是砌体墙体发展的趋势。

（2）**积极推广应用配筋砌体结构的研究**　在中高层建筑（8~18 层）中，采用配筋砌体结构尤其是配筋剪力墙结构，可节约钢筋和木材、施工速度快、经济效益显著，且结构的抗震和抗裂性能良好，其推广应用扩大砌体结构的应用范围。

（3）**加强砌体结构理论的研究**　砌体结构的主要组成部分是块体和砂浆。与各向同性的单一材料制成的结构相比，砌体的受力性能具有明显的各向异性，对砌体结构的承载力有显著影响。因此，进一步研究砌体结构材料的本构关系与破坏准则，通过物理和数学模式，研发适合砌体结构的非线性有限元计算软件。

此外，应重视砌体结构的耐久性和对砌体结构可恢复性功能研究。可恢复性功能防震理念要求结构在保证建筑物内部人员生命安全的前提下，能够在震后快速恢复使用功能，减小地震损失。可恢复性功能防震结构采用摇摆、自复位、可更换和附加耗能装置等技术来使结构具有快速可恢复性，相当于提高砌体结构的鲁棒性和冗余度，抗震能力能得到明显改善。

最后，应加强对砌体结构的实验技术和数据处理的研究，实现测试自动化，为实践和理论研究提供更精确的实验结果。

（4）**加强对防止和减轻墙体裂缝构造措施的研究**　砌体结构是由砖或砌块用砂浆砌筑而成的，抗拉强度和抗剪强度较低，墙体在温度变化或地基发生不均匀沉降的情况下容易产生裂缝，尤其是非烧结的块材收缩变形较大，更易出现裂缝。因此，应加强对砌体裂缝产生的机理和防止或减轻墙体裂缝措施的理论研究，大力研制和推广与新型墙体材料配套的高黏结强度砂浆，以提高砌体结构房屋的整体性和抗裂能力。

（5）**提高砌体结构的施工技术水平和施工质量**　目前我国砌体结构基本采用手工方式砌筑，劳动量大，生产效益低，且施工质量不易保证。积极推广采用砌块建筑或墙板建筑，研发采用机器砌筑或者机器辅助砌筑的机械设备，提高生产的工业化、机械化水平，减少繁重的体力劳动，加快工程建设速度。

5.2　砌体的材料性能

我国目前常用的砌体结构有：砖砌体，包括烧结普通砖、烧结多孔砖、蒸压灰砂普通砖、蒸压粉煤灰普通砖、混凝土普通砖与混凝土多孔砖等砌体；砌块砌体，包括混凝土砌块、轻集料混凝土砌块等砌体；石砌体，包括各种料石和毛石砌体。在无筋砌体中，采用普通砂浆；在配筋砌块砌体中，采用专用砂浆；在灌孔混凝土砌块砌体中，采用专用灌孔混凝土。

5.2.1　砌体材料

1. 块材

（1）砖

1）烧结普通砖，是由煤矸石、页岩、粉煤灰或黏土为主要原料，经过焙烧而成的实心砖，见图 5-1a。烧结普通砖主要有烧结煤矸石砖（M）、烧结页岩砖（Y）、烧结粉煤灰砖（F）、烧结黏土砖（N）四类。规格尺寸为 240mm×115mm×53mm，表观密度为 1600～1800kg/m³，孔隙率为 30%～35%，吸水率为 8%～16%，导热系数为 0.78W/（m·K），重度为 18～19kN/m³。

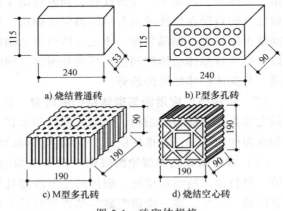

图 5-1　砖砌体规格

2）烧结多孔砖，以煤矸石、页岩、粉煤灰或黏土为主要原料，经过焙烧而成，孔洞率不大于 35%，孔的尺寸小而数量多，主要用于六层以下承重部位的墙体。按孔型分为：P 型多孔砖和 M 型多孔砖。P 型多孔砖规格尺寸为 240mm×115mm×90mm，见图 5-1b；M 型多孔砖规格尺寸为 190mm×190mm×90mm，见图 5-1c。烧结空心砖的原料与多孔砖相同，经焙烧制成，孔洞率大于 35%，主要用于砌筑填充墙等非承重部位，见图 5-1d。

3）蒸压灰砂普通砖，是指以石灰等钙质材料和砂等硅质材料为主要原料，经坯料制备、压制排气成型、高压蒸汽养护而成的实心砖，规格尺寸为 240mm×115mm×53mm，具有强度高、大气稳定性良好、干缩率小等优点。但这类砖不得用于长期经受 200℃ 高温、急冷急热或有酸性介质侵蚀的建筑部位。

4）蒸压粉煤灰普通砖，是指以石灰、消石灰（如电石渣）或水泥等钙质材料与粉煤灰等硅质材料及集料（砂等）为主要原料，掺加适量石膏，经坯料制备、压制排气成型、高压蒸汽养护而成的实心砖，规格尺寸为 240mm×115mm×53mm。

5）混凝土砖，是指以水泥为胶结材料，以砂、石等为主要集料，加水搅拌、成型、养护制成的一种混凝土多孔砖或实心砖。多孔砖的主要规格尺寸为 240mm×115mm×90mm、240mm×190mm×90mm、190mm×190mm×90mm 等；实心砖的主要规格尺寸为 240mm×115mm×53mm、240mm×115mm×90mm 等。

实心砖的强度等级是根据标准试验方法所得砖的抗压强度值（即 10 块抗压强度平均值、单块抗压强度最小值）和按相应强度等级规定的抗折强度值（即 5 块抗折强度平均值、单块抗折强度最小值）综合确定的。

烧结普通砖、烧结多孔砖的强度等级：MU30、MU25、MU20、MU15 和 MU10；蒸压灰砂普通砖、蒸压粉煤灰普通砖的强度等级：MU25、MU20、MU15；混凝土普通砖、混凝

土多孔砖的强度等级：MU30、MU25、MU20 和 MU15；自承重墙的空心砖的强度等级：MU10、MU7.5、MU5 和 MU3.5。

　　注：其中 MU 表示砌体中的块体，数字表示块体的强度大小，单位为 MPa。

　　（2）**砌块**　砌块包括普通混凝土砌块和轻集料混凝土砌块。轻集料混凝土砌块包括煤矸石混凝土砌块和孔洞率不大于 35% 的火山渣、浮石和陶粒混凝土砌块。普通混凝土砌块按尺寸大小可分为小型、中型和大型三种。我国通常将砌块高度为 180~350mm 的称为小型砌块；砌块高度为 360~900mm 的称为中型砌块；砌块高度大于 900mm 的称为大型砌块。目前在承重材料中使用最为普遍的是混凝土小型空心砌块，由普通混凝土或轻集料混凝土制成，主要规格尺寸为 390mm×190mm×190mm，空心率为 25%~50%，简称为小砌块，见图 5-2。

　　混凝土空心砌块的强度等级是根据标准试验方法，按毛截面面积计算的极限抗压强度值划分的，其抗压强度按 3 个试块单块抗压强度平均值确定。

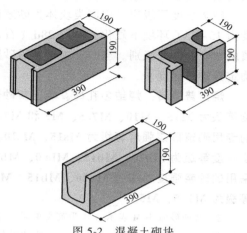

图 5-2　混凝土砌块

　　承重的混凝土砌块、轻集料混凝土砌块的强度等级：MU20、MU15、MU10、MU7.5；自承重的轻集料混凝土砌块的强度等级：MU10、MU7.5、MU5 和 MU3.5。

　　（3）**石材**　天然建筑石材在所有块体材料中应用历史最为悠久，具有强度高、抗冻与抗气候性能好的优点，主要用于砌筑条形基础、承重墙及作为重要房屋的贴面装饰材料。天然石材按外形规则程度分为料石和毛石。料石又分为细料石、半细料石、粗料石和毛料石。细料石是指通过细加工，外表规则，叠砌面凹入深度不应大于 10mm，截面的宽度、高度不宜小于 200mm，且不小于长度的 1/4 的石材；半细料石是指规格尺寸同细料石，但叠砌面凹入深度不应大于 15mm 的石材；粗料石是指规格尺寸同细料石，但叠砌面凹入深度不应大于 20mm 的石材；毛料石是指外形大致方正，一般不加工或仅稍加修整，高度不应小于 200mm，叠砌面凹入深度不应大于 25mm 的石材。毛石是指形状不规则，中部厚度不小于 200mm 的石材。

　　石材的强度等级：MU100、MU80、MU60、MU50、MU40、MU30 和 MU20。可用边长为 70mm 的立方体试块的抗压强度表示。抗压强度取 3 个试块破坏强度的平均值。

　　2. 砂浆

　　砂浆按成分可分为水泥砂浆、混合砂浆、非水泥砂浆和混凝土砌块（砖）专用砌筑砂浆四类。水泥砂浆由水泥、砂和水拌和而成，具有强度高、耐久性好的优点，适用于砌筑对强度有较高要求的地上砌体及地下砌体；缺点是和易性和保水性较差，施工难度较大。混合砂浆是在水泥砂浆中掺入一定比例塑化剂的砂浆，如水泥石灰砂浆、水泥石膏砂浆，具有和易性和保水性较好，便于施工砌筑的优点，适用于砌筑一般地面以上的墙、柱砌体。非水泥砂浆指不含水泥的石灰砂浆、黏土砂浆或石膏砂浆，具有强度低、耐久性差的特点，只适用于砌筑承受荷载不大的砌体或临时性建筑物、构筑物。混凝土砌块（砖）专用砌筑砂浆是指由水泥、砂、水及根据需要掺入的掺合料和外加剂等组分，按一定比例，采用机械拌和制成，专门用于砌筑混凝土砌块的砌筑砂浆。混凝土砌块（砖）专用砌筑砂浆简称砌块专用砂浆。

砂浆的作用是将砌体中的块体连成整体，并因抹平块体表面而促使应力分布均匀，同时砂浆填满块体中的缝隙，减少砌体的透气性，提高砌体的保温性能与抗冻性能。因此对砂浆的基本要求为：有足够的强度，以满足砌体强度及建筑物耐久要求；有良好的和易性，以便于砌筑、保证砌筑质量和提高工效；有足够的保水性，使其在存放、运输和砌筑过程中不出现明显的泌水、分层、离析现象，以保证砂浆的强度、砂浆与块材之间的黏结力。

砂浆强度等级应采用同类块体为砂浆试块底模，由边长为 70.7mm 的立方体试块，在温度为 15~25℃ 环境下硬化、龄期 28d（石膏砂浆为 7d）测得的抗压强度平均值和单个最小值所划分的强度级别。当验算施工阶段砂浆尚未硬化的新砌体强度时，可按砂浆强度为零来确定其砌体强度。

烧结普通砖、烧结多孔砖、蒸压灰砂普通砖和蒸压粉煤灰普通砖砌体采用的普通砂浆强度等级为 M15、M10、M7.5、M5 和 M2.5；蒸压灰砂普通砖和蒸压粉煤灰普通砖砌体采用的专用砌筑砂浆强度等级为 Ms15、Ms10、Ms7.5；混凝土普通砖、混凝土多孔砖采用的砂浆强度等级为 Mb20、Mb15、Mb60、Mb7.5 和 Mb5，混凝土砌块和煤矸石混凝土砌块砌体采用的砂浆强度等级为 Mb20、Mb15、Mb10、Mb7.5；毛料石、毛石砌体采用的砂浆强度等级为 M7.5、M5。

注：普通砂浆用 M 表示（M 为英文单词"砂浆"Mortar 的第一个字母），专用砌筑砂浆用 Ms 表示（s 为英文单词"蒸汽压力"steam pressure 或"硅酸盐"silicate 的第一个字母），砌筑砌块采用的砂浆用 Mb 表示（b 为英文单词"砌块或砖"brick 的第一个字母）。数字表示砂浆的强度大小，单位为 MPa。

3. 钢筋、混凝土及混凝土砌块砌体内的灌孔混凝土

在配筋砌体中使用的钢筋和混凝土的性能要求与混凝土结构相同。

混凝土砌块砌体中，还需采用灌孔混凝土，它是指由水泥、集料、水及根据需要掺入的掺合料和外加剂等组分，按一定比例，采用机械搅拌后，用于浇筑混凝土砌块砌体芯柱或其他需要填实部位孔洞的混凝土，简称砌块灌孔混凝土。它是一种具有高流动性和低收缩性的细石混凝土，使砌块建筑的整体工作性能、抗震性能及承受局部荷载的能力有明显的改善和提高。混凝土小型空心砌块灌孔混凝土强度等级有 Cb40、Cb35、Cb30、Cb25 和 Cb20，其抗压强度相应于 C40、C35、C30、C25 和 C20 混凝土的抗压强度指标。

4. 材料的选择原则

（1）块体材料

1）对处于环境类别 1 类和 2 类的承重砌体，所用块体材料的最低强度等级应符合表 5-1 的规定；对配筋砌块砌体抗震墙，表 5-1 中 1 类和 2 类环境的普通、轻骨料混凝土砌块强度等级为 MU10；安全等级为一级或设计工作年限大于 50 年的结构，表 5-1 中材料强度等级应至少提高一个等级。

2）对处于环境类别 3 类的承重砌体，所用块体材料的抗冻性能和最低强度等级应符合表 5-1 的规定；设计工作年限大于 50 年时，表 5-1 中的抗冻指标应提高一个等级，对严寒地区抗冻指标提高为 F75。

3）对处于环境类别 4 类、5 类的承重砌体，应根据环境条件选择块体材料的强度等级、抗渗、耐酸、耐碱性能指标。

5）填充墙的块材最低强度等级，应符合下列规定：内墙空心砖、轻骨料混凝土砌块、混凝土空心砌块应为 MU3.5，外墙应为 MU5；内墙蒸压加气混凝土砌块应为 A2.5，外墙应为 A3.5。

表 5-1　1~3 类环境下块体材料最低强度等级

环境类别	烧结砖	混凝土砖	普通、轻骨料混凝土砌块	蒸压普通砖	蒸压加气混凝土砌块	石材
1	MU10	MU15	MU7.5	MU15	A5.0	MU20
2	MU15	MU20	MU7.5	MU20	—	MU30

环境类别	冻融环境	抗冻性能			块体最低强度等级		
		抗冻指标	质量损失（%）	强度损失（%）	烧结砖	混凝土砖	混凝土砌块
3	微冻地区	F25			MU15	MU20	MU10
	寒冷地区	F35	≤5	≤20	MU20	MU25	MU15
	严寒地区	F50			MU20	MU25	MU15

注：环境类别见表 5-7 中的定义。

6）下列部位或环境中的填充墙不应使用轻骨料混凝土小型空心砌块或蒸压加气混凝土砌块砌体：建（构）筑物防潮层以下墙体；长期浸水或化学侵蚀环境；砌体表面温度高于 80℃ 的部位；长期处于有振动源环境的墙体。

（2）砂浆和灌孔混凝土

1）砌筑砂浆的最低强度等级应符合下列规定：设计工作年限大于和等于 25 年的烧结普通砖和烧结多孔砖砌体应为 M5，设计工作年限小于 25 年的烧结普通砖和烧结多孔砖砌体应为 M2.5；蒸压加气混凝土砌块砌体应为 Ma5，蒸压灰砂普通砖和蒸压粉煤灰普通砖砌体应为 Ms5；混凝土普通砖、混凝土多孔砖砌体应为 Mb5；混凝土砌块、煤矸石混凝土砌块砌体应为 Mb7.5；配筋砌块砌体应为 Mb10；毛料石、毛石砌体应为 M5。

2）混凝土砌块砌体的灌孔混凝土强度等级不应低于 Cb20，且不应低于 1.5 倍的块体强度等级。

3）设计有抗冻要求的砌体时，砂浆应进行冻融试验，其抗冻性能不应低于墙体块材。

4）配置钢筋的砌体不得使用掺加氯盐和硫酸盐类外加剂的砂浆。

5）配筋砌块砌体的材料选择应符合下列规定：灌孔混凝土应具有抗收缩性能；对安全等级为一级或设计工作年限大于 50 年的配筋砌块砌体房屋，砂浆和灌孔混凝土的最低强度等级应按《砌体结构通用规范》相关规定至少提高一级。

5.2.2　砌体的类型

砌体是指将砖、石材或砌块逐层排列，层层叠合，由砂浆砌筑而成的整体。砌体在建筑物中主要承受竖向压力，因此各皮砖或砌块间应交错砌筑，不允许形成竖向通缝，否则容易引起砌体的局部甚至整体受压破坏。由于块体的种类不同，砌体结构可分为砖砌体、砌块砌体和石砌体；按照配筋与否，又可分为无筋砌体和配筋砌体。

1. 无筋砌体

（1）**砖砌体**　砖砌体由砖（包括普通砖和多孔砖）和砂浆砌筑而成，用于内外墙、柱、基础等承重结构，以及围护墙、隔墙等非承重结构中。实砌标准墙的厚度为 240mm（一砖）、370mm（一砖半）、490mm（二砖）、620mm（二砖半）、740mm（三砖）。

（2）**砌块砌体**　砌块砌体由砌块和砂浆砌筑而成，可以用于住宅、办公楼及学校等建筑，以及一般工业建筑的承重墙或围护墙。目前我国主要采用混凝土小型砌块砌体，砌筑时应上下错缝，对孔砌筑，以增强砂浆的黏结面积，提高砌块砌体强度。

（3）**石砌体** 石砌体由天然石材和砂浆或混凝土砌筑而成，分为料石砌体、毛石砌体、毛石混凝土砌体（在模板内交替铺置混凝土层及形状不规则的毛石构成）等，用于低层建筑及石拱桥、石坝、渡槽和储液池等构筑物。

2. 配筋砌体

配筋砌体结构是由配筋砌体构件作为主要受力构件的砌体结构，是网状（或水平）配筋砖砌体结构、组合砖砌体结构和配筋砌块砌体抗震墙结构的统称。配筋砌体的作用：提高砌体强度、减少截面尺寸、增加砌体结构的整体性，同时提高结构的抗震性能。

（1）**网状配筋砖砌体** 是在水平灰缝中配置钢筋网，以提高其受压承载力的砖砌体。网状配筋砖砌体主要用于轴心受压和偏心距较小的偏心受压构件。在轴向压力作用下构件横向变形受到约束，因而提高了构件的抗压强度及抗变形能力。在砖墙中配置水平钢筋，还可提高墙体的抗弯强度，见图5-3a。

（2）**组合砌体** 是由砌体与钢筋混凝土面层、钢筋砂浆面层或钢筋混凝土构造柱以不同方式组合并共同受力的砌体，包括砌体和钢筋混凝土面层或钢筋砂浆面层的组合砌体（见图5-3b），以及砌体和钢筋混凝土构造柱组合墙（见图5-3c）。

（3）**配筋砌块砌体** 是在混凝土小砌块孔洞内配置竖向钢筋，在砌块凹槽中配置水平钢筋参与受力的混凝土小砌块砌体。它主要用于组成配筋砌块砌体剪力墙，可建造中高层房屋和构筑物，见图5-3d。

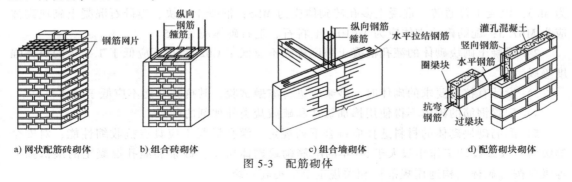

a) 网状配筋砖砌体　　b) 组合砖砌体　　　　　　　c) 组合墙砌体　　　　　d) 配筋砌块砌体

图5-3　配筋砌体

5.2.3　砌体的受压性能

砌体的受压工作性能不仅与组成砌体的块材、砂浆本身的力学性能有关，还与灰缝厚度、灰缝的均匀饱满程度、块材的排列与搭接方式等因素有关。因此，可以通过砌体的轴心受压试验，了解和掌握砌体的受压性能。

1. 砌体的轴心受压试验

采用240mm×370mm×370mm的砖柱进行轴心受压试验，试验结果表明，轴心受压的普通砖砌体从开始受压到破坏，根据其变形和受力特点，可以分为以下三个阶段：

1）从砌体开始受压，到单块砖内出现第一批裂缝为砌体受压的第一阶段，见图5-4a。此时，荷载为极限荷载的50%~70%。若荷载不再增加，则砖内裂缝不再发展。

2）随着荷载的继续增大，砌体进入受压的第二阶段，见图5-4b。此时，单块砖内裂缝不断发展，并沿竖向贯穿若干皮砖，形成局部的连续裂缝。当荷载达到极限荷载的80%~90%时，即使不再增加荷载，裂缝仍会继续发展。

3）当超过极限荷载的 80%~90% 后，砌体进入受压的第三阶段，见图 5-4c。此时，裂缝发展成几条贯通裂缝，砌体明显外鼓，最终被压碎或被连续的竖向贯通裂缝分割成若干独立小柱丧失稳定而破坏。

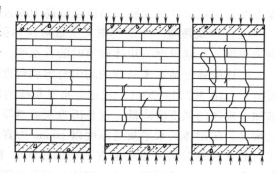

a) 开始出现裂缝　　b) 形成贯通竖向裂缝　　c) 破坏状态

图 5-4　砖砌体受压破坏

2. 单块砖在砌体中受力状态分析

从砌体受压破坏过程可以看出，砖砌体中的第一批裂缝首先在单块砖中产生，随后延伸至若干皮砖，最后形成贯通竖向裂缝被压坏或丧失稳定而破坏，此时，砖的抗压强度并没有被充分利用。根据试验结果也发现，砌体的抗压强度总是低于单块砖的抗压强度。分析其原因，发现单块砖在砌体中并非处于均匀受压状态，而是受多种因素影响处于复杂的应力状态。

（1）**单块砖处于压、弯、剪复合应力状态**　由于砖本身形状的不完全规则平整，灰缝的厚度、饱满度和密度性不均匀，使得单块砖在砌体内产生附加的弯、剪应力，加之砖抵抗弯矩和剪力的能力较差，因而导致砖块内容易产生裂缝。

（2）**砌体中砖与砂浆的交互作用使砖承受水平拉应力**　由于砖与砂浆的弹性模量及横向变形系数各不相同，一般情况，砖的横向变形小于砂浆的横向变形。但是，由于两者黏结在一起共同受压，故水平灰缝内砂浆对砖产生横向拉力，使砖处于更加不利的应力状态，加速裂缝的出现和开展。与此同时，水平灰缝内的砂浆受到砖的约束，处于三向受压状态，其抗压强度会有所提高。

（3）**竖向灰缝处的应力集中使单块砖处于不利受力状况**　砌体中竖向灰缝一般不密实饱满，加之砂浆硬化过程中收缩，使砌体在竖向灰缝处整体性明显削弱。位于竖向灰缝处的单块砖内产生较大横向拉应力和剪应力的集中，加速砌体中单块砖开裂，降低砌体强度。

3. 影响砌体抗压强度的因素

砌体是由块体和砂浆砌筑而成的整体材料，显然，块体和砂浆本身的物理力学性能是影响砌体抗压强度的最主要因素；其次，砌筑质量对砌体的强度也有较大的影响；另外，不同试验方法也会对砌体强度有所影响。

（1）**块体与砂浆的物理力学性能**　试验表明，块体和砂浆强度等级越高，砌体的抗压强度越高，且增大块体强度等级使砌体抗压强度提高的幅度大于增大砂浆强度时提高的幅度，因而采用强度等级高的块体较为有利。对于混凝土空心砌块砌体，这种影响更为明显。

块体的尺寸及表面的平整程度对砌体的强度也有一定影响。块体的尺寸，特别是高度，对砌体的强度影响较大。当块体较高时，单个砌块的抗弯、抗剪能力提高，从而延缓块体的开裂与裂缝的延伸，故砌体强度有所提高。块体的形状越规则，表面越平整，则块体的受弯、受剪作用越小，从而提高砌体的抗压强度。

砂浆的变形及和易性也会影响砌体的强度。砂浆受压时具有一定的弹塑性，砌体受压时，随着砂浆的变形率增大，块体内横向变形及弯剪应力会增大，砌体强度会随之降低。砂浆和易性越好，则越容易铺砌成厚度和密实性较均匀的灰缝，从而可减少单块块体内的弯剪应力，提高砌体强度。因纯水泥砂浆的流动性较差，所以同一强度等级的混合砂浆砌筑的砌体强度要比相应纯水泥砂浆砌体强度高 10% 左右。

（2）**砌筑质量** 砌筑的施工质量对砌体强度的影响非常明显，它包括灰缝的均匀性和饱满程度、灰缝厚度、块体砌筑时的含水率、块体的组砌方式等。

砌体的强度随水平灰缝的均匀与饱满程度的降低而减小，《砌体结构工程施工质量验收规范》（GB 50203—2011）规定，水平灰缝的砂浆饱满程度不得低于 80%。随着灰缝厚度的增加，砌体的强度将降低，这是因为灰缝越厚，砂浆的横向变形会越大，块体的拉应力也随之增大。砖砌体的水平灰缝厚度以 10mm 为宜，不得小于 8mm，也不应大于 12mm。块体砌筑时的含水率对砌体强度也有一定的影响。干燥的块体砌筑后，砂浆内的水分很快会被吸收，不利于砂浆的凝结硬化，砌体强度有所降低；但含水率过高，会造成砂浆流淌，也会影响砌筑质量。因此砌筑砖时提前 1~2d 浇水湿润，不应采用干砖或吸水饱和的砖。砌筑块体的组砌方式影响砌体的整体性，整体性不好，会导致砌体强度的降低。正确的砖砌体组砌方式为上下错缝、内外搭接，并宜采用一顺一丁、梅花丁或三顺一丁砌筑形式。

根据施工现场的质量管理、砂浆和混凝土的强度、砂浆拌和方式、砌筑工人技术等级的综合水平划分的砌体施工质量控制级别称为砌体施工质量控制等级，见附录 F。它分为 A、B、C 三级，其级别与砌体强度设计值直接挂钩，砌体强度设计值在 A 级时取值最高，B 级次之，C 级时最低。

（3）**试验方法** 砌体抗压试验方法对试验结果也有一定影响，因此《砌体基本力学性能试验方法标准》（GB/T 50129—2011）对各类砌体抗压试验的构件尺寸、龄期和试验方法均做出明确的规定。在同一标准下，砌体的强度试验结果无明显差异。

4. 砌体轴心抗压强度取值

影响砌体抗压强度的因素很多，我国多年以来结合砌体结构应用情况，对常用的各类砌体抗压强度进行了大量试验研究，提出了适用于各类砌体的抗压强度平均值，公式如下：

$$f_m = k_1 f_1^\alpha (1 + 0.07 f_2) k_2 \qquad (5-1)$$

式中　f_m——砌体轴心抗压强度平均值（MPa）；

　　f_1、f_2——块体、砂浆的抗压强度平均值（MPa）；

　　k_1、α——与块体类别及砌体类别有关的参数，见表 5-2；

　　k_2——砂浆强度影响的修正参数，见表 5-2。

由式（5-1）可知，参数 f_1、f_2 反映块体和砂浆强度大小的影响，参数 k_1、α 反映不同种类的块体对砌体抗压强度的影响，参数 k_2 反映砂浆强度对不同种类砌体抗压强度的影响。混凝土砌块砌体的轴心抗压强度平均值，当 $f_2 > 10\text{MPa}$ 时，应乘以系数（$1.1 - 0.01 f_2$），MU20 的砌体应乘以系数 0.95，且满足 $f_1 \geqslant f_2$，$f_1 \leqslant 20\text{MPa}$。

表 5-2　砌体轴心抗压强度平均值计算相关参数

序号	砌体类别	k_1	α	k_2
1	烧结普通砖、烧结多孔砖、蒸压灰砂砖、蒸压粉煤灰砖	0.78	0.5	当 $f_2 < 1\text{MPa}$ 时，$k_2 = 0.6 + 0.4 f_2$
2	混凝土砌块	0.46	0.9	当 $f_2 = 0\text{MPa}$ 时，$k_2 = 0.8$
3	毛料石	0.79	0.5	当 $f_2 < 1\text{MPa}$ 时，$k_2 = 0.6 + 0.4 f_2$
4	毛石	0.22	0.5	当 $f_2 < 2.5\text{MPa}$ 时，$k_2 = 0.4 + 0.24 f_2$

注：k_2 在表列条件以外时均等于 1.0。

【例 5-1】 经检测墙体中烧结普通砖的抗压强度平均值为 10.97MPa，砂浆的抗压强度平均值为 2.86MPa，试计算砖砌体轴心抗压强度平均值。

解： 已知砖砌体 $k_1 = 0.78$，$\alpha = 0.5$，$k_2 = 1.0$，$f_1 = 10.97$MPa，$f_2 = 2.86$MPa，代入式（5-1）得

$$f_m = k_1 f_1^\alpha (1 + 0.07 f_2) k_2 = [0.78 \times 10.97^{0.5} \times (1 + 0.07 \times 2.86) \times 1.0] \text{MPa} = 3.10 \text{MPa}$$

【例 5-2】 墙体采用混凝土小型空心砌块 MU20、混合砂浆 Mb15，试计算混凝土砌块砌体轴心抗压强度平均值。

解： 已知混凝土砌体 $k_1 = 0.46$，$\alpha = 0.9$，$k_2 = 1.0$，$f_t = 20$MPa，$f_2 = 15$MPa。因采用 MU20 砌块，且 $f_1 = 20$MPa$>f_2 = 15$MPa，故 $k_1 = 0.95 \times 0.46 = 0.437$，$\alpha = 0.9$。因 $f_2 = 15$MPa>10MPa，故 $k_2 = 1.0 \times (1.1 - 0.01 f_2) = 1.1 - 0.01 \times 15 = 0.95$。由式（5-1）得

$$f_m = k_1 f_1^\alpha (1 + 0.07 f_2) k_2 = [0.437 \times 20^{0.9} \times (1 + 0.07 \times 15) \times 0.95] \text{MPa} = 12.62 \text{MPa}$$

5.2.4 砌体的受拉、受弯、受剪性能

1. 砌体的轴心受拉性能

圆形水池的池壁在静水压力作用下承受环向拉力，为砌体结构中常见的轴心受拉构件。

砌体受拉时，其抗拉强度取决于砂浆与块体的黏结强度。根据拉力作用方向和砌体材料强度大小，砌体受拉破坏分为砌体沿齿缝截面受拉破坏、砌体沿块体截面受拉破坏和砌体沿水平通缝截面受拉破坏，见图 5-5。

当轴心拉力平行于砌体的水平灰缝方向，且块体强度较高，而砂浆强度较低时，由于砂浆与块体间的黏结强度低于块体的抗拉强度，砌体将沿灰缝截面Ⅰ—Ⅰ破坏，破坏面呈齿状，称为砌体沿齿缝截面受拉破坏，见图 5-5a。

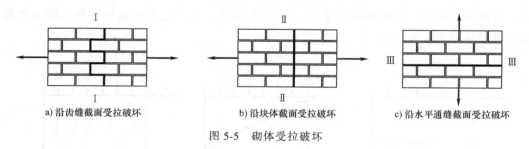

a) 沿齿缝截面受拉破坏　　　　b) 沿块体截面受拉破坏　　　　c) 沿水平通缝截面受拉破坏

图 5-5 砌体受拉破坏

当块体强度低，而砂浆强度较高时，砂浆与块体间的黏结强度大于块体的抗拉强度，砌体将沿块体和竖向灰缝截面Ⅱ—Ⅱ破坏，破坏面较整齐，称为砌体沿块体截面受拉破坏，见图 5-5b。在工程设计时，往往选用较高强度等级的块体，因此通常不会产生沿块体截面受拉破坏。

当轴心拉力垂直于砌体的水平灰缝方向时，由于砂浆与块体间的法向黏结强度极低，砌体很容易沿水平通缝截面Ⅲ—Ⅲ破坏，称为砌体沿水平通缝截面受拉破坏，见图 5-5c。破坏时不仅突然，而且由于上述法向黏结强度得不到保证，因此不允许采用沿水平通缝截面的轴心受拉构件。

根据上述受拉性能，拉力由水平灰缝和竖向灰缝砂浆共同承担，但由于竖向灰缝砂浆不饱满，还有可能出现干缩，因此计算上不考虑竖向灰缝砂浆的作用，全部拉力仅由水平灰缝砂浆承受，即工程设计中，砌体轴心受拉是指沿齿缝截面的轴心受拉，见图 5-5a。

2. 砌体的受弯性能

带扶壁柱的挡土墙为砌体结构常见的受弯构件。受弯破坏一般分为沿齿缝截面受弯破坏、沿块材与竖向灰缝截面受弯破坏、沿水平通缝截面受弯破坏三种破坏形态。

砌体挡土墙在土压力作用下，墙壁犹如以扶壁柱为支座的水平受弯构件，墙壁的跨中截面内侧弯曲受压，外侧弯曲受拉。当砌体中块材强度较高时，在受拉一侧发生沿齿缝截面受弯破坏，见图5-6a；当块材强度过低时，在受弯构件的受拉一侧，将发生沿块材和竖向灰缝截面受弯破坏，见图5-6b；当弯矩作用使砌体水平通缝受拉时，砌体将在弯矩最大截面的水平灰缝处发生沿通缝截面受弯破坏，见图5-6c。

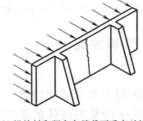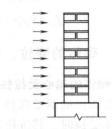

a) 沿齿缝截面受弯破坏　　　　b) 沿块材和竖向灰缝截面受弯破坏　　　　c) 沿水平通缝截面受弯破坏

图 5-6　砌体的受弯破坏

3. 砌体的受剪性能

门窗过梁、拱过梁及墙体过梁为砌体结构中常见的受剪构件，是砌体结构的另一重要受力形式。工程结构中，砌体在剪力 V 作用下往往还受到竖向压力作用，即处于剪压复合受力状态。当砌体在剪应力 τ 和垂直压应力 σ_y 共同作用下，将产生剪摩破坏、剪压破坏和斜压破坏三种破坏形态，见图5-7。

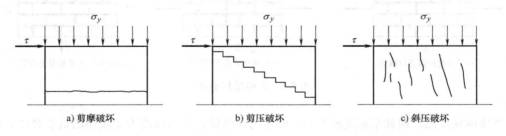

a) 剪摩破坏　　　　　　　　b) 剪压破坏　　　　　　　　c) 斜压破坏

图 5-7　砌体的受剪破坏

当 σ_y/τ 较小时，砌体沿通缝截面受剪，一旦受剪截面上的摩擦力小于剪应力，砌体将产生滑移而破坏，称为剪摩破坏，见图5-7a。这种受力状态下，随垂直压应力的增大，受剪截面上产生的摩擦力增大，将阻止或减小剪切面的水平滑移，因而砌体抗剪强度提高。

当 σ_y/τ 较大时，砌体因截面上的主拉应力大于砌体的抗拉强度，将产生阶梯形裂缝（齿缝）破坏，称为剪压破坏，见图5-7b。当轴压比在0.6左右时，垂直压应力的增大对砌体抗剪强度的变化影响不大。

当 σ_y/τ 很大时，砌体基本沿压力作用方向产生裂缝而破坏，称为斜压破坏，见图5-7c。这种受力状态下，随垂直压应力的增大，砌体抗剪强度迅速减小直至为零。试验表明，这种破坏更具有脆性，在工程结构上应予以避免。

4. 影响砌体抗剪强度的因素

影响砌体抗剪强度的因素有砂浆强度、垂直压应力、砌筑质量和试验方法。

（1）**砂浆强度**　砂浆的影响程度与砌体受剪的破坏形态有关。在剪摩和剪压的受力状态下，主要由灰缝或齿缝砂浆抗剪，随砂浆强度的提高，砌体抗剪强度增大。对于灌孔混凝土砌块砌体，除上述影响外，不可忽略灌孔混凝土的作用。随混凝土强度的提高，芯柱混凝土抗剪强度增大及芯柱"销栓"作用增强，使得灌孔砌体的抗剪强度有较大程度的增加。

（2）**垂直压应力**　在垂直压应力较小时，随垂直压应力的增大，砌体抗剪强度提高。这是因为砌体处于剪摩受力状态，剪切面上的摩擦力增大，抗水平滑移的能力增强。当垂直压应力较大时，砌体因抗主拉应力的强度不足而产生剪压破坏，垂直压应力的增大对砌体抗剪强度增大或降低的影响幅度不大，其变化较为平缓。当垂直压应力更大时，砌体处于斜压受力状态，随垂直压应力的增大，砌体抗剪强度迅速下降直至为零。可见垂直压应力决定了砌体受剪破坏形态并直接影响砌体抗剪强度。

（3）**砌筑质量**　砌筑质量对砌体抗剪强度也有直接且重要的影响，主要影响因素是灰缝的饱满度和块体砌筑时的含水率。水平灰缝和竖向灰缝砂浆越饱满，其黏结越好，砌体抗剪强度越高。当块体处于较佳含水率时，砌体的抗剪强度最高。

（4）**试验方法**　砌体的抗剪强度与试件的形状、尺寸及加载方法有关，试验方法不同，测得的抗剪强度也不相同。

5. 砌体的轴心抗拉、弯曲抗拉、抗剪强度

砌体的轴心抗拉、弯曲抗拉、抗剪强度都与砂浆强度有关，不同砌体类型对轴心抗拉、弯曲抗拉、抗剪强度的影响采用参数控制，具体强度平均值见表 5-3。

表 5-3　砌体轴心抗拉强度平均值 $f_{t,m}$、弯曲抗拉强度平均值 $f_{tm,m}$、抗剪强度平均值 $f_{v,m}$

（单位：MPa）

砌体类别	$f_{t,m} = k_3 \sqrt{f_2}$	$f_{tm,m} = k_4 \sqrt{f_2}$		$f_{v,m} = k_5 \sqrt{f_2}$
	k_3	k_4		k_5
		沿齿缝	沿通缝	
烧结普通砖、烧结多孔砖、混凝土普通砖、混凝土多孔砖	0.141	0.250	0.125	0.125
蒸压灰砂砖普通砖、蒸压粉煤灰普通砖	0.090	0.180	0.090	0.090
混凝土砌块	0.069	0.081	0.056	0.069
毛料石	0.075	0.113	—	0.188

5.2.5　砌体的变形性能及耐久性设计

在砌体结构设计和分析中，除确定砌体强度外，还应重视砌体的变形性能，如砌体的弹性模量、剪变模量、膨胀和收缩性能，以及砌体的耐久性设计。

1. 砌体的弹性模量

砌体的弹性模量主要用于计算砌体构件在荷载作用下的变形，是衡量砌体抵抗变形能力的物理量，由砌体的应力-应变曲线求得，其大小等于应力与应变的比值。《砌体结构设计规范》规定取应力 $\sigma = 0.43 f_m$ 时的割线模量作为砌体的弹性模量 E，此时的割线模量接近初始弹性模量。各类砌体弹性模量取值见表 5-4，按不同强度等级的砂浆，采用砌体弹性模量与砌体抗压强度设计值成正比给予简化。

表 5-4　砌体的弹性模量　　　　　　　　（单位：MPa）

砌体种类	砂浆强度等级			
	≥M10	M7.5	M5	M2.5
烧结普通砖、烧结多孔砖砌体	1600f	1600f	1600f	1390f
混凝土普通砖、混凝土多孔砖砌体	1600f	1600f	1600f	—
蒸压灰砂普通砖、蒸压粉煤灰普通砖砌体	1060f	1060f	1060f	—
非灌孔混凝土砌块砌体	1700f	1600f	1500f	—
粗料石、毛料石、毛石砌体	—	5650	4000	
细料石砌体	17000	12000		

注：1. 轻集料混凝土砌块砌体的弹性模量，可按表中混凝土砌块砌体的弹性模量采用。

2. 表中砌体抗压强度设计值不进行 γ_a 调整。

3. 表中砂浆为普通砂浆，采用专用砂浆砌筑的砌体的弹性模量也按此表取值。

4. 对混凝土普通砖、混凝土多孔砖、混凝土和轻集料混凝土砌块砌体，表中的砂浆强度等级分别为：≥Mb10、Mb7.5 及 Mb5。

5. 蒸压灰砂普通砖和蒸压粉煤灰普通砖砌体采用专用砂浆砌筑时，其强度设计值按表中数值采用。

对于灌孔混凝土砌块砌体，由于芯体混凝土参与受力，砂浆对灌孔混凝土砌块砌体受压变形的影响程度减弱。因此，单排孔且对孔砌筑的混凝土砌块灌孔砌体的弹性模量应按下式计算：

$$E = 2000f_g \tag{5-2}$$

式中　f_g——灌孔混凝土砌块砌体的抗压强度设计值。

2. 砌体的剪变模量

用于计算墙体在水平荷载作用下的剪切变形或对墙体进行剪力分配时，砌体的剪变模量按下式计算：

$$G = \frac{E}{2(1+\nu)} \tag{5-3}$$

式中　ν——砌体的泊松比，对烧结普通砖砌体的泊松比可取 0.15，故可近似取 $G = 0.4E$。

3. 砌体的膨胀和收缩

当温度变化时，砌体产生热胀冷缩变形。除此之外，砌体浸水时体积膨胀，失水时体积干缩，但收缩变形较膨胀变形大得多。当上述变形受到约束而不能自由变形时，砌体构件内将产生温度应力或干缩应力，引起砌体结构变形及开裂。砌体的线膨胀系数和收缩率见表 5-5。

表 5-5　砌体的线膨胀系数和收缩率

砌体类别	线膨胀系数/（10^{-6}/℃）	收缩率/（mm/m）
烧结普通砖、烧结多孔砖砌体	5	-0.1
蒸压灰砂普通砖、蒸压粉煤灰普通砖砌体	8	-0.2
混凝土普通砖、混凝土多孔砖、混凝土砌块砌体	10	-0.2
轻集料混凝土砌块砌体	10	-0.3
料石和毛石砌体	8	

注：表中的收缩率是指由达到收缩允许标准的块体砌筑 28d 的砌体收缩系数。

在混合结构房屋中，屋面混凝土线膨胀系数约为 $10×10^{-6}/℃$，而烧结普通砖的线膨胀系数约为 $5×10^{-6}/℃$，屋面的温度变形较相邻墙体的温度变形大 1 倍。表 5-5 中混凝土砌块的收缩率为 $-0.2mm/m$，相当于温差 20℃ 时的变形。可见在砌体结构的设计、施工和使用时，不应忽视膨胀和收缩变形对砌体结构所造成的危害。

4. 摩擦系数

用于砌体的抗滑移和抗剪承载力计算。当砌体构件沿某种材料发生滑移时，由于法向压力的存在，在滑移面将产生摩擦阻力，其值与摩擦面的材料和潮湿程度有关，见表 5-6。

表 5-6　砌体的摩擦系数

材料类别	摩擦面情况		材料类别	摩擦面情况	
	干燥的	潮湿的		干燥的	潮湿的
砌体沿砌体或混凝土滑动	0.70	0.60	砌体沿砂或卵石滑动	0.60	0.50
砌体沿木材滑动	0.60	0.50	砌体沿粉土滑动	0.55	0.40
砌体沿钢滑动	0.45	0.35	砌体沿黏性土滑动	0.50	0.30

5. 对砌体材料的耐久性要求

砌体结构所用块体材料和砂浆，除考虑承载力要求外，还应考虑建筑对耐久性、抗冻性的要求，以及建筑物全部或个别部位正常使用时的客观环境。因此，对于地面以下或防潮层以下的砌体所用材料，尚应提出最低强度要求。砌体结构的耐久性应根据表 5-7 的**环境类别和设计使用年限**进行设计。当设计使用年限为 50 年时，砌体中钢筋的耐久性选择应符合表 5-8 的规定。设计使用年限为 50 年时，砌体中钢筋的保护层厚度应符合下列规定：

表 5-7　砌体结构的环境类别

环境类别	环境名称	条　件
1	干燥环境	干燥室内、外环境；室外消防水防护环境
2	潮湿环境	潮湿室内或室外环境，包括与无侵蚀性土和水接触的环境
3	冻融环境	寒冷地区潮湿环境
4	氯侵蚀环境	与海水直接接触的环境，或处于滨海地区的盐饱和的气体环境
5	化学侵蚀环境	有化学侵蚀的气体、液体或固态形式的环境，包括有侵蚀性土壤的环境

表 5-8　砌体中钢筋耐久性选择

环境类别	钢筋种类和最低保护要求	
	位于砂浆中的钢筋	位于灌孔混凝土中的钢筋
1	普通钢筋	普通钢筋
2	重镀锌或有等效保护的钢筋	当采用混凝土灌孔时应为普通钢筋；当采用砂浆灌孔时应为重镀锌或有等效保护的钢筋
3	不锈钢或有等效保护的钢筋	重镀锌或有等效保护的钢筋
4 或 5	不锈钢或有等效保护的钢筋	不锈钢或有等效保护的钢筋

1）配筋砌体中钢筋的混凝土保护层最小厚度应符合表 5-9 的规定；钢筋砂浆面层的组合砌体构件的钢筋保护层厚度宜比表 5-9 规定的混凝土保护层厚度增加 5~10mm；对安全等级为一级或设计使用年限为 50 年以上的砌体结构，钢筋保护层的厚度应至少增加 10mm。

表 5-9　钢筋的混凝土保护层最小厚度 　　　　　　（单位：mm）

环境类别	混凝土强度等级				环境类别	混凝土强度等级			
	C20	C25	C30	C35		C20	C25	C30	C35
	最低水泥含量/（kg/m³）					最低水泥含量/（kg/m³）			
	260	280	300	320		260	280	300	320
1	20	20	20	20	4	—	—	40	40
2	—	25	25	25	5	—	—	—	40
3	—	40	40	30					

2）灰缝中钢筋外露砂浆保护层的厚度不应小于 15mm。

3）所有钢筋端部均应有与对应钢筋的环境类别条件相同的保护层厚度。

5.3　砌体结构的概率极限状态设计方法

5.3.1　概率极限状态设计方法

1）砌体结构按承载能力极限状态设计时，应按下列公式计算：

$$\gamma_0\left(1.3S_{G_k} + 1.5\gamma_L S_{Q_{1k}} + 1.5\gamma_L \sum_{i=2}^{n} \psi_{ci} S_{Q_{ik}}\right) \leqslant R(f, a_k, \cdots) \tag{5-4}$$

式中　γ_0——结构的重要性系数，安全等级为一级或设计使用年限为 50 年以上的结构构件不应小于 1.1，安全等级为二级或设计使用年限为 50 年的结构构件不应小于 1.0，安全等级为三级或设计使用年限为 1~5 年的结构构件不应小于 0.9；

S_{G_k}——永久荷载标准值的效应；

$S_{Q_{1k}}$——在基本组合中起控制作用的第一个可变荷载标准值的效应；

$S_{Q_{ik}}$——第 i 个可变荷载标准值的效应；

ψ_{ci}——第 i 个可变荷载的组合值系数，一般情况下应取 0.7，书库、档案室、储藏室或通风机房、电梯机房应取 0.9；

γ_L——结构构件的抗力模型不定性系数，对静力设计，考虑结构设计使用年限的荷载调整系数，设计使用年限为 50 年时取 1.0，设计使用年限为 100 年时取 1.1；

$R(\cdot)$——结构构件的抗力函数；

f——砌体强度设计值；

a_k——几何参数标准值。

2）当砌体结构作为一个刚体，需验算整体稳定时，如倾覆、滑移、漂浮等，应按下式验算：

$$\gamma_0\left(1.3S_{G_{2k}} + 1.5\gamma_L S_{Q_{1k}} + \gamma_L \sum_{i=2}^{n} S_{Q_{ik}}\right) \leqslant 0.8S_{G_{1k}} \tag{5-5}$$

式中　$S_{G_{1k}}$——起有利作用的永久荷载标准值的效应；

$S_{G_{2k}}$——起不利作用的永久荷载标准值的效应。

设计应明确建筑结构的用途，在设计使用年限内未经技术鉴定或技术许可，不得改变结构用途、构件布置和使用环境。

5.3.2　砌体强度设计值

1. 基本规定

砌体强度是衡量砌体结构承载能力高低的主要指标，也是砌体结构构件承载能力的计算指标，用强度平均值 f_m、强度标准值 f_k 和强度设计值 f 表达，三者关系见表 5-10。

砌体强度平均值
$$f_m = \sum_{i=1}^{n} f_i / n \tag{5-6}$$

砌体强度标准值
$$f_k = f_m - 1.645\sigma_f = f_m(1 - 1.645\delta_f) \tag{5-7}$$

砌体强度设计值
$$f = f_k / \gamma_f \tag{5-8}$$

式中　f_i——第 i 个试件的强度值；

$\quad\quad n$——试件总数；

$\quad\sigma_f、\delta_f$——砌体强度的标准差、变异系数；

$\quad\quad \gamma_f$——砌体结构的材料性能分项系数，一般情况下宜按施工质量控制等级为 B 级考虑，取 $\gamma_f = 1.6$，当为 C 级时取 $\gamma_f = 1.8$，当为 A 级时取 $\gamma_f = 1.5$。

表 5-10　f_k、f 与 f_m 的关系（$\gamma_f = 1.6$）

类别	δ_f	f_k	f	类别	δ_f	f_k	f
各类砌体受压	0.17	$0.72f_m$	$0.45f_m$	各类砌体受拉、受弯、受剪	0.20	$0.671f_m$	$0.419f_m$
毛石砌体受压	0.24	$0.605f_m$	$0.378f_m$	毛石砌体受拉、受弯、受剪	0.26	$0.572f_m$	$0.358f_m$

2. 砌体的抗压强度设计值

《砌体结构设计规范》采用施工质量控制等级为 B 级，龄期为 28d 的以毛截面计算的砌体抗压强度设计值，根据块体和砂浆强度等级分别选取。

（1）**烧结普通砖和烧结多孔砖砌体**　烧结普通砖和烧结多孔砖砌体的抗压强度设计值 f，应按表 5-11 采用。它们的差异在于当烧结多孔砖的孔洞率大于 30% 时，烧结多孔砖砌体的抗压强度设计值应乘以系数 0.9 进行强度折减。这主要由烧结多孔砖砌体受压破坏脆性增大，加之砖的孔洞率较大时砌体的抗压强度降低两方面因素所致。

表 5-11　烧结普通砖和烧结多孔砖砌体的抗压强度设计值　　　（单位：MPa）

砖强度等级	砂浆强度等级					砂浆强度
	M15	M10	M7.5	M5	M2.5	
MU30	3.94	3.27	2.93	2.59	2.26	1.15
MU25	3.60	2.98	2.68	2.37	2.06	1.05
MU20	3.22	2.67	2.39	2.12	1.84	0.94
MU15	2.79	2.31	2.07	1.83	1.60	0.82
MU10	—	1.89	1.69	1.50	1.30	0.67

（2）**蒸压灰砂普通砖和蒸压粉煤灰普通砖砌体**　蒸压灰砂普通砖和蒸压粉煤灰普通砖砌体的抗压强度设计值 f，应按表 5-12 采用。它与表 5-11 相比，对应的砌体抗压强度设计值相等。

表 5-12　蒸压灰砂普通砖和蒸压粉煤灰普通砖砌体的抗压强度设计值 （单位：MPa）

砖强度等级	砂浆强度等级				砂浆强度
	Ms15	Ms10	Ms7.5	Ms5	
MU25	3.60	2.98	2.68	2.37	1.05
MU20	3.22	2.67	2.39	2.12	0.94
MU15	2.79	2.31	2.07	1.83	0.82

注：当采用专用砂浆砌筑时，其抗压强度设计值按表中数值采用。

（3）**混凝土普通砖和混凝土多孔砖砌体**　混凝土普通砖和混凝土多孔砖砌体的抗压强度设计值 f，应按表 5-13 采用。它与表 5-11 相比，对应的砌体抗压强度设计值相等。

表 5-13　混凝土普通砖和混凝土多孔砖砌体的抗压强度设计值 （单位：MPa）

砖强度等级	砂浆强度等级					砂浆强度
	Mb20	Mb15	Mb10	Mb7.5	Mb5	
MU30	4.61	3.94	3.27	2.93	2.59	1.15
MU25	4.21	3.60	2.98	2.68	2.37	1.05
MU20	3.77	3.22	2.67	2.39	2.12	0.94
MU15	—	2.79	2.31	2.07	1.83	0.82

（4）**混凝土砌块和轻集料混凝土砌块**　混凝土砌块和轻集料混凝土砌块强度取值，较上述砖砌体的有较大差别。单排孔混凝土砌块和轻集料混凝土砌块对孔砌筑砌体的抗压强度设计值 f，应按表 5-14 采用。双排孔或多排孔轻集料混凝土砌块砌体的抗压强度设计值 f，应按表 5-15 采用。

表 5-14　单排孔混凝土砌块和轻集料混凝土砌块对孔砌筑砌体的抗压强度设计值

（单位：MPa）

砌块强度等级	砂浆强度等级				砂浆强度	砌块强度等级	砂浆强度等级				砂浆强度
	Mb20	Mb15	Mb10	Mb7.5			Mb20	Mb15	Mb10	Mb7.5	
MU20	6.30	5.68	4.95	4.44	2.33	MU10	—	—	2.79	2.50	1.31
MU15	—	4.61	4.02	3.61	1.89	MU7.5	—	—	—	1.93	1.01

注：1. 对独立柱或厚度为双排组砌的砌块砌体，应按表中数值乘以 0.7。
　　2. 对 T 形截面墙体、柱，应按表中数值乘以 0.85。

表 5-15　双排孔或多排孔轻集料混凝土砌块砌体的抗压强度设计值 （单位：MPa）

砌块强度等级	砂浆强度等级		砂浆强度	砌块强度等级	砂浆强度等级		砂浆强度
	Mb10	Mb7.5			Mb10	Mb7.5	
MU10	3.08	2.76	1.44	MU5	—	—	0.78
MU7.5	—	2.13	1.12	MU3.5	—	—	0.56

注：1. 表中的砌块为火山渣、浮石和陶粒轻集料混凝土砌块。
　　2. 对厚度方向为双排组砌的轻集料混凝土砌块砌体的抗压强度设计值，应按表中数值乘以 0.8。

（5）**石砌体**　块体高度为 180~350mm 的毛料石砌体的抗压强度设计值 f，应按表 5-16 采用。毛石砌体的抗压强度设计值 f，应按表 5-17 采用。

在表 5-11~表 5-17 中列出的砂浆强度为零时的砌体抗压强度设计值，通常是指施工阶段砂浆尚未硬化的新砌体强度。

表 5-16 毛料石砌体的抗压强度设计值 （单位：MPa）

毛料石强度等级	砂浆强度等级		砂浆强度	毛料石强度等级	砂浆强度等级		砂浆强度
	M7.5	M5			M7.5	M5	
MU100	5.42	4.80	2.13	MU40	3.43	3.04	1.35
MU80	4.85	4.29	1.91	MU30	2.97	2.63	1.17
MU60	4.20	3.71	1.65	MU20	2.42	2.15	0.95
MU50	3.83	3.39	1.51				

注：对细料石砌体、粗料石砌体和干砌勾缝石砌体，表中数值应分别乘以调整系数 1.4、1.2 和 0.8。

表 5-17 毛石砌体的抗压强度设计值 （单位：MPa）

毛石强度等级	砂浆强度等级		砂浆强度	毛石强度等级	砂浆强度等级		砂浆强度
	M7.5	M5			M7.5	M5	
MU100	1.27	1.12	0.34	MU40	0.80	0.71	0.21
MU80	1.13	1.00	0.30	MU30	0.69	0.61	0.18
MU60	0.98	0.87	0.26	MU20	0.56	0.51	0.15
MU50	0.90	0.80	0.23				

（6）**灌孔混凝土砌块砌体** 灌孔混凝土砌块砌体的抗压强度不仅与块体和砌筑砂浆强度等级有关，也与灌孔混凝土强度等级和灌孔率有关，设计时它们的强度应相互匹配，使各种材料的强度得到较为充分的利用。因此要求**灌孔混凝土砌块砌体的灌孔混凝土强度等级不应低于 Cb20，且不应低于 1.5 倍的块体强度等级**。灌孔混凝土强度指标取同强度等级的混凝土强度指标。

单排孔混凝土砌块对孔砌筑时，灌孔混凝土砌块砌体的抗压强度设计值 f_g 应按下列公式确定：

$$f_g = f + 0.6\alpha f_c \tag{5-9}$$

$$\alpha = \delta\rho \tag{5-10}$$

式中 f_g——灌孔混凝土砌块砌体的抗压强度设计值，该值不应大于未灌孔混凝土砌块砌体抗压强度设计值的 2 倍；

f——未灌孔混凝土砌块砌体的抗压强度设计值，应按表 5-14 采用；

f_c——灌孔混凝土的轴心抗压强度设计值；

α——灌孔混凝土砌块砌体中灌孔混凝土面积与砌体毛面积的比值；

δ——混凝土砌块的孔洞率；

ρ——灌孔混凝土砌块砌体的灌孔率，指截面灌孔混凝土面积与截面孔洞面积的比值，灌孔率应根据受力或施工条件确定，且不应小于 33%。

3. 砌体的轴心受拉、弯曲抗拉和抗剪强度设计值

在《砌体结构设计规范》中，当施工质量控制等级为 B 级时，龄期为 28d 的以毛截面计算的各类砌体的轴心受拉强度设计值、弯曲抗拉强度设计值和抗剪强度设计值，按表 5-18 采用，其值主要由砂浆强度等级确定。

对于灌孔混凝土砌块砌体，由于还受灌孔混凝土强度和灌孔率的影响，其抗剪强度不能只由砂浆强度等级来确定，故单排孔混凝土砌块对孔砌筑时，**灌孔混凝土砌块砌体的抗剪强度设计值 f_{vg}**，应按下式计算：

$$f_{vg} = 0.2 f_g^{0.55} \tag{5-11}$$

式中 f_g——灌孔混凝土砌块砌体的抗压强度设计值（MPa）。

表 5-18 沿砌体灰缝截面破坏时砌体的轴心抗拉强度设计值 f_t、

弯曲抗拉强度设计值 f_{tm} 和抗剪强度设计值 f_v （单位：MPa）

强度类别	破坏特征及砌体种类		砂浆强度等级			
			≥M10	M7.5	M5	M2.5
轴心抗拉	沿齿缝	烧结普通砖、烧结多孔砖	0.19	0.16	0.13	0.09
		混凝土普通砖、混凝土多孔砖	0.19	0.16	0.13	—
		蒸压灰砂普通砖、蒸压粉煤灰普通砖	0.12	0.10	0.08	—
		混凝土和轻集料混凝土砌块	0.09	0.08	—	—
		毛石	—	0.07	0.06	—
弯曲抗拉	沿齿缝	烧结普通砖、烧结多孔砖	0.33	0.29	0.23	0.17
		混凝土普通砖、混凝土多孔砖	0.33	0.29	0.23	—
		蒸压灰砂普通砖、蒸压粉煤灰普通砖	0.24	0.20	0.16	—
		混凝土和轻集料混凝土砌块	0.11	0.09	—	—
		毛石	—	0.11	0.09	—
	沿通缝	烧结普通砖、烧结多孔砖	0.17	0.14	0.11	0.08
		混凝土普通砖、混凝土多孔砖	0.17	0.14	0.11	—
		蒸压灰砂普通砖、蒸压粉煤灰普通砖	0.12	0.10	0.08	—
		混凝土和轻集料混凝土砌块	0.08	0.06	—	—
抗剪		烧结普通砖、烧结多孔砖	0.17	0.14	0.11	0.08
		混凝土普通砖、混凝土多孔砖	0.17	0.14	0.11	—
		蒸压灰砂普通砖、蒸压粉煤灰普通砖	0.12	0.10	0.08	—
		混凝土和轻集料混凝土砌块	0.09	0.08	—	—
		毛石	—	0.19	0.16	—

注：1. 对于用形状规则的块体砌筑的砌体，当搭接长度与块体高度的比值小于 1 时，其轴心抗拉强度设计值 f_t 和弯曲抗拉强度设计值 f_{tm} 应按表中数值乘以搭接长度与块体高度比值后采用。

2. 表中数值依据普通砂浆砌筑的砌体确定，采用经研究性试验且通过技术鉴定的专用砂浆砌筑的蒸压灰砂普通砖、蒸压粉煤灰普通砖砌体，其抗剪强度设计值按相应普通砂浆强度等级砌筑的烧结普通砖砌体采用。

3. 对混凝土普通砖、混凝土多孔砖、混凝土和轻集料混凝土砌块砌体，表中的砂浆强度等级分别为：≥Mb10、Mb7.5 及 Mb5。

4. 砌体强度设计值的调整系数

以上所述砌体强度计算公式是依据试验研究结果，并按一般的主要影响因素而建立的。对于实际工程中的砌体，在设计上还需进一步考虑结构可靠性及经济性。这主要反映在砌体结构构件所处的受力工作状况，小截面面积的构件、采用水泥砂浆砌筑的构件，其砌体强度有可能降低。对不同施工质量控制等级的构件及施工中房屋构件的验算，其砌体强度设计值应适当调整。因而设计计算时，需将上述给定的砌体强度设计值乘以调整系数 γ_a，见表 5-19，即取 $\gamma_a f$，对砌体结构构件的承载力设计值进行调整。

表 5-19　各类砌体强度设计值的调整系数

项目	砌体工作情况		γ_a
1	无筋砌体构件,其截面面积 $A<0.3\text{m}^2$ 时		$A+0.7$
	配筋砌体构件,其砌体截面面积 $A<0.2\text{m}^2$ 时		$A+0.8$
2	用强度等级小于 M5.0 的水泥砂浆砌筑时	砌体抗压强度设计值(即表 5-11~表 5-17 中数值)	0.9
		砌体轴心抗拉、弯曲抗拉和抗剪强度设计值(即表 5-18 中数值)	0.8
3	验算施工中房屋的构件时		1.1
4	施工质量控制等级为 C 级时		0.89

注：1. 配筋砌体构件中,仅对砌体强度设计值乘以 γ_a。
　　2. 对砌体的局部受压,不考虑项目 1 的影响。

当要验算施工阶段砂浆尚未硬化的新砌体强度和稳定性时,可按砂浆强度为零计算。

【例 5-3】 某混凝土砌块墙体,采用混凝土小型空心砌块 MU20,砌块孔洞率为 45%,水泥混合砂浆 Mb15,灌孔混凝土 Cb30,施工质量控制等级为 B 级,试确定图 5-8 中四种情况的砌体抗压强度设计值。

图 5-8　例 5-3

解： 由混凝土小型空心砌块 MU20、水泥混合砂浆 Mb15,查表 5-14 得 $f=5.68\text{MPa}$,Cb30 混凝土,$f_c=14.3\text{MPa}$。

情况一,属于全灌孔砌体,即砌体灌孔率 $\rho=100\%$,$\alpha=\delta\rho=45\%\times100\%=0.45$,代入式 (5-9) 得

$$f_g=f+0.6\alpha f_c=(5.68+0.6\times0.45\times14.3)\text{MPa}=9.54\text{MPa}<2f=11.36\text{MPa}$$

情况二,为每隔 1 孔灌 1 孔,即砌体灌孔率 $\rho=50\%>33\%$,$\alpha=\delta\rho=45\%\times50\%=0.225$,代入式 (5-9) 得

$$f_g=f+0.6\alpha f_c=(5.68+0.6\times0.225\times14.3)\text{MPa}=7.61\text{MPa}<2f=11.36\text{MPa}$$

情况三,为每隔 2 孔灌 1 孔,即砌体灌孔率 $\rho=33\%$,$\alpha=\delta\rho=45\%\times33\%=0.1485$,代入式 (5-9) 得

$$f_g=f+0.6\alpha f_c=(5.68+0.6\times0.1485\times14.3)\text{MPa}=6.95\text{MPa}<2f=11.36\text{MPa}$$

情况四,为每隔 3 孔灌 1 孔,即砌体灌孔率 $\rho=25\%<33\%$,此时不应视为灌孔混凝土砌块砌体,应取 $f=5.68\text{MPa}$。

在工程结构设计中,对于混凝土砌块墙体承重的房屋,纵横墙交接处距墙中心线每边不小于 300mm 范围内的孔洞,应采用灌孔混凝土灌实,灌实高度为墙身全高。在屋架、梁的支承面下,若未设圈梁或混凝土垫块,应将高度不小于 600mm,长度不小于 600mm 的砌体采用灌孔混凝土将孔洞灌实。这些都是为增强混凝土空心砌块墙体的整体性及确保梁或屋架端部支承处砌体的局部受压能力,从构造上提出的对墙体灌孔要求,但在墙体承载力计算时不应视为灌孔混凝土砌块砌体。

5.4 无筋砌体构件承载力计算

5.4.1 受压构件承载力计算

无筋砌体受压构件（如窗间墙、砖柱等）是混合结构房屋基本的受力构件。根据轴向压力作用在截面位置的不同，可分为轴心受压构件和偏心受压构件。根据高厚比 β 不同，受压构件又分为短柱（$\beta \leq 3$）和长柱（$\beta > 3$）。工程中绝大部分的受压构件属于长柱，需考虑纵向弯曲对构件承载力的不利影响。

1. 受压短柱的承载力分析

假设砌体为匀质弹性体，按材料力学，离轴向力较近一侧截面边缘的压应力为

$$\sigma = \frac{N}{A} + \frac{Ne}{I}y = \frac{N}{A}\left(1 + \frac{ey}{i^2}\right) \tag{5-12}$$

当 $\sigma = f_m$ 时，该短柱所能承受的压力为

$$N = \frac{f_m A}{1 + \dfrac{ey}{i^2}} = a_1 f_m A \tag{5-13}$$

式中，$a_1 = \dfrac{1}{1 + ey/i^2}$，称为按材料力学公式计算的砌体偏心距影响系数。随偏心距 e 增大，a_1 将减小。基于大量试验资料并经统计分析，砌体受压时的偏心距影响系数按下列公式计算：

$$a_1 = \frac{1}{1 + \left(\dfrac{e}{i}\right)^2} \tag{5-14}$$

矩形截面
$$a_1 = \frac{1}{1 + 12\left(\dfrac{e}{h}\right)^2} \tag{5-15}$$

T 形和十字形截面
$$a_1 = \frac{1}{1 + 12\left(\dfrac{e}{h_T}\right)^2} \tag{5-16}$$

式中 h_T——T 形或十字形截面的折算厚度，$h_T = 3.5i$。

砌体受压试验表明，按式（5-13）计算的砌体受压短柱的承载力比试验值低。主要原因是砌体具有弹塑性性质，偏心受压时更加明显，加之砌体内存在局部受压现象，式（5-13）均未能体现这些因素对砌体受压承载力的影响。

2. 轴心受压长柱的承载力分析

由于长柱的高厚比较大，会由于侧向变形增大而产生纵向弯曲破坏，因而长柱的受压承载力比短柱要低，故在受压构件的承载力计算中应考虑稳定系数的影响。根据材料力学的欧拉公式，长柱发生纵向弯曲破坏的临界应力为

$$\sigma_{cri} = \frac{\pi^2 EI}{AH_0^2} = \pi^2 E \left(\frac{i}{H_0}\right)^2 \qquad (5-17)$$

由于砌体的弹性模量随应力的增大而降低，当应力达到临界应力时，弹性模量已有较大程度的降低，此时的弹性模量为**临界应力处的切线模量** $E' = \xi f_m \left(1 - \dfrac{\sigma_{cri}}{f_m}\right)$，则相应的临界应力为

$$\sigma_{cri} = \pi^2 E \left(\frac{i}{H_0}\right)^2 = \pi^2 \xi f_m \left(1 - \frac{\sigma_{cri}}{f_m}\right)\left(\frac{i}{H_0}\right)^2 \qquad (5-18)$$

故临界应力与砌体轴心抗压强度平均值的比值为轴心受压构件的稳定系数：

$$\varphi_0 = \frac{\sigma_{cri}}{f_m} = \frac{1}{1 + \frac{1}{\pi^2 \xi}\left(\frac{H_0}{i}\right)^2} \qquad (5-19)$$

令 $\beta = \dfrac{H_0}{i}$，β 称为构件的高厚比。截面为矩形时 $\beta = \dfrac{H_0}{h}$；截面为 T 形或十字形时 $\beta = \dfrac{H_0}{h_T}$，令 $\alpha = \dfrac{1}{\pi^2 \xi}$，用其反映砌体的受压变形能力的影响，与砂浆强度有关。则式（5-19）变为

$$\varphi_0 = \frac{1}{1 + \alpha\beta^2} \qquad (5-20)$$

式中　α——与砂浆强度有关的系数。

　　φ_0——轴心受压构件的稳定系数，随高厚比的增大而减小。

3. 偏心受压长柱的承载力分析

长柱在承受偏心压力作用时，因柱的纵向弯曲将产生一个附加偏心距 e_i，见图 5-9。使砌体中截面的轴向压力偏心距增大，所以还应考虑附加偏心距对承载力的影响。

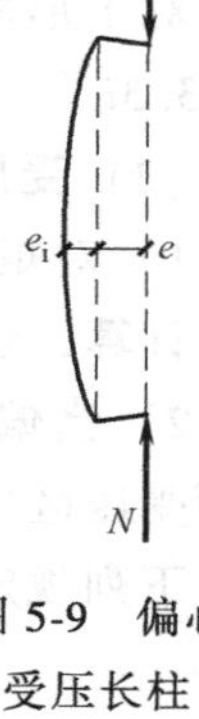

设轴向压力的偏心距为 e，附加偏心距为 e_i，用柱截面总的偏心距（$e + e_i$）代替原偏心距 e，则得受压长柱考虑纵向弯曲和偏心距的影响系数：

$$\varphi = \frac{1}{1 + \left(\dfrac{e + e_i}{i}\right)^2} \qquad (5-21)$$

当轴心受压 $e = 0$ 时，则有 $\varphi = \varphi_0$，即

$$\varphi_0 = \frac{1}{1 + \left(\dfrac{e_i}{i}\right)^2} \qquad (5-22)$$

图 5-9　偏心
受压长柱

由上式得

$$e_i = i \sqrt{\frac{1}{\varphi_0} - 1} \qquad (5-23)$$

对矩形截面 $i = h/\sqrt{12}$，代入上式有 $\quad e_i = \dfrac{h}{\sqrt{12}} \sqrt{\dfrac{1}{\varphi_0} - 1} \qquad (5-24)$

最后将式（5-24）及 $i = h/\sqrt{12}$ 代入式（5-21），则得考虑纵向弯曲和偏心距对受压构件

承载力的影响系数：

$$\varphi = \cfrac{1}{1 + 12\left[\cfrac{e}{h} + \sqrt{\cfrac{1}{12}\left(\cfrac{1}{\varphi_0} - 1\right)}\right]^2} \tag{5-25}$$

4. 受压构件的承载力计算公式及计算时应注意的问题

（1）无筋砌体受压构件的承载力计算公式

$$N \leqslant \varphi f A \tag{5-26}$$

式中　　N——轴向力设计值；

　　　　f——砌体抗压强度设计值，见表 5-11 ~ 表 5-17；

　　　　A——截面面积，对各类砌体均按毛截面计算；

　　　　φ——高厚比 β 和轴向力偏心距 e 对受压构件承载力的影响系数，按下列公式计算或查附录 G。

当 $\beta \leqslant 3$ 时

$$\varphi = \cfrac{1}{1 + 12\left(\cfrac{e}{h}\right)^2} \tag{5-27}$$

当 $\beta > 3$ 且偏心受压时

$$\varphi = \cfrac{1}{1 + 12\left[\cfrac{e}{h} + \beta\sqrt{\cfrac{\alpha}{12}}\right]^2} \tag{5-28}$$

当 $\beta > 3$ 且轴心受压时

$$\varphi = \varphi_0 = \cfrac{1}{1 + \alpha\beta^2} \tag{5-29}$$

式中　　α——与砂浆强度等级有关的系数，当砂浆强度等级大于或等于 M5 时，$\alpha = 0.0015$，当砂浆强度等级为 M2.5 时，$\alpha = 0.002$，当砂浆强度为 0 时，$\alpha = 0.009$。

对 T 形截面构件，仍可按式（5-27）~ 式（5-29）计算 φ，此时以折算厚度 h_T 代替 h，$h_T = 3.5i$。

（2）受压构件承载力计算时应注意的问题

1）对矩形截面构件，当轴向力偏心方向的截面边长大于另一方向的边长时，除按偏心受压计算，还应对较小边长方向按轴心受压进行验算。

2）当偏心距较大、压力也较大时，构件的受拉边产生水平裂缝。当偏心距继续增大，截面受压区持续减小，同时构件的侧向挠曲显著降低构件的承载力。因此轴向力的偏心距应满足下列规定：

$$e \leqslant 0.6y \tag{5-30}$$

式中　　e——轴向力的偏心距，$e = M/N$，按内力设计值计算；

　　　　y——截面重心 O 到轴向力 N 所在偏心方向截面边缘的距离，见图 5-10。

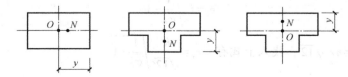

图 5-10　截面重心 O 到轴向力 N 偏心方向边缘的距离

3）构件高厚比 β 计算

对矩形截面 $$\beta = \gamma_\beta \frac{H_0}{h} \qquad (5\text{-}31)$$

对 T 形截面 $$\beta = \gamma_\beta \frac{H_0}{h_T} \qquad (5\text{-}32)$$

式中 h——矩形截面轴向力偏心方向的边长，当轴心受压时为截面较小边长；

h_T——T 形截面的折算厚度，可按 $3.5i$ 计算，i 为截面的回转半径；

γ_β——不同砌体材料的高厚比修正系数，见表 5-20。

H_0——受压构件的计算高度，应根据房屋类别和构件支承条件等按表 5-21 采用。

表 5-20 高厚比修正系数

砌体材料类别	γ_β
烧结普通砖、烧结多孔砖	1.0
混凝土普通砖、混凝土多孔砖、混凝土和轻集料混凝土砌块	1.1
蒸压灰砂普通砖、蒸压粉煤灰普通砖、细料石	1.2
粗料石、毛石	1.5

注：对灌孔混凝土砌块砌体，$\gamma_\beta = 1.0$。

表 5-21 受压构件的计算高度 H_0

房屋类别			柱		带壁柱墙或周边拉结的墙		
			排架方向	垂直排架方向	$s>2H$	$2H \geqslant s>H$	$s \leqslant H$
有起重机的单层房屋	变截面柱上段	弹性方案	$2.5H_u$	$1.25H_u$	$2.5H_u$		
		刚性、刚弹性方案	$2.0H_u$	$1.25H_u$	$2.0H_u$		
	变截面柱下段		$1.0H_l$	$0.8H_l$	$1.0H_l$		
无起重机的单层和多层房屋	单跨	弹性方案	$1.5H$	$1.0H$	$1.5H$		
		刚弹性方案	$1.2H$	$1.0H$	$1.2H$		
	多跨	弹性方案	$1.25H$	$1.0H$	$1.25H$		
		刚弹性方案	$1.10H$	$1.0H$	$1.1H$		
	刚性方案		$1.0H$	$1.0H$	$1.0H$	$0.4s+0.2H$	$0.6s$

注：1. 表中的构件高度 H，在房屋底层，为楼板顶面到构件下端支点的距离。下端支点的位置，可取在基础顶面；当基础埋置较深且有刚性地坪时，可取室外地面下 500mm 处。在房屋其他层，H 为楼板或其他水平支点间的距离；对于无壁柱的山墙，可取层高加山墙尖高度的 1/2；对于带壁柱的山墙可取壁柱处的山墙高度。

2. H_u 为变截面柱的上段高度；H_l 为变截面柱的下段高度。

3. 对于上端为自由端的构件，$H_0 = 2H$。

4. 独立砖柱，当无柱间支撑时，柱在垂直排架方向的 H_0 应按表中数值乘以 1.25 后采用。

5. s 为房屋横墙间距。

6. 自承重墙的计算高度应根据周边支承或拉结条件确定。

7. 对有起重机的房屋，当荷载组合不考虑起重机作用时，变截面柱上段的计算高度可按表 5-21 的规定采用；变截面柱下段的计算高度，可按下列规定采用：当 $H_u/H \leqslant 1/3$ 时，取无起重机房屋的 H_0；当 $1/3 < H_u/H < 1/2$ 时，取无起重机房屋的 H_0 乘以修正系数 $\mu = 1.3 - 0.3I_u/I_l$（I_u 为变截面柱上段的惯性矩；I_l 为变截面柱下段的惯性矩）；当 $H_u/H \geqslant 1/2$ 时，取无起重机房屋的 H_0。但在确定 β 值时，应采用上柱截面。

【例 5-4】已知某砖柱截面尺寸为 370mm×490mm，采用 MU10 烧结普通砖及 M5 混合砂浆砌筑，施工质量控制等级为 B 级。砖柱计算高度 $H_0 = 6.8$m，柱顶承受轴向压力设计值 $N = 100$kN，沿截面长边方向的弯矩设计值 $M = 3.24$kN·m，柱底截面按轴心受压计算。试验算砖柱的柱顶和柱底的承载力是否满足要求（砖的重度取 19kN/m^3）。

解： 采用 MU10 烧结普通砖及 M5 混合砂浆，查表 5-11 得砌体抗压强度设计值 $f = 1.5$MPa。

柱截面面积 $A = 0.37$m$\times 0.49$m $= 0.1813$m$^2 < 0.3$m^2，所以砌体强度设计值应乘以调整系数，$\gamma_a = 0.7 + 0.1813 = 0.8813$。

1. 柱顶按偏心受压验算承载力

（1）长边方向按偏心受压验算承载力

$$e = \frac{M}{N} = \frac{3.24\text{kN} \cdot \text{m}}{100\text{kN}} = 32.4\text{mm} < 0.6\gamma_1 = 0.6 \times \frac{490\text{mm}}{2} = 147\text{mm}$$

$$\frac{e}{h} = \frac{32.4}{490} = 0.066$$

烧结普通砖 $\gamma_\beta = 1.0$。墙体高厚比 $\beta = \gamma_\beta \dfrac{H_0}{h} = 1.0 \times \dfrac{6800}{490} = 13.88 > 3$。当砂浆强度等级为 M5 时，$\alpha = 0.0015$。由式（5-28）得

$$\varphi = \frac{1}{1 + 12\left[\dfrac{e}{h} + \beta\sqrt{\dfrac{\alpha}{12}}\right]^2} = \frac{1}{1 + 12 \times \left[0.066 + 13.88 \times \sqrt{\dfrac{0.0015}{12}}\right]^2} = 0.63$$

$$\varphi f A = (0.63 \times 0.8813 \times 1.5 \times 370 \times 490)\text{N} = 151\text{kN} > N = 100\text{kN}$$

（2）短边方向按轴心受压验算承载力

$$\beta = \gamma_\beta \frac{H_0}{b} = 1.0 \times \frac{6800}{370} = 18.4 > 3$$

由式（5-29）得

$$\varphi = \varphi_0 = \frac{1}{1 + \alpha\beta^2} = \frac{1}{1 + 0.0015 \times 18.4^2} = 0.663$$

$$\varphi f A = (0.663 \times 0.8813 \times 1.5 \times 370 \times 490)\text{N} = 158.9\text{kN} > N = 100\text{kN} \quad （满足承载力要求）$$

2. 柱底按轴心受压验算承载力

柱底轴力设计值 $N = (100 + 1.3 \times 19 \times 0.37 \times 0.49 \times 6.8)\text{kN} = 130.45\text{kN}$

高厚比取短边计算求出影响系数较取长边计算求出影响系数更不利，故取 $\varphi = 0.663$。

$$\varphi f A = 158.9\text{kN} > N = 130.45\text{kN}$$

该砖柱的柱顶和柱底均满足承载力要求。

注：①柱顶按偏心受压设计，柱底按轴心受压设计，两者存在高厚比和偏心距的不同，高厚比越大承载力越低，偏心距越大承载力越低；②当截面面积小于 0.3m^2 时，其砌体抗压强度设计值应乘以 γ_a。

【例 5-5】 某单层厂房带壁柱的窗间墙，窗间墙平面尺寸见图 5-11，其上支承有一跨度为 7.5m 的屋面梁，窗间墙计算高度 $H_0 = 6.6$m，承受的轴向压力设计值 $N = 320$kN，弯矩设计值 $M = 36$kN·m，荷载偏向翼缘一侧。假设该柱用 MU10 烧结普通砖和 M5 混合砂浆砌筑，试确定窗间墙受压承载力。

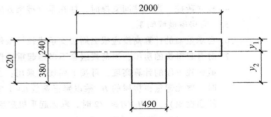

图 5-11 例 5-5 窗间墙平面尺寸

解：截面面积 $A = (2000 \times 240 + 380 \times 490)\text{mm}^2 = 666200\text{mm}^2 > 0.3\text{m}^2$，砌体强度设计值不考虑调整系数 γ_a。

截面重心位置　$y_1 = \dfrac{2000 \times 240 \times 120\text{mm}^3 + 490 \times 380 \times (240 + 190)\text{mm}^3}{666200\text{mm}^2} = 207\text{mm}$

$$y_2 = 620\text{mm} - 207\text{mm} = 413\text{mm}$$

截面惯性矩

$$I = \left[\frac{2000 \times 240^3}{12} + 2000 \times 240 \times (207-120)^2 + \frac{490 \times 380^3}{12} + 490 \times 380 \times (413-190)^2\right]\text{mm}^4$$

$$= 174.4 \times 10^8 \text{mm}^4$$

截面回转半径　$i = \sqrt{\dfrac{I}{A}} = \sqrt{\dfrac{174.4 \times 10^8 \text{mm}^4}{66.62 \times 10^4 \text{mm}^2}} = 162\text{mm}$

截面折算厚度　$h_T = 3.5i = 3.5 \times 162\text{mm} = 567\text{mm}$

$$e = \frac{M}{N} = \frac{36\text{kN} \cdot \text{m}}{320\text{kN}} = 112.5\text{mm} < 0.6y_1 = 0.6 \times 207\text{mm} = 124.2\text{mm}$$

$$\frac{e}{h_T} = \frac{112.5}{567} = 0.20$$

烧结普通砖 $\gamma_\beta = 1.0$，墙体高厚比 $\beta = \gamma_\beta \dfrac{H_0}{h_T} = 1.0 \times \dfrac{6.6}{0.567} = 11.6 > 3$。当砂浆强度等级为 M5 时，$\alpha = 0.0015$。由式（5-28）得

$$\varphi = \frac{1}{1 + 12\left[\dfrac{e}{h_T} + \beta\sqrt{\dfrac{\alpha}{12}}\right]^2} = \frac{1}{1 + 12 \times \left[0.20 + 11.6 \times \sqrt{\dfrac{0.0015}{12}}\right]^2} = 0.434$$

MU10 烧结普通砖和 M5 混合砂浆，查表 5-11 得砌体抗压强度设计值 $f = 1.5\text{MPa}$，则

$$\varphi f A = (0.434 \times 1.5 \times 666200)\text{N} = 433.7\text{kN}$$

【例 5-6】　某六层横墙承重住宅建筑，底层墙采用 190mm 厚单排混凝土小型空心砌块对孔砌筑，砌块强度等级为 MU15，混合砂浆强度等级为 Mb7.5，混凝土灌孔面积与砌体毛截面面积之比 $\alpha = 33\%$，灌孔混凝土强度等级为 Cb30（混凝土抗压强度 $f_c = 14.3\text{MPa}$），墙体计算高度 $H_0 = 3.0\text{m}$，作用在内横墙中单宽 1m 的轴向力设计值 $N = 550\text{kN}$，试验算该墙体的承载能力。

解：空心砌块砌体 $\gamma_\beta = 1.1$。墙体高厚比 $\beta = \gamma_\beta \dfrac{H_0}{h} = 1.1 \times \dfrac{3000}{190} = 17.4 > 3$。砂浆强度等级大于 M5 时，$\alpha = 0.0015$。

轴心受压时影响系数　$\varphi = \varphi_0 = \dfrac{1}{1 + \alpha\beta^2} = \dfrac{1}{1 + 0.0015 \times 17.4^2} = 0.688$

由单排孔混凝土小型空心砌块灌孔砌筑，砌块强度等级为 MU15，混合砂浆强度等级为 Mb7.5，查表 5-14 得 $f = 3.61\text{MPa}$，则灌孔砌体抗压强度设计值

$$f_g = f + 0.6\alpha f_c = 3.61\text{MPa} + 0.6 \times 33\% \times 14.3\text{MPa} = 6.44\text{MPa} < 2f = 7.22\text{MPa}$$

取墙长 $b = 1000\text{mm}$ 计算，内横墙截面面积 $A = 1\text{m} \times 0.19\text{m} = 0.19\text{m}^2 < 0.3\text{m}^2$ 砌体强度设计值应乘以调整系数，$\gamma_a = 0.7 + 0.19 = 0.89$，则

$$\varphi f A = (0.688 \times 0.89 \times 6.44 \times 0.19 \times 10^6)\text{N} = 749.2\text{kN} > N = 550\text{kN}$$

满足承载力要求。

5.4.2　局部受压构件承载力计算

1. 砌体局部受压的特点

局部受压是砌体结构中常见的一种受力状态，其特点是轴向力仅作用于砌体的部分截

面。当作用为局部均匀压力时，称为局部均匀受压，如基础顶面承受上部柱或墙传来的压力。当作用为局部非均匀压力时，称为局部不均匀受压，包括梁端支座处砌体局部受压、垫块下砌体局部受压和垫梁下砌体局部受压三种情况。

砌体的局部受压破坏比较突然，工程中曾发现因砌体局部抗压承载力不足引起房屋倒塌的事故，故设计时应予重视。试验研究表明，砌体局部受压大致有以下三种破坏形态：

(1) **因纵向裂缝发展引起的破坏** 在局部压力作用下，第一批裂缝大多发生在距加载垫板 1~2 皮砖以下的砌体内，随着局部压力的增加，裂缝数量增多，裂缝呈纵向或斜向分布，其中部分裂缝逐渐向上、向下延伸连成一条主要裂缝而引起破坏，为砌体局部受压的基本破坏形态，见图 5-12a。

(2) **劈裂破坏** 当砌体面积与局部受压面积之比很大时，在局部应力作用下产生的纵向裂缝少而集中。砌体一旦出现纵向裂缝，很快就发生劈裂破坏，开裂荷载与破坏荷载接近，见图 5-12b。

(3) **与垫板直接接触的砌体局部破坏** 这种破坏在试验时很少发生，但在工程中当墙梁的梁高与跨度之比较大，砌体强度较低时，有可能产生梁支承附近砌体被压碎的现象。

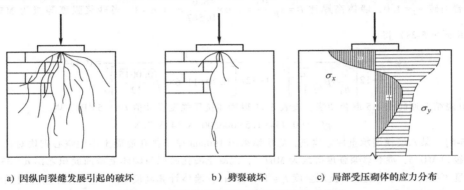

a) 因纵向裂缝发展引起的破坏　　　　b) 劈裂破坏　　　　c) 局部受压砌体的应力分布

图 5-12　砌体局部受压破坏形态及应力分布

局部受压时，直接受压的局部范围内的砌体抗压强度有较大程度的**提高**。一般认为这是由于存在**"套箍理论"**和**"应力扩散"**的作用。在局部应力的作用下，局部受压的砌体在产生纵向变形时还产生横向变形，见图 5-12c。当局部受压部分的砌体四周或对边有砌体包围时，未直接承受压力的部分像套箍一样约束其横向变形，使与加载板接触的砌体处于三向受压或双向受压的应力状态，抗压能力大大提高。"套箍理论"作用并不是在所有局部受压情况中都有，当局部受压面积位于构件边缘或端部时，"套箍理论"作用则不明显甚至没有，但按"应力扩散"的概念加以分析，只要在砌体内存在未直接承受压力的面积，就有应力扩散的现象，在一定程度上提高了砌体的抗压强度。故局部抗压强度大于一般情况下的抗压强度，用 γ 表示局部抗压强度提高系数。

2. 砌体局部均匀受压

试验表明，局部抗压强度提高系数 γ 的大小与局部受压砌体所处的位置、受周边砌体约束的程度有关，按下式计算：

$$\gamma = 1 + 0.35\sqrt{\frac{A_0}{A_l} - 1} \tag{5-33}$$

砌体局部均匀受压时的承载力计算公式为

$$N_l = \gamma f A_l \qquad (5\text{-}34)$$

式中 N_l——局部受压面积上的轴向力设计值；

A_l——局部受压面积；

f——砌体的抗压强度设计值，局部受压面积小于 $0.3\mathrm{m}^2$ 时，可不考虑强度调整系数 γ_a 的影响；

γ——砌体局部抗压强度提高系数，其限值见表 5-22；

A_0——影响砌体局部抗压强度的计算面积，按图 5-13 采用。

表 5-22　影响砌体局部抗压强度的计算面积 A_0 及局部抗压强度提高系数 γ

部位	A_0	γ
图 5-13a	$(a+c+h)h$	$\gamma \leqslant 2.5(1.5)$
图 5-13b	$(b+2h)h$	$\gamma \leqslant 2.0(1.5)$
图 5-13c	$(a+h)h+(b+h_1-h)h_1$	$\gamma \leqslant 1.5$
图 5-13d	$(a+h)h$	$\gamma \leqslant 1.25$

注：1. 表中括号中的 γ 值仅用于灌孔混凝土砌块砌体。当为未灌孔混凝土砌块砌体时 $\gamma=1.0$。对多孔砖砌体孔洞难以灌实时，应按 $\gamma=1.0$ 取用；当设置混凝土垫块时，按垫块下的砌块局部受压计算。

2. 表中 h、h_1 分别为墙厚或柱的较小边长、墙厚；a、b 为矩形局部受压面积 A_l 的边长；c 为矩形局部受压面积 A_l 的边缘至构件边缘的较小距离，当大于 h 时，应取 $c=h$。

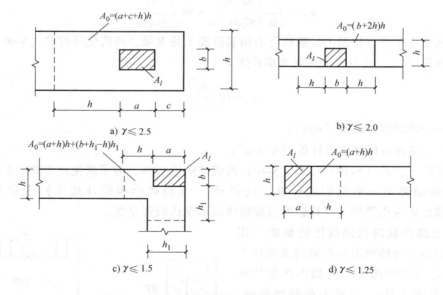

图 5-13　影响砌体局部抗压强度的计算面积 A_0

3. 梁端局部受压

（1）**梁端有效支承长度 a_0**　在梁端支承处，因梁的弯曲变形及梁端下砌体的压缩变形，使梁端产生转角，梁端存在与砌体脱离的趋势，造成砌体承受的局部压应力为曲线分布，呈现不均匀形状。梁端的支承长度将由实际支承长度 a 变为有效支承长度 a_0，见图 5-14。a_0 与局部受压荷载的大小、梁的刚度及砌体的刚度等因素有关。假设

$$N_l = \eta \sigma_{l\max} a_0 b \qquad (5\text{-}35)$$

式中　N_l——梁端支承压力设计值；

η——梁端底面应力图形的完整系数；

$\sigma_{l\max}$——梁端边缘最大局部压应力；

a_0——梁端有效支承长度；

b——梁的截面宽度。

同时假设梁端砌体的变形和压应力呈线性关系，则

$$\sigma_{l\max} = k y_{\max} \qquad (5\text{-}36)$$

由几何关系　　$y_{\max} = a_0 \tan\theta \qquad (5\text{-}37)$

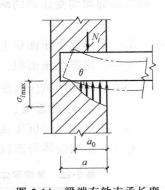

图 5-14　梁端有效支承长度

式中　$y_{\max}$——墙体内侧边缘最大竖向变形；

k——梁端支承处砌体的压缩刚度系数；

θ——梁端转角。

将式（5-36）、式（5-37）代入式（5-35），则得

$$a_0 = \sqrt{\dfrac{N_l}{\eta k b \tan\theta}} \qquad (5\text{-}38)$$

根据试验结果，ηk 与砌体抗压强度设计值 f 呈线性关系，取 $\eta k = 0.692f$（mm^{-1}），N_l 的单位取 kN，f 的单位取 N/mm^2，b 的单位取 mm，代入式（5-38），可得

$$a_0 = \sqrt{\dfrac{1000 N_l}{0.692 f b \tan\theta}} = 38\sqrt{\dfrac{N_l}{f b \tan\theta}} \qquad (5\text{-}39)$$

对于承受均布荷载作用的一般跨度的钢筋混凝土简支梁，经简化可按式（5-40）计算梁端有效支承长度 a_0，且不大于实际支承长度 a。

$$a_0 = 10\sqrt{\dfrac{h_c}{f}} \qquad (5\text{-}40)$$

式中　h_c——梁的截面高度（mm）；

f——砌体抗压强度设计值（N/mm^2）。

通常情况下，式（5-39）与式（5-40）的误差约为15%，为了避免由于式（5-39）与式（5-40）计算结果不一致而引起计算上的差异，《砌体结构设计规范》规定只采用式（5-40），该公式应用简便又不致影响梁端砌体局部受压的安全度。

（2）**上部荷载对局部抗压的影响**　作用在梁端砌体上的轴向力包括梁端支承压力 N_l 和上部荷载在局部受压面积内产生的轴向力 N_0，见图 5-15a。当梁上荷载增加时，与梁端底面接触的砌体产生的压缩变形增大。当上部荷载产生的平均压应力 σ_0 较小时，梁端顶面与砌体接触面将减小，甚至与砌体脱离形成水平裂缝，此时上部荷载通过砌体内形成的内拱向下传递，从而减少梁端直接传递的压力，即"内拱卸荷"效应，

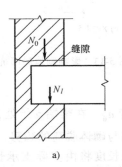
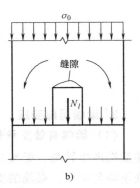

图 5-15　上部荷载对局部抗压强度的影响

见图 5-15b。σ_0 的存在和扩散作用对梁端下部局部受压的砌体起到横向约束作用，对砌体的局部受压是有利的。然而，随着 σ_0 增大，内拱卸荷效应逐渐减弱，σ_0 的有利影响也随之变弱。现用上部荷载折减系数 ψ 来反映这一影响，ψ 与 A_0/A_l 比值有关。当 $A_0/A_l \geq 3$ 时，不考虑上部荷载的影响。

（3）梁端支承处砌体的局部受压承载力计算

$$\psi N_0 + N_l \leq \eta\gamma f A_l \tag{5-41}$$

$$\psi = 1.5 - 0.5\frac{A_0}{A_l} \tag{5-42}$$

$$N_0 = \sigma_0 A_l \tag{5-43}$$

$$A_l = a_0 b \tag{5-44}$$

式中　ψ——上部荷载的折减系数，当 $A_0/A_l \geq 3$ 时，取 $\psi = 0$；

N_0——局部受压面积内上部轴向力设计值（N）；

N_l——梁端支承压力设计值（N）；

σ_0——上部荷载产生的平均压应力设计值（N/mm²）；

η——梁端底面压应力图形的完整系数，应取 0.7，对于过梁和墙梁应取 1.0；

a_0——梁端有效支承长度（mm），见式（5-40），当 $a_0 > a$ 时，应取 $a_0 = a$，a 为梁端实际支承长度；

b——梁的截面宽度（mm）；

f——砌体抗压强度设计值（N/mm²）。

4. 梁端设有刚性垫块时砌体局部受压承载力计算

当梁端局部受压承载力不满足要求时，在梁端下设置预制或现浇混凝土垫块来扩大局部受压面积，是较为有效的方法之一。**当垫块的高度 $t_b \geq 180mm$，自梁边算起的垫块挑出长度不应大于垫块高度 t_b 时，称为刚性垫块**。刚性垫块可以增大局部受压面积，还可使梁端的压力较均匀地传至垫块下砌体截面，从而改善砌体的受力状态。

预制刚性垫块下的砌体由于处于**局部受压状态**，垫块外砌体面积的有利影响应当考虑，但是考虑到砌块底面压应力分布的不均匀性，为偏于安全，垫块外砌体面积的有利影响系数 γ_1 应为 0.8γ。

《砌体结构设计规范》规定，对本层的竖向荷载，应考虑对墙、柱的实际偏心影响，梁端支承压力 N_l 到墙内边的距离，应取梁端有效支承长度 a_0 的 0.4 倍，见图 5-16。由上面楼层传来的荷载 N_u，可视为作用于上一楼层的墙、柱的截面重心处；当板支承于墙上时，板端支承压力 N_l 到墙内边的距离可取板的实际支承长度 a 的 0.4 倍。因此垫块下的砌体又处于**偏心受压状态**，可以借用偏心受压短柱的承载力计算公式进行垫块下砌体局部受压承载力计算。此外，考虑垫块面积较大，"内拱卸荷"效应较小，因而不考虑上部荷载折减。

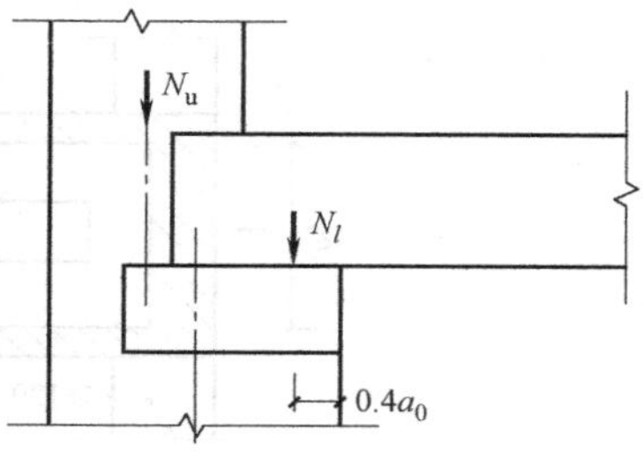

在梁端下设有刚性垫块的砌体局部受压承载力按下列公式计算：

$$N_0 + N_l \leq \varphi\gamma_1 f A_b \tag{5-45}$$

图 5-16　梁端支承压力位置

$$N_0 = \sigma_0 A_b \tag{5-46}$$

$$A_b = a_b b_b \tag{5-47}$$

式中 N_0——垫块面积 A_b 内上部轴向力设计值（N）；

φ——垫块上 N_0 与 N_l 合力的影响系数，不考虑纵向弯曲的影响，按 $\beta \le 3$ 时的 φ 值考虑，φ 值计算时，N_0 与 N_l 合力对垫块形心的偏心距 e 按下式计算：

$$e = \frac{N_l \left(\dfrac{a_b}{2} - 0.4 a_0 \right)}{N_0 + N_l} \tag{5-48}$$

γ_1——垫块外砌体面积的有利影响系数，γ_1 应为 0.8γ，但不小于 1.0，即

$$\gamma_1 = 0.8 \times \left(1 + 0.35 \sqrt{\frac{A_0}{A_b} - 1} \right) = 0.8 + 0.28 \sqrt{\frac{A_0}{A_b} - 1} \tag{5-49}$$

A_b——垫块面积（mm^2）；

a_b——垫块伸入墙内的长度（mm）；

b_b——垫块的宽度（mm）。

梁端设有刚性垫块时梁端有效支承长度 a_0 与式（5-40）未设垫块时的 a_0 不同。试验和有限元分析表明：垫块上表面 a_0 较小，这对于垫块下局部受压承载力计算影响不大（有垫块时局部压应力大为减小），但可能对其下的墙体受力不利，增大荷载偏心距，为此《砌体结构设计》采用简化方法给出刚性垫块上表面梁端有效支承长度 a_0 的计算公式：

$$a_0 = \delta_1 \sqrt{\frac{h_c}{f}} \tag{5-50}$$

式中 δ_1——刚性垫块的影响系数，见表 5-23。

表 5-23   刚性垫块的影响系数 δ_1

σ_0/f	0	0.2	0.4	0.6	0.8
δ_1	5.4	5.7	6.0	6.9	7.8

注：表中其间的数值可采用插入法求得。

在带壁柱墙的壁柱内设刚性垫块时，其计算面积应取壁柱范围内的面积，而不计翼缘部分，同时壁柱上垫块伸入翼墙内的长度不应小于 120mm，见图 5-17。当现浇垫块与梁端整体浇筑时，垫块可在梁高范围内设置，见图 5-18。

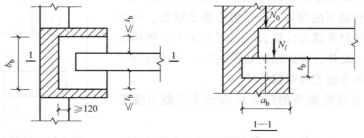

图 5-17   壁柱上设有垫块时梁端局部受压

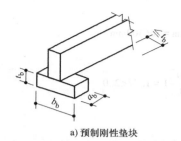
a) 预制刚性垫块

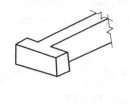
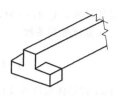
b) 与梁现浇的刚性垫块

图 5-18　刚性垫块两种施工方式

5. 梁下设有长度大于 πh_0 的钢筋混凝土垫梁

当梁端支承在钢筋混凝土垫梁（如圈梁）上时，可利用垫梁将梁传来的集中荷载分散到一定宽度的墙上去。这时，可以将垫梁看作一根承受集中荷载的"弹性地基梁"。试验结果表明，梁端传来的力在砌体上的分布范围较大，当垫梁下砌体发生局部破坏时，梁下竖向压应力峰值与砌体强度之比均在 1.5 倍以上。因此，参照弹性地基梁理论，垫梁下砌体可提供压应力的范围为 πh_0，其应力分布按三角形考虑，见图 5-19。垫梁下砌体局部受压强度验算条件为

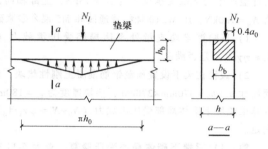

图 5-19　垫梁局部受压

$$\sigma_{y\max} \leqslant 1.5f \tag{5-51}$$

则

$$N_0 + N_l \leqslant \sigma_{y\max}\pi h_0 b_b/2 = 1.5f\pi h_0 b_b/2 \approx 2.4fb_b h_0 \tag{5-52}$$

考虑到荷载沿墙厚方向分布的不均匀性，上式右边应乘以系数 δ_2，则垫梁下的局部受压承载力按下式计算：

$$N_0 + N_l \leqslant 2.4\delta_2 fb_b h_0 \tag{5-53}$$

$$N_0 = \pi b_b h_0 \sigma_0/2 \tag{5-54}$$

$$h_0 = 2\left(\frac{E_c I_c}{Eh}\right)^{\frac{1}{3}} \tag{5-55}$$

式中　N_0——垫梁上部轴向力设计值（N）；

　　　b_b——垫梁在墙厚方向的宽度（mm）；

　　　δ_2——垫梁底面压应力分布系数，当荷载沿墙厚方向均匀分布时 $\delta_2 = 1.0$，不均匀时 $\delta_2 = 0.8$；

　　h、h_0——墙厚、垫梁的折算高度（mm）；

E、E_c、I_c——砌体的弹性模量、垫梁的混凝土弹性模量和截面惯性矩。

【例 5-7】　某钢筋混凝土柱截面尺寸 $b \times h = 250\text{mm} \times 250\text{mm}$，支承在 370mm 宽的条形砖基础上，作用位置见图 5-20。该砖基础采用 MU10 烧结普通砖和 M5 水泥砂浆砌筑，作用于柱底轴力设计值 $N = 136\text{kN}$。试验算基础顶面砌体局部受压承载力。

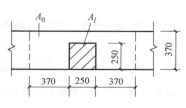

图 5-20　例 5-7

解： 局部受压面积 $A_l = 250\text{mm} \times 250\text{mm} = 62500\text{mm}^2$

局部受压计算面积 $A_0 = (b+2h)h = (250\text{mm} + 2 \times 370\text{mm}) \times 370\text{mm} = 366300\text{mm}^2$

局部受压强度提高系数

$$\gamma = 1 + 0.35\sqrt{\frac{A_0}{A_l} - 1} = 1 + 0.35 \times \sqrt{\frac{366300}{62500} - 1} = 1.77 < 2.0$$

查表 5-11 得砌体抗压强度设计值 $f = 1.5\text{MPa}$。

砌体局部受压承载力为

$$\gamma f A_l = 1.77 \times 1.5 \times 62500 \times 10^{-3}\text{kN} = 165.9\text{kN} > N = 136\text{kN}$$

局部受压承载力满足要求。

【例 5-8】 某钢筋混凝土简支梁，跨度为 6.0m，梁截面尺寸 $b \times h_c = 200\text{mm} \times 500\text{mm}$，梁端支承在带壁柱的窗间墙上（图 5-21），支承长度为 $a = 370\text{mm}$。梁上荷载设计值产生的梁端支承反力为 $N_l = 75\text{kN}$，上部轴向力设计值 $N_u = 180\text{kN}$，用 MU10 烧结普通砖和 M5 混合砂浆砌筑。

1）试验算梁端支承处砌体局部受压承载力（$\psi N_0 + N_l \leqslant \eta \gamma f A_l$）是否满足。

2）假设在梁下设置预制钢筋混凝土刚性垫块，垫块平面尺寸 $a_b \times b_b = 370\text{mm} \times 370\text{mm}$，垫块厚度为 $t_b = 180\text{mm}$。试验算梁垫块下砌体局部受压承载力（$N_0 + N_l \leqslant \varphi \gamma_1 f A_b$）是否满足。

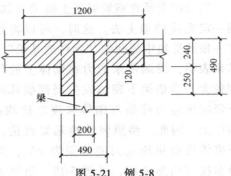

图 5-21　例 5-8

解： 1）梁端下砌体局部受压验算。查表 5-11 得砌体抗压强度设计值 $f = 1.5\text{MPa}$。

梁端有效支承长度　$a_0 = 10\sqrt{h_c/f} = 10 \times \sqrt{500/1.5}\text{mm} = 182.6\text{mm} < 370\text{mm}$

局部受压面积　$A_l = a_0 b = 182.6\text{mm} \times 200\text{mm} = 36520\text{mm}^2$

局部受压计算面积　$A_0 = 490\text{mm} \times 490\text{mm} = 240100\text{mm}^2$

$\dfrac{A_0}{A_l} = \dfrac{240100}{36520} = 6.57 > 3$，所以上部荷载的折减系数 $\psi = 0$。

局部抗压强度提高系数　$\gamma = 1 + 0.35\sqrt{\dfrac{A_0}{A_l} - 1} = 1 + 0.35 \times \sqrt{6.57 - 1} = 1.83$

$$\psi N_0 + N_l = 75\text{kN} > \eta \gamma f A_l = 0.7 \times 1.83 \times 1.5 \times 36520 \times 10^{-3}\text{kN} = 70.2\text{kN}$$

局部受压承载力不满足要求。

2）梁垫下砌体局部受压承载力验算。

垫块面积　$A_b = a_b b_b = 370\text{mm} \times 370\text{mm} = 136900\text{mm}^2$

局部受压强度提高系数

$$\gamma_1 = 0.8 \times \left(1 + 0.35\sqrt{\frac{A_0}{A_b} - 1}\right) = 0.8 \times \left(1 + 0.35\sqrt{\frac{240100\text{mm}^2}{136900\text{mm}^2} - 1}\right) = 1.04 > 1.0$$

由于上部轴向力设计值 N_u 作用在整个窗间墙上，故上部压应力平均值为

$$\sigma_0 = \frac{180 \times 10^3\text{N}}{240\text{mm} \times 1200\text{mm} + 250\text{mm} \times 490\text{mm}} = 0.438\text{N/mm}^2$$

局部受压面积内上部轴向力设计值 $N_0 = \sigma_0 A_b = (0.438 \times 136900)\text{N} = 60.0\text{kN}$

$\sigma_0/f = 0.438/1.5 = 0.292$，查表 5-23，用内插法计算得 $\delta_1 = 5.838$。

$$a_0 = \delta_1\sqrt{h_c/f} = 5.838 \times \sqrt{500/1.5}\,\text{mm} = 106.6\,\text{mm}$$

N_l 对垫块形心的偏心距　$e_l = \dfrac{a_b}{2} - 0.4a_0 = \dfrac{370\text{mm}}{2} - 0.4 \times 106.6\,\text{mm} = 142.4\,\text{mm}$

纵向力（$N_0 + N_l$）对垫块形心的偏心距　$e = \dfrac{N_l e_l}{N_0 + N_l} = \dfrac{75\text{kN} \times 142.4\text{mm}}{60.0\text{kN} + 75\text{kN}} = 79.1\,\text{mm}$

由 $\dfrac{e}{h} = \dfrac{e}{a_b} = \dfrac{79.1}{370} = 0.214$ 和 $\beta \leqslant 3$，代入式（5-27）计算影响系数，得

$$\varphi = \frac{1}{1 + 12\left(\dfrac{e}{h}\right)^2} = \frac{1}{1 + 12 \times 0.214^2} = 0.645$$

$$N_0 + N_l = 60.0\text{kN} + 75\text{kN} = 135.0\text{kN} < \varphi\gamma_1 f A_b = (0.645 \times 1.04 \times 1.5 \times 136900)\text{N} = 137.7\,\text{kN}$$

梁垫块下局部受压承载力满足要求。

【例 5-9】　房屋纵向窗间墙上作用有钢筋混凝土简支梁，见图 5-22。梁截面尺寸 $b \times h_c = 200\text{mm} \times 550\text{mm}$，支承长度为 $a = 240\text{mm}$。支承反力为 $N_l = 85\text{kN}$，上部轴向力设计值 $N_u = 280\text{kN}$，窗间墙截面为 $1200\text{mm} \times 370\text{mm}$。采用 MU10 烧结普通砖和 M5 混合砂浆砌筑。试验算局部受压承载力。若不满足，采取设刚性垫块或设圈梁两种方式验算局部受压承载力。

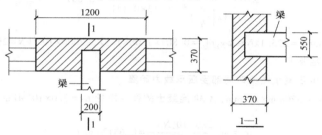

图 5-22　例 5-9

解：采用 MU10 烧结普通砖和 M5 混合砂浆砌筑，查表 5-11 得砌体抗压强度设计值 $f = 1.5\text{MPa}$。

梁端有效支承长度　$a_0 = 10\sqrt{h_c/f} = 10 \times \sqrt{550/1.5}\,\text{mm} = 191.5\text{mm} < 240\text{mm}$

局部受压面积　$A_l = a_0 b = 191.5\text{mm} \times 200\text{mm} = 38300\,\text{mm}^2$

局部受压计算面积　$A_0 = 370\text{mm} \times (200\text{mm} + 2 \times 370\text{mm}) = 347800\,\text{mm}^2$

$\dfrac{A_0}{A_l} = \dfrac{347800}{38300} = 9.08 > 3$，所以上部荷载的折减系数 $\psi = 0$。

局部抗压强度提高系数　$\gamma = 1 + 0.35\sqrt{\dfrac{A_0}{A_l} - 1} = 1 + 0.35 \times \sqrt{9.08 - 1} = 1.99 < 2$

$$\psi N_0 + N_l = 85\text{kN} > \eta\gamma f A_l = 0.7 \times 1.99 \times 1.5 \times 38300 \times 10^{-3}\text{kN} = 80.0\,\text{kN}$$

梁下局部受压承载力不满足要求。

方法一：梁端设刚性垫块时局部受压承载力验算

设垫块尺寸　$a_b \times b_b \times t_b = 370\text{mm} \times 600\text{mm} \times 200\text{mm}$，满足刚性垫块尺寸的设置要求。

垫块面积　$A_b = a_b b_b = 370\text{mm} \times 600\text{mm} = 222000\,\text{mm}^2$

因为 $600\text{mm} + 2 \times 370\text{mm} = 1340\text{mm} > 1200\text{mm}$，取实际窗间墙长度 1200mm 对垫块提供贡献。

局部受压计算面积　$A_0 = 370\text{mm} \times 1200\text{mm} = 444000\,\text{mm}^2$

局部受压强度提高系数

$$\gamma_1 = 0.8 \times \left(1+0.35\sqrt{\frac{A_0}{A_b}-1}\right) = 0.8 \times \left(1+0.35\sqrt{\frac{444000\text{mm}^2}{222000\text{mm}^2}-1}\right) = 1.08 > 1.0$$

由于上部轴向力设计值 N_u 作用在整个窗间墙上，故上部压应力平均值为

$$\sigma_0 = \frac{280 \times 10^3 \text{N}}{370\text{mm} \times 1200\text{mm}} = 0.631\text{N/mm}^2$$

局部受压面积内上部轴向力设计值 $N_0 = \sigma_0 A_b = 0.631 \times 222000 \times 10^{-3}\text{kN} = 140.1\text{kN}$

$\sigma_0/f = 0.631/1.5 = 0.421$，查表 5-23 得 $\delta_1 = 6.09$。

$$a_0 = \delta_1\sqrt{h_c/f} = 6.09 \times \sqrt{550/1.5}\text{mm} = 116.6\text{mm}$$

N_l 对垫块形心的偏心距 $e_l = \dfrac{a_b}{2} - 0.4a_0 = \dfrac{370\text{mm}}{2} - 0.4 \times 116.6\text{mm} = 138.4\text{mm}$

纵向力 $(N_0 + N_l)$ 对垫块形心的偏心距 $e = \dfrac{N_l e_l}{N_0 + N_l} = \dfrac{85\text{kN} \times 138.4\text{mm}}{140.1\text{kN} + 85\text{kN}} = 52.3\text{mm}$

由 $\dfrac{e}{h} = \dfrac{e}{a_b} = \dfrac{52.3}{370} = 0.141$ 和 $\beta \leqslant 3$，代入式（5-27）计算影响系数，得

$$\varphi = \frac{1}{1 + 12\left(\dfrac{e}{h}\right)^2} = \frac{1}{1 + 12 \times 0.141^2} = 0.807$$

$N_0 + N_l = 140.1\text{kN} + 85\text{kN} = 225.1\text{kN} \leqslant \varphi\gamma_1 f A_b = 0.807 \times 1.08 \times 1.5 \times 222000 \times 10^{-3}\text{kN} = 290.2\text{kN}$

局部受压承载力满足要求。

方法二：梁下设 C30 混凝土圈梁时局部受压承载力验算

圈梁截面尺寸 $b_b \times h_b = 370\text{mm} \times 180\text{mm}$，C30 混凝土的弹性模量 $E_c = 3.0 \times 10^4\text{MPa}$。

$$\sigma_0 = \frac{280 \times 10^3 \text{N}}{370\text{mm} \times 1200\text{mm}} = 0.631\text{N/mm}^2$$

查表 5-4 得墙砌体的弹性模量 $E = 1600f = 1600 \times 1.5\text{MPa} = 2400\text{MPa}$。

垫梁的惯性矩 $I_c = \dfrac{b_b h_b^3}{12} = \dfrac{370\text{mm} \times 180^3\text{mm}^3}{12} = 179820000\text{mm}^4$

垫梁的折算高度

$$h_0 = 2 \times \left(\frac{E_c I_c}{Eh}\right)^{\frac{1}{3}} = 2 \times \left(\frac{3.0 \times 10^4\text{MPa} \times 179820000\text{mm}^4}{2400\text{MPa} \times 370\text{mm}}\right)^{\frac{1}{3}} = 364.9\text{mm}$$

$$N_0 = \frac{\pi b_b h_0 \sigma_0}{2} = \frac{3.14 \times 370\text{mm} \times 364.9\text{mm} \times 0.631\text{N/mm}^2}{2} = 133.8\text{kN}$$

$N_0 + N_l = 133.8\text{kN} + 85\text{kN} = 218.8\text{kN} < 2.4\delta_2 f b_b h_0 = 2.4 \times 1.0 \times 1.5 \times 370 \times 364.9 \times 10^{-3}\text{kN} = 486\text{kN}$

局部受压承载力满足要求。

5.4.3 受拉、受弯、受剪构件承载力计算

1. 轴心受拉构件

砌体轴心受拉承载力很低，因此工程上采用砌体轴心受拉的构件很少。在容积不大的圆形水池或筒仓中，可将池壁或筒壁设计成轴心受拉构件，见图 5-23a。由于液体或松散物料对墙壁的侧向压力，在壁内产生环向拉力，使砌体轴心受拉。

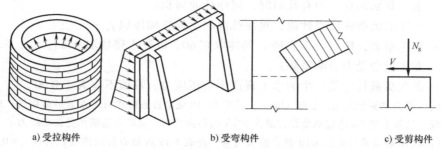

a) 受拉构件　　　　　　b) 受弯构件　　　　　c) 受剪构件

图 5-23　无筋砌体受拉、受弯、受剪构件

砌体轴心受拉构件的承载力：

$$N_t \leqslant f_t A \qquad (5-56)$$

式中　N_t——轴心拉力设计值；

　　　f_t——砌体的轴心抗拉强度设计值，见表 5-18；

　　　A——截面面积。

2. 受弯构件

砖筑过梁和挡土墙等受弯构件见图 5-23b。在弯矩较大截面，砌体可能因受弯承载力不足沿齿缝截面或沿砖和竖向灰缝发生弯曲受拉破坏；在剪力较大的支座处，砌体还有可能因受剪承载力不足发生剪切破坏。故受弯构件应分别进行受弯承载力和受剪承载力计算。

受弯构件的受弯承载力计算：

$$M \leqslant f_{tm} W \qquad (5-57)$$

式中　M——弯矩设计值；

　　　f_{tm}——砌体弯曲抗压强度设计值，见表 5-18；

　　　W——截面抵抗矩，对矩形截面 $W = bh^2/6$。

受弯构件的受剪承载力计算：

$$V \leqslant f_v bz \qquad (5-58)$$
$$z = I/S \qquad (5-59)$$

式中　V——剪力设计值；

　　　f_v——砌体的抗剪强度设计值，见表 5-18；

　　　b——截面的宽度；

　　　z——内力臂，当截面为矩形时取 $z = 2h/3$，h 为截面高度；

　　　I、S——分别为截面惯性矩和面积矩。

3. 受剪构件

砌体在水平荷载和竖向荷载共同作用下发生沿水平通缝截面或沿齿缝截面的受剪破坏，如无拉杆的拱支座，其受剪承载力与砌体的抗剪强度 f_v 和作用在截面上正压应力 σ_0 的大小有关，见图 5-23c。试验结果表明，正压应力 σ_0 增大，内摩阻力也增大，这对抵抗剪切滑移是有利的，但剪摩系数并非一定值，而是随着 σ_0 的增大逐渐减小。因此对沿通缝或沿阶梯形截面破坏时受剪构件的承载力采用复合受力影响的剪摩理论公式进行计算。

$$V \leqslant (f_v + \alpha\mu\sigma_0) A \qquad (5-60)$$
$$\mu = 0.26 - 0.082\sigma_0/f \qquad (5-61)$$

式中　　A——水平截面面积，当有孔洞时，取净截面面积；

　　　　f_v——砌体的抗剪强度设计值，对灌孔混凝土砌块砌体取 f_{vg}；

　　　　α——修正系数，砖（含多孔砖）砌体取 0.60，混凝土砌块取 0.64；

　　　　μ——剪压复合受力影响系数；

　　　　σ_0——永久荷载设计值产生的水平截面平均压应力，其值不应大于 $0.8f$。

【例 5-10】 某砖砌圆形水池，壁厚370mm，采用 MU10 烧结普通砖和 M10 混合砂浆砌筑，施工质量控制等级为 B 级。已知单宽1m 池壁承受设计值为 50kN 的环向拉力，试验算池壁的受拉承载力。

解： 采用 MU10 烧结普通砖和 M10 混合砂浆砌筑，查表 5-18 得轴心抗拉强度设计值 $f_t = 0.19\text{N/mm}^2$。截面面积 $A = 1000\text{mm} \times 370\text{mm} = 370000\text{mm}^2 > 0.3\text{m}^2$，不考虑调整系数 γ_a。

$$f_t A = 0.19\text{N/mm}^2 \times 370000\text{mm}^2 = 70.3\text{kN} > N_t = 50\text{kN}$$

受拉承载力满足要求。

【例 5-11】 某矩形水池，壁厚为370mm，壁高为 1.2m，见图 5-24。采用 MU10 烧结普通砖和 M10 混合砂浆砌筑，施工质量控制等级为 B 级，沿通缝破坏，水压力分项系数 $\gamma_G = 1.3$，水的重度 $\gamma = 10\text{kN/m}^3$。当不考虑池壁自重产生的竖向压力时，试验算池壁受弯承载力。

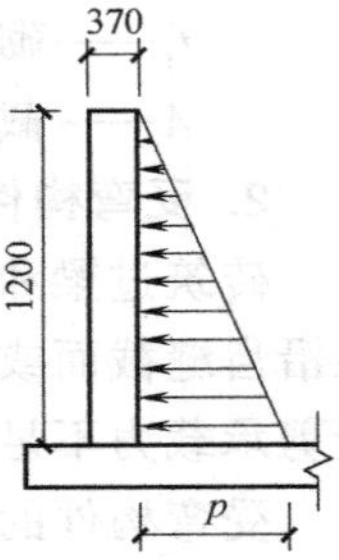

解： 采用 MU10 烧结普通砖 M10 混合砂浆砌筑，查表 5-18 得 $f_{tm} = 0.17\text{N/mm}^2$，$f_v = 0.17\text{N/mm}^2$。

池壁承受三角形分布的水压力，取单宽 1m 竖向板带按悬臂受弯构件计算：

单宽 1m 的池壁底水压力　$p = \gamma_G \gamma H = 1.3 \times 10\text{kN/m}^3 \times 1\text{m} \times 1.2\text{m} = 15.6\text{kN/m}$

单宽 1m 的池壁底的弯矩　$M = \dfrac{1}{6}pH^2 = \dfrac{1}{6} \times 15.6\text{kN/m} \times (1.2\text{m})^2 = 3.74\text{kN·m}$

单宽 1m 的池壁底的剪力　$V = pH/2 = 15.6\text{kN/m} \times 1.2\text{m}/2 = 9.36\text{kN}$

单宽 1m 的抵抗矩　$W = \dfrac{1}{6}bh^2 = \dfrac{1}{6} \times 1000 \times 370^2\text{mm}^3 = 2.28 \times 10^7\text{mm}^3$

单宽 1m 的内力臂　$z = 2h/3 = 2 \times 370\text{mm}/3 = 246.7\text{mm}$

$f_{tm}W = 0.17 \times 2.28 \times 10^7\text{N·mm} = 3.88\text{kN·m} > M = 3.74\text{kN·m}$　（受弯承载力满足要求）

$f_v bz = 0.17 \times 1000 \times 246.7 \times 10^{-3}\text{kN} = 41.94\text{kN} > V = 9.36\text{kN}$　（受剪承载力满足要求）

图 5-24　水池局部剖面图

【例 5-12】 单排孔混凝土小型空心砌块砌体横向剪力墙，墙长 3600mm，墙厚 190mm，其上作用的竖向压力标准值为 120kN（其中永久荷载产生的压力标准值为 76kN），作用于墙顶的水平剪力设计值为 145kN，剪力墙采用 MU10 单排孔混凝土小型空心砌块、Mb7.5 混合砂浆砌筑，施工质量控制等级为 B 级。试验算该剪力墙的受剪承载力。

解： 采用 MU10 单排孔混凝土小型空心砌块、Mb7.5 混合砂浆砌筑，查表 5-14 得抗压强度设计值 $f = 2.50\text{N/mm}^2$，查表 5-18 得抗剪强度设计值 $f_v = 0.08\text{N/mm}^2$。

截面面积 $A = 3600\text{mm} \times 190\text{mm} = 684000\text{mm}^2 > 0.3\text{m}^2$，不考虑调整系数 γ_a。

当永久荷载分项系数 $\gamma_G = 1.3$ 时，

$$\sigma_0 = \frac{1.3 \times 76 \times 10^3}{3600 \times 190}\text{N/mm}^2 = 0.144\text{N/mm}^2 < 0.8f = 0.8 \times 2.50\text{N/mm}^2 = 2.0\text{N/mm}^2$$

$$\mu = 0.26 - 0.082\frac{\sigma_0}{f} = 0.26 - 0.082 \times \frac{0.144}{2.50} = 0.255，混凝土砌块 \alpha = 0.64$$

$(f_v + \alpha\mu\sigma_0)A = (0.08 + 0.64 \times 0.255 \times 0.144) \times 684000 \times 10^{-3}\text{kN} = 70.3\text{kN} < V = 145\text{kN}$

受剪承载力不满足要求。

为确保该横墙的受剪承载力，现采用 Cb20 灌孔混凝土（$f_c = 9.6\text{N/mm}^2$），砌块的孔洞率 $\delta = 45\%$，每隔 2 孔灌 1 孔，即灌孔率 $\rho = 1/3 = 33.3\%$，则灌孔混凝土砌块砌体的抗压强度设计值

$$f_g = f + 0.6\delta\rho f_c = (2.50 + 0.6 \times 45\% \times 33.3\% \times 9.6)\,\text{N/mm}^2 = 3.36\,\text{N/mm}^2 < 2f = 5.0\,\text{N/mm}^2$$

单排孔混凝土砌块对孔砌筑时，灌孔混凝土砌块砌体的抗剪强度设计值

$$f_{vg} = 0.2f_g^{0.55} = 0.2 \times 3.36^{0.55}\,\text{N/mm}^2 = 0.390\,\text{N/mm}^2$$

$$(f_{vg} + \alpha\mu\sigma_0)A = (0.390 + 0.64 \times 0.255 \times 0.144) \times 684000 \times 10^{-3}\,\text{kN} = 282.8\,\text{kN} > V = 145\,\text{kN}$$

受剪承载力满足要求。

5.5　混合结构房屋墙体设计

5.5.1　结构布置

混合结构房屋通常指主要承重构件由不同材料组成的房屋， 如房屋的楼（屋）盖采用钢筋混凝土结构、轻钢结构或木结构，而墙体、柱、基础等竖向承重构件采用砌体（砖、石、砌块）材料。混合结构房屋适用于多屋住宅、宿舍、办公楼、中小学教学楼、商店、酒店、食堂等；若采用配筋砌体，可用于小高层住宅、公寓。在工业建筑中，混合结构房屋可用于中小型单层及多层工业厂房、仓库等。

通常沿房屋长向布置的墙称为纵墙，沿房屋短向布置的墙称为横墙，房屋四周与外界隔离的墙称为外墙，其余的墙体称为内墙。墙体按受力与否，又分为承重墙体、自承重墙体（或隔墙）。承重墙体是指直接承受外加作用和自重的墙体；非承重墙体主要起围挡或分割空间作用，不承受自重以外的竖向荷载，结构设计不作为受力构件考虑的墙体，称为自承重墙体。

在混合结构房屋中，钢筋混凝土屋盖和楼盖一方面承担各种竖向荷载，将其传递给承重墙体，另一方面利用钢筋混凝土楼板的平面刚度，将不同的承重墙体连接成整体，共同承受水平荷载，形成整体工作的空间受力结构；竖向承重墙体不但承受楼屋板传来的竖向荷载，同时还是结构中的抗侧力构件并承担风荷载或地震作用。

结构布置包括墙体、砖柱、梁、板、楼梯、雨篷、圈梁、过梁等结构构件的平面布置。结构布置是否合理，特别是墙、柱、梁、板等构件的结构布置为整个结构设计的关键，直接影响到房屋结构的强度、刚度、稳定、造价及设计与施工的难易程度。根据结构的承重体系及竖向荷载传递路径不同，**混合结构房屋的结构布置分为横墙承重体系、纵墙承重体系、纵横墙承重体系、底部框架-抗震墙承重体系和内框架承重体系五种类型。**

1. 纵墙承重体系

采用纵墙承重方案时，钢筋混凝土楼（屋面）板的布置有两种方式：一种是楼（屋面）板沿横向布置，直接搁置在纵墙上，见图 5-25a；另一种是楼板沿纵向布置支承在横向的钢筋混凝土梁上，再由钢筋混凝土梁传给纵墙，见图 5-25b。此时横墙为自承重墙体（除两侧山墙外），竖向荷载传递路径为：

$$楼（屋）面板 \rightarrow \left.\begin{array}{l} 纵墙 \\ 梁或屋架 \longrightarrow 纵墙 \end{array}\right\} \longrightarrow 基础 \longrightarrow 地基$$

其特点是：

1）承受竖向荷载时，纵墙是主要承重墙，横墙布置灵活，可满足有较大空间的房屋。

2）因纵墙是主要承重墙，设置在纵墙上的门窗洞口大小和位置受到一定限制。

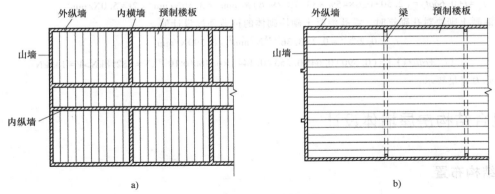

图 5-25　纵墙承重体系

3）横墙数量少，所以房屋的空间刚度小，整体性差，一般适用于教学楼、食堂、单层厂房、仓库等建筑。

2. 横墙承重体系

当房屋开间不大，横墙间距较小时（一般 3～4m），将楼（屋面）板直接沿房屋纵向搁置在横墙上的结构布置称为横墙承重体系，此时纵墙为自承重墙体，见图 5-26。竖向荷载传递路径为：楼（屋面）板——→横墙——→基础——→地基。

其特点是：

1）承受竖向荷载时，横墙是主要承重墙，纵墙主要起围护、隔断和将横墙连成整体的作用。这样，外纵墙立面处理较方便，可以开设较大的门窗洞口。

2）横墙数量多、间距小，又有纵墙拉结，因此房屋的空间刚度大，整体性好，有良好的抗风、抗震性能及调整地基不均匀沉降的能力。

3）横墙承重方案结构较简单、施工方便，但墙体材料用量较多，房间大小较固定，因而一般适用于宿舍、住宅、公寓等建筑。

3. 纵横墙承重体系

结构布置时，钢筋混凝土楼（屋面）板既可以搁置在横墙上，又可以搁置在纵墙上，依据建筑使用功能的不同而灵活布置，其楼面荷载通过纵横墙传给基础，这种结构布置称为纵横墙承重体系，见图 5-27。竖向荷载传递路径为：

$$楼（屋）面板\longrightarrow\begin{Bmatrix}纵墙\longrightarrow纵墙下条形基础\\横墙\longrightarrow横墙下条形基础\end{Bmatrix}\longrightarrow地基$$

其特点是：

1）纵横墙均作为承重构件，使得结构受力较为均匀，又能满足大空间需要。

2）横墙较多，具有较大的空间刚度和整体性，适用于使用功能较为多样的房屋，如教学楼、办公楼、医院、综合楼等建筑。

4. 底部框架-抗震墙承重体系

房屋底层或底部两层采用钢筋混凝土框架或抗震墙、上部几层为砌体墙承重的结构布置称为底部框架-抗震墙承重体系，简称底框结构，见图 5-28。竖向荷载传递路径为：楼（屋）面板——→上部纵横墙——→下部框架柱或抗震墙——→基础——→地基。

其特点是：

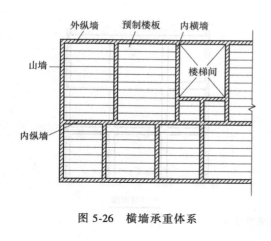

图 5-26　横墙承重体系

图 5-27　纵横墙承重体系

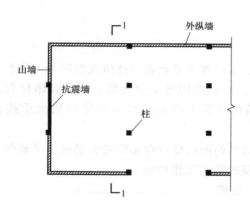

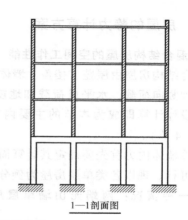

1—1剖面图

图 5-28　底部框架-抗震墙承重体系

1）砌体墙和框架柱或抗震墙均为主要承重构件，因底部采用框架结构能取得较大的使用空间，可适用于底层为商店而上部为住宅（宿舍、旅馆）的建筑。

2）由于上部墙体较多，竖向刚度分布不均匀，形成上刚下柔结构，在地震作用下易发生破坏，因此不宜在地震区特别是高烈度地震区采用。

5. 内框架承重体系

房屋内部采用单排或多排柱的钢筋混凝土框架、外部采用砌体墙或柱承重的结构布置称为内框架承重体系，见图 5-29。竖向荷载传递路径为：

$$楼（屋）面板 \longrightarrow 梁 \longrightarrow \begin{cases} 外纵砖墙 \longrightarrow 外纵墙条形基础 \\ 内部钢筋混凝土柱 \longrightarrow 柱下独立基础 \end{cases} \longrightarrow 地基$$

其特点是：

1）外墙和内柱均为竖向承重构件，用柱代替内墙，可获得较大的使用空间，平面布置灵活，适用于工业厂房的车间。

2）由于竖向承重构件材料不同，竖向变形有差异，易引起地基不均匀沉降。

3）横墙较少，房屋的空间刚度较差，因此抗震性能较差，在地震区不宜采用。《建筑抗震设计规范》已取消了内框架房屋。

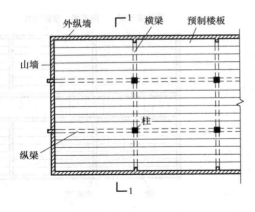
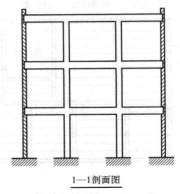

图 5-29　内框架承重体系

5.5.2　房屋的静力计算方案

1. 混合结构房屋的空间工作性能

混合结构房屋由屋盖、楼盖、墙体、柱、基础等主要承重构件组成空间受力体系，共同承受各种竖向荷载、水平风荷载和地震作用。混合结构房屋中仅墙、柱为砌体材料，因此墙、柱设计计算即成为本节的主要内容。墙体计算主要包括内力计算和截面承载力验算（详见 5.4 节）。

计算墙体内力首先要确定其计算简图。计算简图既要符合实际受力情况，又要使计算尽量简单可行。现以各类单层房屋为例分析房屋的空间工作性能。

第一种情况：两端无山墙单层房屋，见图 5-30。

水平风荷载传递路径为：风荷载——纵墙——纵墙基础——地基。

假定作用于房屋的荷载是均匀分布的，外纵墙的刚度是相等的，因此在水平荷载作用下整个房屋墙顶的水平位移是相同的（设为 u_p）。如果从其中任意取出一单元，这个单元的受力状态将和整个房屋的受力状态是一样的。所以，可以用这个单元的受力状态代表整个房屋的受力状态，这个单元称为计算单元。

在这类房屋中，荷载作用下的墙顶位移（u_p）主要取决于纵墙的刚度，而屋盖结构的刚度只是保证传递水平荷载时两边纵墙位移相同。如果把

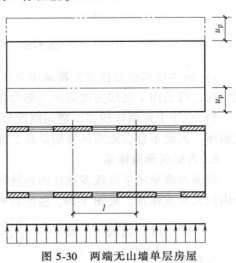

图 5-30　两端无山墙单层房屋

计算单元的纵墙比拟为排架柱，屋盖结构比拟为横梁，把基础看作柱的固定端支座，屋盖结构和墙的连接点看作铰结点，则计算单元的受力状态相当于一个单跨平面排架，属于平面受力体系，可按结构力学解平面排架方法求解内力。

第二种情况：两端有山墙单层房屋，见图 5-31。

其水平风荷载传递路径为：

$$荷载 \longrightarrow 纵墙 \longrightarrow \begin{cases} 纵墙基础 \\ 屋盖结构 \longrightarrow 山墙 \longrightarrow 山墙基础 \end{cases} \longrightarrow 地基$$

由于两端山墙的约束，在均匀的水平荷载作用下，整个房屋墙顶的水平位移不再相同。距山墙越远的墙顶，水平位移越大；距山墙越近的墙顶，水平位移越小。其原因是水平风荷载不仅在纵墙和屋盖组成的平面排架内传递，还通过屋盖平面和山墙平面进行传递，属于**空间受力体系**。因此墙顶水平位移 u_s 可表示为

$$u_s = u_1 + u_2 \leqslant u_p \tag{5-62}$$

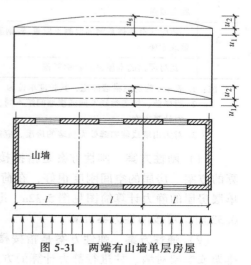

图 5-31　两端有山墙单层房屋

式中　u_1——山墙顶面水平位移，取决于山墙的刚度；

u_2——屋盖平面内产生的弯曲变形，取决于屋盖刚度及横（山）墙间距，屋盖刚度越大，横（山）墙间距越小，u_2 越小；

u_p——两端无山墙的房屋墙顶的水平位移。

以上分析表明，山墙或横墙的存在改变了水平荷载的传递路径，使房屋具有空间作用。两端山墙的距离越近，或增加越多的横墙，屋盖的水平刚度越大，房屋的空间作用越大，即空间性能越好，则水平位移 u_s 越小。

房屋空间作用的大小可以用空间性能影响系数 η 表示，即考虑空间工作的排架之间柱顶水平位移与平面排架之间柱顶水平位移的比值，则 $\eta = u_s / u_p$。η 值越大，表示整体房屋的水平位移与平面排架的水平位移越接近，房屋空间作用越小；η 值越小，房屋的水平位移越小，房屋的空间作用越大。因此 η 又称为考虑空间工作后的水平位移折减系数，其大小取决于横墙距离、楼屋盖类别，见表 5-24。由表 5-24 可知，横墙间距越小，房屋的刚度越大，空间工作性能越好，η 越小。

表 5-24　房屋各层的空间性能影响系数 η_i

屋盖或楼盖类别	横墙间距/m													
	16	20	24	28	32	36	40	44	48	52	56	60	64	68	72
1	—	—	—	—	0.33	0.39	0.45	0.50	0.55	0.60	0.64	0.68	0.71	0.74	0.77
2	—	0.35	0.45	0.54	0.61	0.68	0.73	0.78	0.82						
3	0.37	0.49	0.60	0.68	0.75	0.81									

注：i 取 $1 \sim n$，为房屋的层数；屋盖或楼盖类别见表 5-25。

2. 房屋静力计算方案的分类

房屋静力计算方案实际上是通过对房屋空间工作性能的分析，按照房屋空间刚度的大小确定墙、柱设计时的计算简图，是墙、柱内力分析、承载力计算及相应构造措施的主要依据。根据屋盖或楼盖的类别和横墙的间距，按表 5-25 将混合结构房屋的静力计算方案划分为刚性方案、刚弹性方案和弹性方案三种类型。

表 5-25 房屋的静力计算方案

	屋盖或楼盖类别	刚性方案	刚弹性方案	弹性方案
1	整体式、装配整体式和装配式无檩体系钢筋混凝土屋盖或钢筋混凝土楼盖	$s<32$	$32 \leqslant s \leqslant 72$	$s>72$
2	装配式有檩体系钢筋混凝土屋盖、轻钢屋盖和有密铺望板的木屋盖或木楼盖	$s<20$	$20 \leqslant s \leqslant 48$	$s>48$
3	瓦材屋面的木屋盖和轻钢屋盖	$s<16$	$16 \leqslant s \leqslant 36$	$s>36$

注：1. 表中 s 为房屋横墙间距，其长度单位为 "m"。
　　2. 当屋盖、楼盖类别不同或横墙间距不同，计算上柔下刚多层房屋时，可按本表规定分别确定底层或顶层的静力计算方案。
　　3. 对无山墙或伸缩缝处无横墙的房屋，应按弹性方案考虑。

（1）**刚性方案**　刚性方案是指按楼盖、屋盖作为水平不动铰支座对墙、柱进行静力计算的方案。房屋的空间刚度很好，在荷载作用下，可视墙、柱顶端水平位移 u_s 等于零。其单层房屋的静力计算简图见图 5-32a，**即墙体内力按墙顶有固定支承的平面排架计算**。当 $\eta <$ 0.33 时，可按刚性方案计算。

（2）**弹性方案**　弹性方案是指按楼盖、屋盖与墙、柱为铰接，不考虑空间工作的平面排架或框架对墙、柱进行静力计算的方案。房屋的空间刚度较差，在荷载作用下墙顶的最大水平位移 u_s 接近于平面结构体系 u_p。其单层房屋的静力计算简图见图 5-32b，**即墙体内力按墙顶无支承的平面排架计算**。当 $\eta >0.77$ 时，可按弹性方案计算。由于弹性方案房屋的水平位移较大，稳定性差，因此多层房屋不宜采用弹性方案。

（3）**刚弹性方案**　刚弹性方案是指按楼盖、屋盖与墙、柱为铰接，考虑空间工作的平面排架或框架对墙、柱进行静力计算的方案。房屋的空间刚度介于上述两种方案之间，在荷载作用下，纵墙顶端水平位移比弹性方案要小，但又不能忽略。其单层房屋的静力计算简图见图 5-32c，**即墙体内力按墙顶有弹性支承的平面排架计算**。当 $0.33 \leqslant \eta \leqslant 0.77$ 时，可按刚弹性方案计算。

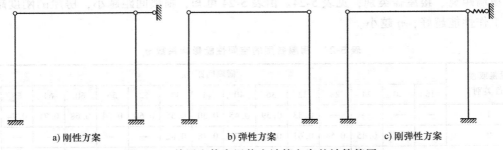

a) 刚性方案　　　　　　　　　b) 弹性方案　　　　　　　　　c) 刚弹性方案

图 5-32　单层砌体房屋静力计算方案的计算简图

3. 刚性和刚弹性方案的横墙

房屋的静力计算方案是根据房屋空间刚度的大小确定的，而房屋的空间刚度由两个因素决定：一是房屋中楼（屋）盖的类别；二是房屋中横墙间距和刚度的大小。因此《砌体结构设计规范》规定刚性和刚弹性方案房屋的横墙应符合下列要求：

1）横墙中开有洞口时，洞口的水平截面面积不应超过横墙截面面积的 50%。

2）横墙厚度不宜小于 180mm。

3）单层房屋的横墙长度不宜小于其高度，多层房屋的横墙长度不宜小于 $H/2$（H 为横墙总高度）。

当横墙不能同时符合上述要求时，应对横墙的刚度进行验算。如当横墙在水平荷载作用下的最大水平位移 $u_{max} \leq H/4000$ 时，仍可视作刚性或刚弹性方案房屋的横墙。

4. 带壁柱墙的计算截面翼缘宽度

在确定截面回转半径 i 时，带壁柱墙的计算截面翼缘宽度 b_f，可按下列规定采用：

1）多层房屋，当有门窗洞口时，可取窗间墙宽度；当无门窗洞口时，每侧翼缘宽度可取壁柱高度（层高）的 1/3，但不应大于相邻壁柱间的距离。

2）单层房屋，可取壁柱宽加 2/3 墙高，但不应大于窗间墙宽度和相邻壁柱间距离。

3）计算带壁柱墙的条形基础时，可取相邻壁柱间的距离。

4）当转角墙段角部受竖向集中荷载时，计算截面的长度可从角点算起，每侧宜取层高的 1/3。当上述墙体范围内有门窗洞口时，则计算截面取至洞边，但不宜大于层高的 1/3。当上层的竖向集中荷载传至本层时，可按均布荷载计算，此时转角墙段可按角形截面偏心受压构件进行承载力验算。

5.5.3　墙体构造要求

在砌体结构和构件承载力验算中某些因素尚未得到充分考虑，如砌体结构的整体性，结构计算简图与实际受力的差异，砌体的收缩与温度变形等因素的影响。因此，在砌体结构设计时，除了使计算结果满足要求外，还须采取必要和合理的构造措施，确保砌体结构安全和正常使用。混合结构房屋的墙体构造有：墙、柱高厚比，圈梁设置，防止或减轻墙体开裂的措施，一般构造要求等。

1. 墙、柱高厚比验算

砌体结构中的墙、柱是受压构件，除满足截面承载力外，还必须保证其稳定性。墙、柱高厚比验算是保证砌体结构在施工阶段和使用阶段稳定性和房屋空间刚度的重要构造措施。

高厚比验算包括两方面内容：允许高厚比限值，墙、柱实际高厚比确定。

（1）**允许高厚比及影响高厚比的因素**　允许高厚比 $[\beta]$ 取决于一定时期内材料的质量和施工水平。其值根据实践经验确定，《砌体结构设计规范》给出了不同砂浆砌筑的墙、柱允许高厚比 $[\beta]$，见表 5-26。

表 5-26　墙、柱的允许高厚比 $[\beta]$

砂浆强度等级		墙	柱
无筋砌体	M2.5	22	15
	M5.0 或 Mb5.0、Ms5.0	24	16
	≥M7.5 或 Mb7.5、Ms7.5	26	17
配筋砌块砌体		30	21

注：毛石墙、柱的允许高厚比应按表中数值降低 20%；带有混凝土或砂浆面层的组合砖砌体构件的允许高厚比，可按表中数值提高 20%，但不得大于 28；验算施工阶段砂浆尚未硬化的新砌体构件高厚比时，允许高厚比对墙取 14，对柱取 11。

影响墙、柱高厚比的因素很复杂，很难用理论公式来推导。《砌体结构设计规范》给出的验算方法，是综合考虑下列因素后，结合我国工程经验确定的：

1）**砂浆强度**。砂浆强度直接影响砌体的弹性模量，而砌体的弹性模量的大小又直接影响砌体的刚度，所以砂浆强度是影响允许高厚比的重要因素。砂浆强度等级越高，允许高厚比也越高。

2）**砌体截面尺寸**。截面尺寸越大，稳定性越好，当墙上门洞口削弱多时，允许高厚比降低，可通过修正系数来考虑。

3）**砌体类型**。毛石墙比一般砌体墙的刚度差，允许高厚比可降低，而组合砌体比一般砌体刚度好，允许高厚比可提高，见表 5-26 注释。

4）**构件重要性和房屋使用情况**。对次要构件，如自承重墙允许高厚比可提高，通过修正系数来考虑。对于使用时有振动的房屋可酌情降低。

5）**构造柱间距与截面**。构造柱间距越小，截面越大，对墙体的约束越大，墙体稳定性越好，允许高厚比可提高，通过修正系数来考虑。

6）**横墙间距**。横墙间距越小，墙体稳定性和刚度越好。验算时可用改变墙体的计算高度 H_0 来考虑。

7）**与支承条件有关**。刚性方案房屋的墙柱在屋盖和楼盖支承处假定为不动铰支座，刚性好，而弹性和刚弹性方案房屋的墙柱在屋盖处水平位移较大，稳定性差。验算时可用改变墙体的计算高度 H_0 来考虑。

（2）**高厚比验算**

1）**一般墙、柱的高厚比验算**。

$$\beta = \frac{H_0}{h} \leqslant \mu_1 \mu_2 [\beta] \tag{5-63}$$

$$\mu_2 = 1 - 0.4 \frac{b_s}{s} \tag{5-64}$$

式中　H_0——墙、柱计算高度，见表 5-21；

　　　h——墙厚或矩形柱与 H_0 相对应的边长；

　　　μ_1——自承重墙允许高厚比修正系数；

　　　μ_2——有门窗洞口墙允许高厚比修正系数，按式（5-64）计算值小于 0.7 时取 0.7，当洞口高度等于或小于墙高的 1/5 时取 1.0；当洞口高度大于或等于墙高的 4/5 时，可按独立墙段验算高厚比；

　　　b_s——在宽度 s 范围内的门窗洞口总宽度；

　　　s——相邻横墙或壁柱之间的距离。

厚度不大于 240mm 的自承重墙，式（5-63）中的 μ_1 应按下列规定采用：墙厚为 240mm 时，$\mu_1 = 1.2$；墙厚为 90mm 时，$\mu_1 = 1.5$；墙厚小于 240mm 且大于 90mm 时，μ_1 按插入法取值；上端为自由端墙的允许高厚比，尚可提高 30%。对厚度小于 90mm 的墙，当双面采用不低于 M10 的水泥砂浆抹面，包括抹面层的墙厚不小于 90mm 时，可按墙厚等于 90mm 验算高厚比。

当与墙连接的相邻两横墙间的距离 $s \leqslant \mu_1 \mu_2 [\beta] h$ 时，墙的高度可不受式（5-63）的限制。

2）带壁柱墙高厚比验算。整片墙高厚比验算：

$$\beta = \frac{H_0}{h_{\text{T}}} \leqslant \mu_1 \mu_2 [\beta] \tag{5-65}$$

式中　h_{T}——带壁柱截面的折算厚度，$h_{\text{T}} = 3.5i = 3.5\sqrt{\dfrac{I}{A}}$。

当确定带壁柱墙的计算高度 H_0 时，s 取相邻横墙间的距离。

壁柱间墙高厚比按式（5-63）验算。当确定壁柱间墙的计算高度 H_0 时，s 取相邻壁柱间的距离，且按刚性方案考虑。

3）带构造柱墙高厚比验算。整片墙高厚比验算：

$$\beta = \frac{H_0}{h} \leqslant \mu_1 \mu_2 \mu_{\text{c}} [\beta] \tag{5-66}$$

$$\mu_{\text{c}} = 1 + \gamma \frac{b_{\text{c}}}{l}$$

式中　μ_{c}——带构造柱墙允许高厚比修正系数；

　　　γ——系数，细料石砌体 $\gamma = 0$，混凝土砌块、混凝土多孔砖、粗料石，毛料石及毛石砌体 $\gamma = 1.0$，其他砌体 $\gamma = 1.5$；

　　　b_{c}——构造柱沿墙长方向的宽度；

　　　l——构造柱的间距。

当 $b_{\text{c}}/l > 0.25$ 时，取 $b_{\text{c}}/l = 0.25$，当 $b_{\text{c}}/l < 0.05$ 时，取 $b_{\text{c}}/l = 0$。

当确定带构造柱墙的计算高度 H_0 时，s 取相邻横墙间的距离。

构造柱间墙高厚比按式（5-63）验算。当确定构造柱间墙的计算高度 H_0 时，s 取相邻构造柱间的距离，且按刚性方案考虑。

【例 5-13】　某单层单跨无起重机厂房采用装配式无檩体系屋盖，长 27m，宽 12m，自基础顶面算起墙高 5.4m，见图 5-33。两端设有山墙，每边山墙上设有 4 个 240mm×240mm 的构造柱；纵墙设 5 个壁柱，柱距 4.5m，每开间有 2.0m 宽的窗户，壁柱截面尺寸为 370mm×250mm。墙厚 240mm，采用 MU10 烧结普通砖和 M5 混合砂浆砌筑。

（1）验算带壁柱纵墙的高厚比。

（2）验算带构造柱山墙的高厚比。

解：（1）验算带壁柱墙的高厚比　该厂房为 1 类屋盖，查表 5-25，横墙间距 $s = 27\text{m} < 32\text{m}$，属于刚性方案。查表 5-26，M5 砂浆砌筑，墙的允许高厚比 $[\beta] = 24$。

1）带壁柱墙计算截面翼缘宽度 b_{f} 的确定。

$b_{\text{f}} = b + \dfrac{2}{3}H = 250\text{mm} + \dfrac{2}{3} \times 5400\text{mm} = 3850\text{mm} > 窗间墙宽度 = 2500\text{mm}$，故取 $b_{\text{f}} = 2500\text{mm}$。

2）确定壁柱截面的几何特征。

截面面积　$A = (2500 \times 240 + 130 \times 250)\text{mm}^2 = 632500\text{mm}^2$

截面形心位置

$$y_1 = \frac{2500 \times 240 \times 120 + 250 \times 130 \times (240 + 65)}{632500}\text{mm} = 129.5\text{mm}$$

$$y_2 = (370 - 129.5)\text{mm} = 240.5\text{mm}$$

截面惯性矩

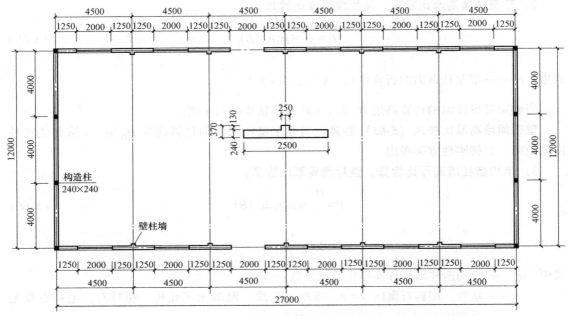

图 5-33 例 5-13

$$I = \left[\frac{2500 \times 240^3}{12} + 2500 \times 240 \times (129.5-120)^2 + \frac{250 \times 130^3}{12} + 130 \times 250 \times (240.5-65)^2 \right] mm^4$$

$$= 3980928958 mm^4$$

截面回转半径 $i = \sqrt{\dfrac{I}{A}} = \sqrt{\dfrac{3980928958}{632500}} mm = 79.3mm$

截面折算厚度

$$h_T = 3.5i = 3.5 \times 79.3mm = 277.55mm$$

3）验算带壁柱墙高厚比。由 $s=27m$，$H=5.4m$，知 $s=27m > 2H=10.8m$，刚性方案查表 5-21 得 $H_0 = 1.0H=5.4m$。

有门窗洞口墙修正系数 $\mu_2 = 1-0.4\dfrac{b_s}{s} = 1-0.4 \times \dfrac{6 \times 2.0}{27} = 0.82 > 0.7$

对于承重墙修正系数 $\mu_1 = 1.0$。

$$\beta = \frac{H_0}{h_T} = \frac{5400}{277.55} = 19.46 < \mu_1\mu_2[\beta] = 1.0 \times 0.82 \times 24 = 19.68 \quad （满足要求）$$

4）验算壁柱间墙高厚比。由 $s=4.5m < H=5.4m$，刚性方案查表 5-21 得 $H_0 = 0.6s = 0.6 \times 4.5 = 2.7m$。

有门窗洞口墙的修正系数 $\mu_2 = 1-0.4\dfrac{b_s}{s} = 1-0.4 \times \dfrac{2.0m}{4.5m} = 0.82 > 0.7$

$$\beta = \frac{H_0}{h} = \frac{2700}{240} = 11.25 < \mu_1\mu_2[\beta] = 1.0 \times 0.82 \times 24 = 19.68 \quad （满足要求）$$

（2）验算带构造柱墙的高厚比

1）整片墙。山墙截面为厚 240mm 的矩形截面，但设置了钢筋混凝土构造柱，$\dfrac{b_c}{l} = \dfrac{240}{4000} = 0.06 > 0.05$，$s=12m > 2H=10.8m$，刚性方案查表 5-21 得 $H_0 = 1.0H = 5.4m$。带构造柱墙允许高厚比修正系数 $\mu_c = 1 + \gamma\dfrac{b_c}{l} = 1 + 1.5 \times 0.06 = 1.09$。无门窗洞口修正系数 $\mu_2 = 1.0$，对于承重墙修正系数 $\mu_1 = 1.0$。

$$\beta = \frac{H_0}{h} = \frac{5400}{240} = 22.50 < \mu_1\mu_2\mu_c[\beta] = 1.0 \times 1.0 \times 1.09 \times 24 = 26.16 \quad （满足要求）$$

2）构造柱间墙。构造柱间距 $s = 4.0\text{m} < H = 5.4\text{m}$，刚性方案查表 5-21 得 $H_0 = 0.6s = 0.6 \times 4.0\text{m} = 2.4\text{m}$。

$$\beta = \frac{H_0}{h} = \frac{2400}{240} = 10 < \mu_1\mu_2[\beta] = 1.0 \times 1.0 \times 24 = 24 \quad （满足要求）$$

注：对构造柱间墙高厚比验算时，h 取墙厚；当确定墙的计算高度时，s 取构造柱间的距离。

【例 5-14】 某一层办公楼平面布置见图 5-34，采用装配式整体钢筋混凝土楼盖，纵横墙均为 240mm，底层墙高 $H = 4.5\text{m}$（从楼板到基础顶面）；卫生间处的 120mm 隔墙，高 3.6m。采用 MU10 烧结普通砖和 M5 混合砂浆砌筑。窗宽均为 1800mm，门宽均为 1000mm。试验算各墙的高厚比。

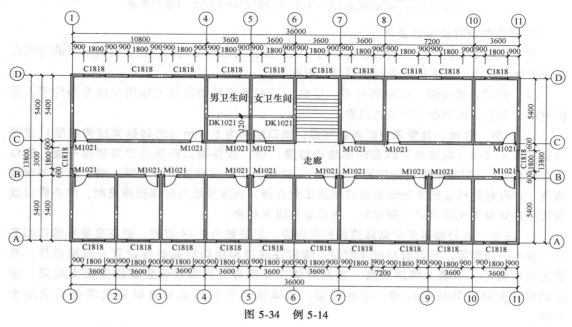

图 5-34 例 5-14

解：（1）确定静力计算方案 由于①~④轴横墙间距 $s = 10.8\text{m}$ 最大，该楼盖为 1 类楼盖，属于 $s < 32\text{m}$，查表 5-25，属于刚性方案。查表 5-26，M5 混合砂浆砌筑，墙的允许高厚比 $[\beta] = 24$。

（2）承重外纵墙高厚比验算 由于①~④轴横墙间距最大，故取①~④/D 轴外纵墙进行验算。由 $s = 10.8\text{m} > 2H = 9.0\text{m}$，刚性方案，查表 5-21 得 $H_0 = 1.0H = 4.5\text{m}$。

开设 3 个 1.8m 宽的窗洞，修正系数 $\mu_2 = 1 - 0.4\frac{b_s}{s} = 1 - 0.4 \times \frac{3 \times 1.8\text{m}}{10.8\text{m}} = 0.8 > 0.7$

外纵墙为承重墙，$\mu_1 = 1.0$。

$$\beta = \frac{H_0}{h} = \frac{4500}{240} = 18.75 < \mu_1\mu_2[\beta] = 1.0 \times 0.8 \times 24 = 19.2 \quad （满足要求）$$

（3）承重内纵墙高厚比验算 由于①~④轴横墙间距最大，故取①~④/C 轴内纵墙进行验算。$H_0 = 1.0H = 4.5\text{m}$，$\mu_1 = 1.0$ 同外纵墙。

开设 2 个 1m 宽的门洞，修正系数 $\mu_2 = 1 - 0.4\frac{b_s}{s} = 1 - 0.4 \times \frac{2 \times 1.0\text{m}}{10.8\text{m}} = 0.926 > 0.7$

$$\beta = \frac{H_0}{h} = \frac{4500}{240} = 18.75 < \mu_1\mu_2[\beta] = 1.0 \times 0.926 \times 24 = 22.22 \quad （满足要求）$$

（4）承重内横墙高厚比验算 由 $s = 5.4\text{m}$，查表 5-25，属于刚性方案，$H = 4.5\text{m} < s < 2H = 9.0\text{m}$，查表

5-21 得 $H_0 = 0.4s + 0.2H = 0.4 \times 5.4\text{m} + 0.2 \times 4.5\text{m} = 3.06\text{m}$。承重墙 $\mu_1 = 1.0$，无门窗洞口 $\mu_2 = 1.0$。

$$\beta = \frac{H_0}{h} = \frac{3060\text{mm}}{240\text{mm}} = 12.75 < \mu_1\mu_2[\beta] = 1.0 \times 1.0 \times 24 = 24 \quad （满足要求）$$

（5）120mm 厚隔墙（卫生间处）的高厚比验算　隔墙一般后砌在地面垫层上，上端用斜放侧砖顶住楼面板砌筑，故可简化为按不动铰支点考虑。因后砌，与内横墙拉结不好，可按两侧无拉结墙壁计算，计算高度 $H_0 = 3.6\text{m}$，120mm 隔墙，内插得 $\mu_1 = 1.44$。

开设 1m 宽的洞口，修正系数　$\mu_2 = 1 - 0.4 \frac{b_s}{s} = 1 - 0.4 \times \frac{1.0\text{m}}{3.6\text{m}} = 0.889 > 0.7$

$$\beta = \frac{H_0}{h} = \frac{3600}{120} = 30 < \mu_1\mu_2[\beta] = 1.44 \times 0.889 \times 24 = 30.72 \quad （满足要求）$$

2. 圈梁的设置及构造要求

为加强房屋的整体性，抵抗地基不均匀沉降或较大振动荷载的作用，提高房屋的抗震性能和抗倒塌能力，墙体应设置钢筋混凝土圈梁。

（1）**圈梁设置部位**　房屋的类型、层数、是否受到振动荷载的作用及地基条件等，是影响圈梁设置位置和数量的主要因素。

1）厂房、仓库、食堂等空旷单层房屋，檐口标高为 5~8m（对砖砌体结构房屋）或檐口标高为 4~5m（对砌块及料石砌体结构房屋）时，应在檐口标高处设置圈梁一道；檐口标高大于 8m（对砖砌体结构房屋）或 5m（对砌块及料石砌体结构房屋）时，应增加设置数量。对有起重机或较大振动设备的单层工业房屋，当未采取有效隔振措施时，除在檐口或窗顶标高处设置现浇混凝土圈梁外，尚应增加设置数量。

2）住宅、办公楼等多层砌体结构民用房屋，且层数为 3~4 层时，应在底层和檐口标高处各设置一道圈梁。当层数超过 4 层时，除应在底层和檐口标高处各设置一道圈梁外，至少应在所有纵、横墙上隔层设置。多层砌体工业房屋，应每层设置现浇混凝土圈梁。设置墙梁的多层砌体结构房屋，应在托梁、墙梁顶面和檐口标高处设置现浇钢筋混凝土圈梁。

（2）**圈梁构造**　房屋中设置圈梁后，圈梁的受力及内力分析比较复杂，因此一般按构造要求进行设置。

1）圈梁宜连续地设在同一水平面上，并形成封闭状；当圈梁被门窗洞口截断时，应在洞口上部增设相同截面的附加圈梁。附加圈梁与圈梁的搭接长度不应小于其中到中垂直间距 H 的 2 倍，且不得小于 1m，见图 5-35。

2）纵、横墙交接处的圈梁应可靠连接。刚弹性和弹性方案房屋，圈梁应与屋架、大梁等构件可靠连接。

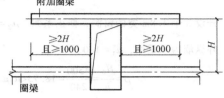

图 5-35　附加圈梁

3）混凝土圈梁的宽度宜与墙厚相同，当墙厚不小于 240mm 时，其宽度不宜小于墙厚的 2/3。圈梁高度不应小于 120mm。纵向钢筋数量不应少于 4 根，直径不应小于 10mm，绑扎接头的搭接长度按受拉钢筋考虑，箍筋间距不应大于 300mm。

4）圈梁兼作过梁时，过梁部分的钢筋应按计算面积另行增配。

3. 防止墙体裂缝的措施

钢筋混凝土楼盖、屋盖和砖墙组成的混合结构房屋，实际上是一个盒形空间结构。当自然界温度发生变化或材料发生收缩时，房屋各部分构件将产生各自不同的变形，结果必然引起彼此的制约作用而产生应力。混凝土和砖砌体这两种材料又都是抗拉强度很弱的非匀质材料，所以当构件中产生的拉应力超过其抗拉强度时，不同形式的裂缝就会出现。典型裂缝形态有水平裂缝、竖向裂缝、斜裂缝和八字裂缝等，裂缝形态见附录 H。

裂缝位置常发生在下列部位：**房屋高度、重力、刚度有较大变化处；地质条件剧变处；基础底面或埋深变化处；房屋平面形状复杂的转角处；整体式或装配整体式屋盖房屋的顶层的墙体。其中，以纵墙的两端和楼梯间、底层两端部的纵墙、老房屋中邻近新建房屋的墙体出现裂缝尤其严重。**

产生裂缝的根本原因有两点：一是由于收缩和温度变化引起；二是由于地基不均匀沉降引起。

结构构件由于温度变化引起热胀冷缩的变形称为温度变形。在夏季阳光照射下房屋的屋盖和墙体之间存在 $10 \sim 15℃$ 温差，导致两者的变形不协调而引起墙体裂缝。另外，混凝土的线膨胀系数为 $1.0 \times 10^{-5}℃^{-1}$，砖的线膨胀系数为 $0.5 \times 10^{-5}℃^{-1}$，即使在相同温差下，混凝土构件的变形比砖墙的变形也要大 1 倍以上。

混凝土内部自由水蒸发所引起的体积缩小称为干缩变形，混凝土中水和水泥化学作用所引起的体积缩小称为凝缩变形，两者总和称为收缩变形。混凝土最大收缩值约为 $(3.5 \sim 5) \times 10^{-4}$，大部分在早期完成，28d 龄期可达 40%。砖砌体在正常温度下的收缩现象不明显，但对砌块砌体房屋，混凝土空心砌块的干缩性大，在形成砌体后还约有 0.02% 的收缩率，使得砌块房屋在底部几层墙体上较易产生裂缝。

砌体结构房屋的长度过长也会因温度变化引起墙体开裂。这是因为当大气温度变化时，外墙的伸缩变形比较大，而埋在土中的基础部分由于受土壤的保护，它的伸缩变形很小，因此基础必然阻止外墙的伸缩，使得墙体内产生拉应力。房屋越长，产生的拉应力也越大，严重的可以使墙体开裂。

由于地基不均匀沉降引起底层大窗台下、建筑物顶部、纵横墙交接处出现竖向裂缝；窗间墙上下对角出现水平裂缝；纵、横墙竖向变形较大的窗口对角出现正八字形斜裂缝；纵、横墙挠度较大的窗口对角出现倒八字形斜裂缝等。

（1）**防止或减轻由温差和砌体干缩引起墙体竖向裂缝的主要措施**　温差和砌体干缩在墙体内产生的拉应力与房屋的长度成正比。房屋很长时，为了防止或减少房屋在正常使用状态下由温差和砌体干缩引起墙体的竖向裂缝，应在温度和收缩变形引起应力集中、砌体产生裂缝可能性最大处的墙体中设置伸缩缝。通常，**伸缩缝设置在房屋转折处、体型变化处、房屋的中间部位以及房屋的错层处**。各类砌体房屋伸缩缝的最大间距可按表 5-27 采用。

（2）**防止或减轻房屋顶层墙体裂缝的主要措施**　减小屋盖与墙体之间的温差、选择整体性和刚度相对较小的屋盖、减小屋盖与墙体之间的约束、提高墙体自身的抗拉和抗剪强度，均可有效防止或减轻房屋顶层墙体的裂缝。设计时可采取下列措施：

1）**屋面应设置保温、隔热层**。墙体因温差引起的应力几乎与温差呈线性关系，屋面设置保温层、隔热层可阻止或减少顶层墙体开裂。

表 5-27　砌体房屋伸缩缝的最大间距

屋盖或楼盖类别		间距/m
整体式或装配整体式钢筋混凝土结构	有保温层或隔热层的屋盖、楼盖	50
	无保温层或隔热层的屋盖	40
装配式无檩体系钢筋混凝土结构	有保温层或隔热层的屋盖、楼盖	60
	无保温层或隔热层的屋盖	50
装配式有檩体系钢筋混凝土结构	有保温层或隔热层的屋盖	75
	无保温层或隔热层的屋盖	60
瓦材屋盖、木屋盖或楼盖、轻钢屋盖		100

注：1. 对烧结普通砖、烧结多孔砖、配筋砌块砌体房屋，取表中数值；对石砌体、蒸压灰砂普通砖、蒸压粉煤灰普通砖、混凝土砌块、混凝土普通砖和混凝土多孔砖房屋，取表中数值乘以 0.8 的系数，当墙体有可靠外保温措施时，其间距可取表中数值。

　　2. 在钢筋混凝土屋面上挂瓦的屋盖应按钢筋混凝土屋盖采用。

　　3. 层高大于 5m 的烧结普通砖、烧结多孔砖、配筋砌块砌体结构单层房屋，其伸缩缝间距可按表中数值乘以 1.3。

　　4. 温差较大且变化频繁地区和严寒地区不采暖的房屋及构筑物墙体的伸缩缝的最大间距，应按表中数值予以适当减小。

　　5. 墙体的伸缩缝应与结构的其他变形缝相重合，缝宽度应满足各种变形缝的变形要求；在进行立面处理时，必须保证缝隙的变形作用。

　　2）**屋面保温（隔热）层或屋面刚性面层及砂浆找平层应设置分隔缝**。设置分隔缝可减小屋面板温度应力及屋面板与墙体之间的约束。其分隔缝间距不宜大于 6m，其缝宽不小于 30mm，并与女儿墙隔开。

　　3）**采用装配式有檩体系钢筋混凝土屋盖和瓦材屋盖**。屋面整体性和刚度越小，屋面因温度变化引起的水平位移越小，墙体所受的温度应力也随之降低。

　　4）**顶层墙体加强，并设置圈梁**。顶层砂浆强度等级不低于 M7.5 或 Mb7.5、Ms7.5。顶层屋面板下设置现浇钢筋混凝土圈梁，并沿内外墙拉通，房屋两端圈梁下的墙体内宜设置水平钢筋；顶层墙体有门窗等洞口时，在过梁上的水平灰缝内设置 2 道或 3 道焊接钢筋网片或 2 根直径 6mm 的钢筋，焊接钢筋网片或钢筋应伸入洞口两端墙内不小于 600mm；对顶层墙体施加竖向预应力。

　　5）**女儿墙应设置构造柱**　顶层墙体受到的约束越大，越能提高墙体的抗拉、抗剪能力。女儿墙砂浆强度等级不低于 M7.5 或 Mb7.5、Ms7.5，构造柱间距不宜大于 4m，构造柱应伸至女儿墙顶，并与现浇钢筋混凝土压顶整浇在一起。

　　（3）**防止或减轻房屋底层墙体裂缝的主要措施**　地基不均匀沉降对房屋底层墙体的影响较其他楼层大，同时底层窗洞边易产生应力集中。设计时可采取的措施有：①增大基础圈梁的刚度；②在底层的窗台下墙体灰缝内设置 3 道焊接钢筋网片或 2 根直径 6mm 的钢筋，并应伸入两边窗间墙内不小于 600mm。

　　（4）**墙体交接处的主要防裂措施**

　　1）**墙体转角处和纵横墙交接处应沿竖向每隔 400～500mm 设拉结钢筋，其数量为每 120mm 墙厚不少于 1 根直径 6mm 的钢筋；或采用焊接钢筋网片，埋入长度从墙的转角或交接处算起，对实心砖墙每边不小于 500mm，对多孔砖墙和砌块墙不小于 700mm。**

　　2）填充墙、隔墙应分别采取措施与周边主体结构构件可靠连接，宜在粉刷前设置钢丝网片，网片宽度可取 400mm，并沿界面缝两侧各延伸 200mm，或采取其他有效的防裂或盖缝措施。

（5）防止或减轻房屋两端和底层第一、第二开间门窗洞处裂缝的主要措施

1）在门窗洞口两边墙体的水平灰缝中，设置长度不小于 900mm、竖向间距为 400mm 的 2 根直径 4mm 的焊接钢筋网片。

2）在顶层和底层设置通长钢筋混凝土窗台梁，窗台梁高宜为块材高度的模数，梁内纵向钢筋不少于 4 根，直径不小于 10mm，箍筋直径不小于 6mm，间距不大于 200mm，混凝土强度等级不低于 C25。

3）在混凝土砌块房屋门窗洞口两侧不少于一个孔洞中设置直径不小于 12mm 的竖向钢筋，竖向钢筋应在楼层圈梁或基础内锚固，孔洞用不低于 Cb20 混凝土灌实。

4）在每层门、窗过梁上方的水平灰缝内及窗台下第一和第二道水平灰缝内，宜设置焊接钢筋网片或 2 根直径 6mm 的钢筋，焊接钢筋网片或钢筋应伸入两边窗间墙内不小于 600mm。当墙长大于 5m 时，宜在每层墙高度中部设置 2 或 3 道焊接钢筋网片或 3 根直径 6mm 的通长水平钢筋，竖向间距为 500mm。

5）当房屋刚度较大时，可在窗台下或窗台角处墙体内、在墙体高度或厚度突然变化处设置竖向控制缝。竖向控制缝宽度不宜小于 25mm，缝内填以压缩性能好的填充材料，且外部用密封材料密封，并采用不吸水的闭孔发泡聚乙烯实心圆棒（背衬）作为密封膏的隔离物，见图 5-36。

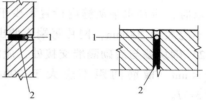

图 5-36　控制缝构造
1—不吸水的闭孔发泡聚乙烯实心圆棒　2—柔软、可压缩的填充物

4. 墙、柱一般构造要求

（1）砌体材料的最低强度等级　块体和砂浆的强度等级越高，砌体结构和构件的承载力越大，房屋的耐久性越好。反之，房屋的耐久性越差，越容易出现腐蚀风化现象，尤其是处于潮湿环境或有酸、碱等腐蚀性介质时，腐蚀风化更加严重，砂浆或砖易出现酥散、掉皮等现象。对于地面以下的墙体，由于地基土的含水率大，基础墙体维修困难，应采用耐久性较好的砌体材料并采取防潮措施。不同受力情况和环境下的墙、柱所用材料的最低强度等级的规定，详见表 5-1。

（2）墙、柱构造要求

1）**墙、柱的截面最小尺寸。**截面尺寸小的墙、柱，其承载力低、稳定性差，且受截面局部削弱和施工质量的影响更大。《砌体结构设计规范》规定：承重的独立砖柱截面尺寸不应小于 240mm×370mm；毛石墙的厚度不宜小于 350mm，毛料石柱较小边长不宜小于 400mm。当有振动荷载时，墙、柱不宜采用毛石砌体。

2）**壁柱设置。**在墙体的支承处等部位设置壁柱可增强墙体的刚度和稳定性。当梁跨度大于或等于 6m（对 240mm 厚的砖墙）、4.8m（对 180mm 厚的砖墙）、4.8m（对砌块、料石墙）时，其支承处宜加设壁柱，或采取其他加强措施。山墙处的壁柱或构造柱宜砌至山墙顶部，且屋面构件应与山墙可靠拉结。

3）**垫块设置。**屋架、大梁端部支承处的砌体处于局部受压状态，为确保其局部受压承载力，对于跨度大于 6m 的屋架和跨度大于 4.8m（对砖砌体）、4.2m（对砌块和料石砌体)、3.9m（对毛石砌体）的梁，应在支承处砌体上设置混凝土或钢筋混凝土垫块；当墙中设有圈梁时，垫块与圈梁宜浇成整体。支承在墙、柱上的吊车梁、屋架及跨度大于9m（对砖砌体）、7.2m（对砌块和料石砌体）的预制梁的端部，应采用锚固件与墙、柱上的垫块锚固。

4）**支承构造**。混合结构房屋中，屋架、梁和楼板支承在墙、柱上，屋架、梁和楼板又是墙、柱的水平支承。为了确保竖向力和水平力的有效传递，它们之间应可靠拉结。支承构造应符合下列要求：**预制钢筋混凝土板在混凝土圈梁上的支承长度不应小于80mm，板端伸出的钢筋应与圈梁可靠连接，且同时浇筑；预制钢筋混凝土板在墙上的支承长度不应小于100mm。板支承于内墙时，板端钢筋伸出长度不应小于70mm，且与支座处沿墙配置的纵向钢筋绑扎，用强度等级不应低于C25的混凝土浇筑成板带；板支承于外墙时，板端钢筋伸出长度不应小于100mm，且与支座处沿墙配置的纵向钢筋绑扎，并用强度等级不应低于C25的混凝土浇筑成板带；预制钢筋混凝土板与现浇板对接时，预制板端钢筋应伸入现浇板中进行连接，然后再浇筑现浇板。**

（3）**混凝土砌块墙体的构造要求**　混凝土砌块的块体高、壁薄，应采取下列措施增加混凝土砌体房屋的整体刚度、提高其抗裂能力：

1）砌块砌体应分皮错缝搭砌，上下皮搭砌长度不应小于90mm。当搭砌长度不满足上述要求时，应在水平灰缝内设置不少于2根直径不小于4mm的焊接钢筋网片（横向钢筋的间距不应大于200mm，网片每端应伸出该垂直缝不小于300mm）。

2）砌块墙与后砌隔墙交接处，应沿墙高每400mm在水平灰缝内设置不少于2根直径不小于4mm、横筋间距不应大于200mm的焊接钢筋网片，见图5-37。

3）混凝土砌体房屋，宜将纵横墙交接处，距墙中心线每边不小于300mm范围内的孔洞，采用不低于Cb20的混凝土沿全墙高灌实。

4）砌块墙体的下列部位，如未设圈梁或混凝土垫块，应采用不低于Cb20的混凝土将孔洞灌实：搁栅、檩条和钢筋混凝土楼板的支承面下，高度不应小于200mm的砌体；屋架、梁等构件的支承面下，长度不应小于600mm，高度不应小于600mm的砌体；挑梁支承面下，距墙中心线每边不应小于300mm，高度不应小于600mm的砌体。

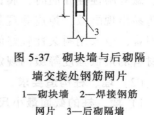

图5-37　砌块墙与后砌隔
墙交接处钢筋网片
1—砌块墙　2—焊接钢筋
网片　3—后砌隔墙

（4）**在砌体中留槽洞及埋设管道时的构造要求**　砌体中留槽洞及埋设管道对砌体的承载力影响较大，尤其是对截面尺寸较小的承重墙体、独立柱更加不利。因此，不应在截面长边小于500mm的承重墙体、独立柱内埋设管线；不宜在墙体中穿行暗线或预留、开凿沟槽，当无法避免时应采取必要的措施或按削弱后的截面验算墙体的承载力；对受力较小或未灌孔的砌块砌体，允许在墙体的竖向孔洞中设置管线。

5.5.4　刚性方案房屋墙体计算

1. 承重外纵墙的计算

作用在墙体上的荷载一般有楼屋面永久荷载、活荷载、风荷载及墙体自重等。对本层的竖向荷载，应考虑对墙、柱的实际偏心影响，**梁端支承压力 N_l 到墙内边的距离，应取梁端有效支承长度 a_0 的 0.4 倍，见图 5-16**。由上面楼层传来的荷载 N_u，可视作作用于上一楼层的墙、柱的截面重心处。

当板支撑于墙上时，板端支承压力 N_l 到墙内边的距离可取板的实际支承长度 a 的 0.4 倍。

计算承重外纵墙时，一般取一个开间为计算单元。单层房屋在荷载作用下，**墙、柱可视为上端不动铰支承于屋盖，下端嵌固于基础的竖向构件，见图 5-38a。多层房屋在竖向荷载作用下，墙、柱在每层高度范围内，可近似地视为两端铰支的竖向构件；在水平荷载作用下，墙、柱可视为竖向连续梁，见图 5-39a。**

（1）**计算单元 B**　混合结构房屋纵墙一般较长，设计时可仅取一段有代表性的墙柱（一个开间）作为计算单元。一般情况下，计算单元的受荷宽度为一个开间 $B = \dfrac{l_1 + l_2}{2}$。有门窗洞口时，内外纵墙的计算截面宽度 B 取一个开间墙或窗间墙；无门窗洞口时，计算截面宽度 $B = \dfrac{l_1 + l_2}{2}$；若壁柱间距较大且层高 H 较小时，$B = b + \dfrac{2}{3}H \leqslant \dfrac{l_1 + l_2}{2}$（其中 b 为壁柱宽度，l_1、l_2 分别为左、右开间尺寸）。

（2）**单层房屋内力计算**

1）**屋面荷载作用**。屋面荷载包括屋面永久荷载（屋面防水保温层、屋架、屋面板等自重）、屋面活荷载、雪荷载或积灰荷载，通过屋架或屋面梁以集中力形式作用在墙体顶端。通常情况下，屋架传至墙面的集中力 N_l 作用点到墙内边的距离为梁端有效支承长度 a_0 的 0.4 倍，对墙体中心线存在一个偏心距 e_l，所以墙体顶端的屋面荷载由轴向压力 N_l 和弯矩 M_l 组成，见图 5-38b。墙体内力计算如下：

$$
\begin{cases}
R_A = -R_B = -\dfrac{3M_l}{2H} \\[2mm]
M_A = M_l,\ M_B = -\dfrac{M_l}{2} \\[2mm]
N_A = N_l,\ N_B = N_l + N_G
\end{cases}
\tag{5-67}
$$

$$
M_l = N_l e_l = N_l \left(\dfrac{h}{2} - 0.4 a_0 \right)
$$

式中　N_G——墙体自重，包括女儿墙、墙体、内外粉刷及门窗的自重，作用于墙体的轴线上。当墙柱为等截面时，自重不引起弯矩；当墙柱为变截面时，上阶柱自重 G_l 对下阶柱各截面产生弯矩 $M_l = G_l e_l$（e_l 为上下阶柱轴线间距离）。在施工阶段应按悬臂构件计算。

2）**风荷载作用**。以屋面为分界，屋面上（包括女儿墙上）的风荷载一般简化为作用于墙、柱顶端的集中荷载 F，对于刚性方案房屋，F 直接通过屋盖传至横墙，再由横墙传至基础，最后传给地基；屋面以下风荷载简化为均布荷载 q，按迎风面（压力）和背风面（吸力）分别考虑。在 q 作用下，墙体内力计算如下，见图 5-38c：

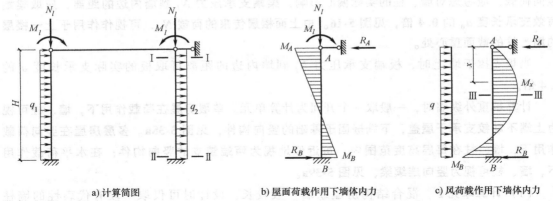

a) 计算简图　　　　　b) 屋面荷载作用下墙体内力　　　c) 风荷载作用下墙体内力

图 5-38　单层刚性方案房屋纵墙承重

$$
\begin{cases}
R_A = \dfrac{3}{8}qH, R_B = \dfrac{5}{8}qH \\[2mm]
M_B = \dfrac{1}{8}qH^2 \\[2mm]
\text{离上端 } x \text{ 处的弯矩} \quad M_x = \dfrac{qH}{8}\left(3x - \dfrac{4x^2}{H}\right) \\[2mm]
\text{当 } x = \dfrac{3}{8}H \text{ 时} \quad M_{\max} = -\dfrac{9}{128}qH^2
\end{cases}
\tag{5-68}
$$

3）**控制截面**。主要控制截面有墙体顶部 Ⅰ—Ⅰ 截面和墙体底部 Ⅱ—Ⅱ 截面（图 5-38a），以及风荷载作用下的最大弯矩 $M_{\max}$ 对应的 Ⅲ—Ⅲ 截面（图 5-38c）。Ⅰ—Ⅰ 截面、Ⅱ—Ⅱ 截面、Ⅲ—Ⅲ 截面均承受轴力和弯矩，故都按偏心受压承载力验算，同时 Ⅰ—Ⅰ 截面还需验算梁下砌体局部受压承载力。

（3）**多层房屋内力计算**

1）**竖向荷载作用**。在竖向荷载作用下，多层刚性方案房屋的承重墙如同一竖向连续梁，楼屋盖及基础顶面作为连续梁的支承点，见图 5-39a。由于楼屋盖中的梁或板伸入墙内搁置，致使墙体的连续性受到削弱，因此在支承点处所能传递的弯矩很小。为简化计算，假定连续梁在楼屋盖处为铰接。在基础顶面处的轴向力远比弯矩大，因此，基础顶面也可假定为铰接。这样，**墙体在每层高度范围内可视为两端铰支的竖向构件**，见图 5-39b。则其中每一层墙体的内力计算见下式：

$$
\begin{cases}
\text{上端} \quad N_{\mathrm{I}} = N_l + N_{\mathrm{u}}, \quad M_{\mathrm{I}} = N_l e_l - N_{\mathrm{u}} e_2 \\[2mm]
\text{下端} \quad N_{\mathrm{II}} = N_l + N_{\mathrm{u}} + N_G, \quad M_{\mathrm{II}} = 0
\end{cases}
\tag{5-69}
$$

式中　N_l——直接支承于计算层墙体的梁或板传来的荷载设计值；

　　　N_{u}——上层墙体传来的荷载设计值；

　　　e_l——N_l 对计算层墙体形心轴的偏心距，$e_l = \dfrac{h}{2} - 0.4a_0$，$h$ 为该层墙体厚度，a_0 为梁端有效支承长度；

　　　e_2——上层墙体形心对该层墙体形心的偏心距，如果上下层墙体厚度相同，则取零。

N_G——本层墙体自重。

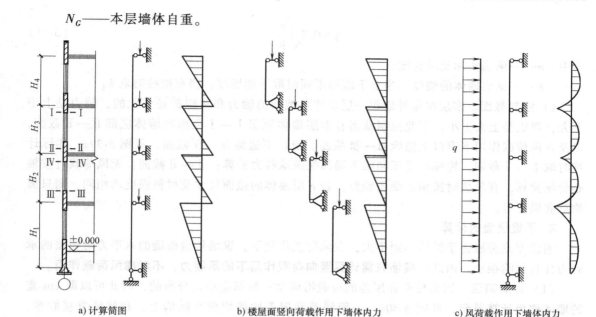

a) 计算简图　　　　　　　b) 楼屋面竖向荷载作用下墙体内力　　　　c) 风荷载作用下墙体内力

图 5-39　多层刚性方案房屋纵墙承重

2）**风荷载作用**。多层刚性方案房屋的外墙，当符合下列条件时，可不考虑风荷载的影响，而仅按竖向荷载验算墙体的承载力：洞口水平截面面积不超过全截面面积的 2/3；房屋的层高和总高不超过表 5-28 的规定；屋面自重不小于 0.8kN/m²。

表 5-28　外墙不考虑风荷载影响时的最大高度

基本风压值/(kN/m²)	层高/m	总高/m
0.4	4.0	28
0.5	4.0	24
0.6	4.0	18
0.7	3.5	18

注：对于多层混凝土砌块房屋，当外墙厚度不小于 190mm，层高不大于 2.8m，总高不大于 19.6m，基本风压不大于 0.7kN/m² 时，可不考虑风荷载的影响。

必须考虑风荷载时，风荷载对外墙，相当于外墙承受均布水平线荷载 q 作用，墙体简化为一竖向连续梁，楼屋盖作为连续梁的支承，见图 5-39c。沿楼层高均布风荷载 q 引起的弯矩按下式计算：

$$M = \frac{qH_i^2}{12} \tag{5-70}$$

式中　q——沿楼层高均布风荷载设计值（kN/m）；

H_i——第 i 层层高。

3）**考虑梁端约束弯矩影响的计算**。对于梁跨度大于 9m 的墙承重的多层房屋，按上述方法计算时，应考虑梁端约束弯矩的影响。可按梁两端固接计算梁端弯矩，再将其乘以修正系数 γ 后，按墙体线性刚度分到上层墙底部和下层墙顶部。修正系数 γ 可按下式计算：

$$\gamma = 0.2\sqrt{\frac{a}{h}} \tag{5-71}$$

式中　a——梁端实际支承长度；

h——支承墙体的墙厚，当上下墙厚不同时取下部墙厚，当有壁柱时取 h_T。

4）**控制截面**。多层房屋外墙每一层墙体各截面的轴力和弯矩都是变化的，轴力是上小下大，弯矩是上大下小。因此控制截面有本层墙体顶部Ⅰ—Ⅰ截面和墙体底部Ⅱ—Ⅱ截面，以及在风荷载作用下窗口上边缘Ⅲ—Ⅲ截面、窗口下边缘Ⅳ—Ⅳ截面，见图5-39a。实际计算时取Ⅰ—Ⅰ截面，按偏心受压和梁下局部受压承载力验算；Ⅱ—Ⅱ截面，无风荷载时按轴心受压验算，有风载时按偏心受压验算。若 n 层墙体的截面尺寸及材料强度均相同，则只需验算底层即可。

2. 承重横墙的计算

刚性方案房屋由于横墙间距不大，在风荷载作用下，纵墙传给横墙的水平力对横墙的承载力计算影响很小。因此，**横墙只需计算竖向荷载作用下的承载力，不考虑风荷载作用**。

（1）**计算简图**　因为楼盖和屋盖的荷载沿横墙一般都是均匀分布的，因此可以**取1m宽的墙体作为计算单元**，见图5-40a。一般楼盖和屋盖构件均搁在横墙上，和横墙直接联系，因而楼板和屋盖可视为横墙的侧向支承。另外，由于楼板伸入墙身，削弱墙体在该处的整体性，为简化计算，可将该处视为不动铰支点，**计算简图为每层横墙视为两端不动铰接的竖向构件**。

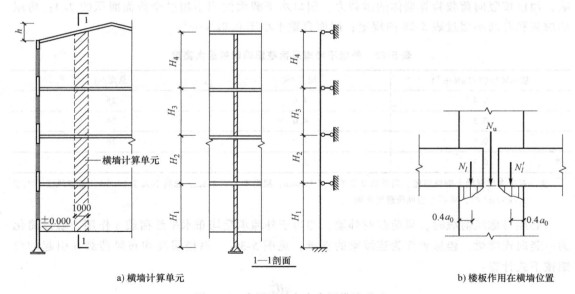

a) 横墙计算单元　　　　　　　　　　　　　　　　　　　　b) 楼板作用在横墙位置

图5-40　多层刚性方案房屋横墙承重

中间各层的计算高度取层高（楼板底至上层楼板底），顶层为坡屋面时取层高加上山尖高度的一半，底层墙柱下端支点取至条形基础顶面，当基础埋深较大时，可取室内地坪以下 500mm。

横墙承受的荷载有：所计算截面以上各层传来的荷载 N_u（包括上部各层楼盖、屋盖的永久荷载和可变荷载及墙体自重），还有本层两边楼盖传来的竖向荷载（包括永久荷载和可变荷载）N_l、N_l'。N_u 作用于墙截面重心处；N_l、N_l' 均作用于距墙边 $0.4a_0$ 处，见图 5-40b。当横墙两侧开间不同或者仅在一侧的楼面上有活荷载时，N_l 与 N_l' 的数值并不相等，墙体处于偏心受压状态。但由于偏心荷载产生的弯矩通常都较小，轴向压力较大，故实际计算中各层均可按轴心受压构件计算。

（2）**控制截面位置及内力计算**　由于承重横墙是按轴心受压构件计算的，故应取每层轴向力最大的墙体底部作为控制截面。

（3）**截面承载力计算**　在求得每层控制截面处的轴向压力后，按受压构件承载力计算公式（5-26）确定各层的块体和砂浆强度等级。当横墙上开有门窗洞口时，应取洞口中心线之间的墙体作为计算单元。当有楼面大梁支承于横墙时，应取大梁间距作为计算单元，此外，还需验算梁端砌体局部受压承载力。对于支承楼板的墙体，则不需要进行局部受压验算。

5.5.5　弹性与刚弹性方案房屋墙体计算

弹性与刚弹性方案房屋墙体，在竖向荷载作用下，当荷载对称时，可按无侧移框架或排架计算；在水平荷载作用下，内力计算将运用剪力分配方法进行，现叙述如下。

1. 弹性方案房屋墙体内力计算

弹性方案房屋在荷载作用下，墙体的水平位移较大，**按屋架或大梁与墙（柱）为铰接、不考虑空间工作的平面排架或框架计算**，见图 5-41a。因此弹性方案房屋一般只用于单层房屋，多层房屋则应避免设计成弹性方案房屋。

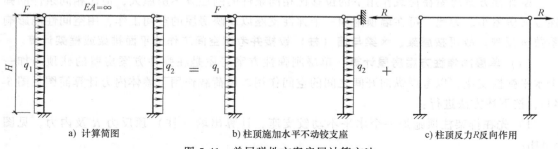

a) 计算简图　　　　b) 柱顶施加水平不动铰支座　　　　c) 柱顶反力 R 反向作用

图 5-41　单层弹性方案房屋计算方法

（1）**屋面荷载作用**　对称荷载作用下，排架柱顶不产生侧移，内力计算与单层刚性方案房屋相同，按式（5-72）计算，内力见图 5-42。

$$\begin{cases} M_a = M_b = M_l \\ M_A = M_B = -\dfrac{M_l}{2} \\ N_a = N_b = N_l \\ N_A = N_B = N_l + N_G \end{cases} \quad (5\text{-}72)$$

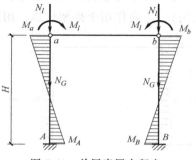

图 5-42　单层房屋在竖向
对称荷载作用下的内力

注：弯矩绘制在竖向构件受拉
一侧，剪力以顺时针方向为正。

（2）**风荷载作用**　单层弹性方案房屋墙体按平面排架假定，风荷载作用下墙体内力计算简图见图 5-41a，按下述方法进行：

1) 先在排架柱上端施加一个水平不动铰支座，按无侧移的平面排架求出墙（柱）顶反力 R 及内力，见图 5-41b。其方法同单层刚性方案房屋。

2) 将墙（柱）顶反力 R 反向作用于排架柱顶端，用剪力分配法求出墙（柱）内力，见图 5-41c。

3) 叠加上述两种结果，得到弹性方案房屋墙体（柱）最终内力，按式（5-73）计算，内力见图 5-43。

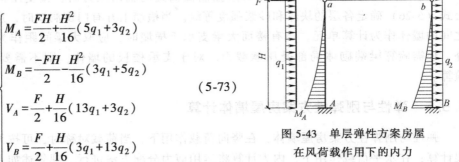

$$\begin{cases} M_A = \dfrac{FH}{2} + \dfrac{H^2}{16}(5q_1 + 3q_2) \\[2mm] M_B = \dfrac{-FH}{2} - \dfrac{H^2}{16}(3q_1 + 5q_2) \\[2mm] V_A = \dfrac{F}{2} + \dfrac{H}{16}(13q_1 + 3q_2) \\[2mm] V_B = \dfrac{F}{2} + \dfrac{H}{16}(3q_1 + 13q_2) \end{cases} \quad (5\text{-}73)$$

图 5-43 单层弹性方案房屋
在风荷载作用下的内力

单层单跨弹性方案房屋墙体的控制截面也取墙顶、墙底两个截面，均按偏心受压验算墙体的承载力，对墙顶尚需进行局部受压承载力验算。对于变截面墙，还应验算变阶处截面的受压承载力。

2. 刚弹性方案房屋墙体内力计算

刚弹性方案房屋在荷载作用下的位移比相同条件的刚性方案房屋大，但比相同条件的弹性方案房屋小。为此，可在墙顶附加一个弹性支座以反映房屋的空间工作，用空间性能影响系数 η 反映。故可**按屋架、大梁与墙（柱）铰接并考虑空间工作的平面排架或框架计算。**

（1）**单层刚弹性方案房屋计算** 单层刚弹性方案房屋是在弹性方案房屋的柱顶施加一个水平弹性支座，以考虑纵向开间之间的空间作用。风荷载作用下墙体内力计算简图见图 5-44a，按下述方法进行：

1) 先在排架柱顶施加一个水平不动铰支座，计算出墙（柱）顶反力 R 及内力，见图 5-44b；

2) 考虑房屋整体空间作用，将墙（柱）顶反力 R 乘以空间性能影响系数 η（按表 5-24 采用），反向作用于排架柱顶，用剪力分配法求出各墙（柱）的内力，见图 5-44c。

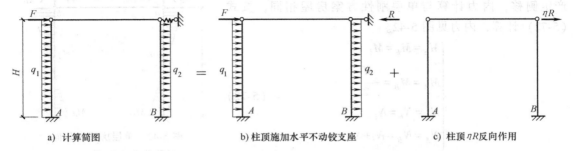

a) 计算简图   b) 柱顶施加水平不动铰支座   c) 柱顶 ηR 反向作用

图 5-44 单层刚弹性方案房屋在风荷载作用下的计算方法

3) 叠加上述两种结果，得到按单层刚弹性方案房屋墙体最终内力，按下式计算：

$$\begin{cases} M_A = \dfrac{\eta FH}{2} + \left(\dfrac{1}{8} + \dfrac{3\eta}{16}\right)q_1 H^2 + \dfrac{3\eta}{16}q_2 H^2 \\[3mm] M_B = \dfrac{-\eta FH}{2} - \left(\dfrac{1}{8} + \dfrac{3\eta}{16}\right)q_2 H^2 - \dfrac{3\eta}{16}q_1 H^2 \end{cases} \tag{5-74}$$

（2）**多层刚弹性方案房屋计算**　多层房屋由楼屋盖、纵横墙组成空间承重体系，不仅纵向各开间之间存在空间作用，而且各层之间均存在空间作用。因而应根据相应层的屋盖或楼盖类别和横墙最大间距查表 5-24 确定 η_1，$\eta_2 \cdots \eta_n$ 值。风荷载作用下墙体内力计算简图见图 5-45a，按下述方法进行：

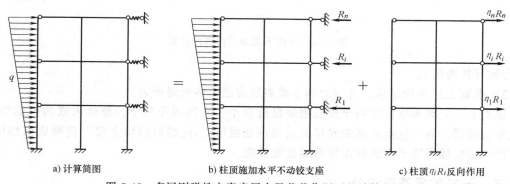

a) 计算简图　　　　b) 柱顶施加水平不动铰支座　　　　c) 柱顶 $\eta_i R_i$ 反向作用

图 5-45　多层刚弹性方案房屋在风荷载作用下的计算方法

1）在多层楼屋盖与竖向墙体连接节点处施加一个水平铰支座，计算在水平荷载作用下各支杆反力 R_i（$i=1$，2，$\cdots$，n）和内力，见图 5-45。

2）考虑房屋整体空间作用，将各支座反力 R_i 乘以空间性能影响系数 η_i，反向施加于楼层节点上，用剪力分配法求出各墙（柱）内力，见图 5-45c。

3）叠加上述两种结果，得到多层刚弹性方案房屋墙体最终内力。

（3）**上柔下刚多层房屋计算**　在多层房屋中，当下面各层作为办公楼、宿舍、住宅，顶层作为会议室、俱乐部、食堂时，顶层横墙间距超过刚性方案限值而下面各层符合刚性方案的房屋称为上柔下刚多层房屋。内力分析时，顶层按考虑空间性能影响系数 η 的单层刚弹性房屋计算，下面各层按刚性方案房屋计算，其墙截面尺寸应不小于顶层的墙截面尺寸。

（4）**上刚下柔多层房屋计算**　在多层房屋中，当底层作为商店、食堂、娱乐室，而上部各层作为住宅、办公楼时，底层横墙间距超过刚性方案限值，而上面各层符合刚性方案的房屋称为上刚下柔的多层房屋，见图 5-46。此类房屋在水平风荷载作用下墙体内力计算按下列步骤进行：

1）在多层楼屋盖与竖向墙体的连接节点处施加一个水平铰支座，计算在水平荷载作用下各支座反力 R_i 和内力，见图 5-46b。

2）将上部刚性方案房屋简化为一刚度为无穷大的刚性连杆并铰接于一层的柱顶，取 1 类屋盖房屋的空间影响系数 η_i，乘以上面各层反力的总和 $\sum\limits_{i=1}^{n} R_i$，反向作用于一层柱顶，同时产生附加力矩 $M = \sum\limits_{i=2}^{n} R_i(H_i - H_1)$，见图 5-46c。此时底层墙、柱的轴力为 $N = M/l$（式中

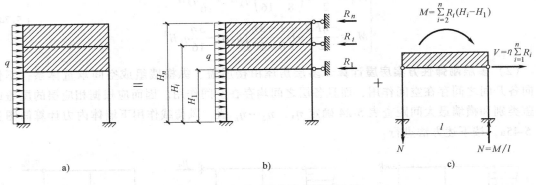

图 5-46 上刚下柔多层房屋的计算

l 为房屋计算跨度)。

3) 叠加上述两种结果,得到上刚下柔多层房屋墙体最终内力。

这类上刚下柔多层房屋由于底层刚度显著变小,在地震作用下,整体失效的可能性大,因此在抗震设计时,这类体系的底层如采用钢筋混凝土-抗震墙结构方案(简称底框结构),需有严格的抗震措施予以保证该体系的抗震性能。

5.5.6 无筋扩展基础设计

由砖、毛石、混凝土或毛石混凝土、灰土和三合土等材料组成的,且不需配置钢筋的墙下条形基础或柱下独立基础,称为无筋扩展基础,见图 5-47。这类基础以承受轴向压压力为主,而弯曲应力和剪应力则很小,设计时应严格控制基础宽高比(也称为刚性角),习惯上将这类基础又称为刚性基础。

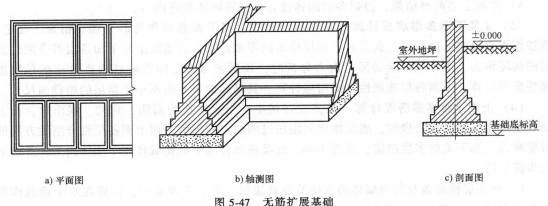

a) 平面图   b) 轴测图   c) 剖面图

图 5-47 无筋扩展基础

墙、柱无筋扩展基础的设计主要内容有:选择基础类型;确定基础埋深;根据地基承载力要求计算基础底面尺寸;根据基础台阶宽高比的允许值确定基础高度;绘制基础施工图。

1. 基础类型

常用的无筋扩展基础有砖基础、毛石基础、混凝土基础和毛石混凝土基础。

(1) **砖基础** 砖基础的台阶宽度通常为 60mm。对于等高大放脚,台阶高度为 120mm,

见图 5-48a；对于不等高大放脚，台阶高度为 120mm 和 60mm 并交叉布置，见图 5-48b。砖基础底面以下通常设有 100mm 厚的混凝土垫层，以便将基础荷载均匀传至地基，混凝土强度等级为 C15。此外，防潮层以下基础部分所用砖、水泥砂浆强度等级尚应满足表 5-1。

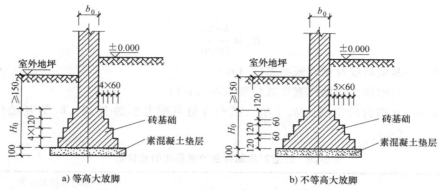

a) 等高大放脚　　　　　　　　　　　　b) 不等高大放脚

图 5-48　砖基础

（2）**毛石基础**　选用的毛石应质地坚硬、不易风化。因毛石表面不规则，基础最小宽度不应小于 500mm，台阶高度不宜小于 400mm。当基础底面宽度 $b \leqslant 600mm$ 时，可采用矩形截面。

（3）**混凝土基础和毛石混凝土基础**　混凝土基础、毛石混凝土基础与砖基础相比，基础的强度高，耐久性及抗冻性好，基础高度相对较小。它们适用于地下水位较高的基础。

2. 基础埋深

影响基础埋深的因素很多，包括建筑物的用途，有无地下室、设备基础和地下设施，基础形式和构造，作用在地基上的荷载大小和性质，工程地质和水文地质条件，相邻建筑物的基础埋深，地基土冻胀和融陷的影响等。

在满足地基稳定和变形要求的前提下，当上层地基的承载力大于下层土时，宜利用上层土作为持力层。除岩石地基外，基础埋深不宜小于 0.5m。基础宜埋置在地下水位以上，当必须埋在地下水位以下时，应采取地基土在施工时不受扰动的措施。当基础埋置在易风化的岩层上时，施工时应在基坑开挖后立即铺筑垫层。当存在相邻建筑物时，新建建筑物的基础埋深不宜大于既有建筑基础。当埋深大于既有建筑基础时，两基础间应保持一定净距，其数值应根据建筑荷载大小、基础形式和土质情况确定。

3. 墙、柱基础计算

为了确保地基承载力、防止地基发生整体剪切破坏或失稳破坏，基础底面应具有足够的面积。同时，为了减少地基不均匀沉降对房屋造成的不利影响，应控制基础的沉降量在规定的允许限值之内。通常对于五层及五层以下的混合结构房屋，一般不必验算地基的变形，可直接根据地基承载力确定墙、柱基础的底面尺寸，然后根据基础台阶宽高比的允许值由式（5-75）确定基础的高度。

对于横墙基础，通常沿墙轴线方向取单宽 1.0m 为计算单元，承受的荷载为左、右 1/2 开间范围内全部均布永久荷载和活荷载，按条形基础计算。对于纵墙基础，其计算单元取一个开间，将屋盖、楼盖传来的荷载及墙体、门窗自重的总和折算为沿墙长单宽 1.0m 的均布荷载，按条形基础计算。对于带壁柱的条形基础，其计算单元为以壁柱轴线为中心，两侧各

取相邻壁柱间距的 $1/2$，且应按 T 形截面计算。具体计算公式可参照第 3.6.1 节的内容确定基础的底面尺寸。

一般多层砌体结构房屋墙、柱的基础，常采用无筋扩展基础，基础高度应符合下式要求：

$$H_0 \geqslant \frac{b-b_0}{2\tan\alpha} \tag{5-75}$$

式中　H_0、b——基础高度及基础底面宽度（m）；

　　　　b_0——基础顶面的墙体宽度或柱脚宽度（m）；

　　　　$\tan\alpha$——基础台阶宽高比 $b_2:H_0$，其允许值可按表 5-29 选用，b_2 为基础台阶宽度（m）。

表 5-29　无筋扩展基础台阶宽高比的允许值

基础材料	质量要求	台阶宽高比的允许值		
		$p_k \leqslant 100$	$100 < p_k \leqslant 200$	$200 < p_k \leqslant 300$
混凝土基础	C20 混凝土	1：1.00	1：1.00	1：1.25
毛石混凝土基础	C20 混凝土	1：1.00	1：1.25	1：1.50
砖基础	砖不低于 MU10、砂浆不低于 M5	1：1.50	1：1.50	1：1.50
毛石基础	砂浆不低于 M5	1：1.25	1：1.50	—
灰土基础	体积比为 3：7 或 2：8 的灰土，其最小干密度：粉土 1550kg/m³、粉质黏土 1500kg/m³、黏土 1450kg/m³	1：1.25	1：1.50	
三合土基础	体积比为 1：2：4～1：3：6（石灰：砂：集料），每层约虚铺 220mm，夯至 150mm	1：1.50	1：2.00	—

注：1. p_k 为作用标准组合时基础底面处的平均压力值（kPa）。

　　2. 阶梯形毛石基础的每阶伸出宽度，不宜大于 200mm。

　　3. 当基础由不同材料叠合组成时，应对接触部分做抗压验算。

　　4. 混凝土基础单侧扩展范围内基础底面处的平均压力值超过 300kPa 时，尚应进行抗剪验算；对基底反力集中于立柱附近的岩石地基，应进行局部受压承载力验算。

采用无筋扩展基础的钢筋混凝土柱，其柱脚高度 h_1 不得小于 b_1（图 5-49），也不应小于 300mm，且不小于 $20d$。当柱纵向钢筋在柱脚内的竖向锚固长度不满足锚固要求时，可沿

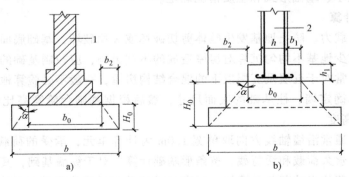

图 5-49　无筋扩展基础的构造

1—承重墙　2—钢筋混凝土柱

水平方向弯折，弯折后的水平锚固长度不应小于 $10d$，也不应大于 $20d$（d 为柱中的纵向受力钢筋的最大直径）。

5.5.7　房屋墙体设计实例

砌体结构房屋的墙体设计步骤概括如下：

（1）**初步选择墙体材料和截面尺寸**　通常可采用建筑方案图中的墙体截面尺寸。在选择砌体材料时，要符合材料最低强度等级的规定（见表 5-1），且在同一层内采用同一种类且相同强度等级的块体和砂浆。

（2）**确定房屋的静力计算方案**　按楼屋盖类别和横墙最大间距确定静定计算方案，并由此选定墙体的计算简图。

（3）**验算墙体高厚比**　设计时并不需要验算房屋中每层、每道墙体的高厚比，而是视房屋中墙体高度、截面尺寸、洞口和砂浆强度等级，选取最不利部位的墙体进行高厚比验算。

（4）**选择计算单元并进行荷载和内力计算**　应先分别根据纵墙和横墙选取荷载大而承载能力薄弱或有代表性的部位为计算单元，然后计算出楼屋面永久荷载、可变荷载及墙体自重，最后分层计算墙体控制截面的压力和偏心距。对于墙体的受压承载力，其控制截面为每层的墙顶截面和墙底截面。

（5）**墙体受压承载力计算**　对于纵墙，房屋每层墙顶截面应进行偏心受压和局部受压承载力计算，墙底截面按轴心受压承载力计算。对于横墙，通常承受均布压力，可只计算墙底截面的轴心受压承载力。

1．工程概况

某四层教学楼，采用内廊式建筑，不上人屋面，女儿墙高为 0.5m。平面、剖面图见图 5-50。层高为 3.6m，室内外高差 0.45m，房屋建筑总高度 14.85m。建筑耐火等级为二级。工程做法见表 5-30。采用塑钢窗，尺寸为 1800mm×1800mm，门尺寸均为 1000mm×2100mm。

表 5-30　工程做法

类别	名称	工程做法	类别	名称	工程做法
不上人屋面	1 级防水保温屋面	20mm 厚 1:3 水泥砂浆 高聚物改性沥青防水卷材 20mm 厚 1:3 水泥砂浆 40mm 厚挤塑聚苯板保温层 1:8 膨胀珍珠岩砂浆找坡 2% 最小 30mm 厚 130mm 厚装配整体式叠合屋面板 V 型轻钢龙骨吊顶	地面	水磨石地面	水磨石地面 20mm 厚 1:3 水泥浆一道（内掺建筑胶） 80mm 厚 C15 混凝土垫层 素土夯实
楼面	水磨石楼面	水磨石楼面 15mm 厚 1:3 水泥浆一道（内掺建筑胶） 130mm 厚装配整体式叠合楼面板 V 型轻钢龙骨吊顶	240mm 外纵墙	饰面砖+保温墙体	外墙饰面砖（外侧） 40mm 不燃型复合膨胀聚苯乙烯保温板 15mm 厚水泥砂浆 240mm 厚砖墙 15mm 厚水泥砂浆 刷白色乳胶漆（内侧）

（续）

类别	名称	工程做法	类别	名称	工程做法
370mm 外纵墙	饰面砖+保温墙体	外墙饰面砖（外侧） 40mm 不燃型复合膨胀聚苯乙烯保温板 15mm 厚水泥砂浆 370mm 厚砖墙 15mm 厚水泥砂浆 刷白色乳胶漆（内侧）	240mm 内墙	乳胶漆墙体	刷白色乳胶漆 15mm 厚水泥砂浆 240mm 厚砖墙 15mm 厚水泥砂浆 刷白色乳胶漆

结构形式为砖混结构，楼屋面采用 130mm 厚的装配整体式叠合楼屋板。结构安全等级为二级，设计使用年限为 50 年。各层墙厚及材料类型见表 5-31，施工质量控制等级为 B 级。基本风压为 $0.3kN/m^2$，地面粗糙度为 B 类；不上人屋面活荷载标准值为 $0.5kN/m^2$；教室的活荷载标准值为 $2.5kN/m^2$；走廊的活荷载标准值为 $3.5kN/m^2$，塑钢窗自重标准值为 $0.4kN/m^2$。图 5-51 中梁 L1 截面尺寸为 240mm×500mm，梁 L2 截面尺寸为 240mm×450mm，混凝土强度等级为 C30。梁在墙上的支承长度为 240mm，板在墙上的支承长度为 120mm。

该建筑区地层的持力层为黏性土，孔隙比 $e = 0.65$，液性指数 $I_L = 0.7$，地基承载力特征值 $f_{ak} = 250kPa$，不考虑地下水对该建筑材料侵蚀作用，也不考虑土的液化。场地类别为 Ⅱ 类，基础埋深为 1.8m，采用墙下条形基础。按非抗震进行墙体及基础设计。

表 5-31　各层墙厚及材料类型

层数	纵墙厚/mm	横墙厚/mm	材料类型
女儿墙	240	—	MU10 普通烧结砖和 M5 混合砂浆
4	240	240	MU10 普通烧结砖和 M5 混合砂浆
3	240	240	MU10 普通烧结砖和 M5 混合砂浆
2	370	240	MU10 普通烧结砖和 M7.5 混合砂浆
1	370	240	MU10 普通烧结砖和 M7.5 混合砂浆

2. 墙体高厚比验算

（1）确定房屋的静力计算方案　本教学楼采用装配整体式叠合楼（屋）面板，为 1 类楼屋盖，横墙的最大间距为①~③轴之间的外纵墙 $s = 3 \times 3.6m = 10.8m < 32m$，查表 5-25 知，房屋静力计算方案属于刚性方案。

（2）外纵墙高厚比验算

1）第 1 层 D 轴/①~③轴外纵轴高厚比验算。M7.5 混合砂浆砌筑时，查表 5-26 得 $[\beta] = 26$。底层墙体高度 $H_{底} = 3.6m + 0.5m$（室外地坪至基础顶面）$+ 0.45m$（室内外高差）$= 4.55m$。由横墙间距 $s = 10.8m$，墙体高度 $H = 4.55m$，静力计算方案为刚性方案，因 $s > 2H$，查表 5-21 得计算高度 $H_0 = 1.0H = 4.55m$，$\mu_1 = 1.0$。

$$\mu_2 = 1 - 0.4 \frac{b_s}{s} = 1 - 0.4 \times \frac{3 \times 1.8m}{10.8m} = 0.8 > 0.7，取 \mu_2 = 0.8$$

$$\beta = \frac{H_0}{h} = \frac{4550mm}{370mm} = 12.3 \leqslant \mu_1 \mu_2 [\beta] = 1.0 \times 0.8 \times 26 = 20.8 \quad （满足要求）$$

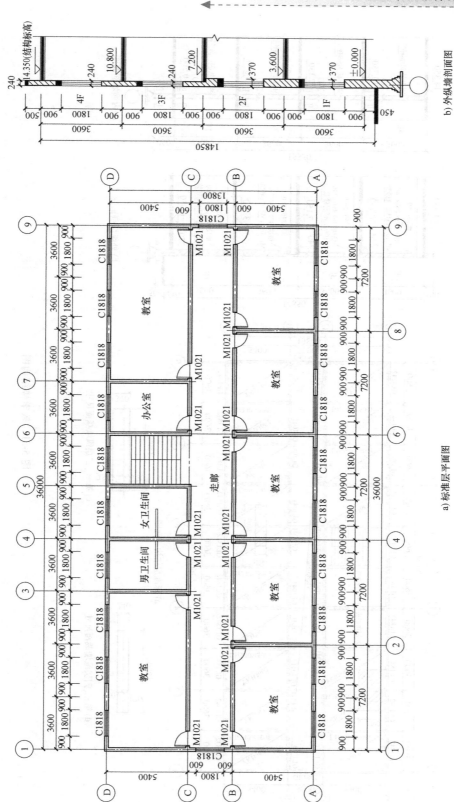

a) 标准层平面图

b) 外纵墙剖面图

图 5-50 教学楼建筑图

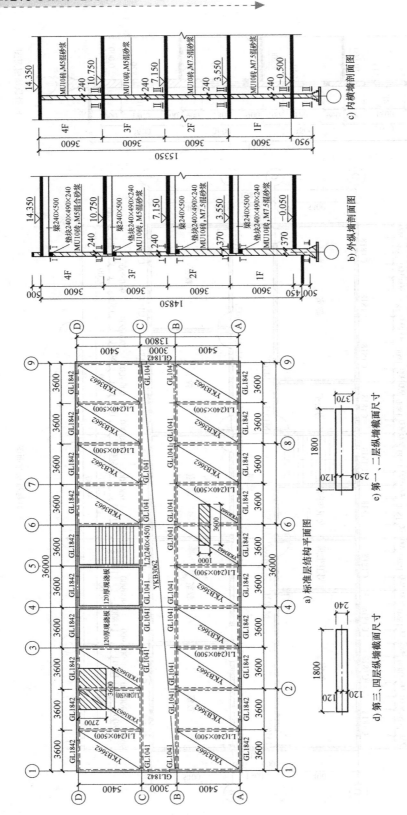

图 5-51　教学楼结构图

2）**第 2 层 D 轴/①～③轴外纵轴高厚比验算**。M7.5 混合砂浆砌筑时，查表 5-26 得 $[\beta]=26$。由横墙间距 $s=10.8m$，墙体高度 $H=3.6m$，静力计算方案为刚性方案，因 $s>2H$，查表 5-21 得计算高度 $H_0=1.0H=3.6m$，$\mu_1=1.0$，$\mu_2=0.8$。

$$\beta=\frac{H_0}{h}=\frac{3600mm}{370mm}=9.73\leqslant\mu_1\mu_2[\beta]=1.0\times0.8\times26=20.8 \quad （满足要求）$$

3）**第 3 层或第 4 层 D 轴/①～③轴外纵轴高厚比验算**。M5 混合砂浆砌筑时，查表 5-26 得 $[\beta]=24$。由横墙间距 $s=10.8m$，墙体高度 $H=3.6m$，静力计算方案为刚性方案，因 $s>2H$，查表 5-21 得计算高度 $H_0=1.0H=3.6m$，$\mu_1=1.0$，$\mu_2=0.8$。

$$\beta=\frac{H_0}{h}=\frac{3600mm}{240mm}=15\leqslant\mu_1\mu_2[\beta]=1.0\times0.8\times24=19.2 \quad （满足要求）$$

（3）**内纵墙高厚比验算** 因内纵墙上门洞比外纵墙小，故不必验算也能满足高厚比要求。

（4）**横墙高厚比验算**

1）**底层横墙**。墙厚 240mm，M7.5 混合砂浆砌筑时，查表 5-26 得 $[\beta]=26$。由纵墙间距 $s=5.4m$，墙体高度 $H_底=4.55m$，静力计算方案为刚性方案，因 $2H>s>H$，查表 5-21 得计算高度 $H_0=0.4s+0.2H=0.4\times5.4m+0.2\times4.55m=3.07m$，$\mu_1=1.0$，无洞口 $\mu_2=1.0$。

$$\beta=\frac{H_0}{h}=\frac{3070mm}{240mm}=12.8\leqslant\mu_1\mu_2[\beta]=1.0\times1.0\times26=26 \quad （满足要求）$$

2）**第 2 层横墙**。墙厚 240mm，M7.5 混合砂浆砌筑时，查表 5-26 得 $[\beta]=26$。由纵墙间距 $s=5.4m$，墙体高度 $H=3.6m$，静力计算方案为刚性方案，因 $2H>s>H$，查表 5-21 得计算高度 $H_0=0.4s+0.2H=0.4\times5.4m+0.2\times3.6m=2.88m$，$\mu_1=1.0$，无洞口 $\mu_2=1.0$。

$$\beta=\frac{H_0}{h}=\frac{2880mm}{240mm}=12\leqslant\mu_1\mu_2[\beta]=1.0\times1.0\times26=26 \quad （满足要求）$$

3）**第 3 层或第 4 层横墙**。墙厚 240mm，M5 混合砂浆砌筑时，查表 5-26 得 $[\beta]=24$。由纵墙间距 $s=5.4m$，墙体高度 $H=3.6m$，静力计算方案为刚性方案，因 $2H>s>H$，查表 5-21 得计算高度 $H_0=0.4s+0.2H=0.4\times5.4m+0.2\times3.6m=2.88m$，$\mu_1=1.0$，无洞口 $\mu_2=1.0$。

$$\beta=\frac{H_0}{h}=\frac{2880mm}{240mm}=12\leqslant\mu_1\mu_2[\beta]=1.0\times1.0\times24=24 \quad （满足要求）$$

3. 荷载计算

（1）**屋面荷载**（板厚 $h=130mm$）

20mm 厚 1:3 水泥砂浆	$0.02m\times20kN/m^3=0.40kN/m^2$
高聚物改性沥青防水卷材	$0.04kN/m^2$
20mm 厚 1:3 水泥砂浆	$0.02m\times20kN/m^3=0.40kN/m^2$
40mm 厚挤塑聚苯板保温层	$0.04m\times4kN/m^3=0.16kN/m^2$
1:8 膨胀珍珠岩砂浆找坡 2% 最小 30mm 厚	
	$(0.03+13.8\times0.02/2)m\times7.0kN/m^3=1.18kN/m^2$
130mm 厚装配整体式叠合屋面板	$0.13m\times25kN/m^3=3.25kN/m^2$
V 型轻钢龙骨吊顶	$0.25kN/m^2$

屋面永久荷载标准值合计	$g_k = 5.68 \text{kN/m}^2$ 取 $g_k = 5.7 \text{kN/m}^2$
不上人屋面活荷标准值	$q_k = 0.5 \text{kN/m}^2$

（2）**楼面荷载**（板厚 $h = 130\text{mm}$）

水磨石地面	0.65kN/m^2
20mm 厚 1:3 水泥砂浆找平层	$0.015\text{m} \times 20 \text{kN/m}^3 = 0.30 \text{kN/m}^2$
130mm 厚装配整体式叠合楼面板	$0.13\text{m} \times 25 \text{kN/m}^3 = 3.25 \text{kN/m}^2$
V 型轻钢龙骨吊顶	0.25kN/m^2

楼面永久荷载标准值合计	$g_k = 4.45 \text{kN/m}^2$ 取 $g_k = 4.5 \text{kN/m}^2$
教室活荷标准值	$q_k = 2.5 \text{kN/m}^2$

（3）**240mm 厚外墙砖自重**

外墙饰面砖（外侧）	0.50kN/m^2
40mm 不燃型复合膨胀聚苯乙烯保温板	$0.04\text{m} \times 0.5 \text{kN/m}^3 = 0.02 \text{kN/m}^2$
15mm 厚水泥砂浆	$0.015\text{m} \times 20 \text{kN/m}^3 = 0.30 \text{kN/m}^2$
240mm 厚砖墙	$0.24\text{m} \times 19 \text{kN/m}^3 = 4.56 \text{kN/m}^2$
15mm 厚水泥砂浆	$0.015\text{m} \times 20 \text{kN/m}^3 = 0.30 \text{kN/m}^2$
刷白色乳胶漆（内侧）	0.20kN/m^2

荷载标准值合计	$g_k = 5.88 \text{kN/m}^2$，取 $g_k = 5.9 \text{kN/m}^2$

（4）**370mm 厚外墙砖自重**

外墙饰面砖（外侧）	0.50kN/m^2
40mm 不燃型复合膨胀聚苯乙烯保温板	$0.04\text{m} \times 0.5 \text{kN/m}^3 = 0.02 \text{kN/m}^2$
15mm 厚水泥砂浆	$0.015\text{m} \times 20 \text{kN/m}^3 = 0.30 \text{kN/m}^2$
370mm 厚砖墙	$0.37\text{m} \times 19 \text{kN/m}^3 = 7.03 \text{kN/m}^2$
15mm 厚水泥砂浆	$0.015\text{m} \times 20 \text{kN/m}^3 = 0.30 \text{kN/m}^2$
刷白色乳胶漆（内侧）	0.10kN/m^2

荷载标准值合计	$g_k = 8.35 \text{kN/m}^2$，取 $g_k = 8.4 \text{kN/m}^2$

（5）**240mm 厚内墙砖自重**

刷白色乳胶漆	0.10kN/m^2
15mm 厚水泥砂浆	$0.015\text{m} \times 20 \text{kN/m}^3 = 0.30 \text{kN/m}^2$
240mm 厚砖墙	$0.24\text{m} \times 19 \text{kN/m}^3 = 4.56 \text{kN/m}^2$
15mm 厚水泥砂浆	$0.015\text{m} \times 20 \text{kN/m}^3 = 0.30 \text{kN/m}^2$
刷白色乳胶漆	0.10kN/m^2

荷载标准值合计	$g_k = 5.36 \text{kN/m}^2$，取 $g_k = 5.4 \text{kN/m}^2$

（6）**塑钢玻璃窗自重**

	0.4kN/m^2

（7）**屋面梁、楼面自重（包括 20mm 混合砂浆抹灰在内）标准值**

$0.24×0.5×25kN/m+0.02×[0.24+2×(0.5-0.13)]×17kN/m=3.33kN/m$，取 $3.4kN/m$

（8）**风荷载标准值**　由于基本风压为 $0.3kN/m^2$，且房屋小于 4m，房屋总高小于 28m，洞口水平截面面积不超过全截面面积的 2/3，故静力计算可不考虑风荷载的影响。

4. 外纵墙体承载力验算

（1）**计算单元**　对于该房屋的外纵墙，D 轴墙比 A 轴墙不利。对于 B、C 轴的内纵墙，走廊楼面传来的荷载虽使内纵墙上的竖向压力有所增加，但梁（板）支承外墙体轴向力的偏心距却有所减小，且内纵墙的洞口宽度也较外纵墙小，故 B、C 轴的内纵墙比 D 轴墙有利。最后只对 D 轴对应的外纵墙进行验算。计算单元取一开间，其受荷面积为 $3.6m×2.7m=9.72m^2$，近似以轴线尺寸计算，见图 5-51a。

（2）**荷载计算**

屋面板及屋面梁传来的永久荷载　$(5.7×9.72+3.4×5.4/2)kN=64.58kN$

屋面板传来的活荷载　$(0.5×9.72)kN=4.86kN$

2~4 层楼面板及楼面梁传来的永久荷载　$(4.5×9.72+3.4×5.4/2)kN=52.92kN$

2~4 层楼面板传来的活荷载　$(2.5×9.72)kN=24.3kN$

女儿墙自重（0.5m 高，240mm 厚）　$(3.6×0.5×5.9)kN=10.62kN$

第 3、4 层 240mm 厚外墙重和窗重

　　　　$(3.6×3.6-1.8×1.8)×5.9kN+1.8×1.8×0.4kN(窗重)=58.6kN$

第 2 层 370mm 厚外墙重和窗重

　　　　$(3.6×3.6-1.8×1.8)×8.4kN+1.8×1.8×0.4kN(窗重)=82.9kN$

第 1 层 370mm 厚墙重和窗重

　　　　$(3.6×4.55-1.8×1.8)×8.4kN+1.8×1.8×0.4kN(窗重)=111.7kN$

（3）**控制截面的内力计算**　永久荷载分项系数 $\gamma_G=1.3$，活荷载分项系数 $\gamma_Q=1.5$。对砖砌体，当梁的跨度大于 4.8m 时，应在支承砌体上设置钢筋混凝土垫块。屋面梁或楼面梁截面尺寸为 240mm×500mm。

1）**第 4 层**。窗间墙截面面积 $A=1800mm×240mm=432000mm^2$，采用 MU10 烧结普通砖和 M5 混合砂浆，查表 5-11 得砌体抗压强度设计值 $f=1.5MPa$。

① I—I 截面（第 4 层墙顶）。

女儿墙传来的轴向力设计值 $N_u^{4I}=1.3×10.62kN=13.8kN$

屋面梁、板传来的轴向力设计值 $N_l^{4I}=1.3×64.58kN+1.5×4.86kN=91.2kN$

总的轴向力设计值 $N^{4I}=N_u^{4I}+N_l^{4I}=13.8kN+91.2kN=105kN$

屋面梁端设有刚性垫块，由于上部轴向力设计值 N_u^{4I} 作用在整个窗间墙上，故上部压应力平均值 $\sigma_0=\dfrac{13.8×10^3N}{432000mm^2}=0.032N/mm^2$。

$\sigma_0/f=0.032/1.5=0.021$，查表 5-23 得 $\delta_1=5.432$，代入式（5-50）得梁在垫块上的有效支承长度 a_0：

$$a_0=\delta_1\sqrt{\dfrac{h_c}{f}}=5.432×\sqrt{\dfrac{500}{1.5}}mm=99.2mm$$

N_l^{4I} 对窗间墙形心的偏心距 $e_{4l}=y_2-0.4a_0=240\text{mm}/2-0.4\times99.2\text{mm}=80.32\text{mm}$

N^{4I} 对窗间墙形心的偏心距

$$e_4=\frac{N_l^{4I}e_{4l}}{N^{4I}}=\frac{91.2\text{kN}\times80.32\text{mm}}{105\text{kN}}=69.8\text{mm}<0.6y_2=0.6\times240\text{mm}/2=72\text{mm}$$

② Ⅱ—Ⅱ截面（第4层墙底）。总的轴向力设计值

$$N^{4\text{Ⅱ}}=N^{4I}+第4层墙重=105\text{kN}+1.3\times58.6\text{kN}=181.2\text{kN}$$

2）**第3层**。窗间墙截面面积 $A=1800\text{mm}\times240\text{mm}=432000\text{mm}^2$，采用 MU10 烧结普通砖和 M5 混合砂浆，查表 5-11 得砌体抗压强度设计值 $f=1.5\text{MPa}$。

① Ⅰ—Ⅰ截面（第3层墙顶）。

上部荷载传来的轴向力设计值 $N_u^{3I}=181.2\text{kN}$

楼面梁、板传来的轴向力设计值 $N_l^{3I}=1.3\times52.92\text{kN}+1.5\times24.3\text{kN}=105.2\text{kN}$

总的轴向力设计值 $N^{3I}=N_u^{3I}+N_l^{3I}=181.2\text{kN}+105.2\text{kN}=286.4\text{kN}$

楼面梁端设有刚性垫块，由于上部轴向力设计值 N_u^{3I} 作用在整个窗间墙上，故上部压应力平均值

$$\sigma_0=\frac{181.2\times10^3\text{N}}{432000\text{mm}^2}=0.419\text{N}/\text{mm}^2$$

$\sigma_0/f=0.419/1.5=0.279$，查表 5-23 得 $\delta_1=5.819$，代入式（5-50）得梁在垫块上的有效支承长度 a_0：

$$a_0=\delta_1\sqrt{\frac{h_c}{f}}=5.819\times\sqrt{\frac{500}{1.5}}\text{mm}=106.2\text{mm}$$

N_l^{3I} 对窗间墙形心的偏心距 $e_{3l}=y_2-0.4a_0=240\text{mm}/2-0.4\times106.2\text{mm}=77.52\text{mm}$

N^{3I} 对窗间墙形心的偏心距

$$e_3=\frac{N_l^{3I}e_{3l}}{N^{3I}}=\frac{105.2\text{kN}\times77.52\text{mm}}{286.4\text{kN}}=28.5\text{mm}<0.6y_2=0.6\times240\text{mm}/2=72\text{mm}$$

② Ⅱ—Ⅱ截面（第3层墙底）。总的轴向力设计值

$$N^{3\text{Ⅱ}}=N^{3I}+第3层墙重=286.4\text{kN}+1.3\times58.6\text{kN}=362.58\text{kN}$$

3）**第2层**。窗间墙截面面积 $A=1800\text{mm}\times370\text{mm}^2=666000\text{mm}^2$，采用 MU10 烧结普通砖和 M7.5 混合砂浆，查表 5-11 得砌体抗压强度设计值 $f=1.69\text{MPa}$。

① Ⅰ—Ⅰ截面（第2层墙顶）。

上部荷载传来的轴向力设计值 $N_u^{2I}=362.58\text{kN}$

楼面梁板传来的轴向力设计值 $N_l^{2I}=1.3\times52.92\text{kN}+1.5\times24.3\text{kN}=105.2\text{kN}$

总的轴向力设计值 $N^{2I}=N_u^{2I}+N_l^{2I}=362.58\text{kN}+105.2\text{kN}=467.78\text{kN}$

楼面梁端设有刚性垫块，由于上部轴向力设计值 N_u^{2I} 作用在整个窗间墙上，故上部压应力平均值为 $\sigma_0=\dfrac{362.58\times10^3\text{N}}{666000\text{mm}^2}=0.544\text{N}/\text{mm}^2$。

$\sigma_0/f=0.544/1.69=0.322$，查表 5-23 得 $\delta_1=5.883$，代入式（5-50）得梁在垫块上的有

效支承长度 a_0：

$$a_0 = \delta_1 \sqrt{\frac{h_c}{f}} = 5.883 \times \sqrt{\frac{500}{1.69}} \text{mm} = 101.2 \text{mm}$$

$N_l^{2\,I}$ 对窗间墙形心的偏心距 $e_{2l} = y_2 - 0.4 a_0 = 370 \text{mm}/2 - 0.4 \times 101.2 \text{mm} = 144.52 \text{mm}$

$N^{2\,I}$ 对窗间墙形心的偏心距

$$e_2 = \frac{N_l^{2\,I} e_{2l}}{N^{2\,I}} = \frac{105.2 \text{kN} \times 144.52 \text{mm}}{467.78 \text{kN}} = 32.5 \text{mm} < 0.6 y_2 = 0.6 \times 370 \text{mm}/2 = 111 \text{mm}$$

② Ⅱ—Ⅱ 截面（第 2 层墙底）。总的轴向力设计值

$$N^{2\,II} = N^{2\,I} + \text{第 2 层墙重} = 467.78 \text{kN} + 1.3 \times 82.9 \text{kN} = 575.55 \text{kN}$$

4）**第 1 层**。窗间墙截面面积 $A = 1800 \text{mm} \times 370 \text{mm}^2 = 666000 \text{mm}^2$，采用 MU10 烧结普通砖和 M7.5 混合砂浆，查表 5-11 得砌体抗压强度设计值 $f = 1.69 \text{MPa}$。

① Ⅰ—Ⅰ 截面（第 1 层墙顶）。

上部荷载传来的轴向力设计值 $N_u^{1\,I} = 575.55 \text{kN}$

楼面梁板传来的轴向力设计值 $N_l^{1\,I} = 1.3 \times 52.92 \text{kN} + 1.5 \times 24.3 \text{kN} = 105.2 \text{kN}$

总的轴向力设计值 $N^{1\,I} = N_u^{1\,I} + N_l^{1\,I} = 575.55 \text{kN} + 105.2 \text{kN} = 680.75 \text{kN}$

楼面梁端设有刚性垫块，由于上部轴向力设计值 $N_u^{1\,I}$ 作用在整个窗间墙上，故上部压应力平均值为 $\sigma_0 = \dfrac{575.55 \times 10^3 \text{N}}{666000 \text{mm}^2} = 0.864 \text{N/mm}^2$。

$\sigma_0/f = 0.864/1.69 = 0.511$，查表 5-23 得 $\delta_1 = 6.50$，代入式（5-50）得梁在垫块上的有效支承长度 a_0：

$$a_0 = \delta_1 \sqrt{\frac{h_c}{f}} = 6.50 \times \sqrt{\frac{500}{1.69}} \text{mm} = 111.8 \text{mm}$$

$N_l^{1\,I}$ 对窗间墙形心的偏心距 $e_{1l} = y_2 - 0.4 a_0 = 370 \text{mm}/2 - 0.4 \times 111.8 \text{mm} = 140.28 \text{mm}$

$N^{1\,I}$ 对窗间墙形心的偏心距

$$e_1 = \frac{N_l^{1\,I} e_{1l}}{N^{1\,I}} = \frac{105.2 \text{kN} \times 140.28 \text{mm}}{680.75 \text{kN}} = 21.7 \text{mm} < 0.6 y_2 = 0.6 \times 370 \text{mm}/2 = 111 \text{mm}$$

② Ⅱ—Ⅱ 截面（基础顶面）。总的轴向力设计值

$$N^{1\,II} = N^{1\,I} + \text{第 1 层墙重} = 680.75 \text{kN} + 1.3 \times 111.7 \text{kN} = 825.96 \text{kN}$$

（4）**截面承载力验算**　在进行墙体强度验算时，应取最不利截面进行计算，即内力较大的截面或断面削弱的截面或材料强度改变的截面，故可对每层墙体进行强度验算。墙体的控制截面取每层墙顶 Ⅰ—Ⅰ 截面和墙底 Ⅱ—Ⅱ 截面，见图 5-51b。在 Ⅰ—Ⅰ 截面既有弯矩又有轴力，按偏心受压验算，同时还需验算梁下垫块的局部受压承载力；在 Ⅱ—Ⅱ 截面按轴心受压验算。

第 3、4 层窗间墙截面面积 $A = 432000 \text{mm}^2$，第 1、2 层窗间墙截面面积 $A = 666000 \text{mm}^2$，均大于 0.3m^2，不考虑砌体强度调整系数，即 $\gamma_a = 1.0$。烧结普通砖砌体 $\gamma_\beta = 1.0$。按公式 $N \leqslant \varphi f A$ 计算，影响系数按式（5-28）或式（5-29）计算，其承载力计算结果见表 5-32。

表 5-32　纵墙截面受压承载力验算

截面	第 4 层		第 3 层		第 2 层		第 1 层	
	Ⅰ—Ⅰ	Ⅱ—Ⅱ	Ⅰ—Ⅰ	Ⅱ—Ⅱ	Ⅰ—Ⅰ	Ⅱ—Ⅱ	Ⅰ—Ⅰ	Ⅱ—Ⅱ
内力 N/kN	105	181.2	286.4	362.58	467.78	575.55	680.75	825.96
抗压强度设计值 f/MPa	1.5	1.5	1.5	1.5	1.69	1.69	1.69	1.69
截面面积 A/mm²	432000	432000	432000	432000	666000	666000	666000	666000
计算高度 H_0/mm	3600	3600	3600	3600	3600	3600	4550	4550
截面厚度 h/mm	240	240	240	240	370	370	370	370
高厚比 $\beta=\gamma_\beta H_0/h$	15.0	15.0	15.0	15.0	9.73	9.73	12.3	12.3
偏心距 e_i/mm	69.8	0	28.5	0	32.5	0	21.7	0
e_i/h	0.291	0	0.119	0	0.088	0	0.059	0
影响系数 φ	0.284	0.748	0.504	0.748	0.683	0.876	0.684	0.815
$N_u(N_u=\varphi fA)$/kN	183.93	484.49	326.51	484.49	768.87	985.59	770.07	917.44
N_u/N	1.75	2.67	1.14	1.34	1.64	1.71	1.13	1.11
结论	满足要求	满足要求	满足要求	满足要求	满足要求	满足要求	满足要求	满足要求

（5）**梁下垫块局部受压承载力验算**　在梁端下设置刚性垫块的截面尺寸 $a_b \times b_b \times t_b =$ 240mm×490mm×240mm，混凝土强度等级为 C30。因第 1 层 Ⅰ—Ⅰ 截面验算局部受压内力最大，故对该位置进行梁下垫块的局部受压承载力验算。

已知上部荷载传来的轴向力设计值 $N_u = 575.55$kN；楼面梁板传来的轴向力设计值 $N_l = 105.2$kN；总的轴向力设计值 $N = 680.75$kN；上部压应力平均值为 $\sigma_0 = 0.864$N/mm²，梁在垫块上的有效支承长度 $a_0 = 111.8$mm。

垫块面积 $A_b = a_b b_b = 240$mm×490mm $= 117600$mm²

局部受压计算面积 $A_0 = 370$mm×（370×2+490）mm $= 455100$mm²

垫块外砌体面积的有利影响系数

$$\gamma_1 = 0.8 \times \left(1+0.35\sqrt{\frac{A_0}{A_b}-1}\right) = 0.8 \times \left(1+0.35\sqrt{\frac{455100\text{mm}^2}{117600\text{mm}^2}-1}\right) = 1.27 > 1.0$$

$$N_0 = \sigma_0 A_b = 0.864 \times 117600\text{N} = 101.6\text{kN}$$

N_l 对垫块形心的偏心距 $e_l = \dfrac{a_b}{2}-0.4a_0 = \dfrac{240\text{mm}}{2}-0.4\times111.8\text{mm} = 75.28\text{mm}$

总的轴向力 N 对垫块形心的偏心距 $e = \dfrac{N_l e_l}{N} = \dfrac{105.2\text{kN}\times75.28\text{mm}}{680.75\text{kN}} = 11.6\text{mm}$

由 $\dfrac{e}{h} = \dfrac{e}{a_b} = \dfrac{11.6\text{mm}}{240\text{mm}} = 0.048$ 和 $\beta \leqslant 3$，代入式（5-27）得

$$\varphi = \frac{1}{1+12\left(\dfrac{e}{h}\right)^2} = \frac{1}{1+12\times0.048^2} = 0.973$$

$$N_0+N_l = 101.6\text{kN}+105.2\text{kN} = 206.8\text{kN} \leqslant \varphi\gamma_1 fA_b = 0.973\times1.27\times1.69\times117600\text{N} = 245.6\text{kN}$$

梁下设垫块局部受压承载力满足要求。

计算结论：该教学楼承重纵墙均采用 MU10 烧结普通砖，第 1、2 层采用 M7.5 混合砂浆，第 3、4 层及女儿墙采用 M5 混合砂浆，均满足受压承载力要求。同时梁端下设置刚性垫块的截面尺寸 $a_b \times b_b \times t_b = 240mm \times 490mm \times 240mm$，局部受压承载力也满足要求。

5. 内横墙强度验算

取单宽 1m 为计算单元，受荷范围为 $1m \times 3.6m = 3.6m^2$。控制截面取各层的墙底截面 Ⅱ—Ⅱ 按轴压进行强度验算。横墙均为 240mm 的墙，截面面积 $A = 1m \times 0.24m = 0.24m^2 < 0.3m^2$，取砌体强度调整系数 $\gamma_a = 0.24 + 0.7 = 0.94$。2~4 层高厚比 $\beta = 12$，1 层高厚比 $\beta = 12.8$。

1）荷载计算。

底层墙重　$5.4kN/m^2 \times 4.55m \times 1m = 24.57kN$

其他层墙重　$5.4kN/m^2 \times 3.6m \times 1m = 19.44kN$

屋面板传到横墙上的永久荷载标准值　$5.7kN/m^2 \times 3.6m \times 1m = 20.52kN$

屋面板传到横墙上的活荷载标准值　$0.5kN/m^2 \times 3.6m \times 1m = 1.8kN$

楼面板传到横墙上的永久荷载标准值　$4.5kN/m^2 \times 3.6m \times 1m = 16.2kN$

楼面板传到横墙上的活荷载标准值　$2.5kN/m^2 \times 3.6m \times 1m = 9kN$

第 4 层墙体 Ⅰ—Ⅰ 截面荷载设计值 $N_4^I = 1.3 \times 20.52kN + 1.5 \times 1.8kN = 29.4kN$

第 4 层墙体 Ⅱ—Ⅱ 截面荷载设计值 $N_4^{II} = 29.4kN + 19.44kN = 48.84kN$

第 3 层墙体 Ⅰ—Ⅰ 截面荷载设计值

$$N_3^I = 48.84kN + (1.3 \times 16.2 + 1.5 \times 9)kN = 48.84kN + 34.56kN = 83.4kN$$

第 3 层墙体 Ⅱ—Ⅱ 截面荷载设计值 $N_3^{II} = 83.4kN + 19.44kN = 102.84kN$

第 2 层墙体 Ⅰ—Ⅰ 截面荷载设计值

$$N_2^I = 102.84kN + (1.3 \times 16.2 + 1.5 \times 9)kN = 102.84kN + 34.56kN = 137.4kN$$

第 2 层墙体 Ⅱ—Ⅱ 截面荷载设计值 $N_2^{II} = 137.4kN + 19.44kN = 156.84kN$

第 1 层墙体 Ⅰ—Ⅰ 截面荷载设计值

$$N_1^I = 156.84kN + (1.3 \times 16.2 + 1.5 \times 9)kN = 156.84kN + 34.56kN = 191.4kN$$

第 1 层墙体 Ⅱ—Ⅱ 截面荷载设计值 $N_1^{II} = 191.4kN + 24.57kN = 215.97kN$

2）按轴压验算各层控制截面横墙承载力，计算结果见表 5-33。

计算结论：该教学楼承重横墙采用 MU10 烧结普通砖。第 1、2 层采用 M7.5 混合砂浆，第 3、4 层采用 M5 混合砂浆，受压承载力均满足要求。

6. 基础设计

根据地质资料，持力层为黏性土，孔隙比 $e = 0.65$，液性指数 $I_L = 0.7$，地基承载力特征值 $f_{ak} = 250kPa$，基础埋深为 1.8m（从室内地坪算起）。查《建筑地基基础设计规范》（GB 50007—2011）得 $\eta_b = 0.3$，$\eta_d = 1.6$，地基土及基础重度 $\gamma_m = 20kN/m^3$，假定基础宽度 $b < 3m$，取 $b = 3m$。

修正后的地基承载力特征值

$$f_a = f_{ak} + \eta_b \gamma (b-3) + \eta_d \gamma_m (d-0.5) = 250kPa + 1.6 \times 20 \times (1.8-0.5)kPa = 291.6kPa$$

表 5-33　横墙受压承载力

截面	第 4 层 Ⅱ—Ⅱ 截面	第 3 层 Ⅱ—Ⅱ 截面	第 2 层 Ⅱ—Ⅱ 截面	第 1 层 Ⅱ—Ⅱ 截面
内力 N/kN	48.84	102.84	156.84	215.97
抗压强度设计值 f/MPa	1.5	1.5	1.69	1.69
截面面积 A/mm²	240000	240000	240000	240000
强度调整系数 γ_a	0.94	0.94	0.94	0.94
高厚比 β	12	12	12	12.8
影响系数 $\varphi=\dfrac{1}{1+0.0015\beta^2}$	0.822	0.822	0.822	0.803
N_u ($N_u=\varphi\gamma_a fA$)/kN	278.2	278.2	313.4	306.2
N_u/N	5.70	2.71	2.0	1.42
结论	满足要求	满足要求	满足要求	满足要求

基础方案：采用 MU10 烧结普通砖，M7.5 水泥砂浆砌筑砖基础。垫层采用 100mm 高的 C20 混凝土。查表 5-29 得砖基础台阶宽高比允许值 $\tan a = 1:1.50$。

（1）**外纵墙下条形基础**　计算单元取一个开间，将屋盖、楼盖传来的荷载以及墙体、门窗自重的总和折算为沿墙长单宽 1.0m 的均布线荷载。

单位长度上外纵墙承受的轴向力标准值

$$N_k = \frac{[(64.58+4.86)+(52.92+24.3)\times 3+10.62+58.6\times 2+82.9+111.7]kN}{3.6m}$$

$$= 173.2kN/m$$

基础宽度 $b \geqslant \dfrac{N_k}{f_a-\gamma_m d} = \dfrac{173.2}{291.6-20\times 1.8}m = 0.68m$

符合砖模数，故取砖基础宽度为 $b=0.73m$。

砖基础高度　$H_0 \geqslant \dfrac{b-b_0}{2\tan a} = \dfrac{(730-370)mm}{2}\times 1.5 = 270mm$

符合砖模数，故取 $H_0 = 300mm$，外纵墙基础尺寸见图 5-52a。

（2）**内横墙下条形基础**　取单宽 1.0m 为计算单元，单位长度上内横墙承受的轴向力标准值

$$N_k = \frac{[(20.52+1.8)+(16.2+9)\times 3+19.44\times 3+24.57]kN}{1m} = 180.81kN/m$$

基础宽度 $b \geqslant \dfrac{N_k}{f_a-\gamma_m d} = \dfrac{180.81}{291.6-20\times 1.8}m = 0.71m$

符合砖模数，故取砖基础宽度为 $b=0.72m$。

砖基础高度　$H_0 \geqslant \dfrac{b-b_0}{2\tan a} = \dfrac{(720-240)mm}{2}\times 1.5 = 360mm$

符合砖模数，故取 $H_0 = 360mm$，内横墙基础尺寸见图 5-52b。

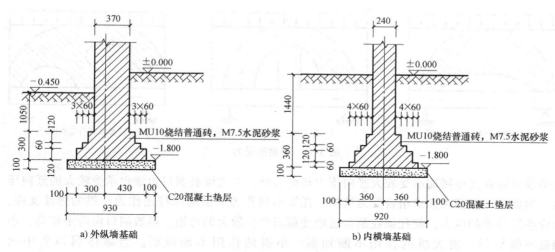

图 5-52　墙下条形基础

5.6　墙梁、挑梁、雨篷、过梁设计

5.6.1　墙梁设计

多层砌体房屋由于底层需要较大空间，上部砌体结构的内部墙体不能直接落地，需要在底层的钢筋混凝土托梁上砌筑墙体，这时托梁同时承托墙体自重及其上的楼（屋）盖荷载。墙体不仅作为荷载作用在托梁上，而且作为结构的一部分与托梁共同工作。这种**由钢筋混凝土托梁和梁上计算高度范围内的砌体墙组成的组合构件，称为墙梁**。

按照托梁的支承方式不同，墙梁可分为简支墙梁、连续墙梁和框支墙梁，见图 5-53。前两者的托梁支承在底层的墙体上，后者的托梁支承在下部的框支柱上。

按照是否承受楼板荷载，墙梁可分为自承重墙梁和承重墙梁。自承重墙梁仅承受托梁及上部墙体的自重，如单层工业厂房围护墙下的基础梁；承重墙梁除承受自重以外，还承受楼板传来的荷载，如底层为商店，上层为住宅的建筑。

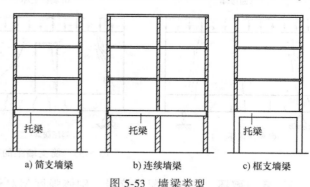

图 5-53　墙梁类型

1. 墙梁的受力性能及破坏形态

（1）**简支墙梁**　当托梁及其上部墙体达到一定强度后，墙体和托梁共同工作而形成墙梁组合构件，在裂缝出现前，如同由钢筋混凝土和砖砌体两种材料组成的深梁。根据有限元分析，在均布荷载作用下，当墙体上无洞口时（图 5-54a），主压应力直接指向支座，墙梁形成拱作用，托梁跨中截面处于偏心受拉状态。当墙体上开有偏洞口时（图 5-54c），主压应力迹线除呈拱形指向两端支座外，在大墙肢内还存在一小拱，分别指向洞口边缘和支座。

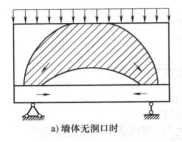
a) 墙体无洞口时

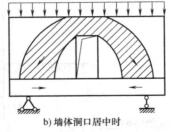
b) 墙体洞口居中时

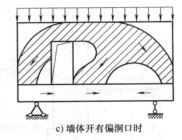
c) 墙体开有偏洞口时

图 5-54　墙梁的受力

托梁顶面除在支座两端承受较大竖向压力和剪力外，在大墙肢洞口边缘也承受较大的竖向压力，因而也可模拟为梁拱组合受力机构，托梁不仅作为大拱的拉杆还作为小拱的弹性支座，承受小拱传来的压力，使托梁在洞口边缘处截面产生较大的弯矩。随着洞口向跨中移动，小墙肢不断加强，使大拱的作用不断加强，小拱的作用不断减弱。当墙体洞口居中时（图 5-54b），小拱作用完全消失，托梁的受力又接近于无洞口的状况。

　　根据试验研究，影响墙梁破坏形态的因素较多，如墙体高跨比 h_w/l_0、托梁高跨比 h_b/l_0、砌体强度、混凝土强度、托梁纵筋配筋率、加载方式、集中力的剪跨比、墙体开洞情况及有无翼墙等。由于这些因素的不同，将发生如下几种破坏形态，见图 5-55：

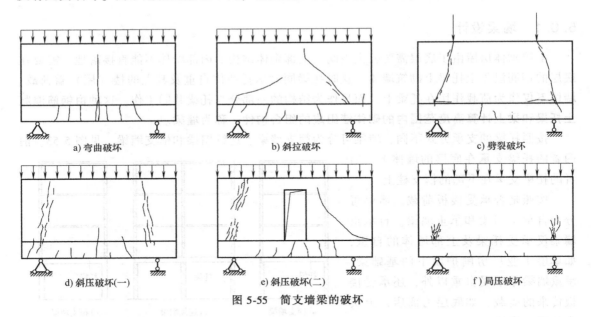

a) 弯曲破坏　　　　　　b) 斜拉破坏　　　　　　c) 劈裂破坏

d) 斜压破坏(一)　　　　e) 斜压破坏(二)　　　　f) 局压破坏

图 5-55　简支墙梁的破坏

　　1）**弯曲破坏**。当托梁配筋较弱，砌体强度相对较高时，墙体高跨比 h_w/l_0 较小，随着荷载的增加，托梁中段垂直裂缝将穿过界面而迅速上升，最后托梁下部和上部的纵向钢筋先后屈服，沿跨中垂直截面发生弯曲破坏，见图 5-55a。这时，砌体受压区往往只有 3~5 皮砖的高度，甚至更少，但在试验中未观察到受压区砌体沿水平方向被压碎的现象。临近破坏时，托梁中段受力较均匀，如同拱的拉杆。

　　2）**剪切破坏**。当托梁配筋较强，砌体强度相对较弱时，墙体高跨比 $h_w/l_0 < 0.75 \sim 0.80$，则由于支座上方砌体出现斜裂缝，并延伸至托梁而发生砖墙砌体的剪切破坏。剪切破坏又可

分为两种不同的破坏形态：斜拉破坏和斜压破坏。

① **斜拉破坏**。由于砌体沿齿缝的抗拉强度不足以抵抗主拉应力而形成沿灰缝阶梯形上升的比较平缓的斜裂缝，见图 5-55b。当墙体高跨比 $h_w/l_0 < 0.35 \sim 0.40$ 时，砂浆强度等级较低，或剪跨比 a_0/l_0 较大时，易发生这种破坏。此时，开裂荷载和破坏荷载比较接近，破坏突然，属于脆性破坏。

② **斜压破坏**。由于砌体斜向抗压强度不足以抵抗主压应力而引起的组合拱肋斜向压坏，见图 5-55d、e。这种破坏的特点是裂缝陡峭，倾角达 55°～60° 以上；裂缝较多且穿过砖和灰缝；破坏时有被压碎的砌体碎屑。其开裂荷载和受剪承载力均较大。当墙体高跨比 $h_w/l_0 > 0.40$ 或剪跨比 a_0/l_0 较小时易发生这种破坏。

此外，在集中荷载作用下，斜裂缝多出现在支座垫板与荷载作用点的连线上。斜裂缝出现突然，开裂不大但延伸较长，即沿一条上下贯通的主要斜裂缝破坏。开裂荷载和破坏荷载接近，属于劈裂破坏形态，见图 5-55c。由于没有预兆，这种破坏是很危险的。

托梁的剪切破坏仅当墙体较强托梁较弱时才发生，破坏截面靠近支座，斜裂缝较陡，且上宽下窄。

3）**局部受压破坏**。在支座上方砌体中，由于竖向正应力形成较大的应力集中，当其超过砌体局部受压强度时，将产生支座上方较小范围砌体局部压碎现象，见图 5-55f。一般当托梁较强，砌体相对较弱，且墙体高跨比 $h_w/l_0 > 0.75$ 时可能发生这种破坏。

此外，由于纵向钢筋锚固不足，支座垫板或加载垫板的尺寸或刚度较小，均可能引起托梁或砌体的局部破坏。这种破坏可采取相应的构造措施来防止。

（2）**框支墙梁** 以单跨框支墙梁的试验为例，在竖向荷载作用下，在裂缝出现以前，框支墙梁处于弹性阶段，框支柱和托梁应变符合平截面假定。当荷载增至破坏荷载的 35% 时，首先在托梁跨中出现竖向裂缝，并上升至 2/3 梁高，随后竖向裂缝逐渐上升至墙中。继续加载，托梁支座处或墙边出现斜裂缝，临近破坏时，框支墙梁形成组合拱受力模型。根据墙体高跨比 h_w/l_0、托梁高跨比 h_b/l_0、梁柱线刚度比、托梁纵筋配筋率及材料强度的不同，框支墙梁主要发生如下几种破坏形态，见图 5-56：

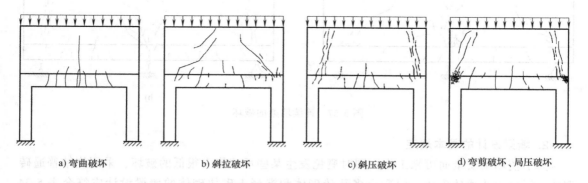

a) 弯曲破坏   b) 斜拉破坏   c) 斜压破坏   d) 弯剪破坏、局压破坏

图 5-56 框支墙梁的破坏

1）**弯曲破坏**。由于托梁或柱中纵向钢筋屈服而形成的弯曲破坏机构有两种：一是托梁跨中和支座先后形成塑性铰的托梁弯曲机构；二是托梁跨中和柱顶先后形成塑性铰的托梁-柱弯曲机构，见图 5-56a。

2）**剪切破坏**。在托梁和柱的纵向钢筋未屈服的情况下发生的墙体或托梁剪切破坏，也有两种形式：一是由于墙体主拉应力超过砌体复合抗拉强度而发生的沿阶梯形裂缝的斜拉破坏，见图 5-56b；二是由于墙体主压应力超过砌体复合抗压强度而发生的沿穿过块体和水平灰缝的陡峭裂缝的斜压破坏，见图 5-56c。

3）**弯剪破坏**。托梁跨中纵向钢筋屈服的同时或稍后，墙体发生斜压破坏，随之托梁支座上部钢筋屈服而形成托梁弯曲破坏机构，见图 5-56d。

4）**局压破坏**。框支柱上方砌体和混凝土应力集中使局部应力超过材料的局部受压强度，发生梁柱节点区局部受压破坏，见图 5-56d。

（3）**连续墙梁**　以两跨连续墙梁的试验为例，加载初期，挠度、墙体应变和托梁内钢筋应变随荷载呈线性关系增加。对于墙体高跨比 $h_w/l_0 = 0.4 \sim 0.5$ 的墙梁，当加载至 25% 的破坏荷载时，托梁跨中出现竖向裂缝多条，并可能升至墙中；中支座墙体出现斜裂缝并延伸到托梁。对于 $h_w/l_0 = 0.5 \sim 0.9$ 的墙梁，当加载至 30%～40% 的破坏荷载时，中支座墙体出现斜裂缝并延伸至托梁；随后托梁跨中出现竖向裂缝。两种情况的试件继续加载，边支座墙体出现斜裂缝并延伸到托梁。临近破坏时，裂缝开展剧烈，挠度增长加快，连续墙梁中支座或边支座区段发生剪切破坏。破坏时，形成以各跨墙体为拱肋，以托梁为偏心拉杆的连续拱受力模型。当 h_w/l_0 较大时，还可能形成大拱套小拱（中间支座为大拱，各跨为小拱）的受力模型。根据墙体高跨比 h_w/l_0、托梁高跨比 h_b/l_0、托梁纵筋配筋率及材料强度的不同，连续墙梁主要发生如下几种破坏形态，见图 5-57：

1）**斜拉破坏**。沿阶梯斜裂缝的剪切破坏，斜裂缝倾角为 40°～60°，发生于 h_w/l_0 较小的构件，见图 5-57a 中的边支座墙体。

2）**斜压破坏**。沿穿过砖和水平灰缝的斜裂缝的剪切破坏，斜裂缝倾角为 65°～85°，发生于 h_w/l_0 较大的构件，见图 5-57b 中的支座墙体。

3）**剪切-局压破坏**。墙体剪切破坏的同时或稍后，沿中间支座墙体辐射形成 45°～80° 倒梯形局压破坏区，见图 5-57a 中的中支座墙体。

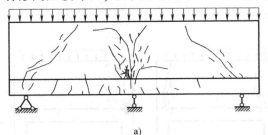
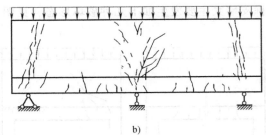

a)　　　　　　　　　　　　　　　　b)

图 5-57　连续墙梁的破坏

2. 墙梁设计的基本规定

为了使墙梁安全而可靠工作，同时避免发生某些承载能力很低的破坏，采用烧结普通砖砌体、混凝土普通砖砌体、混凝土多孔砖砌体和混凝土砌块砌体的墙梁设计应符合表 5-34 规定。

（1）**墙体总高度和墙梁跨度**　根据工程实践经验，墙梁的墙体总高度和跨度不宜过大，控制在表 5-34 范围内较为安全、稳妥。由于承重墙梁承受的荷载较自承重墙梁大，故对其跨度控制得更严些。

表 5-34　墙梁的一般规定

墙梁类别	墙体总高度/m	跨度/m	墙体高跨比 h_w/l_{0i}	托梁高跨比 h_b/l_{0i}	洞宽比 b_h/l_{0i}	洞高 h_h
承重墙梁	≤18	≤9	≥0.4	≥1/10	≤0.3	≤$5h_w/6$ 且 h_w-h_h≥0.4m
自承重墙梁	≤18	≤12	≥1/3	≥1/15	≤0.8	—

注：1. 墙体总高度是指托梁顶面到檐口的高度，带阁楼的坡屋面应算到山尖墙 1/2 高度处。

2. 墙梁计算高度范围内每跨允许设置一个洞口，洞口高度，对窗洞取洞顶至托梁顶面的距离。对自承重墙梁，洞口至边支座中心的距离不应小于 $0.1l_{0i}$，门窗洞上口至墙顶的距离不应小于 0.5m。

3. 洞口边缘至支座中心的距离，距边支座不应小于墙梁计算跨度的 0.15 倍，距中支座不应小于墙梁计算跨度的 0.07 倍。托梁支座处上部墙体设置混凝土构造柱，且构造柱边缘至洞口边缘的距离不小于 240mm 时，洞口边至支座中心距离的限值可不受表 5-34 的限制。

4. 托梁高跨比，对无洞口墙梁不宜大于 1/7，对靠近支座有洞口的墙梁不宜大于 1/6。配筋砌块砌体墙梁的托梁高跨比可适当放宽，但不宜小于 1/14；当墙梁结构中的墙体均为配筋砌块砌体时，墙体总高度可不受表 5-34 的限制。

5. 表中 h_w 为墙体计算高度；h_b 为托梁截面高度；l_{0i} 为墙梁计算跨度；b_h 为洞口宽度；h_h 为洞口高度。

（2）**墙体高跨比和托梁高跨比**　根据工程实践经验，当墙体高跨比 $h_w/l_{0i}<0.35\sim0.4$ 时，易产生承载力相对较低的斜拉破坏。因此，墙体高跨比 h_w/l_{0i} 不应小于 0.4（承重墙梁）或 1/3（自承重墙梁）。托梁是墙梁的关键受力构件，应具有足够的承载力和刚度。托梁高跨比 h_b/l_{0i} 越大，越有利于改善墙体的抗剪性能和托梁支座上部砌体的局部受压性能。但托梁的高跨比 h_b/l_{0i} 也不宜过大，随着 h_b/l_{0i} 的增大，竖向荷载将由向支座集聚逐渐向跨中分布，势必会削弱墙体与托梁的组合作用。因此，托梁的高跨比不应小于 1/10（承重墙梁）或 1/15（自承重墙梁）。

（3）**洞口大小及位置**　墙梁墙体上开设洞口尺寸的大小及位置，对墙梁组合作用的发挥有直接影响，洞口尺寸越大、位置越偏，将严重降低墙梁的刚度和承载力，甚至不能形成墙梁的组合受力机构，设计上对此要予以足够重视。当洞口过宽，即 b_h/l_{0i} 过大时，墙梁的组合作用将明显降低；当洞口过高，即 h_h/h_w 过大时，洞顶部位砌体则极易产生脆性的剪切破坏。当洞距 a_i/l_{0i} 过小，即洞口外墙肢很小时，该墙肢极易剪坏或被推出破坏，而且托梁在洞口内侧截面上的弯矩、剪力也较大，对托梁不利，因此限制洞距 a_i 及采取相应构造措施非常重要。

3. 墙梁的计算简图

墙梁的计算简图见图 5-58。采用的各计算参数应符合下列规定：

1）墙梁计算跨度，对简支墙梁和连续墙梁取净跨的 1.1 倍或支座中心线距离的较小值；框支墙梁支座中心线距离，取框架柱轴线间的距离。

2）墙体计算高度，取托梁顶面上一层墙体（包括顶梁）高度，当 $h_w>l_0$ 时，取 $h_w=l_0$（对连续墙梁和多跨框支墙梁，l_0 取各跨的平均值）。

3）墙梁跨中截面计算高度，取 $H_0=h_w+0.5h_b$。

4）翼墙计算宽度，取窗间墙宽度或横墙间距的 2/3，且每边不大于 3.5 倍的墙体厚度和墙梁计算跨度的 1/6。

5）框架柱计算高度，取 $H_c=H_{cn}+0.5h_b$，H_{cn} 为框架柱的净高，取基础顶面至托梁底面的距离。

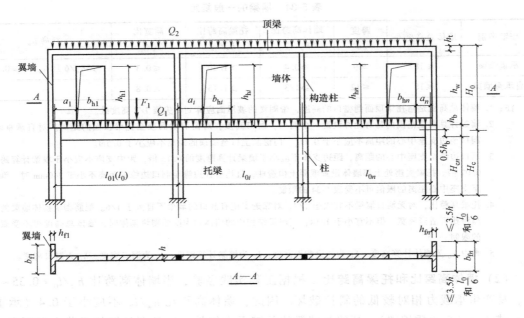

图 5-58　墙梁的计算简图

$l_0(l_{0i})$—墙梁计算跨度　h_w—墙体计算高度　h—墙体厚度　H_0—墙梁跨中截面计算高度　b_f—翼墙计算宽度
H_c—框架柱计算高度　b_{hi}—洞口宽度　h_{hi}—洞口高度　a_i—洞口边缘至支座中心的距离
Q_1、F_1—承重墙梁的托梁顶面的荷载设计值　Q_2—承重墙梁的墙梁顶面的荷载设计值

4. 墙梁的计算荷载

墙梁应按使用阶段和施工阶段进行计算，两个阶段作用于墙梁上的荷载有所不同，应分别按下列规定采用：

（1）**使用阶段墙梁上的荷载**　使用阶段墙梁上的荷载包括作用于托梁顶面的荷载和作用于墙梁顶面的荷载。直接作用于托梁顶面的荷载由托梁单独承担，不考虑上部墙体的组合作用。

1）承重墙梁的托梁顶面的荷载设计值，取托梁自重及本层楼盖的永久荷载和活荷载。

2）承重墙梁的墙梁顶面的荷载设计值，取托梁以上各层墙体自重，以及墙梁顶面以上各层楼（屋）盖的永久荷载和活荷载；集中荷载可沿作用的跨度近似化为均布荷载。

3）自承重墙梁的墙梁顶面的荷载设计值，取托梁自重及托梁以上墙体自重。

（2）**施工阶段托梁上的荷载**　施工阶段，墙梁只取作用于托梁上的荷载：托梁自重及本层楼盖的永久荷载；本层楼盖的施工荷载；墙体自重。墙梁的墙体在砌筑过程中，托梁挠度和钢筋应力随墙体高度的增加而增大。但由于墙体和托梁共同工作，当墙体砌筑高度大于墙梁跨度的 1/2.5 时，托梁挠度和钢筋应力趋于稳定。因此，墙体自重可取高度为 $l_{0max}/3$ 的墙体自重，l_{0max} 为各计算跨度的最大值。对于开洞墙梁，洞口不利于墙体和托梁组合作用的发挥，此时尚应按洞顶以下实际分布的墙体自重复核托梁的承载力。

5. 墙梁的计算内容

为确保墙梁的安全，针对墙梁各种破坏的可能，设计上应分两阶段进行下列内容的承载力计算：

（1）**使用阶段**

1）托梁应进行跨中、支座正截面受弯承载力计算以避免发生跨中或洞口处，由于下部纵向钢筋的屈服而产生的正截面破坏，防止连续墙梁或框支墙梁的托梁支座处由于上部支座负筋的屈服而产生的正截面破坏。

2）托梁应进行斜截面受剪承载力计算，以避免发生支座或洞口处的斜截面剪切破坏。

3）墙体应进行受剪承载力计算，以避免墙体发生斜截面剪切破坏。

4）托梁支座上部砌体应进行局部受压承载力计算，以避免墙体发生局部受压破坏。

5）自承重墙梁，墙体受剪承载力和砌体局部受压承载力足够，可不进行验算。

（2）**施工阶段**　托梁还应进行正截面和斜截面受剪承载力的验算，以确保托梁在施工阶段的安全性。

6. 墙梁的托梁正截面承载力计算

（1）**托梁跨中截面**　试验和有限元分析表明，在墙梁顶面荷载作用下，无洞口简支墙梁正截面破坏发生在跨中截面，托梁处于小偏心受拉状态；有洞口简支墙梁的正截面破坏发生在洞口内边缘截面，托梁处于大偏心受拉状态。《砌体结构设计规范》在考虑墙梁组合作用，托梁按混凝土偏心受拉构件设计的合理模式下，采用简化计算，给出第 i 跨跨中最大弯矩设计值 M_{bi} 及轴心拉力设计值 N_{bti} 可按下列公式计算：

$$M_{bi} = M_{1i} + \alpha_M M_{2i} \tag{5-76}$$

$$N_{bti} = \eta_N (M_{2i}/H_0) \tag{5-77}$$

1）当为简支墙梁时：

$$\alpha_M = \psi_M \left(1.7 \frac{h_b}{l_0} - 0.03 \right) \tag{5-78}$$

$$\psi_M = 4.5 - 10 \frac{a}{l_0} \tag{5-79}$$

$$\eta_N = 0.44 + 2.1 \frac{h_w}{l_0} \tag{5-80}$$

2）当为连续墙梁和框支墙梁时：

$$\alpha_M = \psi_M \left(2.7 \frac{h_b}{l_{0i}} - 0.08 \right) \tag{5-81}$$

$$\psi_M = 3.8 - 8.0 \frac{a_i}{l_{0i}} \tag{5-82}$$

$$\eta_N = 0.8 + 2.6 \frac{h_w}{l_{0i}} \tag{5-83}$$

式中　M_{1i}——荷载设计值 Q_1、F_1 作用下的简支梁跨中弯矩或按连续梁、框架分析的托梁第 i 跨跨中最大弯矩；

M_{2i}——荷载设计值 Q_2 作用下的简支梁跨中弯矩或按连续梁、框架分析的托梁第 i 跨跨中最大弯矩；

H_0——墙梁跨中截面计算高度；

α_M——考虑墙梁组合作用的托梁跨中截面弯矩系数，可按公式（5-78）或（5-81）计算，但对自承重简支墙梁应乘以折减系数 0.8；当式（5-78）中的 $h_b/l_0 >$

$1/6$ 时，取 $h_b/l_0 = 1/6$；当式（5-81）中的 $h_b/l_{0i} > 1/7$ 时，取 $h_b/l_{0i} = 1/7$；当 $\alpha_M > 1.0$ 时，取 $\alpha_M = 1.0$；

η_N——考虑墙梁组合作用的托梁跨中截面轴力系数，可按式（5-80）或（5-83）计算，但对自承重简支墙梁应乘以折减系数 0.8；当 $h_w/l_{0i} > 1$ 时，取 $h_w/l_{0i} = 1$；

ψ_M——洞口对托梁跨中截面弯矩的影响系数，对无洞口墙梁取 1.0，对有洞口墙梁可按公式（5-79）或（5-82）计算；

a_i——洞口边缘至墙梁最近支座中心的距离，当 $a_i > 0.35l_{0i}$ 时，取 $a_i = 0.35l_{0i}$。

（2）托梁支座截面 应按混凝土受弯构件计算，第 j 支座的弯矩设计值 M_{bj} 可按下列公式计算：

$$M_{bj} = M_{1j} + \alpha_M M_{2j} \tag{5-84}$$

$$\alpha_M = 0.75 - \frac{a_i}{l_{0i}} \tag{5-85}$$

式中 M_{1j}——荷载设计值 Q_1、F_1 作用下按连续梁或框架分析的托梁第 j 支座截面的弯矩设计值；

M_{2j}——荷载设计值 Q_2 作用下按连续梁或框架分析的托梁第 j 支座截面的弯矩设计值；

α_M——考虑墙梁组合作用的托梁支座截面弯矩系数，无洞口墙梁取 0.4，有洞口墙梁可按式（5-85）计算。

对多跨框支墙梁的框支边柱，当柱的轴向压力增大对承载力不利时，在墙梁荷载设计值 Q_2 作用下的轴向压力值应乘以修正系数 1.2。

7. 墙梁的托梁斜截面受剪承载力计算

墙梁发生剪切破坏时，通常墙体先于托梁剪坏。但当托梁采用混凝土强度等级较低、箍筋配置较少时，或墙体采用构造柱和圈梁约束砌体时，托梁才先于墙体发生剪切破坏。

托梁斜截面受剪承载力应按混凝土受弯构件计算，第 j 支座边缘截面的剪力设计值 V_{bj} 可按下式计算：

$$V_{bj} = V_{1j} + \beta_v V_{2j} \tag{5-86}$$

式中 V_{1j}——荷载设计值 Q_1、F_1 作用下按简支梁、连续梁或框架分析的托梁第 j 支座边缘截面剪力设计值；

V_{2j}——荷载设计值 Q_2 作用下按简支梁、连续梁或框架分析的托梁第 j 支座边缘截面剪力设计值；

β_v——考虑墙梁组合作用的托梁剪力系数，无洞口墙梁边支座截面取 0.6，中间支座截面取 0.7；有洞口墙梁边支座截面取 0.7，中间支座截面取 0.8；对自承重墙梁，无洞口时取 0.45，有洞口时取 0.5。

8. 墙梁中墙体受剪承载力计算

试验表明，墙梁的墙体剪切破坏发生于 $h_w/l_0 < 0.75 \sim 0.80$，托梁较强，砌体相对较弱的情况下。当 $h_w/l_0 < 0.35 \sim 0.40$ 时发生承载力较低的斜拉破坏，否则，将发生斜压破坏。

影响墙体受剪承载力的因素较多，除砌体抗压强度及墙体截面尺寸外，还有墙梁是否开洞、是否设置翼墙或构造柱及圈梁等因素有关。墙体洞口将削弱墙体的刚度和整体性，对墙体抗剪不利；翼墙或构造柱的存在，使多层墙梁楼盖荷载向翼墙或构造柱卸荷而减少墙体剪力，改善墙体受剪性能；墙梁顶面设置的圈梁能将楼面部分荷载传至支座，并和托梁一起约束墙体的横向变形，延缓和阻滞斜裂缝的开展，提高墙体的受剪承载力。

墙梁的墙体受剪承载力应按下式计算：

$$V_2 \leq \xi_1 \xi_2 \left(0.2 + \frac{h_b}{l_{0i}} + \frac{h_t}{l_{0i}}\right) fhh_w \tag{5-87}$$

式中　V_2——在荷载设计值 Q_2 作用下墙梁支座边缘截面剪力的最大值；

ξ_1——翼墙影响系数，对单层墙梁取 1.0，对多层墙梁，当 $b_f/h = 3$ 时取 1.3，当 $b_f/h = 7$ 时取 1.5，当 $3 < b_f/h < 7$ 时，按线性插入取值；

ξ_2——洞口影响系数，无洞口墙梁取 1.0，多层有洞口墙梁取 0.9，单层有洞口墙梁取 0.6；

h_t——墙梁顶面圈梁截面高度。

当墙梁支座处墙体中设置上、下贯通的落地混凝土构造柱，且其截面不小于 240mm×240mm 时，可不验算墙梁的墙体受剪承载力。

9. 托梁支座上部砌体局部受压承载力计算

试验表明，当 $h_w/l_0 > 0.75 \sim 0.80$，且无翼墙，砌体强度较低时，易发生托梁支座上方因竖向正应力集中而引起的砌体局部受压破坏。为保证砌体局部受压承载力，应满足 $\sigma_{ymax} h \leq \gamma fh$（$\sigma_{ymax}$ 为最大竖向压应力，γ 为局压强度提高系数）。令 $C = \sigma_{ymax} h/Q_2$，称为应力集中系数。则上式变为 $Q_2 \leq \gamma fh/C$。令 $\zeta = \gamma/C$，称为局压系数。简化后支座上部砌体局部受压承载力按下式计算：

$$Q_2 \leq \zeta fh \tag{5-88}$$
$$\zeta = 0.25 + 0.08b_f/h \tag{5-89}$$

当墙梁的墙体中设置上、下贯通的落地混凝土构造柱，且其截面不小于 240mm×240mm 时，或当 $b_f/h \geq 5$ 时，可大大减小应力集中，明显改善砌体局部受压性能，可不验算托梁支座上部砌体局部受压承载力。

10. 墙梁在施工阶段托梁的承载力验算

墙梁在施工阶段承载力的计算较为简单，只需先确定施工阶段作用于托梁上的荷载，然后按钢筋混凝土受弯构件验算托梁的受弯和受剪承载力。

11. 墙梁的构造要求

1）托梁和框支柱的混凝土强度等级不应低于 C30。

2）承重墙梁的块体强度等级不应低于 MU10，计算高度范围内墙体的砂浆强度等级不应低于 M10 或 Mb10。

3）框支墙梁的上部砌体房屋，以及设有承重的简支墙梁或连续墙梁的房屋，应满足刚性方案房屋的要求。

4）墙梁的计算高度范围内的墙体厚度，对砖砌体不应小于 240mm，对混凝土砌块砌体不应小于 190mm。

5）墙梁洞口上方应设置混凝土过梁，其支承长度不应小于 240mm；洞口范围内不应施加集中荷载。

6）承重墙梁的支座处应设置落地翼墙，翼墙厚度，对砖砌体不应小于 240mm，对混凝土砌块砌体不应小于 190mm，翼墙宽度不应小于墙梁墙体厚度的 3 倍，并与墙梁墙体同时砌筑。当不能设置翼墙时，应设置落地且上、下贯通的混凝土构造柱。

7）当墙梁墙体在靠近支座 1/3 跨度范围内开洞时，支座处应设置落地且上、下贯通的混凝土构造柱，并应与每层圈梁连接。

8）墙梁计算高度范围内的墙体，每天可砌筑高度不应超过 1.5m，否则，应加设临时支撑。

9）托梁两侧各两个开间的楼盖应采用现浇混凝土楼盖，楼板厚度不应小于 120mm，当楼板厚度大于 150mm 时，应采用双层双向钢筋网，楼板上应少开洞，洞口尺寸大于 800mm 时应设洞口边梁。

10）托梁每跨底部的纵向受力钢筋应通长设置，不应在跨中弯起或截断；钢筋连接应采用机械连接或焊接。

11）托梁跨中截面的纵向受力钢筋总配筋率不应小于 0.6%。

12）托梁上部通长布置的纵向钢筋面积与跨中下部纵向钢筋面积的比值不应小于 0.4；连续墙梁或多跨框支墙梁的托梁支座上部附加纵向钢筋从支座边缘算起每边延伸长度不应小于 $l_0/4$。

13）承重墙梁的托梁在砌体墙、柱上的支承长度不应小于 350mm；纵向受力钢筋伸入支座的长度应符合受拉钢筋的锚固要求。

14）托梁构造应符合下列规定：

① 托梁的截面宽度不应小于 300mm，截面高度不应小于跨度的 1/10，且不应大于跨度的 1/6；当墙体在梁端附近有洞口时梁截面高度不应小于跨度的 1/8。

② 托梁箍筋直径不应小于 8mm，间距不应大于 200mm；梁端 1.5 倍梁高且不小于 1/5 净跨范围内，上部墙体的洞口区段及洞口两侧各一个梁高且不小于 500mm 范围内，箍筋间距不应大于 100mm。

③ 托梁沿梁高应设置不小于 2Φ14 的通长腰筋，间距不应大于 200mm。

④ 托梁纵向受力钢筋和腰筋应按受拉钢筋的要求锚固在框架柱内，且支座上部的纵向钢筋在柱内的锚固长度应符合混凝土框支梁的有关要求。

15）对于洞口偏置的墙梁，其托梁的箍筋加密区范围应延到洞口外，距洞边的距离不小于托梁截面高度 h_b，箍筋直径不应小于 8mm，间距不应大于 100mm，见图 5-59。

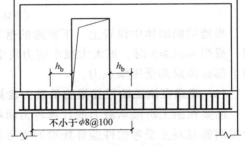

图 5-59　偏开洞时托梁箍筋加密区

5.6.2　挑梁设计

挑梁是指嵌固在砌体中的悬挑式钢筋混凝土梁，一般指房屋中的阳台挑梁、雨篷挑梁或外廊挑梁。

1. 挑梁的受力性能与破坏形态

嵌固在砌体墙内的挑梁与砌体形成组合构件，共同受力。有限元分析表明，图 5-60 中的挑梁在集中力 F 作用下，挑梁与墙体的上、下交界面上竖向正应力 σ_y 的分布呈非线性分布，但上界面的前部和下界面的后部处于受拉状态，上界面的后部和下界面的前部则处于受压状态。当荷

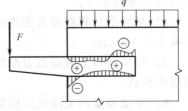

图 5-60　挑梁弹性阶段 σ_y 的分布

载达到破坏荷载的 20%～30%时，首先在上界面前部产生水平裂缝①（图 5-61），随后在下界面后部产生水平裂缝②，均因砌体内主拉应力超过砌体沿通缝截面的弯曲抗拉强度所导致。继续加载达到破坏荷载的 80%时，挑梁尾部的墙体中因主拉应力超过砌体沿齿缝截面的抗拉强度而产生阶梯形斜裂缝③，其与竖向轴线的夹角大于 45°。随着

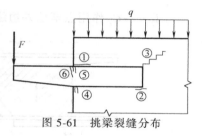

图 5-61　挑梁裂缝分布

荷载增大，裂缝①、②不断延伸，挑梁下砌体受压面积逐渐减小，压应力不断增大，挑梁前部下方的砌体产生局部受压裂缝④。此外，当挑梁上部纵向钢筋不足以抵抗继续增大的荷载时，在墙边稍靠里的部位产生竖向裂缝⑤；当挑梁配置的箍筋不足时，在墙边靠外的部位产生斜裂缝⑥。

以上表明，挑梁可能发生以下三种破坏形态：

（1）**挑梁倾覆破坏**　当挑梁尾部端墙体斜裂缝③继续发展，表明挑梁倾覆力矩大于抗倾覆力矩，挑梁产生倾覆破坏。

（2）**挑梁下砌体的局部受压破坏**　裂缝①和②不断发展，挑梁下靠近墙边小部分砌体因压应力超过砌体局部抗压强度产生局部受压破坏。

（3）**挑梁倾覆点附近正截面受弯破坏或斜截面受剪破坏**　钢筋混凝土梁上部竖向裂缝⑤、斜裂缝⑥不断发展，最后分别因其正截面受弯承载力、斜截面受剪承载力不足产生弯曲破坏或剪切破坏。

由此可见，设计时应对挑梁进行抗倾覆验算、挑梁下砌体局部受压承载力验算，以及挑梁中钢筋混凝土梁的正截面受弯、斜截面受剪承载力计算。

2. 挑梁的抗倾覆验算

（1）**计算倾覆点位置**　挑梁属于一种组合构件，在荷载作用下，梁的埋入端受上部和下部砌体的约束，其变形性质与挑梁埋入端的刚度、砌体的刚度等有关。当挑梁的刚度较小且埋入砌体的长度较大时，埋入砌体内的梁的竖向变形主要由弯曲变形引起，这种挑梁称为柔性挑梁，如一般挑梁。当挑梁的刚度较大且埋入砌体的长度较小时，埋入砌体内的梁的竖向变形主要由转动变形引起，这种挑梁称为刚性挑梁，如雨篷梁。

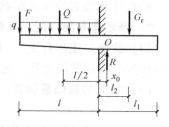

由于砌体塑性变形的影响，因此**倾覆点不在外边缘，而是向内移动至 O 点**，见图 5-62。它至墙外边缘的距离 x_0，可按下

图 5-62　挑梁倾覆点计算简图

列规定采用：当 $l_1 \geqslant 2.2h_b$ 时，属于柔性挑梁，取 $x_0 = 0.3h_b$ 且不大于 $0.13l_1$；当 $l_1 < 2.2h_b$ 时，属于刚性挑梁，取 $x_0 = 0.13l_1$。式中，x_0 为挑梁计算倾覆点至墙外边缘的距离（mm）；l_1 为挑梁埋入砌体墙中的长度（mm）；h_b 为挑梁的截面高度（mm）。当挑梁下有混凝土构造柱或垫梁时，计算倾覆点至墙外边缘的距离可取 $0.5x_0$。

（2）**抗倾覆荷载**　挑梁的抗倾覆力矩设计值可按下式计算：

$$M_r = 0.8G_r(l_2 - x_0) \tag{5-90}$$

式中　M_r——挑梁的抗倾覆力矩设计值；

　　　G_r——挑梁的抗倾覆荷载，为挑梁尾端上部 45°扩展角的阴影范围（其水平长度为 l_3）内本层的砌体与楼面永久荷载标准值之和，见图 5-63；当上部楼层无挑梁时，抗倾覆荷载中可计及上部楼层的楼面永久荷载；

l_2——G_r 作用点至墙外边缘的距离。

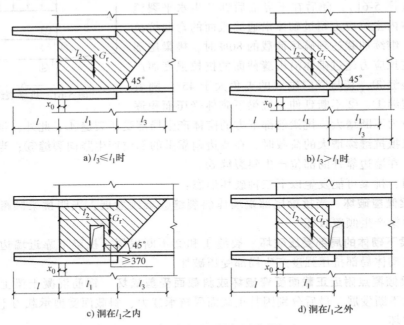

a) $l_3 \leqslant l_1$ 时　　　　　　　　　　　　b) $l_3 > l_1$ 时

c) 洞在 l_1 之内　　　　　　　　　　　　d) 洞在 l_1 之外

图 5-63　挑梁的抗倾覆荷载

确认挑梁倾覆荷载时，须注意以下几点：

1）当墙体无洞口时，且 $l_3 \leqslant l_1$，则取 l_3 长度范围内 45°扩散角（梯形面积）的砌体和楼盖的永久荷载标准值之和，见图 5-63a；若 $l_3 > l_1$，则取 l_1 长度范围内 45°扩散角（梯形面积）的砌体和楼盖的永久荷载标准值之和，见图 5-63b。

2）当墙体有洞口时，且洞口内边至挑梁埋入端距离大于 370mm，则 G_r 的取值方法同上（应扣除洞口墙体自重），见图 5-63c；否则，只考虑墙外边至洞口外边范围内砌体和楼盖的永久荷载标准值之和，见图 5-63d。

（3）**挑梁的抗倾覆验算**　砌体墙中钢筋混凝土挑梁的抗倾覆验算应按下式计算：

$$M_{ov} \leqslant M_r \tag{5-91}$$

式中　M_{ov}——挑梁的荷载设计值对计算倾覆点产生的倾覆力矩。

3. 挑梁下砌体局部受压承载力验算

挑梁与墙体的上界面较早形成水平裂缝① （图 5-61），挑梁下的砌体产生局部受压破坏时该水平裂缝已延伸很长，因此，挑梁下的砌体局部压应力 σ_y 可不考虑上部荷载的影响。挑梁下砌体发生局部受压破坏时，由于砌体的塑性变形，其应力图形完整系数可取 $\eta = 0.7$。另外，为了使局部受压承载力计算值与试验值大体接近，取压应力分布长度 $a = 1.2 h_b$（h_b 为挑梁的截面高度）。

挑梁下砌体的局部受压承载力可按下式验算：

$$N_l \leqslant \eta \gamma f A_l \tag{5-92}$$

式中　N_l——挑梁下的支承压力，可取 $N_l = 2R$，R 为挑梁的倾覆荷载设计值；

　　　η——梁端底面压应力图形的完整系数，可取 0.7；

γ——砌体局部抗压强度提高系数，对挑梁支承在一字墙取 1.25，对挑梁支承在丁字墙上取 1.5，见图 5-64；

A_l——挑梁下砌体局部受压面积，可取 $A_l = 1.2bh_b$，b 为挑梁的截面宽度。

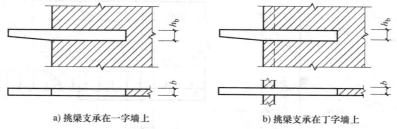

　　a) 挑梁支承在一字墙上　　　　　　　　　　b) 挑梁支承在丁字墙上

图 5-64　挑梁下砌体局部受压

　　当不满足式（5-92）的要求时，可在挑梁下与墙体相交处设置刚性垫块或采取其他措施，以提高挑梁下砌体的局部受压承载力。

4. 钢筋混凝土梁的承载力计算

　　挑梁尾端的受力较为复杂，通过分析，挑梁在荷载作用下，最大弯矩在计算倾覆点处截面，沿埋入段其弯矩逐渐减小，至尾端减为零；最大剪力则在墙边（见图 5-65）。设计时挑梁的内力按下式计算：

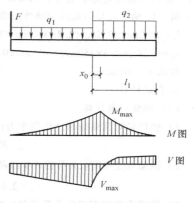

$$M_{max} = M_O \qquad (5\text{-}93)$$
$$V_{max} = V_O \qquad (5\text{-}94)$$

式中　M_{max}、V_{max}——挑梁的最大弯矩设计值、最大剪力设计值；

　　　　M_O、V_O——挑梁的荷载设计值对计算倾覆点截面产生的弯矩、在挑梁墙外边缘处截面产生的剪力；

图 5-65　挑梁弯矩、剪力图

　　挑梁最不利内力确定后，即可按钢筋混凝土梁进行正截面受弯承载力、斜截面受剪承载力计算。

5. 挑梁的构造要求

　　1）纵向受力钢筋至少应有 1/2 的钢筋面积伸入梁尾端，且不少于 $2\phi 12$，其余钢筋伸入支座的长度不应小于 $2l_1/3$。

　　2）挑梁埋入砌体长度 l_1 与挑出长度 l 之比宜大于 1.2；当挑梁上无砌体时，l_1 与 l 之比宜大于 2。

　　【例 5-15】　多层砖混住宅阳台挑梁 XTL 埋置于 T 形截面墙段中，挑出长度 $l = 1.8m$，楼面挑梁埋入长度 $l_1 = 2.2m$，屋面挑梁埋入长度 $l_2 = 3.6m$，见图 5-66。房间开间为 3.9m，层高 3.0m，120mm 厚预制空心楼屋面板，挑梁上下均为 240mm 厚墙体，采用 MU10 烧结普通砖与 M5 混合砂浆砌筑，施工质量控制等级为 B 级。已知墙体自重标准值（包括双面抹灰）为 5.24kN/m²；楼面永久荷载标准值为 4.5kN/m²（含板重），活荷载标准值为 2.0kN/m²；阳台活荷载标准值为 2.5kN/m²；屋面永久荷载标准值为 6.0kN/m²，上人屋面活荷载标准值为 2.0kN/m²。挑梁采用混凝土强度等级 C30，纵向钢筋采用 HRB400 级，箍筋采用 HPB300 级。挑梁 XTL 及锁口梁 BL 截面尺寸 $b×h_b = 240mm×350mm$，自重标准值为 2.4kN/m（包括抹灰

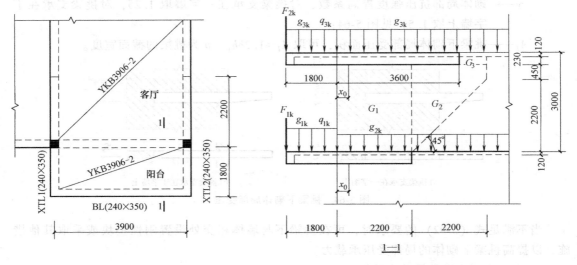

图 5-66　阳台挑梁

重）；阳台栏板自重标准值为 3.0kN/m。试设计挑梁 XTL2。

解：1. 确定计算倾覆点到墙外边缘的距离 x_0

$l_1 = 2200\text{mm} > 2.2h_b = 2.2 \times 350\text{mm} = 770\text{mm}$

$x_0 = 0.3h_b = 0.3 \times 350\text{mm} = 105\text{mm} < 0.13l_1 = 0.13 \times 2200\text{mm} = 286\text{mm}$

故取 $x_0 = 105\text{mm}$。

2. 荷载计算

（1）屋面荷载计算

1）锁口梁对挑梁端部产生集中力标准值 F_{2k}（包括锁口梁自重 2.4kN/m）为

$$F_{2k} = 2.4\text{kN/m} \times 3.9\text{m}/2 = 4.68\text{kN}$$

2）挑梁承受屋面永久荷载产生线荷载标准值 g_{3k}（包括挑梁自重及屋面板传来永久荷载 6.0kN/m²）为

$$g_{3k} = 2.4\text{kN/m} + 6.0\text{kN/m}^2 \times 3.9\text{m}/2 = 14.1\text{kN/m}$$

3）挑梁承受屋面板传来活荷载标准值为

$$q_{3k} = 2.0\text{kN/m}^2 \times 3.9\text{m}/2 = 3.9\text{kN/m}$$

（2）楼面荷载计算

1）锁口梁对挑梁端部产生集中力标准值 F_{1k}（包括锁口梁自重 2.4kN/m 及以上栏杆重 3.0kN/m）为

$$F_{1k} = (2.4+3)\text{kN/m} \times 3.9\text{m}/2 = 10.53\text{kN}$$

2）挑梁承受永久荷载产生线荷载标准值 g_{1k}（包括挑梁自重及其上的栏杆重，以及阳台板传来楼面永久荷载 4.5kN/m²）为

$$g_{1k} = (2.4+3.0)\text{kN/m} + 4.5\text{kN/m}^2 \times 3.9\text{m}/2 = 14.2\text{kN/m}$$

3）挑梁埋入墙内承受永久荷载产生线荷载标准值 g_{2k}（包括挑梁自重，以及楼面板传来永久荷载 4.5kN/m²）为

$$g_{2k} = 2.4\text{kN/m} + 4.5\text{kN/m}^2 \times 3.9\text{m}/2 = 11.2\text{kN/m}$$

挑梁承受阳台板传来楼面活荷载标准值为

$$q_{1k} = 2.5\text{kN/m}^2 \times 3.9\text{m}/2 = 4.9\text{kN/m}$$

3. 屋面挑梁抗倾覆验算

永久荷载分项系数 $\gamma_G = 1.3$，活荷载分项系数 $\gamma_Q = 1.5$。

$$M_{ov} = 1.3F_{2k}(l+x_0) + \frac{1}{2}(1.3g_{3k}+1.5q_{3k})(l+x_0)^2$$

$$= 1.3 \times 4.68kN \times (1.8m+0.105m) + \frac{1}{2} \times (1.3 \times 14.1kN/m + 1.5 \times 3.9kN/m) \times (1.8m+0.105m)^2$$

$$= 55.46kN \cdot m$$

$$M_r = 0.8G_r(l_2-x_0) = 0.8 \times 14.1kN/m \times (3.6m-0.105m)^2/2 = 68.89kN \cdot m$$

$M_{ov} < M_r$，满足要求。

4. 楼面挑梁抗倾覆验算

永久荷载分项系数 $\gamma_G = 1.3$，活荷载分项系数 $\gamma_Q = 1.5$。倾覆力矩采用设计值，抗倾覆力采用标准值。G_r 不考虑楼面活荷载。

$$M_{ov} = 1.3F_{1k}(l+x_0) + (1.3g_{1k}+1.5q_{1k})(l+x_0)^2/2$$

$$= 1.3 \times 10.53kN \times (1.8m+0.105m) + (1.3 \times 14.2kN/m + 1.5 \times 4.9kN/m) \times (1.8m+0.105m)^2/2$$

$$= 72.91kN \cdot m$$

楼面永久荷载 g_{2k} 产生的抗倾覆力矩

$$M_{r1} = 0.8G_r(l_2-x_0) = 0.8 \times 11.2kN/m \times (2.2m-0.105m)^2/2 = 19.66kN \cdot m$$

墙体自重产生的抗倾覆力矩

$$M_{r2} = 0.8G_r(l_2-x_0) = 0.8 \times 5.24kN/m^2 \times \Big[4.4 \times (2.2+0.45) \times (2.2-0.105) -$$

$$\frac{1}{2} \times 2.2^2 \times \Big(2.2+2 \times \frac{2}{3}-0.105\Big) + (4.4-3.6) \times 0.23 \times \Big(3.6+\frac{(4.4-3.6)}{2}-0.105\Big) \Big] m^3 = 69.27kN \cdot m$$

$$M_{ov} < M_{r1}+M_{r2} = (19.66+69.27)kN \cdot m = 88.93kN \cdot m \qquad \text{（满足要求）}$$

5. 楼层挑梁下砌体的局部受压承载力验算

R 为挑梁倾覆荷载设计值，包括锁口梁传来的集中力，挑梁、栏板自重及阳台楼板传来的均匀荷载设计值。

$$R = 1.3 \times 10.53kN + (1.3 \times 14.2kN/m + 1.5 \times 4.9kN/m) \times (1.8m+0.105m) = 62.86kN$$

故挑梁的支承压力 $N_l = 2R = 2 \times 62.86kN = 125.72kN$

其中 $\eta = 0.7$，$\gamma = 1.5$，由 MU10 烧结普通砖与 M5 混合砂浆查表 5-11 可知 $f = 1.50MPa$。

砌体局部受压面积 $A_l = 1.2bh_b = 1.2 \times 240mm \times 350mm = 100800mm^2$

$$\eta\gamma fA_l = 0.7 \times 1.5 \times 1.5MPa \times 100800mm^3 = 158.76kN > N_l = 125.72kN \qquad \text{（满足要求）}$$

6. 楼面挑梁承载能力计算

（1）挑梁正截面承载能力计算（混凝土强度等级 C30，纵向钢筋采用 HRB400）　已知 $M_{max} = M_{ov} = 72.91kN \cdot m$，$f_c = 14.3N/mm^2$，$f_y = 360N/mm^2$，$h_0 = h_b - a_s = 350mm - 40mm = 310mm$。

$$\alpha_s = \frac{M}{\alpha_1 f_c bh_0^2} = \frac{72.91 \times 10^6}{1.0 \times 14.3 \times 240 \times 310^2} = 0.221$$

$$\xi = 1 - \sqrt{1-2\alpha_s} = 1 - \sqrt{1-2 \times 0.221} = 0.253 < \xi_b = 0.518$$

纵向钢筋面积为

$$A_s = \frac{\alpha_1 f_c b\xi h_0}{f_y} = \frac{1.0 \times 14.3 \times 240 \times 0.253 \times 310}{360}mm^2 = 748mm^2 > 0.2\% bh_b = 168mm^2$$

实配 3Φ18（面积为 763mm²）。

（2）挑梁斜截面承载能力计算（箍筋采用 HPB300，$f_{yv} = 270N/mm^2$）

$$V_{max} = 1.3 \times 10.53kN + (1.3 \times 14.2kN/m + 1.5 \times 4.9kN/m) \times 1.8m = 60.15kN$$

当 $h_w/b = 310/240 = 1.29 < 4$ 时

$$0.25\beta_c f_c bh_0 = 0.25 \times 1.0 \times 14.3 \times 240 \times 310 \times 10^{-3}kN = 265.98kN > V_{max} = 60.15kN$$

截面尺寸满足要求。

$$\frac{A_{sv}}{s} = \frac{V - 0.7f_t bh_0}{f_{yv}h_0} = \frac{60.15 \times 10^3 - 0.7 \times 1.43 \times 240 \times 310}{270 \times 310} < 0$$

按构造配箍，加强悬臂构件的箍筋用量，**实配箍筋φ8@100，并满足最小配箍率要求。**

5.6.3 雨篷设计

雨篷是建筑物入口的挡雨构件，一般在建筑出入口均应设置，它由雨篷板和雨篷梁组成。雨篷梁除支承雨篷板外，还兼作过梁，雨篷挑出长度一般在1.5m左右。

雨篷有三种破坏形式：雨篷板在支座外因抗弯承载力不足而断裂，见图5-67a；雨篷梁受弯扭破坏，见图5-67b；整个雨篷板的倾覆破坏，见图5-67c。为了防止雨篷发生上述破坏，雨篷的计算包括雨篷板的设计、雨篷梁的设计和雨篷的抗倾覆验算三部分。

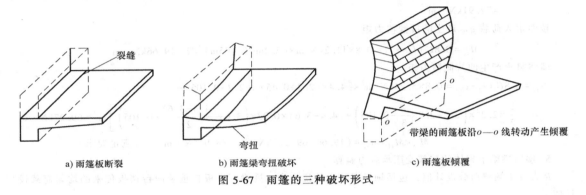

a) 雨篷板断裂　　　　　　　　b) 雨篷梁弯扭破坏　　　　　　　　c) 雨篷板倾覆

图5-67　雨篷的三种破坏形式

1. 雨篷板的设计

雨篷板是固定于雨篷梁上的悬臂板，其承载力按受弯构件计算。雨篷板的计算跨度取板挑出长度。计算单元取1m板带，控制截面取板的根部。雨篷板的厚度，可取挑出长度的1/12~1/10，且不小于80mm；悬臂端厚度不小于60mm。

雨篷板承受的荷载有永久荷载和可变荷载。永久荷载包括板、面层和板底抹灰自重；可变荷载包括雪荷载和均布活荷载（参照不上人屋面活荷载0.5kN/m²取值），两者取大值；另外尚应考虑板端部沿板宽每隔1.0m取一个1.0kN的施工和检修集中荷载。

计算时按下列两种组合情况考虑：①均布活荷载和雪荷载中的较大值与永久荷载组合；②施工和检修集中荷载与永久荷载组合。两种情况按悬臂构件分别求出最大弯矩后，选较大者进行配筋计算。由于最大弯矩产生在雨篷板根部，受力钢筋配置在板的上部。

2. 雨篷梁的设计

雨篷梁兼作过梁时承受下列荷载：承受上部砌体与雨篷梁的自重及雨篷板传来的荷载。当雨篷板作用均布荷载 q 时，在梁横截面的对称轴上，不仅受到集中力 ql 的作用，还受到力矩 $M = ql(l_1 + l)/2$ 的作用，见图5-68a。当雨篷板端部作用集中荷载 P 时，在梁横截面的对称轴上，不仅受到力 P 的作用，还受到力矩 $M = P(l_1/2 + l)$ 的作用，见图5-68b。雨篷梁在均布力矩 M 作用下，梁内产生扭矩，在支座处最大，为 $T = \frac{1}{2}Ml_0$；在跨中最小，为 $T = 0$，见图5-69c。l_1 为墙厚，l 为雨篷板的悬挑长度，l_0 为雨篷梁的计算跨度。因雨篷梁承受弯

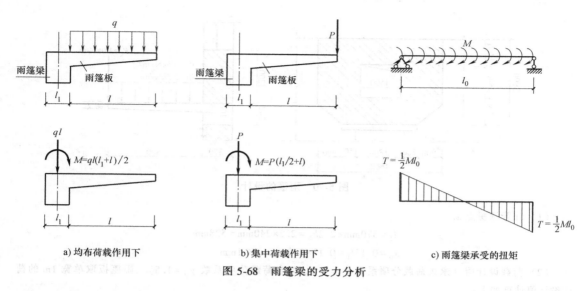

a) 均布荷载作用下　　　b) 集中荷载作用下　　　c) 雨篷梁承受的扭矩

图 5-68　雨篷梁的受力分析

矩、剪力和扭矩，故按弯剪扭构件进行计算。

3. 雨篷的抗倾覆验算

雨篷上的荷载使整个雨篷绕雨篷梁底的倾覆点转动而发生倾覆翻倒，而梁的自重、梁上砌体自重及其他荷载有阻止雨篷倾倒的作用。为保证雨篷具有足够的抗倾覆能力，雨篷的抗倾覆验算同挑梁，应满足 $M_{ov} \leq M_r = 0.8 G_r (l_2 - x_0)$ 的要求。其中，抗倾覆荷载 G_r 为雨篷梁上墙体与楼面永久荷载标准值之和，可按图 5-69 中阴影范围采用，G_r 距墙处边缘的距离 $l_2 = l_1 / 2$，雨篷梁伸入砌体内的长度 $l_3 = l_n / 2$，l_1 为墙厚，l_n 为门窗洞口净跨。在验算雨篷的倾覆时，应沿板宽每隔 2.5~3.0m 取一个集中荷载。

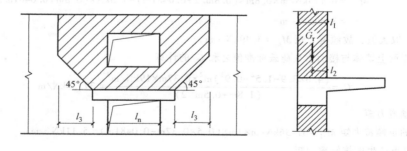

图 5-69　雨篷的抗倾覆荷载

【例 5-16】　某钢筋混凝土雨篷，门洞净跨 1.8m 宽，见图 5-70。雨篷板上承受均布永久荷载标准值 $g_k = 2.5 kN/m^2$，均布活荷载标准值 $q_k = 0.5 kN/m^2$ 或考虑悬臂板端集中荷载 $P_k = 1.0 kN/m$。雨篷板挑出长度 $l = 800mm$，根部厚度为 100mm，端部厚度为 80mm。雨篷梁截面尺寸 $b_b \times h_b = 370mm \times 240mm$，雨篷梁上面的墙体高 $h_w = 3900mm$（墙厚 370mm，重度为 $19 kN/m^3$），门洞尺寸为 $1500mm \times 1500mm$，距离雨篷梁顶 1200mm，雨篷梁左右各伸入砌体内 500mm。混凝土采用 C30（$\alpha_1 = 1.0$，$f_c = 14.3 N/mm^2$，$f_t = 1.43 N/mm^2$，重度为 $25 kN/m^3$），钢筋采用 HRB400（$f_y = f_{yv} = 360 N/mm^2$），二类 a 环境。试设计该雨篷。

解：1. 抗倾覆验算

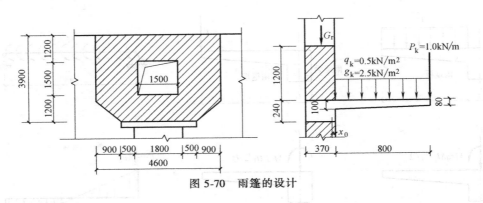

图 5-70　雨篷的设计

（1）计算倾覆点 x_0

$$l_1 = 370\text{mm} < 2.2h_b = 2.2 \times 240\text{mm} = 528\text{mm}$$

$$x_0 = 0.13l_1 = 0.13 \times 370\text{mm} = 48.1\text{mm}$$

（2）荷载设计值（永久荷载分项系数 $\gamma_G = 1.3$，可变荷载分项系数 $\gamma_Q = 1.5$）　雨篷板取单宽1m的荷载设计值计算如下：

均布永久荷载设计值

$$g = 1.3 \times \left[\frac{(0.1\text{m} + 0.08\text{m})}{2} \times 25\text{kN/m}^3 + 2.5\text{kN/m}^2 \right] \times 1\text{m} = 6.175\text{kN/m}$$

均布活荷载设计值 $q = 1.5 \times 0.5\text{kN/m}^2 \times 1\text{m} = 0.75\text{kN/m}$

集中活荷载设计值 $P = 1.5 \times 1.0\text{kN/m} \times 1\text{m} = 1.5\text{kN}$

（3）倾覆力矩

情况一：永久荷载与均布活荷载组合计算倾覆力矩。

$$M_{ov} = (6.175 + 0.75)\text{kN/m} \times 0.8\text{m} \times (0.8\text{m}/2 + 0.0481\text{m}) = 2.48\text{kN} \cdot \text{m}$$

情况二：永久荷载与集中荷载组合计算倾覆力矩。

$$M_{ov} = 6.175\text{kN/m} \times 0.8\text{m} \times (0.8\text{m}/2 + 0.0481\text{m}) + 1.5\text{kN} \times (0.8\text{m} + 0.0481\text{m})$$

$$= 3.49\text{kN} \cdot \text{m}$$

比较两者取大值，故倾覆力矩 $M_{ov} = 3.49\text{kN} \cdot \text{m}$。

（4）雨篷梁上墙体与楼面永久荷载标准值之和 G_r 的计算

$$G_r = \frac{(4.6 \times 3.9 - 1.5^2 - 0.9^2)\text{m}^2 \times 0.37\text{m} \times 19\text{kN/m}^3}{(1.8\text{m} + 0.5\text{m} \times 2)} = 37.36\text{kN/m}$$

（5）抗倾覆力矩

G_r 产生的抗倾覆力矩 $M_{r1} = 37.36\text{kN/m} \times 1\text{m} \times (0.5 \times 0.37\text{m} - 0.0481\text{m}) = 5.11\text{kN} \cdot \text{m}$

雨篷梁自重产生的抗倾覆力矩

$$M_{r2} = 25\text{kN/m}^3 \times 0.37\text{m} \times 0.24\text{m} \times 1\text{m} \times (0.5 \times 0.37\text{m} - 0.0481\text{m}) = 0.30\text{kN} \cdot \text{m}$$

$$M_r = 0.8 \times (5.11 + 0.30)\text{kN} \cdot \text{m} = 4.33\text{kN} \cdot \text{m} > M_{ov} = 3.49\text{kN} \cdot \text{m}$$

抗倾覆验算满足要求。

2. 雨篷板承载力计算

（1）挑板根部内力计算

$$M = M_{ov} = 3.49\text{kN} \cdot \text{m}$$

（2）根部受弯承载力计算　二类 a 环境，截面有效高度 $h_0 = (100 - 25)\text{mm} = 75\text{mm}$。

$$\alpha_s = \frac{M}{\alpha_1 f_c b h_0^2} = \frac{3.49 \times 10^6}{1.0 \times 14.3 \times 1000 \times 75^2} = 0.043$$

$$\xi = 1 - \sqrt{1-2a_s} = 1 - \sqrt{1-2\times0.043} = 0.044 < \xi_b = 0.518$$

$$A_s = \frac{\alpha_1 f_c b \xi h_0}{f_y} = \frac{1.0\times14.3\times1000\times0.044\times75}{360}mm^2 = 131mm^2 < A_{s\,min} = 0.2\%\times1000\times100mm^2 = 200mm^2$$

按构造配筋，选用 Φ8@200（$A_s = 251mm^2$），分布钢筋 Φ6@200。

3. 雨篷梁承载力计算

（1）荷载计算　因墙高 $h_w = 1200mm > l_n/3 = 1800mm/3 = 600mm$，故仅考虑 600mm 高的墙体自重（与第 5.6.4 节过梁墙法荷载取值方法相同）。

墙体自重设计值 $1.3\times0.6m\times0.37m\times19kN/m^3 = 5.48kN/m$

雨篷板传来的线荷载设计值

情况一：$(6.175+0.75)kN/m^2\times0.8m = 5.54kN/m$

情况二：$6.175kN/m^2\times0.8m+1.5kN/m = 6.44kN/m$

两者取大值，为 6.44kN/m。

雨篷梁自重设计值 $1.3\times0.37m\times0.24m\times25kN/m^3 = 2.886kN/m$

故均布线荷载合计 $q_l = (5.48+6.44+2.886)kN/m = 14.806kN/m$

（2）内力计算

计算跨度　$l_0 = 1.05l_n = 1.05\times1.8m = 1.89m$

剪力　$V = \frac{q_l}{2}l_n = \frac{14.806kN/m}{2}\times1.8m = 13.33kN$

弯矩　$M = \frac{q_l}{8}l_0^2 = \frac{14.806kN/m}{8}\times(1.89m)^2 = 6.61kN\cdot m$

情况一：永久荷载与均布活荷载组合产生扭矩

$$T = \frac{1}{2}l_n\left[ql\left(\frac{l+l_1}{2}\right)\right]$$

$$= \frac{1}{2}\times1.8m\times\left[(6.175+0.75)kN/m\times0.8m\times\left(\frac{0.8m+0.37m}{2}\right)\right]$$

$$= 2.92kN\cdot m$$

情况二：永久荷载与集中荷载组合产生扭矩

$$T = \frac{1}{2}l_n\left[ql\left(\frac{l+l_1}{2}\right)+P\left(l+\frac{l_1}{2}\right)\right]$$

$$= \frac{1}{2}\times1.8m\times\left[6.175kN/m^2\times0.8m\times\left(\frac{0.8m+0.37m}{2}\right)+1.5kN/m\times\left(0.8m+\frac{0.37m}{2}\right)\right]$$

$$= 3.93kN\cdot m$$

两者取大值，为 3.93kN·m。

（3）截面设计　按弯剪扭构件设计。二类 a 环境，梁的混凝土保护层厚度 $c = 25mm$，$a_s = 45mm$，截面有效高度 $h_0 = 240mm - 45mm = 195mm$。

受扭塑性抵抗矩

$$W_t = \frac{b_b^2}{6}(3h_b - b_b) = \frac{370mm^2}{6}\times(3\times240mm - 370mm) = 7985833.3mm^3$$

1）抗弯剪扭截面限制。因 $\frac{h_w}{b_b} = \frac{h_0}{b_b} = \frac{195}{370} = 0.527 < 4$，得

$$\frac{V}{b_b h_0}+\frac{T}{0.8W_t} = \frac{13.33\times10^3 N}{370mm\times195mm}+\frac{3.93\times10^6 N\cdot mm}{0.8\times7985833.3mm^3} = 0.80N/mm^2$$

$$< 0.25\beta_c f_c = 0.25\times1.0\times14.3N/mm^2 = 3.575N/mm^2$$

截面尺寸满足要求。

2）验算配筋能否忽略 V 或 T。

$$0.35f_tb_bh_0 = 0.35×1.43\text{N/mm}^2×370\text{mm}×195\text{mm} = 36.11\text{kN}>V = 13.33\text{kN}$$

故可忽略剪力的作用。

$$0.175f_tW_t = 0.175×1.43\text{N/mm}^2×7985833.3\text{mm}^3 = 1.998\text{kN}\cdot\text{m}<T = 3.93\text{kN}\cdot\text{m}$$

故不可忽略扭矩的作用，应按弯扭构件设计，后面的计算略，详细过程参照《混凝土结构设计原理》相关内容。

5.6.4　过梁设计

过梁是指设置在门窗或孔洞顶部，用以传递其上部荷载的梁，主要有钢筋混凝土过梁、钢筋砖过梁、砖砌平拱过梁和砖砌弧拱过梁等形式，见图 5-71。对有较大振动荷载或可能产生不均匀沉降的房屋，应采用混凝土过梁。当过梁的跨度不大于 1.5m 时，可采用钢筋砖过梁；不大于 1.2m 时，可采用砖砌平拱过梁。

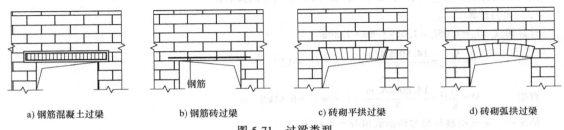

a) 钢筋混凝土过梁　　　　b) 钢筋砖过梁　　　　c) 砖砌平拱过梁　　　　d) 砖砌弧拱过梁

图 5-71　过梁类型

1. 过梁荷载

（1）梁、板荷载　对砖和小型砌块砌体，当梁、板下的墙体高度 $h_w<l_n$ 时（l_n 为过梁净跨），应计入梁、板传来的荷载。当梁、板下的墙体高度 $h_w \geqslant l_n$ 时，可不考虑梁、板荷载。

（2）墙体荷载　对砖砌体，当过梁上的墙体高度 $h_w<l_n/3$ 时，应按墙体的均布自重采用；当墙体高度 $h_w \geqslant l_n/3$ 时，应按高度为 $l_n/3$ 墙体的均布自重采用。对砌块砌体，当过梁上的墙体高度 $h_w<l_n/2$ 时，应按墙体的均布自重采用；当墙体高度 $h_w \geqslant l_n/2$ 时，应按高度为 $l_n/2$ 墙体的均布自重采用。

2. 钢筋混凝土过梁计算

混凝土过梁的承载力，应按混凝土受弯构件计算。验算过梁下砌体局部受压承载力时，可不考虑上层荷载的影响；梁端底面压应力图形完整系数 η 可取 1.0，梁端有效支承长度可取实际支承长度，但不应大于墙厚。

3. 过梁的构造要求

1）砖砌过梁截面计算高度内的砂浆不宜低于 M5（Mb5、Ms5）。

2）砖砌平拱用竖砖砌筑部分的高度不应小于 240mm。

3）钢筋砖过梁底面砂浆层处的钢筋，其直径不应小于 5mm，间距不宜大于 120mm；钢筋伸入支座砌体内的长度不宜小于 240mm，砂浆层的厚度不宜小于 30mm。

4）钢筋混凝土过梁端部的支承长度，不宜小于 240mm。

【例 5-17】　某钢筋混凝土过梁，截面尺寸 $b×h=240\text{mm}×240\text{mm}$，净跨 $l_n=1.8\text{m}$，伸入砖墙上的支承长度为 240mm，楼板下墙体高度为 $h_w=1.5\text{m}$，墙厚 240mm（墙重 5.24kN/m²，含墙两侧抹灰重）。过梁承

受楼板传来的均匀线荷载：永久荷载标准值 $g_k = 6.0kN/m$，活荷载标准值 $q_k = 4.5kN/m$。墙体采用 MU10 烧结多孔砖和 M5 混合砂浆砌筑，施工质量控制等级为 B 级。过梁混凝土强度等级为 C30，钢筋采用 HRB400 级，考虑梁侧抹灰，混凝土重度取 $26kN/m^3$，梁的有效截面高度 $h_0 = 200mm$。试设计该过梁。

解： 1. 内力计算

过梁上墙体高度 $h_w = 1.5m > l_n/3 = 1.8m/3 = 0.6m$，只考虑 0.6m 高的墙体自重。

楼板下砌体高度 $h_w = 1.5m < l_n = 1.8m$，应考虑楼板传来的荷载。

过梁自重及抹灰重为 $26kN/m^3 \times 0.24m \times 0.24m = 1.50kN/m$

作用在过梁上的均布荷载设计值为（永久荷载分项系数 $\gamma_G = 1.3$，活荷载分项系数 $\gamma_Q = 1.5$）

$$g + q = 1.3 \times (5.24 \times 0.6 + 6.0 + 1.50)kN/m + 1.5 \times 4.5kN/m = 20.6kN/m$$

过梁计算跨度 $l_0 = l_n + a = 1.8m + 0.24m = 2.04m$

跨中弯矩 $M = \dfrac{g+q}{8} l_0^2 = \dfrac{20.6kN/m}{8} \times (2.04m)^2 = 10.72kN \cdot m$

支座边缘剪力 $V = \dfrac{g+q}{2} l_n = \dfrac{20.6kN/m}{2} \times 1.8m = 18.54kN$

2. 受弯承载力计算

混凝土采用 C30（$\alpha_1 = 1.0$，$f_c = 14.3N/mm^2$，$f_t = 1.43N/mm^2$），钢筋采用 HRB400（$f_y = f_{yv} = 360N/mm^2$），则

$$\alpha_s = \frac{M}{\alpha_1 f_c b h_0^2} = \frac{10.72 \times 10^6}{1.0 \times 14.3 \times 240 \times 200^2} = 0.078$$

$$\xi = 1 - \sqrt{1 - 2\alpha_s} = 1 - \sqrt{1 - 2 \times 0.078} = 0.081 < \xi_b = 0.518$$

$$A_s = \frac{\alpha_1 f_c b \xi h_0}{f_y} = \frac{1.0 \times 14.3 \times 240 \times 0.081 \times 200}{360} mm^2 = 154.4mm^2 > A_{s\,min} = 0.2\% \times 240mm \times 240mm = 115.2mm^2$$

选用 2Φ12（$A_s = 226mm^2$）。

3. 受剪承载力计算

因 $h_w/b = h_0/b = 200/240 = 0.83 < 4$ 时，

$$0.25\beta_c f_c b h_0 = 0.25 \times 1.0 \times 14.3N/mm^2 \times 240mm \times 200mm = 171.6kN > V = 18.54kN$$

截面尺寸满足要求。

$0.7f_t b h_0 = 0.7 \times 1.43N/mm^2 \times 240mm \times 200mm = 48.0kN > V = 18.54kN$，构造配筋

选用双肢箍Φ6@200。

$$\rho_{sv} = \frac{A_{sv}}{bs} = \frac{2 \times 28.3mm^2}{240mm \times 200mm} = 0.118\% > \rho_{sv\,min} = 0.24\frac{f_t}{f_{yv}} = 0.24 \times \frac{1.43}{360} = 0.095\%$$

配箍率满足要求。

4. 过梁端部砌体的局部受压承载力验算

由墙体采用 MU10 烧结多孔砖和 M5 混合砂浆，查表 5-11 得 $f = 1.50N/mm^2$，并取 $a_0 = a = 240mm$，$\eta = 1.0$，$\gamma = 1.25$，$\psi = 0$，则

$$\eta\gamma f A_l = 1.0 \times 1.25 \times 1.50N/mm^2 \times 240mm \times 240mm = 108kN > N_l = \frac{20.6kN/m \times 2.04m}{2} = 21.0kN$$

局部受压承载力满足要求。

5.7 配筋砌体结构设计

我国采用的配筋砌体结构是指由配置钢筋的砌体作为建筑物主要受力构件的结构，包括

网状配筋砖砌体、组合砖砌体和配筋砌块砌体剪力墙三类。组合砖砌体又分为砖砌体和钢筋混凝土面层或钢筋砂浆面层组成的组合砌体构件、砖砌体和钢筋混凝土构造柱组成的组合墙两类。在砌体结构中配置钢筋或与钢筋混凝土组成的配筋砌体结构，不仅可以提高结构构件的承载力，还能提高结构构件的延性，广泛运用于建筑物加固设计中。

5.7.1　网状配筋砖砌体

在砖砌体的水平灰缝中配置钢筋网片的砌体承重构件，称为网状配筋砖砌体构件，也称为横向配筋砖砌体构件，见图5-72。它属于均匀配筋砌体构件。

网状配筋砖砌体在轴向压力作用下，不但发生纵向压缩变形，也发生横向膨胀。由于钢筋、砂浆层与块体之间存在摩擦力和黏结力，钢筋被完全嵌固在灰缝内与砖砌体共同工作。这时，砖砌体纵向受压，钢筋横向受拉，又因钢筋的弹性模量比砌体大，故可约束砌体的横向变形发展，防止砌体因纵向裂缝的延伸而过早失稳破坏，从

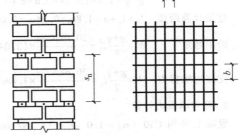

图 5-72　网状配筋砖砌体

而间接地提高了受压承载力，故这种配筋又称为间接配筋。砌体与横向钢筋之间的黏结力是保证两者共同工作、提高砌体承载力的主要因素。

1. 受压性能

试验结果表明，网状配筋砖砌体轴向受压时，从加载开始直至构件破坏，同无筋砌体类似。按照裂缝的出现和发展分为三个受力阶段，但其受力性能和无筋砌体又存在差别。

第一阶段：随着荷载的增加，单块砖内出现第一批裂缝，此阶段的受力特点和无筋砌体相同，但出现第一批裂缝时的荷载为破坏荷载的60%~75%，较无筋砌体高。

第二阶段：随着荷载的继续增大，裂缝数量增多，但裂缝发展缓慢。纵向裂缝受到横向钢筋的约束，不能沿砌体高度方向形成连续裂缝，这与无筋砌体受压时有较大的不同。

第三阶段：当荷载接近破坏荷载时，砌体内部分砖严重开裂甚至被压碎，最后导致砌体完全破坏。此阶段不会像无筋砌体那样形成1/2砖的竖向小柱体，砖的强度得到比较充分发挥。

2. 受压承载力计算

$$N \leqslant \varphi_n f_n A \tag{5-95}$$

$$f_n = f + 2\left(1 - \frac{2e}{y}\right)\rho f_y \tag{5-96}$$

$$\rho = \frac{(a+b)A_s}{abs_n} \tag{5-97}$$

$$\varphi_n = \frac{1}{1 + 12\left[\dfrac{e}{h} + \sqrt{\dfrac{1}{12}\left(\dfrac{1}{\varphi_{0n}} - 1\right)}\right]^2} \tag{5-98}$$

$$\varphi_{0n} = \frac{1}{1 + (0.0015 + 0.45\rho)\beta^2} \tag{5-99}$$

式中　　N——轴向力设计值；

$\qquad f_n$——网状配筋砖砌体的抗压强度设计值；

$\qquad A$——截面面积；

$\qquad e$——轴向力的偏心距；

$\qquad \rho$——体积配筋率；

$\qquad y$——自截面重心至轴向力所在偏心方向截面边缘的距离；

$\qquad f_y$——钢筋的抗拉强度设计值，当 $f_y > 320$MPa 时，仍采用 320MPa；

$\qquad a$、b——钢筋网的网格尺寸；

$\qquad A_s$——钢筋的截面面积；

$\qquad s_n$——钢筋网的竖向间距；

$\qquad \varphi_n$——高厚比 β、配筋率及轴向力的偏心距对网状配筋砖砌体受压构件承载力的影响系数，也可查附表 G-4 确定；

$\qquad \varphi_{0n}$——网状配筋砖砌体矩形截面单向偏心受压构件承载力的影响系数，对轴心受压有

$$\varphi_n = \varphi_{0n}$$

当荷载偏心作用时，横向配筋的效果将随偏心距的增大而降低，因此采用网状配筋砖砌体适用条件：

1）偏心距超过截面核心范围（对矩形截面即 $e/h > 0.17$），或构件的高厚比 $\beta > 16$ 时，不宜采用网状配筋砖砌体构件。

2）对矩形截面构件，当轴向力偏心方向的截面边长大于另一方向的边长时，除按偏心受压计算外，还应对较小边长方向按轴向受压进行验算。

3）当网状配筋砖砌体下端与无筋砌体交接时，尚应验算交接处无筋砌体的局部受压承载力。

3. 构造要求

1）网状配筋砖砌体中的体积配筋率，不应小于 0.1%，不应大于 1%。

2）采用钢筋网时，钢筋的直径宜采用 3~4mm。

3）钢筋网中钢筋的间距，不应大于 120mm，不应小于 30mm。

4）钢筋网的间距，不应大于 5 皮砖，且不应大于 400mm。

5）网状配筋砖砌体所用的砂浆强度等级不应低于 M7.5；钢筋网应设置在砌体的水平灰缝中，灰缝厚度应保证钢筋上下至少各有 2mm 厚的砂浆层。

【例 5-18】　某网状配筋砖柱，截面尺寸 $b \times h = 370\text{mm} \times 490\text{mm}$，柱的计算高度 $H_0 = 4\text{m}$，承受轴向压力设计值 $N = 200\text{kN}$，沿长边方向弯矩设计值 $M = 16\text{kN} \cdot \text{m}$，采用 MU10 普通烧结砖、M10 混合砂浆砌筑，施工质量控制等级为 B 级，网状配筋采用 $\phi^b 4$ 冷拔低碳钢丝焊接方格网（$A_s = 12.6\text{mm}^2$，$f_y = 430\text{N/mm}^2$），网格尺寸 $a \times b = 60\text{mm} \times 60\text{mm}$，每 3 皮砖设置一层钢丝网。试验算该砖柱的承载力。

解： 钢筋网 $f_y = 430\text{N/mm}^2 > 320\text{N/mm}^2$，取 $f_y = 320\text{N/mm}^2$。由 MU10 普通烧结砖、M10 混合砂浆砌筑，查 5-11 表得砌体抗强度 $f = 1.89\text{N/mm}^2$，柱截面面积 $A = 0.37\text{m} \times 0.49\text{m} = 0.1813\text{m}^2 < 0.2\text{m}^2$，考虑抗压强度调整系数 $\gamma_a = 0.8 + A = 0.8 + 0.1813 = 0.9813$，$\gamma_a f = 0.9813 \times 1.89\text{N/mm}^2 = 1.855\text{N/mm}^2$。每皮砖按 65mm 计，得竖向钢筋网间距 $s_n = 3 \times 65\text{mm} = 195\text{mm}$。

（1）沿截面长边方向验算（按偏心受压验算）

体积配筋率　$\rho = \dfrac{(a+b)A_s}{abs_n} = \dfrac{2 \times 60 \times 12.6}{60^2 \times 195} \times 100\% = 0.215\%$

故体积配筋率满足不应小于 0.1%，并不应大于 1% 的构造要求。

$$\beta = \frac{H_0}{h} = \frac{4000}{490} = 8.16 < 16$$

$$e = \frac{M}{N} = \frac{16 \times 10^3}{200}\text{mm} = 80\text{mm}, \frac{e}{h} = \frac{80}{490} = 0.163 < 0.17$$

$$f_n = f + 2\left(1 - \frac{2e}{y}\right)\rho f_y = 1.855\text{N/mm}^2 + 2 \times \left(1 - \frac{2 \times 80}{490/2}\right) \times 0.215\% \times 320\text{N/mm}^2 = 2.33\text{N/mm}^2$$

$$\varphi_{0n} = \frac{1}{1 + (0.0015 + 0.45\rho)\beta^2} = \frac{1}{1 + (0.0015 + 0.45 \times 0.215\%) \times 8.16^2} = 0.859$$

$$\varphi_n = \frac{1}{1 + 12\left[\frac{e}{h} + \sqrt{\frac{1}{12}\left(\frac{1}{\varphi_{0n}} - 1\right)}\right]^2} = \frac{1}{1 + 12 \times \left[0.163 + \sqrt{\frac{1}{12}\left(\frac{1}{0.859} - 1\right)}\right]^2} = 0.515$$

$$\varphi_n f_n A = 0.515 \times 2.33 \times 370 \times 490 \times 10^{-3}\text{kN} = 217.6\text{kN} > N = 200\text{kN} \quad (\text{满足要求})$$

（2）沿截面短边方向验算（按轴心受压验算）

$$\beta = \frac{H_0}{b} = \frac{4000}{370} = 10.81 < 16$$

$$f_n = f + 2\left(1 - \frac{2e}{y}\right)\rho f_y = 1.855\text{N/mm}^2 + 2 \times 1 \times 0.215\% \times 320\text{N/mm}^2 = 3.23\text{N/mm}^2$$

$$\varphi_n = \varphi_{on} = \frac{1}{1 + (0.0015 + 0.45\rho)\beta^2} = \frac{1}{1 + (0.0015 + 0.45 \times 0.215\%) \times 10.81^2} = 0.776$$

$$\varphi_n f_n A = 0.776 \times 3.23 \times 370 \times 490 \times 10^{-3}\text{kN} = 454.4\text{kN} > N = 200\text{kN} \quad (\text{满足要求})$$

点评：①当网状配筋砖砌体构件的截面面积 $A < 0.2\text{m}^2$，取 $\gamma_a = 0.8 + A$，它只是对式（5-96）中的 f 值做调整，即对 $\gamma_a f$ 修正，而不是直接对 $\gamma_a f_n$ 修正；②对截面的长边和短边分别按偏心受压和轴心受压验算，因不同方向的高厚比、网状配筋抗压强度设计值、影响系数三者的不同，其承载力也不同。

5.7.2 组合砖砌体

1. 砖砌体和钢筋混凝土面层或钢筋砂浆面层的组合砌体构件

当荷载偏心距 $e > 0.6y$ 时，宜采用砖砌体和钢筋混凝土面层或钢筋砂浆面层组成的组合砖砌体构件，见图 5-73a。对于砖墙与组合砌体一同砌筑的 T 形截面构件（图 5-73b），其承载力和高厚比可按图 5-73c 中的矩形截面组合砌体构件计算，其计算结果偏于安全。

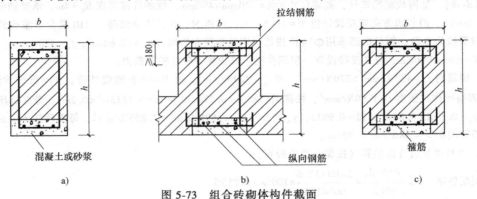

图 5-73　组合砖砌体构件截面

（1）**轴心受压破坏特点**　在轴心压力作用下，通常在砌体与面层的连接处产生第一批裂缝。随着压力增大，砖砌体内逐渐产生竖向裂缝。由于两侧的钢筋混凝土或钢筋砂浆面层的横向约束，砌体内裂缝的发展较为缓慢。最终破坏时，砌体内的砖和面层混凝土或面层砂浆严重脱落甚至被压碎，或竖向钢筋在箍筋范围内压屈，组合砖砌体才完全破坏。

（2）**强度系数**　组合砖砌体受压时，砖砌体受面层钢筋混凝土或钢筋砂浆的约束，其受压变形能力增大，直至组合砖砌体达到极限承载力。此时，砖砌体内的压应力仍低于砌体抗压强度，砂浆面层中钢筋的应变小于钢筋的屈服应变，材料强度未被充分利用，根据这一特性用砖砌体与钢筋的强度系数 η_s 来表示。

（3）**稳定系数**　组合砖砌体构件轴心受压时的纵向弯曲性能，介于相同截面的无筋砖砌体构件和钢筋混凝土构件的纵向弯曲性能之间。基于此原因，按构件高厚比 β 和截面配筋率 $\rho = A_s'/bh$ 制成组合砖砌体构件的稳定系数 φ_{com}，见表 5-35。

表 5-35　组合砖砌体构件的稳定系数 φ_{com}

高厚比 β	配筋率 ρ（%）					
	0	0.2	0.4	0.6	0.8	≥1.0
8	0.91	0.93	0.95	0.97	0.99	1.00
10	0.87	0.90	0.92	0.94	0.96	0.98
12	0.82	0.85	0.88	0.91	0.93	0.95
14	0.77	0.80	0.83	0.86	0.89	0.92
16	0.72	0.75	0.78	0.81	0.84	0.87
18	0.67	0.70	0.73	0.76	0.79	0.81
20	0.62	0.65	0.68	0.71	0.73	0.75
22	0.58	0.61	0.64	0.66	0.68	0.70
24	0.54	0.57	0.59	0.61	0.63	0.65
26	0.50	0.52	0.54	0.56	0.58	0.60
28	0.46	0.48	0.50	0.52	0.54	0.56

（4）**轴心受压构件承载力计算**

$$N \leqslant \varphi_{com}(fA + f_c A_c + \eta_s f_y' A_s') \tag{5-100}$$

式中　φ_{com}——组合砖砌体构件的稳定系数，见表 5-35；

$\quad\quad A$——砖砌体的截面面积；

$\quad\quad f_c$——混凝土或面层水泥砂浆的轴心抗压强度设计值，砂浆的抗压强度设计值可取为同强度等级混凝土轴心抗压强度设计值的 70%，砂浆为 M15 时取 5.0MPa，砂浆为 M10 时取 3.4MPa，砂浆为 M7.5 时取 2.5MPa；

$\quad\quad A_c$——混凝土或砂浆面层的截面面积；

$\quad\quad \eta_s$——受压钢筋的强度系数，混凝土面层时取 1.0，砂浆面层时取 0.9；

$\quad\quad f_y'$——钢筋的抗压强度设计值；

$\quad\quad A_s'$——受压钢筋的截面面积。

（5）**偏心受压构件承载力计算**

$$N \leqslant fA' + f_c A_c' + \eta_s f_y' A_s' - \sigma_s A_s \tag{5-101}$$

$$Ne_N \leqslant fS_s + f_c S_{c,s} + \eta_s f_y' A_s' (h_0 - a_s') \tag{5-102}$$

此时受压区高度 x 可按下列公式确定：

$$fS_N + f_c S_{c,N} + \eta_s f_y' A_s' e_N' - \sigma_s A_s e_N = 0 \tag{5-103}$$

$$e_N = e + e_a + (h/2 - a_s) \tag{5-104}$$

$$e_N' = e + e_a - (h/2 - a_s') \tag{5-105}$$

$$e_a = \frac{\beta^2 h}{2200} (1 - 0.022\beta) \tag{5-106}$$

式中　A'——砖砌体受压部分的面积；

$\quad\quad A_c'$——混凝土或砂浆面层受压部分的面积；

$\quad\quad \sigma_s$——钢筋 A_s 的应力；

$\quad\quad A_s$——距轴向力 N 较远侧钢筋的截面面积；

$\quad\quad S_s$——砖砌体受压部分的面积对钢筋 A_s 重心的面积矩；

$\quad\quad S_{c,s}$——混凝土或砂浆面层受压部分的面积对钢筋 A_s 重心的面积矩；

$\quad\quad S_N$——砖砌体受压部分的面积对轴向力 N 作用点的面积矩；

$\quad\quad S_{c,N}$——混凝土或砂浆面层受压部分的面积对轴向力 N 作用点的面积矩；

$\quad e_N$、e_N'——钢筋 A_s 和 A_s' 重心至轴向力 N 作用点的距离，见图 5-74；

$\quad\quad e$——轴向力的初始偏心距，按荷载设计值计算，当 $e < 0.05h$ 时，应取 $e = 0.05h$；

$\quad\quad e_a$——组合砖砌体构件在轴向力作用下的附加偏心距；

$\quad\quad h_0$——组合砖砌体构件截面的有效高度，取 $h_0 = h - a_s$；

$\quad a_s$、a_s'——钢筋 A_s 和 A_s' 重心至截面较近边的距离。

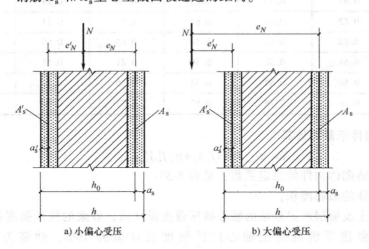

a) 小偏心受压　　　　　　　　b) 大偏心受压

图 5-74　组合砖砌体偏心受压构件

当 $x > h_c$ 时，见图 5-75a。

$$S_{c,s} = b_c h_c (h - a_s' - 0.5h_c) \tag{5-107}$$

$$S_s = (bx - b_c h_c) \left[h - a_s' - \frac{bx^2 - b_c h_c^2}{2(bx - b_c h_c)} \right] \tag{5-108}$$

$$S_{c,N} = b_c h_c [e + e_a - 0.5h + 0.5h_c] \tag{5-109}$$

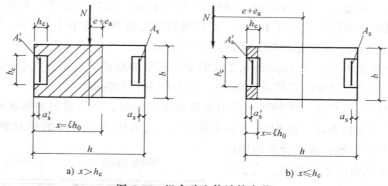

图 5-75　组合砖砌体计算参数

$$S_N = (bx - b_c h_c)\left[e + e_a - 0.5h + \frac{bx^2 - b_c h_c^2}{2(bx - b_c h_c)}\right] \qquad (5\text{-}110)$$

当 $x \leqslant h_c$ 时，见图 5-75b。

$$S_{c,s} = b_c x(h - a_s' - 0.5x) \qquad (5\text{-}111)$$

$$S_s = (b - b_c)x(h - a_s' - 0.5x) \qquad (5\text{-}112)$$

$$S_{c,N} = b_c x(e + e_a - 0.5h + 0.5x) \qquad (5\text{-}113)$$

$$S_N = (b - b_c)x(e + e_a - 0.5h + 0.5x) \qquad (5\text{-}114)$$

上述公式表明，组合砖砌体构件偏心受压承载力公式，采用与钢筋混凝土偏心受压构件相类似的方法，但在附加偏心距、钢筋应力的具体取值等方面有所不同。

1）附加偏心距。在式（5-104）和式（5-105）中引入附加偏心距 e_a，目的是考虑组合砖砌体构件偏心受压时纵向弯曲的影响。式（5-106）按截面破坏时的曲率关系而得。

2）截面钢筋应力 σ_s 及受压区相对高度的界限值 ξ_b。组合砖砌体构件大、小偏心受压的判别与钢筋应力 σ_s 应按下列规定计算：

① 距轴向力 N 较近侧钢筋 A_s' 受压并屈服，取 f_y'。

② 当 $\xi \leqslant \xi_b$ 时，为大偏心受压，距轴向力 N 较远侧钢筋 A_s 受拉并屈服，取 $\sigma_s = f_y$。

③ 当 $\xi > \xi_b$ 时，为小偏心受压，距轴向力 N 较远侧钢筋 A_s 的应力 σ_s 随受压区的不同而变化，按下式计算（单位为 MPa，正值为拉应力，负值为压应力）：

$$\sigma_s = 650 - 800\xi \qquad (5\text{-}115)$$

$$-f_y' \leqslant \sigma_s \leqslant f_y \qquad (5\text{-}116)$$

式中　ξ——组合砖砌体构件截面的相对受压区高度，$\xi = x/h_0$；

　　　　f_y——钢筋的抗拉强度设计值。

④ 组合砖砌体构件受压区相对高度的界限值 ξ_b，HRB400 级钢筋应取 0.36，HRB335 级钢筋应取 0.44，HPB300 级钢筋应取 0.47。

（6）**构造要求**

1）面层混凝土强度等级宜采用 C20，面层水泥砂浆强度等级不宜低于 M10，砌筑砂浆强度等级不宜低于 M7.5。

2）砂浆面层的厚度，可采用 30~45mm，当面层厚度大于 45mm 时，其面层宜采用混凝土。

3）竖向受力钢筋宜采用 HPB300 级钢筋。受压钢筋一侧的配筋率，对砂浆面层不宜小于 0.1%，对混凝土面层不宜小于 0.2%。受拉钢筋的配筋率不应小于 0.1%，竖向受力钢筋的直径不应小于 8mm，钢筋的净间距不应小于 30mm。

4）箍筋的直径不宜小于 4mm 及 0.2 倍的受压钢筋的直径，且不宜大于 6mm；箍筋的间距不应大于 20 倍受压钢筋的直径及 500mm，且不应小于 120mm。

5）当组合砖砌体构件一侧的竖向受力钢筋多于 4 根时，应设置附加箍筋或拉结钢筋。

6）截面长短边相差较大的构件（如墙体等），应采用穿通墙体的拉结钢筋作为箍筋，同时设置水平分布钢筋；水平分布钢筋的竖向间距及拉结钢筋的水平间距，均不应大于 500mm，见图 5-76。

7）组合砖砌体构件的顶部、底部及牛腿部位，必须设置钢筋混凝土垫块；竖向受力钢筋伸入垫块的长度，必须满足锚固要求。

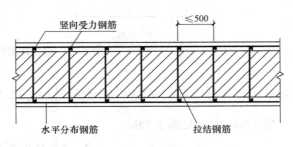

图 5-76　混凝土或砂浆面层组合墙

【例 5-19】　某组合砖墙砌体，截面厚为 330mm，见图 5-77。采用双面 M10 水泥砂浆钢筋面层，$f_c = 3.4\text{N/mm}^2$，每边砂浆面层厚 45mm，竖向钢筋采用 Φ10@200（HPB300 级钢筋 $f'_y = 270\text{N/mm}^2$，一侧受压钢筋面积为 393mm²），水平钢筋采用 Φ6@200，并按规定设穿墙拉结钢筋 Φ6@200。采用 MU10 烧结普通砖、M7.5 混合砂浆砌筑 240mm 厚砖墙。该组合墙计算高度 $H_0 = 3.6\text{m}$，每米宽度墙体承受轴向压力设计值 $N = 760\text{kN/m}$，施工质量控制等级为 B 级。试验算该组合砖墙的承载力。

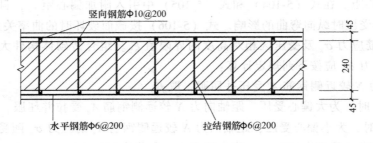

图 5-77　例 5-19

解： 由 MU10 烧结普通砖、M7.5 混合砂浆，查表 5-11 可知 $f = 1.69\text{N/mm}^2$。因截面面积 $A = 1\text{m} \times 0.24\text{m} = 0.24\text{m}^2 > 0.2\text{m}^2$，不考虑抗压强度调整系数 γ_a。砂浆面层 $\eta_s = 0.9$。

受压钢筋面积　$A'_s = 2 \times 393\text{mm}^2 = 786\text{mm}^2$

受压钢筋配筋率　$\rho = \dfrac{A'_s}{bh} = \dfrac{786\text{mm}^2}{1000\text{mm} \times 330\text{mm}} \times 100\% = 0.238\%$

其中一侧受压钢筋配筋为 $0.238\%/2 = 0.119\% > 0.1\%$，满足构造要求。

高厚比 $\beta = \gamma_\beta \dfrac{H_0}{h} = 1.0 \times \dfrac{3600\text{mm}}{330\text{mm}} = 10.9$，查表 5-35 得 $\varphi_{com} = 0.883$。

$$\varphi_{com}(fA + f_c A_c + \eta_s f'_y A'_s)$$
$$= 0.883 \times (1.69 \times 1000 \times 240 + 3.4 \times 1000 \times 90 + 0.9 \times 270 \times 786) \times 10^{-3}\text{kN}$$
$$= 797\text{kN} > N = 760\text{kN} \quad （承载力满足要求）$$

【**例 5-20**】 截面尺寸 $b \times h = 370\text{mm} \times 490\text{mm}$ 的组合砖柱，其中砖柱尺寸为 370mm×250mm，见图 5-78。采用 MU10 烧结普通砖、M7.5 混合砂浆砌筑，混凝土面层采用 C20，配有 4Φ16 竖向 HRB400 级钢筋（$f'_y = 360\text{N/mm}^2$，$A'_s = 804\text{mm}^2$）；ϕ6 箍筋，每两皮砖一道布置。施工质量控制等级为 B 级。该组合砖柱的计算高度 $H_0 = 6\text{m}$，承受轴向压力设计值 $N = 700\text{kN}$。试验算其受压承载力。

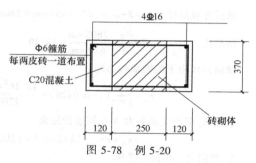

图 5-78 例 5-20

解：由 MU10 烧结普通砖、M7.5 混合砂浆，查表 5-11 可知 $f = 1.69\text{N/mm}^2$。砖砌体面积 $A = 0.25\text{m} \times 0.37\text{m} = 0.0925\text{m}^2 < 0.2\text{m}^2$，考虑抗压强度调整系数 $\gamma_a = 0.8 + 0.0925 = 0.8925$，即 $\gamma_a f = 0.8925 \times 1.69\text{N/mm}^2 = 1.508\text{N/mm}^2$。

混凝土面层截面面积 $A_c = 2 \times 120\text{mm} \times 370\text{mm} = 88800\text{mm}^2$

C20 混凝土面层 $f_c = 9.6\text{N/mm}^2$，$\eta_s = 1.0$。

受压钢筋配筋率 $\rho = \dfrac{A'_s}{bh} = \dfrac{804}{490 \times 370} \times 100\% = 0.443\%$，其中一侧受压钢筋配筋率为 $0.443\%/2 = 0.17\% > 0.1\%$，满足构造要求。

高厚比 $\beta = \gamma_\beta \dfrac{H_0}{h} = 1.0 \times \dfrac{6000}{370} = 16.2$，查表 5-35，$\varphi_{\text{com}} = 0.766$。

$$\varphi_{\text{com}}(fA + f_c A_c + \eta_s f'_y A'_s)$$
$$= 0.766 \times (1.508 \times 92500 + 9.6 \times 88800 + 1.0 \times 360 \times 804) \times 10^{-3}\text{kN}$$
$$= 997.4\text{kN} > N = 700\text{kN} \quad (\text{承载力满足要求})$$

【**例 5-21**】 某混凝土面层组合砖柱，柱的计算高度 $H_0 = 7.6\text{m}$，截面尺寸见图 5-79。砌体采用 MU15 烧结普通砖、M10 混合砂浆砌筑，面层混凝土采用 C20（$f_c = 9.6\text{N/mm}^2$），施工质量控制等级为 B 级，作用的轴向力设计值 $N = 360\text{kN}$，沿截面长边方向的弯矩设计值 $M = 180\text{kN} \cdot \text{m}$。一类环境，混凝土保护层厚度取 25mm。试按对称配筋选择该组合柱截面的钢筋。

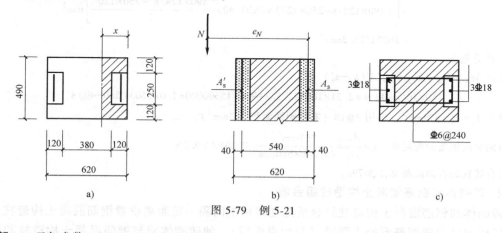

图 5-79 例 5-21

解：1. 已知参数

由 MU15 烧结普通砖、M10 混合砂浆砌筑，查表 5-11 可知 $f = 2.31\text{N/mm}^2$。

砖砌体的截面面积 $A = (0.49 \times 0.62 - 2 \times 0.12 \times 0.25)\text{m}^2 = 0.2438\text{m}^2 > 0.2\text{m}^2$，不考虑调整系数 γ_a。

HRB400 级钢筋，$f_y = f'_y = 360\text{N/mm}^2$。对混凝土面层，受压钢筋强度系数 $\eta_s = 1.0$。

钢筋重心至截面较近边的距离 $a_s = a'_s = 40\text{mm}$

截面有效高度 $h_0 = h - a_s = (620-40)\text{mm} = 580\text{mm}$

高厚比 $\beta = \dfrac{H_0}{h} = \dfrac{7600\text{mm}}{620\text{mm}} = 12.26$

轴向力作用下的附加偏心距

$$e_a = \frac{\beta^2 h}{2200}(1-0.022\beta) = \frac{12.26^2 \times 620}{2200} \times (1-0.022 \times 12.26)\text{mm} = 30.9\text{mm}$$

钢筋 A_s 重心至轴向力 N 作用点的距离

$$e_N = e + e_a + (h/2 - a_s) = (500+30.9+620/2-40)\text{mm} = 800.9\text{mm}$$

2. 判别大、小偏心受压

由于采用对称配筋（$A_s = A_s'$），初始偏心距 $e = \dfrac{M}{N} = \dfrac{180\text{kN}\cdot\text{m}}{360\text{kN}} = 0.5\text{m}$，先假定大偏心受压（$\sigma_s = f_y$）则由式（5-101）得 $N = fA' + f_c A_c'$。

设受压区高度为 x，先假定 $x > h_c$，则

混凝土面层受压部分的面积 $A_c' = b_c h_c = 250\text{mm} \times 120\text{mm} = 30000\text{mm}^2$

砖砌体受压部分的面积 $A' = (490x - A_c')\text{mm}^2 = (490x - 30000)\text{mm}^2$

$$360 \times 10^3 \text{N} = [2.31 \times (490x-30000) + 9.6 \times 30000]\text{N}$$

解得 $x = 124.8\text{mm} > h_c = 120\text{mm}$，与假定吻合。

$\xi = \dfrac{x}{h_0} = \dfrac{124.8\text{mm}}{580\text{mm}} = 0.215 < \xi_b = 0.36$，为大偏心受压，与假定吻合。

3. 参数计算

混凝土或砂浆面层受压部分的面积对钢筋 A_s 重心的面积矩

$$S_{c,s} = b_c h_c(h-a_s'-0.5h_c) = [250 \times 120 \times (620-40-0.5 \times 120)]\text{mm}^3 = 15600000\text{mm}^3$$

砖砌体受压部分的面积对钢筋 A_s 重心的面积矩

$$\begin{aligned}
S_s &= (bx - b_c h_c)(h-a_s') - \frac{bx^2 - b_c h_c^2}{2} \\
&= \left[(490 \times 124.8 - 250 \times 120) \times (620-40) - \frac{490 \times 124.8^2 - 250 \times 120^2}{2}\right]\text{mm}^3 \\
&= 16052275.2\text{mm}^3
\end{aligned}$$

4. 计算钢筋

由式 $Ne_N \le fS_s + f_c S_{c,s} + \eta_s f_y' A_s'(h_0 - a_s')$ 得

$$360 \times 10^3 \times 800.9 = 2.31 \times 16052275.2 + 9.6 \times 15600000 + 1.0 \times 360 \times (580-40)A_s'$$

解得 $A_s = A_s' = 522\text{mm}^2$。选用 3$\Phi$18（实配钢筋面积 763mm^2）。

每侧竖向钢筋的配筋率 $\rho = \dfrac{A_s}{bh_0} = \dfrac{763\text{mm}^2}{490\text{mm} \times 580\text{mm}} = 0.268\% > 0.2\%$

组合砖柱的截面配筋见图 5-79c。

2. 砖砌体和钢筋混凝土构造柱组合墙

砖砌体和钢筋混凝土构造柱组合墙是在砖墙中间隔一定距离设置钢筋混凝土构造柱，并在各层楼盖处设置钢筋混凝土圈梁（起约束作用），使砖砌体墙与钢筋混凝土构造柱和圈梁组成一个整体结构共同受力。

在荷载作用下，由于构造柱和砖墙的刚度不同，以及内力重分布的结果，构造柱分担墙体上的荷载。此外构造柱与圈梁形成"弱框架"，砌体受约束，提高了砌体的承载力。

在影响砖砌体和钢筋混凝土构造柱组合墙承载能力的诸多因素中，柱间距的影响最为显

著。理论分析和试验结果表明，对于中间柱，它对柱每侧砌体的影响长度约为 1.2m；对于边柱，其影响长度约为 1m。因此，当构造柱的间距为 2m 时，构造柱的作用非常显著；当构造柱的间距为 4m 时，它对墙体受压承载力的影响很小。

（1）轴心受压承载力计算

$$N \leqslant \varphi_{\mathrm{com}} \left[fA + \eta \left(f_{\mathrm{c}} A_{\mathrm{c}} + f_{\mathrm{y}}' A_{\mathrm{s}}' \right) \right] \qquad (5\text{-}117)$$

$$\eta = \left[\frac{1}{l/b_{\mathrm{c}} - 3} \right]^{\frac{1}{4}} \qquad (5\text{-}118)$$

式中　φ_{com}——组合砖墙的稳定系数，按表 5-35 采用；

η——强度系数，当 $l/b_{\mathrm{c}} < 4$ 时取 $l/b_{\mathrm{c}} = 4$；

l、b_{c}——分别为沿墙长方向构造柱的间距与宽度，见图 5-80；

A——扣除孔洞和构造柱的砖砌体截面面积；

A_{c}——构造柱的截面面积。

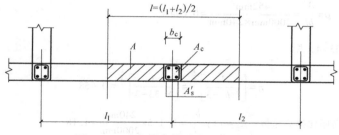

图 5-80　砖砌体和构造柱组合墙截面

（2）构造要求

1）砂浆的强度等级不应低于 M5，构造柱的混凝土强度等级不宜低于 C25。

2）构造柱的截面尺寸不宜小于 240mm×240mm，其厚度不应小于墙厚，边柱、角柱的截面尺寸宜适当加大（可采用 240mm×370mm）。柱内竖向受力钢筋，对于中柱，钢筋数量不宜少于 4 根、直径不宜小于 12mm；对于边柱、角柱，钢筋数量不宜少于 4 根、直径不宜小于 14mm。构造柱的竖向受力钢筋直径也不宜大于 16mm。其箍筋，一般部位宜采用直径 6mm、间距 200mm，楼层上下 500mm 范围内宜采用直径 6mm、间距 100mm；构造柱的竖向受力筋应在基础梁和楼层圈梁中锚固，并应符合受拉钢筋的锚固要求。

3）组合砖墙砌体结构房屋，应在纵横交接处、墙端部和较大洞口的洞边设置构造柱，其间距不宜大于 4m；各层洞口宜设在相应位置，并宜上下对齐。

4）组合砖墙砌体结构房屋，应在基础顶面、有组合墙的楼层处设置现浇钢筋混凝土圈梁；圈梁的截面高度不宜小于 240mm，纵向钢筋不宜小于 4 根、直径不宜小于 12mm；纵向钢筋应伸入构造柱内，并应符合受拉钢筋的锚固要求；圈梁的箍筋宜采用直径 6mm、间距 200mm。

5）砖砌体与构造柱的连接处应砌成牙马槎，并应沿墙高每隔 500mm 设 2 根直径 6mm 的拉结钢筋，且每边伸入墙内不宜小于 600mm。

6）构造柱可不单独设置基础，但应伸入室外地坪下 500mm，或与埋深小于 500mm 的基础梁相连。

7）组合砖墙的施工顺序应为先砌墙后浇混凝土构造柱。

【例 5-22】 某承重横墙厚 240mm，计算高度 $H_0 = 3.6$m，每米宽度墙体承受轴向压力设计值 $N = 420$kN/m。采用 MU10 烧结普通砖、M7.5 混合砂浆砌筑，施工质量控制等级为 B 级。采用砖砌体和钢筋混凝土构造柱组合墙，间距 2m 设置构造柱，其截面尺寸 $b×h = 240$mm×240mm，混凝土强度等级为 C25，配有 HRB400 级的 4Φ12 纵向钢筋（纵筋面积 452mm²），Φ6@200 的箍筋，见图 5-81。试验算该组合墙的受压承载力。

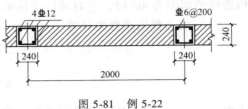

图 5-81　例 5-22

解： 由 MU10 烧结普通砖、M7.5 混合砂浆，查表 5-11 可知 $f = 1.69$N/mm²。查表 5-26 可知允许高厚比 $[\beta] = 26$。C25 混凝土面层 $f_c = 11.9$N/mm²，HRB400 级钢筋 $f'_y = 360$N/mm²。

砖砌体面积　　　$A = 240$mm×（2000−240）mm $= 422400$mm²

构造柱截面面积　$A_c = 240$mm×240mm $= 57600$mm²

配筋率　　　　　$\rho = \dfrac{A'_s}{bh} = \dfrac{452\text{mm}^2}{2000\text{mm}×240\text{mm}} = 0.094\%$

$\dfrac{l}{b_c} = \dfrac{2000\text{mm}}{240\text{mm}} = 8.33 > 4$，则

$$\eta = \left[\frac{1}{l/b_c - 3}\right]^{\frac{1}{4}} = \left[\frac{1}{8.33 - 3}\right]^{\frac{1}{4}} = 0.658$$

构造柱墙体允许高厚比提高系数　$\mu_c = 1 + \gamma\dfrac{b_c}{l} = 1 + 1.5×\dfrac{240\text{mm}}{2000\text{mm}} = 1.18$

墙体高厚比　$\beta = \dfrac{H_0}{h} = \dfrac{3600\text{mm}}{240\text{mm}} = 15 < \mu_c[\beta] = 1.18×26 = 30.7$（满足要求）

查表 5-35，$\varphi_{com} = 0.759$。

荷载效应 $N = 2\text{m}×420\text{kN/m} = 840$kN。

$$\varphi_{com}\left[fA + \eta(f_c A_c + f'_y A'_s)\right]$$
$$= 0.759×\left[1.69×422400 + 0.658×(11.9×57600 + 360×452)\right]×10^{-3}\text{kN}$$
$$= 965.4\text{kN} > N = 840\text{kN}　\text{（满足要求）}$$

5.7.3　配筋砌块砌体剪力墙

配筋砌块砌体剪力墙是在砌体中配置一定数量的竖向钢筋与水平钢筋，形成共同工作的整体以承受竖向作用与水平作用，成为承重和抗侧力墙体。竖向钢筋一般插入砌块砌体上下贯通的孔中，用灌孔混凝土灌实使钢筋充分锚固；水平钢筋一般可设置在水平灰缝中或设置箍筋。该结构具有强度高、延性好等特点，可用于大开间和高层建筑结构中。

配筋砌块砌体结构的内力与位移可按弹性方法计算。各构件应根据结构分析所得的内力，分别按轴心受压、偏心受压或偏心受拉构件进行正截面承载力和斜截面承载力计算，并应根据结构分析所得的位移进行变形验算。配筋砌块砌体剪力墙宜采用全部灌芯砌体。

1. 正截面受压承载力计算

（1）**基本假定**　国外研究和工程实践证明，配筋砌块砌体的力学性能与钢筋混凝土的性能非常相近。《砌体结构设计规范》对配筋砌块砌体构件正截面承载力采用下列基本假定进行计算：

1）截面应变分布保持平面。

2）竖向钢筋与其毗邻的砌体、灌孔混凝土的应变相同。

3）不考虑砌体、灌孔混凝土的抗拉强度。

4）根据材料选择砌体、灌孔混凝土的极限压应变，轴心受压时不应大于 0.002，偏心受压时不应大于 0.003。

5）根据材料选择钢筋的极限拉应变，且不应大于 0.01。

6）纵向受拉钢筋屈服与受压区砌体破坏同时发生时的相对界限受压区的高度，应按下式计算：

$$\xi_b = \frac{0.8}{1+\dfrac{f_y}{0.003E_s}} \qquad (5\text{-}119)$$

式中　ξ_b——相对界限受压区高度，为界限受压区高度与截面有效高度的比值；

　　　f_y——钢筋的抗拉强度设计值；

　　　E_s——钢筋的弹性模量。

7）大偏心受压时受拉钢筋考虑在 $(h_0-1.5x)$ 范围内屈服并参与工作。

（2）轴心受压构件　配筋砌块砌体剪力墙在轴心受压作用下，历经裂缝出现、裂缝发展及最终破坏三个受力阶段。与无筋砌体的破坏特征相比较，由于竖向钢筋和水平钢筋的约束，墙体内竖向裂缝分布较均匀，在水平钢筋处裂缝往往不贯通，裂缝密而细，发展缓慢。因此，配筋砌块砌体剪力墙不仅承载力有很大程度的提高，而且破坏时即便有的砌块被压碎，墙体仍能保持良好的整体性。

轴心受压配筋砌块砌体构件，当配有箍筋或水平分布钢筋时，其正截面受压承载力应按下式计算：

$$N \leq \varphi_{0g}(f_g A + 0.8 f_y' A_s') \qquad (5\text{-}120)$$

$$\varphi_{0g} = \frac{1}{1+0.001\beta^2} \qquad (5\text{-}121)$$

式中　N——轴向力设计值；

　　　f_g——灌孔砌体的抗压强度设计值，按式（5-9）采用；

　　　f_y'——钢筋的抗压强度设计值；

　　　A——构件的截面面积；

　　　A_s'——全部竖向钢筋的截面面积；无箍筋或水平分布钢筋时 $A_s'=0$；

　　　φ_{0g}——轴心受压构件的稳定系数；

　　　β——构件的高厚比，配筋砌块砌体构件的计算高度 H_0 可取层高。

（3）偏心受压构件　试验结果表明，配筋砌块砌体剪力墙墙肢在偏心受压时的受力性能、破坏形态与一般钢筋混凝土偏心受压构件类似。

大偏心受压时，截面部分受压，部分受拉。受拉区砌体较早出现水平裂缝，受拉钢筋应力增长较快，首先达到屈服。随着水平裂缝的开展，受压区高度减小，最后受压钢筋屈服，受压区砌块达到抗压强度被压碎而破坏。破坏时竖向分布钢筋在中和轴附近应力较小，距中和轴较远处的竖向受拉钢筋也屈服。

小偏心受压时，截面部分受压，部分受拉，或全截面受压。破坏时受压钢筋屈服，受压区砌块砌体达到抗压强度而压碎，而另一侧钢筋无论受拉或受压，均达不到屈服强度，且竖向分布钢筋应力较小。

因此矩形截面偏心受压配筋砌块砌体剪力墙，当 $\xi \leqslant \xi_b$ 时为大偏心受压构件；当 $\xi > \xi_b$ 时为小偏心受压构件。对 HPB300 级钢筋取 ξ_b 等于 0.57；对 HRB400 级钢筋取 ξ_b 等于 0.52。

配筋砌块砌体剪力墙墙肢中的配筋见图 5-82，图中 A_s、A_s' 分别为竖向受拉主筋和受压主筋，它位于由箍筋或水平分布钢筋拉结约束的边缘构件内；A_{si} 为竖向分布钢筋；A_{sh} 为水平分布钢筋。

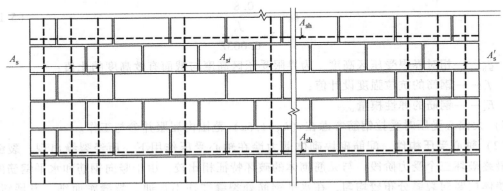

图 5-82　配筋砌块砌体剪力墙墙肢中的配筋

1）大偏心受压时应按下列公式计算（图 5-83a）：

$$N \leqslant f_g bx + f_y' A_s' - f_y A_s - \sum f_{si} A_{si} \tag{5-122}$$

$$N e_N \leqslant f_g bx(h_0 - 0.5x) + f_y' A_s'(h_0 - a_s') - \sum f_{si} S_{si} \tag{5-123}$$

式中　N——轴向力设计值；

f_g——灌孔砌体的抗压强度设计值，按式（5-9）采用；

b——截面宽度；

f_y、f_y'——竖向受拉、受压主筋的强度设计值；

f_{si}——竖向分布钢筋的抗拉强度设计值；

A_s、A_s'——竖向受拉、受压主筋的截面面积；

A_{si}——单根竖向分布钢筋的截面面积；

S_{si}——第 i 根竖向分布钢筋对竖向受拉主筋的面积矩；

e_N——轴向力作用点到竖向受拉主筋合力点之间的距离，可式（5-104）的规定计算；

a_s'——受压区纵向钢筋合力点至截面受压区边缘的距离，对 T 形、L 形、I 形截面，翼缘受压时取 100mm，其他情况取 300mm；

a_s——受拉区纵向钢筋合力点至截面受拉区边缘的距离，对 T 形、L 形、I 形截面，翼缘受压时取 300mm，其他情况取 100mm。

上述公式表明，它采用了与钢筋混凝土受压构件相同的计算模式，但以 f_g 代替 f_c（混凝土轴心抗压强度设计值）。对于竖向分布钢筋，它位于中和轴附近（$1.5x$ 范围内）的钢筋应力很小，故只计入（$h_0 - 1.5x$）范围内的钢筋受拉。

工程上常采用对称配筋截面，即 $A_s = A_s'$，$f_y = f_y'$ 且 $a_s = a_s'$。现取竖向分布钢筋的配筋率为

ρ_w，则 $\sum f_{si}A_{si}=f_s\rho_w(h_0-1.5x)b$，代入式 (5-122) 得

$$x=\frac{N+f_s\rho_w bh_0}{(f_g+1.5f_s\rho_w)b} \tag{5-124}$$

再代入式 (5-123)，得受拉、受压钢筋面积为

$$A_s=A_s'=\frac{Ne_N-f_g bx(h_0-0.5x)+0.5f_s\rho_w b(h_0-1.5x)^2}{f_y'(h_0-a_s')} \tag{5-125}$$

如忽略式 (5-125) 中 x^2 项的影响，可近似取

$$A_s=A_s'=\frac{Ne_N-f_g bh_0 x+0.5f_s\rho_w b(h_0^2-3h_0 x)}{f_y'(h_0-a_s')} \tag{5-126}$$

当式 (5-124) 计算的 $x<2a_s'$ 时，其正截面承载力可按下式进行计算：

$$Ne_N'\leqslant f_y A_s(h_0-a_s') \tag{5-127}$$

式中　e_N'——轴向力作用点至竖向受压主筋合力点之间的距离，可式 (5-105) 计算。

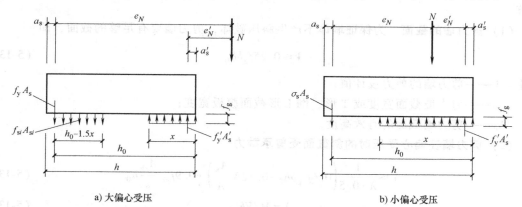

a) 大偏心受压　　　　　　　　　　　　　b) 小偏心受压

图 5-83　矩形截面偏心受压正截面承载力计算

2）小偏心受压时应按下列公式计算（图 5-83b）：

$$N\leqslant f_g bx+f_y'A_s'-\sigma_s A_s \tag{5-128}$$

$$Ne_N\leqslant f_g bx(h_0-0.5x)+f_y'A_s'(h_0-a_s') \tag{5-129}$$

$$\sigma_s=\frac{\xi-0.8}{\xi_b-0.8}f_y \tag{5-130}$$

注意：当受压区竖向受压主筋无箍筋或无水平钢筋约束时，可不考虑竖向受压主筋的作用，即取 $f_y'A_s'=0$。

矩形截面对称配筋砌块砌体小偏心受压时，也可近似按下列公式计算钢筋截面面积：

$$A_s=A_s'=\frac{Ne_N-\xi(1-0.5\xi)f_g bh_0^2}{f_y'(h_0-a_s')} \tag{5-131}$$

$$\xi=\frac{x}{h_0}=\frac{N-\xi_b f_g bh_0}{\dfrac{Ne_N-0.43f_g bh_0^2}{(0.8-\xi_b)(h_0-a_s')}+f_g bh_0}+\xi_b \tag{5-132}$$

注意：小偏心受压计算中未考虑竖向分布钢筋的作用。

3）配筋砌块砌体构件，当竖向钢筋仅配在中间时，其平面外偏心受压承载力可按式（5-26）进行计算，但应采用灌孔砌体的抗压强度设计值。

2. 斜截面受剪承载力计算

影响配筋砌块砌体剪力墙受剪破坏和抗剪承载力的主要因素是材料强度、竖向压应力、墙体的剪跨比与水平钢筋的配筋率。在剪-压作用下，此类墙体分为斜拉、剪压和斜压三种破坏形态。其中，最常见的是剪压破坏形态，它在竖向压力作用下，随剪力增加，墙体最初处于弹性阶段，随着墙体底部出现水平裂缝，墙体内产生细小斜裂缝；斜裂缝出现后，与斜裂缝相交的水平钢筋的拉应力突然增加，墙体产生明显的内力重分布；剪力进一步增加时，墙内斜裂缝增多并形成一条主要斜裂缝，墙体破坏。在反复水平剪力作用下，墙体内出现交叉斜裂缝。破坏时斜裂缝处的水平钢筋达到屈服强度，且墙体仍裂而不倒，具有较好的整体性。

偏心受拉和偏心受压配筋砌块砌体剪力墙，斜截面受剪承载力应根据下列情况进行计算。

（1）**剪力墙的截面**　为保证墙体不产生斜压破坏，剪力墙要有足够的截面，即

$$V \leqslant 0.25 f_g b h_0 \tag{5-133}$$

式中　V——剪力墙的剪力设计值；

　　　b——剪力墙截面宽度或 T 形、倒 L 形截面腹板宽度；

　　　h_0——剪力墙截面的有效高度。

（2）**剪力墙在偏心受压时的斜截面受剪承载力**

$$V \leqslant \frac{1}{\lambda - 0.5}\left(0.6 f_{vg} b h_0 + 0.12 N \frac{A_w}{A}\right) + 0.9 f_{yh} \frac{A_{sh}}{s} h_0 \tag{5-134}$$

$$\lambda = M / V h_0 \tag{5-135}$$

式中　f_{vg}——灌孔砌体的抗剪强度设计值，按式（5-11）采用；

M、N、V——计算截面的弯矩、轴向力和剪力设计值，$N > 0.25 f_g b h_0$ 时取 $N = 0.25 f_g b h_0$；

　　　A——剪力墙的截面面积，其中翼缘的有效面积可按表 5-36 的规定确定；

　　　A_w——T 形或倒 L 形截面腹板的截面面积，矩形截面取 $A_w = A$；

　　　λ——计算截面的剪跨比，$\lambda < 1.5$ 时取 1.5，$\lambda \geqslant 2.2$ 时取 2.2；

　　　h_0——剪力墙截面的有效高度；

　　　A_{sh}——配置在同一截面内的水平分布钢筋或网片的全部截面面积；

　　　s——水平分布钢筋的竖向间距；

　　　f_{yh}——水平钢筋的抗拉强度设计值。

表 5-36　T 形、L 形、I 形截面偏心受压构件翼缘计算宽度 b_f'

考虑情况	T 形、I 形截面	L 形截面
按构件计算高度 H_0 考虑	$H_0/3$	$H_0/6$
按腹板间距 L 考虑	L	$L/2$
按翼缘厚度 h_f' 考虑	$b + 12 h_f'$	$b + 6 h_f'$
按翼缘实际宽度 b_f' 考虑	b_f'	b_f'

（3）剪力墙在偏心受拉时的斜截面受剪承载力

$$V \leqslant \frac{1}{\lambda - 0.5}\left(0.6f_{vg}bh_0 - 0.22N\frac{A_w}{A}\right) + 0.9f_{yh}\frac{A_{sh}}{s}h_0 \tag{5-136}$$

（4）配筋砌块砌体剪力墙连梁的斜截面受剪承载力

1）当连梁采用钢筋混凝土时，连梁的承载力应按《混凝土结构设计规范》的有关规定进行计算。

2）当连梁采用配筋砌块砌体时，应符合下列规定：

① 连梁的截面，应符合下列规定：

$$V_b \leqslant 0.25f_g bh_0 \tag{5-137}$$

② 连梁的斜截面受剪承载力应按下式计算：

$$V_b \leqslant 0.8f_{vg}bh_0 + f_{yv}\frac{A_{sv}}{s}h_0 \tag{5-138}$$

式中　V_b——连梁的剪力设计值；

　　　b——连梁的截面宽度；

　　　h_0——连梁的截面有效高度；

　　　A_{sv}——配置在同一截面内箍筋各肢的全部截面面积；

　　　f_{yv}——箍筋的抗拉强度设计值；

　　　s——沿构件长度方向箍筋的间距。

3. 配筋砌块砌体剪力墙构造规定

配筋砌块砌体剪力墙施工时，墙体的竖向钢筋设在砌块孔洞内，水平钢筋设置在水平灰缝内，然后浇筑混凝土（形成芯柱）。通常在每一层的墙体内进行一次连续的混凝土灌筑。所有这些特点对配筋砌块砌体剪力墙在材料选择、钢筋布置、钢筋锚固和连接、配筋率及边缘构件的设置等方面，提出与现浇钢筋混凝土剪力墙不同的构造要求。

（1）**砌体材料的最低强度等级**　砌块不应低于 MU10；砌筑砂浆不应低于 Mb7.5；灌孔混凝土不应低于 Cb20。对安全等级为一级或设计使用年限大于 50 年的配筋砌块砌体房屋，所用材料的最低强度等级应至少提高一级。

（2）**剪力墙厚度及连梁截面宽度**　配筋砌块砌体剪力墙厚度、连梁截面宽度不应小于 190mm。

（3）**钢筋规格与布置**

1）钢筋的直径不宜大于 25mm，设置在灰缝中时不应小于 4mm，设置在其他部位不应小于 10mm；配置在孔洞或空腔中的钢筋面积不应大于孔洞或空腔面积的 6%。

2）设置在灰缝中钢筋的直径不宜大于灰缝厚度的 1/2；两平行的水平钢筋间的净距不应小于 50mm；柱和壁柱中的竖向钢筋的净距不宜小于 40mm（包括接头处钢筋间的净距）。

（4）**钢筋在灌孔混凝土中的锚固**

1）当计算中充分利用竖向受拉钢筋强度时，其锚固长度 l_a 对 HRB400 和 RRB400 级钢筋不应小于 35d；在任何情况下钢筋（包括钢筋网片）锚固长度不应小于 300mm。

2）竖向受拉钢筋不应在受拉区截断。如必须截断时，应延伸至按正截面受弯承载力计算不需要该钢筋的截面以外，延伸长度不应小于 20d。

3）竖向受压钢筋在跨中截断时，必须伸至按计算不需要该钢筋的截面以外，延伸长度不应小于 $20d$；对绑扎骨架中末端无弯钩的钢筋，不应小于 $25d$。

4）钢筋骨架中的受力光圆钢筋，应在钢筋末端做弯钩，在焊接骨架、焊接网及轴心受压构件中，不做弯钩；绑扎骨架中的受力带肋钢筋，在钢筋的末端不做弯钩。

（5）**钢筋的接头** 钢筋的直径大于 22mm 时宜采用机械连接接头，接头的质量应符合国家现行有关标准的规定；其他直径的钢筋可采用搭接接头，并应符合下列规定：

1）钢筋的接头位置宜设置在受力较小处。

2）受拉钢筋的搭接接头长度不应小于 $1.1l_a$，受压钢筋的搭接接头长度不应小于 $0.7l_a$，且不应小于 300mm。

3）当相邻接头钢筋的间距不大于 75mm 时，其搭接长度应为 $1.2l_a$。当钢筋间的接头错开 $20d$ 时，搭接长度可不增加。

（6）**水平受力钢筋（网片）的锚固和搭接长度**

1）在凹槽砌块混凝土带中钢筋的锚固长度不宜小于 $30d$，且其水平或垂直弯折段的长度不宜小于 $15d$ 和 200mm；钢筋的搭接长度不宜小于 $35d$。

2）在砌体水平灰缝中，钢筋的锚固长度不宜小于 $50d$，且其水平或垂直弯折段的长度不宜小于 $20d$ 和 250mm；钢筋的搭接长度不宜小于 $55d$。

3）在隔皮或错缝搭接的灰缝中为 $55d+2h$，d 为灰缝受力钢筋的直径，h 为水平灰缝的间距。

（7）**配筋砌块砌体剪力墙的构造配筋**

1）应在墙的转角、端部和孔洞的两侧配置竖向连续的钢筋，钢筋直径不应小于 12mm。

2）应在洞口的底部和顶部设置不小于 2 根直径 10mm 的水平钢筋，其伸入墙内的长度不应小于 $40d$ 和 600mm。

3）应在楼（屋）盖的所有纵横墙处设置现浇钢筋混凝土圈梁，圈梁的宽度和高度应等于墙厚和块高，圈梁主筋不应少于 4 根直径 10mm，圈梁的混凝土强度等级不应低于同层混凝土块体强度等级的 2 倍，或该层灌孔混凝土的强度等级，也不应低于 C20。

4）剪力墙其他部位的竖向和水平钢筋的间距不应大于墙长、墙高的 1/3，也不应大于 900mm。

5）剪力墙沿竖向和水平方向的构造钢筋配筋率均不应小于 0.07%。

（8）**按壁式框架设计的配筋砌块砌体窗间墙**

1）窗间墙的墙宽不应小于 800mm；墙净高与墙宽之比不宜大于 5。

2）窗间墙中的竖向钢筋在每片窗间墙中沿全高不应少于 4 根钢筋；沿墙的全截面应配置足够的抗弯钢筋；窗间墙的竖向钢筋的配筋率不宜小于 0.2%，也不宜大于 0.8%。

3）窗间墙中的水平分布钢筋应在墙端部纵向钢筋处向下弯折射 90°，弯折段长度不小于 $15d$ 和 150mm；水平分布钢筋的间距：在距梁边 1 倍墙宽范围内不应大于 1/4 墙宽，其余部位不应大于 1/2 墙宽；水平分布钢筋的配筋率不宜小于 0.15%。

（9）配筋砌块砌体剪力墙应根据下列情况设置边缘构件

1）当利用剪力墙端部的砌体受力时，应在一字墙的端部至少 3 倍墙厚范围内的孔中设置不小于直径 12mm 通长竖向钢筋；应在 L 形、T 形或十字形墙交接处 3 或 4 个孔中设置不小于直径 12mm 通长竖向钢筋；当剪力墙的轴压比大于 $0.6f_g$ 时，除按上述规定设置竖向钢筋外，尚应设置间距不大于 200mm、直径不小于 6mm 的钢箍。

2）当在剪力墙墙端设置混凝土柱作为边缘构件时，应符合下列规定：

① 柱的截面宽度宜不小于墙厚，柱的截面高度宜为 1～2 倍的墙厚，并不应小于 200mm。

② 柱的混凝土强度等级不宜低于该墙体块体强度等级的 2 倍，或不低于该墙体灌孔混凝土的强度等级，也不应低于 Cb20。

③ 柱的竖向钢筋不宜小于 4 根直径 12mm，箍筋不宜小于直径 6mm、间距不宜大于 200mm。

④ 墙体中的水平钢筋应在柱中锚固，并应满足钢筋的锚固要求。

⑤ 柱的施工顺序宜为先砌砌块墙体，后浇捣混凝土。

（10）配筋砌块砌体剪力墙中连梁的要求

1）连梁采用钢筋混凝土时，连梁混凝土的强度等级不宜低于同层墙体块体强度等级的 2 倍，或同层墙体灌孔混凝土的强度等级，也不应低于 C20；其他构造尚应符合《混凝土结构设计规范》的有关规定。

2）连梁采用配筋砌块砌体时应符合下列要求：

① 连梁的高度不应小于两皮砌块的高度和 400mm；连梁应采用 H 形砌块或凹槽砌块组砌，孔洞应全部浇灌混凝土。

② 连梁上、下水平受力钢筋宜对称、通长设置，在灌孔砌体内的锚固长度不宜小于 $40d$ 和 600mm；连梁水平受力钢筋的含钢率不宜小于 0.2%，也不宜大于 0.8%。

③ 连梁的箍筋直径不应小于 6mm；箍筋的间距不宜大于 1/2 梁高和 600mm；在距支座等于梁高范围内的箍筋间距不应大于 1/4 梁高，距支座表面第一根箍筋的间距不应大于 100mm；箍筋的面积配筋率不宜小于 0.15%；箍筋宜为封闭式，双肢箍末端弯钩为 135°；单肢箍末端的弯钩为 180°，或弯 90°加 12 倍箍筋直径的延长段。

（11）配筋砌块砌体柱（图 5-84）构造

1）柱截面边长不宜小于 400mm，柱高度与截面短边之比不宜大于 30。

2）柱的竖向受力钢筋的直径不宜小于 12mm，数量不应少于 4 根，全部竖向受力钢筋的配筋率不宜小于 0.2%。

3）柱中箍筋的设置应根据下列情况确定：

① 当纵向钢筋的配筋率大于 0.25%，且柱承受的轴向力大于受压承载力设计值的 25% 时，柱应设箍筋；当配筋率小于或等于 0.25% 时，或柱承受的轴向力小于受压承载力设计值的 25% 时，柱中可不设置箍筋。

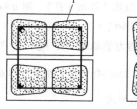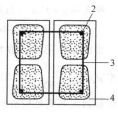

a）下皮　　　　b）上皮

图 5-84　配筋砌块砌体柱截面构造
1—灌孔混凝土　2—钢筋　3—箍筋　4—砌块

② 箍筋直径不宜小于 6mm。

③ 箍筋的间距不应大于 16 倍的纵向钢筋直径、48 倍箍筋直径及柱截面短边尺寸中较小者。

④ 箍筋应封闭，端部应弯钩或绕纵筋水平弯折 90°，弯折段长度不小于 $10d$。

⑤ 箍筋应设置在灰缝或灌孔混凝土中。

【例 5-23】 某建筑采用配筋砌块砌体剪力墙结构，墙高 3.6m，其中一剪力墙墙肢截面尺寸为 190mm×4800mm，采用 MU20 混凝土砌块（砌块孔洞率为 45%）、Mb15 混合砂浆砌筑和 Cb30 混凝土灌孔，墙肢配筋见图 5-85，施工质量控制等级为 B 级。作用于墙肢的内力 $N=2000$kN，$M=1900$kN·m，$V=500$kN。试验算该墙肢的承载力。

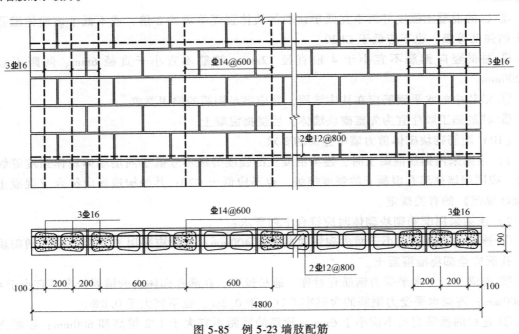

图 5-85 例 5-23 墙肢配筋

解：1. 强度取值

由 MU20 混凝土砌块、Mb15 混合砂浆砌筑，查表 5-14 得 $f=5.68$N/mm²。Cb30 混凝土，$f_c=14.3$N/mm²，HRB400 级钢筋，$f_y=f_y'=360$N/mm²。

灌孔率 $\rho=33\%$（每隔 2 孔灌 1 孔），则 $\alpha=\delta\rho=45\%\times0.33=0.15$。

$$f_g=f+0.6\alpha f_c=(5.68+0.6\times0.15\times14.3)\text{N/mm}^2=6.97\text{N/mm}^2<2f=11.36\text{N/mm}^2$$

由图 5-85 可知，剪力墙端部设置 3Φ16 竖向受力钢筋（$A_s'=603$mm²）；竖向分布钢筋为 Φ14@600，配筋率 $\rho_w=\dfrac{153.9}{190\times600}=0.135\%>0.07\%$；水平分布钢筋为 2Φ12@800，配筋率 $\rho_{sh}=\dfrac{2\times113}{190\times800}=0.149\%>0.07\%$。本墙肢的配筋满足构造要求。

2. 偏心受压时正截面承载力验算

轴向力的初始偏心距 $\qquad e=\dfrac{M}{N}=\dfrac{1900\text{kN}\cdot\text{m}}{2000\text{kN}}=950\text{mm}$

高厚比 $\qquad\qquad\qquad \beta=\dfrac{H_0}{h}=\dfrac{3600\text{mm}}{4800\text{mm}}=0.75$

轴向力作用下的附加偏心距

$$e_a=\frac{\beta^2h}{2200}(1-0.022\beta)=\frac{0.75^2\times4800}{2200}\times(1-0.022\times0.75)\text{mm}=1.2\text{mm}$$

受压区纵向钢筋合力点至截面受压区边缘的距离 $a_s'=300$mm

受拉区纵向钢筋合力点至截面受拉区边缘的距离 $a_s=300$mm

截面有效高度 $h_0 = h - a_s = (4800 - 300) \text{mm} = 4500 \text{mm}$

钢筋 A_s 重心至轴向力 N 作用点的距离

$$e_N = e + e_a + (h/2 - a_s) = (950 + 1.2 + 4800/2 - 300) \text{mm} = 3051.2 \text{mm}$$

因采用对称配筋

$$x = \frac{N + f_s \rho_w b h_0}{(f_g + 1.5 f_s \rho_w) b}$$

$$= \frac{2000 \times 10^3 + 360 \times 0.135\% \times 190 \times 4500}{(6.97 + 1.5 \times 360 \times 0.135\%) \times 190} \text{mm}$$

$$= 1651.3 \text{mm} \quad \begin{array}{l} > 2a_s' = 2 \times 300 \text{mm} = 600 \text{mm} \\ < \xi_b h_0 = 0.52 \times 4500 \text{mm} = 2340 \text{mm} \end{array}$$

属大偏心受压。

按式（5-123）进行验算：

$$N e_N = (2000 \times 3051.2 \times 10^{-3}) \text{kN} \cdot \text{m} = 6102.4 \text{kN} \cdot \text{m}$$

$$\sum f_{si} S_{si} = 0.5 f_s \rho_w b (h_0 - 1.5x)^2$$

$$= [0.5 \times 360 \times 0.135\% \times 190 \times (4500 - 1.5 \times 1651.3)^2 \times 10^{-6}] \text{kN} \cdot \text{m} = 188.96 \text{kN} \cdot \text{m}$$

$$f_g bx (h_0 - 0.5x) + f_y' A_s' (h_0 - a_s') - \sum f_{si} S_{si}$$

$$= [6.97 \times 190 \times 1651.3 \times (4500 - 0.5 \times 1651.3) + 360 \times 603 \times (4500 - 300)] \times 10^{-6} \text{kN} \cdot \text{m} - 188.96 \text{kN} \cdot \text{m}$$

$$= 8757.9 \text{kN} \cdot \text{m} > N e_N = 6102.4 \text{kN} \cdot \text{m} \quad （正截面承载力满足要求）$$

3. 偏心受压时斜截面受剪承载力验算

（1）截面尺寸验算

$$0.25 f_g b h_0 = 0.25 \times 6.97 \times 190 \times 4500 \times 10^{-3} \text{kN} = 1489.8 \text{kN} > V = 500 \text{kN}$$

墙肢截面符合要求。

（2）受剪承载力验算

剪跨比 $\lambda = \dfrac{M}{V h_0} = \dfrac{1900 \times 10^3}{500 \times 4500} = 0.84 < 1.5$，取 $\lambda = 1.5$

$0.25 f_g b h_0 = 1489.8 \text{kN} < N = 2000 \text{kN}$，取 $N = 1489.8 \text{kN}$

$$f_{vg} = 0.2 f_g^{0.55} = 0.2 \times 6.97^{0.55} \text{N/mm}^2 = 0.58 \text{N/mm}^2$$

$$\frac{1}{\lambda - 0.5} \left(0.6 f_{vg} b h_0 + 0.12 N \frac{A_w}{A} \right) + 0.9 f_{yh} \frac{A_{sh}}{s} h_0$$

$$= \left[\frac{1}{1.5 - 0.5} \times (0.6 \times 0.58 \times 190 \times 4500 + 0.12 \times 1489.8 \times 10^3 \times 1) + 0.9 \times 360 \times \frac{2 \times 113.1}{800} \times 4500 \right] \times 10^{-3} \text{kN}$$

$$= 888.6 \text{kN} > V = 500 \text{kN} \quad （斜截面受剪承载力满足要求）$$

5.8 砌体结构房屋的抗震设计

5.8.1 砌体结构房屋的震害

砌体结构由于它的材料性质和砌筑方式决定了其在抵御地震作用时的脆性和延性差的特点。地震后的震害表明，砌体结构房屋的破坏通常是由于剪切和连接出现问题引起的，一般表现为局部破坏，但也有不少完全倒塌的例子。砌体结构房屋的震害主要有承重墙体破坏、转角处墙体的破坏、纵横墙连接破坏、楼梯间破坏、出屋面附属结构的破坏等几种典型情况，图 5-86 为"6.17"长宁地震房屋破损照片。

a) 外纵墙X形裂缝　　　　　b) 转角墙斜裂缝　　　　　c) 房屋局部倒塌

d) 出屋面楼梯间X形裂缝　　　e) 出屋面围护墙倒塌　　　f) 内横墙X形裂缝

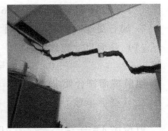

g) 转角剪切破坏　　h) 纵横墙破坏　　i) 楼梯破坏　　j) 内横墙斜裂缝

图 5-86　砌体结构房屋在地震作用下的主要破坏形态

（1）承重墙体破坏　承重墙体的破坏主要因为抗剪强度不足，表现为斜裂缝，在地震作用下墙体更多表现为斜向交叉裂缝，若墙体高宽比接近 1，则墙体呈现 X 形交叉裂缝；若墙体高宽比更小，则在墙体中间部位出现水平裂缝，加重墙体的破坏。

（2）转角处墙体的破坏　房屋转角处，由于刚度较大，必然吸收较多的地震作用，且在转角处墙体受到两个水平方向的地震作用，出现应力集中，从而导致转角墙体首先破坏甚至墙体坍落。

（3）纵横墙连接破坏　由于砌体强度低，或存在内外墙不同时施工、施工缝留直槎，未按放坡留槎规定操作、未按要求设置拉结钢筋、圈梁和构造柱，内外墙交接处因连接不足而发生破坏。

（4）楼梯间破坏　楼梯间墙体和楼盖之间的连接比其他部位弱，特别是顶层休息平台以上的外纵墙，其高度较大，稳定性较差。楼梯间的墙体在震后出现的斜裂缝及震害比一般墙体更严重。

（5）出屋面附属结构的破坏　如烟囱、女儿墙，由于鞭梢效应地震作用被放大，若连接构造不足，是地震时最容易破坏的部位。

5.8.2 房屋抗震设计基本规定

1. 结构体系

1）优先采用横墙承重或纵横墙共同承重的结构体系。不应采用砌体墙和混凝土墙混合承重的结构体系。

2）纵横向砌体抗震墙的布置宜均匀对称，沿平面内宜对齐，沿竖向应上下连续，且纵横向墙体的数量不宜相差过大；平面轮廓凹凸尺寸，不应超过典型尺寸的 50%，当超过典型尺寸的 25% 时，房屋转角处应采取加强措施；楼板局部大洞口的尺寸不宜超过楼板宽度的 30%，且不应在墙体两侧同时开洞；房屋错层的楼板高差超过 500mm 时，应按两层计算，错层部位的墙体应采取加强措施；同一轴线上的窗间墙宽度宜均匀；墙面洞口的立面面积，6、7 度时不宜大于墙面总面积的 55%，8、9 度时不宜大于 50%；在房屋宽度方向的中部应设置内纵墙，其累计长度不宜小于房屋总长度的 60%（高宽比大于 4 的墙段不计入）。

3）房屋立面高差在 6m 以上；或房屋有错层，且楼板高差大于层高的 1/4；或各部分结构刚度、质量截然不同时，宜设置防震缝，缝两侧均应设置墙体，缝宽可采用 70~100mm。

4）楼梯间不宜设置在房屋的尽端或转角处。

5）不应在房屋转角处设置转角窗。

6）横墙较少、跨度较大的房屋，宜采用现浇钢筋混凝土楼、屋盖。

2. 高度与层数

1）随着房屋高度的增大，地震作用随之增大，因而房屋的破坏也越严重。基于砌体材料的脆性性能和震害经验，限制其层数和高度是主要抗震措施，见表 5-37。

表 5-37 多层砌体房屋的层数和总高度限值 （单位：m）

房屋类别		最小墙厚度 /mm	设防烈度和设计基本地震加速度									
			6		7				8			9
			0.05g		0.10g		0.15g		0.20g		0.30g	0.40g
			高度	层数	高度	层数	高度	层数	高度	层数	高度	层数	高度	层数
多层砌体房屋	普通砖	240	21	7	21	7	21	7	18	6	15	5	12	4
	多孔砖	240	21	7	21	7	18	6	18	6	15	5	9	3
	多孔砖	190	21	7	18	6	15	5	15	5	12	4	—	—
	混凝土砌块	190	21	7	21	7	18	6	18	6	15	5	9	3

注：1. 房屋的总高度是指室外地面到主要屋面板板顶或檐口的高度，半地下室从地下室室内地面算起，全地下室和嵌固条件好的半地下室应允许从室外地面算起；对带阁楼的坡屋面应算到山尖墙的 1/2 高度处。

2. 室内外高差大于 0.6m 时，房屋总高度应允许比表中的数据适当增加，但增加量应少于 1.0m。

3. 乙类的多层砌体房屋仍按本地区设防烈度查表，其层数应减少一层且总高度应降低 3m；不应采用底部框架-抗震墙砌体房屋。

2）各层横墙较少的多层砌体房屋，总高度应比表 5-37 中的规定降低 3m，层数相应减少一层；各层横墙很少的多层砌体房屋，还应再减少一层。横墙较少是指同一楼层内开间大于 4.2m 的房间占该层总面积的 40% 以上；其中，开间不大于 4.2m 的房间占该层总面积不到 20% 且开间大于 4.8m 的房间占该层总面积的 50% 以上为横墙很少。

3）抗震设防烈度为 6、7 度时，横墙较少的丙类多层砌体房屋，当按《建筑抗震设计规范》规定采取加强措施并满足抗震承载力要求时，其高度和层数应允许仍按表 5-37 中的规定采用。

4）采用蒸压灰砂普通砖和蒸压粉煤灰普通砖的砌体房屋，当砌体的抗剪强度仅达到普通黏土砖砌体的 70%时，房屋的层数应比普通砖房屋减少一层，总高度应减少 3m；当砌体的抗剪强度达到普通黏土砖砌体的取值时，房屋层数和总高度的要求同普通砖房屋。

5）多层砌体结构房屋的层高，不应超过 3.6m。当使用功能确有需要时，采用约束砌体等加强措施的普通砖房屋，层高不应超过 3.9m。

3. 高宽比限制

随着房屋高宽比（房屋总高度与总宽度之比）增大，地震作用效应将增大，由整体弯曲在墙体中产生的附加应力也将增大，房屋的破坏将加重。因此，多层砌体房屋高宽比限制按表 5-38 要求。

表 5-38　房屋最大高宽比

烈度	6	7	8	9
最大高宽比	2.5	2.5	2.0	1.5

注：单面走廊房屋的总宽度不包括走廊宽度；建筑平面接近正方形时，其高宽比宜适当减小。

4. 抗震横墙的间距

多层砌体房屋的横向地震作用主要由横墙承担，需要横墙有足够的承载力，且楼（屋）盖必须具备一定的水平刚度。若横墙间距较大，房屋的相当一部分地震作用通过纵墙传至横墙，纵墙会产生出平面的弯曲破坏。因此，多层砌体房屋按设防烈度和楼屋盖类型来限制横墙的最大间距，见表 5-39。

表 5-39　多层砌体房屋横墙的间距　　　　　　　　　（单位：m）

房屋类别	烈度			
	6	7	8	9
现浇或装配整体式钢筋混凝土楼屋盖	15	15	11	7
装配式钢筋混凝土楼屋盖	11	11	9	4
木屋盖	9	9	4	—

注：1. 多层砌体房屋的顶层，除木屋盖的最大横墙间距外应允许适当放宽，但应采取相应的加强措施。
　　2. 多孔砖抗震横墙厚度为 190mm 时，最大横墙间距应比表中数值减少 3m。

5. 局部尺寸的限值

多层砌体房屋的局部破坏多发生在承重窗间墙处、承重外墙尽端至门窗洞边处、非承重外墙尽端至门窗洞边处、内墙阳角至门窗洞边处、无锚固女儿墙处等位置。根据设防烈度，不同位置的局部尺寸限值见表 5-40。

6. 结构材料性能指标

（1）砌体材料

1）普通砖和多孔砖的强度等级不应低于 MU10，砌筑砂浆强度等级不应低于 M5；蒸压灰砂普通砖、蒸压粉煤灰普通砖及混凝土砖的强度等级不应低于 MU15，砌筑砂浆强度等级不应低于 Ms5（Mb5）。

2）混凝土砌块的强度等级不应低于 MU7.5，砌筑砂浆强度等级不应低于 Mb7.5。

表 5-40 房屋的局部尺寸限值 （单位：m）

部 位	6 度	7 度	8 度	9 度
承重窗间墙最小宽度	1.0	1.0	1.2	1.5
承重外墙尽端至门窗洞边的最小距离	1.0	1.0	1.2	1.5
非承重外墙尽端至门窗洞边的最小距离	1.0	1.0	1.0	1.0
内墙阳角至门窗洞边的最小距离	1.0	1.0	1.5	2.0
无锚固女儿墙（非出入口处）的最大高度	0.5	0.5	0.5	0

注：局部尺寸不足时，应采取局部加强措施弥补，且最小宽度不宜小于 1/4 层高和表列数据的 80%；出入口处的女儿墙应有锚固。

3）约束砖砌体墙的砌筑砂浆强度等级不应低于 M10 或 Mb10。

4）配筋砌块砌体抗震墙的混凝土空心砌块的强度等级不应低于 MU10，砌筑砂浆强度等级不应低于 Mb10。

（2）**混凝土材料**

1）托梁，底部框架-抗震墙砌体房屋中的框架梁、框架柱、节点核心区、混凝土墙和过渡层底板，部分框支配筋砌块砌体抗震墙结构中的框支梁和框支柱等转换构件、节点核心区、落地混凝土墙和转换层楼板，其混凝土的强度等级不应低于 C30。

2）构造柱、圈梁、水平现浇钢筋混凝土带及其他各类构件不应低于 C20，砌块砌体芯柱和配筋砌块砌体抗震墙的灌孔混凝土强度等级不应低于 Cb20。

（3）**钢筋材料**

1）钢筋宜选用 HRB400 级钢筋，也可采用 HPB300 级钢筋。

2）托梁、框架梁、框架柱等混凝土构件和落地混凝土墙，其普通受力钢筋宜优先选用 HRB400 级钢筋。

5.8.3 多层砌体结构房屋的抗震验算

多层砌体结构房屋的震害主要由水平地震作用引起，因此多层砌体房屋在抗震验算时一般只需考虑水平方向的地震作用。

对于质量和刚度分布较规则的砌体房屋，一般按房屋的两个主轴方向分别计算水平地震作用，并以此分别验算两个主轴方向墙体在各自平面内的抗震承载力。

1. 水平地震作用计算

地震区多层砌体房屋层数一般不超过 7 层，且高宽比较小，在水平荷载作用下以剪切变形为主，故可采用考虑调整地震作用效应的底部剪力法计算地震作用。

（1）**计算简图** 按照底部剪力法，假定各层的质量集中在楼屋盖外，且各楼层仅考虑一个自由度，多层砌体房屋水平地震作用的计算简图见图 5-87。

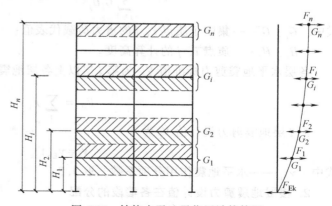

图 5-87 结构水平地震作用计算简图

（2）**重力荷载代表值**　计算地震作用时，建筑重力荷载代表值应取结构与构配件自重标准值和各可变荷载组合值之和。各可变荷载组合值为可变荷载标准值乘以其组合值系数，组合值系数见表 5-41。

表 5-41　组合值系数

可变荷载种类	组合值系数	可变荷载种类		组合值系数
雪荷载	0.5	按实际情况计算的楼面活荷载		1.0
屋面积灰荷载	0.5	按等效均布荷载计算的楼面活荷载	藏书库、档案库	0.8
屋面活荷载	不计		其他民用建筑	0.5

集中于质点的重力荷载代表值 G_i，按下式计算：

$$G_i = G_f + 0.5(G_{w,u} + G_{w,l}) \tag{5-139}$$

式中　G_f——第 i 层楼盖的自重标准值和作用于楼面上的可变荷载组合值；

$G_{w,u}$——上层墙体自重标准值；

$G_{w,l}$——下层墙体自重标准值。

（3）**总水平地震作用标准值**　多层砌体房屋墙体较多，侧向刚度较大，自振周期较短，故水平地震影响系数取多遇地震作用下的最大值 α_{max}，当设防烈度为 6、7（7.5）、8（8.5）和 9 度时，多遇地震 α_{max} 分别等于 0.04、0.08（0.12）、0.16（0.24）和 0.32。故结构总水平地震作用标准值 F_{Ek} 为

$$F_{Ek} = \alpha_{max} G_{eq} \tag{5-140}$$

$$G_{eq} = 0.85 \sum G_i \tag{5-141}$$

式中　G_{eq}——结构等效总重力荷载，单质点应取总重力荷载代表值，多质点可取总重力荷载代表值的 85%。

（4）**水平地震作用沿高度的分布**　多层砌体房屋水平地震作用沿高度的分布不考虑顶部附加水平地震作用；凸出屋面的屋顶间、女儿墙、烟囱等地震作用效应，宜乘以增大系数 3，此增加值不应往下传递，但与该凸出部分相连的构件应予以计入。

沿横向或纵向第 i 层的水平地震作用标准值 F_i 为

$$F_i = \frac{G_i H_i}{\sum_{j=1}^{n} G_j H_j} F_{Ek} \quad (j = 1, 2, \cdots, n) \tag{5-142}$$

式中　G_i、G_j——集中于质点 i、j 的重力荷载代表值；

H_i、H_j——质点 i、j 的计算高度。

各层水平地震剪力标准值 V_{ik} 为第 i 层以上各层地震作用之和，即

$$V_{ik} = \sum_{i}^{n} F_i \tag{5-143}$$

第 i 层地震剪力设计值 V_i 为

$$V_i = \gamma_{Eh} V_{ik} \tag{5-144}$$

式中　γ_{Eh}——水平地震作用分项系数，取 1.3。

2. 楼层地震剪力设计值在各墙段的分配

根据三种不同楼盖种类按下列方法分配：

（1）刚性楼盖　对现浇和装配整体式钢筋混凝土楼盖，各道墙所承担的地震剪力按墙的层间抗侧力等效刚度比分配。

$$V_{ij} = \frac{D_{ij}}{\sum\limits_{j=1}^{m} D_{ij}} V_i \tag{5-145}$$

式中　V_{ij}——第 i 层第 j 道墙所承担的地震剪力；

$\quad\quad$ V_i——第 i 层的水平地震剪力；

$\quad\quad$ D_{ij}——第 i 层第 j 道墙层间等效侧向刚度。

D_{ij} 应按墙段高宽比确定：

1）$h/b < 1$ 时，只考虑墙体的剪切变形：

$$D_{ij} = \frac{GA_{ij}}{h_{ij}\zeta_s} \tag{5-146}$$

2）$1 \leqslant h/b \leqslant 4$ 时，同时考虑墙体的剪切和弯曲变形：

$$D_{ij} = \frac{1}{\dfrac{h_{ij}^3}{12EI_{ij}} + \dfrac{h_{ij}\zeta_s}{GA_{ij}}} \tag{5-147}$$

3）$h/b > 4$ 时，只考虑墙体的弯曲变形：

$$D_{ij} = \frac{12EI_{ij}}{h_{ij}^3} \tag{5-148}$$

式中　　　A_{ij}——第 i 层第 j 道墙的截面面积；

$\quad\quad\quad$ I_{ij}——第 i 层第 j 道墙的惯性矩，$I_{ij} = \dfrac{1}{12} b_{ij}^3 t_{ij}$；

b_{ij}、h_{ij}、t_{ij}——第 i 层第 j 道墙的层间宽度、高度和厚度；

$\quad\quad\quad$ E——砌体受压弹性模量；

$\quad\quad\quad$ G——砌体剪切模量，$G = 0.4E$；

$\quad\quad\quad$ ζ_s——剪应变不均匀系数，矩形取 1.2。

（2）柔性楼盖　对木楼盖，各道墙所承担的地震剪力可近似按墙所分担的重力荷载面积比分配。

$$V_{ij} = \frac{\overline{X}_{ij}}{\overline{X}_i} V_i \tag{5-149}$$

式中　$\overline{X}_{ij}$——第 i 层第 j 道墙所分担的重力荷载面积；

$\quad\quad$ $\overline{X}_i$——第 i 层墙的总重力荷载面积。

（3）半刚性楼盖　对一般预制装配式混凝土楼盖，各道墙所承担的地震剪力可近似取上述两种楼盖情况的平均值。

$$V_{ij} = \frac{1}{2}\left[\frac{D_{ij}}{\sum\limits_{j=1}^{m} D_{ij}} + \frac{\overline{X}_{ij}}{\overline{X}_i} \right] V_i \tag{5-150}$$

对于设有门窗洞口的墙体，可根据洞口的情况将墙体沿墙高划分为若干墙带，墙体总的侧向刚度等于各墙带侧向刚度之和。

$$D = \frac{1}{\sum\limits_{i=1}^{n} \left(\frac{1}{D_i} \right)} \tag{5-151}$$

对于设有规则洞口的墙体，可将墙体划分为上、下及中间墙带（图 5-88）。对于设有不规则洞口的墙体（图 5-89），可在规则洞口墙体划分的基础上，沿墙体长度进一步细分。图 5-89 所示墙体总的侧向刚度为

$$D = \frac{1}{\dfrac{1}{D_{w1}+D_{w2}+D_{w3}+D_{w4}}+\dfrac{1}{D_1}} \tag{5-152}$$

其中，$D_{w1} = \dfrac{1}{\dfrac{1}{D_{31}}+\dfrac{1}{D_{21}+D_{22}}}$，$D_{w2} = \dfrac{1}{\dfrac{1}{D_{32}}+\dfrac{1}{D_{23}+D_{24}}}$，$D_{w3} = \dfrac{1}{\dfrac{1}{D_{33}}+\dfrac{1}{D_{25}+D_{26}}}$

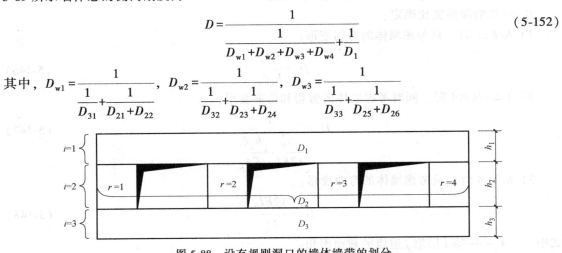

图 5-88 设有规则洞口的墙体墙带的划分

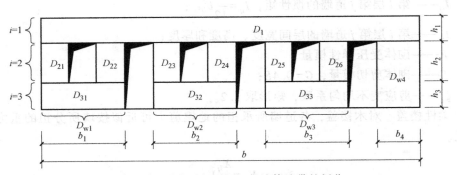

图 5-89 设有不规则洞口的墙体墙带的划分

（4）墙段划分 墙段宜按门窗洞口划分；设置构造柱的小开口墙段按毛墙面计算的刚度，可根据开洞率乘以表 5-42 的墙段洞口影响系数：

表 5-42 墙段洞口影响系数

开洞率(%)	0.10	0.20	0.30
影响系数	0.98	0.94	0.88

注：开洞率为洞口水平截面面积与墙段水平毛截面面积之比，相邻洞口之间净宽小于 500mm 的墙段视为洞口；洞口中线偏离墙段中线大于墙段长度的 1/4 时，表中影响系数值折减 0.9；门洞的洞顶高度大于层高 80% 时，表中数据不适用；窗洞高度大于 50% 层高时，按门洞对待。

3. 截面抗震验算

对砌体房屋的抗震验算，只需对纵向、横向的不利墙段进行截面验算，其中不利墙段有：承担地震作用较大的；竖向应力较小的；局部截面较小的墙段。其验算公式分别为：

1）各类砌体沿阶梯形截面破坏的抗震抗剪强度设计值 f_{vE} 为

$$f_{vE} = \zeta_N f_v \qquad (5\text{-}153)$$

式中　f_v——非抗震设计的砌体抗剪强度设计值；

　　　ζ_N——砌体抗震抗剪强度的正应力影响系数，应按表 5-43 采用。

表 5-43　砖砌体强度的正应力影响系数

砌体类别	σ_0/f_v							
	0.0	1.0	3.0	5.0	7.0	10.0	12.0	≥16
普通砖、多孔砖	0.80	0.99	1.25	1.47	1.65	1.90	2.05	—
混凝土砌块	—	1.23	1.69	2.15	2.57	3.02	3.32	3.92

注：σ_0 对应于重力荷载代表值的砌体截面平均压应力。

2）普通砖、多孔砖墙体的截面抗震受剪承载力。

① 一般情况下，应按下式验算：

$$V \leqslant f_{vE}A/\gamma_{RE} \qquad (5\text{-}154)$$

式中　V——考虑地震作用组合的墙体剪力设计值；

　　　f_{vE}——砖砌体沿阶梯形截面破坏的抗震抗剪强度设计值；

　　　A——墙体横截面面积，多孔砖取毛截面面积；

　　　γ_{RE}——承载力抗震调整系数，应按表 5-44 采用。

表 5-44　承载力抗震调整系数

结构构件类别	受力状态	γ_{RE}
两端均设有构造柱、芯柱的砌体抗震墙	受剪	0.9
组合砖墙	偏压、大偏拉和受剪	0.9
配筋砌块砌体抗震墙	偏压、大偏拉和受剪	0.85
自承重墙	受剪	0.75
其他砌体	受剪和受压	1.0

② 采用水平配筋的墙体，应按下式验算：

$$V \leqslant \frac{f_{vE}A + \zeta_s f_{yh} A_{sh}}{\gamma_{RE}} \qquad (5\text{-}155)$$

式中　ζ_s——钢筋参与工作系数，可按表 5-45 采用；

　　　f_{yh}——墙体水平纵向钢筋的抗拉强度设计值；

　　　A_{sh}——层间墙体竖向截面的总水平纵向钢筋面积，其配筋率不应小于 0.07% 且不大于 0.17%。

表 5-45　钢筋参与工作系数

墙体高宽比	0.4	0.6	0.8	1.0	1.2
ζ_s	0.10	0.12	0.14	0.15	0.12

3）墙段中部基本均匀的设置构造柱，且构造柱的截面不小于 240mm×240mm（当墙厚 190mm 时，也可采用 240mm×190mm），构造柱间距不大于 4m 时，可计入墙段中部构造柱对墙体受剪承载力的提高作用，并按下式进行验算：

$$V \leqslant \frac{1}{\gamma_{RE}} \left[\eta_c f_{vE}(A-A_c) + \zeta_c f_t A_c + 0.08 f_{yc} A_{sc} + \zeta_s f_{yh} A_{sh} \right] \tag{5-156}$$

式中　A_c——中部构造柱的横截面面积（对横墙和内纵墙，$A_c>0.15A$ 时，取 $0.15A$；对外纵墙，$A_c>0.25A$ 时，取 $0.25A$）；

f_t——中部构造柱的混凝土轴心抗拉强度设计值；

A_{sc}——中部构造柱的纵向钢筋截面总面积，配筋率不应小于 0.6%，大于 1.4% 时取 1.4%；

f_{yh}、f_{yc}——分别为墙体水平钢筋、构造柱纵向钢筋的抗拉强度设计值；

ζ_c——中部构造柱参与工作系数，居中设一根时取 0.5，多于一根时取 0.4；

η_c——墙体约束修正系数，一般情况取 1.0，构造柱间距不大于 3.0m 时取 1.1；

A_{sh}——层间墙体竖向截面的总水平纵向钢筋面积，其配筋率不应小于 0.07% 且不大于 0.17%，水平纵向钢筋配筋率小于 0.07% 时取 0。

5.8.4　配筋砌块砌体剪力墙房屋的抗震验算

1）配筋砌块砌体抗震墙承载力计算时，底部加强部位的截面组合剪力设计值 V_w，应按下列规定调整：

当抗震等级为一级时　　　　　　$V_w = 1.6V$　　　　　　　　　　　　(5-157)

当抗震等级为二级时　　　　　　$V_w = 1.4V$　　　　　　　　　　　　(5-158)

当抗震等级为三级时　　　　　　$V_w = 1.2V$　　　　　　　　　　　　(5-159)

当抗震等级为四级时　　　　　　$V_w = 1.0V$　　　　　　　　　　　　(5-160)

式中　V——考虑地震作用组合的抗震墙计算截面的剪力设计值。

2）**配筋砌块砌体抗震墙的截面**，应符合下列规定：

当剪跨比大于 2 时　　　　　　$V_w \leqslant \dfrac{1}{\gamma_{RE}} 0.2 f_g b h_0$　　　　　　　　　(5-161)

当剪跨比小于或等于 2 时　　　$V_w \leqslant \dfrac{1}{\gamma_{RE}} 0.15 f_g b h_0$　　　　　　　(5-162)

3）**偏心受压配筋砌块砌体抗震墙的斜截面受剪承载力**，应按下式计算：

$$V_w \leqslant \frac{1}{\gamma_{RE}} \left[\frac{1}{\lambda-0.5} \left(0.48 f_{vg} b h_0 + 0.10N \frac{A_w}{A} \right) + 0.72 f_{yh} \frac{A_{sh}}{s} h_0 \right] \tag{5-163}$$

$$\lambda = M/V h_0 \tag{5-164}$$

式中　f_{vg}——灌孔砌块砌体的抗剪强度设计值，按式（5-11）采用；

M——考虑地震作用组合的抗震墙计算截面的弯矩设计值；

N——考虑地震作用组合的抗震墙计算截面的轴向力设计值，当时 $N>0.2 f_g b h$，取 $N = 0.2 f_g b h$；

A——抗震墙的截面面积；

A_w——T 形或 I 形截面抗震墙腹板的截面面积，对于矩形截面取 $A_w = A$；

λ——计算截面的剪跨比，$\lambda \leqslant 1.5$ 时取 $\lambda = 1.5$，$\lambda \geqslant 2.2$ 时取 $\lambda = 2.2$；

A_{sh}——配置在同一截面内的水平分布钢筋的全部截面面积；

f_{yh}——水平钢筋的抗拉强度设计值；

f_g——灌孔砌体的抗压强度设计值；

s——水平分布钢筋的竖向间距；

4）偏心受拉配筋砌块砌体抗震墙的斜截面受剪承载力，应按下式计算：

$$V_w \leqslant \frac{1}{\gamma_{RE}} \left[\frac{1}{\lambda - 0.5} \left(0.48 f_{vg} b h_0 - 0.17 N \frac{A_w}{A} \right) + 0.72 f_{yh} \frac{A_{sh}}{s} h_0 \right] \tag{5-165}$$

当 $0.48 f_{vg} b h_0 - 0.17 N \dfrac{A_w}{A} < 0$ 时，取 $0.48 f_{vg} b h_0 - 0.17 N \dfrac{A_w}{A} = 0$。

5）配筋砌块砌体抗震墙连梁的剪力设计值。

① 抗震等级一、二、三级时应按下式调整，四级时可不调整：

$$V_b = \eta_v \frac{M_b^l + M_b^r}{l_n} + V_{Gb} \tag{5-166}$$

式中　V_b——连梁的剪力设计值；

η_v——剪力增大系数，一级时取 1.3，二级时取 1.2，三级时取 1.1；

M_b^l，M_b^r——梁左、右端考虑地震作用组合的弯矩设计值；

V_{Gb}——在重力荷载代表值作用下，按简支梁计算的截面剪力设计值；

l_n——连梁净跨。

② 抗震墙采用配筋混凝土砌块砌体连梁时，应符合下列规定：

连梁的截面应满足下式的要求：

$$V_b \leqslant \frac{1}{\gamma_{RE}} 0.15 f_g b h_0 \tag{5-167}$$

连梁的斜截面受剪承载力应按下式计算：

$$V_b = \frac{1}{\gamma_{RE}} \left(0.56 f_{vg} b h_0 + 0.7 f_{yv} \frac{A_{sv}}{s} h_0 \right) \tag{5-168}$$

式中　A_{sv}——配置在同一截面内的箍筋各肢的全部截面面积；

f_{yv}——箍筋的抗拉强度设计值。

5.8.5　多层砌体结构房屋的抗震措施

在砌体结构房屋中采取必需的抗震构造措施，主要目的在于加强房屋的整体性，增强房屋构件间的连接，提高房屋的抗震能力，它是对抗震承载力验算的一种补充和保证，对防止"大震不倒"具有重要意义。如多层房屋在适当部位设置钢筋混凝土构造柱和圈梁，墙体受到较大约束，尤其是当墙体开裂以后，墙体以其塑性变形和滑移、摩擦来消耗地震能量，增大结构的延性，对控制墙体的散落和坍塌有显著作用。

1. 钢筋混凝土构造柱设置

（1）**钢筋混凝土构造柱的功能**　设构造柱的砌体墙的破坏过程和普通砌体墙有所不同。当达到极限荷载时，墙面裂缝延伸至构造柱的上下端，出现较平缓的斜裂缝，柱中部有细微的水平裂缝，接近柱端处混凝土破碎，墙体也呈现剪切破坏。大量的试验说明，虽然设构造柱对砌体墙的抗剪能力提高不多，大体为 10%～20%，但大幅度提高变形能力。因此钢筋混凝土构造柱的主要作用有：

1）可以大幅度提高砌体墙的极限变形能力，使砌体墙在遭遇强烈地震作用时，虽然开裂严重但不至于突然倒塌。

2）构造柱虽然对于提高砌体墙的初裂和极限承载能力有一定帮助，但其主要作用是在墙体开裂以后，特别是墙体破坏分成四大块以后，能够约束破碎的三角形砌体脱落坍塌，即使在构造柱自身上下端出现塑性铰后，也仍能阻止破碎砌体的倒塌。

3）钢筋混凝土构造柱不仅增强了内外墙连接的整体性，而且形成了一个由圈梁和构造柱组成的带钢筋混凝土边框的抗侧力体系，大大增强了砌体结构的整体作用。

（2）**设置要求**　混凝土构造柱的设置部位、截面尺寸和配筋，依据设防烈度、结构高度和结构类型的不同而异。

1）构造柱设置部位应符合表 5-46 的规定。

表 5-46　砖砌体房屋构造柱设置要求

房屋层数				设 置 部 位	
6 度	7 度	8 度	9 度		
≤五	≤四	≤三		楼梯间、电梯间四角，楼梯斜梯段上下端对应的墙体处 外墙四角和对应转角 错层部位横墙与外纵墙交接处 大房间内外墙交接处 较大洞口两侧	隔 12m 或单元横墙与外纵墙交接处 楼梯间对应的另一侧内横墙与外纵墙交接处
六	五	四	二		隔开间横墙（轴线）与外墙交接处 山墙与外纵墙交接处
七	六、七	五、六	三、四		内墙（轴线）与外墙交接处 内墙的局部较小墙垛处 内纵墙与横墙（轴线）交接处

注：较大洞口，内墙指不小于 2.1m 的洞口；外墙在内外墙交接处已设置构造柱时允许适当放宽，但洞侧墙体应加强。

2）外廊式和单面走廊式的房屋，应根据房屋增加一层的层数，按表 5-46 的要求设置构造柱，且单面走廊两侧的纵墙均应按外墙处理。

3）横墙较少的房屋，应根据房屋增加一层的层数，按表 5-46 的要求设置构造柱。当横墙较少的房屋为外廊式或单面走廊式时，应按上述 2）的要求设置构造柱；但 6 度不超过四层、7 度不超过三层和 8 度不超过两层时应按增加两层的层数对待。

4）各层横墙很少的房屋，应按增加两层的层数设置构造柱。

5）采用蒸压灰砂普通砖和蒸压粉煤灰普通砖的砌体房屋，当砌体的抗剪强度仅达到普通黏土砖砌体的 70% 时（普通砂浆砌筑），应根据增加一层的层数按上述 1）～4）的要求设置构造柱；但 6 度不超过四层、7 度不超过三层和 8 度不超过两层时应按增加两层的层数对待。

6）有错层的多层房屋，在错层部位应设置墙，其与其他墙交接处应设置构造柱；在错层部位的错层楼板位置应设置现浇钢筋混凝土圈梁；当房屋层数不低于四层时，底部 1/4 楼层处错层部位墙中部的构造柱间距不宜大于 2m。

（3）**构造柱构造规定**

1）构造柱的最小截面可为 180mm×240mm（墙厚 190mm 时为 180mm×190mm）；构造柱

纵向钢筋宜采用 4φ12，箍筋直径可采用 6mm，间距不宜大于 250mm，且在柱上、下端适当加密；当 6、7 度超过六层、8 度超过五层和 9 度时，构造柱纵向钢筋宜采用 4φ14，箍筋间距不应大于 200mm；房屋四角的构造柱应适当加大截面及配筋。

2）构造柱与墙连接处应砌成马牙槎，沿墙高每隔 500mm 设 2φ6 水平钢筋和 φ4 分布短筋平面内点焊组成的拉结网片或 φ4 点焊钢筋网片，每边伸入墙内不宜小于 1m。6、7 度时底部 1/3 楼层，8 度时底部 1/2 楼层，9 度时全部楼层，上述拉结钢筋网片应沿墙体水平通长设置。

3）构造柱与圈梁连接处，构造柱的纵向钢筋应在圈梁纵向钢筋内侧穿过，保证构造柱纵向钢筋上下贯通。

4）构造柱可不单独设置基础，但应伸入室外地面下 500mm，或与埋深小于 500mm 的基础圈梁相连。

5）房屋高度和层数接近表 5-37 的限值时，纵、横墙内构造柱间距尚应符合下列规定：横墙内的构造柱间距不宜大于层高的 2 倍；下部 1/3 楼层的构造柱间距适当减小；当外纵墙开间大于 3.9m 时，应另设加强措施。内纵墙的构造柱间距不宜大于 4.2m。

2. 现浇钢筋混凝土圈梁

（1）**钢筋混凝土圈梁功能**　钢筋混凝土圈梁是多层砖房有效的抗震措施之一，其功能如下：

1）增强房屋的整体性，提高房屋的抗震能力。由于圈梁的约束，预制板散开及砖墙出平面倒塌的危险性大大减小。使纵横墙保持一个整体的箱形结构，充分发挥各片砖墙在平面内的抗剪承载力。

2）作为楼盖的边缘构件，提高了楼盖的水平刚度，使局部地震作用能够分配给较多的砖墙来承担，也减轻了大房间纵横墙平面外破坏的危险性。

3）圈梁还能限制墙体斜裂缝的开展和延伸，使砖墙裂缝仅在两道圈梁之间的墙段内发生，斜裂缝的水平夹角减小，砖墙抗剪承载力得以充分发挥和提高。

4）可以减轻地震时地基不均匀沉陷对房屋的影响。各层圈梁，特别是屋盖外和基础处的圈梁，能提高房屋的竖向刚度和抵御不均匀沉降的能力。

（2）**设置要求**　装配式钢筋混凝土楼屋盖或木屋盖的砖房，应按表 5-47 的要求设置圈梁；纵墙承重时，抗震横墙上的圈梁间距应比表内要求适当加密。

现浇或装配整体式钢筋混凝土楼屋盖与墙体有可靠连接的房屋，应允许不另设圈梁，但楼板沿抗震墙体周边均应加强配筋并应与相应的构造柱钢筋可靠连接。

表 5-47　多层砖砌体房屋现浇钢筋混凝土圈梁设置要求

墙类	烈度		
	6、7	8	9
外墙和内纵墙	屋盖处及每层楼盖处	屋盖处及每层楼盖处	屋盖处及每层楼盖处
内横墙	屋盖处及每层楼盖处 屋盖处间距不应大于 4.5m 楼盖处间距不应大于 7.2m 构造柱对应部位	屋盖处及每层楼盖处 各层所有横墙，且间距不应大于 4.5m 构造柱对应部位	屋盖处及每层楼盖处 各层所有横墙

（3）现浇混凝土圈梁的构造要求

1）圈梁宜连续地设在同一水平面上，并形成封闭状；当圈梁被门窗洞口截断时，应在洞口上部增设相同截面的附加圈梁。附加圈梁与圈梁的搭接长度不应小于其中到中垂直间距的 2 倍，且不得小于 1m；圈梁宜与预制板设在同一标高处或紧靠板底。

2）圈梁按表 5-48 要求的间距内无横墙时，应利用梁或板缝中配筋替代圈梁；

3）混凝土圈梁的宽度宜与墙厚相同，当墙厚不小于 240mm 时，其宽度不宜小于墙厚的 2/3。圈梁高度不应小于 120mm，配筋应符合表 5-48 的要求；当多层砌体房屋的地基为软弱黏性土、液化土、新近填土或严重不均匀时，基础圈梁截面高度不应小于 180mm，配筋不应少于 4ϕ12。

表 5-48　圈梁配筋要求

墙类	烈度		
	6、7	8	9
最小纵筋	4ϕ10	4ϕ12	4ϕ14
箍筋最大间距/mm	250	200	150

3. 楼梯间构造要求

楼梯间作为地震疏散通道，且在地震时受力比较复杂，容易造成破坏。现行抗震规范提高了对楼梯间的构造要求。

1）顶层楼梯间墙体应沿墙高每隔 500mm 设 2ϕ6 通长钢筋和 ϕ4 分布短钢筋平面内点焊组成的拉结网片或 ϕ4 点焊网片；7～9 度时其他各层楼梯间墙体应在休息平台或楼层半高处设置 60mm 厚、纵向钢筋不应少于 2ϕ10 的钢筋混凝土带或配筋砖带，配筋砖带不少于 3 皮，每皮的配筋不少于 2ϕ6，砂浆强度等级不应低于 M7.5 且不低于同层墙体的砂浆强度等级。

2）楼梯间及门厅内墙阳角处的大梁支承长度不应小于 500mm，并应与圈梁连接。

3）装配式楼梯段应与平台板的梁可靠连接，8、9 度时不应采用装配式楼梯段；不应采用墙中悬挑式踏步或踏步竖肋插入墙体的楼梯，不应采用无筋砖砌栏板。

4）凸出屋顶的楼梯间、电梯间，构造柱应伸到顶部，并与顶部圈梁连接，所有墙体应沿墙高每隔 500mm 设 2ϕ6 通长钢筋和 ϕ4 分布短筋平面内点焊组成的拉结网片或 ϕ4 点焊网片。

4. 楼（屋）盖构造要求

楼（屋）盖是房屋的重要水平构件，除了保证本身刚度和整体性外，必须与墙体有足够的支承长度或可靠的拉结，才能正常传递地震作用和保证房屋的整体性。

1）现浇钢筋混凝土楼板或屋面板伸进纵、横墙内的长度，均不应小于 120mm。

2）装配式钢筋混凝土楼板或屋面板，当圈梁未设在板的同一标高时，板端伸进外墙的长度不应小于 120mm，伸进内墙的长度不应小于 100mm 或采用硬架支模连接，在梁上不应小于 80mm 或采用硬架支模连接。

3）当板的跨度大于 4.8m 并与外墙平行时，靠外墙的预制板侧边应与墙或圈梁拉结。

4）房屋端部大房间的楼盖，6 度时房屋的屋盖和 7～9 度时房屋的楼（屋）盖，当圈梁设在板底时，钢筋混凝土预制板应相互拉结，并应与梁、墙或圈梁拉结。

5）楼（屋）盖的钢筋混凝土梁或屋架应与墙、柱（包括构造柱）或圈梁可靠连接；不得采用独立砖柱。跨度不小于 6m 的大梁的支承构件应采用组合砌体等加强措施，并满足承载力要求。

6）6、7 度时长度大于 7.2m 的大房间，以及 8、9 度时外墙转角及内外墙交接处，应沿墙高每隔 500mm 配置 2ϕ6 的通长钢筋和 ϕ4 分布短筋平面内点焊组成的拉结网片或 ϕ4 点焊网片。

5. 横墙较少砌体房屋的加强措施

横墙较少的丙类多层砖砌体房屋且总高度和层数接近或达到表 5-37 规定的限值时，应采取下列加强措施：

1）房屋的最大开间尺寸不宜大于 6.6m。

2）同一结构单元内横墙错位数量不宜超过横墙总数的 1/3，且连续错位不宜多于两道；错位的墙体交接处均应增设构造柱，且楼（屋）面板应采用现浇钢筋混凝土板。

3）横墙和内纵墙上洞口的宽度不宜大于 1.5m；外纵墙上洞口的宽度不宜大于 2.1m 或开间尺寸的一半；且内外墙上洞口位置不应影响内外纵墙与横墙的整体连接。

4）所有纵横墙均应在楼屋盖标高处设置加强的现浇钢筋混凝土圈梁：圈梁的截面高度不宜小于 150mm，上下纵向钢筋各不应少于 3ϕ10，箍筋不小于 ϕ6，间距不大于 300mm。

5）所有纵横墙交接处及横墙的中部，均应增设满足下列要求的构造柱：在纵、横墙内的柱距不宜大于 3.0m，最小截面尺寸不宜小于 240mm×240mm（墙厚 190mm 时为 240mm×190mm），配筋宜符合表 5-49 的要求。

表 5-49 增设构造柱的纵向钢筋和箍筋设置要求

位置	纵向钢筋			箍 筋		
	最大配筋率（%）	最小配筋率（%）	最小直径/mm	加密区范围/mm	加密区间距/mm	最小直径/mm
角柱	1.8	0.8	14	全高	100	6
边柱			14	上端 700 下端 500		
中柱	1.4	0.6	12			

6）同一结构单元的楼（屋）面板应设置在同一标高处。

7）房屋底层和顶层的窗台标高处，宜设置沿纵横墙通长的水平现浇钢筋混凝土带；其截面高度不小于 60mm，宽度不小于墙厚，纵向钢筋不少于 2ϕ10，横向分布筋的直径不小于 ϕ6 且其间距不大于 200mm。

5.8.6 配筋砌块砌体剪力墙房屋的抗震措施

配筋砌块砌体抗震墙的水平和竖向分布钢筋应符合下列规定，抗震墙底部加强区的高度不小于房屋高度的 1/6，且不小于房屋底部两层的高度。

1）抗震墙水平分布钢筋的配筋构造应符合表 5-50 的规定。

2）抗震墙竖向分布钢筋的配筋构造应符合表 5-51 的规定。

3）配筋砌块砌体抗震墙应在底部加强部位和轴压比大于 0.4 的其他部位的墙肢设置边缘构件。边缘构件的配筋范围：无翼墙端部为 3 孔配筋；L 形转角节点为 3 孔配筋；T 形转角节点为 4 孔配筋；边缘构件范围内应设置水平箍筋；配筋砌块砌体抗震墙边缘构件的配筋应符合表 5-52 的要求。

表 5-50　抗震墙水平分布钢筋的配筋构造

抗震等级	最小配筋率（%）		最大间距/mm	最小直径/mm
	一般部位	加强部位		
一级	0.13	0.15	400	8
二级	0.13	0.13	600	8
三级	0.11	0.13	600	8
四级	0.10	0.13	600	6

注：1. 水平分布钢筋宜双排布置，在顶层和底部加强部位，最大间距不应大于 400mm。
　　2. 双排水平分布钢筋应设不小于 φ6 拉结钢筋，水平间距不应大于 400mm。

表 5-51　抗震墙竖向分布钢筋的配筋构造

抗震等级	最小配筋率（%）		最大间距/mm	最小直径/mm
	一般部位	加强部位		
一级	0.15	0.15	400	12
二级	0.13	0.13	600	12
三级	0.11	0.13	600	12
四级	0.10	0.10	600	12

注：竖向分布钢筋宜采用单排布置，直径不应大于 25mm，9 度时配筋率不应小于 0.2%。在顶层和底部加强部位，最大间距应适当减小。

表 5-52　配筋砌块砌体抗震墙边缘构件的配筋要求

抗震等级	每孔竖向钢筋最小量		水平箍筋最小直径/mm	水平箍筋最大间距/mm
	底部加强部位	一般部位		
一级	1φ20(4φ16)	1φ18(4φ16)	8	200
二级	1φ18(4φ16)	1φ16(4φ14)	6	200
三级	1φ16(4φ12)	1φ14(4φ12)	6	200
四级	1φ14(4φ12)	1φ12(4φ12)	6	200

注：1. 边缘构件水平箍筋宜采用横筋为双筋的搭接点焊网片形式。
　　2. 当抗震等级为二、三级时，边缘构件箍筋应采用 HRB400 级或 RRB400 级钢筋。
　　3. 表中括号中数字为边缘构件采用混凝土边框柱时的配筋。

　　4）宜避免设置转角窗，否则，转角窗开间相关墙体尽端边缘构件最小纵筋直径应比表 5-52 的规定值提高一级，且转角窗开间的楼（屋）面应采用现浇钢筋混凝土楼（屋）面板。

　　5）配筋砌块砌体抗震墙在重力荷载代表值作用下的轴压比，应符合下列规定：

　　① 一般墙体的底部加强部位，一级（9 度）不宜大于 0.4，一级（8 度）不宜大于 0.5，二、三级不宜大于 0.6，一般部位均不宜大于 0.6。

　　② 短肢墙体全高范围，一级不宜大于 0.50，二、三级不宜大于 0.60；对于无翼缘的一字形短肢墙，其轴压比限值应相应降低 0.1。

　　③ 各向墙肢截面均为 3~5 倍墙厚的独立小墙肢，一级不宜大于 0.4，二、三级不宜大于 0.5；对于无翼缘的一字形独立小墙肢，其轴压比限值应相应降低 0.1。

　　6）配筋砌块砌体圈梁构造，应符合下列规定：

　　① 各楼层标高处，每道配筋砌块砌体抗震墙均应设置现浇钢筋混凝土圈梁，圈梁的宽

度应为墙厚，其截面高度不宜小于 200mm。

② 圈梁混凝土抗压强度不应小于相应灌孔砌块砌体的强度，且不应小于 C20。

③ 圈梁纵向钢筋直径不应小于墙中水平分布钢筋的直径，且不应小于 $4\phi12$；基础圈梁纵筋不应小于 $4\phi12$；圈梁及基础圈梁箍筋直径不应小于 $\phi8$，间距不应大于 200mm；当圈梁高度大于 300mm 时，应沿梁截面高度方向设置腰筋，其间距不应大于 200mm，直径不应小于 $\phi10$。

④ 圈梁底部入墙顶砌块孔洞内，深度不宜小于 30mm；圈梁顶部应是毛面。

7）配筋砌块砌体抗震墙连梁的构造，尚应符合下列规定：

① 连梁上下水平钢筋锚入墙体内的长度，一、二级抗震等级不应小于 $1.1l_a$，三、四级抗震等级不应小于 l_a，且不应小于 600mm。

② 连梁的箍筋应沿梁长布置，并应符合表 5-53 的规定。

表 5-53　连梁箍筋的构造要求

抗震等级	箍筋加密区			箍筋非加密区	
	长度	箍筋最大间距	直径/mm	间距/mm	直径/mm
一级	$2h$	100mm,$6d$,$1/4h$ 中的小值	10	200	10
二级	$1.5h$	100mm,$8d$,$1/4h$ 中的小值	8	200	8
三级	$1.5h$	150mm,$8d$,$1/4h$ 中的小值	8	200	8
四级	$1.5h$	150mm,$8d$,$1/4h$ 中的小值	8	200	8

注：h 为连梁截面高度；加密区长度不小于 600mm。

③ 在顶层连梁伸入墙体的钢筋长度范围内，应设置间距不大于 200mm 的构造箍筋，箍筋直径应与连梁的箍筋直径相同。

④ 连梁不宜开洞。当需要开洞时，应在跨中梁高 1/3 处预埋外径不大于 200mm 的钢套管，洞口上下的有效高度不应小于 1/3 梁高，且不应小于 200mm，洞口处应配补强钢筋并在洞周边浇筑灌孔混凝土，被洞口削弱的截面应进行受剪承载力验算。

8）配筋砌块砌体抗震墙房屋的基础与抗震墙结合处的受力钢筋，当房屋高度超过 50m 或一级抗震等级时宜采用机械连接或焊接。

—— 本章小结 ——

1. 砌体结构是指用砖、石或砌块为块材，用砂浆砌筑的结构。砌体按照所采用块材的不同可分为砖砌体、石砌体和砌块砌体三大类。

2. 轴心抗压强度是砌体最基本最重要的力学指标。砌体轴心抗压试验表明，其破坏大体经历单块砖先裂、裂缝贯穿若干皮砖、形成独立小柱体等三个特征阶段；从砖砌体受压时单块砖的应力状态分析可知，单块砖处于压、弯、剪及拉等复杂应力状态，抗压强度降低。砂浆则处于三向受压状态，其抗压强度有所提高。明确砌体受压的破坏过程及单块砖受压时的应力状态，可从机理上理解影响砌体抗压强度的主要因素。

3. 砌体的轴心抗拉强度、弯曲抗拉强度及抗剪强度发生沿齿缝或通缝截面破坏时，主要与砂浆的强度等级有关。

4. 砌体的弹性模量、剪变模量、干缩变形、线膨胀系数等是砌体变形性能的主要指标，而摩擦系数是砌体抗剪计算中常用的一个物理指标。

5. 砌体构件受压承载力计算公式中的系数 φ 是考虑高厚比 β 和偏心距 e 综合影响的系数，偏心距 $e=M/N$ 按内力设计值计算，并注意使 $e \leqslant 0.6y$，当不满足时应采取措施。

6. 砌体局部受压是砌体结构中常见的一种受力状态，由于"套箍强化"和"应力扩散"作用，使局部受压范围内的砌体抗压强度有较大程度的提高。梁端局部受压时，由于梁的挠曲变形和砌体压缩变形的影响，梁端的有效支承长度 a_0 和实际支承长度 a 不同，梁下砌体的局部压应力也非均匀分布。当梁端局部受压承载力不满足要求时，应设置刚性垫块或垫梁。梁端支承处局部受压承载力验算流程见图 5-90。

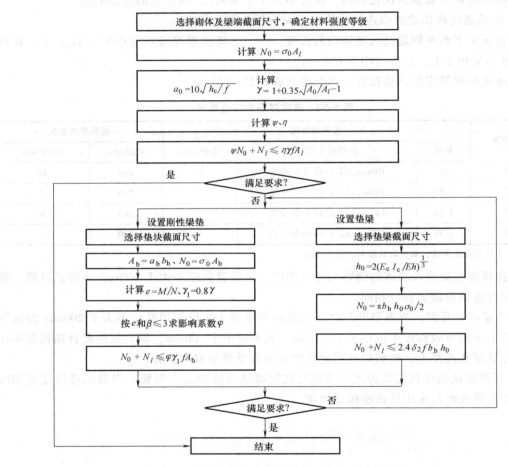

图 5-90　梁端支承处砌体局部受压承载力验算流程

7. 砌体沿水平通缝截面或沿阶梯形截面破坏时的受剪承载力，与砌体的抗剪强度 f_v 和作用在截面上的正压应力 σ_0 的大小有关。

8. 配筋砖砌体构件分为：网状配筋砖砌体、组合砖砌体、砖砌体和钢筋混凝土构造柱组合墙。网状配筋可以阻止砖砌体受压时横向变形和裂缝的发展，从而间接地提高构件的受压承载力。

9. 配筋砌块砌体是在砌体中配置一定数量的竖向和水平钢筋，使钢筋和砌块砌体形成整体，共同工作。配筋砌块砌体的强度高，延性好，可用于大开间房屋和加固工程。

10. 混合结构房屋按结构布置方案分为：纵墙承重方案、横墙承重方案、纵横墙承重方案和内框架承重方案四种。按空间作用大小不同，又分为三种静力计算方案：刚性方案，弹性方案和刚弹性方案。多层刚性方案的墙柱计算中，当仅考虑竖向荷载时，墙体在每层高度范围内均可简化为两端铰支的竖向构件，再按简支构件计算内力，选取墙顶和墙底两个控制截面进行截面受压承载力验算和梁下局部受压验算。

11. 混合结构房屋墙柱高厚比可按下述方法验算：

一般墙、柱高厚比验算 $\quad \beta = H_0/h \leqslant \mu_1\mu_2[\beta]$

带壁柱墙高厚比验算 $\begin{cases} \text{整片墙} \quad \beta = H_0/h_T \leqslant \mu_1\mu_2[\beta] \\ \text{壁柱间墙} \quad \beta = H_0/h \leqslant \mu_1\mu_2[\beta] \end{cases}$

带构造柱墙高厚比验算 $\begin{cases} \text{整片墙} \quad \beta = H_0/h \leqslant \mu_1\mu_2\mu_c[\beta] \\ \text{构造柱间墙} \quad \beta = H_0/h \leqslant \mu_1\mu_2[\beta] \end{cases}$

12. 常用过梁有砖砌过梁和钢筋混凝土过梁两类。作用在过梁上的荷载有墙体荷载和过梁计算范围内的梁板荷载。钢筋混凝土过梁应进行跨中正截面和支座斜截面承载力计算，以及过梁下砌体局部受压承载力验算。

13. 影响墙梁破坏形态的主要因素有墙体的高跨比、托梁高跨比、砌体和混凝土强度、托梁纵筋配筋率、剪跨比、墙体开洞情况、支承情况以及有无翼墙等。由于这些因素不同，墙梁将会发生弯曲破坏、斜拉破坏、斜压破坏、局压破坏等几种形态。因此，墙梁应分别进行使用阶段正截面和斜截面承载力计算、墙体受剪承载力和托梁支座上部砌体局部受压承载力计算，以及施工阶段托梁承载力验算。自承重墙梁可不验算墙体受剪承载力和砌体局部受压承载力。

14. 根据挑梁的受力特点和破坏形态，应进行抗倾覆验算、承载力计算和挑梁下砌体局部受压承载力验算，其中抗倾覆验算为重点。

15. 引起墙体开裂的主要因素是温度收缩变形和地基不均匀沉降，为防止和减轻墙体开裂，应采取相应的工程措施。

16. 砌体结构房屋受震害破坏的情况可归纳为两大类：一类是由于结构或构件的承载力不足而引起的破坏；另一类是由于建筑布置和构件选型不当，构造上存在缺陷而引起的破坏。因此，在砌体结构房屋的抗震设计中，对结构进行抗震强度验算和注重概念设计、加强构造措施是同样重要的。

17. 震害调查表明：房屋的总高度和层数、房屋的高宽比、墙体的布置形式、建筑平立面的布置、防震缝的设置、结构构件材料和截面尺寸的选用，对砌体房屋的抗震性能有着重大的影响。因此，在进行砌体结构房屋抗震设计时，首先必须满足对这些方面的一般规定。

18. 多层砌体房屋的抗震计算，一般只考虑水平地震作用的影响，可不考虑竖向地震作用的影响。多层砌体房屋的高度都不超过40m，质量和刚度沿高度分布比较均匀，水平振动时以剪切破坏为主，因此在进行抗震计算时，可采用底部剪力法进行简化计算。在进行结构构件的截面验算时，可不做整体弯曲验算，而只验算房屋在横向和纵向水平地震作用下，横墙和纵墙在自身平面内的抗剪能力。

19. 多层砖房、多层砌块房屋的抗震构造主要有几个方面：构造柱、圈梁的合理设置及构造；各结构构件之间的可靠连接；楼梯间的合理布置与连接。其中圈梁可以增强房屋的整体性和空间刚度，防止由于地基不均匀沉降或较大振动对房屋引起的不利影响。

思 考 题

5-1 什么是砌体结构？砌体按所采用材料的不同可以分为哪几类？

5-2 简述砖砌体轴心受压过程及其破坏特征。

5-3 为什么砌体的抗压强度远小于单块块体的抗压强度？

5-4 简述影响砌体抗压和抗剪强度的主要因素。

5-5 无筋砌体受压构件对偏心距 e_0 有何限制？当超过限值时，如何处理？

5-6 砌体局部受压有哪些特点？为什么砌体局部受压时抗压强度有明显提高？砌体局部受压强度提高系数 γ 如何计算？

5-7 验算梁端支承处局部受压承载力时，为什么对上部轴向力设计值乘以上部荷载的折减系数 ψ？ψ 又与什么因素有关？

5-8 什么是配筋砌体？配筋砌体有哪几类？简述其各自特点。

5-9 什么是组合砖砌体？怎样计算组合砖砌体的承载力？

5-10 混合结构房屋的结构布置方案有哪几种？其特点是什么？

5-11 简述静力计算方案的分类、判别方法及计算简图。

5-12 什么是墙、柱高厚比？影响允许高厚比的因素有哪些？不满足时采取什么措施？

5-13 混合结构房屋墙柱设计内容有哪些？

5-14 常见过梁的种类有哪些？怎样计算过梁上的荷载？承载力验算包含哪些内容？

5-15 简述挑梁的受力特点和破坏形态。挑梁设计的主要内容有哪些？

5-16 何谓墙梁？简述墙梁的受力特点和破坏形态。如何计算墙梁上的荷载？墙梁的承载力验算包含哪些内容？

5-17 引起砌体结构墙体开裂的主要因素有哪些？如何采取相应的预防措施？

5-18 砌体房屋抗震设计时，必须满足抗震设计的一般规定和构造措施有哪些？

5-19 构造柱、圈梁在砌体房屋中的作用是什么？设置及构造要求有哪些？

习 题

5-1 计算下列情况下的砌块砌体的抗压强度平均值：

（1）某墙体采用烧结普通砖的强度是 13.6MPa，混合砂浆强度为 0.92MPa。

（2）某墙体采用 MU20 混凝土小型空心砌块，Mb20 混合砂浆。

5-2 某矩形截面砖柱截面尺寸为 490mm×620mm，采用 MU10 烧结普通砖和 M5 混合砂浆砌筑，柱的计算高度 $H_0 = 5.4$m，柱顶承受轴向压力设计值 $N = 275$kN，沿长边方向弯矩设计值 $M = 23.6$kN·m，柱的自重按砖的重度取 19kN/m³，砌体施工质量控制等级为 B 级，试验算：柱顶的偏心受压承载力及柱底的轴心受压承载力。

5-3 某带壁柱砖墙截面尺寸见图 5-91，计算高度 $H_0 = 5.4$m。采用 MU10 烧结普通砖和 M7.5 混合砂浆砌筑，若墙体承受轴向压力设计值 $N = 280$kN，$M = 35$kN·m，荷载偏向翼缘一侧。砌体施工质量控制等级为 B 级。试验算该带壁柱墙的受压承载力。

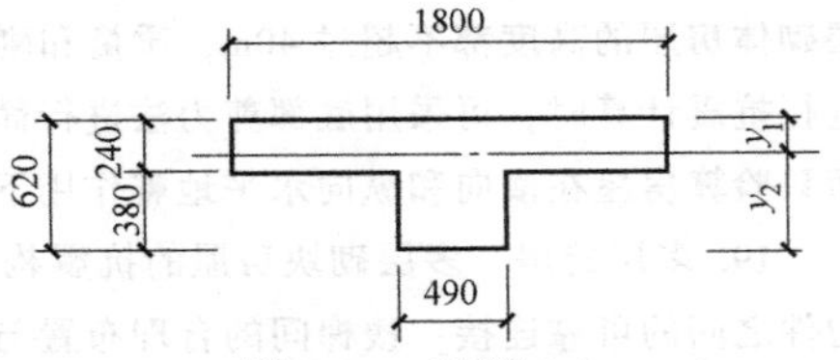

图 5-91 习题 5-3

5-4 某砌体房屋窗间墙截面尺寸为 1200mm×240mm，采用 MU10 烧结普通砖和 M5 混合砂浆砌筑，砌体施工质量控制等级为 B 级。墙上支承梁的截面尺寸为 240mm×500mm，支承长度 $a = 240$mm。梁端支承压力设计值 $N_l = 89$kN，上部墙体产生的轴向压力设计值 $N_u = 187$kN。试验算梁端的局部受压承载力，若不满足，设置预制刚性垫块使之满足要求。

5-5 某外纵墙的窗间墙截面尺寸为 1200mm×190mm，采用 MU10 单排孔且孔对孔砌筑的轻集料混凝土小型空心砌块灌孔砌体和 Mb5 水泥砂浆砌筑，Cb20 混凝土灌孔，砌块孔洞率 $\delta = 50\%$，灌孔率 $\rho = 35\%$，砌体施工质量控制等级为 B 级。墙上支承梁的截面尺寸为 200mm×500mm，支承长度 $a = 190$mm。梁端支承压力设计值 $N_l = 110$kN，上部墙体产生的轴向压力设计值 $N_u = 215$kN。试验算梁端的局部受压承载力，若不满足，则将梁搁置于圈梁上再进行验算。

5-6 某单层单跨无起重机厂房，采用装配式有檩体系钢筋混凝土屋盖，两端设有山墙，间距为 40m，柱距为 4m，每开间有 1.6m 宽的窗，壁柱截面尺寸为 390mm×390mm，墙厚为 190mm，见图 5-92。采用 MU10 小型混凝土砌块及 M5 水泥混合砂浆，屋架下弦标高为 6.0m，室内地坪与基础顶面距离为 0.5m。

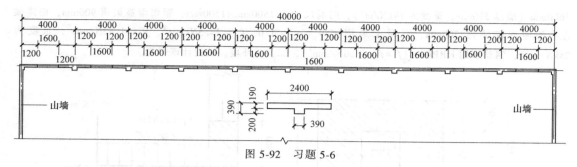

图 5-92　习题 5-6

（1）确定属于何种计算方案？

（2）确定带壁柱墙的高厚比是否满足要求？

5-7　某网状配筋砖柱截面尺寸为 490mm×490mm，采用 MU10 烧结多孔砖和 M7.5 混合砂浆砌筑，网状配筋采用消除应力钢丝 ϕ^P5 焊接方格网，钢丝间距 $a = 50$mm，钢丝网竖向间距 $s_n = 250$mm，$f_y = 430$N/mm^2。砌体施工质量控制等级为 B 级，柱的计算高度 $H_0 = 4.5$m。若承受轴向压力设计值 $N = 180$kN，沿长边方向弯矩设计值 $M = 14$kN·m。试验算该砖柱的承载力。

5-8　某承重横墙承受轴向压力。墙厚为 240mm，计算高度 $H_0 = 3.9$m，采用 MU10 烧结普通砖和 M7.5 混合砂浆砌筑，砌体施工质量控制等级为 B 级。双面采用钢筋水泥砂浆面层，每边厚 40mm，砂浆强度等级为 M10，钢筋为 HPB300 级，竖向钢筋采用 ϕ10@ 200。水平钢筋采用 ϕ6@ 250。求单宽 1m 横墙所能承受轴向压力设计值。

5-9　某钢筋混凝土组合砖，承受轴向压力。墙厚为 240mm，计算高度 $H_0 = 3.9$m，采用 MU10 烧结普通砖和 M7.5 混合砂浆砌筑，砌体施工质量控制等级为 B 级。沿墙长方向每隔 1.5m 设 240mm×240mm 钢筋混凝土构造柱，采用 C25 混凝土，钢筋为 HPB300 级，竖向纵向钢筋采用 4ϕ12。求单宽 1m 横墙所能承受轴向压力设计值。

5-10　某挑梁（截面尺寸为 240mm×350mm）埋置于 T 形截面墙段中，离墙边 500mm 处有一门洞 800mm×2000mm，挑出长度 $l = 1.5$m，楼面挑梁埋入长度 $l_1 = 1.8$m，屋面挑梁埋入长度 $l_2 = 3.0$m，见图 5-93。层高 3.0m，120mm 厚预制空心楼屋面板，挑梁上下均为 240mm 厚墙体，采用 MU10 烧结普通砖和 M5 混合砂浆砌筑，施工质量控制等级为 B 级。已知墙体自重标准值（包括双面抹灰）为 5.24kN/m^2；楼板传给挑梁荷载标准值为 $F_k = 4.2$kN，$g_{1k} = g_{2k} = 10$kN/m，$q_{1k} = 8.5$kN/m，$g_{3k} = 15.5$kN/m，$q_{3k} = 2.0$kN/m。挑梁采用混凝土强度等级 C30，纵筋采用 HRB400 级，箍筋采用 HPB300 级。挑梁及以上墙体自重标准值为 5.6kN/m。试设计挑梁 XTL。

5-11　某钢筋混凝土过梁净跨 $l_n = 3.3$m，过梁上墙体高度为 0.9m，墙厚为 240mm，承受梁板荷载 13kN/m（其中活荷载 6kN/m）。墙体采用 MU10 烧结普通砖和 M5 混合砂浆砌筑，过梁混凝土强度等级为 C25，纵筋为 HRB400 级，箍筋为 HPB300 级。试设计该过梁。

5-12　图 5-94 所示的钢筋混凝土雨篷，门洞净跨 2.0m 宽。雨篷板上承受均布永久荷载标准值 $g_k = 2.4$kN/m^2，均布活荷载标准值 $q_k = 0.5$kN/m^2 或考虑悬臂板端集中荷载 $P_k = 1.0$kN/m。雨篷板挑出长度 $l = 1200$mm，板厚度为 120mm。雨篷梁截面尺寸 $b_b h_b = 370$mm×240mm，雨篷梁上面的墙体高 $h_w =$

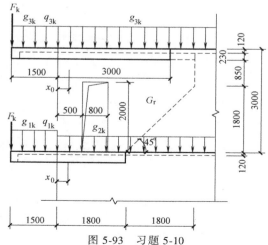

图 5-93　习题 5-10

3600mm（墙厚 370mm，重度为 19kN/m³），门洞尺寸为 1500mm×1500mm，距离雨篷梁顶 900mm，雨篷梁左右各伸入砌体内 500mm。混凝土采用 C30（$\alpha_1 = 1.0$，$f_c = 14.3\text{N/mm}^2$，$f_t = 1.43\text{N/mm}^2$，重度为 25kN/m³），钢筋采用 HRB400（$f_y = f_{yv} = 360\text{N/mm}^2$），二类 a 环境。试设计该雨篷。

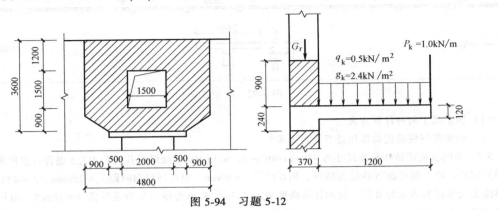

图 5-94　习题 5-12

学习要求

1. 掌握板式楼梯、梁式楼梯的结构设计和绘图方式。
2. 掌握楼梯在钢筋混凝土框架结构中的抗震措施。

6.1 概述

楼梯作为竖向疏散通道，是房屋的重要组成部分，分为建筑设计和结构设计。按建筑平面布置可分为直跑楼梯、剪刀楼梯、双跑楼梯、三跑楼梯等形式，见图6-1。按结构受力可分为板式楼梯、梁式楼梯、悬挑楼梯和螺旋楼梯四种类型，见图6-2。

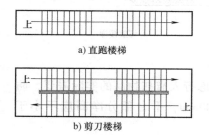

a) 直跑楼梯

b) 剪刀楼梯

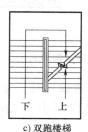

c) 双跑楼梯

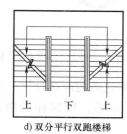

d) 双分平行双跑楼梯

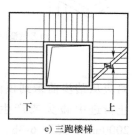

e) 三跑楼梯

图 6-1　楼梯平面布置

1. 建筑设计的主要内容

楼梯由踏面、踢面、平台、栏杆与扶手组成，见图6-3a。建筑设计主要包括确定楼梯宽度（或楼梯开间）、楼梯平台、楼梯净高及楼梯坡度等内容。

（1）梯段宽度　楼梯宽度应符合《建筑设计防火规范》等有关规定。作为主要交通用的楼梯梯段净宽应根据使用过程中人流股数确定，一般按每股人流宽度为 0.55m+（0~0.15）m 计算，并不应少于两股人流，其中 0~0.15m 为人流在行进中的摆幅，公共建筑人流众多应取上限值。具体为：仅供单人通行的楼梯，其宽度必须满足单人携带物品通过的需要，其梯段净宽应不小于 900mm；双人通行时，梯段净宽为 1100~1400mm；三人通行时，梯段净宽为 1650~2100mm。

（2）楼梯平台　楼梯平台包括楼层平台和中间平台两部分。对封闭楼梯和防火楼梯，其楼层平台深度应与中间平台深度一致。中间平台形状除满足楼梯间建筑艺术需要外，还要适应不同功能及步伐规律所需尺度要求，一般情况，直跑楼梯中间平台深度应不小于 $2b+h$（其中 b、h 分别为踏步宽度和高度）；双跑楼梯中间平台深度应不小于梯段宽度。

（3）楼梯净高　梯段净高一般应大于人体上肢伸直向上，手指触到顶棚的距离。该距

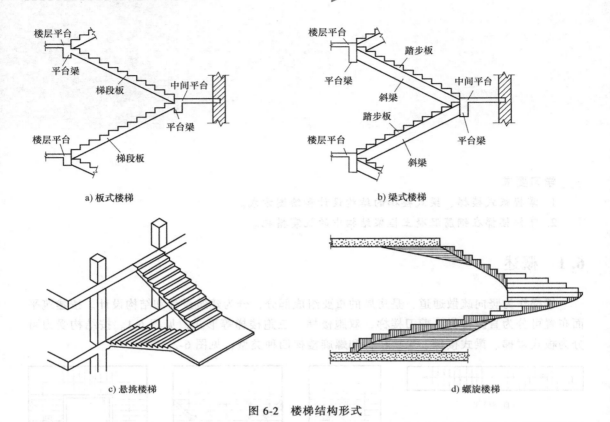

a) 板式楼梯   b) 梁式楼梯

c) 悬挑楼梯   d) 螺旋楼梯

图 6-2　楼梯结构形式

离应从踏步前缘到顶棚垂直线的净高计算。工程设计时，考虑行人肩扛物品的实际需要，防止行进中碰头或产生压抑感，楼梯梯段净高应不小于 2200mm，平台部分净高应不小于 2000mm，见图 6-3b。

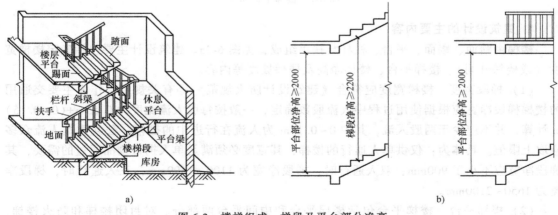

图 6-3　楼梯组成、梯段及平台部分净高

（4）楼梯的坡度　坡度约为 30° 的楼梯，行走最舒适。室内楼梯的最大坡度不宜超过 38°，踏步的高度不宜大于 210mm，也不宜小于 140mm。计算踏步高度和宽度的一般公式为

$$s = 2h + b \approx 600\text{mm} \tag{6-1}$$

式中　　b、h——踏步宽度和高度；

　　　　600mm——女子及儿童的平均跨步长度。

一般楼梯踏步尺寸见表 6-1，各类建筑对楼梯的具体要求见附录 I。

表 6-1　一般楼梯踏步尺寸

名称	住宅公共楼梯	人员密集且竖向交通繁忙的建筑和大、中学校楼梯	小学校楼梯	超高层建筑核心筒内楼梯	幼儿园、托儿所
最大踏步高度/mm	175	165	150	180	130
最小踏步宽度/mm	260	280	260	250	260

2. 结构设计

本章主要讨论板式楼梯和梁式楼梯的结构设计。对于螺旋楼梯和悬挑楼梯，由于具有造型美观，但空间受力复杂、施工成本高等特点，具体设计时可参考相关的结构手册。

楼梯结构设计时，首先根据建筑要求和施工条件，确定楼梯的结构形式和结构布置；其次确定楼梯活荷载标准值：除多层住宅取 $2.0kN/m^2$ 外，其他建筑取 $3.5kN/m^2$。设计楼梯栏杆时，还应考虑施加在栏杆顶部水平线荷载 $1.0kN/m$；接着进行楼梯各组成构件的内力分析和截面设计；最后绘制楼梯结构施工图。

6.2　板式楼梯设计

板式楼梯由梯段板（含踏步板）、平台板和平台梁组成。梯段板是斜放的齿形板，两端支承在上、下平台梁上，或在房屋底层，楼梯下端一般支承在地梁上。梯段板具有下表面平面，施工支模方便，外观轻巧的优点，缺点是楼段跨度较大时，梯段板较厚，不经济。因此板式楼梯适用梯段板的水平投影长度不超过 4m，外加荷载不太大时采用。

1. 梯段板计算

在板式楼梯中，梯段板、中间平台板与楼层平台板连成整体，组成三跨连续板，见图 6-4a。通常计算时，将梯段板与平台板分开设计，但在构造措施上保证它们之间的整体性。计算时将梯段板视为斜放的单向板，简支在上、下两端的平台梁上，计算跨度取平台梁间的斜长 l_n'，计算单元取单宽 1m 板带。作用在梯段板上的荷载有：梯段板永久荷载 g'（含踏步自重及装饰重）和楼梯活荷载 q。永久荷载 g' 沿斜向均布在梯段板上（作用方向 ↘），其分布长度为梯段板斜长 l_n'；活荷载 q 竖向均布在梯段板上（作用方向 ↓），其分布长度为梯段板投影长度 l_n。

为统一永久荷载与活荷载作用方向，将 g'（↘）转化为分布在水平投影长度 l_n 上的竖向荷载 g（↓），满足 $g' = gl_n/l_n' = g\cos\alpha$，$\alpha$ 为梯段板与水平线的夹角，见图 6-4b。再将 g' 沿垂直于梯段板方向与平行梯段板方向分解为 g_x' 和 g_y'，则有

$$g_x' = g'\cos\alpha = g\cos\alpha\cos\alpha \qquad (6-2)$$

$$g_y' = g'\sin\alpha = g\cos\alpha\sin\alpha \qquad (6-3)$$

平行梯段板方向的分力 g_y' 为轴力，它对梯段板弯矩和剪力没有影响，设计时可不考虑。仅考虑 g_x' 对梯段板的弯矩和剪力作用，计算简图见图 6-4c。

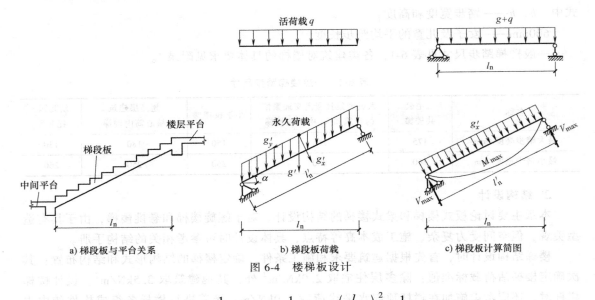

图 6-4　楼梯板设计

梯段板跨中弯矩
$$M_{max} = \frac{1}{8} g_x'(l_n')^2 = \frac{1}{8} g\cos\alpha^2 \left(\frac{l_n}{\cos\alpha}\right)^2 = \frac{1}{8} gl_n^2 \tag{6-4}$$

梯段板剪力
$$V_{max} = \frac{1}{2} g_x' l_n' = \frac{1}{2} g\cos\alpha^2 \left(\frac{l_n}{\cos\alpha}\right) = \frac{1}{2} gl_n\cos\alpha \tag{6-5}$$

式中　　g——梯段板水平投影单位长度上的竖向均布永久荷载；

l_n——梯段板的水平投影计算长度。

可见，**简支斜板在竖向均布荷载 g 作用下最大弯矩等于其水平投影长度的简支斜板在 g 作用下最大弯矩，最大剪力等于其水平投影长度的简支斜板在 g 作用下最大剪力乘以 $\cos\alpha$。**

计算梯段板挠度时，应取斜长 l_n' 及荷载 g_x'。

当梯段板与平台梁（板）整体连接时，考虑支座的部分嵌固作用，板式楼梯的跨中弯矩可近似取 $M = \left(\frac{1}{8} \sim \frac{1}{10}\right) pl_n^2$（$p$ 为竖向荷载设计值，$p = g+q$），支座应配置一定数量的构造负筋，以承受实际存在的负弯矩和防止产生过宽的裂缝，一般可取跨中配筋量的 1/3 或不少于 $\phi8@200$，配筋范围为 $l_n/4$。像水平楼板一样，在垂直于受力钢筋的方向仍应按构造配置分布钢筋，并要求每个踏步板内至少放置 $1\phi6$ 或 $\phi6@250$，当梯段板厚 $t \geq 150\text{mm}$ 时，分布钢筋宜采用 $\phi8@200$。梯段板与一般楼板相同，不必进行斜截面受剪承载力验算。梯段板厚度 $t = l_n/30 \sim l_n/25$，当梯段板厚 $t \geq 200\text{mm}$ 时，纵向受力钢筋宜采用双层配筋。

图 6-5 为板式楼梯采用分离式配筋。图 6-5a 中①号筋为梯段板板底纵向受力钢筋；②号筋为梯段板板面纵向钢筋。当楼梯的净高不够时，可将平台梁外移，此时梯段板形成折线形，有下折线形、上折线形和上下均为折线形三种类型，见图 6-5b、c、d。设计时应注意以下两个问题；折线的水平段，其板厚应与梯段板相同，不能设计成与平台板同厚；折角处纵向钢筋断开，以免产生向外的合力，将该处的混凝土崩脱。因此，从图 6-5b、c、d 中可以看出：下折梯段板板面④号纵向钢筋与⑤号纵向钢筋断开，上折梯段板板底①号纵向钢筋与⑥号纵向钢筋断开，解决由于纵向受拉钢筋合力向外，在折角处将混凝土崩脱的风险。

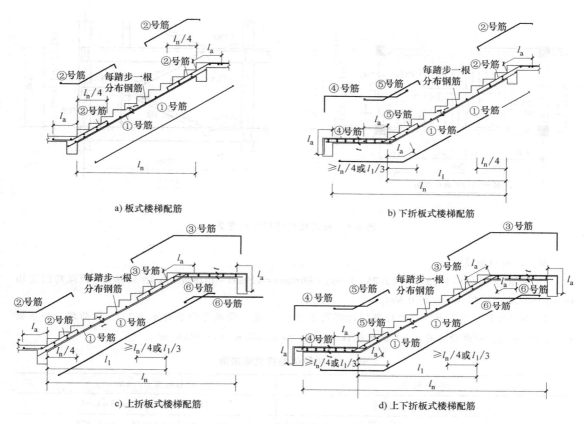

a) 板式楼梯配筋

b) 下折板式楼梯配筋

c) 上折板式楼梯配筋

d) 上下折板式楼梯配筋

图 6-5　板式楼梯分离式配筋

2. 平台板计算

平台板的长边尺寸与短边尺寸之比约为 2，其受力按四周支撑情况可分为双向板计算或单向板计算。对混凝土结构，平台板四周由梯梁支撑，可按双向板计算。对砌体结构，平台板三面为砌体墙，一面为平台梁支撑，故短边方向可按单向板计算，并加强长边方向的配筋。同时，平台板板面均受到不同程度支座约束，故板面仍需配制纵向钢筋。平台板按单宽 1m 板带计算，荷载为平台板自重和楼梯活荷载，简化计算时，平台板跨中弯矩可近似按 $M = \dfrac{1}{10}pl_n^2$ 计算。在满足最小配筋率前提下，偏于安全，平台板可双层双向配制钢筋。

3. 平台梁计算

平台梁承受梯段板、平台板传来的荷载和自重，可按简支的倒 L 形梁计算，其他构造与一般梁相同。

【例 6-1】　某 6 层办公楼，结构形式为钢筋混凝土框架结构，采用板式楼梯，楼梯平面尺寸为 3.6m×7.2m，层高为 3.6m，踏步尺寸为 300mm×150mm，梯井宽为 200mm。混凝土采用 C30（$\alpha_1 = 1.0$，$f_c = 14.3\text{N/mm}^2$，$f_t = 1.43\text{N/mm}^2$，重度为 25kN/m^3），钢筋采用 HRB400（$f_y = f_{yv} = 360\text{N/mm}^2$），楼梯活荷载标准值为 3.5kN/m^2，板底 20mm 厚的混合砂浆抹灰（重度为 17kN/m^3），面层采用地砖 0.7kN/m^2，结构布置见图 6-6。试设计该楼梯。

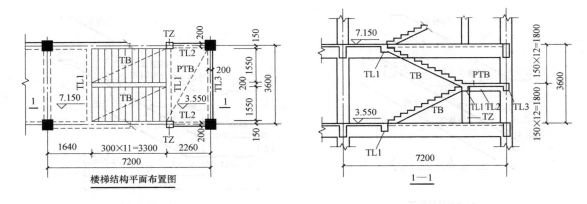

图 6-6　板式楼梯结构平面布置

解：1. 梯段板设计

1）板厚 $t = (1/30 \sim 1/25) l_n = (1/25 \sim 1/30) \times 3300\text{mm} = 110\text{mm} \sim 132\text{mm}$，取 $t = 120\text{mm}$。板倾角的正切 $\tan\alpha = 150/300 = 0.5$，则 $\cos\alpha = 0.894$。

2）荷载计算。梯段板的荷载标准值计算列于表 6-2。永久荷载分项系数 $\gamma_G = 1.3$，活荷载分项系数 $\gamma_Q = 1.5$。总的面荷载设计值 $p_1 = 1.3 \times 6.661\text{kN/m}^2 + 1.5 \times 3.5\text{kN/m}^2 = 13.91\text{kN/m}^2$。

表 6-2　梯段板的荷载标准值

荷 载 种 类		荷载标准值/（kN/m²）
永久荷载	地砖	$(0.3+0.15) \times 0.7/0.3 = 1.05$
	三角形踏步	$0.5 \times 0.3 \times 0.15 \times 25/0.3 = 1.875$
	120mm 厚混凝土斜板	$0.12 \times 25/0.894 = 3.356$
	板底抹灰	$0.02 \times 17/0.894 = 0.380$
	合计	6.661
活荷载		3.5

3）截面设计。梯段板水平计算跨度 $l_n = 3.3\text{m}$，板的有效截面高度 $h_0 = 120\text{mm} - 20\text{mm} = 100\text{mm}$。取 $b = 1000\text{mm}$ 板带计算，作用在梯段板上的线荷载设计值 $p = 13.91\text{kN/m}^2 \times 1\text{m} = 13.91\text{kN/m}$。

弯矩设计值
$$M = \frac{1}{10}pl_n^2 = \frac{1}{10} \times 13.91\text{kN/m} \times (3.3\text{m})^2 = 15.15\text{kN} \cdot \text{m}$$

$$\alpha_s = \frac{M}{\alpha_1 f_c b h_0^2} = \frac{15.15 \times 10^6}{1.0 \times 14.3 \times 1000 \times 100^2} = 0.106$$

$$\xi = 1 - \sqrt{1 - 2\alpha_s} = 1 - \sqrt{1 - 2 \times 0.106} = 0.112 < \xi_b = 0.518$$

$$A_s = \frac{\alpha_1 f_c b \xi h_0}{f_y} = \frac{1.0 \times 14.3 \times 1000 \times 0.112 \times 100}{360}\text{mm}^2 = 445\text{mm}^2 > A_{s\min} = 0.2\% \times 1000\text{mm} \times 120\text{mm} = 240\text{mm}^2$$

选用 $\Phi 10@150$（实配面积 $A_s = 523\text{mm}^2$），底板分布钢筋按构造配制 $\Phi 8@200$，满足每个踏步板内至少放置 $1\phi6$ 或 $\phi6@250$ 的要求。

支座负筋取跨中配筋量的 1/3，即 $523\text{mm}^2/3 = 174\text{mm}^2$，取 $\Phi 8@200$（实配面积 $A_s = 251\text{mm}^2$），配筋范围 $l_n/4 = 3300\text{mm}/4 = 825\text{mm}$，取 850mm，板面分布钢筋按构造配置 $\Phi 8@200$。

2. 中间平台板设计

平台梁计算跨度为 3.6m，平台梁截面高度 $h = (1/12 \sim 1/8) \times 3600mm = 300 \sim 450mm$，取 $h = 350mm$，截面宽度 $b = 200mm$。

中间平台板为单个板块，四边支承在梁上。按弹性方法，板的计算跨度取构件中心之间的距离。长边计算长度 $l_{0y} = 3.6m$，短边计算长度 $l_{0x} = 2.16m$，长短边之比 $l_{0y}/l_{0x} = 3.6m/2.16m = 1.67 < 2$，为双向板。设平台板厚 $h = 2160mm/40 = 54mm$，考虑板最小厚度要求，取 80mm。

（1）荷载计算 中间平台板的荷载标准值计算列于表 6-3。永久荷载分项系数 $\gamma_G = 1.3$，活荷载分项系数 $\gamma_Q = 1.5$。总的面荷载设计值 $p_1 = 1.3 \times 3.04kN/m^2 + 1.5 \times 3.5kN/m^2 = 9.20kN/m^2$。

表 6-3　中间平台板的荷载标准值

荷载种类		荷载标准值/(kN/m²)
永久荷载	地砖	0.7
	80mm 厚混凝土板	0.08×25 = 2.0
	20mm 板底抹灰	0.02×17 = 0.34
	合计	3.04
活荷载		3.5

（2）内力计算 按单块四边嵌固的双向板计算，混凝土泊松比 $\nu = 0.2$，计算跨度 $l_0 = l_{0x} = 2.16m$。$l_{0x}/l_{0y} = 2.16m/3.6m = 0.6$，按 $b = 1000mm$ 板带计算。作用在平台板上的线荷载设计值 $p_1 = 9.20kN/m^2 \times 1m = 9.20kN/m$。查附表 B-5 得

平行短边跨中正弯矩
$$M_x = (m_1 + \nu m_2)pl_0^2 = (0.0367 + 0.2 \times 0.0076) \times 9.20kN/m \times (2.16m)^2 = 1.64kN \cdot m$$

平行长边跨中正弯矩
$$M_y = (m_2 + \nu m_1)pl_0^2 = (0.0076 + 0.2 \times 0.0367) \times 9.20kN/m \times (2.16m)^2 = 0.64kN \cdot m$$

平行短边的支座负弯矩
$$M_x' = m_1'pl_0^2 = -0.0793 \times 9.2kN/m \times (2.16m)^2 = -3.40kN \cdot m$$

平行长边的支座负弯矩
$$M_y' = m_2'pl_0^2 = -0.0571 \times 9.2kN/m \times (2.16m)^2 = -2.45kN \cdot m$$

（3）截面设计 中间平台板的配筋见表 6-4。

表 6-4　中间平台板的配筋

控制截面	平行短边跨中正弯矩	平行长边跨中正弯矩	平行短边的支座负弯矩	平行长边的支座负弯矩
弯矩/kN·m	1.64	0.64	-3.40	-2.45
截面有效高度 h_0/mm	60	50	60	60
$\alpha_s = \dfrac{M}{\alpha_1 f_c b h_0^2}$	0.032	0.018	0.066	0.048
$\xi = 1 - \sqrt{1 - 2\alpha_s} < \xi_b = 0.518$	0.033	0.018	0.068	0.049
$A_s \left(A_s = \dfrac{\alpha_1 f_c b \xi h_0}{f_y}\right)$/mm²	78.7	35.8	162.1	116.8
最小配筋面积/mm²	$A_{smin} = 0.2\% \times 1000mm \times 80mm = 160mm^2$			
选用钢筋	构造配筋Φ6@170	构造配筋Φ6@170	Φ8@200	构造配筋Φ8@200
实配钢筋面积/mm²	166	166	251	251

注：跨中长边钢筋位于跨中短边钢筋的内侧。支座负筋不得小于Φ8@200。

3. 平台梁 TL1 设计

按单跨简支梁设计，计算跨度取 3.6m，平台梁高度 $h = (1/12 \sim 1/8) \times 3600\text{mm} = 300 \sim 450\text{mm}$，取 $h = 350\text{mm}$，截面宽度为 $b = 200\text{mm}$。

（1）荷载计算　平台板传来的荷载为梯形荷载，将其折算为均布荷载，$\alpha = 1080/3600 = 0.3$，则等效均布荷载 $q = (1 - 2\alpha^2 + \alpha^3)q' = (1 - 2 \times 0.3^2 + 0.3^3)q' = 0.847q'$，其中平台板承受的荷载设计值 $q' = 1.3 \times 3.04\text{kN/m}^2 + 1.5 \times 3.5\text{kN/m}^2 = 9.20\text{kN/m}^2$。平台梁的荷载设计值计算列于表 6-5。永久荷载分项系数 $\gamma_G = 1.3$。

表 6-5　平台梁 TL1 的荷载

荷载种类	荷载设计值/(kN/m)
梁自重	$1.3 \times 0.20 \times (0.35 - 0.08) \times 25 = 1.755$
梁侧抹灰	$1.3 \times 0.02 \times (0.35 - 0.08) \times 2 \times 17 = 0.239$
平台板传来荷载	$0.847 \times 9.20 \times 2.16/2 = 8.416$
梯段板传来的均布荷载	$(1.3 \times 6.661 + 1.5 \times 3.5) \times 3.3/2 = 22.95$
小计	33.36

（2）截面设计

跨中弯矩
$$M = \frac{1}{8} \times 33.36\text{kN/m} \times (3.6\text{m})^2 = 54.0\text{kN} \cdot \text{m}$$

支座边缘剪力
$$V = \frac{1}{2} \times 33.36\text{kN/m} \times (3.6\text{m} - 0.3\text{m}) = 55.0\text{kN}$$

注：中间平台梁支承在 300mm 宽的梯柱上。

截面按倒 L 形计算，$h_0 = 350\text{mm} - 40\text{mm} = 310\text{mm}$，有效翼缘计算宽度 b_f' 确定如下：

$$b_f' = \min \begin{cases} l_0/6 = 3600\text{mm}/6 = 600\text{mm} \\ b + s_n/2 = [200 + (2260 - 200)/2]\text{mm} = 1230\text{mm} \\ h_f'/h_0 = 80\text{mm}/310\text{mm} = 0.258 > 0.1, \text{不考虑} \end{cases} = 600\text{mm}$$

注：中间平台板四边支承于 200mm 宽的梯梁上。

1）计算纵向受拉钢筋。

$$\alpha_1 f_c b_f' h_f' \left(h_0 - \frac{h_f'}{2}\right) = 1.0 \times 14.3 \times 600 \times 80 \times (310 - 80/2) \times 10^{-6}\text{kN} \cdot \text{m}$$

$$= 185.33\text{kN} \cdot \text{m} > M = 54.0\text{kN} \cdot \text{m}$$

属于第一类 T 形截面。

$$\alpha_s = \frac{M}{\alpha_1 f_c b_f' h_0^2} = \frac{54.0 \times 10^6}{1.0 \times 14.3 \times 600 \times 310^2} = 0.065$$

$$\xi = 1 - \sqrt{1 - 2\alpha_s} = 1 - \sqrt{1 - 2 \times 0.065} = 0.067 < \xi_b = 0.518 \quad \text{（未超筋）}$$

$$A_s = \frac{\alpha_1 f_c b_f' h_0 \xi}{f_y}$$

$$= \frac{1.0 \times 14.3 \times 600 \times 310 \times 0.067}{360} = 495\text{mm}^2 > \rho_{\min} bh = 0.2\% \times 200\text{mm} \times 350\text{mm} = 140\text{mm}^2$$

选 3Φ16（实配面积 $A_s = 603\text{mm}^2$）。架立筋按构造配置选取 2Φ14。

2）计算箍筋。

$$h_w = h_0 - h_f' = 310\text{mm} - 80\text{mm} = 230\text{mm}, \frac{h_w}{b} = \frac{230}{200} = 1.15 < 4$$

$0.25\beta_c f_c bh_0 = 0.25 \times 1.0 \times 14.3 \times 200 \times 310 \times 10^{-3} \text{kN} = 221.7\text{kN} > V = 55.0\text{kN}$　（截面尺寸满足要求）

选用$\oplus$8 双肢箍，$A_{sv} = nA_{sv1} = 2 \times 50.3 \text{mm}^2 = 100.6 \text{mm}^2$。

$$s = \frac{f_{yv} A_{sv} h_0}{V - 0.7 f_t bh_0} = \frac{360 \times 100.6 \times 310}{55.0 \times 10^3 - 0.7 \times 1.43 \times 200 \times 310} \text{mm} < 0$$

可按构造配置箍筋，并适当加强箍筋抗剪作用，故选用$\oplus$8@ 150。

$$\rho_{sv} = \frac{nA_{sv1}}{bs} = \frac{2 \times 50.3}{200 \times 150} = 0.335\% > \rho_{sv,min} = 0.24 \frac{f_t}{f_{yv}} = 0.24 \times \frac{1.43}{360} = 0.095\%$$　（最小配箍率满足要求）

4. 平台梁 TL3 设计

截面尺寸为 200mm×350mm，计算跨度为 3600mm，同平台梁 TL1 设计，不同之处在于不承受梯段板传来的均布荷载，总荷载设计值 $p = (1.755 + 0.239 + 8.416)\text{kN/m} = 10.41\text{kN/m}$，后面计算略。配筋结果为纵向受力钢筋 2$\oplus$14，箍筋$\oplus$6@ 200，架立筋 2$\oplus$12。

5. 平台梁 TL2 设计

截面尺寸为 200mm×350mm，计算跨度为 2160mm，有效受压翼缘宽度 $b_f' = 360\text{mm}$，与平台梁 TL3 设计类似，不同之处在于平台板传来的荷载为三角形荷载，将三角形荷载 p' 折算为均布荷载 $p = \frac{5}{8}p'$，总荷载设计值 $p = (1.755 + 0.239 + 5/8 \times 9.20 \times 2.16/2)\text{kN/m} = 8.2\text{kN/m}$，后面计算略。配筋结果为纵向受力钢筋 2$\oplus$12，箍筋$\oplus$6@ 200，架立筋 2$\oplus$12。

6. 梯柱 TZ 设计

梯柱 TZ 为短柱，需加强箍筋配置，竖向纵向钢筋按构造配置。配筋结果为竖向纵向钢筋 4$\oplus$14，箍筋$\oplus$8@ 100（2）。

6.3　梁式楼梯设计

梁式楼梯由踏步板、斜梁、平台板及平台梁组成，分为单梁楼梯和双梁楼梯。双梁楼梯是在楼梯梯段的两侧都布置有斜梁（图 6-7a），当梯段的水平投影长度大于 4m 时，宜采用这种双梁楼梯，见图 6-8a。单梁楼梯是在梯段宽度的中央布置一道斜梁，适用于楼梯不是很宽，荷载也不太大时，多用于大型公共建筑的室外楼梯，常为直跑式，见图 6-7b。

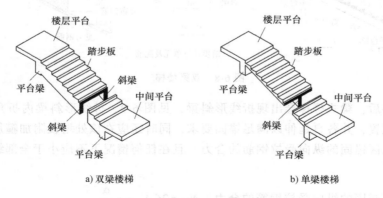

a) 双梁楼梯　　　　　　　　　　b) 单梁楼梯

图 6-7　典型梁式楼梯

荷载传递途径为：

$$踏步板 \xrightarrow{\text{均布荷载}} 斜梁 \xrightarrow{\text{集中荷载}} 平台梁 \xrightarrow{\text{集中荷载}} 侧墙或框架梁$$

$$平台板 \xrightarrow[\text{均布荷载}]{\text{梯形荷载或}} 平台梁$$

1. 双梁楼梯

（1）**踏步板**　踏步板两端支承在斜梁上，按两端简支的单向板计算，一般取一个踏步作为计算单元，踏步板为梯形截面，计算时按板的截面高度，近似取平均高度 $h_1 = d/2 + t/\cos\alpha$ 的矩形截面进行受弯设计，见图 6-8c 阴影部分，其中踏步板厚度 t 一般不小于 40mm。踏步板两端斜梁整体连接时，考虑支座的嵌固作用，踏步板按受弯构件正截面计算配筋，跨中弯矩可近似取 $M = \dfrac{1}{10}pl_{n1}^2$，$l_{n1}$ 为踏步板的长度。每一踏步一般需配置不小于 $2\phi6$ 的受力钢筋，沿斜向布置的分布钢筋的直径不小于 6mm，间距不大于 250mm，配筋见图 6-8c。

（2）**斜梁**　斜梁的内力计算与板式楼梯的梯段板相同，承受踏步板传来的均布荷载和自重。斜梁高度 h 一般取 $(1/18 \sim 1/12)l_n$，l_n 为斜梁水平投影长度，配筋方式见图 6-8b。

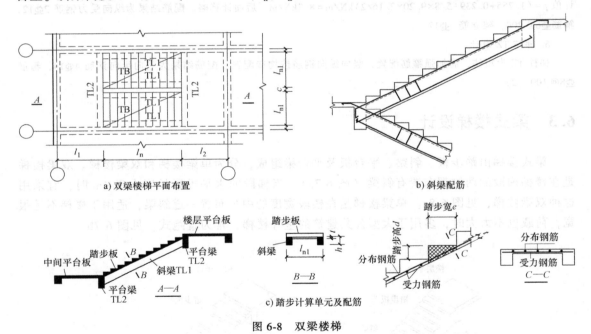

a) 双梁楼梯平面布置　　　b) 斜梁配筋

c) 踏步计算单元及配筋

图 6-8　双梁楼梯

楼层梁内移后，梁式楼梯会出现折线形斜梁，见图 6-9。折线形斜梁内折角处的纵向受拉钢筋应分开配置，并各自延伸以满足锚固要求，同时还应在该处增设附加箍筋。该箍筋应能承受未在受压区锚固的纵向受拉钢筋的合力，且在任何情况下不应小于全部纵向受拉钢筋合力的 35%。

未在受压区锚固的纵向受拉钢筋的合力　　$N_{s1} = 2f_yA_{s1}\cos\dfrac{\alpha}{2}$　　　　　　（6-6）

全部纵向受拉钢筋合力的 35% 为　　　　$N_{s2} = 0.7f_yA_s\cos\dfrac{\alpha}{2}$　　　　　（6-7）

式中　A_s——全部纵向受拉钢筋的截面面积；

$\quad\quad A_{s1}$——未在受压区锚固的纵向受拉钢筋的
截面面积；

$\quad\quad\alpha$——构件的内折角。

按上述条件求得的箍筋应布置在长度为 $s =$
$h\tan\dfrac{3}{8}\alpha$ 的范围内。

（3）平台梁与平台板　梁式楼梯的平台梁、
平台板计算与板式楼梯基本相同，其不同之处仅在
于，梁式楼梯中的平台梁除承受平台板传来的均布
荷载和其自重外，还承受斜梁传来的集中荷载。

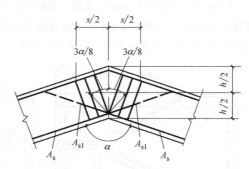

图 6-9　折线形斜梁内折角配筋

2. 单梁楼梯

单梁楼梯是一根斜梁承受由踏步板传递来的竖向荷载，斜梁设置在踏步板中间，以直跑
为主要形式，见图 6-10a。斜梁可采用矩形梁、梯形梁或宽扁梁。

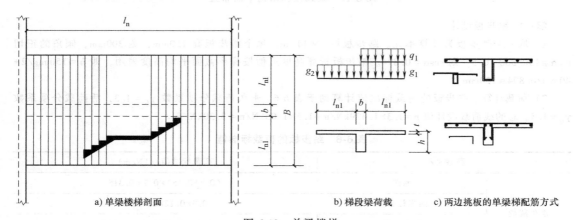

a) 单梁楼梯剖面　　　　b) 梯段梁荷载　　　　c) 两边挑板的单梁梯配筋方式

图 6-10　单梁楼梯

踏步板按悬臂板计算，梯段斜梁除按一般单跨梁计算外，尚应考虑当活荷载在梁翼缘一
侧布置时产生的扭矩，见图 6-10b。

梯段斜梁单位长度的扭矩　$T_1 = \dfrac{1}{2}\left(\dfrac{b}{2}\right)^2(g_1 + q_1 - g_2)$ (6-8)

梯段斜梁支座处的扭矩　$T = \dfrac{1}{2}T_1 l_n$ (6-9)

式中　q_1——活荷载设计值（kN/m^2），分项系数取 $\gamma_Q = 1.5$；

$\quad\quad g_1$——永久荷载起不利作用的设计值（kN/m^2），分项系数取 $\gamma_G = 1.3$；

$\quad\quad g_2$——永久荷载起有利于作用的设计值（kN/m^2），分项系数取 $\gamma_G = 1.0$。

构造要求：①踏步板厚 $t \geqslant 60mm$，梯段斜梁高 $h = (1/15 \sim 1/12) l_n$；②梯段斜梁应与两
端的楼层梁整体连接，以便可靠传递扭矩；③悬臂板的受力钢筋可以与梯梁的受扭受剪共同
设置，也可分开设置，见图 6-10c。

【**例 6-2**】 某 5 层教学楼，结构形式为钢筋混凝土框架结构，采用梁式楼梯，楼梯平面尺寸为 4.2m×
8.4m，层高 4.5m，踏步尺寸为 300mm×150mm，梯井宽 200mm。混凝土采用 C30（$\alpha_1 = 1.0$，$f_c =$

14.3N/mm², $f_t = 1.43$N/mm²，重度为 25kN/m³），钢筋采用 HRB400（$f_y = f_{yv} = 360$N/mm²），楼梯活荷载标准值为 3.5kN/m²，板底 20mm 厚的混合砂浆抹灰（重度为 17kN/m³），面层采用地砖 0.7kN/m²，栏杆重 1.2kN/m，结构布置见图 6-11。试设计该楼梯。

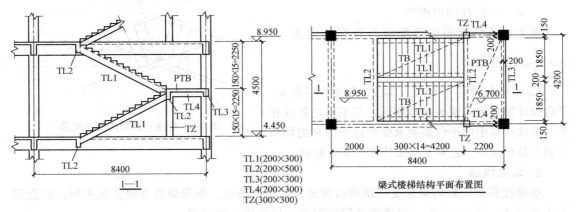

TL1(200×300)
TL2(200×500)
TL3(200×300)
TL4(200×300)
TZ(300×300)

梁式楼梯结构平面布置图

图 6-11 梁式楼梯结构平面布置

解：1. 踏步板设计

1）取一个踏步板为计算单元。踏步板厚 $t = 40$mm，每个踏步板高 150mm，宽 300mm，倾角的正切 $\tan\alpha = 150/300 = 0.5$，则 $\cos\alpha = 0.894$。踏步板折算高度近似按梯形截面平均高度采用，即 $h = 150$mm$/2 + 40$mm$/0.894 = 120$mm。

2）荷载计算。踏步板的荷载标准值计算列于表 6-6。永久荷载分项系数 $\gamma_G = 1.3$，活荷载分项系数 $\gamma_Q = 1.5$。总的线荷载设计值 $p = 1.3 \times 1.329$kN/m $+ 1.5 \times 1.05$kN/m $= 3.30$kN/m。

表 6-6 踏步板的荷载标准值

荷载种类		荷载标准值/(kN/m)
永久荷载	面砖	$(0.3 + 0.15) \times 0.7 = 0.315$
	踏步板自重	$0.3 \times 0.12 \times 25 = 0.9$
	板底抹灰	$0.02 \times 0.3/0.894 \times 17 = 0.114$
	合计	1.329
活荷载		$3.5 \times 0.3 = 1.05$

3）截面设计。斜梁 TL1 计算跨度取 4.2m，截面宽度为 $b = 200$mm。斜梁高度 $h = (1/18 \sim 1/12) \times 4200$mm $= 233 \sim 350$mm，取 $h = 300$mm。

踏步板计算跨度 $l_{n1} = 1.85$m $- 0.2$m $= 1.65$m（取两侧斜梁中心间的距离），踏步板的有效高度 $h_0 = 120$mm $- 20$mm $= 100$mm，踏步宽度 $b = 300$mm。

弯矩设计值 $M = \dfrac{1}{10} p l_{n1}^2 = \dfrac{1}{10} \times 3.30$kN/m $\times (1.65$m$)^2 = 0.898$kN·m

$$\alpha_s = \frac{M}{\alpha_1 f_c b h_0^2} = \frac{0.898 \times 10^6}{1.0 \times 14.3 \times 300 \times 100^2} = 0.021$$

$$\xi = 1 - \sqrt{1 - 2\alpha_s} = 1 - \sqrt{1 - 2 \times 0.021} = 0.021 < \xi_b = 0.518$$

$$A_s = \frac{\alpha_1 f_c b \xi h_0}{f_y} = \frac{1.0 \times 14.3 \times 300 \times 0.021 \times 100}{360}\text{mm}^2 = 25\text{mm}^2 < A_{smin} = 0.2\% \times 300\text{mm} \times 120\text{mm} = 72\text{mm}^2$$

按构造选用 2Φ8（实配面积 $A_s = 101$mm²），分布钢筋选用 Φ6@250。

2. 斜梁 TL1 计算

（1）荷载计算　斜梁的荷载设计值计算列于表 6-7。永久荷载分项系数 $\gamma_G = 1.3$。

表 6-7　斜梁的荷载设计值

荷载种类	荷载设计值/（kN/m）
踏步板传来的荷载	$1/2 \times 3.30 \times 1.65/0.3 = 9.08$
斜梁自重	$1.3 \times (0.3-0.04) \times 0.2 \times 25/0.894 = 1.89$
梁底抹灰	$1.3 \times (0.3-0.04) \times 2 \times 0.02 \times 17/0.894 = 0.257$
栏杆重	$1.3 \times 1.2 = 1.56$
合计	12.8

（2）截面设计　斜梁 TL1 的计算跨度取 4.2m。截面按倒 L 形计算，$h_0 = 300\text{mm} - 40\text{mm} = 260\text{mm}$，$h'_f = 40\text{mm}$，有效翼缘计算宽度 b'_f 确定如下：

$$b'_f = \min \begin{cases} l_0/6 = 4200\text{mm}/6 = 700\text{mm} \\ b + s_n/2 = [200 + (1650-200)/2]\text{mm} = 925\text{mm} \\ h'_f/h_0 = 40\text{mm}/260\text{mm} = 0.154 > 0.1，不考虑 \end{cases} = 700\text{mm}$$

跨中弯矩　$M = \dfrac{1}{8} \times 12.8\text{kN/m} \times (4.2\text{m})^2 = 28.2\text{kN} \cdot \text{m}$

支座边缘剪力　$V = \dfrac{1}{2}pl_n\cos a = \dfrac{1}{2} \times 12.8\text{kN/m} \times (4.2-0.2)\text{m} \times 0.894 = 22.9\text{kN}$

1）计算纵向受拉钢筋。

$$\alpha_1 f_c b'_f h'_f \left(h_0 - \frac{h'_f}{2}\right) = 1.0 \times 14.3 \times 700 \times 40 \times (260 - 40/2) \times 10^{-6}\text{kN} \cdot \text{m}$$

$$= 96.1\text{kN} \cdot \text{m} > M = 28.2\text{kN} \cdot \text{m}$$

属于第一类 T 形截面。

$$\alpha_s = \frac{M}{\alpha_1 f_c b'_f h_0^2} = \frac{28.2 \times 10^6}{1.0 \times 14.3 \times 700 \times 260^2} = 0.042$$

$$\xi = 1 - \sqrt{1-2\alpha_s} = 1 - \sqrt{1-2 \times 0.042} = 0.043 < \xi_b = 0.518 \quad （未超筋）$$

$$A_s = \frac{a_1 f_c b'_f h_0 \xi}{f_y}$$

$$= \frac{1.0 \times 14.3 \times 700 \times 260 \times 0.043}{360} = 311\text{mm}^2$$

$$> \rho_{\min}bh = 0.2\% \times 200\text{mm} \times 300\text{mm} = 120\text{mm}^2$$

选 3Φ12（实配面积 $A_s = 339\text{mm}^2$）。架立筋按构造配置 2Φ12。

2）计算箍筋。

$$h_w = h_0 - h'_f = 260\text{mm} - 40\text{mm} = 220\text{mm}，\frac{h_w}{b} = \frac{220}{200} = 1.1 < 4$$

$$0.25\beta_c f_c bh_0 = 0.25 \times 1.0 \times 14.3 \times 200 \times 260 \times 10^{-3}\text{kN} = 185.9\text{kN} > V = 22.9\text{kN} \quad （截面尺寸满足要求）$$

选用 Φ6 双肢箍，$A_{sv} = nA_{sv1} = 2 \times 28.3\text{mm}^2 = 56.6\text{mm}^2$

$$s = \frac{f_{yv}A_{sv}h_0}{V - 0.7f_t bh_0} = \frac{360 \times 56.6 \times 260}{22.9 \times 10^3 - 0.7 \times 1.43 \times 200 \times 260}\text{mm} < 0$$

可按构造配置箍筋，故选用 Φ6@200（2）。

$$\rho_{sv} = \frac{nA_{sv1}}{bs} = \frac{2 \times 28.3}{200 \times 200} = 0.142\% > \rho_{sv,min} = 0.24\frac{f_t}{f_{yv}} = 0.24 \times \frac{1.43}{360} = 0.095\%$$ （最小配箍率满足要求）

3. 平台梁 TL2 设计

按单跨简支梁设计，计算跨度取 4.2m，平台梁高度取 $(1/12 \sim 1/8) \times 4200mm = 350 \sim 525mm$，在梁式楼梯中，平台梁是斜梁的支座，平台梁 TL2 的高度还应满足斜梁的支承需求，故取 $h = 500mm$，截面宽度为 $b = 200mm$。

（1）荷载计算　中间平台板为单个板块，四边支承在梁上。按弹性方法，板的计算跨度取构件中心之间的距离。长边计算长度 $l_{0y} = 4.2m$，短边计算长度 $l_{0x} = 2.1m$，长短边之比 $l_{0y}/l_{0x} = 4.2m/2.1m = 2$，为双向板。设平台板厚 $h = l_{0x}/40 = 2100mm/40 = 53mm$，考虑板最小厚度，取 80mm。平台板传来的荷载为梯形荷载，将其折算为均布荷载，$\alpha = 1050/4200 = 0.25$，则等效均布荷载 $q = (1 - 2\alpha^2 + \alpha^3)q' = (1 - 2 \times 0.25^2 + 0.25^3)q' = 0.891q'$，平台板的永久荷载标准为 $0.7 + 0.08 \times 25 + 0.02 \times 17 = 3.04kN/m^2$，活荷载标准值为 $3.5kN/m^2$，则平台板承受荷载的设计值为 $1.3 \times 3.04 + 1.5 \times 3.5 = 9.20kN/m^2$。

平台梁的荷载计算列于表 6-8。永久荷载分项系数 $\gamma_G = 1.3$。

表 6-8　平台梁的荷载

荷载种类	荷载设计值
平台梁自重	$1.3 \times 0.20 \times (0.50 - 0.08) \times 25kN/m = 2.73kN/m$
梁侧抹灰	$1.3 \times 0.02 \times (0.50 - 0.08) \times 2 \times 17kN/m = 0.371kN/m$
平台板传来的等效均布荷载	$(0.891 \times 9.20 \times 2.10/2)kN/m = 8.607kN/m$
斜梁传来的集中荷载	$(12.8 \times 4.2/2)kN/m = 26.88kN$

（2）截面设计

平台梁承受均布荷载设计值 $g + q = (2.73 + 0.371 + 8.607)kN/m = 11.71kN/m$，集中荷载设计值 $F = 26.88kN$，计算跨度 $l_0 = 4.2m$，计算简图见图 6-12。

支座反力 $R = 26.88kN \times 2 + 11.71kN/m \times 4.2m/2 = 78.4kN$

跨中弯矩 $M = [78.4 \times 2.1 - 26.88 \times (1.65 + 0.4) - 11.71 \times 2.1^2/2]kN \cdot m = 83.7kN \cdot m$

注：中间平台梁支承在 300mm 宽的梯柱上。

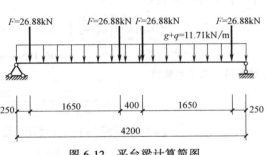

图 6-12　平台梁计算简图

截面按倒 L 形计算，$h_0 = 500mm - 40mm = 460mm$，$h'_f = 80mm$，有效翼缘计算宽度 b'_f 确定如下：

$$b'_f = \min \begin{cases} l_0/6 = 4200mm/6 = 700mm \\ b + s_n/2 = [200 + (2200 - 200 - 200/2)/2]mm = 1150mm \\ h'_f/h_0 = 80mm/460mm = 0.174 > 0.1，不考虑 \end{cases} = 700mm$$

注：中间平台板三边支承于 200mm 宽的梯梁上，一边支承于 200mm 宽的平台梁上。

1）计算纵向受拉钢筋。

$$\alpha_1 f_c b'_f h'_f \left(h_0 - \frac{h'_f}{2}\right) = 1.0 \times 14.3 \times 700 \times 80 \times (460 - 80/2) \times 10^{-6}kN \cdot m$$

$$= 336.3kN \cdot m > M = 83.7kN \cdot m$$

属于第一类 T 形截面。

$$\alpha_s = \frac{M}{\alpha_1 f_c b'_f h_0^2} = \frac{83.7 \times 10^6}{1.0 \times 14.3 \times 700 \times 460^2} = 0.04$$

$$\xi = 1 - \sqrt{1 - 2\alpha_s} = 1 - \sqrt{1 - 2 \times 0.04} = 0.041 < \xi_b = 0.518 \quad (未超筋)$$

$$A_s = \frac{a_1 f_c b_f' h_0 \xi}{f_y}$$

$$= \frac{1.0 \times 14.3 \times 700 \times 460 \times 0.041}{360} = 524.4\text{mm}^2 > \rho_{min} bh = 0.2\% \times 200\text{mm} \times 500\text{mm} = 200\text{mm}^2$$

选 3Φ16（实配面积 $A_s = 603\text{mm}^2$）。架立筋按构造配置 2Φ14。

2）计算箍筋。

$$h_w = h_0 - h_f' = 460\text{mm} - 80\text{mm} = 380\text{mm}, \quad \frac{h_w}{b} = \frac{380}{200} = 1.9 < 4$$

$$0.25\beta_c f_c b h_0 = 0.25 \times 1.0 \times 14.3 \times 200 \times 460 \times 10^{-3}\text{kN} = 328.9\text{kN} > V = 78.4\text{kN} \quad (截面尺寸满足要求)$$

选用Φ8 双肢箍，$A_{sv} = nA_{sv1} = 2 \times 50.3\text{mm}^2 = 100.6\text{mm}^2$

$$s = \frac{f_{yv} A_{sv} h_0}{V - 0.7 f_t b h_0} = \frac{360 \times 100.6 \times 460}{78.4 \times 10^3 - 0.7 \times 1.43 \times 200 \times 460} < 0$$

可按构造配置箍筋，并适当加强箍筋抗剪作用，故选用Φ8@200（2）。

$$\rho_{sv} = \frac{nA_{sv1}}{bs} = \frac{2 \times 50.3}{200 \times 200} = 0.252\% > \rho_{sv,min} = 0.24 \frac{f_t}{f_{yv}} = 0.24 \times \frac{1.43}{360} = 0.095\% \quad (最小配箍率满足要求)$$

中间平台板、其他平台梁、梯柱的计算与板式楼梯计算方法相同，不再赘述。

6.4　装配式楼梯设计

为响应建筑产业化趋势，目前在居住建筑中广泛推广使用预制装配式楼梯，适用普通住宅的双跑楼梯和高层住宅的剪刀楼梯。常用的预制装配式楼梯有预制板式楼梯和预制梁式楼梯两种。可以采用仅梯段板预制，平台梁与平台板现浇方式；也可以采用梯段板、平台梁与平台板全预制方式。可直接采用由中国建筑标准设计研究院编制的《预制钢筋混凝土板式楼梯》（15G367-1）图集。

预制装配式楼梯的各种构件一般按简支构件计算内力，通常不参与结构整体抗震计算。预制装配式楼梯设计必须重视各构件间的连接构造，可直接采用由中国建筑标准设计研究院编制的《装配式混凝土结构连接节点构造》（15G301-1~2）。梯段板与平台梁连接处可以采用焊接连接或叠合整浇连接；也可以采用销键连接，上端支承处为固接，下端支座为滑动支座。在设计时还需综合考虑加工、运输、吊装等因素。

6.5　框架结构楼梯的抗震措施

发生强烈地震时，楼梯是重要的竖向紧急逃生通道。框架结构楼梯构件中的梯段板、斜梁在地震作用下将作为斜向构件参与抗侧力工作，使结构整体刚度加大、楼层平面内的刚度分布不均匀，结构整体分析的结果有很大变化，其影响程度与纯框架的刚度、楼梯数量、楼梯平面位置等情况有关。基本规律是：①楼梯刚度占纯框架刚度的比例越大，则平动周期减少越多，总地震作用增大越多，但对垂直楼板方向影响很小；②楼梯布置位置不同，产生的扭转效应也不同：在楼层一端布置楼梯时，扭转周期明显减小，但扭转位移比明显增大；在楼层两端对称布置楼梯时，扭转周期明显减小，扭转位移比也相应减小；在楼层中部布置楼梯时，扭转影响不明显。

在地震作用下，楼梯梯段板沿梯板方向处于非常复杂的受力状态，承受很大的轴力及不可忽略的剪力，且平面内尚存在弯矩与扭矩，应按拉压弯剪构件设计，故梯段板或斜梁在配筋时钢筋应双层贯通布置。

1. 一般规定

1）框架结构的楼梯间不应导致结构平面特别不规则。

2）应采取措施避免楼梯对框架结构侧向刚度的影响，否则主体结构分析计算时应补充考虑楼梯实际刚度的计算模型。楼梯梁和楼层梁上的楼梯柱，其抗震等级及构造要求（轴压比、配筋构造）应同主体结构框架，楼梯柱截面面积不应小于300mm×300mm，当楼梯柱的截面宽度为200mm时，应相应增加楼梯柱的截面长度，不应小于500mm。

3）应采取措施避免楼梯对主体结构的斜撑作用，避免主体结构形成短柱，宜优先采用楼梯平台与主体框架结构脱开的措施（图6-13），也可采用梯段板下端设滑动支座的措施（图6-14）。

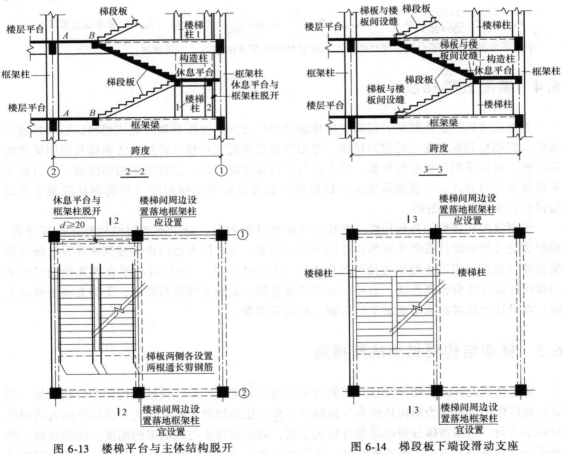

图6-13　楼梯平台与主体结构脱开　　　图6-14　梯段板下端设滑动支座

4）框架结构的楼梯间四角应按图6-15设置落地框架柱。

5）楼梯柱与上层框架梁之间应设置构造柱（不承受竖向荷载，留筋后浇），使梁上楼梯柱形成H形框架，加强楼梯框架平面内的整体性，采用图6-13做法时宜沿楼梯踏步两侧设置通长粗钢筋，宜每侧 2 根钢筋直径不小于 16mm，两端满足锚固要求。

6）梯段板下段设有滑动支座的楼梯，不宜采用带有平段的梯段板。

2. 框架结构楼梯抗震措施

（1）**楼梯平台与框架整体连接的抗震措施**

1）梯段板的厚度应计算确定，且不宜小于 140mm。

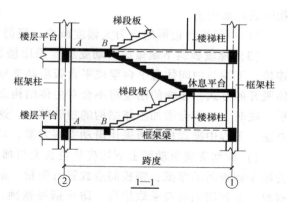

2）梯段板应双层双向对称配置纵向钢筋，数量按计算确定，水平钢筋应锚入边缘构件。

3）梯段板两侧应设置边缘构件，边缘构件的宽度取 1.5 倍板厚。边缘构件的纵向钢筋，当抗震等级为一级、二级时可采用 6Φ12，当抗震等级为三级、四级时可采用 4Φ12；且不应小于梯板纵向受力钢筋直径。箍筋可采用Φ6@200，见图 6-16。

4）楼梯间的框架柱轴力与剪力明显增大，应严格控制柱的轴压比。当现有柱截面无法满足轴压要求时，可采用构造措施，如附加芯柱、井字形复合箍并控制箍筋的肢距、间距及直径，以提高柱轴压比限值的规定。该柱的体积配箍率不应小于 1.2%，9 度

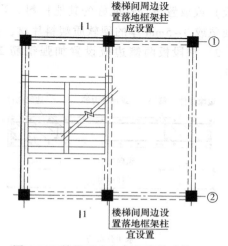

图 6-15　楼梯平台与框架整体连接

一级时不应小于 1.5%。图 6-15 中①轴框架柱按短柱配筋。当楼梯对称配置时，非楼梯间框架柱地震内力将有所减小。

5）框架梁 A~B 段的弯矩和剪力明显增大，图 6-15 中②轴框架梁端箍筋加密区范围应延伸至 B 点。

6）中间平台的梯梁传递梯段板的轴力、剪力与弯矩，处于复杂受力状态。上下梯板接缝处极易剪切破坏，箍筋应全长加密加粗。与梯梁垂直的中间平台梁，直接传递踏步板的地震效应，处于受压状态，应按偏压（拉）构件的要求计算配筋。

7）中间平台板传递梯段板的轴力，受力复杂，板厚宜与梯段板同厚，也应双层双向配筋。平台两侧边梁跨度较小，当为短梁时，易脆性破坏，应加强。

8）平台短柱处于偏拉（压）剪受力状态，应满足短柱的构造要求。

（2）**楼梯中间平台与框架柱脱开**　楼梯中间平台与框架柱脱开见图 6-13。脱开后对主体结构的刚度影响，和楼梯与主体结构整体连接相比不是很显著，但下列楼梯构件的受力状况却有所改善：

1）图 6-13 中①轴框架柱的轴力明显减少，不用按短柱设计。

2）平台短柱 2 的地震效应要比短柱 1 小很多，为能分担短柱的水平力，短柱 1、2 应取

相同的配筋构造。

3）中间平台边梁的内力大幅度减少，但仍应按偏压（拉）计算。

（3）**梯段板斜下端做成滑动支座** 采用楼梯梯段板上端与楼层梁或楼层休息平台整体连接，下端与中间休息平台梁或平台板滑动支座连接，见图 6-14，即采用楼梯构件与框架主体脱开的方式。楼梯的刚度将不会对主体结构造成影响，即使滑动支座的楼梯布置在结构楼层一端时，也不会增加主体结构的扭转效应，这是一种减小楼梯对主体结构刚度影响的最好办法。工程中推荐梯段板采用滑动支座方案，具体实施时注意下列几点：

1）滑动支座滑动面上下均应放置长度与梯段板宽度相同的预埋钢板，锚筋为 $\phi6@200$，为减小钢板间的摩擦，钢板间应放置石墨粉、聚四氟乙烯薄膜或涂料及其他减小摩擦效应的材料，在使用期间应采取措施，防止钢板锈蚀。也可在滑动面上直接铺设四氟乙烯板（四氟板）或放置滑动性能好的其他材料。当结构抗震等级为三、四级时，也可在滑动面上铺设油毡或 3~5mm 厚的硬软质塑料片材，并粘贴于平整的滑动面上。

2）梯段板两侧边应设置加强钢筋 $2\Phi16$，且不应小于梯段板纵向钢筋的直径，见图 6-17。

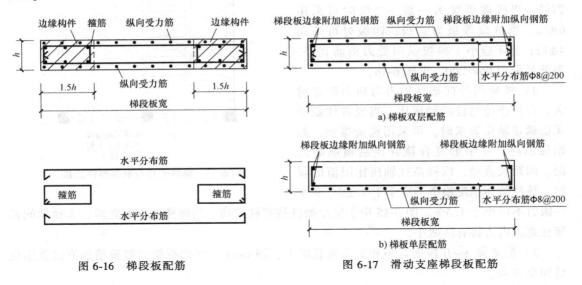

图 6-16 梯段板配筋　　　　　　　图 6-17 滑动支座梯段板配筋

3）当梯段板 $l \geqslant 4m$ 时应双层双向配筋，纵向主筋应计算确定，板厚宜不小于 140mm。

4）梯段板滑动端当地面面层较厚时，会影响梯段板在地震作用下的自由滑动。为此，在梯段板滑动端与地面面层接触处留出供梯段板滑动的缝隙（内填柔性材料）。建筑设计尚应对此缝隙的表层进行美化处理。缝隙的宽度与楼层的高度有关，可按 $H/100$ 控制，且不宜小于 50mm。

（4）**楼梯间周边的填充墙构造**

1）填充墙在平面和竖向的布置，宜均匀对称，宜避免形成薄弱层或短柱。

2）砌体的砂浆强度等级不应低于 M5；实心块体的强度等级不宜低于 MU2.5，空心块体的强度等级不宜低于 MU3.5；墙顶应与框架梁密切结合。

3）填充墙应沿框架柱全高每隔 500~600mm 设 $2\Phi6$ 拉筋，拉筋伸入墙内的长度，6、7度时宜沿墙全长贯通，8、9度时应全长贯通。

4）墙长大于 5m 时，墙顶与梁宜有拉结；墙长超过 8m 或层高 2 倍时，宜设置钢筋混凝土构造柱；墙高超过 4m 时，墙体半高宜设置与柱连接且沿墙全长贯通的钢筋混凝土水平系梁。

5）楼梯间和人流通道的填充墙，尚应采用钢丝网砂浆面层加强。

—— 本 章 小 结 ——

6-1　梁式楼梯斜梁与板式楼梯的梯段板均为斜向构件，支撑在上下两端的平台梁上，故内力分析方法相同。

6-2　钢筋混凝土框架结构中的楼梯段板或斜梁，在地震作用下，作为斜向支撑参与结构抗侧力工作，致结构刚度分布不均匀。因此，要么加强楼梯平台与结构整体连接，要么减小楼梯与结构整体连接措施，如楼梯中间平台与框架脱开、梯段板下端设置滑动支座等。

—— 思 考 题 ——

6-1　简述板式楼梯的结构组成，其梯段板的受力特点。

6-2　简述梁式楼梯的结构组成，其斜梁的受力特点。

6-3　简述板式楼梯在钢筋混凝土框架结构的抗震措施。

—— 习 题 ——

6-1　某 5 层办公楼，采用板式楼梯，楼梯间的平面尺寸为 4.0m×7.2m，层高为 3.3m，踏步尺寸为 280mm×150mm，梯井宽为 200mm。混凝土采用 C30（$\alpha_1 = 1.0$，$f_c = 14.3\text{N/mm}^2$，$f_t = 1.43\text{N/mm}^2$，重度为 25kN/m^3），钢筋采用 HRB400（$f_y = f_{yv} = 360\text{N/mm}^2$），楼梯活荷载标准值为 3.5kN/m^2，板底 15mm 厚的混合砂浆抹灰（重度为 17kN/m^3），面层采用地砖 0.7kN/m^2，试设计该楼梯。

6-2　某 4 层中学教学楼，采用梁式楼梯，楼梯间的平面尺寸为 3.9m×8.1m，层高为 4.2m，踏步尺寸为 300mm×150mm，梯井宽为 200mm。混凝土采用 C30（$\alpha_1 = 1.0$，$f_c = 14.3\text{N/mm}^2$，$f_t = 1.43\text{N/mm}^2$，重度为 25kN/m^3），钢筋采用 HRB400（$f_y = f_{yv} = 360\text{N/mm}^2$），楼梯活荷载标准值为 3.5kN/m^2，板底 15mm 厚的混合砂浆抹灰（重度为 17kN/m^3），面层采用水磨石地面 0.65kN/m^2，栏杆重 1.2kN/m。试设计该楼梯。

附　录

附录 A　钢筋的公称直径、截面面积及每米板宽的钢筋面积

附表 A-1　钢筋的公称直径、公称截面面积及理论质量

公称直径 /mm	不同根数钢筋的公称截面面积/mm²									单根钢筋理论质量 /(kg/m)
	1	2	3	4	5	6	7	8	9	
6	28.3	57	85	113	142	170	198	226	255	0.222
8	50.3	101	151	201	252	302	352	402	453	0.395
10	78.5	157	236	314	393	471	550	628	707	0.617
12	113.1	226	339	452	565	678	791	904	1017	0.888
14	153.9	308	461	615	769	923	1077	1231	1385	1.21
16	201.1	402	603	804	1005	1206	1407	1608	1809	1.58
18	254.5	509	763	1017	1272	1527	1781	2036	2290	2.00(2.11)
20	314.2	628	942	1256	1570	1884	2199	2513	2827	2.47
22	380.1	760	1140	1520	1900	2281	2661	3041	3421	2.98
25	490.9	982	1473	1964	2454	2945	3436	3927	4418	3.85(4.10)
28	615.8	1232	1847	2463	3079	3695	4310	4926	5542	4.83
32	804.2	1609	2413	3217	4021	4826	5630	6434	7238	6.31(6.65)

注：括号内为预应力螺纹钢筋的数值。

附表 A-2　钢筋混凝土板每米宽的钢筋面积　　　　　（单位：m²）

钢筋间距 /mm	钢筋直径/mm								
	6	6/8	8	8/10	10	10/12	12	12/14	14
70	404	561	719	920	1121	1369	1616	1907	2199
75	377	524	671	859	1047	1277	1508	1780	2052
80	354	491	629	805	981	1198	1414	1669	1924
85	333	462	592	758	924	1127	1331	1571	1811
90	314	437	559	716	872	1064	1257	1483	1710
95	298	414	529	678	826	1008	1190	1405	1620
100	283	393	503	644	785	958	1131	1335	1539
110	257	357	457	585	714	871	1028	1214	1399

（续）

钢筋间距/mm	钢筋直径/mm								
	6	6/8	8	8/10	10	10/12	12	12/14	14
120	236	327	419	537	654	798	942	1113	1283
125	226	314	402	515	628	766	905	1068	1231
130	218	302	387	495	604	737	870	1027	1184
140	202	281	359	460	561	684	808	954	1099
150	189	262	335	429	523	639	754	890	1026
160	177	246	314	403	491	599	707	834	962
170	166	231	296	379	462	564	665	785	905
180	157	218	279	358	436	532	628	742	855
190	149	207	265	339	413	504	595	703	810
200	141	196	251	322	393	479	505	668	770
220	129	179	229	293	357	436	514	607	700
240	118	164	210	268	327	399	471	556	641
250	113	157	201	258	314	383	452	534	616

注：表中钢筋直径中的 6/8、8/10、10/12、12/14 是指两种直径的钢筋间隔布置。

附录 B   等跨等刚度连续梁、四边支承矩形板的相关力学性能

1. 等跨等刚度连续梁在常用荷载作用下弹性分析的内力、挠度系数表

1）在均布荷载作用下：

$$弯矩\ M = 表中系数 \times pl_0^2$$

$$剪力\ V = 表中系数 \times pl_0$$

$$挠度\ f = 表中系数 \times pl_0^4/100EI$$

2）在集中荷载作用下：

$$弯矩\ M = 表中系数 \times Fl_0$$

$$剪力\ V = 表中系数 \times F$$

$$挠度\ f = 表中系数 \times Fl_0^3/100EI$$

3）内力正负号规定：弯矩 M 以截面上部受压、下部受拉为正；剪力 V 以对邻近截面所产生的力矩沿顺时针方向者为正，挠度 f 以变化方向与荷载方向相同为正。

附表 B-1 两跨连续梁

荷载图	跨内最大弯矩/跨中挠度		支座弯矩	支座剪力		
	M_1/f_1	M_2/f_2	M_B	V_A	V_{Bl}/V_{Br}	V_C
	0.096	—	-0.063	0.437	-0.563	0.063
	0.912	-0.391			0.063	

（续）

荷载图	跨内最大弯矩/跨中挠度		支座弯矩	支座剪力		
	M_1/f_1	M_2/f_2	M_B	V_A	V_{Bl}/V_{Br}	V_C
	0.070	0.070	-0.125	0.375	-0.625	-0.375
	0.521	0.521			0.625	
	0.278	—	-0.167	0.833	-1.167	0.167
	2.508	-1.042			0.167	
	0.222	0.222	-0.333	0.667	-1.333	-0.667
	1.466	1.466			1.333	
	0.156	0.156	-0.188	0.312	-0.688	-0.312
	0.911	0.911			0.688	
	0.203	—	-0.094	0.406	-0.594	0.094
	1.497	-0.586			0.094	

附表 B-2 三跨连续梁

荷载图	跨内最大弯矩/跨中挠度			支座弯矩		支座剪力			
	M_1/f_1	M_2/f_2	M_3/f_3	M_B	M_C	V_A	V_{Bl}/V_{Br}	V_{Cl}/V_{Cr}	V_D
	0.094	—	—	-0.067	0.017	0.433	-0.567	0.083	-0.017
	0.885	-0.313	0.104				0.083	-0.017	
	—	0.075	—	-0.050	-0.050	-0.050	-0.050	-0.500	0.050
	-0.313	0.677	-0.313				0.500	0.050	
	0.073	0.054	—	-0.117	-0.033	0.383	-0.067	-0.417	0.033
	0.573	0.365	-0.208				0.583	0.033	
	0.101	—	0.101	-0.050	-0.050	0.450	-0.550	0.000	-0.450
	0.990	-0.625	0.990				0.000	0.550	
	0.080	0.025	0.080	-0.100	-0.100	0.400	-0.600	-0.500	-0.400
	0.677	0.052	0.677				0.500	0.600	

荷载图	跨内最大弯矩/跨中挠度			支座弯矩		支座剪力			
	M_1/f_1	M_2/f_2	M_3/f_3	M_B	M_C	V_A	V_{Bl}/V_{Br}	V_{Cl}/V_{Cr}	V_D
	0.274	—	—	-0.178	0.044	0.822	-1.178	0.222	-0.044
	2.438	-0.833	0.278				0.222	-0.044	
	—	0.200	—	-0.133	-0.133	-0.133	-0.133	-1.000	0.133
	-0.833	1.883	-0.833				1.000	0.133	
	0.229	0.170	—	-0.311	-0.089	0.689	-1.311	-0.778	0.089
	1.605	1.049	-0.556				1.222	0.089	
	0.289		0.289	-0.133	-0.133	0.866	-1.134	0.000	-0.866
	2.716	-1.667	2.716				0.000	1.134	
	0.244	0.067	0.244	-0.267	-0.267	0.733	-1.267	-1.000	-0.733
	1.883	0.216	1.883				1.000	1.267	

2. 四边支承矩形板在均布荷载作用下的弯矩、挠度系数

1）泊松比 $\nu=0$，单位板宽内：

$$弯矩\ M = 表中系数 \times pl_0^2$$

$$挠度\ f = 表中系数 \times \frac{pl_0^4}{B}$$

式中　B——板的抗弯刚度，$B = \dfrac{Eh^3}{12(1-\nu)}$；

　　　E——板的弹性模量；

　　　h——板厚；

　　　ν——板的泊松比，对于钢筋混凝土板可取 0.2；

　　　p——均布面荷载值；

　　　l_0——取两个方向的计算跨度的较小值，即 $l_0 = \min(l_{0x}、l_{0y})$。

2）表中 f、f_{max} 分别为板中心点的挠度和最大挠度；m_x、$m_{x,max}$ 分别为平行于 l_{0x} 方向板中心点单位板宽内的弯矩和跨内最大弯矩；m_y、$m_{y,max}$ 分别为平行于 l_{0y} 方向板中心点单位板宽内的弯矩和跨内最大弯矩；m_x' 固定边中心沿 l_{0x} 方向单位板宽内的弯矩；m_y' 固定边中心沿 l_{0y} 方向单位板宽内的弯矩；

3）支座示意：＿代表简支边，ωω代表固定边。

4）正负号规定：弯矩以使板的受荷面受压为正；挠度以变化方向与荷载方向相同为正。

附表 B-3　四跨连续梁

荷载图	跨内最大弯矩／跨中挠度				支座弯矩			支座剪力				
	M_1/f_1	M_2/f_2	M_3/f_3	M_4/f_4	M_B	M_C	M_D	V_A	V_{Bl}/V_{Br}	V_{Cl}/V_{Cr}	V_{Dl}/V_{Dr}	V_E
	0.094 / 0.884	— / -0.307	— / 0.084	— / -0.028	-0.067	0.018	-0.004	0.433	-0.567 / 0.085	0.085 / -0.022	-0.022 / 0.004	0.004
	— / -0.307	0.074 / 0.660	— / -0.251	— / 0.084	-0.049	-0.054	0.013	-0.049	-0.049 / 0.496	-0.504 / 0.067	0.067 / -0.013	-0.013
	0.100 / 0.967	— / -0.558	0.081 / 0.744	— / -0.335	-0.054	-0.036	-0.054	0.446	-0.554 / 0.018	0.018 / 0.482	-0.518 / 0.054	0.054
	— / -0.223	0.056 / 0.409	0.056 / 0.409	— / -0.223	-0.036	-0.107	-0.036	-0.036	-0.036 / 0.429	-0.571 / 0.571	-0.429 / 0.036	0.036
	0.072 / 0.549	0.061 / 0.437	— / -0.474	0.098 / 0.939	-0.121	-0.018	-0.058	0.380	-0.620 / 0.603	-0.397 / -0.040	-0.040 / 0.558	-0.442
	0.077 / 0.632	0.036 / 0.186	0.036 / 0.186	0.077 / 0.632	-0.107	-0.071	-0.107	0.393	-0.607 / 0.536	-0.464 / 0.464	-0.536 / 0.607	-0.393
	0.274 / 2.433	— / -0.819	— / 0.223	— / -0.074	-0.179	0.048	-0.012	0.822	-1.178 / 0.226	0.226 / -0.060	-0.060 / 0.012	0.012
	— / -0.819	0.198 / 1.838	— / -0.670	— / 0.223	-0.131	-0.143	0.036	-0.131	-0.131 / 0.988	-1.012 / 0.178	0.178 / -0.036	-0.036
	0.286 / 2.657	— / -1.488	0.222 / 2.061	— / -0.892	-0.143	-0.095	-0.143	0.857	-1.143 / 0.048	0.048 / 0.952	-1.048 / 0.143	0.143
	— / -0.595	0.175 / 1.168	0.175 / 1.168	— / -0.595	-0.095	-0.286	-0.095	-0.095	-0.095 / 0.810	-1.190 / 1.190	-0.810 / 0.095	0.095

	0.226	0.194	—	—	-0.321	-0.048	-0.155	0.679	-1.321	-0.726	-0.107	-0.845
		1.541	1.243	-1.265					1.274	1.155		
	0.238	0.238	0.111	0.111	-0.286	-0.191	-0.286	0.714	-1.286	-0.905	-1.095	-0.714
		1.764	0.573	0.573	1.764				1.095	0.905	1.286	

附表 B-4 五跨连续梁

荷载图	跨内最大弯矩/跨中挠度					支座弯矩				支座剪力					
	M_1/f_1	M_2/f_2	M_3/f_3	M_4/f_4	M_5/f_5	M_B	M_C	M_D	M_E	V_A	V_{Bl}/V_{Br}	V_{Cl}/V_{Cr}	V_{Dl}/V_{Dr}	V_{El}/V_{Er}	V_F
	0.094	—	—	—	0.008	-0.067	0.018	-0.005	0.001	-0.443	-0.567	0.085	-0.023	0.006	-0.001
	0.883	-0.307	0.082	-0.022							0.085	-0.023	0.006		
	—	0.074	0.072	—	-0.022	-0.049	-0.054	0.014	-0.004	-0.049	-0.049	-0.505	0.068	-0.018	0.004
	-0.307	0.659	0.644	0.067	0.082						0.495	0.068	-0.018	0.004	
	0.082	-0.247	0.085	-0.247	0.100	0.013	-0.053	-0.053	0.013	0.013	0.013	-0.066	-0.500	0.066	-0.013
	0.100	—	0.809	—	0.973						-0.066	0.500	0.066	-0.013	
	0.973	-0.576	—	-0.576	—	-0.053	-0.040	-0.040	-0.053	0.447	-0.553	0.500	-0.500	-0.013	-0.447
	—	0.079	-0.493	0.079	-0.329						0.013	0.013	-0.013	0.553	
	0.073	0.727	—	0.727	—	-0.053	-0.040	-0.040	-0.053	-0.053	-0.053	-0.487	0.000	0.487	-0.513	0.053
	0.555	0.059	—	0.078	—	-0.119	-0.022	-0.044	-0.051	0.380	0.513	0.000	0.487	0.053	0.052
		0.420	-0.411	0.704	-0.321						-0.620	-0.402	-0.023	-0.507	0.052
											0.598	-0.023	0.493	0.052	

（续）

表中每一荷载工况（荷载图）对应两行数值：上行为弯矩系数（M）、支座弯矩及支座剪力左值；下行为挠度系数（f）及支座剪力右值。

荷载图	M_1/f_1	M_2/f_2	M_3/f_3	M_4/f_4	M_5/f_5	M_B	M_C	M_D	M_E	V_A	V_{Bl}/V_{Br}	V_{Cl}/V_{Cr}	V_{Dl}/V_{Dr}	V_{El}/V_{Er}	V_F
	— / −0.217	0.055 / 0.390	0.064 / 0.480	— / −0.486	0.098 / 0.943	−0.035	−0.111	−0.020	−0.057	−0.035	−0.035 / 0.424	−0.576 / 0.591	−0.409 / −0.037	−0.037 / 0.557	−0.443
	0.078 / 0.644	0.033 / 0.151	0.046 / 0.315	0.033 / 0.151	0.078 / 0.644	−0.105	−0.079	−0.079	−0.105	0.394	−0.606 / 0.526	−0.474 / 0.500	−0.500 / 0.474	−0.526 / 0.606	−0.394
	0.274 / 2.433	— / −0.817	— / 0.219	— / −0.060	0.020 / —	−0.179	0.048	−0.013	0.003	0.821	−0.179 / 0.227	0.227 / −0.061	−0.061 / 0.016	0.016 / −0.003	−0.003
	— / −0.817	0.198 / 1.835	— / −0.658	— / 0.179	−0.060 / 0.219	−0.131	−0.144	0.038	−0.010	−0.131	−0.131 / 0.987	−1.103 / 0.182	0.182 / −0.048	−0.048 / 0.010	0.010
	— / 0.219	— / −0.658	0.193 / 1.795	−0.658 / 2.014	0.287 / 2.672	0.035	−0.140	−0.140	0.035	0.035	0.035 / −0.175	−0.175 / 1.000	−1.000 / 0.175	0.175 / −0.035	−0.035
	0.287 / 2.672	0.189 / 1.197	0.228 / 2.234	0.209 / 1.955	— / −0.877	−0.140	−0.105	−0.105	−0.140	0.860	−1.140 / 0.035	0.035 / 1.000	−1.000 / −0.035	−0.035 / 1.140	−0.860
	— / −0.877	0.216 / 2.014	— / −1.316	0.216 / 2.014	— / −0.857	−0.140	−0.105	−0.105	−0.140	−0.140	−0.140 / 1.035	−0.965 / 0.000	0.000 / 0.965	−1.035 / 0.140	0.140
	0.227 / 1.556	0.172 / 1.117	0.198 / 1.356	— / −1.296	0.282 / 2.592	−0.319	−0.057	−0.118	−0.137	0.681	−1.319 / 1.262	−0.738 / −0.061	−0.061 / 0.981	−1.019 / 0.137	0.137
	— / −0.578	0.100 / 0.479	0.122 / 0.918	0.100 / 0.479	0.240 / 1.795	−0.093	−0.297	−0.054	−0.153	−0.093	−0.093 / 0.796	−1.204 / 1.243	−0.757 / −0.099	−0.099 / 1.153	−0.847
	0.240 / 1.795	— / —	— / —	— / —	— / —	−0.281	−0.211	−0.211	−0.281	0.719	−1.281 / 1.070	−0.930 / 1.000	−1.000 / 0.930	−1.070 / 1.281	−0.719

附表 B-5　四边固定板

支承情况	跨度比 l_{0x}/l_{0y}	挠度 f	跨内弯矩		支座弯矩	
			m_x	m_y	m_x'	m_y'
	0.30	0.00261	0.0419	0.0000	−0.0835	−0.0568
	0.35	0.00262	0.0419	0.0003	−0.0838	−0.0568
	0.40	0.00261	0.0417	0.0010	−0.0839	−0.0568
	0.45	0.00259	0.0411	0.0022	−0.0837	−0.0569
	0.50	0.00253	0.0400	0.0038	−0.0829	−0.0570
	0.55	0.00246	0.0385	0.0056	−0.0814	−0.0571
	0.60	0.00236	0.0367	0.0076	−0.0793	−0.0571
	0.65	0.00224	0.0345	0.0095	−0.0766	−0.0571
	0.70	0.00211	0.0321	0.0113	−0.0735	−0.0569
	0.75	0.00197	0.0296	0.0130	−0.0701	−0.0565
	0.80	0.00182	0.0271	0.0144	−0.0664	−0.0559
	0.85	0.00168	0.0246	0.0156	−0.0626	−0.0551
	0.90	0.00153	0.0221	0.0165	−0.0588	−0.0540
	0.95	0.00140	0.0198	0.0172	−0.0550	−0.0528
	1.00	0.00127	0.0176	0.0176	−0.0513	−0.0513

附表 B-6　四边支承板

支承情况	跨度比 l_{0x}/l_{0y}	挠度 f	跨内弯矩		跨度比 l_{0x}/l_{0y}	挠度 f	跨内弯矩	
			m_x	m_y			m_x	m_y
	0.30	0.01251	0.1200	0.0036	0.70	0.00727	0.0683	0.0296
	0.35	0.01207	0.1156	0.0065	0.75	0.00663	0.0620	0.0317
	0.40	0.01149	0.1100	0.0100	0.80	0.00603	0.0561	0.0334
	0.45	0.01084	0.1035	0.0137	0.85	0.00547	0.0506	0.0348
	0.50	0.01013	0.0965	0.0174	0.90	0.00496	0.0456	0.0358
	0.55	0.00940	0.0893	0.0210	0.95	0.00449	0.0410	0.0364
	0.60	0.00867	0.0821	0.0242	1.00	0.00406	0.0368	0.0368
	0.65	0.00795	0.0750	0.0271				

附表 B-7　两邻边固定板，两邻边简支板

支承情况	跨度比 l_{0x}/l_{0y}	挠度		跨内弯矩				支座弯矩	
		f	f_{max}	m_x	$m_{x,max}$	m_y	$m_{y,max}$	m_x'	m_y'
	0.30	0.00519	0.00539	0.0624	0.0700	0.0006	0.0170	−0.1249	−0.0785
	0.35	0.00514	0.00535	0.0617	0.0692	0.0017	0.0170	−0.1245	−0.0785
	0.40	0.00503	0.00524	0.0604	0.0676	0.0034	0.0170	−0.1231	−0.0786
	0.45	0.00488	0.00508	0.0584	0.0653	0.0055	0.0171	−0.1209	−0.0786
	0.50	0.00468	0.00488	0.0559	0.0623	0.0079	0.0173	−0.1179	−0.0786
	0.55	0.00445	0.00464	0.0529	0.0589	0.0104	0.0177	−0.1140	−0.0785
	0.60	0.00419	0.00437	0.0496	0.0551	0.0129	0.0183	−0.1095	−0.0782
	0.65	0.00391	0.00409	0.0461	0.0511	0.0151	0.0191	−0.1045	−0.0777
	0.70	0.00363	0.00380	0.0426	0.0470	0.0172	0.0201	−0.0992	−0.0770
	0.75	0.00335	0.00351	0.0390	0.0430	0.0189	0.0212	−0.0938	−0.0760
	0.80	0.00308	0.00322	0.0356	0.0391	0.0204	0.0224	−0.0883	−0.0748
	0.85	0.00281	0.00294	0.0322	0.0354	0.0215	0.0235	−0.8290	−0.0733
	0.90	0.00256	0.00268	0.0291	0.0318	0.0224	0.0244	−0.0776	−0.0716
	0.95	0.00232	0.00243	0.0261	0.0286	0.0230	0.0251	−0.0726	−0.0698
	1.00	0.00210	0.00220	0.0234	0.0255	0.0234	0.0255	−0.0677	−0.0677

附表 B-8　两对边固定板，另两对边简支板

支承情况	跨度比 l_{0x}/l_{0y}	挠度 f	跨内弯矩 m_x	跨内弯矩 m_y	支座弯矩 m_x'	跨度比 l_{0y}/l_{0x}	挠度 f	跨内弯矩 m_x	跨内弯矩 m_y	支座弯矩 m_x'
	0.30	0.00261	0.0419	−0.0001	−0.0834	0.30	0.01215	0.0058	0.1165	−0.1246
	0.35	0.00262	0.0419	0.0000	−0.0837	0.35	0.01141	0.0101	0.1091	−0.1243
	0.40	0.00262	0.0420	0.0003	−0.0840	0.40	0.01050	0.0148	0.1001	−0.1233
	0.45	0.00262	0.0419	0.0008	−0.0842	0.45	0.00949	0.0194	0.0902	−0.1216
	0.50	0.00261	0.0416	0.0017	−0.0842	0.50	0.00844	0.0234	0.0798	−0.1191
	0.55	0.00259	0.0410	0.0028	−0.0840	0.55	0.00743	0.0267	0.0698	−0.1156
	0.60	0.00255	0.0402	0.0042	−0.0834	0.60	0.00647	0.0292	0.0604	−0.1114
	0.65	0.00250	0.0392	0.0057	−0.0825	0.65	0.00560	0.0308	0.0518	−0.1066
	0.70	0.00243	0.0379	0.0072	−0.0814	0.70	0.00482	0.0318	0.0441	−0.1013
	0.75	0.00236	0.0366	0.0088	−0.0799	0.75	0.00413	0.0321	0.0374	−0.0959
	0.80	0.00228	0.0351	0.0103	−0.0782	0.80	0.00354	0.0319	0.0316	−0.0904
	0.85	0.00220	0.0335	0.0118	−0.0763	0.85	0.00303	0.0314	0.0266	−0.0850
	0.90	0.00211	0.0319	0.0133	−0.0743	0.90	0.00260	0.0306	0.0224	−0.0797
	0.95	0.00201	0.0302	0.0146	−0.0721	0.95	0.00223	0.0296	0.0189	−0.0746
	1.00	0.00192	0.0285	0.0158	−0.0698	1.00	0.00192	0.0285	0.0158	−0.0698

附表 B-9　一边固定板，三边简支板

支承情况	跨度比 l_{0x}/l_{0y}	挠度 f	挠度 f_{max}	跨内弯矩 m_x	跨内弯矩 $m_{x,max}$	跨内弯矩 m_y	跨内弯矩 $m_{y,max}$	支座弯矩 m_x'
	0.30	0.00520	0.00540	0.0625	0.0702	0.0004	0.0170	−0.1250
	0.35	0.00517	0.00538	0.0621	0.0697	0.0011	0.0170	−0.1249
	0.40	0.00511	0.00531	0.0613	0.0686	0.0023	0.0170	−0.1242
	0.45	0.00501	0.00520	0.0601	0.0670	0.0040	0.0170	−0.1230
	0.50	0.00488	0.00506	0.0584	0.0648	0.0060	0.0171	−0.1212
	0.55	0.00471	0.00488	0.0563	0.0623	0.0081	0.0173	−0.1187
	0.60	0.00453	0.00468	0.0539	0.0594	0.0104	0.0177	−0.1158
	0.65	0.00432	0.00446	0.0513	0.0563	0.0126	0.0181	−0.1124
	0.70	0.00410	0.00424	0.0485	0.0530	0.0148	0.0187	−0.1087
	0.75	0.00388	0.00400	0.0457	0.0497	0.0168	0.0195	−0.1048
	0.80	0.00365	0.00376	0.0428	0.0464	0.0187	0.0204	−0.1007
	0.85	0.00343	0.00353	0.0400	0.0432	0.0204	0.0215	−0.0965
	0.90	0.00321	0.00330	0.0372	0.0400	0.0219	0.0227	−0.0922
	0.95	0.00299	0.00307	0.0345	0.0370	0.0232	0.0239	−0.0880
	1.00	0.00279	0.00286	0.0319	0.0341	0.0243	0.0250	−0.0839

（续）

支承情况	跨度比 l_{0y}/l_{0x}	挠度		跨内弯矩				支座弯矩
		f	f_{max}	m_x	$m_{x,max}$	m_y	$m_{y,max}$	m'_x
	0.30	0.01233	0.01235	0.0047	0.0235	0.1183	0.1185	−0.1247
	0.35	0.01174	0.01178	0.0083	0.0237	0.1124	0.1127	−0.1245
	0.40	0.01099	0.01105	0.0124	0.0241	0.1050	0.1056	−0.1240
	0.45	0.01015	0.01023	0.0166	0.0248	0.0967	0.0974	−0.1230
	0.50	0.00927	0.00935	0.0205	0.0259	0.0880	0.0888	−0.1215
	0.55	0.00838	0.00847	0.0239	0.0272	0.0792	0.0802	−0.1193
	0.60	0.00752	0.00762	0.0268	0.0289	0.0707	0.0717	−0.1166
	0.65	0.00670	0.00681	0.0291	0.0306	0.0627	0.0637	−0.1133
	0.70	0.00595	0.00605	0.0308	0.0322	0.0553	0.0563	−0.1096
	0.75	0.00526	0.00536	0.0319	0.0335	0.0485	0.0495	−0.1056
	0.80	0.00464	0.00473	0.0326	0.0343	0.0424	0.0433	−0.1014
	0.85	0.00409	0.00418	0.0329	0.0347	0.0370	0.0379	−0.0970
	0.90	0.00360	0.00368	0.0328	0.0348	0.0322	0.0330	−0.0926
	0.95	0.00316	0.00324	0.0324	0.0345	0.0280	0.0288	−0.0882
	1.00	0.00279	0.00286	0.0319	0.0341	0.0243	0.0250	−0.0839

附表 B-10　三边固定板，一边简支板

支承情况	跨度比 l_{0x}/l_{0y}	挠度		跨内弯矩				支座弯矩	
		f	f_{max}	m_x	$m_{x,max}$	m_y	$m_{y,max}$	m'_x	m'_y
	0.30	0.00261	0.00262	0.0419	0.0419	0.0000	0.0130	−0.0834	−0.0568
	0.35	0.00262	0.00262	0.0419	0.0419	0.0001	0.0130	−0.0838	−0.0568
	0.40	0.00262	0.00262	0.0419	0.0419	0.0006	0.0130	−0.0840	−0.0568
	0.45	0.00260	0.00261	0.0415	0.0416	0.0015	0.0129	−0.0839	−0.0568
	0.50	0.00257	0.00258	0.0408	0.0410	0.0027	0.0129	−0.0836	−0.0569
	0.55	0.00252	0.00254	0.0398	0.0400	0.0042	0.0130	−0.0827	−0.0570
	0.60	0.00245	0.00247	0.0385	0.0388	0.0059	0.0131	−0.0814	−0.0571
	0.65	0.00237	0.00239	0.0369	0.0372	0.0076	0.0133	−0.0796	−0.0572
	0.70	0.00227	0.00230	0.0350	0.0355	0.0093	0.0137	−0.0774	−0.0572
	0.75	0.00216	0.00219	0.0331	0.0355	0.0109	0.0142	−0.0750	−0.0571
	0.80	0.00205	0.00208	0.0310	0.0315	0.0124	0.0148	−0.0722	−0.0570
	0.85	0.00193	0.00196	0.0289	0.0294	0.0138	0.0155	−0.0693	−0.0567
	0.90	0.00181	0.00184	0.0268	0.0273	0.0149	0.0163	−0.0663	−0.0563
	0.95	0.00169	0.00172	0.0247	0.0252	0.0160	0.0172	−0.0631	−0.0558
	1.00	0.00157	0.00160	0.0227	0.0232	0.0168	0.0180	−0.0600	−0.0550

（续）

支承情况	跨度比	挠度		跨内弯矩				支座弯矩	
	l_{0y}/l_{0x}	f	f_{max}	m_x	$m_{x,max}$	m_y	$m_{y,max}$	m'_x	m'_y
	0.30	0.00518	0.00538	0.0009	0.0124	0.0622	0.0698	−0.0785	−0.1248
	0.35	0.00510	0.00530	0.0023	0.0124	0.0612	0.0685	−0.0785	−0.1240
	0.40	0.00496	0.00514	0.0045	0.0125	0.0594	0.0662	−0.0785	−0.1220
	0.45	0.00475	0.00492	0.0071	0.0128	0.0568	0.0630	−0.0785	−0.1189
	0.50	0.00449	0.00465	0.0099	0.0134	0.0534	0.0590	−0.0784	−0.1146
	0.55	0.00419	0.00433	0.0127	0.0145	0.0496	0.0545	−0.0780	−0.1093
	0.60	0.00386	0.00399	0.0153	0.0161	0.0455	0.0498	−0.0773	−0.1033
	0.65	0.00352	0.00363	0.0175	0.0181	0.0412	0.0449	−0.0762	−0.0969
	0.70	0.00319	0.00328	0.0194	0.0200	0.0370	0.0401	−0.0747	−0.0903
	0.75	0.00286	0.00294	0.0208	0.0214	0.0329	0.0356	−0.0729	−0.0837
	0.80	0.00256	0.00263	0.0219	0.0225	0.0291	0.0313	−0.0707	−0.0772
	0.85	0.00227	0.00233	0.0225	0.0231	0.0255	0.0274	−0.0683	−0.0711
	0.90	0.00201	0.00206	0.0229	0.0234	0.0223	0.0239	−0.0656	−0.0653
	0.95	0.00178	0.00182	0.0229	0.0234	0.0194	0.0207	−0.0629	−0.0599
	1.00	0.00157	0.00160	0.0227	0.0232	0.0168	0.0180	−0.0600	−0.0550

附录 C　5~50/5t 一般用途电动桥式起重机基本参数和尺寸系列（ZQ1-62）

起重量 Q/t	跨度 L_k/m	尺寸				起重机工作级别 A4~A5			
		宽度 B/mm	轮距 K/mm	轨顶以上高度 H /mm	轨道中心至端部距离 B_1/mm	最大轮压 P_{max}/t	最小轮压 P_{min}/t	起重机总质量 $(m_1+m_2)/t$	小车总质量 m_2/t
5	16.5	4650	3500	1870	230	7.6	3.1	16.4	2.0（单闸） 2.1（双闸）
	19.5	5150	4000			8.5	3.5	19.0	
	22.5					9.0	4.2	21.4	
	25.5	6400	5250			10.0	4.7	24.4	
	28.5					10.5	6.3	28.5	
10	16.5	5550	4400	2140	230	11.5	2.5	18.0	3.8（单闸） 3.9（双闸）
	19.5					12.0	3.2	20.3	
	22.5					12.5	4.7	22.4	
	25.5	6400	5250	2190		13.5	5.0	27.0	
	28.5					14.0	6.6	31.5	
15	16.5	5650	4400	2050	230	16.5	3.4	24.1	5.3（单闸） 5.5（双闸）
	19.5	5550		2140	260	17.0	4.8	25.5	
	22.5					18.5	5.8	31.6	
	25.5	6400	5250			19.5	6.0	38.0	
	28.5					21.0	6.8	40.0	

（续）

起重量 Q/t	跨度 L_k/m	尺寸				起重机工作级别 A4~A5			
		宽度 B/mm	轮距 K/mm	轨顶以上高度 H/mm	轨道中心至端部距离 B_1/mm	最大轮压 P_{max}/t	最小轮压 P_{min}/t	起重机总质量 (m_1+m_2)/t	小车总质量 m_2/t
15/3	16.5	5650	4400	2050	230	16.5	3.5	25.0	6.9(单闸) 7.4(双闸)
	19.5	5550	4400	2150	260	17.5	4.3	28.5	
	22.5					18.5	5.0	32.1	
	25.5	6400	5250			19.5	6.0	36.0	
	28.5					21.0	6.8	40.5	
20/5	16.5	5650	4400	2200	230	19.5	3.0	25.0	7.5(单闸) 7.8(双闸)
	19.5	5550	4400	2300	260	20.5	3.5	28.0	
	22.5					21.5	4.5	32.0	
	25.5	6400	5250			23.0	5.3	30.5	
	28.5					24.0	6.5	41.0	
30/5	16.5	6050	4600		260	27.0	5.0	34.0	11.7(单闸) 11.8(双闸)
	19.5	6150	4800	2600		28.0	6.5	36.5	
	22.5				300	29.0	7.0	42.0	
	25.5	6650	5250			31.0	7.8	47.5	
	28.5					32.0	8.8	51.5	
50/5	16.5	6350	4800	2700		39.5	7.5	44.0	14.0(单闸) 14.5(双闸)
	19.5					41.5	7.5	48.0	
	22.5			2750	300	42.5	8.5	52.0	
	25.5	6800	5250			44.5	8.5	56.0	
	28.5					46.0	9.5	61.0	

注：起重量 50/5t 表示主钩起重量为 50t，副钩起重量为 5t。

附录 D 规则框架承受均布水平分力和倒三角形水平分力作用时标准反弯点高度比 y_n

附表 D-1 规则框架承受均布水平力作用时标准反弯点高度比 y_n

总层数 n	层号 j	K													
		0.1	0.2	0.3	0.4	0.5	0.6	0.7	0.8	0.9	1.0	2.0	3.0	4.0	5.0
1	1	0.80	0.75	0.70	0.65	0.65	0.60	0.60	0.60	0.60	0.55	0.55	0.55	0.55	0.55
2	2	0.45	0.40	0.35	0.35	0.35	0.35	0.40	0.40	0.40	0.40	0.45	0.45	0.45	0.45
	1	0.95	0.80	0.75	0.70	0.65	0.65	0.65	0.60	0.60	0.60	0.55	0.55	0.55	0.50
3	3	0.15	0.20	0.20	0.25	0.30	0.30	0.30	0.35	0.35	0.35	0.40	0.45	0.45	0.45
	2	0.55	0.50	0.45	0.45	0.45	0.45	0.45	0.45	0.45	0.45	0.50	0.50	0.50	0.50
	1	1.00	0.85	0.80	0.75	0.70	0.70	0.65	0.65	0.65	0.60	0.55	0.55	0.55	0.55

（续）

总层数 n	层号 j	K													
		0.1	0.2	0.3	0.4	0.5	0.6	0.7	0.8	0.9	1.0	2.0	3.0	4.0	5.0
4	4	−0.05	0.05	0.15	0.20	0.25	0.30	0.30	0.35	0.35	0.35	0.40	0.45	0.45	0.45
	3	0.25	0.30	0.30	0.35	0.35	0.40	0.40	0.40	0.40	0.45	0.45	0.50	0.50	0.50
	2	0.60	0.55	0.50	0.50	0.45	0.45	0.45	0.45	0.45	0.45	0.50	0.50	0.50	0.50
	1	1.10	0.90	0.80	0.75	0.70	0.70	0.65	0.65	0.65	0.60	0.55	0.55	0.55	0.55
5	5	−0.20	0.00	0.15	0.20	0.25	0.30	0.30	0.30	0.35	0.35	0.40	0.45	0.45	0.45
	4	0.10	0.20	0.25	0.30	0.35	0.35	0.40	0.40	0.40	0.40	0.45	0.45	0.50	0.50
	3	0.40	0.40	0.40	0.40	0.40	0.45	0.45	0.45	0.45	0.50	0.50	0.50	0.50	0.50
	2	0.65	0.55	0.50	0.50	0.50	0.50	0.50	0.50	0.50	0.50	0.50	0.50	0.50	0.50
	1	1.20	0.95	0.80	0.75	0.75	0.70	0.70	0.65	0.65	0.65	0.55	0.55	0.55	0.55
6	6	−0.30	0.00	0.10	0.20	0.25	0.25	0.30	0.30	0.35	0.35	0.40	0.45	0.45	0.45
	5	0.00	0.20	0.25	0.30	0.35	0.35	0.40	0.40	0.40	0.40	0.45	0.45	0.50	0.50
	4	0.20	0.30	0.35	0.35	0.40	0.40	0.40	0.45	0.45	0.45	0.45	0.50	0.50	0.50
	3	0.40	0.40	0.40	0.45	0.45	0.45	0.45	0.45	0.45	0.45	0.50	0.50	0.50	0.50
	2	0.70	0.60	0.55	0.50	0.50	0.50	0.50	0.50	0.50	0.50	0.50	0.50	0.50	0.50
	1	1.20	0.95	0.85	0.80	0.75	0.70	0.70	0.65	0.65	0.65	0.55	0.55	0.55	0.55
7	7	−0.35	−0.05	0.10	0.20	0.20	0.25	0.30	0.30	0.35	0.35	0.40	0.45	0.45	0.45
	6	−0.10	0.15	0.25	0.30	0.35	0.35	0.35	0.40	0.40	0.40	0.45	0.45	0.50	0.50
	5	0.10	0.25	0.30	0.35	0.40	0.40	0.40	0.45	0.45	0.45	0.45	0.50	0.50	0.50
	4	0.30	0.35	0.40	0.40	0.40	0.45	0.45	0.45	0.45	0.45	0.50	0.50	0.50	0.50
	3	0.50	0.45	0.45	0.45	0.45	0.45	0.45	0.45	0.45	0.50	0.50	0.50	0.50	0.50
	2	0.75	0.60	0.55	0.50	0.50	0.50	0.50	0.50	0.50	0.50	0.50	0.50	0.50	0.50
	1	1.20	0.95	0.85	0.80	0.75	0.70	0.70	0.65	0.65	0.65	0.55	0.55	0.55	0.55
8	8	−0.35	−0.05	0.10	0.15	0.25	0.25	0.30	0.30	0.35	0.35	0.40	0.45	0.45	0.45
	7	−1.00	0.15	0.25	0.30	0.35	0.35	0.40	0.40	0.40	0.40	0.45	0.50	0.50	0.50
	6	0.05	0.25	0.30	0.35	0.40	0.40	0.40	0.45	0.45	0.45	0.45	0.50	0.50	0.50
	5	0.20	0.30	0.35	0.40	0.40	0.40	0.45	0.45	0.45	0.45	0.50	0.50	0.50	0.50
	4	0.35	0.40	0.40	0.45	0.45	0.45	0.45	0.45	0.45	0.45	0.50	0.50	0.50	0.50
	3	0.50	0.45	0.45	0.45	0.45	0.45	0.45	0.45	0.50	0.50	0.50	0.50	0.50	0.50
	2	0.75	0.60	0.55	0.55	0.55	0.50	0.50	0.50	0.50	0.50	0.50	0.50	0.50	0.50
	1	1.20	1.00	0.85	0.80	0.80	0.75	0.70	0.65	0.65	0.65	0.55	0.55	0.55	0.55
9	9	−0.40	−0.05	0.10	0.20	0.25	0.25	0.30	0.30	0.35	0.35	0.45	0.45	0.45	0.45
	8	−0.15	1.05	0.25	0.30	0.35	0.35	0.35	0.40	0.40	0.40	0.45	0.45	0.50	0.45
	7	0.05	0.25	0.30	0.35	0.40	0.40	0.40	0.45	0.45	0.45	0.45	0.50	0.50	0.50
	6	0.15	0.30	0.35	0.40	0.40	0.45	0.45	0.45	0.45	0.45	0.50	0.50	0.50	0.50
	5	0.25	0.35	0.40	0.40	0.45	0.45	0.45	0.45	0.45	0.45	0.50	0.50	0.50	0.50

（续）

总层数 n	层号 j	K												
		0.1	0.2	0.3	0.4	0.5	0.6	0.7	0.8	0.9	1.0	2.0	3.0	4.0	5.0
9	4	0.40	0.40	0.40	0.45	0.45	0.45	0.45	0.45	0.45	0.45	0.50	0.50	0.50	0.50
	3	0.55	0.45	0.45	0.45	0.45	0.45	0.45	0.45	0.50	0.50	0.50	0.50	0.50	0.50
	2	0.80	0.65	0.55	0.55	0.50	0.50	0.50	0.50	0.50	0.50	0.50	0.50	0.50	0.50
	1	1.20	1.00	0.85	0.80	0.75	0.70	0.70	0.65	0.65	0.65	0.55	0.55	0.55	0.55
10	10	−0.40	−0.05	0.10	0.20	0.25	0.30	0.30	0.30	0.35	0.40	0.40	0.45	0.45	0.45
	9	−0.15	0.15	0.25	0.30	0.35	0.35	0.40	0.40	0.40	0.40	0.45	0.45	0.50	0.50
	8	0.00	0.25	0.30	0.35	0.40	0.40	0.40	0.45	0.45	0.45	0.45	0.50	0.50	0.50
	7	0.10	0.30	0.35	0.40	0.40	0.45	0.45	0.45	0.45	0.50	0.50	0.50	0.50	0.50
	6	0.20	0.35	0.40	0.40	0.45	0.45	0.45	0.45	0.45	0.50	0.50	0.50	0.50	0.50
	5	0.30	0.40	0.40	0.45	0.45	0.45	0.45	0.45	0.45	0.50	0.50	0.50	0.50	0.50
	4	0.40	0.40	0.45	0.45	0.45	0.45	0.45	0.45	0.45	0.50	0.50	0.50	0.50	0.50
	3	0.55	0.50	0.45	0.45	0.45	0.50	0.50	0.50	0.50	0.50	0.50	0.50	0.50	0.50
	2	0.80	0.65	0.55	0.55	0.55	0.50	0.50	0.50	0.50	0.50	0.50	0.50	0.50	0.50
	1	1.30	1.00	0.85	0.80	0.75	0.70	0.70	0.65	0.65	0.60	0.60	0.55	0.55	0.55
11	11	−0.40	−0.05	−0.10	0.20	0.25	0.30	0.30	0.30	0.35	0.35	0.40	0.45	0.45	0.45
	10	−0.15	0.15	0.25	0.30	0.35	0.35	0.40	0.40	0.40	0.45	0.45	0.50	0.50	0.50
	9	0.00	0.25	0.30	0.35	0.40	0.40	0.40	0.45	0.45	0.45	0.45	0.50	0.50	0.50
	8	0.10	0.30	0.35	0.40	0.40	0.45	0.45	0.45	0.45	0.45	0.50	0.50	0.50	0.50
	7	0.20	0.35	0.40	0.45	0.45	0.45	0.45	0.45	0.45	0.45	0.50	0.50	0.50	0.50
	6	0.25	0.35	0.40	0.45	0.45	0.45	0.45	0.45	0.45	0.45	0.50	0.50	0.50	0.50
	5	0.35	0.40	0.40	0.45	0.45	0.45	0.45	0.45	0.45	0.50	0.50	0.50	0.50	0.50
	4	0.40	0.45	0.45	0.45	0.45	0.45	0.45	0.50	0.50	0.50	0.50	0.50	0.50	0.50
	3	0.55	0.50	0.50	0.50	0.50	0.50	0.50	0.50	0.50	0.50	0.50	0.50	0.50	0.50
	2	0.80	0.65	0.60	0.55	0.55	0.50	0.50	0.50	0.50	0.50	0.50	0.50	0.50	0.50
	1	1.30	1.00	0.85	0.80	0.75	0.70	0.70	0.65	0.65	0.65	0.60	0.55	0.55	0.55
12 以上	↓1	−0.40	−0.05	0.10	0.20	0.25	0.30	0.30	0.30	0.35	0.35	0.40	0.45	0.45	0.45
	2	−0.15	0.15	0.25	0.30	0.35	0.35	0.40	0.40	0.40	0.40	0.45	0.45	0.50	0.50
	3	0.00	0.25	0.30	0.35	0.40	0.40	0.40	0.45	0.45	0.45	0.50	0.50	0.50	0.50
	4	0.10	0.30	0.35	0.40	0.40	0.45	0.45	0.45	0.45	0.45	0.50	0.50	0.50	0.50
	5	0.20	0.35	0.45	0.40	0.45	0.45	0.45	0.45	0.45	0.45	0.50	0.50	0.50	0.50
	6	0.25	0.35	0.40	0.45	0.45	0.45	0.45	0.45	0.45	0.45	0.50	0.50	0.50	0.50
	7	0.30	0.40	0.45	0.45	0.45	0.45	0.45	0.50	0.50	0.50	0.50	0.50	0.50	0.50
	8	0.35	0.40	0.45	0.45	0.45	0.45	0.45	0.50	0.50	0.50	0.50	0.50	0.50	0.50
	中间	0.40	0.40	0.45	0.45	0.45	0.45	0.50	0.50	0.50	0.50	0.50	0.50	0.50	0.50
	4	0.45	0.45	0.45	0.45	0.50	0.50	0.50	0.50	0.50	0.50	0.50	0.50	0.50	0.50
	3	0.60	0.50	0.50	0.50	0.50	0.50	0.50	0.50	0.50	0.50	0.50	0.50	0.50	0.50
	2	0.80	0.65	0.60	0.55	0.55	0.50	0.50	0.50	0.50	0.50	0.50	0.50	0.50	0.50
	↑1	1.30	1.00	0.85	0.80	0.75	0.70	0.70	0.65	0.65	0.65	0.55	0.55	0.55	0.55

注：$K=\dfrac{i_1+i_2+i_3+i_4}{2i_c}$。

$$\begin{array}{c|c} i_1 & i_2 \\ \hline i_c & \\ \hline i_3 & i_4 \end{array}$$

附表 D-2 规则框架承受倒三角分布水平力作用时标准反弯点高度比 y_n

总层数 n	层号 j	K													
		0.1	0.2	0.3	0.4	0.5	0.6	0.7	0.8	0.9	1.0	2.0	3.0	4.0	5.0
1	1	0.80	0.75	0.70	0.65	0.65	0.60	0.60	0.60	0.60	0.55	0.55	0.55	0.55	0.55
2	2	0.50	0.45	0.40	0.40	0.40	0.40	0.40	0.40	0.40	0.45	0.45	0.45	0.45	0.50
	1	1.00	0.85	0.75	0.70	0.70	0.65	0.65	0.65	0.60	0.60	0.55	0.55	0.55	0.55
3	3	0.25	0.25	0.25	0.30	0.30	0.35	0.35	0.35	0.40	0.45	0.45	0.45	0.45	0.50
	2	0.60	0.50	0.50	0.50	0.50	0.45	0.45	0.45	0.45	0.45	0.50	0.50	0.50	0.50
	1	1.15	0.90	0.80	0.75	0.75	0.70	0.70	0.65	0.65	0.65	0.60	0.55	0.55	0.55
4	4	0.10	0.15	0.20	0.25	0.30	0.30	0.35	0.35	0.35	0.40	0.45	0.45	0.45	0.45
	3	0.35	0.35	0.35	0.40	0.40	0.40	0.40	0.45	0.45	0.45	0.45	0.50	0.50	0.50
	2	0.70	0.60	0.55	0.50	0.50	0.50	0.50	0.50	0.50	0.50	0.50	0.50	0.50	0.50
	1	1.20	0.95	0.85	0.80	0.75	0.70	0.70	0.70	0.65	0.65	0.55	0.55	0.55	0.55
5	5	-0.05	0.10	0.20	0.25	0.30	0.30	0.35	0.35	0.35	0.35	0.40	0.45	0.45	0.45
	4	0.20	0.25	0.35	0.35	0.40	0.40	0.40	0.40	0.45	0.45	0.50	0.50	0.50	0.50
	3	0.45	0.40	0.45	0.45	0.45	0.45	0.45	0.45	0.45	0.45	0.50	0.50	0.50	0.50
	2	0.75	0.60	0.55	0.55	0.50	0.50	0.50	0.50	0.50	0.50	0.50	0.50	0.50	0.50
	1	1.30	1.00	0.85	0.80	0.75	0.70	0.70	0.65	0.65	0.65	0.65	0.55	0.55	0.55
6	6	-0.15	0.05	0.15	0.20	0.25	0.30	0.30	0.35	0.35	0.35	0.40	0.45	0.45	0.45
	5	0.10	0.25	0.30	0.35	0.35	0.40	0.40	0.40	0.45	0.45	0.45	0.50	0.50	0.50
	4	0.30	0.35	0.40	0.40	0.45	0.45	0.45	0.45	0.45	0.45	0.50	0.50	0.50	0.50
	3	0.50	0.45	0.45	0.45	0.45	0.45	0.45	0.45	0.45	0.45	0.50	0.50	0.50	0.50
	2	0.80	0.65	0.55	0.55	0.55	0.50	0.50	0.50	0.50	0.50	0.50	0.50	0.50	0.50
	1	1.30	1.00	0.85	0.80	0.75	0.70	0.70	0.65	0.65	0.65	0.60	0.55	0.55	0.55
7	7	-0.20	0.05	0.15	0.20	0.25	0.30	0.30	0.35	0.35	0.35	0.45	0.45	0.45	0.45
	6	0.05	0.20	0.30	0.35	0.35	0.40	0.40	0.40	0.40	0.45	0.45	0.50	0.50	0.50
	5	0.20	0.30	0.35	0.40	0.40	0.45	0.45	0.45	0.45	0.45	0.50	0.50	0.50	0.50
	4	0.35	0.40	0.40	0.45	0.45	0.45	0.45	0.45	0.45	0.45	0.50	0.50	0.50	0.50
	3	0.55	0.50	0.50	0.50	0.50	0.50	0.50	0.50	0.50	0.50	0.50	0.50	0.50	0.50
	2	0.80	0.65	0.60	0.55	0.55	0.55	0.50	0.50	0.50	0.50	0.50	0.50	0.50	0.50
	1	1.30	1.00	0.90	0.80	0.75	0.70	0.70	0.70	0.65	0.65	0.60	0.55	0.55	0.55
8	8	-0.20	0.05	0.15	0.20	0.25	0.30	0.30	0.30	0.35	0.35	0.45	0.45	0.45	0.45
	7	0.00	0.20	0.30	0.35	0.35	0.40	0.40	0.40	0.40	0.45	0.45	0.50	0.50	0.50
	6	0.15	0.30	0.35	0.40	0.40	0.45	0.45	0.45	0.45	0.45	0.50	0.50	0.50	0.50
	5	0.30	0.40	0.40	0.45	0.45	0.45	0.45	0.45	0.45	0.45	0.50	0.50	0.50	0.50
	4	0.40	0.45	0.45	0.45	0.45	0.45	0.45	0.45	0.50	0.50	0.50	0.50	0.50	0.50
	3	0.60	0.50	0.50	0.50	0.50	0.50	0.50	0.50	0.50	0.50	0.50	0.50	0.50	0.50
	2	0.85	0.65	0.60	0.55	0.55	0.55	0.50	0.50	0.50	0.50	0.50	0.50	0.50	0.50
	1	1.30	1.00	0.90	0.80	0.75	0.70	0.70	0.70	0.70	0.65	0.60	0.55	0.55	0.55

（续）

总层数 n	层号 j	K													
		0.1	0.2	0.3	0.4	0.5	0.6	0.7	0.8	0.9	1.0	2.0	3.0	4.0	5.0
9	9	−0.25	0.00	0.15	0.20	0.25	0.30	0.30	0.35	0.35	0.40	0.45	0.45	0.45	0.45
	8	0.00	0.20	0.30	0.35	0.35	0.40	0.40	0.40	0.40	0.45	0.45	0.50	0.50	0.50
	7	0.15	0.30	0.35	0.40	0.40	0.45	0.45	0.45	0.45	0.45	0.50	0.50	0.50	0.50
	6	0.25	0.35	0.40	0.40	0.45	0.45	0.45	0.45	0.45	0.50	0.50	0.50	0.50	0.50
	5	0.35	0.40	0.45	0.45	0.45	0.45	0.45	0.45	0.50	0.50	0.50	0.50	0.50	0.50
	4	0.45	0.45	0.45	0.45	0.45	0.50	0.50	0.50	0.50	0.50	0.50	0.50	0.50	0.50
	3	0.60	0.50	0.50	0.50	0.50	0.50	0.50	0.50	0.50	0.50	0.50	0.50	0.50	0.50
	2	0.85	0.65	0.60	0.55	0.55	0.55	0.55	0.50	0.50	0.50	0.50	0.50	0.50	0.50
	1	1.35	1.00	0.90	0.80	0.75	0.75	0.70	0.70	0.65	0.65	0.60	0.55	0.55	0.55
10	10	−0.25	0.00	0.15	0.20	0.25	0.30	0.30	0.35	0.35	0.40	0.45	0.45	0.45	0.45
	9	−0.10	0.20	0.30	0.35	0.35	0.40	0.40	0.40	0.40	0.45	0.45	0.50	0.50	0.50
	8	0.10	0.30	0.35	0.40	0.40	0.40	0.45	0.45	0.45	0.45	0.50	0.50	0.50	0.50
	7	0.20	0.35	0.40	0.40	0.45	0.45	0.45	0.45	0.45	0.50	0.50	0.50	0.50	0.50
	6	0.30	0.40	0.40	0.45	0.45	0.45	0.45	0.45	0.50	0.50	0.50	0.50	0.50	0.50
	5	0.40	0.45	0.45	0.45	0.45	0.45	0.45	0.50	0.50	0.50	0.50	0.50	0.50	0.50
	4	0.50	0.45	0.45	0.45	0.50	0.50	0.50	0.50	0.50	0.50	0.50	0.50	0.50	0.50
	3	0.60	0.55	0.50	0.50	0.50	0.50	0.50	0.50	0.50	0.50	0.50	0.50	0.50	0.50
	2	0.85	0.65	0.60	0.55	0.55	0.55	0.55	0.50	0.50	0.50	0.50	0.50	0.50	0.50
	1	1.35	1.00	0.90	0.80	0.75	0.75	0.70	0.70	0.65	0.65	0.60	0.55	0.55	0.55
11	11	−0.25	0.00	0.15	0.20	0.25	0.30	0.30	0.30	0.35	0.35	0.45	0.45	0.45	0.45
	10	−0.05	0.20	0.25	0.30	0.35	0.40	0.40	0.40	0.40	0.45	0.45	0.50	0.50	0.50
	9	0.10	0.30	0.35	0.40	0.40	0.40	0.45	0.45	0.45	0.45	0.50	0.50	0.50	0.50
	8	0.20	0.35	0.40	0.40	0.45	0.45	0.45	0.45	0.45	0.50	0.50	0.50	0.50	0.50
	7	0.25	0.40	0.40	0.45	0.45	0.45	0.45	0.45	0.45	0.50	0.50	0.50	0.50	0.50
	6	0.35	0.40	0.40	0.45	0.45	0.45	0.45	0.50	0.50	0.50	0.50	0.50	0.50	0.50
	5	0.40	0.45	0.45	0.45	0.45	0.50	0.50	0.50	0.50	0.50	0.50	0.50	0.50	0.50
	4	0.50	0.50	0.50	0.50	0.50	0.50	0.50	0.50	0.50	0.50	0.50	0.50	0.50	0.50
	3	0.65	0.55	0.60	0.50	0.50	0.50	0.50	0.50	0.50	0.50	0.50	0.50	0.50	0.50
	2	0.85	0.65	0.60	0.55	0.55	0.55	0.55	0.50	0.50	0.50	0.50	0.50	0.50	0.50
	1	1.35	1.05	0.90	0.80	0.75	0.75	0.70	0.70	0.65	0.65	0.60	0.55	0.55	0.55
12 以上	↓1	−0.30	0.00	0.15	0.20	0.25	0.30	0.30	0.30	0.35	0.35	0.40	0.45	0.45	0.45
	2	−0.10	0.20	0.25	0.30	0.35	0.40	0.40	0.40	0.40	0.40	0.45	0.45	0.45	0.50
	3	0.05	0.25	0.35	0.40	0.40	0.40	0.45	0.45	0.45	0.45	0.45	0.50	0.50	0.50
	4	0.15	0.30	0.40	0.40	0.45	0.45	0.45	0.45	0.45	0.45	0.45	0.50	0.50	0.50
	5	0.25	0.35	0.50	0.45	0.45	0.45	0.45	0.45	0.45	0.45	0.50	0.50	0.50	0.50

（续）

总层数 n	层号 j	K													
		0.1	0.2	0.3	0.4	0.5	0.6	0.7	0.8	0.9	1.0	2.0	3.0	4.0	5.0
12 以上	6	0.30	0.40	0.50	0.45	0.45	0.45	0.45	0.50	0.45	0.50	0.50	0.50	0.50	0.50
	7	0.35	0.40	0.55	0.45	0.45	0.45	0.50	0.50	0.50	0.50	0.50	0.50	0.50	0.50
	8	0.35	0.45	0.55	0.45	0.50	0.50	0.50	0.50	0.50	0.50	0.50	0.50	0.50	0.50
	中间	0.45	0.45	0.55	0.45	0.50	0.50	0.50	0.50	0.50	0.50	0.50	0.50	0.50	0.50
	4	0.55	0.50	0.50	0.50	0.50	0.50	0.50	0.50	0.50	0.50	0.50	0.50	0.50	0.50
	3	0.65	0.55	0.50	0.50	0.50	0.50	0.50	0.50	0.50	0.50	0.50	0.50	0.50	0.50
	2	0.70	0.70	0.60	0.55	0.55	0.55	0.55	0.50	0.50	0.50	0.50	0.50	0.50	0.50
	↑1	1.35	1.05	0.90	0.80	0.75	0.70	0.70	0.70	0.65	0.65	0.60	0.55	0.55	0.55

注：$K = \dfrac{i_1 + i_2 + i_3 + i_4}{2i_c}$。

附录 E　上、下层梁刚度和高度对标准反弯点高度比的修正值

附表 E-1　上、下层梁刚度变化对标准反弯点高度比的修正值 y_1

α_1	K													
	0.1	0.2	0.3	0.4	0.5	0.6	0.7	0.8	0.9	1.0	2.0	3.0	4.0	5.0
0.4	0.55	0.40	0.30	0.25	0.20	0.20	0.20	0.15	0.15	0.15	0.05	0.05	0.05	0.05
0.5	0.45	0.30	0.20	0.20	0.15	0.15	0.15	0.10	0.10	0.10	0.05	0.05	0.05	0.05
0.6	0.30	0.20	0.15	0.15	0.10	0.10	0.10	0.10	0.05	0.05	0.05	0.05	0	0
0.7	0.20	0.15	0.10	0.10	0.10	0.05	0.05	0.05	0.05	0.05	0	0	0	0
0.8	0.15	0.10	0.05	0.05	0.05	0.05	0.05	0.05	0	0	0	0	0	0
0.9	0.05	0.05	0.05	0.05	0	0	0	0	0	0	0	0	0	0

注：$\alpha_1 = \dfrac{i_1 + i_2}{i_3 + i_4}$。当 $i_1 + i_2 > i_3 + i_4$ 时，则 α_1 取倒数，即 $\alpha_1 = \dfrac{i_3 + i_4}{i_1 + i_2}$，且 y_1 取负号。底层柱不考虑此修正，即 $y_1 = 0$。

附表 E-2　上、下层高度变化对标准反弯点高度比的修正值 y_2、y_3

α_2	α_3	K													
		0.1	0.2	0.3	0.4	0.5	0.6	0.7	0.8	0.9	1.0	2.0	3.0	4.0	5.0
2.0	—	0.25	0.15	0.15	0.10	0.10	0.10	0.10	0.10	0.05	0.05	0.05	0.05	0	0
1.8	—	0.20	0.15	0.10	0.10	0.10	0.05	0.05	0.05	0.05	0.05	0.05	0	0	0
1.6	0.4	0.15	0.10	0.10	0.05	0.05	0.05	0.05	0.05	0.05	0.05	0	0	0	0
1.4	0.6	0.10	0.05	0.05	0.05	0.05	0.05	0.05	0.05	0.05	0	0	0	0	0
1.2	0.8	0.05	0.05	0.05	0	0	0	0	0	0	0	0	0	0	0
1.0	1.0	0	0	0	0	0	0	0	0	0	0	0	0	0	0
0.8	1.2	-0.05	-0.05	-0.05	0	0	0	0	0	0	0	0	0	0	0
0.6	1.4	-0.10	-0.05	-0.05	-0.05	-0.05	-0.05	-0.05	-0.05	0	0	0	0	0	0

（续）

α_2	α_3	K												
		0.1	0.2	0.3	0.4	0.5	0.6	0.7	0.8	0.9	1.0	2.0	3.0	4.0	5.0
0.4	1.6	-0.15	-0.10	-0.10	-0.05	-0.05	-0.05	-0.05	-0.05	-0.05	-0.05	0	0	0	0
-	1.8	-0.20	-0.15	-0.10	-0.10	-0.10	-0.05	-0.05	-0.05	-0.05	-0.05	0	0	0	0
-	2.0	-0.25	-0.15	-0.15	-0.10	-0.10	-0.10	-0.10	-0.05	-0.05	-0.05	-0.05	0	0	0

注：$\alpha_2 = h_{\perp}/h$，$\alpha_3 = h_{\top}/h$，h 为计算本层层高，$h_{\perp}$ 为上一层层高，$h_{\top}$ 为下一层层高；y_2 按 K 及 α_2 查表，对顶层不考虑该项修正；y_3 按 K 及 α_3 查表，对底层不考虑此项修正。

附录 F　砌体施工质量控制等级

项目	施工质量控制等级		
	A	B	C
现场质量管理	制度健全，并严格执行；非施工方质量监督人员经常到现场，或现场设有常驻代表；施工方有在岗专业技术管理人员，人员齐全，并持证上岗	制度基本健全，并能执行；非施工方质量监督人员间断地到现场进行质量控制；施工方有在岗专业技术管理人员，并持证上岗	有制度；非施工方质量监督人员很少做现场质量控制；施工方有在岗专业技术管理人员
砂浆、混凝土强度	试块按规定制作，强度满足验收规定，离散性小	试块按规定制作，强度满足验收规定，离散性较小	试块强度满足验收规定，离散性大
砂浆拌和方式	机械拌和；配合比计量控制严格	机械拌和；配合比计量控制一般	机械或人工拌和；配合比计量控制较差
砌筑工人	中级工以上，其中高级工不少于 20%	高、中级工不少于 70%	初级工以上

附录 G　影响系数 φ 或 φ_n

附表 G-1　影响系数 φ（砂浆强度等级 $\geqslant$ M5）

β	e/h 或 e/h_{T}												
	0	0.025	0.05	0.075	0.1	0.125	0.15	0.175	0.2	0.225	0.25	0.275	0.3
$\leqslant$ 3	1	0.99	0.97	0.94	0.89	0.84	0.79	0.73	0.68	0.62	0.57	0.52	0.48
4	0.98	0.95	0.90	0.85	0.80	0.74	0.69	0.64	0.58	0.53	0.49	0.45	0.41
6	0.95	0.91	0.86	0.81	0.75	0.69	0.64	0.59	0.54	0.49	0.45	0.42	0.38
8	0.91	0.86	0.81	0.76	0.70	0.64	0.59	0.54	0.50	0.46	0.42	0.39	0.36
10	0.87	0.82	0.76	0.71	0.65	0.60	0.55	0.50	0.46	0.42	0.39	0.36	0.33
12	0.82	0.77	0.71	0.66	0.60	0.55	0.51	0.47	0.43	0.39	0.36	0.33	0.31
14	0.77	0.72	0.66	0.61	0.56	0.51	0.47	0.43	0.40	0.36	0.34	0.31	0.29
16	0.72	0.67	0.61	0.56	0.52	0.47	0.44	0.40	0.37	0.34	0.31	0.29	0.27
18	0.67	0.62	0.57	0.52	0.48	0.44	0.40	0.37	0.34	0.31	0.29	0.27	0.25

（续）

β	e/h 或 e/h_{T}												
	0	0.025	0.05	0.075	0.1	0.125	0.15	0.175	0.2	0.225	0.25	0.275	0.3
20	0.62	0.57	0.53	0.48	0.44	0.40	0.37	0.34	0.32	0.29	0.27	0.25	0.23
22	0.58	0.53	0.49	0.45	0.41	0.38	0.35	0.32	0.30	0.27	0.25	0.24	0.22
24	0.54	0.49	0.45	0.41	0.38	0.35	0.32	0.30	0.28	0.26	0.24	0.22	0.21
26	0.50	0.46	0.42	0.38	0.35	0.33	0.30	0.28	0.26	0.24	0.22	0.21	0.19
28	0.46	0.42	0.39	0.36	0.33	0.30	0.28	0.26	0.24	0.22	0.21	0.19	0.18
30	0.42	0.39	0.36	0.33	0.31	0.28	0.26	0.24	0.22	0.21	0.20	0.18	0.17

附表 G-2　影响系数 φ（砂浆强度等级 M2.5）

β	e/h 或 e/h_{T}												
	0	0.025	0.05	0.075	0.1	0.125	0.15	0.175	0.2	0.225	0.25	0.275	0.3
≤3	1	0.99	0.97	0.94	0.89	0.84	0.79	0.73	0.68	0.62	0.57	0.52	0.48
4	0.97	0.94	0.89	0.84	0.78	0.73	0.67	0.62	0.57	0.52	0.48	0.44	0.40
6	0.93	0.89	0.84	0.78	0.73	0.67	0.62	0.57	0.48	0.44	0.40	0.37
8	0.89	0.84	0.78	0.72	0.67	0.62	0.57	0.52	0.48	0.44	0.40	0.37	0.34
10	0.83	0.78	0.72	0.67	0.61	0.56	0.52	0.47	0.43	0.40	0.37	0.34	0.31
12	0.78	0.72	0.67	0.61	0.56	0.52	0.47	0.43	0.40	0.37	0.34	0.31	0.29
14	0.72	0.66	0.61	0.56	0.51	0.47	0.43	0.40	0.36	0.34	0.31	0.29	0.27
16	0.66	0.61	0.56	0.51	0.47	0.43	0.40	0.36	0.34	0.31	0.29	0.26	0.25
18	0.61	0.56	0.51	0.47	0.43	0.40	0.36	0.33	0.31	0.29	0.26	0.24	0.23
20	0.56	0.51	0.47	0.43	0.39	0.36	0.33	0.31	0.28	0.26	0.24	0.23	0.21
22	0.51	0.47	0.43	0.39	0.36	0.33	0.31	0.28	0.26	0.24	0.23	0.21	0.20
24	0.46	0.43	0.39	0.36	0.33	0.31	0.28	0.26	0.24	0.23	0.21	0.20	0.18
26	0.42	0.39	0.36	0.33	0.31	0.28	0.26	0.24	0.22	0.21	0.20	0.18	0.17
28	0.39	0.36	0.33	0.30	0.28	0.26	0.24	0.22	0.21	0.20	0.18	0.17	0.16
30	0.36	0.33	0.30	0.28	0.26	0.24	0.22	0.21	0.20	0.18	0.17	0.16	0.15

附表 G-3　影响系数 φ（砂浆强度等级 0）

β	e/h 或 e/h_{T}												
	0	0.025	0.05	0.075	0.1	0.125	0.15	0.175	0.2	0.225	0.25	0.275	0.3
≤3	1	0.99	0.97	0.94	0.89	0.84	0.79	0.73	0.68	0.62	0.57	0.52	0.48
4	0.87	0.82	0.77	0.71	0.66	0.60	0.55	0.51	0.46	0.43	0.39	0.36	0.33
6	0.76	0.70	0.65	0.59	0.54	0.50	0.46	0.42	0.39	0.36	0.33	0.30	0.28
8	0.63	0.58	0.54	0.49	0.45	0.41	0.38	0.35	0.32	0.30	0.28	0.25	0.24
10	0.53	0.48	0.44	0.41	0.37	0.34	0.32	0.29	0.27	0.25	0.23	0.22	0.20
12	0.44	0.40	0.37	0.34	0.31	0.29	0.27	0.25	0.23	0.21	0.20	0.19	0.17
14	0.36	0.33	0.31	0.28	0.26	0.24	0.23	0.21	0.20	0.18	0.17	0.16	0.15

（续）

β	e/h 或 e/h_T												
	0	0.025	0.05	0.075	0.1	0.125	0.15	0.175	0.2	0.225	0.25	0.275	0.3
16	0.30	0.28	0.26	0.24	0.22	0.21	0.19	0.18	0.17	0.16	0.15	0.14	0.13
18	0.26	0.24	0.22	0.21	0.19	0.18	0.17	0.16	0.15	0.14	0.13	0.12	0.12
20	0.22	0.20	0.19	0.18	0.17	0.16	0.15	0.14	0.13	0.12	0.12	0.11	0.10
22	0.19	0.18	0.16	0.15	0.14	0.14	0.13	0.12	0.12	0.11	0.10	0.10	0.09
24	0.16	0.15	0.14	0.13	0.13	0.12	0.11	0.11	0.10	0.10	0.09	0.09	0.08
26	0.14	0.13	0.13	0.12	0.11	0.11	0.10	0.10	0.09	0.09	0.08	0.08	0.07
28	0.12	0.12	0.11	0.11	0.10	0.10	0.09	0.09	0.08	0.08	0.08	0.07	0.07
30	0.11	0.10	0.10	0.09	0.09	0.09	0.08	0.08	0.07	0.07	0.07	0.07	0.06

附表 G-4 网状配筋砖砌体的影响系数 φ_n

$\rho(\%)$	β	e/h				
		0	0.05	0.10	0.15	0.17
0.1	4	0.97	0.89	0.78	0.67	0.63
	6	0.93	0.84	0.73	0.62	0.58
	8	0.89	0.78	0.67	0.57	0.53
	10	0.84	0.72	0.62	0.52	0.48
	12	0.78	0.67	0.56	0.48	0.44
	14	0.72	0.61	0.52	0.44	0.41
	16	0.67	0.56	0.47	0.40	0.37
0.3	4	0.96	0.87	0.76	0.65	0.61
	6	0.91	0.80	0.69	0.59	0.55
	8	0.84	0.74	0.62	0.53	0.49
	10	0.78	0.67	0.56	0.47	0.44
	12	0.71	0.60	0.51	0.43	0.40
	14	0.64	0.54	0.46	0.38	0.36
	16	0.58	0.49	0.41	0.35	0.32
0.5	4	0.94	0.85	0.74	0.63	0.59
	6	0.88	0.77	0.66	0.56	0.52
	8	0.81	0.69	0.59	0.50	0.46
	10	0.73	0.62	0.52	0.44	0.41
	12	0.65	0.55	0.46	0.39	0.36
	14	0.58	0.49	0.41	0.35	0.32
	16	0.51	0.43	0.36	0.31	0.29
0.7	4	0.93	0.83	0.72	0.61	0.57
	6	0.86	0.75	0.63	0.53	0.50
	8	0.77	0.66	0.56	0.47	0.43

（续）

ρ(%)	β	e/h				
		0	0.05	0.10	0.15	0.17
0.7	10	0.68	0.58	0.49	0.41	0.38
	12	0.60	0.50	0.42	0.36	0.33
	14	0.52	0.44	0.37	0.31	0.30
	16	0.46	0.38	0.33	0.28	0.26
0.9	4	0.92	0.82	0.71	0.60	0.56
	6	0.83	0.72	0.61	0.52	0.48
	8	0.73	0.63	0.53	0.45	0.42
	10	0.64	0.54	0.46	0.38	0.36
	12	0.55	0.47	0.39	0.33	0.31
	14	0.48	0.40	0.34	0.29	0.27
	16	0.41	0.35	0.30	0.25	0.24
1.0	4	0.91	0.81	0.70	0.59	0.55
	6	0.82	0.71	0.60	0.51	0.47
	8	0.72	0.61	0.52	0.43	0.41
	10	0.62	0.53	0.44	0.37	0.35
	12	0.54	0.45	0.38	0.32	0.30
	14	0.46	0.39	0.33	0.28	0.26
	16	0.39	0.34	0.28	0.24	0.23

附录 H 砌体结构的典型荷载裂缝特征

原因	裂缝主要特征		裂缝表现
	裂缝常出现位置	裂缝走向及形态	
受压	承重墙或窗间墙中部	多为竖向裂缝,中间宽、两端窄	
局部受压	梁端支承墙体;受集中荷载处	竖向裂缝,并伴有斜裂缝	

原因	裂缝主要特征		裂缝表现
	裂缝常出现位置	裂缝走向及形态	
不均匀沉降	底层大窗台下、建筑物顶部、纵横墙交接处	竖向裂缝,上部宽、下部窄	
	窗间墙上下对角	水平裂缝,边缘宽、向内渐窄	
	纵、横墙竖向变形较大的窗口对角,下部多、上部少,两端多、中部少	斜裂缝,正八字形	
	纵、横墙挠度较大的窗口对角,下部多、上部少,两端多、中部少	斜裂缝,倒八字形	
受剪	受压墙体受较大水平荷载处	水平通缝	
		沿灰缝阶梯形裂缝	
		沿灰缝和砌块阶梯形裂缝	
偏心受压	受偏心荷载的墙或柱	压力较大一侧产生竖向裂缝;另一侧产生水平裂缝,边缘宽,向内渐窄	
地震作用	承重横墙及纵墙窗间墙	斜裂缝,X 形裂缝	

（续）

原因	裂缝主要特征		裂缝表现
	裂缝常出现位置	裂缝走向及形态	
温度变形、砌体干缩变形	纵墙两端部靠近屋顶处的外墙及山墙	斜裂缝，正八字形	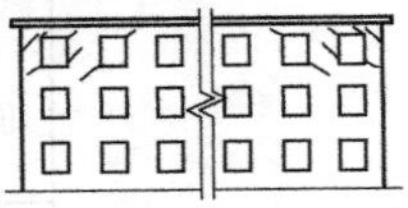
	外墙屋顶、靠近屋面圈梁墙体、女儿墙底部、门窗洞口	水平裂缝，均宽	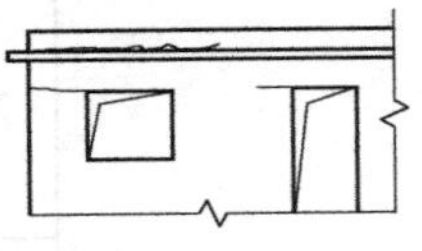
	房屋两端横墙	X形	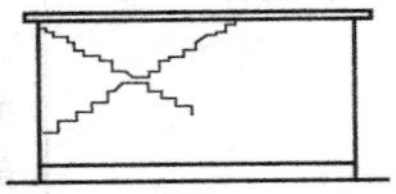
	门窗、洞口、楼梯间等薄弱处	竖向裂缝，均宽，贯通全高	

附录I 各类建筑对楼梯的具体要求

（单位：mm）

建筑类别	在限定条件下对梯段净宽及踏步要求				栏杆高度与要求	中间平台宽（深）度要求	其他
	限定条件		梯段净宽	踏步高度	踏步宽度			
住宅	公用楼梯	七层以上	≥1100	≤180	≥250	栏杆高度不宜小于900，栏杆垂直杆件间净距不大于110	深度不小于梯段净宽，平台结构下缘至人行走道的垂直高度不小于2000	楼梯井宽度大于200时，必须采取防止儿童攀滑的措施
		六层及以下	≥1000	≤180	≥250			
	户内楼梯	一边临空	≥750	≤200	≥220			
		两边为墙面	≥900	≤200	≥220			
托儿所幼儿园	幼儿用楼梯		≥1000	≤150	≥250	幼儿扶手不应高于600，栏杆垂直杆件间净距不大于110	平台净宽不小于梯段净宽且不小于1200	楼梯井宽度大于200时，必须采取安全措施，除设成人扶手外并应在靠墙一侧设幼儿扶手
中小学	教学楼梯		≥1400 梯段净宽≥3000时宜设中间扶手	梯段坡度不应大于30°		室内栏杆≥900 室外栏杆≥1100 不易采用易于攀登的花饰	平台净宽不小于梯段净宽	楼梯井宽度大于200时，必须采取安全措施。楼梯间应有直接天然采光。楼梯不得采用螺旋梯或扇形踏步，每梯段踏步不得多于18步，并不得少于3级，梯段与梯段间不应设挡视线的隔墙

（续）

建筑类别	在限定条件下对梯段净宽及踏步要求				栏杆高度与要求	中间平台宽（深）度要求	其他
	限定条件	梯段净宽	踏步高度	踏步宽度			
商店	营业区域的公用楼梯	≥1400	≤160	≥280	室内栏杆≥900 室外栏杆≥1100 应设坚固连续的扶手，栏杆垂直杆件间净距不大于110	平台净宽不小于梯段净宽	商店营业部分楼梯做疏散计算，大型百货商店、商场的营业层在五层以上时，宜设置直通屋顶平台的疏散楼梯间，且不少于两座
	室外楼梯		≤150	≥300			
综合医院	门诊、急诊、病房楼	≥1650	≤160	≥280	室内栏杆≥900 室外栏杆≥1100	主楼梯和疏散楼梯的平台深度不小于2000	病人使用的疏散楼梯至少应有一座天然采光和自然通风的楼梯 病房楼的疏散楼梯间，不论层数多少，均应为封闭楼梯，高层病房应为防烟楼梯
	疏散楼梯	≥1650					
	次要楼梯	≥1300					

参 考 文 献

[1] 中华人民共和国住房和城乡建设部. 混凝土结构设计规范（2015 年版）：GB 50010—2010 [S]. 北京：中国建筑工业出版社，2015.

[2] 中华人民共和国住房和城乡建设部. 建筑结构可靠性设计统一标准：GB 50068—2018 [S]. 北京：中国建筑工业出版社，2019.

[3] 中华人民共和国住房和城乡建设部. 建筑结构荷载规范：GB 50009—2012 [S]. 北京：中国建筑工业出版社，2012.

[4] 中华人民共和国住房和城乡建设部. 砌体结构设计规范：GB 50003—2011 [S]. 北京：中国建筑工业出版社，2012.

[5] 中华人民共和国住房和城乡建设部. 建筑地基基础设计规范：GB 50007—2011 [S]. 北京：中国建筑工业出版社，2012.

[6] 中华人民共和国住房和城乡建设部. 建筑抗震设计规范（2016 年版）：GB 50011—2010 [S]. 北京：中国建筑工业出版社，2016.

[7] 中华人民共和国住房和城乡建设部. 高层建筑混凝土结构技术规程：JGJ 3—2010 [S]. 北京：中国建筑工业出版社，2011.

[8] 重庆建筑大学. 钢筋混凝土连续梁和框架考虑内力重分布设计规程：CECS 51—1993 [S]. 北京：中国工程建设标准化委员会，1993.

[9] 中华人民共和国住房和城乡建设部. 装配式混凝土结构技术规程：JGJ 1—2014 [S]. 北京：中国建筑工业出版社，2014.

[10] 中华人民共和国住房和城乡建设部. 工程结构设计基础术语标准：GB/T 50083—2014. 北京：中国建筑工业出版社，2015.

[11] 东南大学，同济大学，天津大学. 混凝土结构：中册 [M]. 6 版. 北京：中国建筑工业出版社，2016.

[12] 梁兴文，史庆轩. 混凝土结构设计 [M]. 4 版. 北京：中国建筑工业出版社，2019.

[13] 沈蒲生，梁兴文. 混凝土结构设计 [M]. 4 版. 北京：高等教育出版社，2012.

[14] 施楚贤. 砌体结构理论与设计 [M]. 3 版. 北京：中国建筑工业出版社，2014.

[15] 范涛，杨虹，高涌涛. 混凝土结构设计 [M]. 重庆：重庆大学出版社，2017.

[16] 白国良，王毅红. 混凝土结构设计 [M]. 武汉：武汉理工大学出版社，2012.

[17] 东南大学，同济大学，天津大学. 混凝土结构学习辅导与习题精解 [M]. 北京：中国建筑工业出版社，2006.

[18] 中国有色工程有限公司. 混凝土结构构造手册 [M]. 5 版. 北京：中国建筑工业出版社，2016.

[19] 苑振芳. 砌体结构设计手册 [M]. 4 版. 北京：中国建筑工业出版社，2013.

[20] 施楚贤，梁建国. 砌体结构学习辅导与习题精解 [M]. 北京：中国建筑工业出版社，2006.

[21] 中华人民共和国住房和城乡建设部. 混凝土结构通用规范：GB 55008—2021 [S]. 北京：中国建筑工业出版社，2021.

[22] 中华人民共和国住房和城乡建设部. 工程结构通用规范：GB 55001—2021 [S]. 北京：中国建筑工业出版社，2021.

[23] 中华人民共和国住房和城乡建设部. 砌体结构通用规范：GB 55007—2021 [S]. 北京：中国建筑工业出版社，2021.

[24] 中华人民共和国住房和城乡建设部. 建筑与市政工程抗震通用规范：GB 55002—2021 [S]. 北京：中国建筑工业出版社，2021.